全 面 ● 专 业 ● 实 用 ● 经 典 ● 艺 术 ● 厚 重 ● 超 值

普及版

1 DVD

- 视频文件 70多个技能实例4个大型综合实例，时长500多分钟的视频教学文件
- 内容超值 将近2GB的DVD海量放送，帮您快速、独立地学习Photoshop软件
- 附赠素材 近400个素材文件、90个范例效果文件的精彩奉送，供读者学习和参考

Photoshop CS5 完全自学手册

张文娟 李晓凤 生新荣 编著

- 技术手册 21章500多页的手册篇幅，全面系统地讲解了Photoshop软件的实用技术，给你带来全新非凡的体验
- 操作技巧 18大核心功能讲解和70多个技能实例，技术与经验紧密结合，使您的学习变得轻松、简单、快捷
- 专业实用 全面系统地展现Photoshop的核心技术、新增功能和综合应用，帮助您真正体会平面设计的乐趣

兵器工业出版社

北京希望电子出版社
Beijing Hope Electronic Press
www.bhp.com.cn

内容简介

本书主要根据初学者的学习需求，按照基本工具和命令介绍及典型范例制作的方法，介绍了Photoshop CS5软件中的全部工具按钮和菜单命令。使读者能够在理解各工具和命令的功能后，通过边学、边做练习的方法，在较短的时间内掌握Photoshop CS5软件的使用方法和操作技巧。

全书共21个章节，主要包括初识Photoshop CS5、文件基本操作与颜色设置、移动与选框工具应用、修复与修饰工具应用、绘画工具应用、路径与矢量图形工具应用、文字工具应用、3D工具应用、图层面板应用、蒙版应用、通道应用以及各菜单命令的讲解、各种效果字制作和综合案例的制作等。

本书内容详实，图文并茂，实用性、艺术性、操作性、指导性和针对性都比较强，适合将来想从事于各相关艺术设计行业的初学者，平面设计、CG插画绘制、多媒体制作、网页美工设计、影楼数码后期处理、印刷制版工作的读者以及电脑美术爱好者，同时也可以作为相关专业培训学校和高等美术院校师生的参考用书。

本书配套光盘中收录了书中操作案例用到的原始素材图片和案例的制作结果文件以及部分案例的视频教学文件，读者可以参考这些文件进行对比学习。

图书在版编目（CIP）数据

Photoshop CS5完全自学手册/张文娟，李晓凤，生新荣编著. —北京：兵器工业出版社，2011.5
ISBN 978-7-80248-563-1

Ⅰ. ①P… Ⅱ. ①张… ②李… ③生… Ⅲ. ①图形软件，Photoshop CS5 Ⅳ. ①TP-391.41

中国版本图书馆CIP数据核字（2011）第015022号

出版发行：兵器工业出版社　北京希望电子出版社
邮编社址：100089　北京市海淀区车道沟10号
100085　北京市海淀区上地三街9号
嘉华大厦C座611
电　　话：（010）82702660（发行）（010）82702675（邮购）
经　　销：各地新华书店　软件连锁店
印　　刷：北京博图彩色印刷有限公司
版　　次：2011年5月第1版第1次印刷

封面设计：深度文化
责任编辑：林利红　陆京梅
责任校对：小　雅
开　　本：787×1092　1/16
印　　张：34.5（12面彩插）
印　　数：1-3500
字　　数：781千字
定　　价：59.80元（配1张DVD光盘）

插画效果（第15章）

网页设计（第3章）

用“定义图案”命令绘制的图像（第4章）

复制图像（第4章）

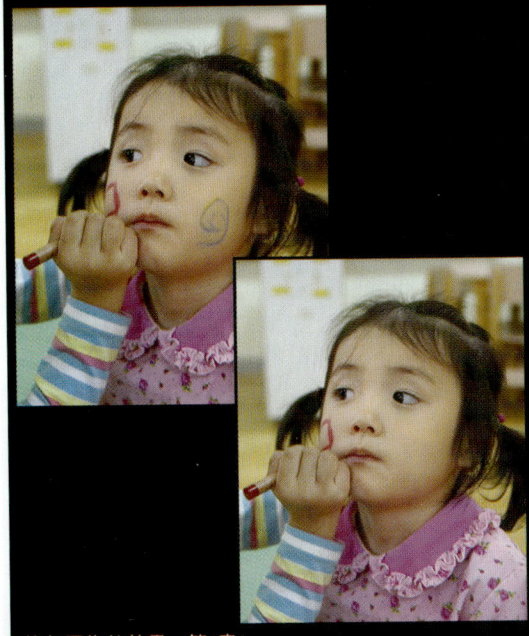

修复图像的效果（第4章）

去除照片中多余的人物（第4章）

电子杂志版面设计（第7章）

制作的网页按钮效果 （第9章）

制作的按钮效果（第5章）

光照效果（第9章）

设计的咖啡海报（第6章）

霓虹字效果（第20章）

描边路径效果（第6章）

给衣服替换颜色（第9章）

大头贴效果（第5章）

百叶窗效果（第5章）

水粉画效果（第5章）

油画效果（第5章）

给风景替换背景（第11章）

剪贴蒙版效果（第10章）

调整曝光不足的照片（第11章）

剪贴蒙版效果（第10章）

图像合成（第9章）

矢量蒙版效果（第10章）

婚纱相册版面设计（第10章）

复制粘贴图像（第13章）

给照片调整亮丽的色彩（第14章）

将彩色照片调整成灰度效果（第14章）

给人物照片替换新背景（第11章）

制作的抽象海螺效果（第13章）

儿童艺术相册版面设计（第13章）

照片颜色调整（第11章）

绘制的扇子效果（第16章）

给3DS文件贴图效果（第18章）

广告设计（第15章）

非主流艺术色调调整（第14章）

制作的针孔字效果（第20章）

打造3D炫光效果（第18章）

制作的气泡字（第20章）

制作的水泥石头字（第20章）

制作的塑料字（第20章）

制作的魔幻绚丽文字（第20章）

制作的逆光字（第20章）

制作的魔幻头像（第21章）

绘制的苹果（第21章）

超炫燃烧字制作（第20章）

绘制的吉他（第21章）

绘制的动漫卡通（第21章）

前 言

PREFACE

软件简介

Adobe公司推出的Photoshop是目前众多图形、图像处理软件中功能最为强大、处理图像最为专业和使用人群最多的软件。它以其领先的数字艺术理念、强大的兼容性，广泛地应用于平面设计、网页设计、排版和图像后期处理等各个领域。

为了让更多的初学者掌握这个软件，编者结合自身多年的高校教学、社会实践和图像处理工作的经验精心编写了本书。本书以Photoshop的基本功能和图像处理的操作技巧为出发点，从基本操作到各个工具按钮和菜单命令的使用方法，全面系统地对Photoshop CS5软件进行解析，并通过典型案例，使读者通过动手操作来逐步掌握图像处理的技巧。

本书内容和结构

本书主要讲解了软件的各项功能，包括文件基本操作、选区、图像的修饰和修复、路径、图层、通道、蒙版、图像颜色调整、3D功能、各种滤镜特效等，并通过选项参数讲解及典型的实例来阐述这些功能的应用方法。在案例的安排上主要体现了两点：一个是软件功能的针对性强，通过案例掌握功能；另一个是在作品的安排上尽可能体现行业应用领域，逐渐提高读者的设计思维能力。

该书内容丰富、语言描述通俗易懂、案例选取典型且精彩实用、操作步骤翔实，非常适合初学图像处理及从事平面设计工作的读者来阅读。本书分为21章，各章节具体内容如下。

第1章：初识Photoshop CS5。主要介绍Photoshop的应用领域，安装和卸载的方法及其工作界面等。

第2章：文件基本操作与颜色设置。主要介绍文件的各种基本操作、主要概念的讲解以及设置与填充颜色的方法等。

第3章：移动与选框工具。主要介绍移动工具的使用方法及各种选区工具、裁剪工具组和吸管工具组中各工具的功能及使用方法。

第4章：修复与修饰工具。主要介绍各种修复和修饰工具的功能及使用方法，以及历史记录工具组和历史记录面板的应用。

第5章：绘画工具。主要介绍画笔工具组、橡皮擦工具组和渐变工具组中各工具的应用以及画笔面板的功能和使用方法。

第6章：路径与矢量图形工具。主要介绍路径的概念及各路径工具、矢量图形工具和路径面板的应用。

第7章：文字工具。主要讲解各文字工具的功能及编排方法。

第8章：3D工具。主要介绍3D文件及各3D工具和3D面板的应用。

第9章：图层面板。主要介绍图层的功能、各种基本操作以及图层面板和图层命令的应用。

第10章：蒙版。主要介绍蒙版的功能及各种蒙版的创建和编辑操作。

第11章：通道。主要介绍通道的概念、通道面板及通道的应用。

第12章：文件菜单。主要介绍文件菜单中各命令的功能及使用方法。

第13章：编辑菜单。主要介绍编辑菜单中各命令的功能及使用方法。

第14章：图像菜单。主要介绍图像菜单中各命令的功能及使用方法，并详细介绍了各调整命令面板中的选项。

第15章：图层菜单。主要介绍图层菜单中各命令的功能及使用方法。

第16章：选择菜单。主要介绍选择菜单中各命令的功能及使用方法，并对各处编辑选区操作进行了详细的讲解。

第17章：滤镜菜单。主要介绍了滤镜菜单中各命令的功能及面板中各选项的含义和图像应用的效果对比。

第18章：分析与3D菜单。主要介绍了分析与3D菜单中各命令的功能和使用方法。

第19章：视图、窗口和帮助菜单。主要介绍了视图、窗口和帮助3个菜单中各命令的功能。

第20章：各种效果字制作。主要介绍了使用到滤镜命令和图层样式命令制作各种效果字的方法。

第21章：综合案例。综合运用之前学过的内容进行案例的制作。

读者对象

本书是专为希望想从事各相关艺术设计行业的初学者而编写的优秀自学指导书，也适用于将来从事图像处理工作、平面设计、CG插画绘制、多媒体制作、网页美工、印刷制版、影楼数码后期处理工作的读者以及电脑美术爱好者，同时也可以作为相关专业培训学校和高等美术院校师生的参考用书。

附盘内容

为了方便读者的学习，本书配有一张DVD光盘，主要内容包括各个章节用到的范例素材原始文件、范例最终效果的PSD分层文件和部分范例的视频教学文件，供读者学习和参考。

本书由张文娟、李晓凤、生新荣编著，在编写的过程中还得到了崔建成、纪丽、董显仁、李宏文、董云仙、宋婷婷、禹青、陈北京、陈春光、付姗姗、李军、张晗东、邢茜、王荣江、任敬虎、赵明泉、薛彦满、李少娜、袁志国、张文龙、高森、王君华、谢娜、刘茂华、徐少君、吴慧敏、刘晓龙、陈松栋、吴蓉、张伟杰、薛永志等人的大力支持与帮助，再此表示衷心的感谢！希望本书能够对读者的工作和学习有所帮助，由于书中难免有疏漏之处，希望广大读者能够给予批评指正。

编著者

CONTENTS 目录

第1章　初识Photoshop CS5

第2章　文件基本操作与颜色设置

第3章 移动与选框工具

第4章 修复与修饰工具

第5章 绘画工具

第6章 路径与矢量图形工具

第7章 文字工具

第8章 3D工具

第9章 图层

第10章 蒙版

第11章 通道

第12章 文件菜单

第13章 编辑菜单

第14章 图像菜单

第15章 图层菜单

第16章 选择菜单

第17章 滤镜菜单

第18章 分析与3D菜单

第19章 视图、窗口与帮助菜单

第20章 各种效果字制作

第21章 综合实例

第1章 初识Photoshop CS5

Photoshop是Adobe公司推出的一款优秀的图像编辑软件，自推出之日起就一直深受广大平面设计者的好评。Photoshop CS5版本功能更加强大、操作更为灵活，为使用者提供了广阔的创作空间和设计空间，使平面设计工作也更加方便、快捷。

通过本章的学习，您可以掌握以下知识点：

- Photoshop的应用领域
- 轻松安装和卸载Photoshop CS5
- 启动与退出Photoshop CS5
- 认识Photoshop CS5的工作界面

1.1 Photoshop的应用领域

Photoshop的应用领域非常广泛，无论是在平面广告设计、网页设计、界面设计等设计类领域，还是在影视动画的后期制作与卡通动漫的绘制等方面，都起着十分重要的作用。

1.1.1 处理图像

Photoshop作为最强大的图像处理软件，可以完成对图像的修正与校色、制作精美的特效，在Photoshop中还配备了大量的色彩和色调调整工具、图像修复与修饰工具等，运用这些工具可以将图像调整到理想的效果，如图1-1所示。

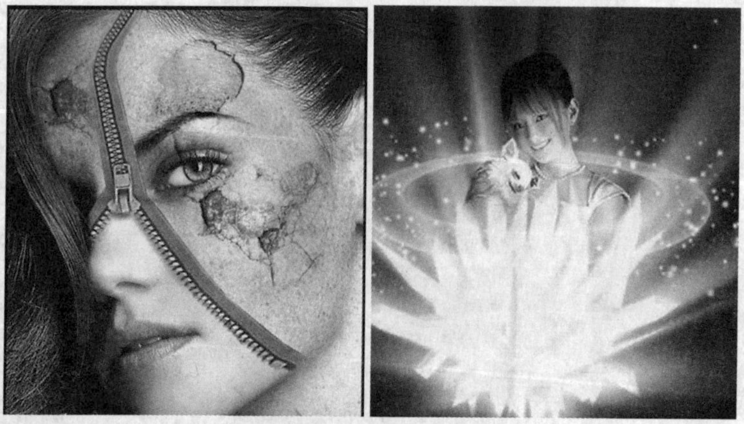

图1-1 用Photoshop处理图像

1.1.2 合成图像

在Photoshop中，不仅可以处理出精美绝伦的图像效果，还可以利用Photoshop创造性地合成一些图像效果；也可以将自己的照片与一些漂亮的背景图片进行图像合成处理，最后得出令自己满意的效果，如图1-2所示。

图1-2 Photoshop合成的照片

1.1.3 调色

作为最强大的图像处理软件，Photoshop可以完成从图像的扫描输入，到图像的校色、修复与润饰，再到分色输出等一系列专业化工作。对于偏色较严重的照片，在Photoshop中也能找到最佳的解决办法，如图1-3所示。

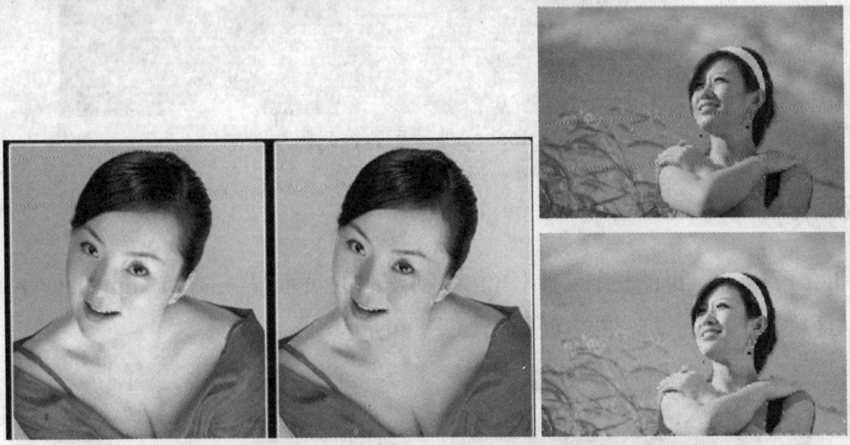

图1-3 Photoshop为照片调色

1.1.4 广告设计

随着广告事业的飞速发展，Photoshop已经完全渗透到了平面广告设计、包装设计、海报设计等行业的制作环节，如图1-4所示。

图1-4 Photoshop设计的广告与包装

1.1.5 处理与设计数码照片

Photoshop拥有强大的照片处理功能，可以完成对数码照片的校正、修复与润饰，使数码照片更加精美，如图1-5所示。

图1-5 Photoshop处理后的数码照片效果

1.1.6 网页设计

Photoshop可用于网页的设计与制作。将制作出的页面导入到Dreamweaver中进行进一步的处理，便可创建出互动的网站页面，如图1-6所示。

图1-6 Photoshop制作的网页效果

1.1.7 界面设计

界面设计随着网络和电子产品的普及而迅速发展，大多数的界面设计是用Photoshop制作的。利用Photoshop中的渐变、图层样式和滤镜等功能可以制作出富有质感和各种特效的界面，如图1-7所示。

图1-7 Photoshop制作的界面效果

1.1.8 插画绘制

利用Photoshop绘制电脑艺术插画已经成为新文化群体表达文化意识形态的利器，在网络、广告、CD封面甚至T恤上，都不难见到风格各异的精美插画，而这些插画大多数都是利用Photoshop绘制出来的，如图1-8所示。

图1-8 Photoshop绘制的插画效果

1.1.9 卡通绘制

利用Photoshop的鼠绘功能可以绘制出各种各样的卡通形象，而且操作简单，如图1-9所示。

图1-9 Photoshop绘制的卡通形象

1.1.10 影视动画贴图与特效

现在3D软件的贴图制作功能还比较弱，模型的贴图通常都是用Photoshop制作的，用Photoshop制作的人物皮肤贴图、场景贴图和各种质感的材质不仅效果逼真，而且还可以为影视动画的制作节省很多宝贵的时间，如图1-10所示。

图1-10 Photoshop制作的影视动画特效

1.1.11 效果后期制作

在制作建筑效果图时，通常利用Photoshop做后期的效果处理，如人物、车辆、天空、景观以及各类装饰品都可以用Photoshop进行添加，这样既节省了时间，也增强了画面的美感，如图1-11所示。

图1-11 Photoshop对建筑的后期调整效果

1.2 轻松安装和卸载Photoshop CS5

下面来学习Photoshop CS5的安装与卸载。首先来看一下安装CS5版本的系统要求。

1.2.1 系统要求

由于Windows操作系统和Mac OS操作系统之间存在差异，Photoshop CS5的安装要求也不同，以下是Adobe推荐的最低系统要求。

1. Windows

- Intel Pentium 4 或 AMD Athlon 64 处理器。
- Microsoft Windows XP（带有 Service Pack 3）；Windows Vista Home Premium、Business、Ultimate 或 Enterprise（带有 Service Pack 1，推荐 Service Pack 2）或 Windows 7。
- 1GB 内存。

- 1GB 可用硬盘空间用于安装；安装过程中需要额外的可用空间（无法安装在基于闪存的可移动存储设备上）。
- 1024×768像素屏幕（推荐 1280×800像素），配备符合条件的硬件加速 OpenGL 图形卡、16 位颜色和 256MB VRAM。
- 某些 GPU 加速功能需要 Shader Model 3.0 和 OpenGL 2.0 图形支持。
- DVD-ROM 驱动器。
- 多媒体功能需要 QuickTime 7.6.2 软件。
- 在线服务需要宽带 Internet 连接。

2. Mac OS

- Intel 多核处理器。
- Mac OS X 10.5.7版 或 10.6 版。
- 1GB 内存。
- 2GB 可用硬盘空间用于安装;安装过程中需要额外的可用空间(无法安装在使用区分大小写的文件系统的卷或基于闪存的可移动存储设备上)。
- 1024×768像素屏幕（推荐1280×800像素），配备符合条件的硬件加速 OpenGL 图形卡、16 位颜色和 256MB VRAM。
- 某些 GPU 加速功能需要 Shader Model 3.0 和 OpenGL 2.0 图形支持。
- DVD-ROM 驱动器。
- 多媒体功能需要 QuickTime 7.6.2 软件。
- 在线服务需要宽带 Internet 连接。

1.2.2 Photoshop CS5的安装

实战演练001——安装Photoshop CS5软件

1 将Photoshop CS5安装光盘放入光驱，在光盘根目录Adobe CS5文件夹中双击Setup.exe文件，运行安装程序，开始初始化，如图1-12所示。

图1-12 初始化对话框

2 初始化完成后，显示【欢迎使用】窗口，如图1-13所示。

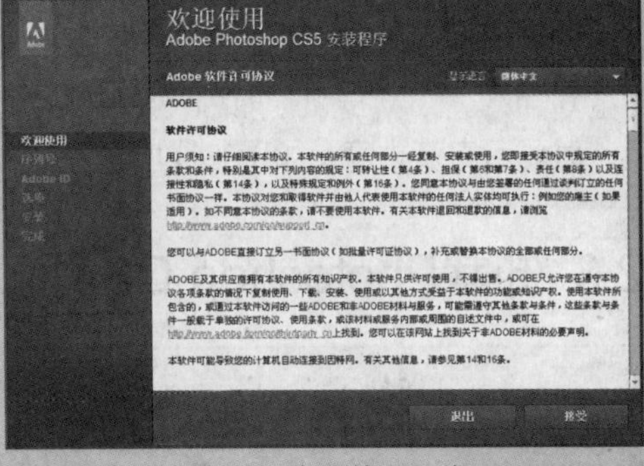

图1-13 【欢迎使用】窗口

3 单击 接受 按钮，将进入输入序列号界面，如图1-14所示。

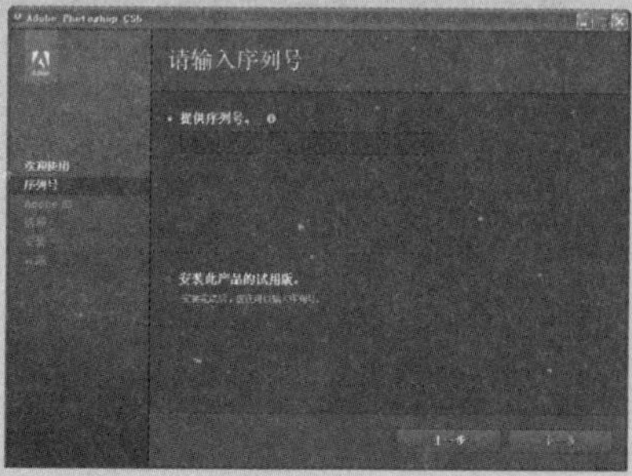

图1-14 输入序列号界面

4 输入正确的序列号，然后单击右侧的 选择语言 按钮，在弹出的下拉列表中选择“简体中文”选项，然后单击 下一步 按钮。

5 进入【输入Adobe ID】界面，如图1-15所示。

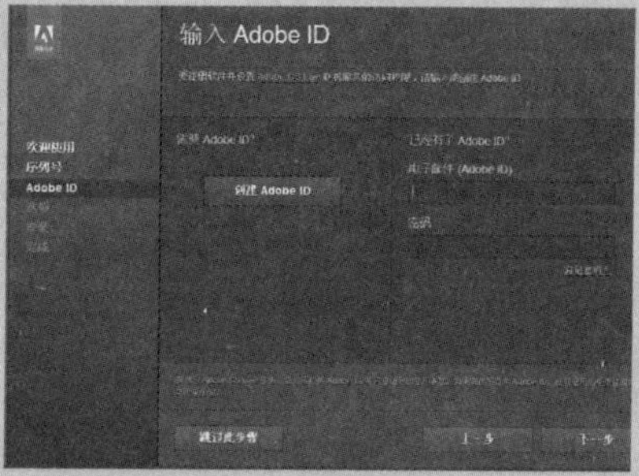

图1-15 【输入 Adobe ID】界面

6 如有注册Adobe ID，可直接输入，如没有可单击 跳过此步骤 按钮，将此步骤跳过，即可进入【安装选项】界面，如图1-16所示。

7 设置软件安装的位置，然后单击 安装 按钮，即可开始安装，同时显示安装进度，如图1-17所示。

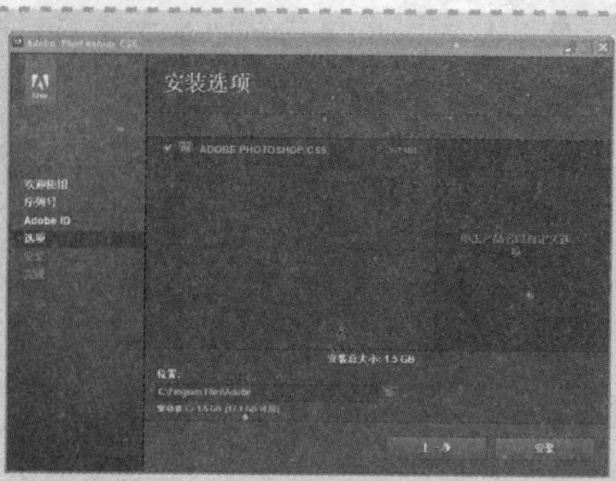

图1-16 【安装选项】界面

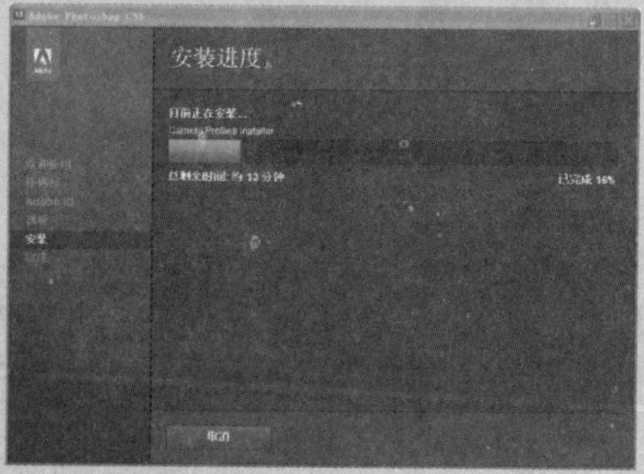

图1-17 显示的安装进度

8 当安装进度显示到100%时，表示安装成功，进入提示安装完成界面，如图1-18所示。

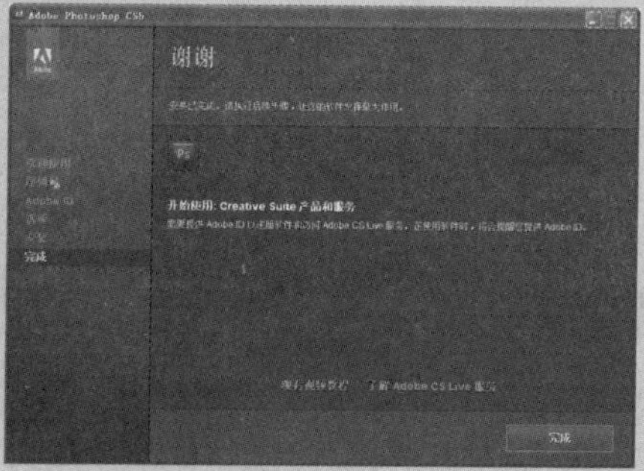

图1-18 提示安装完成界面

9 单击 完成 按钮，即可完成Photoshop CS5的安装操作。

1.2.3 卸载Photoshop CS5

实战演练002——卸载Photoshop CS5软件

1 打开Windows控制面板，双击“添加或删除程序”图标，也可以执行“开始｜设置｜控制面板｜添加或删除程序”命令，弹出【添加或删除程序】窗口，如图1-19所示。

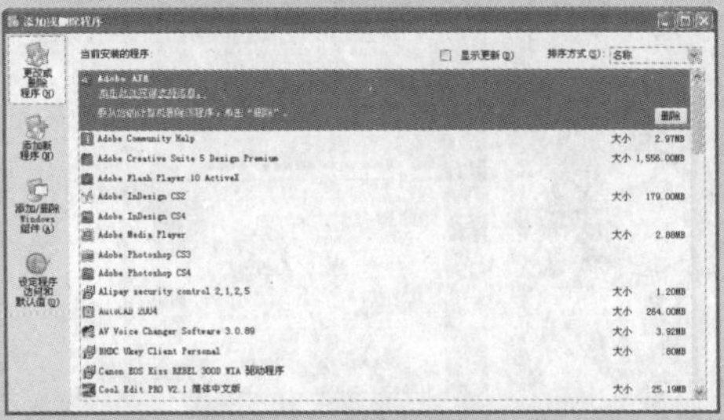

图1-19 【添加或删除程序】窗口

2 在打开的面板中选择Adobe Creative Suite 5 Design Premiem程序，然后单击右侧的 删除 按钮，将弹出卸载选项窗口，如图1-20所示。

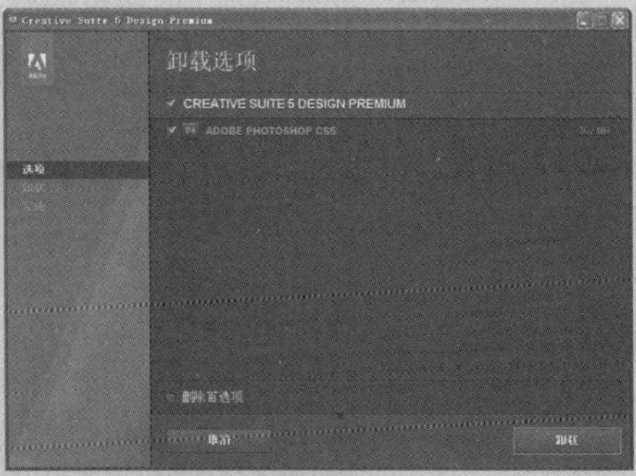

图1-20 卸载选项窗口

3 单击 卸载 按钮，开始卸载，同时会弹出显示卸载速度。如果要取消卸载，可单击 取消 按钮。

1.3 启动与退出Photoshop CS5

执行“开始｜程序｜Adobe Design Premium CS5｜Adobe Photoshop CS5”命令即可打开Photoshop CS5。

单击Photoshop CS5工作界面右上角的 X 按钮，或双击工作界面左上角的 Ps 图标，即可关闭Photoshop CS5程序。

1.4 认识Photoshop CS5的工作界面

学习Photoshop CS5首先要从认识其工作界面开始，本节将具体讲解其工作界面。

1.4.1 界面组成

Photoshop CS5的工作界面主要由标题栏、菜单栏、选项栏、工具箱、文档窗口及控制面板等组件组成，如图1-21所示。

- 标题栏：位于工作界面的最上方，显示软件图标、当前文档窗口的显示比例及各种快捷按钮等。
- 菜单栏：单击菜单名称可以打开菜单，菜单中包含可执行的各种命令。
- 选项栏：用来设置工具的各种选项，它会随着所选工具的不同而变换内容。
- 工具箱：工具箱中包含了用于执行各种操作的工具，如创建选区、移动图像、绘画、创建路径及输入文字等。

图1-21 工作界面

- 文档窗口：用于显示和编辑图像的区域。其最上方为文档标题栏，用于显示文档名称、文件格式、窗口缩放比例和颜色模式等信息。如果文档中包含多个图层，则还会显示当前工作的图层名称；其最下方为文档状态栏，用于设置文件图像的显示比例，在比例框中输入相应的数值，可以直接修改图像的显示比例；比例框的右侧显示当前图像文件的大小信息。
- 控制面板：可以帮助用户编辑图像，主要用于对当前图像的色彩、大小显示、样式及相关的操作等进行设置和控制。
- 选项卡：当打开多个图像时，它们可以最小化到选项卡中，在选项卡中单击各个文件名称即可显示相应文件。

1.4.2 标题栏

Photoshop CS5改版后的标题栏如图1-22所示。

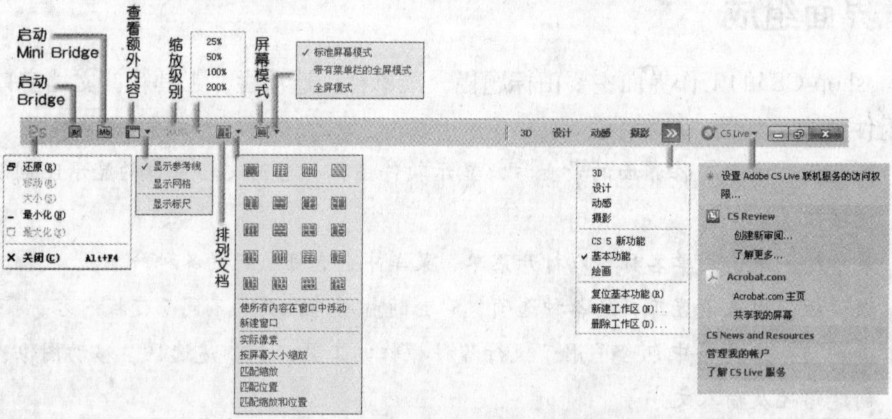

图1-22 Photoshop CS5的标题栏

1. 标尺、参考线和网格

标尺、参考线和网格都是图像处理的帮助工具，在绘制和移动图形过程中，这些工具可以帮助用户精确地对图形进行定位和对齐。

（1）标尺

标尺的主要作用是度量当前图像的尺寸，同时对图像进行辅助定位，使设计更加准确。

①显示/隐藏标尺

打开素材图片“素材\第01章\书籍.jpg”，单击标题栏中的按钮，在弹出的下拉菜单中选择“显示标尺”命令，或执行“视图｜标尺”命令（快捷键为Ctrl+R组合键），即可显示标尺，如图1-23所示。再次执行该命令即可将标尺隐藏。在移动鼠标时，标尺内将显示光标当前的位置标记，如图1-24所示。

②重新设置标尺的原点

更改标尺原点，即标尺左上角的 (0, 0) 位置，可从图像上的特定点开始度量。将光标移动到标尺左上角的 (0, 0) 位置开始沿对角线向下拖动鼠标，此时将出现一组十字线，拖动至合适位置后释放鼠标，标尺的原点即设置到释放左键时的位置。将标尺原点改变位置后，双击标尺左上角的交叉点，可将标尺原点还原为默认位置。

图1-23 显示的标尺

图1-24 显示的位置标记

专家提示

标尺原点还决定了网格的原点，即移动标尺的原点后，网格也会进行相应的变化。注意，只有标尺和网格都处于显示状态时才可看出效果。

（2）参考线

参考线是显示在图像文件中但不会被打印的有效辅助线条。

①显示/隐藏参考线

单击标题栏中的按钮，在弹出的下拉菜单中选择“显示参考线”命令，或执行“视图｜显示｜参考线”命令，即可在文档窗口中显示参考线，前提是有参考线存在。再次执行此命令，即可将参考线隐藏。

②创建参考线

在显示的标尺上开始向画面中拖动鼠标，即可创建参考线。按住Shift键拖动鼠标，可创建与标尺刻度对齐的参考线，如图1-25所示。

执行“视图｜新建参考线”命令，将弹出如图1-26所示的【新建参考线】对话框。通过设置此对话框可以在文档窗口中精确地添加参考线。

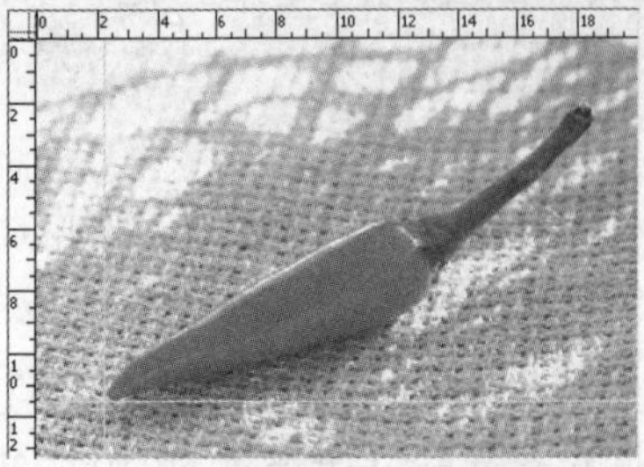

图1-25 添加的参考线

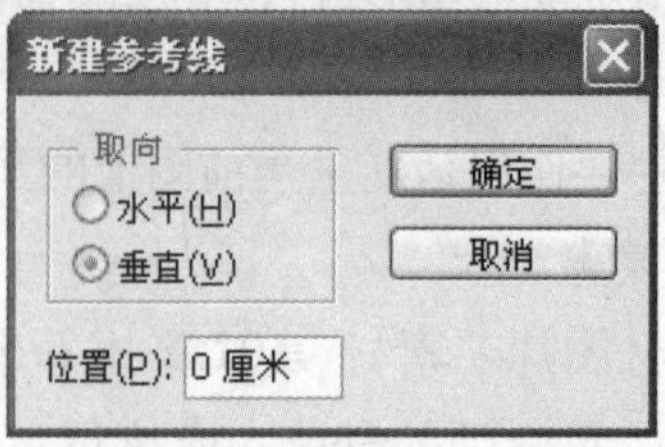

图1-26 【新建参考线】对话框

- 【水平】选项：选中该单选按钮，将在水平方向上添加参考线。
- 【垂直】选项：选中该单选按钮，将在垂直方向上添加参考线。
- 【位置】选项：在右侧的文本框中输入数值，可以设置参考线添加的位置。

③移动参考线

确认激活的工具，将鼠标光标移动到参考线上，当鼠标光标显示为图标或图标时，拖动鼠标，即可改变参考线的位置。如当前图像文件中显示网格，且“视图｜对齐｜网格”命令处于选中状态，则可将参考线与网格对齐。

专家提示

在移动参考线时，按住Alt键的同时单击或拖动参考线，可将水平参考线修改为垂直方向，或将垂直参考线修改为水平方向。

④锁定和删除参考线

- 执行“视图｜锁定参考线”命令，可将图像文件中的参考线锁定。
- 在移动参考线时，当将参考线拖动到图像窗口之外，可将该参考线删除。
- 执行“视图｜清除参考线”命令，可将图像文件中的所有参考线全部删除。

(3) 网格

网格是由显示在图像文件中一系列相互交叉的直线所构成的，在打印时不会被打印输出。单击标题栏中的按钮，在弹出的下拉菜单中选择“显示网格”命令，或执行“视图｜显示｜网格”命令（快捷键为 Ctrl+" 组合键），可在当前图像文件中显示或隐藏网格。网格处于显示时的状态如图1-27所示。

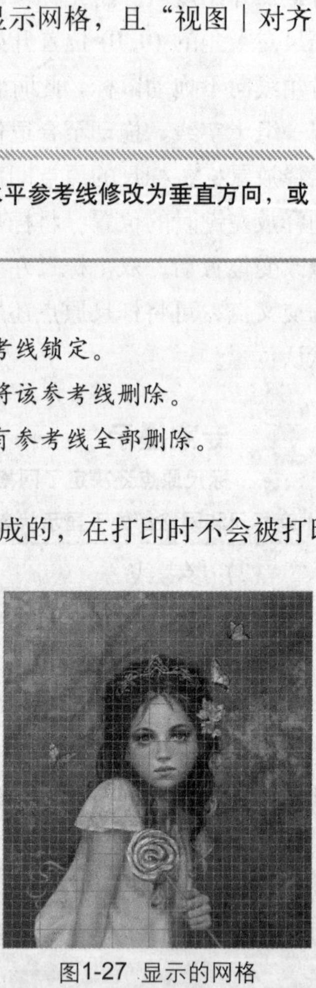

图1-27 显示的网格

2. 排列文档

如果打开了多个图像文件，可利用标题栏中的按钮来控制各个文档窗口的排列方式，包括全部按网格拼贴、全部垂直拼贴、全部水平拼贴和双联、三联、四联等。部分排列方式如图1-28所示。

图1-28 文档排列方式

- 执行“使所有内容在窗口中浮动”命令，可使各文档窗口脱离选项卡，以单独文件的方式显示在工作界面中，如图1-29所示。

图1-29 浮动的文档窗口

- 新建窗口：为当前文档新建一个窗口，文档名称与图像与原文档相同。
- 实际像素：将当前文档中的图像按实际像素（即100%）显示。
- 按屏幕大小缩放：将当前文档中的图像按屏幕的大小显示，即在除工具箱、选项栏及各控制面板以外的区域最大化显示。
- 匹配缩放：将所有文档中的图像都匹配到与当前文档相同的缩放比例。例如，当前文档的缩放比例为66.7%，如图1-30所示；执行“匹配缩放”命令后，其他文档窗口将自动调整为66.7%，如图1-31所示。

图1-30 调整的缩放比例

图1-31 匹配缩放后的效果

- 匹配位置：将所有窗口中的图像按当前文档中显示的位置显示，如图1-32、图1-33所示。

图1-32 调整的显示位置

图1-33 匹配后的显示位置

- 匹配缩放和位置：将所有窗口中图像的缩放比例和显示位置与当前文档中的图像匹配。

另外，执行“窗口｜排列”命令，在弹出如图1-34所示的子菜单中也可对打开的文档窗口进行排列，具体使用方法与上面讲解的相同。

3. 屏幕模式

Photoshop CS5中提供了3种显示模式，即标准屏幕模式、带有菜单栏的全屏模式和全屏模式。按F键可以在各显示模式之间切换；在带有菜单栏的全屏模式和不带菜单栏的全屏模式下，按Shift+F组合键可以切换是否显示菜单栏。

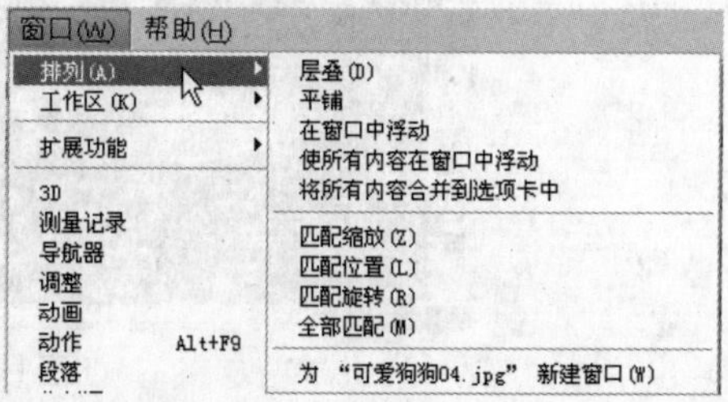

图1-34 “排列”子菜单

- 标准屏幕模式：这是系统默认的屏幕显示模式，即图像文件刚打开时的显示模式。
- 带有菜单栏的全屏模式：可以切换到带有菜单栏的全屏模式，即文档窗口的标题栏、状态栏及滚动条全部隐藏，且图像在工作区中居中显示，如图1-35所示。另外，如工作界面中的下方显示Windows的状态栏，此时也将隐藏。

图1-35 带有菜单栏的全屏显示模式

- 全屏模式：可以切换到全屏模式。执行该命令，将弹出如图1-36所示的“信息”对话框，单击全屏按钮，图像的全屏模式如图1-37所示。

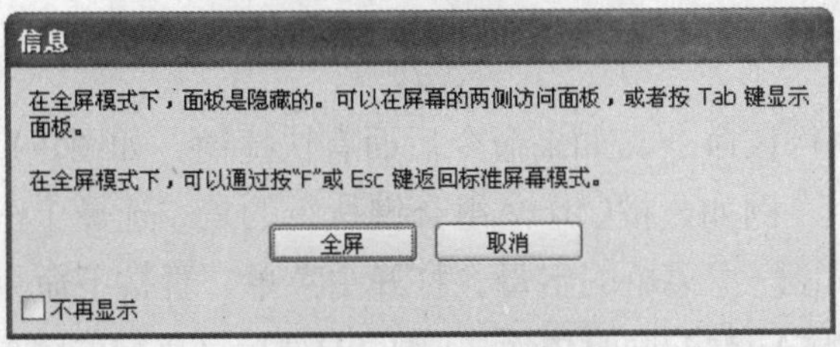

图1-36 “信息”对话框

图1-37 全屏显示模式

在全屏模式状态下，将鼠标光标移动到工作界面的左、右两侧，将显示工具箱和控制面板，另外按Tab键可显示隐藏的标题栏、菜单栏、选项栏、工具箱及各控制面板，如图1-38所示。

图1-38 按Tab键后的显示状态

专家提示

在标准屏幕模式下，按Tab键可显示或隐藏选项栏、工具箱和各控制面板；在其他两种屏幕模式下，按Tab键可将除图像外的其他选项全部显示或隐藏。另外，不论在哪一种模式下，按Shift+Tab组合键均可显示或隐藏控制面板。

1.4.3 菜单栏

Photoshop CS5中有11个主菜单，如图1-39所示。每个菜单内都有一系列的命令，例如，“文件”菜单中包含的是用于设置文件的各种命令；“滤镜”菜单中包含的是各种滤镜命令。

图1-39 菜单栏

1. 打开菜单

单击一个菜单的名称即可打开该菜单，在菜单中不同的功能命令由分割线隔开，带有黑色三角标记的命令表示该命令有子菜单，如图1-40所示。

2. 执行菜单中的命令

选择菜单中的某一个命令即可执行该命令。如果命令后面有快捷键，如图1-41所示。则表明按下快捷键可快速执行该命令。例如，按Ctrl+A组合键执行的是“选择｜全部”命令。有些命令只有字母，要通过按Alt键+主菜单的字母，打开主菜单，再按下命令后的字母，才能执行该快捷命令。例如，按住Alt键的同时依次按L键和D键，可执行“图层｜复制图层”命令，如图1-42所示。

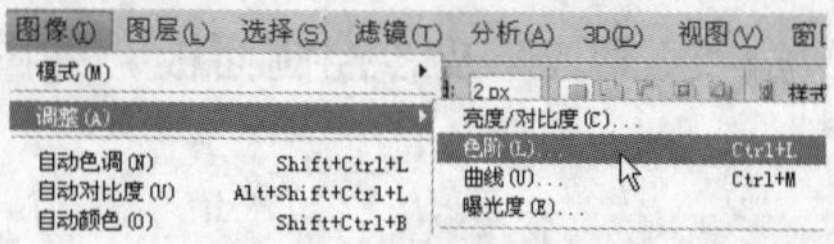

图1-40 有子菜单的命令

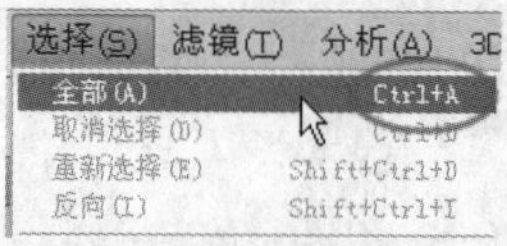

图1-41 命令的快捷键

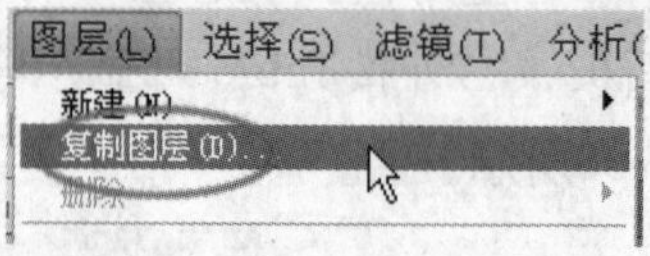

图1-42 有字母的快捷键

3. 使用快捷菜单

激活工具箱中的按钮，在文档窗口的空白处或一个对象上单击鼠标右键便可显示快捷菜单，如图1-43所示。如当前对象为路径图形，且按钮处于激活状态，在文档窗口中单击鼠标右键，将弹出如图1-44所示的快捷菜单。由此可见，激活不同的按钮在文档窗口中单击鼠标右键，将弹出不同的快捷菜单。灵活运用快捷菜单，可大大提高做图速度。

图1-43 对象的快捷菜单

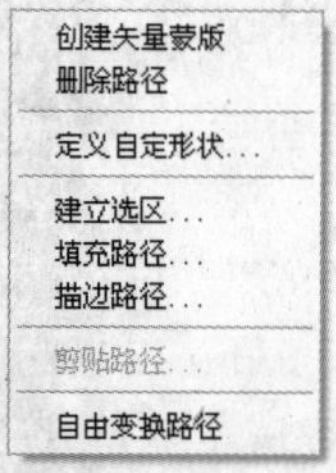

图1-44 文档窗口的快捷菜单

1.4.4 选项栏

选项栏也称工具选项栏，它主要用来设置所选工具的属性和选项。

1. 使用选项栏

在工具箱中选择不同的工具，选项栏中的内容也各不相同。例如，图1-45所示为选择工具时的选项内容，图1-46所示为选择工具时的选项内容。

图1-45 椭圆选框工具的选项栏

图1-46 抓手工具的选项栏

有时使用某些工具时，还需要在工具选项栏中输入数值或设置其他选项，如图1-47所示。

图1-47 在工具选项栏中输入数值

专家提示

工具选项栏中的一些设置（如模式和不透明度）对于许多工具都是通用的，但是有些设置却专用于某个工具，如铅笔工具的“自动涂抹”选项。对于通用的选项本书将只在首次出现时介绍，再次出现时将不再提示。

- 选项箭头：单击该按钮，可以弹出一个下拉列表，如图1-48所示。
- 文本框：在文本框中拖动鼠标，将数值选取，然后输入新数值并按Enter键即可调整数值。如果文本框旁边有按钮，单击该按钮即可显示一个滑块，拖动滑块也可以调整数值，如图1-49所示。

图1-48 弹出的下拉列表

- 小滑块：在包含文本框的选项中，将光标放在选项的名称上，光标会变成如图1-50所示的状态；此时左右拖动鼠标，可以调整数值的大小，如图1-51所示。

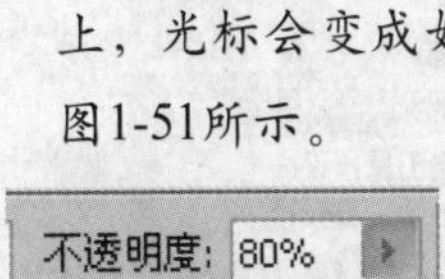

图1-49 拖动滑块调整数值

图1-50 光标在选项名称上时的效果

图1-51 拖动光标调整数值

2. 显示/隐藏选项栏

执行“窗口｜选项”命令，可以隐藏或显示选项栏。

3. 移动选项栏

将鼠标光标移动到工具选项栏的最左侧位置并进行拖动，即可将其在停放的位置拖出，成为浮动的工具选项栏，如图1-52所示。将它拖动回菜单栏下面，当出现如图1-53所示的蓝色条时释放鼠标，可将其重新放回原处。

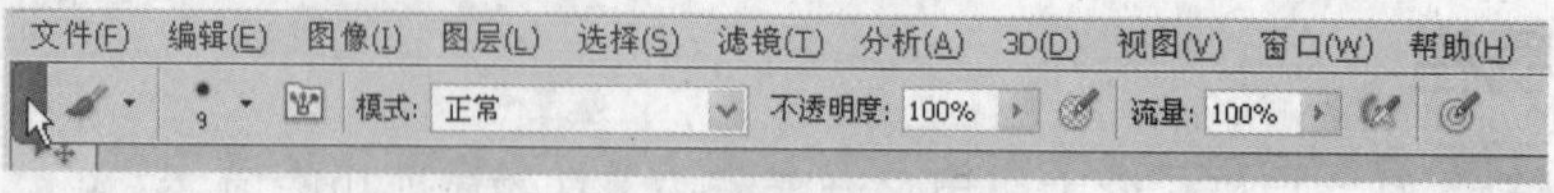

图1-52 浮动的工具选项栏

图1-53 出现的蓝条

4. 创建和使用选项栏中的工具预设

在工具选项栏中单击工具右侧的按钮，可以显示一个选项面板，如图1-54所示。面板中包含了预先设置好的选项工具。例如，选择如图1-55所示的工具时，可将当前工具切换为修复画笔工具。

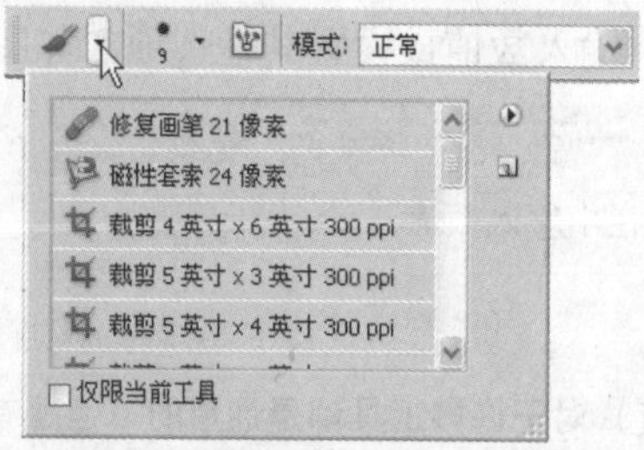

图1-54 选项面板

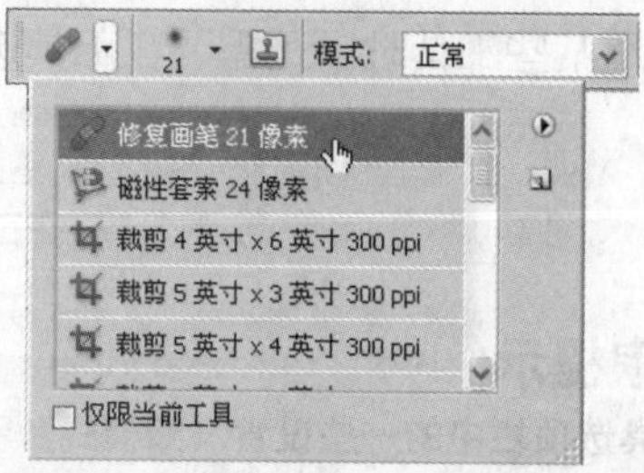

图1-55 选择的工具

- 新建工具预设：在工具箱中选择一个工具，然后在工具选项栏中设置工具的选项，单击工具预设面板中的按钮，可以基于当前设置的工具选项创建一个工具预设。
- 仅限当前工具：选择该选项时，只显示工具箱中所选工具的预设，如图1-56所示。取消选择时，会显示所有工具预设。
- 重命名和删除工具预设：在一个工具预设上单击鼠标右键，可以在打开的快捷菜单中选择重命名或删除该工具预设的命令，如图1-57所示。

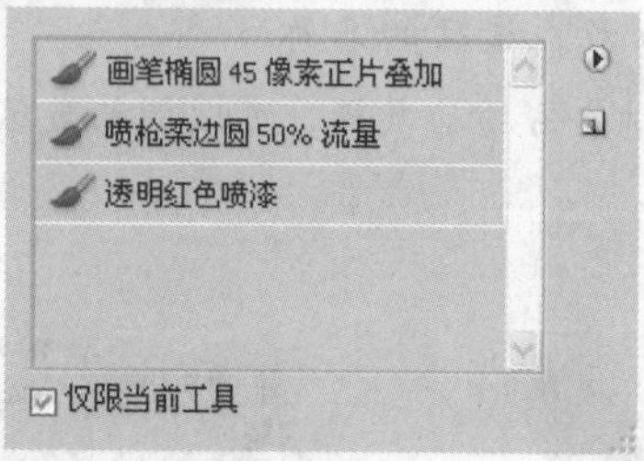

图1-56 勾选"仅限当前工具"复选框时的效果

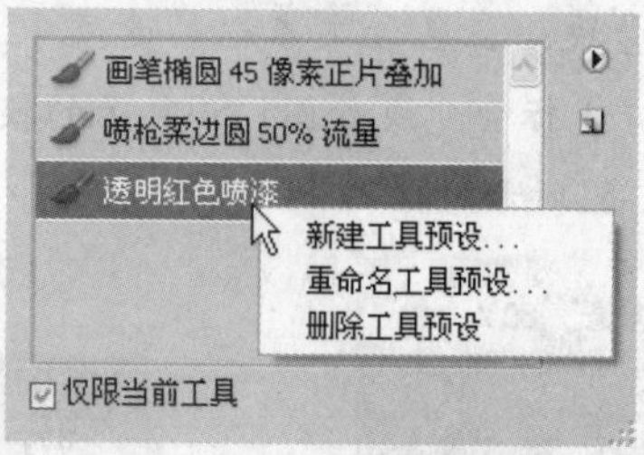

图1-57 弹出的快捷菜单

- 复位工具预设：当选择一个工具预设后，以后每次选择该工具时，都会应用这一预设。执行面板菜单中的"复位工具"命令，可以使工具恢复为无预设状态。

1.4.5 工具箱

Photoshop CS5的工具箱如图1-58所示。在工具箱的顶部有按钮，此按钮可以完成对工具箱的单、双排分布的转换，如图1-59所示。

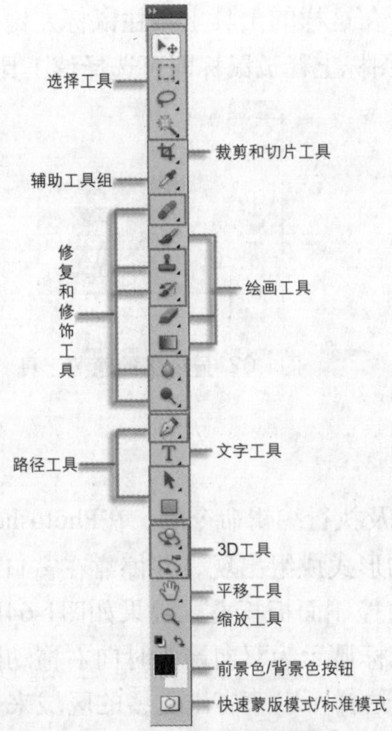

图1-58 工具箱简介

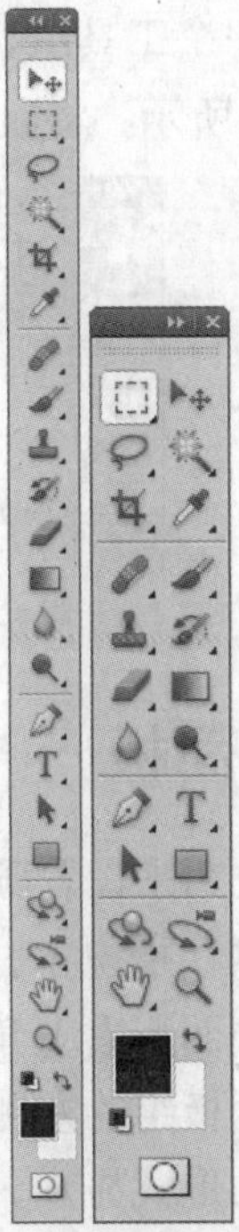

图1-59 单排和双排工具箱

工具箱中包含各种图形绘制和图像处理工具，如对图像进行移动、选取、绘制、编辑和查看，在图像中输入文字，3D变换以及更改前景色和背景色等，如图1-60所示。

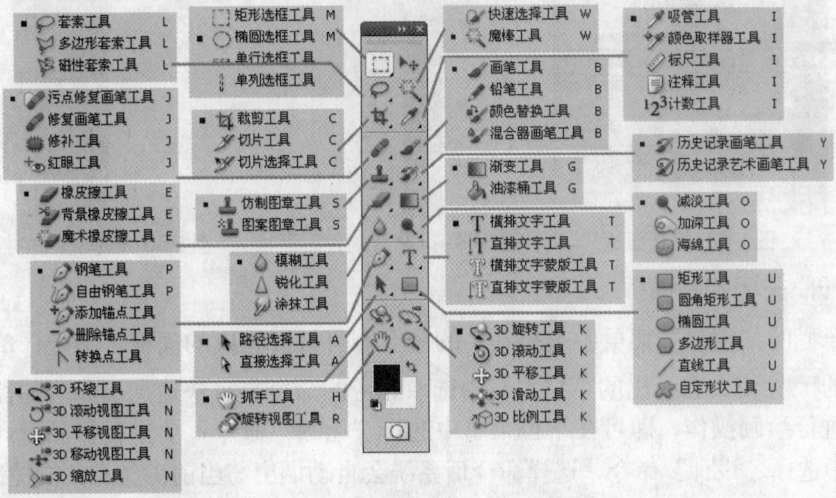

图1-60 工具箱中的全部工具

1．移动工具箱

启动Photoshop CS5时工具箱停放在窗口左侧，将鼠标光标放在工具箱顶部▶▶按钮的右侧并向右拖动，即可将工具箱从停放的位置拖出，放置到窗口的任何位置。

2．选择工具

单击工具箱中的任何工具即可选择此工具，如果工具的右下角带有黑色三角形图标则表明此工具是一个工具组，如图1-61所示。在这样的工具上按住鼠标左键即可显示隐藏的工具，如图1-62所示。将鼠标移动到隐藏的图标上释放鼠标即可选择该工具。

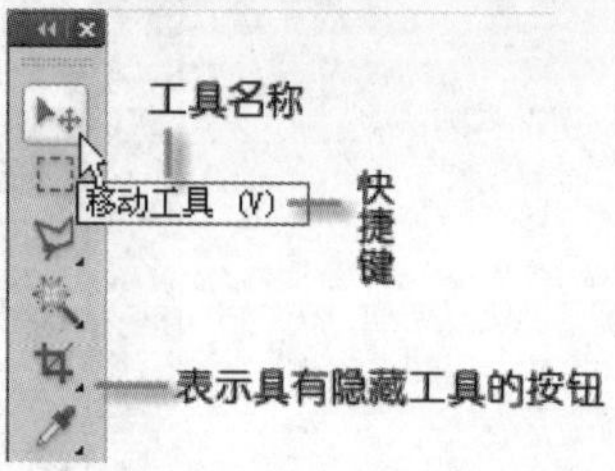

图1-61 选择工具

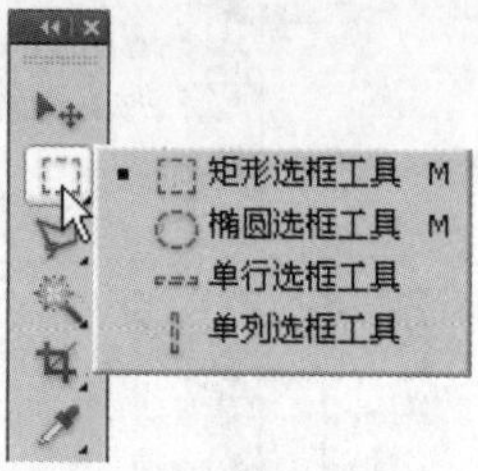

图1-62 显示出的隐藏工具

1.4.6 控制面板

控制面板是用来设置颜色、工具参数以及执行编辑命令的。在Photoshop CS5中包含了20多个面板，默认情况下，面板以选项卡的形式成组出现，并停靠在窗口右侧，如图1-63所示。单击控制面板右上角的按钮，可将控制面板折叠，效果如图1-64所示。将鼠标光标放置到控制面板组的左侧位置，当鼠标光标显示为双向箭头时向右拖动鼠标，可将各控制面板以按钮的形式显示，如图1-65所示。这样可以节省出更多的区域来显示图像，以方便对图像进行调整操作。

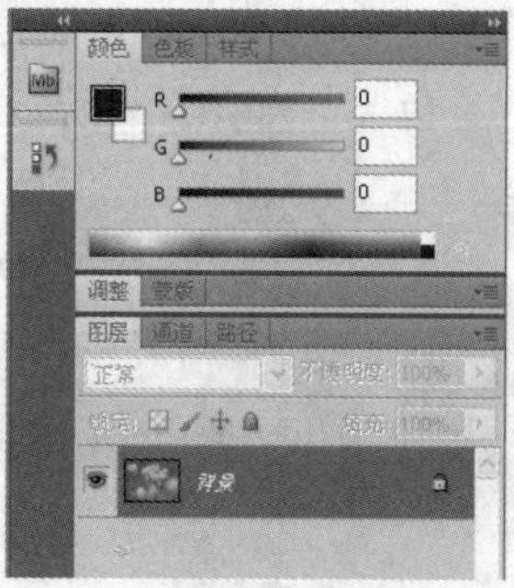
图1-63 控制面板

图1-64 折叠后的控制面板

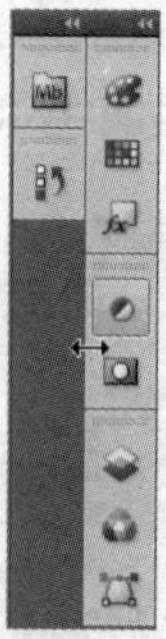
图1-65 按钮形式的控制面板

1. 打开/关闭控制面板

在菜单栏的“窗口”菜单中选择其中的命令即可打开相应的面板；另外，单击工作界面右上角的按钮，在弹出的下拉菜单中选取相应的命令，可快速调出相应的控制面板。例如，要进行绘画操作，即可在下拉菜单中选择“绘画”命令；要进行作品设计，即可在下拉菜单中选择“设计”命令，选择命令后系统会自动调出与当前工作有关的控制面板。

在一个面板的名称上单击鼠标右键，在弹出的快捷菜单中选择“关闭”命令，即可将面板关闭。当控制面板独立显示时，也可以单击右上角的按钮将其关闭。

2. 调整面板大小

拖动面板右下角的图标，则可调整面板的大小。

3. 打开面板菜单

单击面板右上角的按钮，可以打开面板菜单。面板菜单中包含了与当前面板有关的各种命令，注意不同的面板弹出的面板菜单也各不相同。

4. 控制面板的展开与折叠

在控制面板最上方的深灰色区域上单击鼠标，可将显示的控制面板折叠，再次单击即可将其展开；在每个面板组上方的灰色区域上单击鼠标，可将该面板组最小化显示，再次单击，可将该面板组展开。

5. 拆分面板

将光标放到面板的名称上并拖动到窗口的空白处，即可将面板从面板组中分离出来，成为浮动面板。拖动浮动面板的名称可以将其放置到窗口的任意位置，如图1-66所示。

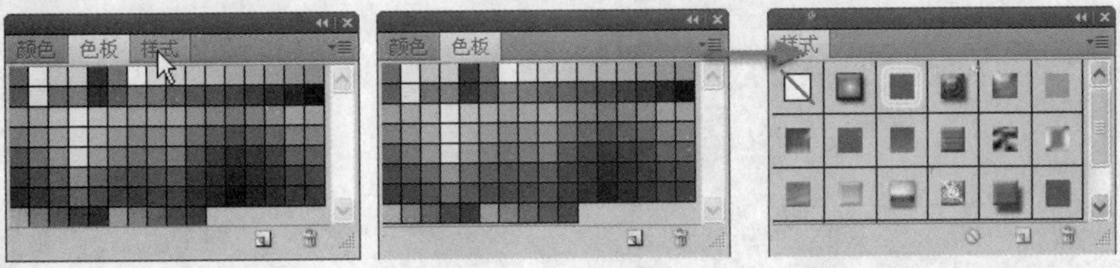

图1-66 面板的拆分

将鼠标光标放置到面板组如图1-67所示的位置上并进行拖动，可调整面板组的位置。

6. 组合面板

- 将光标放到面板的名称上并将其拖动到另一个面板的选项卡上，当显示如图1-68所示的蓝色边框时，释放鼠标即可将面板组合，如图1-69所示。
- 将光标放到面板的名称上并将其拖动到另一个面板的下方，当两个面板的连接处显示为蓝色时释放鼠标，即可将两个面板以链接的形式组合，如图1-70所示。

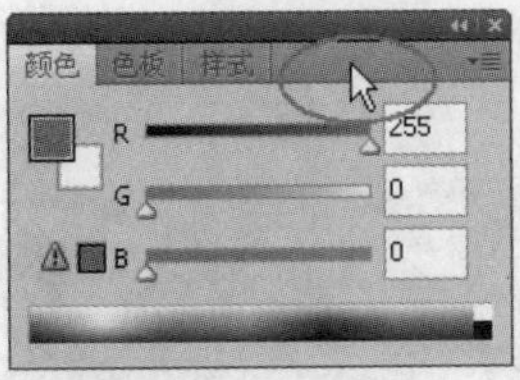

图1-67 鼠标光标放置的位置

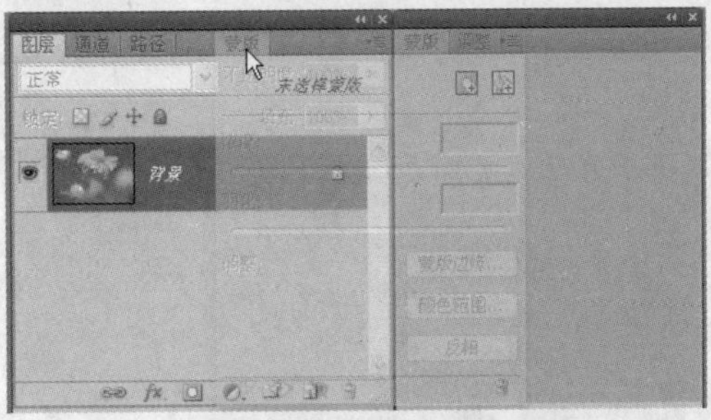

图1-68 拖动时的状态

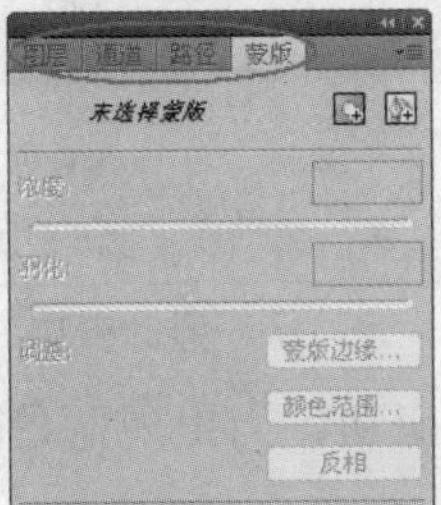

图1-69 组合后的面板组

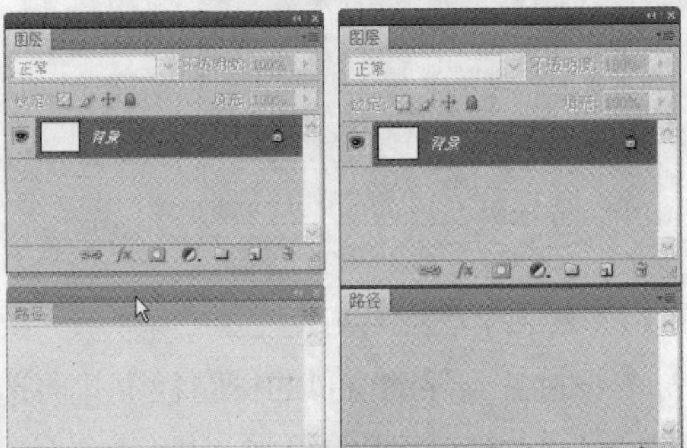

图1-70 面板的组合

1.4.7 选项卡和文档窗口

在Photoshop CS5中每创建或打开一个文件，便会生成一个文档窗口，当打开或创建多个文件时，文档窗口将以选项卡的形式显示，如图1-71所示。单击其中一个文档的名称，即可将此文件设置为当前操作文件，如图1-72所示。另外，按Ctrl+Tab组合键可按顺序切换文档窗口；按Shift+Ctrl+Tab组合键可按相反的顺序切换文档窗口。

图1-71 创建和打开的图像文件

图1-72 设置为操作文件

当创建或打开的图像文件数量较多，选项卡中不能完全显示所有的文档名称时，可以单击右侧的»按钮，即可弹出所有的文档名称列表，如图1-73所示。文档名称前面带✔图标的表明为当前文档窗口。

将一个文档窗口从选项卡中拖出，可将其设置为浮动窗口，如图1-74所示。此时，拖动文档窗口的边框可调整文档窗口的大小；在标题栏中拖动鼠标，可调整浮动窗口在工作界面中的位置。

图1-73 显示的文档名称列表

图1-74 浮动窗口

将鼠标光标放置到浮动窗口的标题栏中并向选项卡位置拖动，当出现蓝色的边框时释放鼠标，即可将浮动窗口停放到选项卡中。

第2章 文件基本操作与颜色设置

本章将介绍有关文件的一些基本操作以及基本的颜色设置与填充，为后面对图像进行处理做好准备。电脑图形主要有两类，一类是位图图像，一类是矢量图形，而Photoshop是一种典型的位图软件，因此在本章中还会介绍有关位图和矢量图的一些基本概念和常识。

通过本章的学习，您可以掌握以下知识点：

- 新建与打开文件
- 像素和分辨率
- 位图与矢量图
- 存储与关闭文件
- 设置与填充颜色
- 缩放与旋转视图
- 综合实战——新建指定尺寸的文件

2.1 新建与打开文件

新建文件或打开文件操作是进行工作的第一步。

2.1.1 新建文件

执行“文件｜新建”命令或按Ctrl+N组合键，即可打开【新建】对话框，如图2-1所示。在对话框中分别对文件的名称、大小、分辨率、颜色模式和背景内容等选项进行设置，然后单击 确定 按钮即可创建一个空白文件。

- 名称：在默认情况下文件的名称是“未标题-1”，也可在右侧的文本框中为文件输入名称。创建文件后，文件名会显示在文档窗口的标题栏中。保存文件时，文件名会自动显示在存储文件的对话框中。
- 预设/大小：在“预设”下拉列表框中可以选择系统自带的文件尺寸，如图2-2所示。

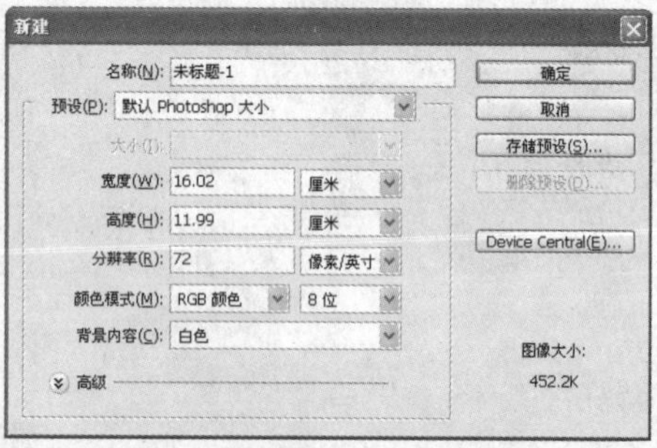

图2-1 【新建】对话框

选择“预设”选项后，在“大小”下拉列表框中可以选择图像的大小，例如，选择“国际标准纸张”后，可以在“大小”下拉菜单中再选择A4的预设纸张大小，如图2-3所示。

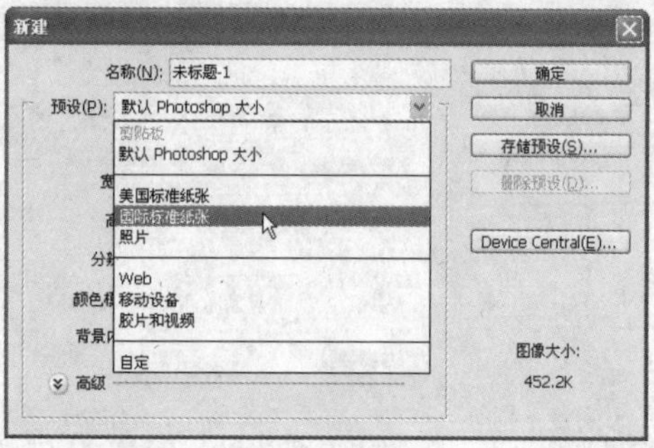

图2-2 选择预设

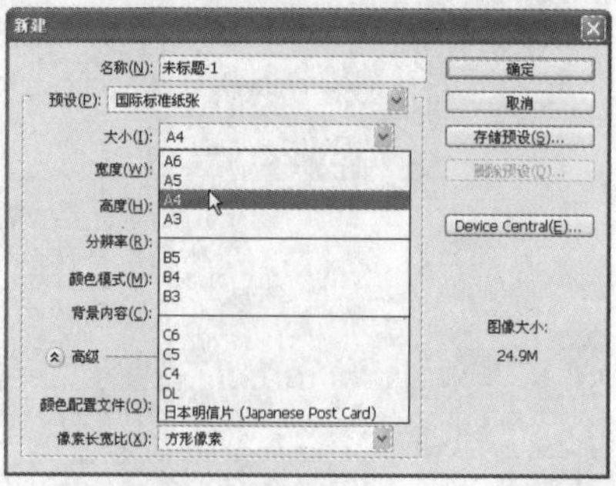

图2-3 选择纸张大小

- 高度/宽度：可以在文本框中输入文件的高度和宽度值。在右侧的下拉列表框中可以选择单位，包括“像素”、“英寸”、“厘米”、“毫米”、“点”、“派卡”和“列”。
- 分辨率：可以在文本框中输入文件的分辨率。在右侧的下拉列表框中可以选择分辨率的单位，包括“像素/英寸”和“像素/厘米”。
- 颜色模式：从这里可以选择文件的颜色模式，包括“位图”、“灰度”、“RGB颜色”、“CMYK颜色”和“Lab颜色”。
- 背景内容：可以选择文件的背景内容，包括“白色”、“背景色”和“透明”。“白色”为默认的颜色，如图2-4所示；“背景色”是指用工具箱中的背景色作为背景颜色，如图2-5所示；“透明”是指创建透明背景，如图2-6所示，此时文件的【图层】面板中没有“背景”图层。

图2-4 背景为“白色”时的效果

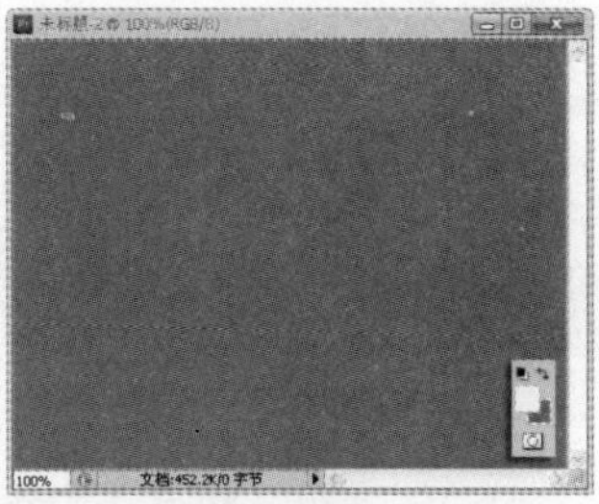

图2-5 背景为“背景色”时的效果

- 高级：单击按钮，可以显示隐藏的选项，即“颜色配置文件”和“像素长宽比”选项。在“颜色配置文件”下拉列表中可以为文件选择一个颜色配置文件；在“像素长宽比”下拉列表中可以为文件选择像素的长宽比。一般电脑显示器上的图像是由方形像素组成的，除非使用用于视频的图像，否则都应选择“方形像素”选项，如果选择其他选项则使用的是非方形像素。
- 存储预设(S)...：单击该按钮，打开【新建文档预设】对话框，如图2-7所示。输入预设的名称并选择相应的选项，可以将当前的设置的文件大小、分辨率、颜色模式等创建为一个预设。当以后需要创建这样的文件时，只需在【新建】对话框的“预设”下拉列表中选择这些选项即可，免去了重复设置的麻烦。

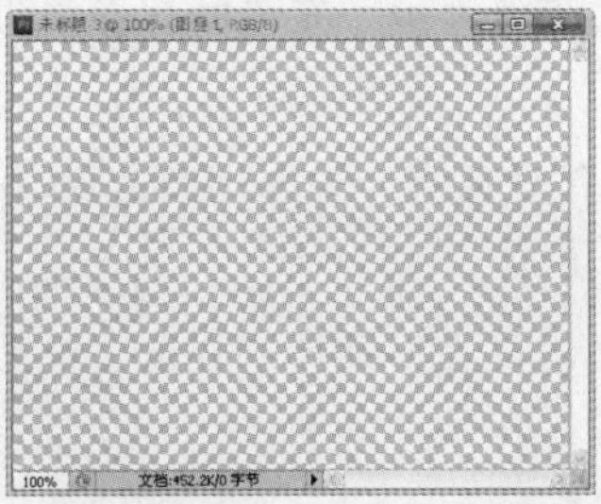

图2-6 背景为“透明”时的效果

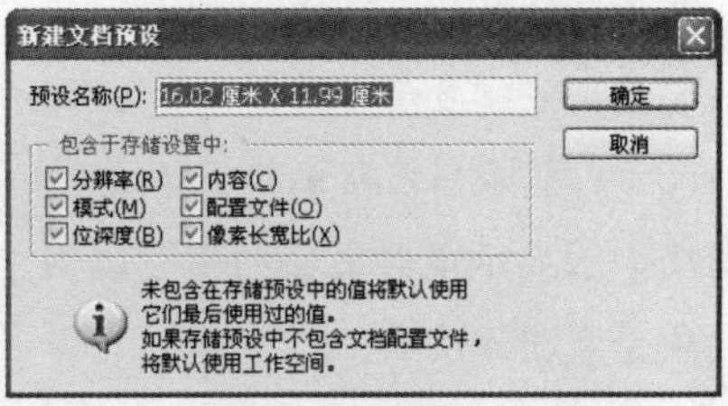

图2-7 【新建文档预设】对话框

- 删除预设(D)...：选择自定义的预设选项，单击该按钮即可删除该预设。注意，系统提供的预设不能删除。
- Device Central(E)...：单击该按钮，即可运行Device Central，创建特定的设备（如手机）运行使用的文档。
- 图像大小：显示了以当前设置的尺寸和分辨率新建文件时，生成的文件大小。

2.1.2 文档窗口

文档窗口是图像文件的显示区域，也是编辑或处理图像的区域，如图2-8所示。标题栏中显示文件的名称、格式、显示比例、色彩模式和图层状态。如果文件是新建的文件并未保存过，则文件名称为“未标题-”加上数字作为文件的名称。

在文档窗口中可以对图像进行所有的编辑功能，也可以对文档窗口进行多种操作，如改变窗口的大小和位置、对窗口进行最大化与最小化等。

在窗口左下方的显示比例文本框中输入数值，可使图像窗口以设置的比例显示。单击状态栏中的按钮，将弹出如图2-9所示的下拉菜单，用户可在其中选择需要的选项。

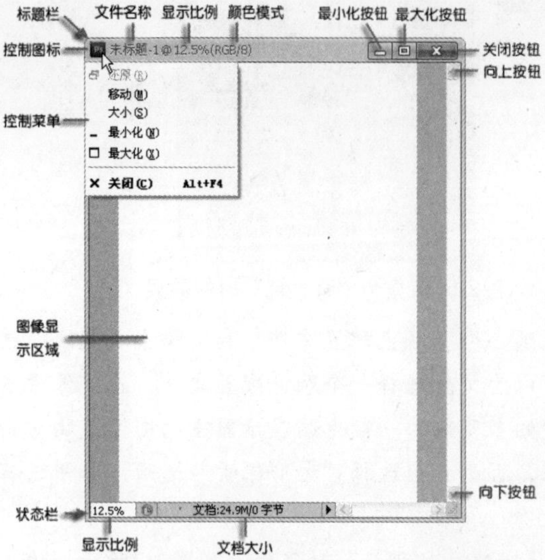

图2-8 文档窗口

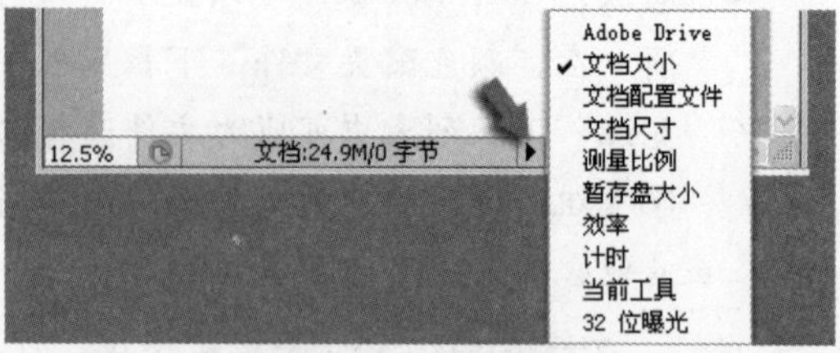

图2-9 显示下拉菜单

- Adobe Drive：选择该选项，状态栏中将不显示内容。
- 文档大小：显示当前所编辑图像文件的大小。左边的数字表示图像的打印大小，它近似于以 Adobe Photoshop 格式拼合并存储的文件大小。右边的数字指明文件的近似大小，其中包括图层和通道。
- 文档配置文件：显示当前所编辑图像文件是何种模式，如RGB颜色或CMYK颜色等。
- 文档尺寸：显示当前所编辑图像文件的尺寸大小。
- 测量比例：显示当前文件的测量比例。其比例设置可执行“分析｜设置测量比例｜自定”命令来进行设置。
- 暂存盘大小：显示有关用于处理图像的 RAM （内存）量和暂存盘的信息。左边的数字表示当前正由程序用来显示所有打开的图像的内存量；右边的数字表示可用于处理图像的总 RAM 量。
- 效率：执行操作实际所花时间的百分比。如果此值低于100%，则 Photoshop 正在使用暂存盘，因此操作速度会较慢。
- 计时：显示编辑图像操作所用去的时间。
- 当前工具：显示编辑图像时当前选择的工具。
- 32位曝光：用于调整预览图像，以便在计算机显示器上查看 32 位/通道高动态范围图像的选项。只有当文档窗口显示32 位/通道的图像时，该滑块才可用。

2.1.3 打开文件

打开文件有很多方法，可以使用“打开”命令打开，也可以用Adobe Bridge将其打开，还可以使用快捷方式将其打开，接下来将详细介绍。

1. 用“打开”命令打开文件

执行“文件 | 打开”命令，在弹出的【打开】对话框中选择一个文件，如图2-10所示。如果要选择多个文件则需按住Ctrl键的同时单击所需文件。单击打开(O)按钮即可打开文件，也可以双击文件将其打开，如图2-11所示。

图2-10 选择文件

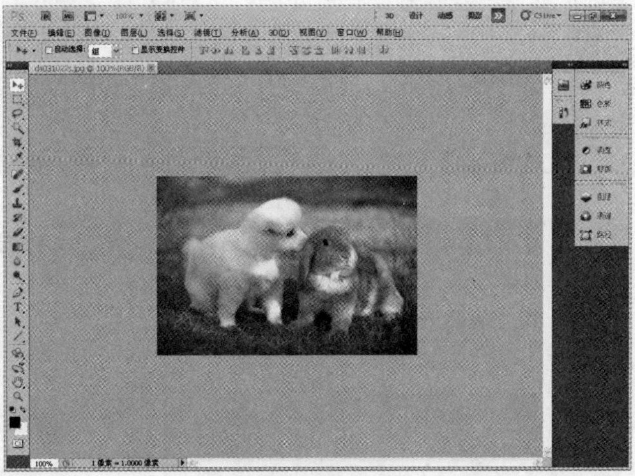

图2-11 打开的文件

- 查找范围：在该下拉列表中可以选择图像所在的文件夹。
- 文件名：显示所选文件的文件名。
- 文件类型：在默认情况下，文件类型为“所有格式”，对话框中也会显示所有格式的文件。如果文件数量较多，可以在下拉列表中选择一种文件格式，使对话框中只显示该类型的文件，便于查找。

2. 用“打开为”命令打开文件

在Mac OS和Windows之间传递文件时有可能会标错文件格式。此外，如果使用与文件实际格式不相符的扩展名存储文件（如用扩展名.gif存储PSD文件），或者文件没有扩展名，则Photoshop可能无法确定文件的正确格式。在这种情况下就可以执行“文件 | 打开为”命令，弹出【打开为】对话框，如图2-12所示。选择文件后，在“打开为”下拉列表框中选择正确的格式，然后单击打开(O)按钮，将其打开。如果还是无法打开，则表示格式可能与文件的实际格式不匹配，或者文件已损坏。

3. 用“在Bridge中浏览”命令打开文件

执行“文件 | 在Bridge中浏览”命令，弹出的窗口如图2-13所示。在Bridge中选择指定的文件夹，然后在“内容”列表框中选择一个文件，双击该文件即可将其打开。

4. 用快捷方式打开文件

在没有运行Photoshop时，将一个图像文件直接拖动到Photoshop的应用程序图标上，即可运行软件并打开该图像文件，如图2-14所示。如果Photoshop正在运行中，则可以在Windows资源管理器中将文件直接拖动到Photoshop窗口中打开，如图2-15所示。

图2-12 【打开为】对话框

图2-13 在Bridge中浏览

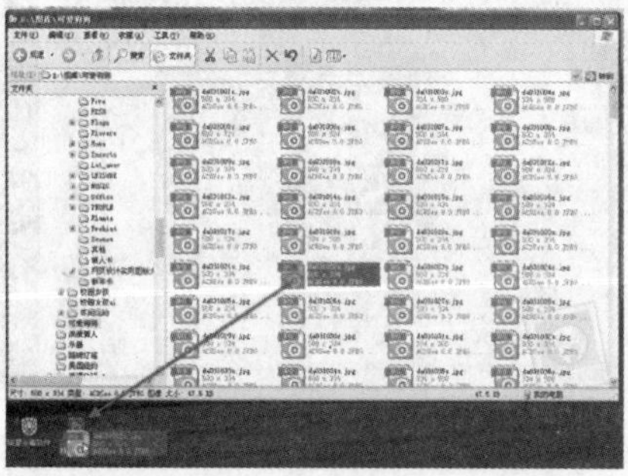

图2-14 直接拖到图标上打开

图2-15 拖到Photoshop窗口中打开

5. 打开最近使用的文件

执行“文件｜最近打开文件”命令，在其子菜单中将会显示最近保存的打开过的10个文件，如图2-16所示，选择一个命令即可将其打开。选择菜单底部的“清除最近”命令，即可将目录清除。

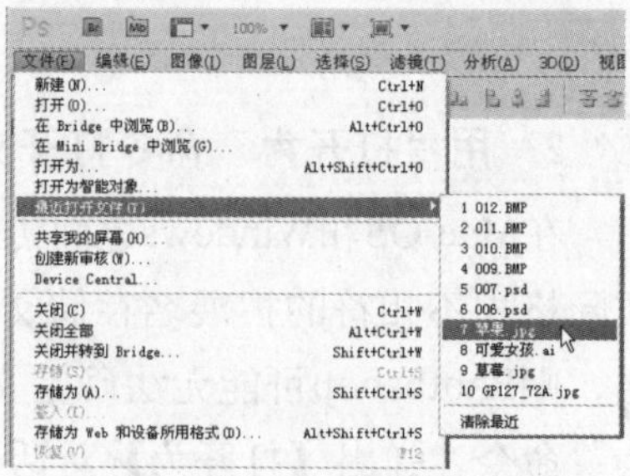

图2-16 “最近打开文件”子菜单中保存的文件

6. 作为智能对象打开

执行“文件｜打开为智能对象”命令，将弹出如图2-17所示的【打开为智能对象】对话框，选择一个文件将其打开，如图2-18所示。该文件即可转换为智能对象，图层的缩览图右下角有如图2-19所示的图标。（有关智能对象的具体内容详见第15.5节的菜单命令）。

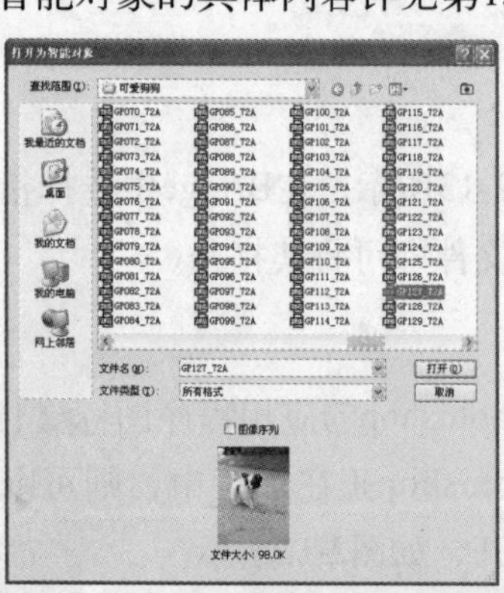

图2-17 【打开为智能对象】对话框

图2-18 打开的文件

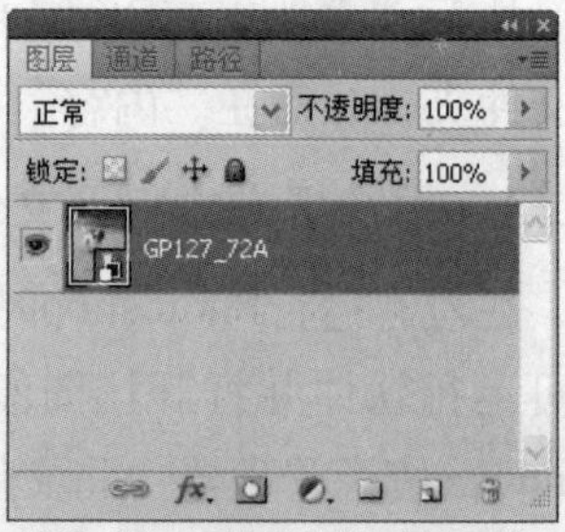

图2-19 图层缩览图的图标

2.2 像素和分辨率

像素和分辨率在Photoshop中是两个非常重要的概念。

2.2.1 像素

像素是组成位图图像的基本元素，每一个像素都有自己的位置，并记载图像的颜色信息。一个图像包含的像素越多，颜色信息就越丰富，图像的效果就会越好，但是文件也会随之增大。

2.2.2 分辨率

分辨率是指单位面积内包含的像素点的数量。它的单位是像素/英寸（ppi）。例如，72ppi表示每英寸包含72个像素点，300ppi表示每英寸包含300个像素点。分辨率决定了图像的精细程度，一般情况下，分辨率越高，包含的像素就越多，图像就越清晰。如图2-20所示为相同的打印尺寸但不同分辨率的图像，可以看出低分辨率的图像有些模糊，高分辨率的图像就非常清晰。

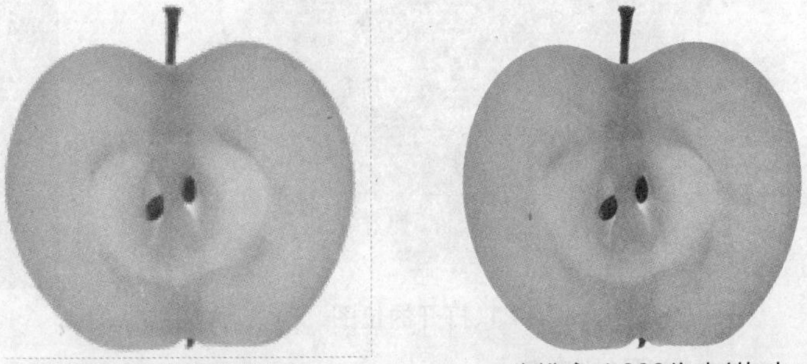

分辨率为72像素/英寸　　分辨率为300像素/英寸

图2-20 不同分辨率的图像效果

2.2.3 像素和分辨率的关系

像素和分辨率是两个密不可分的重要概念，它们的组合方式决定了图像的数据数量。例如，同样是1英寸×1英寸的两个图像，分辨率为72像素/英寸的图像包含5184个像素（宽度72×高度72=5184像素），而分辨率为300像素/英寸的图像则包含90000个像素（300×300=90000像素）。分辨率越高，图像的质量越好，但也会增加占用的空间，只有根据图像的用途设置适合的分辨率才能取得最佳效果。一般情况下，如果用于屏幕显示或网络，分辨率设置为72像素/英寸即可，这样可以减小文件的大小，提高传输和下载的速度；如果用于喷墨打印机打印，分辨率设为100~150像素/英寸即可；但如果用于印刷则应该设为300像素/英寸才能达到最佳的效果。

2.3 位图与矢量图

位图与矢量图是根据运用软件及存储方式不同而生成的两种文件类型。在图像处理中，分清位图和矢量图的不同性质是非常有必要的。

2.3.1 位图图像

Photoshop是一种典型的位图软件。在现实中使用数码相机拍摄的照片、扫描仪扫描的图片以及在电脑屏幕上截取的图像等都属于位图。

1. 位图的概念

位图图像也叫栅格图像，是由很多个像小方块一样的颜色网格（即像素）组成的。打开任意一张图片，如图2-21所示。使用工具连续单击图像，画面会显示如图2-22所示的许多小色块。

图2-21 打开的位图

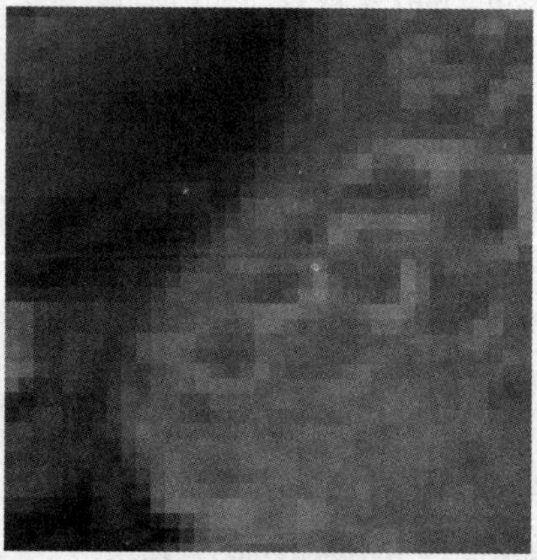

图2-22 放大后的效果

2. 位图的特点

位图可以表现色彩的细微变化，产生逼真的效果，尤其在表现图像的阴影和色彩的细微变化方面效果更佳，位图较矢量图而言容易在软件间相互转化，但是位图文件所占的空间比较大而且容易产生锯齿，因此在对位图进行旋转和缩放时往往会使图像变得模糊。

2.3.2 矢量图

矢量图是图形软件通过数学的向量方式进行计算得到的图形，典型的矢量软件有Illustrator、CorelDRAW和AutoCAD等。

1. 矢量图的概念

矢量图又称向量图，是由图形的几何特性来描述的组成图像。

2. 矢量图的特点

对于矢量图可以任意缩放和旋转，而不会影响图形的清晰度和光滑性，如图2-23、图2-24所示。将矢量图形放大之后，可以看到图像依然清晰光滑。由于矢量图的这一特点，因此适用于制作图标、Logo等需要经常缩放，或者按不同的打印尺寸输出的文件内容。矢量图较位图而言占用的存储空间小，但是它不能创建过于复杂的图形，也无法表现丰富的颜色变化和细腻的色调过渡。

图2-23 打开的矢量图

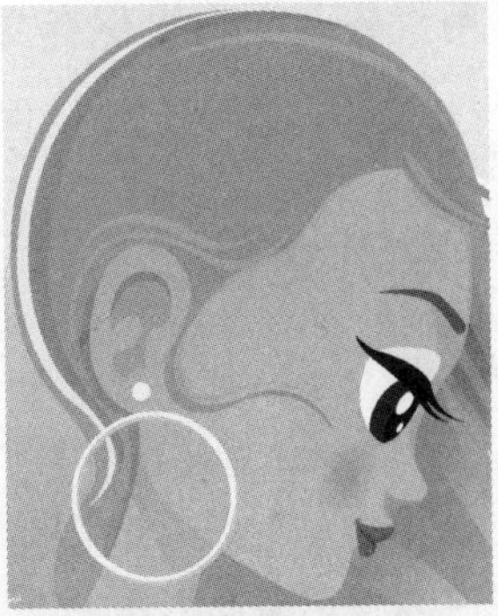
图2-24 放大后的效果

2.4 存储与关闭文件

图像文件处理完成后就需要将其保存并关闭，以备后用。

2.4.1 存储文件

存储文件的方式主要有以下两种：

1. 用“存储”命令保存文件

执行“文件｜存储”命令，或按快捷键Ctrl+S组合键即可保存对图像的修改，图形会按照原有的格式保存。如果是新建文件则执行该命令时会弹出【存储为】对话框。

2. 用“存储为”命令保存文件

执行“文件｜存储为”命令，打开如图2-25所示的【存储为】对话框将文件另存。

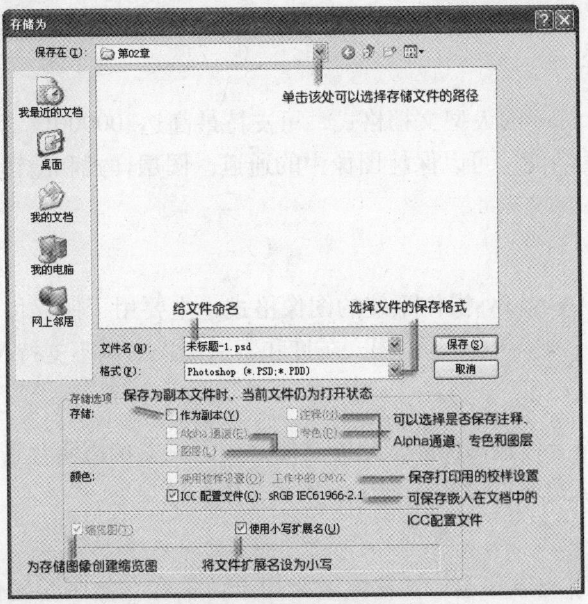

图2-25 【存储为】对话框

3. 用“签入”命令保存文件

执行“文件｜签入”命令保存文件时，允许存储文件的不同版本以及各版本注释。

2.4.2 关闭文件

- 关闭文件：执行“文件｜关闭”命令，或按快捷键Ctrl+W组合键，或者单击文档窗口右上角的x按钮，都可以关闭当前的图像文件。
- 关闭全部文件：如果Photoshop中打开了多个文件，则执行“文件｜关闭全部”命令，可以关闭所有文件。
- 关闭并转到Bridge：执行“文件｜关闭并转到Bridge”命令，可以关闭当前的文件，然后打开Bridge。
- 退出程序：执行“文件｜退出”命令，可关闭文件并退出Photoshop。如果有未保存的文件则会弹出一个提示保存的对话框。

2.4.3 常用文件格式

文件格式决定了图像数据的存储方式、压缩方式，以及文件是否与一些应用程序兼容。当使用“存储”和“存储为”命令保存图像时，可以在弹出的对话框中选择文件的保存格式，如图2-26所示。

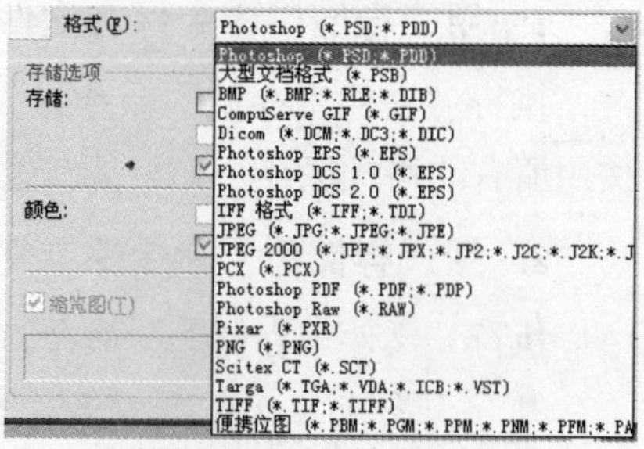

图2-26 保存时选择的文件格式

1. PSD格式

PSD是Photoshop默认文件格式，它是除大型文档格式（PSB）之外支持所有Photoshop功能的格式。其他Adobe应用程序，如Illustrator、InDesign、Premiere等可以直接置入PSD文件。一般情况下都将文件保存为PSD格式，便于修改。

2. PSB格式

PSB格式是Photoshop的大型文档格式，可支持最高达300000像素的超大图像文件。它支持Photoshop所有的功能，可以保持图像中的通道、图层样式和滤镜效果不变，但只能在Photoshop中打开。

3. BMP格式

BMP是一种用于Windows操作系统的图像格式，主要用于保存位图文件。该格式可以处理24位颜色的图像，支持RGB、位图、灰度和索引模式，但不支持Alpha通道。

4. GIF格式

GIF是基于在网络上传输图像而创建的文件格式，它支持透明背景和动画，被广泛应用在网络文档中。GIF格式采用LZW无损压缩方式，压缩效果好。

5. Dicom格式

Dicom（医学数字成像和通信）格式通常用于传输和存储医学图像，如超声波和扫描图像。Dicom文件包含图像数据和标头，其中存储了有关病人和医学图像的信息。

6. EPS格式

EPS是为PostScript打印机上输出图像而开发的文件格式，几乎所有的图形、图表和页面排版程序都支持该格式。EPS格式可以同时包含矢量图形和位图图像，支持RGB、CMYK、位图、双色调、灰度、索引和Lab模式，但不支持Alpha通道。

7. JPEG格式

JPEG是由联合图像专家组开发的文件格式。它采用有损压缩方式，具有较好的压缩效果，但是将压缩品质数值设置较大时，会损失掉图像的某些细节。JPEG格式支持RGB、CMYK和灰度模式，但不支持Alpha通道。

8. PCX格式

PCX格式采用RLE无损压缩方式，支持24位、256色的图像，适合保存索引和线画稿模式的图像。该格式支持RGB、索引、灰度和位图模式，以及一个颜色通道。

9. PDF格式

便携文档格式（PDF）是一种通用的文件格式，支持矢量数据和位图数据，具有电子文档搜索和导航功能，是Adobe Illustrator和Adobe Acrobat的主要格式。PDF格式支持RGB、CMYK、位图、灰度、索引和Lab模式，但不支持Alpha通道。

10. RAW格式

Photoshop Raw（.raw）是一种灵活的文件格式，用于在应用程序与电脑平台之间传递图像。该格式支持具有Alpha通道的RGB、CMYK和灰度模式，以及无Alpha通道的多通道、Lab、索引和双色调模式。

11. Pixar格式

Pixar是专为高端图形应用程序（如用于渲染三维图像和动画的应用程序）设计的文件格式。它支持具有单个Alpha通道的RGB图像和灰度图像。

12. PNG格式

PNG是作为GIF的无专利替代产品而开发的，用于无损压缩和在Web上显示图像。与GIF不同，PNG支持244位图像并产生无锯齿状的透背景明度，但某些早期的浏览器不支持该格式。

13. Scitex格式

Scitex“连续色调”(CT)格式用于Scitex电脑上的高端图像处理。该格式支持RGB、CMYK和灰度图像，但不支持Alpha通道、16位和24位的RGB文件。

14. TGA格式

TGA格式专用于使用Truevision视频板的系统，它支持一个单独Alpha通道的32位RGB文件，以及无Alpha通道的索引、灰度模式，16位和24位RGB文件。

15. TIFF格式

TIFF是一种通用的文件格式，所有的绘图、图像编辑和排版程序都支持该格式。而且几乎所有的桌面扫描仪都可以产生TIFF图像。该格式支持具有Alpha通道的RGB、CMYK、Lab、索引颜色和灰度图像，以及没有Alpha通道的位图模式图像。Photoshop可以在TIFF文件中存储图层，但如果在另一个应用程序中打开该文件，则只有拼合图像是可见的。

16. 便携位图格式

便携位图（PBM）格式支持单色位图（1位/像素），可用于无损文件传输。因为许多应用程序都支持此格式，我们甚至可以在简单的文本编辑器中编辑或创建此类文件。

2.5 设置与填充颜色

利用Photoshop软件进行绘画时，设置颜色和填充颜色是必不可少的操作。

2.5.1 前景色和背景色

在工具箱底部有两个颜色色块，如图2-27所示。上方的色块代表前景色，下方的色块代表背景色。前景色决定使用绘画工具绘制图形以及使用文字工具输入文字时的颜色；背景色决定了使用橡皮擦擦除图像时，擦除区域呈现的颜色，或增加画布大小时，新增画布的颜色。默认情况下，前景色和背景色分别为黑色和白色。

- 设置前景色与背景色：单击前景色或背景色色块，在打开的【拾色器】对话框中设置颜色，也可以在【颜色】面板和【色板】面板中设置颜色或者用工具吸取图像中的颜色作为前景色或背景色。

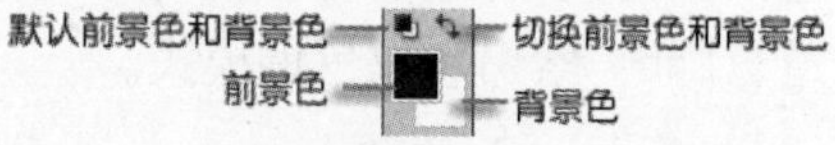

图2-27 前景色与背景色的设置图标

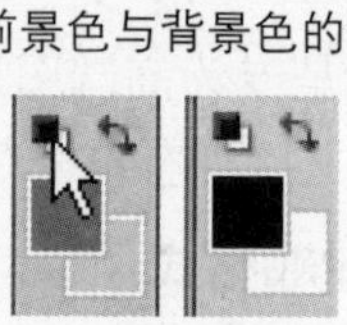

图2-28 恢复为默认的颜色

- 切换前景色和背景色：单击切换前景色和背景色的按钮，或者按X键，即可切换前景色和背景色。
- 默认前景色和背景色：单击默认前景色和背景色的图标，或按D键，即可将前景色和背景色恢复为默认颜色，如图2-28所示。

2.5.2 拾色器

单击前景色或背景色，即可打开【拾色器】对话框，如图2-29所示。在对话框中即可对颜色进行选择和设置。

- 色域/拾取的颜色：在“色域”中拖动鼠标可以改变当前拾取的颜色。
- 新的/当前：“新的”颜色是指颜色色域中当前选取的颜色；“当前”颜色是指上一次使用的颜色，单击该色块，即可将当前颜色恢复成上一次使用的颜色。
- 颜色滑块：拖动滑块可以调整颜色的范围。
- 颜色值：在知道颜色精确值的情况下可以输入精确的颜色值设置颜色。在CMYK颜色模式下，以青色、洋红、黄色和黑色的百分比指定每个分量的值；在RGB颜色模式下，指定0~255之间的分量值（0是黑色，255是白色）；在HSB颜色模式下，以百分比指定饱和度和亮度，以0°~360°的角度（对应与色轮上的位置）指定色相；在Lab颜色模式下，输入0~100之间的亮度值(L)以及-128~+127之间的A值（绿色到洋红色）和B值（蓝色到黄色）。

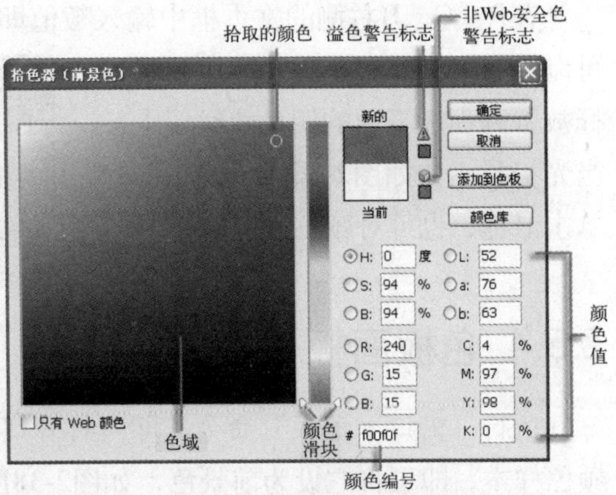

图2-29 【拾色器】对话框

- 颜色编号：每一种颜色都有一个编号，即一个十六进制值。如知道颜色的十六进制值，然后在#文本框中输入即可设置为该颜色。例如，000000表示黑色，ffffff表示白色，ff0000表示红色。
- 溢色警告：由于RGB、HSB和Lab颜色模型中的一些颜色（如霓虹色）在CMYK模型中没有等同颜色，因此无法准确打印，这些即是“溢色”。如果当前设置的颜色是不能准确打印的颜色，便会出现溢色警告，单击下方的小方块即可将颜色替换成与此最接近的颜色，如图2-30所示。
- 非Web安全色警告：出现该警告表示当前设置的颜色不能在网上正确显示。单击警告下方的小方块，可以将颜色替换成最接近的Web安全颜色，如图2-31所示。
- 只有Web颜色：勾选该复选框，在色域中只会显示Web安全色，此时拾取的任何颜色都是Web色。
- 添加到色板：单击该按钮，可以将当前设置的颜色添加到色板中。
- 颜色库：单击该按钮，可以切换到【颜色库】对话框。

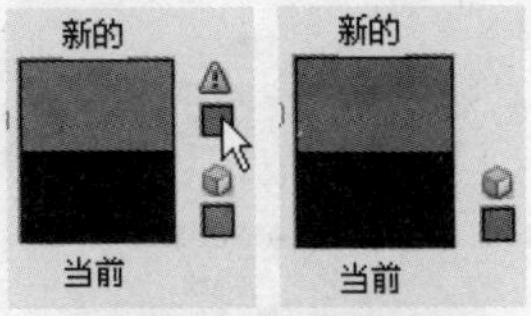

图2-30 替换溢色警告颜色效果

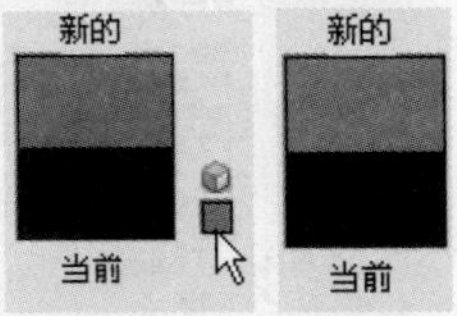

图2-31 替换Web安全色后的效果

2.5.3 颜色面板

执行“窗口｜颜色”命令，即可打开【颜色】面板，如图2-32所示。如果要改变前景色则单击前景色色块，如果要改变背景色则单击背景色色块，如图2-33、图2-34所示。

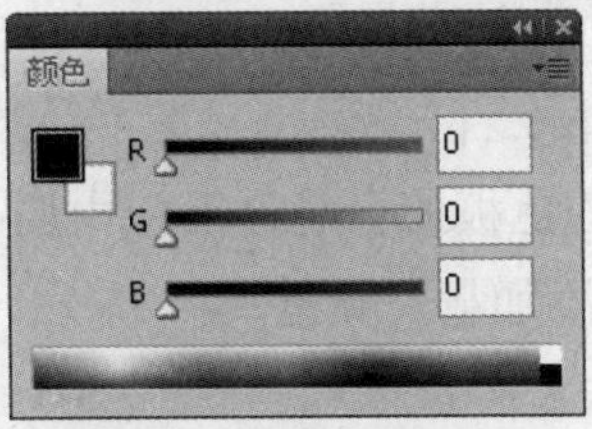

图2-32 【颜色】面板

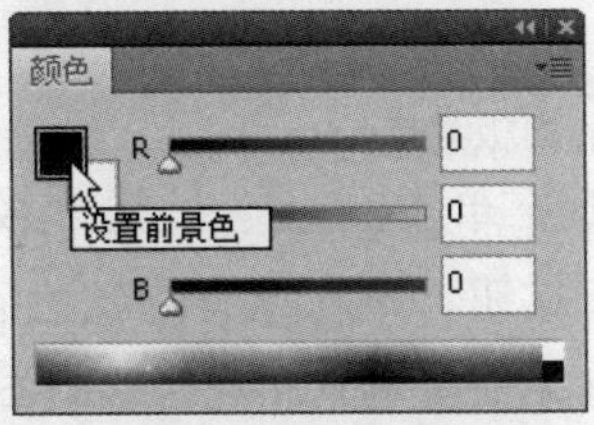

图2-33 设置前景色

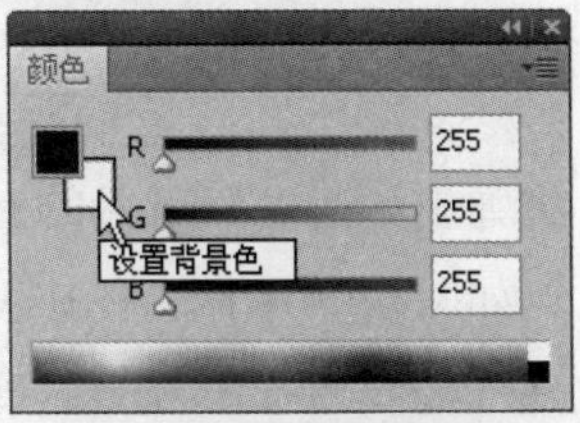

图2-34 设置背景色

在R、G、B右侧的文本框中输入数值即可对颜色进行调整；拖动颜色条下面的滑块也可以改变颜色，如图2-35所示；将光标放置到面板下面的四色曲线图上，当光标显示为如图2-36所示的图标时单击鼠标，也可对颜色进行取样。

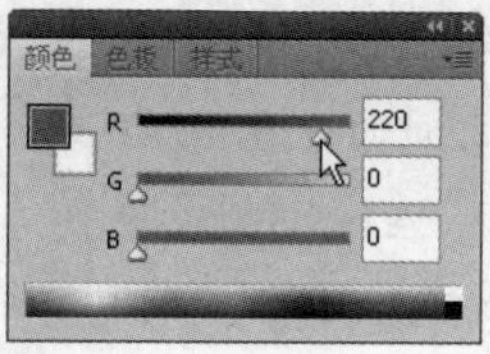

图2-35 拖动滑块调整颜色

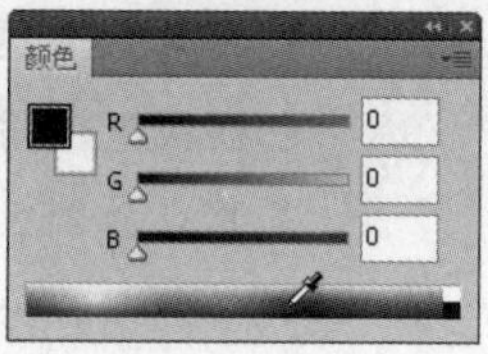

图2-36 在四色曲线上取样

2.5.4 色板面板

执行“窗口｜色板”命令，即可打开【色板】面板，如图2-37所示。单击其中的一个颜色样本，即可将它设为前景色，如图2-38所示。按住Ctrl键的同时单击颜色样本即可将其设为背景色（如图2-39所示）。

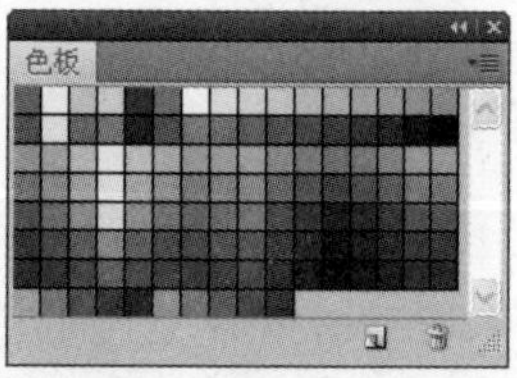

图2-37 【色板】面板

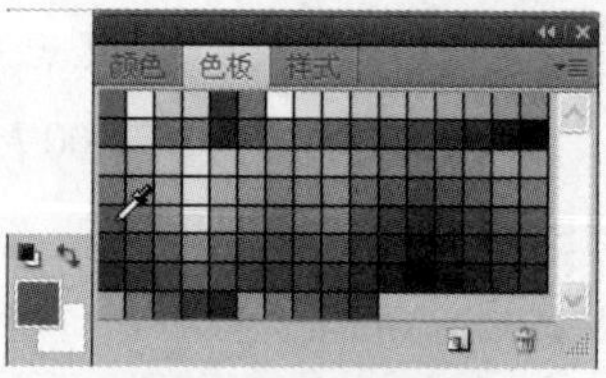

图2-38 设置前景色

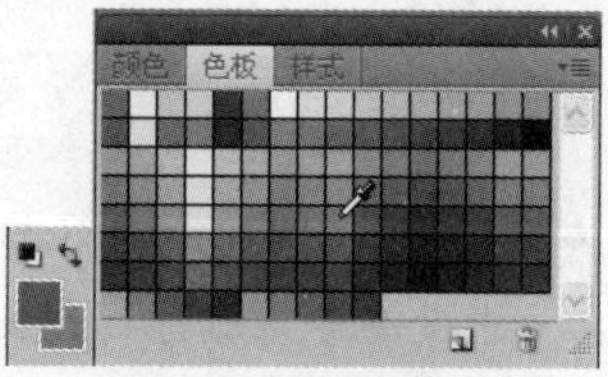

图2-39 设置背景色

【色板】面板中包含大量的色板库，单击右上角的按钮，将弹出如图2-40所示的面板菜单，选择如图2-41所示的色板库命令。

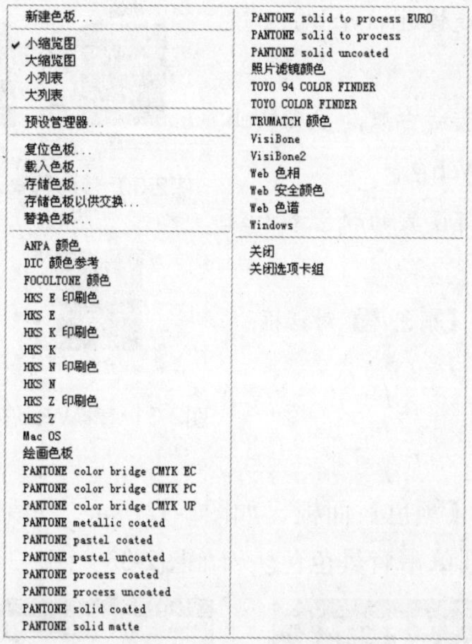

图2-40 弹出的面板菜单

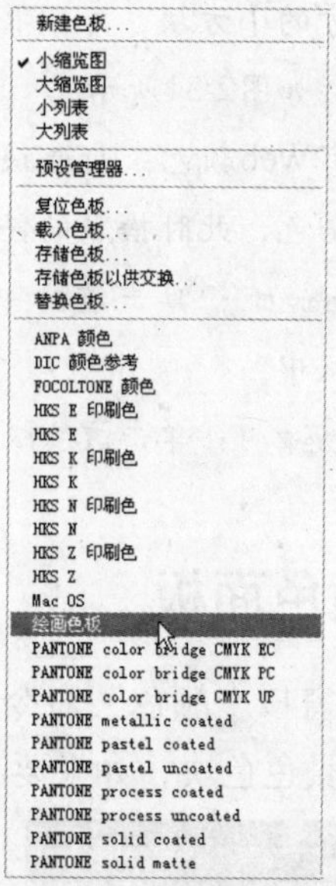

图2-41 选择的色板库

将弹出如图2-42所示的对话框，单击 确定 按钮，载入的色板库会替换面板中原有的颜色，如图2-43所示。单击 追加(A) 按钮，则在原有的颜色后面添加载入颜色。

- ：单击该按钮，可将当前设置的前景色保存到面板中。
- ：将面板中的一个颜色样本拖动至该按钮上，即可将其删除。

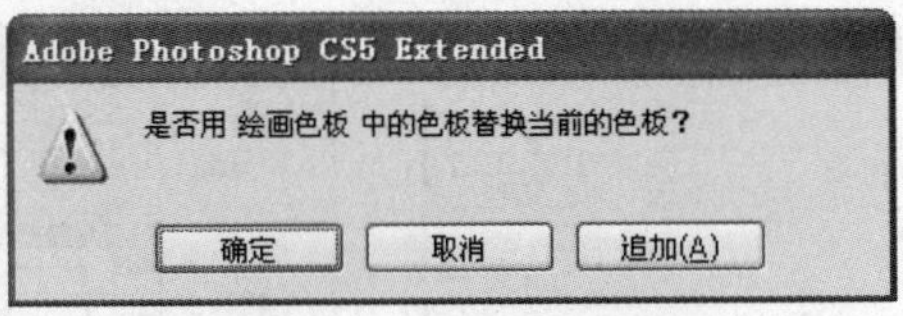

图2-42 询问对话框

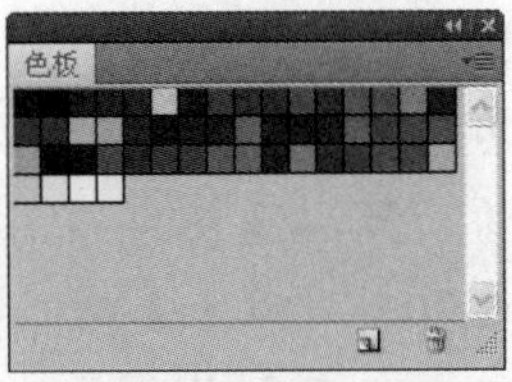

图2-43 替换后的色板

专家提示

载入色板库或者删除颜色后，如果想要将【色板】面板恢复为默认的状态，可以在面板菜单中选择“复位色板”命令。

2.5.5 吸管工具

选择工具，将其移动到随意的一张图片上单击即可吸取样本颜色并将其作为前景色，按住Alt键的同时单击鼠标可将吸取的颜色作为背景色。

专家提示

如果在图像上拖动鼠标，则可以拾取窗口、菜单栏和面板上的颜色。

吸管工具的选项栏如图2-44所示。

图2-44 吸管工具的选项栏

- 取样大小：用于设置吸管工具的取样范围。在右侧的下拉列表框中选择“取样点”选项，可吸取光标所在位置像素的精确颜色；选择“3×3平均”等其他选项，可吸取光标所在位置周围3个（或其他选项数值）像素区域内的平均颜色。
- 样本：选择“所有图层”选项，表示可在所有图层上取样；选择“当前图层”选项，表示只能在当前图层上取样。
- 显示取样环：勾选该复选框，在吸取颜色后可预览取样颜色的圆环。注意，只有启用OpenGL选项后，该选项才可用。

2.5.6 填充颜色

填充颜色的方法主要有利用工具填充、利用【填充】命令填充和利用快捷键填充。

1. 油漆桶工具

选择工具，在需要填充的地方单击鼠标，即可将设置的前景色填充至当前位置。填充区域的大小与选项栏中的“容差”选项的设置有关，“容差”值越大，填充的范围越大。

2. 填充命令

执行“编辑｜填充”命令，将弹出如图2-45所示的【填充】对话框。在该对话框中可选择“前景色”、“背景色”或“图案”等作为填充内容，如图2-46所示。

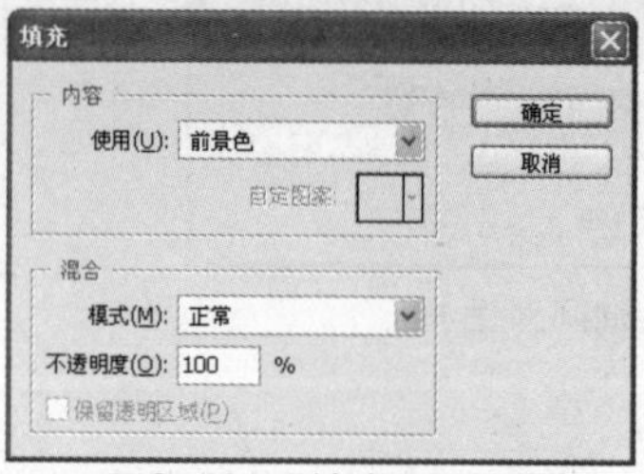

图2-45 【填充】对话框

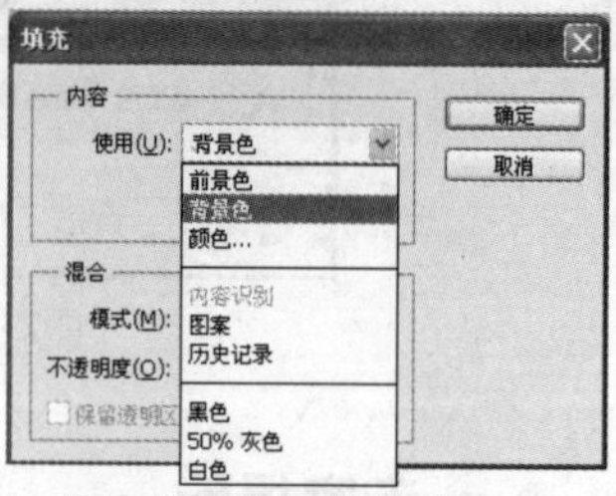

图2-46 选择填充内容

- 使用：选择“颜色”选项，可以在弹出的【选取一种颜色】对话框中设置一种颜色来填充画面或选区；选择“图案”选项，然后单击【自定图案】图标，可在弹出的图案选项面板中选择填充图案。
- 模式：用于选择填充的颜色或图案与下层图像之间的混合模式。
- 不透明度：设置填充颜色或图案的不透明度。
- 保留透明区域：勾选该复选框，在填充颜色或图案时将锁定工作层的透明区域。也就是说，只能在当前层的不透明区域进行填充颜色或图案。

（3）快捷键填充

按Alt+Delete组合键可快速填充前景色，按Ctrl+Delete组合键可快速填充背景色。按Shift+Alt+Delete组合键，可以填充前景色，而透明区域仍保持透明。按Shift+Ctrl+Delete 组合键，可以在画面中不透明区域填充背景色。

2.6 缩放与旋转视图

在绘制图形或处理图像时，经常需要将图像缩放或旋转视图，以便观察图像的细节，本节就来学习缩放与旋转视图操作。

2.6.1 缩放和抓手工具

利用工具箱中的缩放工具和“视图”菜单命令可放大或缩小图像。使用缩放工具时，每单击一次都会将图像放大或缩小到下一个预设百分比，并以单击的点为中心将显示区域居中。当图像到达最大放大级别3200%或最小尺寸1像素时，放大镜看起来是空的。

打开素材图片“素材\第02章\可爱狗狗.jpg”，选择工具，其工具选项栏如图2-47所示。

图2-47 缩放工具选项栏

- 放大：激活该按钮，在文档窗口中单击鼠标，图像将以鼠标光标单击处为中心放大显示一级。如果按住Alt键，鼠标光标的形状将显示为，在文档窗口中单击鼠标，图像将以单击处为中心缩小显示一级。
- 缩小：激活该按钮，在文档窗口中单击鼠标，图像将以鼠标光标单击处为中心缩小显示一级。

- 调整窗口大小以满屏显示：勾选该复选框，在放大或缩小图像视图时，窗口的大小也会调整。若不勾选该复选框，则无论怎样放大图像，窗口大小都会保持不变。
- 缩放所有窗口：勾选该复选框，且打开很多个文档文件时，单击其中的一幅图像。其他图像将按相同的比例放大或缩小。不勾选该复选框，放大或缩小操作将只对当前文档文件起作用。
- 细微缩放：勾选该复选框，然后在文档窗口中向右拖动鼠标，可实时放大图像；向左拖动鼠标，可实时缩小图像。不勾选该复选框，在文档窗口中拖动鼠标，将拖出一个矩形虚线框，释放鼠标后即可将虚线框中的图像放大显示，如图2-48、图2-49所示。

图2-48 创建的矩形虚线框

图2-49 放大显示的图像

- 实际像素：单击该按钮，可以将图像以实际像素100%的比例正常显示，快捷键为Ctrl+Alt+O组合键。
- 适合屏幕：单击该按钮，可以将图像适配至屏幕显示，快捷键为Ctrl+O组合键。
- 填充屏幕：单击该按钮，可以将图像填充整个屏幕显示。

专家提示

适合屏幕和填充屏幕的区别在于，适合屏幕的图像会根据图像的比例在当前屏幕中完全显示，以适合至屏幕的一个边为原则；而填充屏幕的图像是以将整个屏幕填充为原则，要以图像的显示区域适合屏幕的大小。

- 打印尺寸：单击该按钮，图像将以打印尺寸显示。
- 按Ctrl++组合键可以放大显示图像。
- 按Ctrl+-组合键可以缩小显示图像。
- 在工具箱中的缩放工具上双击鼠标，可以使图像以实际像素显示。
- 在工具箱中的抓手工具上双击鼠标，可以使图像适配至屏幕显示。

图像放大显示后，如果整幅图像无法在窗口中完全显示，激活【抓手】工具并在图像中拖动鼠标，可以在不影响图像在图层中相对位置的前提下平移图像在窗口中的显示位置，以观察图像窗口中无法显示的图像，如图2-50所示。

图2-50 平移显示图像状态

专家提示

在使用抓手工具时，按住Ctrl键或Alt键可以暂时切换为“放大”或“缩小”工具；双击工具箱中的抓手工具，可以将图像适配至屏幕显示。当使用工具箱中的其他工具时，按住Space键时可以将当前工具暂时切换为抓手工具。

2.6.2 旋转视图工具

旋转视图工具可以在不破坏图像的情况下旋转画布，这一工具为工作带来了很大的便利，但前提是必须启用OpenGL选项。

实战演练003——使用旋转视图工具旋转画布

1 执行“编辑 | 首选项 | 性能”命令，在弹出的【首选项】对话框中勾选“启用OpenGL绘图”复选框，然后单击 确定 按钮。

专家提示

启用OpenGL绘图后，在处理大型或复杂图像（如3D文件）时可加速视频处理过程。

2 打开素材图片“素材\第02章\螃蟹.jpg”，如图2-51所示。然后选取工具，将光标移动到文档窗口中按下鼠标左键，此时画面的中心位置将显示如图2-52所示的指示针。

图2-51 打开的文件

图2-52 显示的指示针

3 以旋转图像的方式拖动鼠标，即可旋转画布，如图2-53所示。

图2-53 旋转画布时的状态

如果要精确旋转画布，可以在选项栏中的“旋转角度”文本框中输入角度值，如图2-54所示。单击 复位视图 按钮或按Esc键，可将画布恢复到原始的角度；如果打开了多个图像文件，勾选选项栏中的“旋转所有窗口”复选框，可同时对这些图像进行旋转。

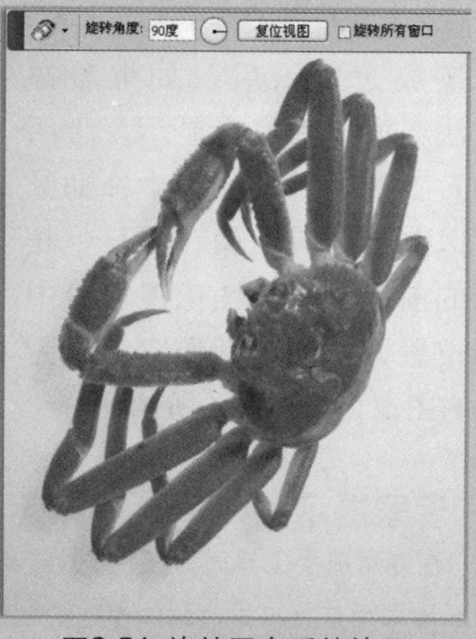

图2-54 旋转画布后的效果

2.7 综合实战——新建指定尺寸的文件

在新建图像文件时，要先确定文件的用途，以确定图像的尺寸和分辨率。如只是普通的练习，尺寸可根据要练习的内容确定，分辨率可选择默认的72像素/英寸；如设计的作品要应用于网络，尺寸同样根据作品的大小确定，而分辨率可选择96像素/英寸；如要设置报纸广告，根据广告在报纸版面中的尺寸可确定新建文件的大小，而分辨率通常设置为150像素/英寸；如要设计彩版印刷的宣传单等，确定其长、宽后，其分辨率通常设置为300像素/英寸；另外，如设计大型的墙面广告，其尺寸根据实际尺寸确定后，分辨率可相对设置得小一些，一般不低于30像素/英寸即可。

下面以为宣传单页新建文件为例，来详细讲解新建文件及设置和填充颜色的方法，要求宣传单页的成品尺寸为21厘米×28.5厘米，单页的背景颜色为（C:0、M:0、Y:20、K:0）的浅黄色。

实战演练004——新建文件并填充颜色

1 执行“文件｜新建”命令或按快捷键Ctrl+N组合键，打开【新建】对话框。

由于宣传单页要求的成品尺寸为21厘米×28.5厘米，考虑成品都是在裁切边缘后得到的结果，因此在新建文件时新建文件的大小要比成品尺寸大，理论上是每边各加3mm，即新建的文件尺寸为21.6厘米×29.1厘米。另由于新建文件的用途是作为宣传单，因此其分辨率要设置为300像素/英寸，且颜色模式要选择CMYK颜色。

综合以上考虑，【新建】对话框中的设置如图2-55所示。

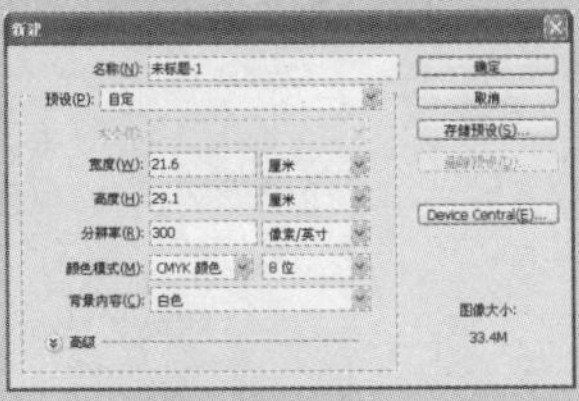

图2-55 【新建】对话框

2 单击 确定 按钮，即可按照要求设置出需要的图像文件。

下面为背景设置需要的颜色并将其填充至新建的文件中。

3 单击工具箱中的前景色色块，弹出【拾色器】对话框。

由于作品的最终目的用于印刷，故选择“CMYK颜色”模式，因此在设置作品中需要的颜色时也最好选择C、M、Y、K选项进行设置。另外，如果作品的最终目的应用于网络，在新建文件时就要选择“RGB颜色”模式，设置颜色时自然要用R、G、B选项设置。

综合以上考虑，【拾色器】对话框中设置的颜色参数如图2-56所示。

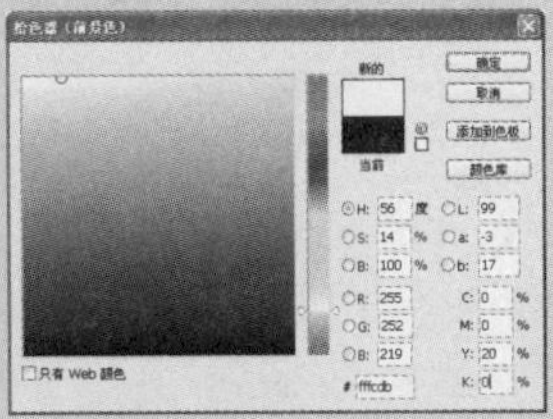

图2-56 【拾色器】对话框

4 单击 确定 按钮，即可将前景色设置为（C:0、M:0、Y:20、K:0）的浅黄色。

5 按Alt+Delete组合键将设置的前景色填充至图像文件中，即可完成新建文件操作。

6 执行“文件｜存储”命令，或按快捷键Ctrl+S组合键，在弹出的【存储为】对话框中选择合适的存储路径，并将“文件名”修改为“宣传单”，再单击 保存(S) 按钮，即可将新建的文件保存。

第3章

移动与选框工具

本章将详细介绍移动工具和选框工具的使用方法，并认识一些常用的其他工具组中的工具，利用好这些工具可以将图像的细部处理得更加完美。

通过本章的学习，您可以掌握以下知识点：

- 移动工具
- 认识选区
- 选框工具组
- 套索工具组
- 魔棒工具组
- 裁剪工具组
- 吸管工具组
- 综合实战——选取与合成图像

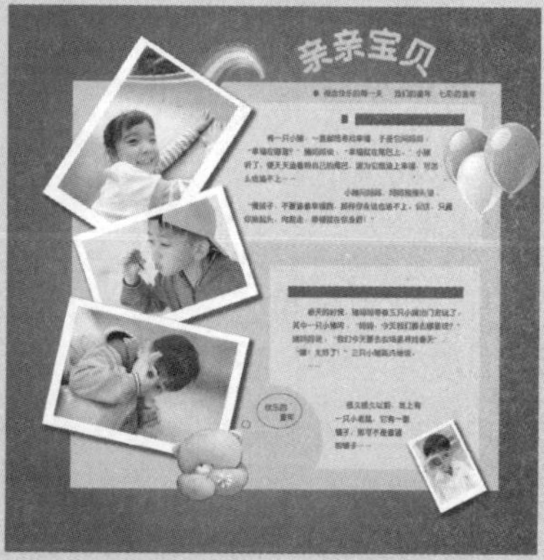

3.1 移动工具

移动工具是图像处理操作中应用最频繁的工具，它可以把当前文件中的图像进行移动或复制，也可以将图像由一个文件移动复制到另一个文件中，还可以对图像进行变换、排列、对齐与分布等操作。

3.1.1 移动图像位置

打开素材图片“素材\第03章\化妆品.psd”，如图3-1所示。先将要移动的图像所在的图层设为工作层，如图3-2所示。

选取▶+工具，在画面中拖动鼠标即可移动图像位置，如图3-3所示。如果为图像创建了选区则移动时只会移动选区内的图像，如图3-4所示。

图3-1 打开的文件

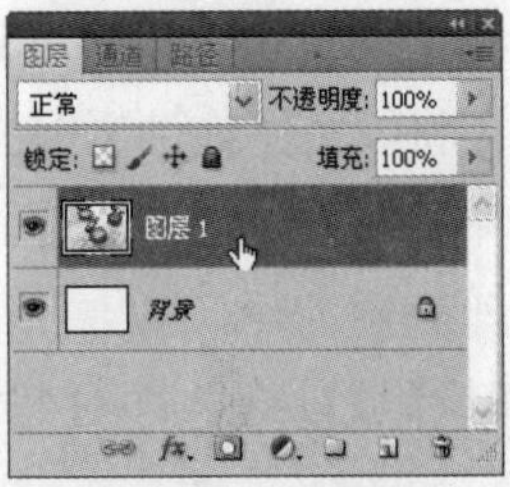

图3-2 将图像所在层设为工作层

专家提示

选取▶+工具，每按一下键盘中的上、下、左、右方向键，图像就会移动一个像素的距离；按住Shift键的同时再按方向键，图像每次会移动10个像素的距离。

图3-3 移动整个图像

图3-4 移动选区内的图像

如图3-5所示为移动工具的选项栏。

图3-5 移动工具选项栏

- 自动选择：如果文档中包含多个图层或组，可以勾选该复选框并在其右侧的下拉列表中选择要移动的内容。选择“图层”选项，则在使用移动工具单击画面时，可以自动选择工具下面包含像素的最顶层的图层；选择“组”选项，则在单击画面时可以选择工具下包含像素的最顶层的图层所在的图层组。
- 显示变换控件：勾选该复选框，图像中将根据工作图层（“背景”图层除外）或选区内的图像显示变换框。在变换框的调节点上单击鼠标，变换框将由虚线变为实线，此时拖动变换框周围的调节点就可以对变换框内的图像进行变换。
- 对齐图层：如果选择了两个或两个以上的图层，可单击相应的对齐图层按钮使其对齐（对齐按钮包括顶对齐、垂直居中对齐、底对齐、左对齐、水平居中对齐和右对齐）。

- 分布图层：如果选择了3个或3个以上的图层，可单击相应的按钮对图层进行分布（分布图层按钮包括按顶分布、垂直居中分布、按底分布、按左分布、水平居中分布和按右分布）。
- 自动对齐图层：如果选择了两个或两个以上的图层，可单击按钮自动对齐图层。单击该按钮将弹出【自动对齐图层】对话框，在该对话框中可以根据不同图层中的相似内容（如角和边）自动对齐图层。

3.1.2 移动图像到另一个文件中

打开素材图片“素材\第03章\01.jpg”文件和“素材\第03章\02.jpg”文件。选取工具，将02文件拖动至01文件的标题栏中，当01文件切换为当前文件时，将鼠标光标移动到01文件的画面中，鼠标光标将显示为图标，此时释放鼠标，即可将02图像移动到01文件中，如图3-6、图3-7、图3-8、图3-9所示。

图3-6 鼠标光标放置的位置

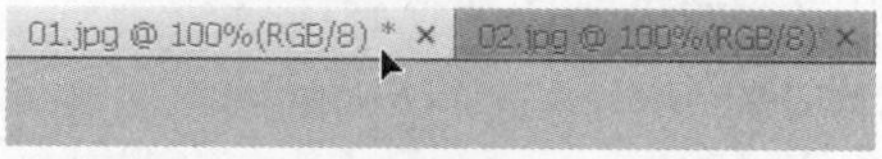

图3-7 拖动到标题栏上的状态

图3-8 鼠标光标显示的状态

图3-9 图像移动到另一文件中的效果

当打开的图像文件以浮动窗口的形式或平铺排列的形式显示时，可利用工具，将一个文件中的图像直接拖动到另一文件中，释放鼠标后，即可将图像移动到另一文件中，如图3-10、图3-11所示。

利用工具在白色区域中单击鼠标加载选区，然后按Delete键删除，并按Ctrl+D组合键去除选区，再利用工具调整图形的位置，制作出如图3-12所示的合成效果。

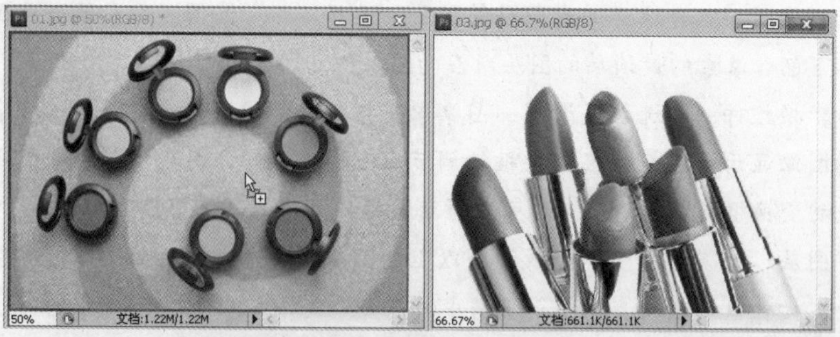

图3-10 移动图像到另一个文件中

图3-11 图像移动后的效果

图3-12 组合后的效果

专家提示

在将图层复制到另一个文件中时，如果两个文件的尺寸和分辨率不同，则图像在两个文件间的视觉大小也会不同，例如将一个大小为2MB的文件中的图像复制到一个大小为1MB的文件中时，会显得比在原文件中显示的图像大一倍。

3.1.3 移动复制图像

选取工具，然后按住Alt键的同时拖动鼠标，即可将图像移动复制。按住Shift+Alt组合键的同时拖动鼠标，即可垂直或水平移动复制图像。无论当前使用的是什么工具，只要在按住Ctrl+Alt组合键的同时拖动鼠标，都可以进行移动复制图像。同时按住Shift+Alt+Ctrl组合键的同时拖动鼠标，同样可在垂直或水平方向上移动复制图像，如图3-13、图3-14所示。

图3-13 按住Alt键时的鼠标形态

图3-14 移动复制图像状态

3.1.4 变换图像

移动工具选项栏中的“显示变换控件”选项，可灵活地对图像进行变换操作，具体使用方法与“编辑”菜单下的“自由变换”和“变换”命令相同。“编辑 | 变换”命令下的子菜单如图3-15所示。利用子菜单中的命令可以对工作层中的图像（背景层除外）、选区内的图像、路径或矢量形状进行变换操作。

打开素材图片“素材\第03章\铅笔.psd”，执行“编辑 | 自由变换”命令，当前对象上会显示出变换框、旋转中心和各角控制点及中心控制点，如图3-16所示。

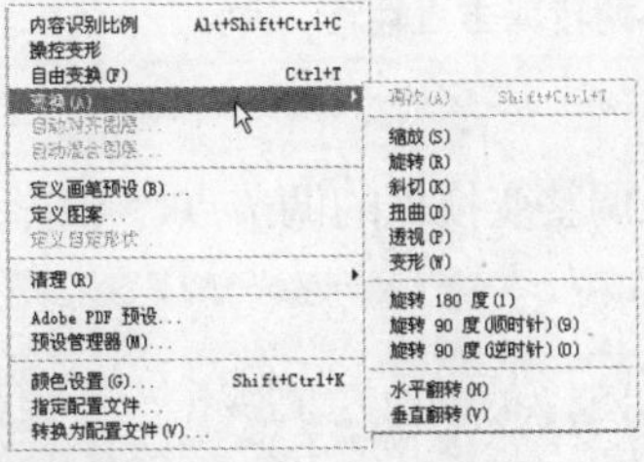

图3-15 “变换”子菜单

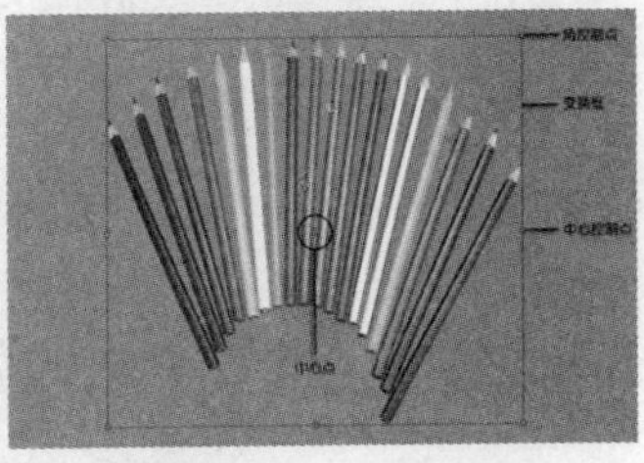

图3-16 显示的变换框

- 中心点：位于对象的中心，用于定义对象的变换中心，拖动它可以移动它的位置。

- 定界框：用来显示要进行变换的图像的范围。
- 控制点：拖动控制点可以进行调整定界框的大小，从而改变图像的大小。

1. 缩放

拖动各中心控制点，可在水平或垂直方向上缩放图像，效果如图3-17所示。

拖动各角控制点，可自由调整图像的宽度和高度，如图3-18所示；如按住Shift键的同时拖动角控制点，可等比例缩放图像；按住Shift+Alt组合键的同时拖动角控制点，可以以中心等比例缩小图像，效果如图3-19所示。

2. 旋转

将鼠标光标放置到各控制点的外侧，当光标显示为如图3-20所示的旋转图标时拖动鼠标，即可按中心点旋转图像，效果如图3-21所示。如按住Shift键的同时拖动鼠标，可使图像以15° 角的倍数旋转图像。

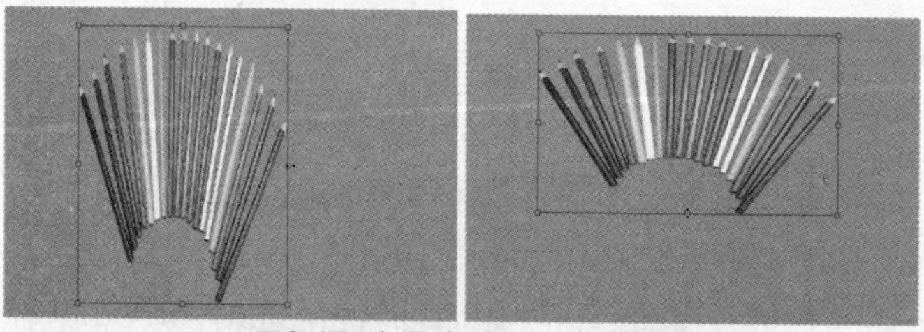

图3-17 水平或垂直缩放的图像

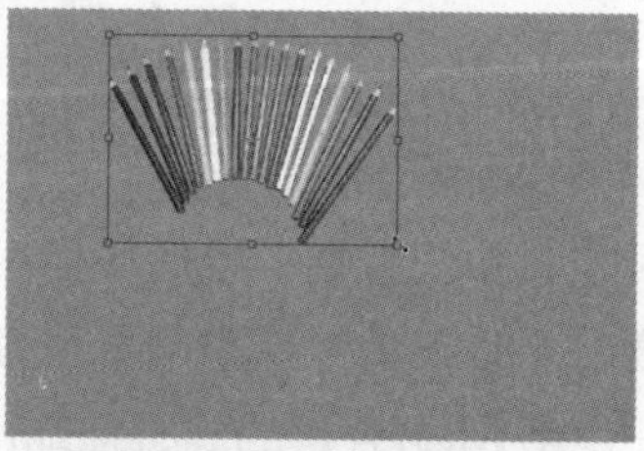

图3-18 自由缩放图像时的状态

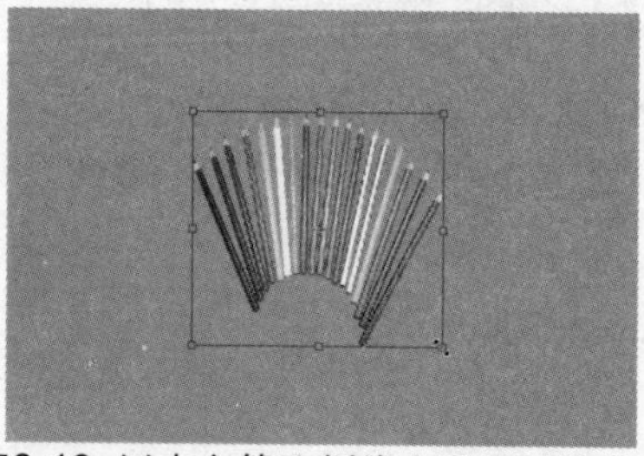

图3-19 以中心等比例缩小图像时的状态

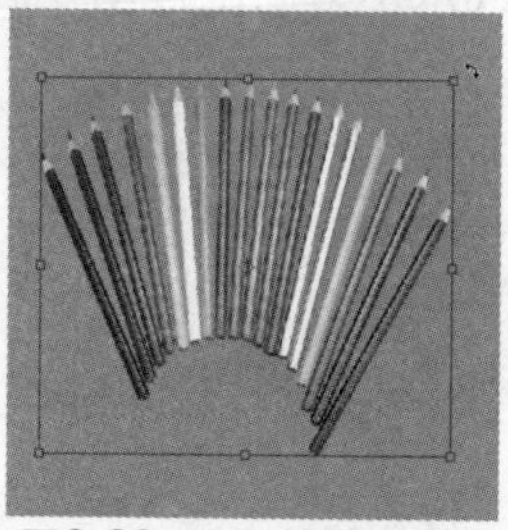

图3-20 显示的放置符号

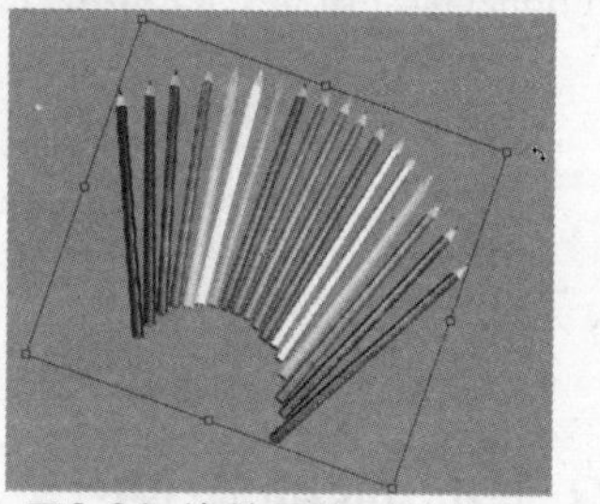

图3-21 旋转图像时的状态

专家提示

在“编辑 | 变换”命令的子菜单中选择“旋转180度”、“旋转90度（顺时针）”、“旋转90度（逆时针）”、“水平翻转”或“垂直翻转”等命令，可以将图像直接旋转180°、顺时针旋转90°、逆时针旋转90°、水平翻转或垂直翻转。

3. 斜切

按住Shift+Ctrl组合键的同时调整变换框的调节点，可以将图像斜切变换，如图3-22所示。

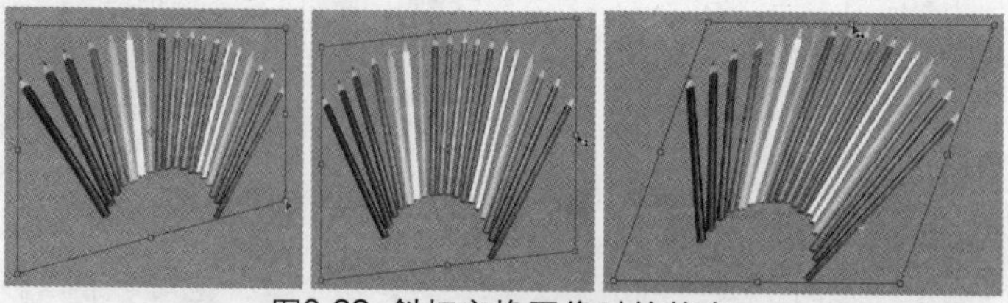

图3-22 斜切变换图像时的状态

4. 扭曲

按住Ctrl键的同时调整变换框的控制点，可以对图像进行扭曲变形，如图3-23所示。

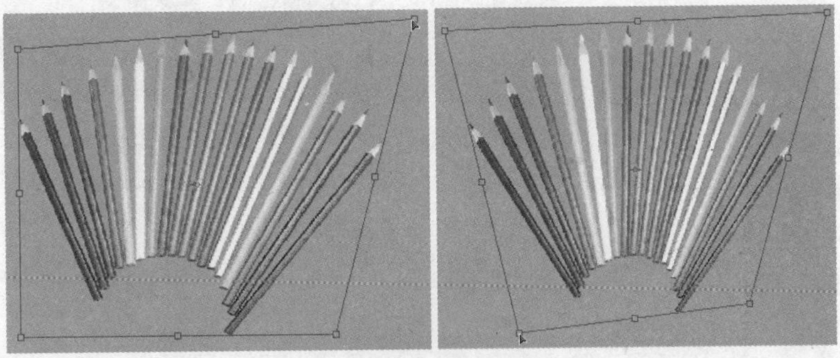

图3-23 扭曲变形时的状态

5. 透视

按住Shift+Ctrl+Alt组合键的同时调整变换框的控制点，可以使图像产生透视变形效果，如图3-24所示。

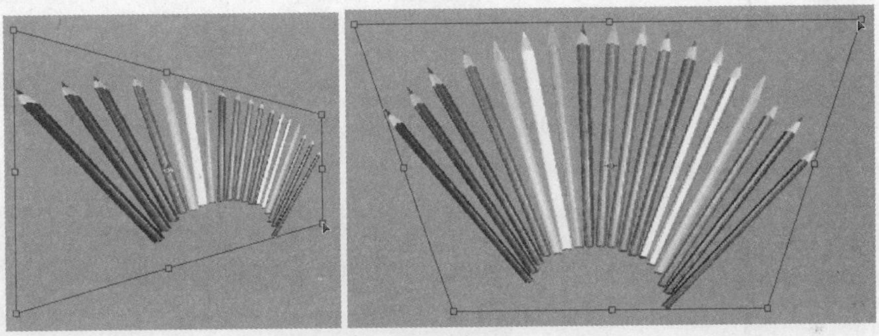

图3-24 透视变形时的状态

6. 变形

执行“编辑 | 变换 | 变形”命令，或激活选项栏中的按钮，变形框将转换为如图3-25所示的形态，通过调整变形框4个角上的调节点位置以及控制柄的长度和方向，可以使图像产生各种变形效果，如图3-26所示。

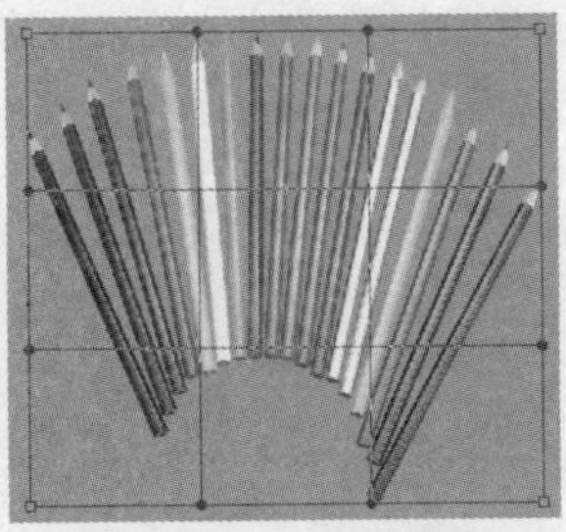

图3-25 显示的变形框

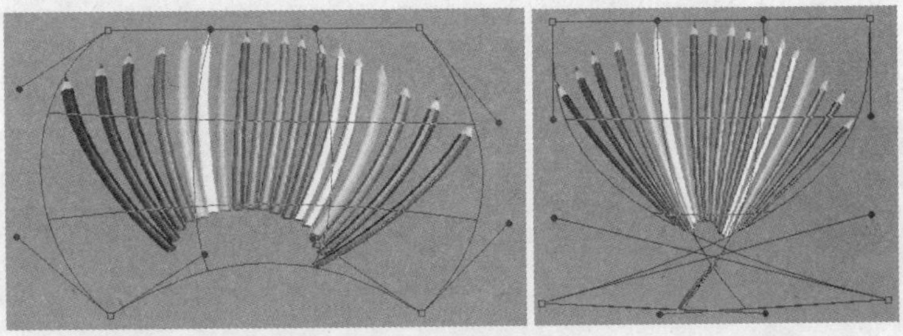

图3-26 产生的变形效果

在选项栏中的【变形】自定下拉列表中选择一种变形样式，可以使图像产生各种相应的变形效果，如图3-27所示。

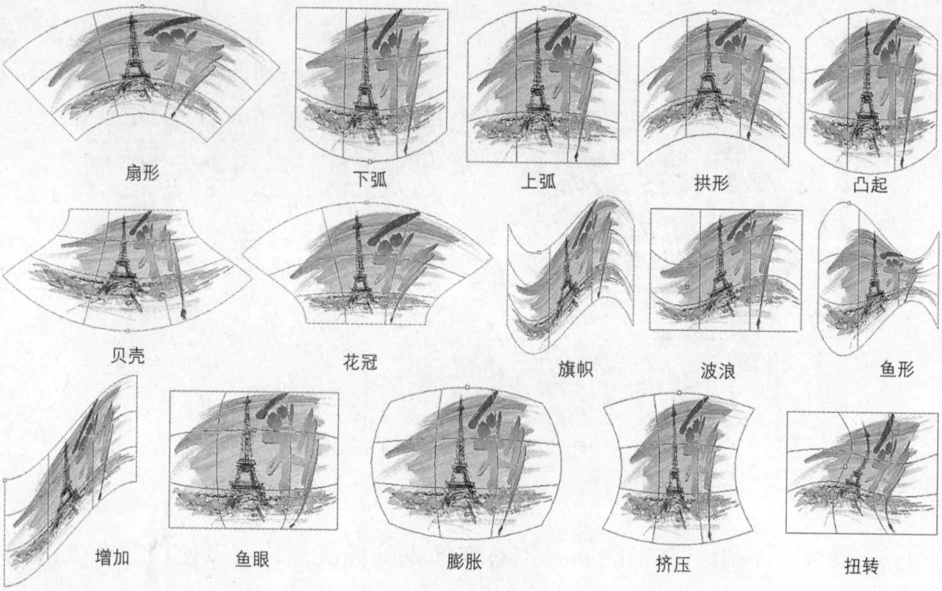

图3-27 各种变形效果

执行“编辑｜自由变换”命令，选项栏如图3-28所示。

图3-28 “自由变换”命令选项栏

- 参考点位置图标：中间的黑点表示调节中心在变换框中的位置，单击任意一个白色小点，可以定位调节中心的位置。另外，将鼠标光标移动至变换框中间的调节中心上，待光标形状显示为时拖动鼠标，可以在图像中移动调节中心的位置。
- X、Y：用于精确定位调节中心的坐标。激活按钮，可以指定相对于当前参考点位置的新参考点位置。
- W、H：分别控制变换框中的图像在水平方向和垂直方向缩放的百分比。激活按钮，可以保持图像的长宽比例来缩放。
- 旋转：用于设置图像的旋转角度。
- H、V：分别控制图像的倾斜角度。H表示水平方向，V表示垂直方向。
- 在自由变换和变形之间切换按钮：激活该按钮，可以由自由变换模式切换为变形模式；取消其激活状态，可再次切换到自由变换模式。

3.2 认识选区

选区可以将操作限制在指定的区域内，可有效地帮助用户处理图像局部。如果没有选区，操作会对整个图像起作用，如图3-29所示。

在Photoshop CS5中创建选区的工具组主要有选框工具组、套索工具组和魔棒工具组，创建的选区形态分别如图3-30所示。

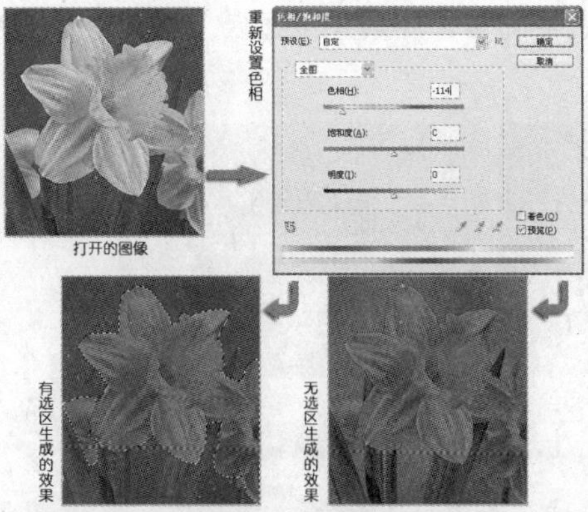

图3-29 选区的作用

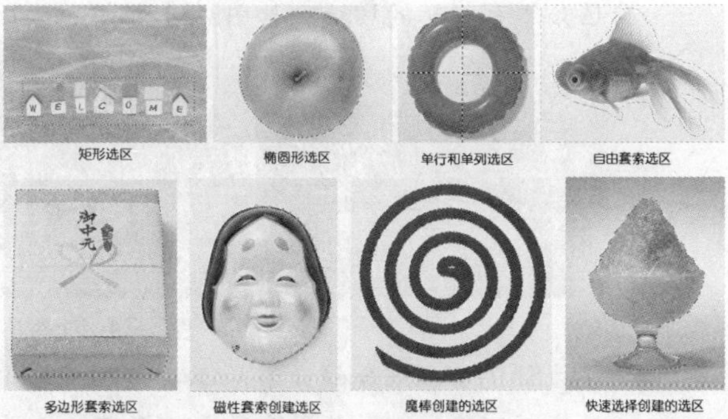

图3-30 创建的各种选区形态

3.3 选框工具组

选框工具组是一组最基本的创建选区工具，包括矩形选框工具、椭圆选框工具及单行选框工具和单列选框工具。

3.3.1 矩形选框工具

1. 创建矩形选区

选择工具，然后在如图3-31所示打开的文件中拖动鼠标，即可创建矩形选区，如图3-32所示。按Shift+Ctrl+I组合键可将选区反选，按Ctrl+D组合键可去除选区。

图3-31 打开的文件

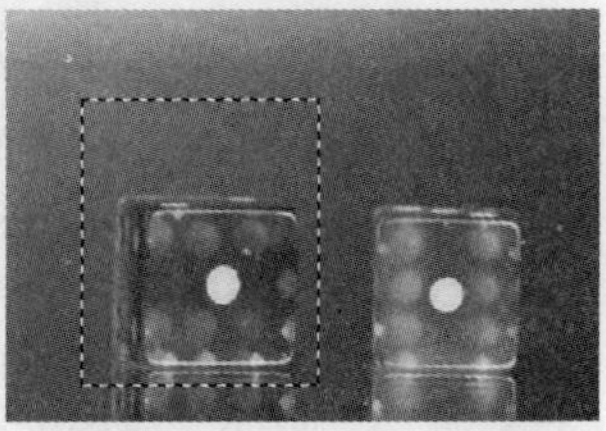

图3-32 绘制的矩形选框

专家提示

在使用矩形工具创建选取时，按住Alt键的同时拖动鼠标即可以光标所在位置为中心绘制选区；按住Shift键可创建正方形选区；按住Shift+Alt组合键以光标所在位置为中心创建正方形选区。

- 在已有选区的情况下，按住Shift键或激活工具选项栏中的按钮，再创建选区，可创建加选区，如图3-33所示。

图3-33 创建加选区

- 按住Alt键或激活工具选项栏中的按钮，再创建选区，可创建减选区，前提是两个选区必须有相交的区域，如图3-34所示。

图3-34 创建减选区

- 按住Shift+Alt组合键或激活工具选项栏中的按钮，再创建选区，可创建相交选区，注意新创建的选区与原选区也必须有相交的区域，如图3-35所示。

图3-35 创建相交选区

2. 矩形选框工具选项栏

如图3-36所示为矩形选框工具的选项栏。

图3-36 矩形选框工具选项栏

- 羽化：用来设置选区的羽化程度，羽化值越高，羽化的范围越广。需要注意的是，此值必须小于选区的最小半径，否则将会弹出警告对话框，提示用户需要将选区创建得大一点，或将“羽化”值设置得小一点。

专家提示

在“羽化”选项右侧的文本框中输入数值后再绘制选区，可使创建选区的边缘变得平滑，填色后或编辑选区内的图像时会产生柔和的边缘效果，如图3-37、图3-38、图3-39所示。

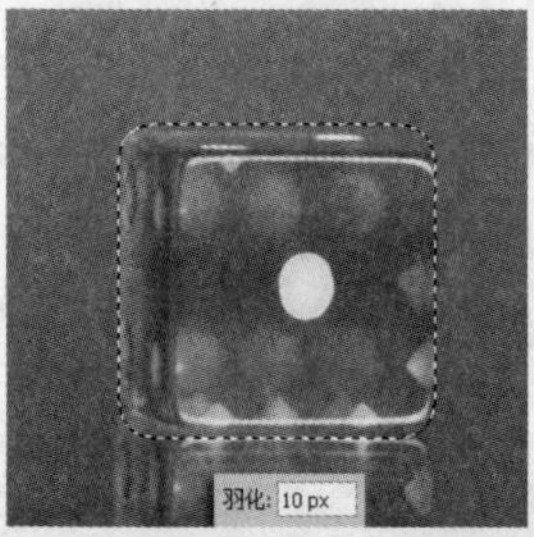

图3-37 创建的带有羽化的选区

图3-38 填充颜色后的效果

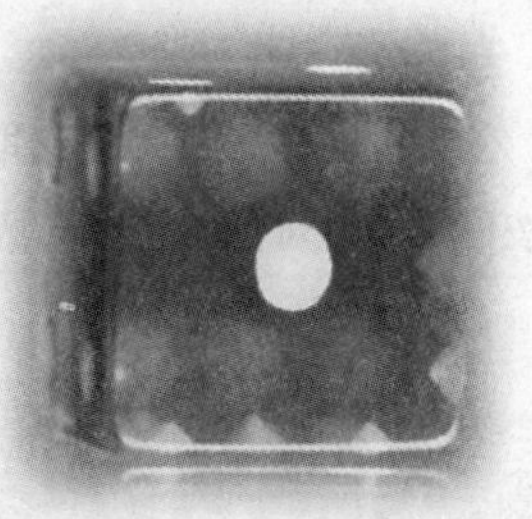

图3-39 编辑后的效果

- 样式：用来设置选区的创建方法。选择“正常”选项，可以通过拖动鼠标来创建任意大小的选区；选择“固定比例”选项，可以在右侧的“高度”和“宽度”文本框中输入数值，即可创建固定比例的选区，例如，要创建一个宽是高两倍的选区，则可以输入宽度为2、高度为1；选择“固定大小”选项，可在“高度”和“宽度”文本框中输入相应的数值，然后在要绘制选区的地方单击鼠标即可。

- 高度和宽度互换按钮⇄：单击该按钮，即可切换“高度”和“宽度”的数值。
- 调整边缘...：单击该按钮，可以打开【调整边缘】对话框，以对边缘选区进行平滑、羽化等处理。

3.3.2 椭圆选框工具

1. 创建椭圆选区

选择◯工具，然后在如图3-40所示打开的文件中拖动鼠标，即可创建一个椭圆形选区，如图3-41所示。在绘制选区时，且没有释放鼠标之前，可以按Space键调整选区的位置，让选区与图像对齐。

图3-40 打开的文件

图3-41 绘制的选区

专家提示

在绘制椭圆选区时，按住Shift键的同时拖动鼠标可以创建圆形选区；按住Alt键的同时拖动鼠标会以光标所在位置为中心创建选区；按住Shift+Alt组合键的同时拖动鼠标，会以光标所在位置点为中心绘制圆形选区。

2. 椭圆选框工具选项栏

椭圆选框工具选项栏与矩形选框工具选项栏的选项相同，但是该工具可以使用“消除锯齿”功能。由于像素是图像的最小元素，并且为正方形，当创建圆形或多边形等不规则的选区时很容易产生锯齿。当勾选该复选框后，会自动在选区边缘1像素宽的范围内添加与周围相近的颜色，使选区变得光滑。由于只有边缘像素发生变化，因此不会丢失细节。“消除锯齿”功能在剪切、复制和粘贴选区以创建复合图像时非常有用。

3.3.3 单行选框工具

单行选框工具⋯只能创建1像素的行选区，在文件中单击鼠标即可创建高度为1像素的选区。

3.3.4 单列选框工具

单列选框工具⋮和单行选框工具的用法一样。单列选框工具和单行选框工具通常用来制作网格，按住Shift键即可创建多个选区，如图3-42所示。

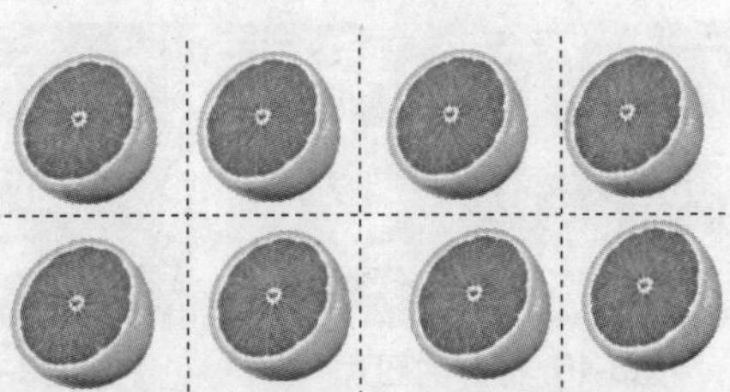

图3-42 创建的网格选区

3.4 套索工具组

套索工具组是一组使用灵活、形状自由的选区绘制工具，包括套索工具、多边形套索工具和磁性套索工具。

3.4.1 套索工具

打开素材图片“素材\第03章\12.jpg”，选取工具，在图片中拖动鼠标即可绘制选区，当鼠标移动到起点时即可封闭选区，如图3-43、图3-44、图3-45所示。

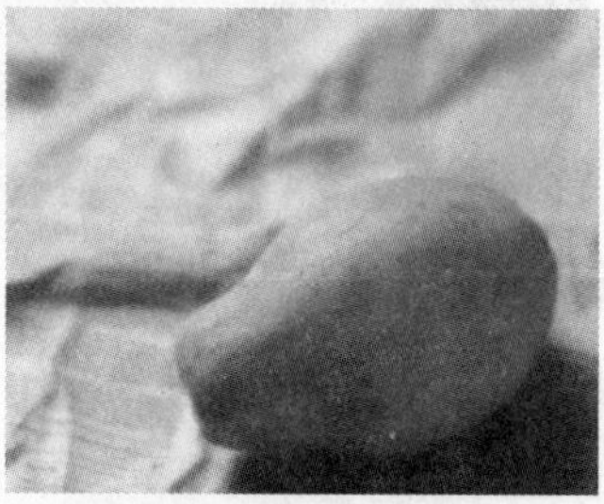
图3-43 打开的图片

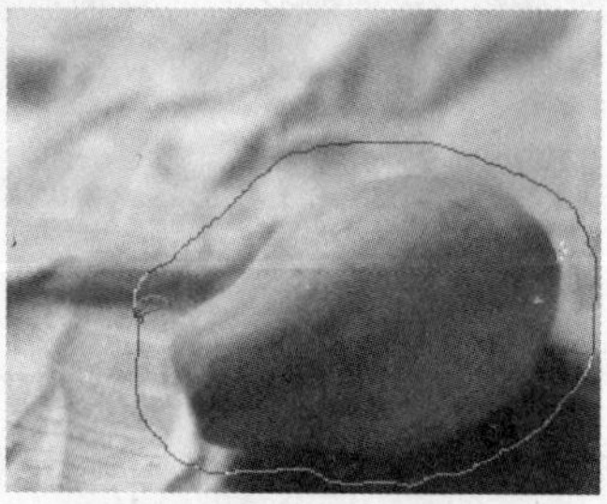
图3-44 封闭选区

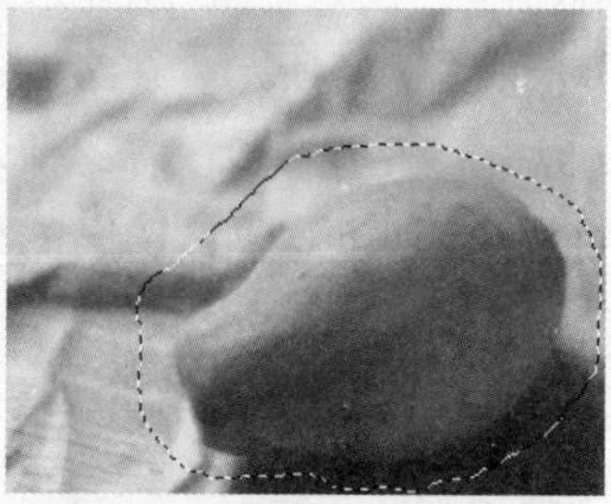
图3-45 绘制的选区

如果在拖动鼠标时放开鼠标，则起点与终点之间将会用直线连接。

专家提示

在绘制过程中按住Alt键，放开鼠标左键即可切换为多边形套索工具，此时在画面中即可绘制直线；放开Alt键即可恢复为套索工具继续绘制选区。

3.4.2 多边形套索工具

打开素材图片“素材\第03章\遥控车.jpg”，如图3-46所示。选取工具，在图片中沿着物体的转折边缘依次单击鼠标绘制直线，定义选区的范围，最后将鼠标移动到起点处时，光标变为时单击鼠标，即可完成多边形选区的绘制，如图3-47所示。

按Ctrl+I组合键将选区反选，然后按Delete键将选区内的图像删除，再按Ctrl+D组合键去除选区，选出的汽车图片如图3-48所示。

图3-46 打开的图片

图3-47 绘制的选区

图3-48 选出的汽车图片

专家提示

在使用多边形套索工具时，按住Alt键可转换为工具，放开Alt键可恢复为工具。在创建选区时，如果按住Shift键，可锁定水平、垂直或45°角为增量进行绘制。如果在绘制的过程中双击则会在双击点和起点间用直线闭合选区。

3.4.3 磁性套索工具

磁性套索工具具有自动识别对象边缘的功能，当对象的边缘比较清晰，与背景对比明显时，应使用磁性套索工具快速选择该对象。

1. 绘制选区

选取工具，在打开图片的图像边缘位置单击鼠标，确定起点位置，然后放开鼠标沿着图像边缘移动鼠标，即可创建如图3-49所示的吸附线形。将光标移到起点处单击鼠标，即可封闭线形生成选区，如图3-50所示。

图3-49 创建的吸附线形

图3-50 绘制的选区

专家提示

在使用工具时，按住Alt键在其他区域单击鼠标可以切换为工具；按住Alt键并拖动鼠标，可切换为工具；当需要在某一位置放置一个锚点时，可单击该处；按Delete键可以删除锚点；按Esc键可以清除所有锚点；在绘制过程中双击鼠标，则双击点和起点之间用直线连接。

2. 磁性套索工具选项栏

如图3-51所示为磁性套索工具的选项栏。

图3-51 磁性套索工具的选项栏

- 宽度：宽度值决定了以光标为基准，其周围有多少个像素能够被工具检测到，如果对象的边界清晰则可以选择较大的宽度值，反之，则要选择较小的宽度值。
- 对比度：用来检测设置工具的灵敏度，较高的数值只检测与他们的环境对比鲜明的边缘；较低的数值则检测低对比度边缘。如果图像边缘清晰，可以将该值设置得高一些，反之，则需设置得低一些。
- 频率：在使用磁性套索工具创建选区时会产生许多锚点，而频率决定了锚点的数量，该值越高锚点越多，捕捉到的边界越准确，但是过多的锚点会造成边缘光滑度降低。
- 钢笔压力：如果电脑配置有数位板和压感笔，可以激活该按钮，则Photoshop会自动调整工具的监测范围，增大压力将会导致边缘宽度减小。

3.5 魔棒工具组

Photoshop CS5的魔棒工具组中提供了两种工具：一种是快速选择工具；一种是魔棒工具。利用这两个工具可以快速选择色彩变化大，且色调相近的区域。

3.5.1 快速选择工具

快速选择工具是一种非常直观、灵活和快捷的选择工具，适合选择图像中较大的单色区域。

1. 使用方法

打开素材图片“素材\第03章\花02.jpg”，在需要添加选区的图像位置拖动鼠标，即可为光标经过的区域添加一个选区，如图3-52所示。

图3-52 使用快速选择工具绘制的选区

2. 快速选择工具的选项栏

如图3-53所示为快速选择工具的工具选项栏

图3-53 快速选择工具的选项栏

- 选区运算按钮：单击新选区按钮，可创建一个新选区；单击添加到选区按钮，可在原有选取的基础上添加一个选区；单击从选区减去按钮，即可在原选区的基础上减去当前绘制的选区。
- 画笔：可以改变画笔的大小。也可在绘制的过程中，按右括号键“]”可以增加画笔的大小；按左括号键“[”可以减小画笔的大小。
- 对所有图层取样：可基于所有图层（而不是仅基于当前选择的图层）创建一个选区。
- 自动增强：可减少选区边界的粗糙和块效应。勾选“自动增强”复选框，会自动将选区向图像边缘进一步流动并应用一些边缘调整，也可以通过“调整边缘”对话框中的“平滑”、“对比度”和“半径”选项手动应用这些边缘调整。

专家提示

使用快速选择工具时，除了拖动鼠标来选取图像外，单击鼠标也可以选取图像。如果有漏选的地方，可以按住Shift键的同时将其选取添加到选区中；如果有多选的地方可以按住Alt键的同时单击选区，将其从选区中减去。

3.5.2 魔棒工具

魔棒工具主要用于选择图像中面积较大的单色区域或相近的颜色。

1. 使用方法

魔棒工具的使用方法非常简单，只需在要选择的颜色范围单击鼠标，即可将单击处相同或相近的颜色全部选取，如图3-54所示。

图3-54 用魔棒选取的图像

2. 魔棒工具选项栏

如图3-55所示为魔棒工具选项栏。

图3-55 魔棒工具选项栏

- 容差：决定创建选区的精度。该值越小表明对色调的相似程度要求越高，选择的颜色范围就越小；反之，如果该值越大表明对色调的相似程度要求越低，选择的颜色范围就越广。即使在同一个地方单击鼠标，容差不同，则选择的范围也不一样；而在容差相同的情况下，单击的地方不同，则选择的范围也不一样，如图3-56、图3-57、图3-58所示。

图3-56 容差为50时的选区

图3-57 容差为100时的选区

图3-58 单击不同地方时的选区

- 连续：勾选该复选框时，只选择颜色连续的区域；取消勾选时，可选择与单击点颜色相近的所有区域，包括没有连接的区域。
- 对所有图层取样：如果文档中包含多个图层，勾选该复选框时，可选择所有图层中与之颜色相近的区域；取消勾选时，仅选择当前图层上与之颜色相近的区域。

专家提示

使用魔棒时，按住Shift键的同时单击鼠标可以添加选区，按住Alt键的同时单击鼠标可以从当前选区中减去，按住Shift+Alt组合键的同时单击鼠标可以得到与当前选区相交的选区。

3.6 裁剪工具组

利用裁剪工具组的工具可以快速将图像中保留的部分进行裁剪。这些工具在处理数码照片时经常用到。

3.6.1 裁剪工具

裁剪工具是用来裁剪图像、重新定义画布大小的常用工具。在画面中拖出一个矩形框（裁剪框）定义保留的内容，如果其大小和位置不适合构图需要，还可对其进行调整：拖动裁剪框的控制点，可以调整裁剪框的大小；在裁剪框内拖动鼠标，可移动裁剪框的位置。确定后按Enter键或在裁剪框内双击鼠标，即可将矩形框外的图像裁剪掉。

1. 创建裁剪框前的工具选项栏

如图3-59所示为创建裁剪框前的工具选项栏。

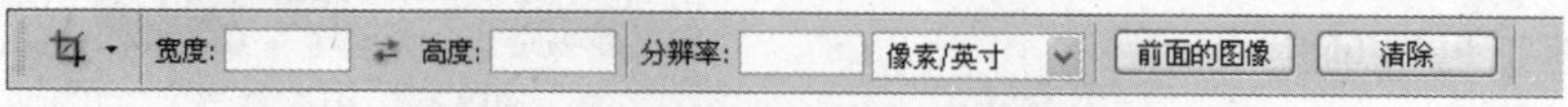

图3-59 创建裁剪框前的工具选项栏

- 高度/宽度/分辨率：可在各选项右侧的文本框中输入相应的数值，来确定裁剪后图像的大小。例如，输入宽度为5厘米，高度为5厘米，分辨率为200像素/英寸；裁剪图像后，图像的大小会自动适配设置的文件大小，如图3-60、图3-61所示。

图3-60 设置的数值及绘制的裁剪框

图3-61 裁剪后的大小

- 前面的图像：单击该按钮，可以在前面各文本框中显示当前图像的大小和分辨率。
- 清除：在宽度、高度和分辨率选项中输入数值后，Photoshop会将其保留下来，单击该按钮后，可以删除这些数值，恢复默认状态。

2. 创建裁剪框后的工具选项栏

如图3-62所示为创建裁剪框后的工具选项栏。

图3-62 创建裁剪框后的工具选项栏

- 裁剪区域：如果图像中包含多个层，或者没有“背景”图层，则该选项可用。如果选择“删除”单选按钮，可以删除被裁剪的区域；如果选择“隐藏”单选按钮，则被裁剪的区域将被隐藏，执行“图像｜显示全部”命令即可将隐藏的部分重新显示出来；另外，还可以利用工具移动图像来显示隐藏的部分。
- 裁剪参考线叠加：右侧的下拉列表中包括“无”、“三等分”和“网格”3个选项，选择“三等分”和“网格”选项后，可根据添加的裁切框显示三等分的区域和网格的位置。
- 屏蔽/颜色/不透明度：勾选该复选框后，被裁剪的区域将被“颜色”选项设置的颜色屏蔽；取消勾选后，则显示全部图像。也可以单击“颜色”选项的颜色块进行颜色设置。在不透明度中设置屏蔽颜色的不透明度。

- 透视：勾选该复选框后，可以调整裁剪框的控制点，裁剪以后，可以对图像进行透视的变换与调整，如图3-63、图3-64所示。

图3-63 绘制的透视剪裁框

图3-64 裁剪后的效果

3.6.2 切片工具

切片工具主要用于网页设计中分割图像，即制作切片。通过优化切割的图像进行不同程度的压缩，以便减少图像的上传和下载时间。另外，还可以为切片制作动画，链接URL地址，以丰富网页的设计。

1. 创建切片

打开素材图片“素材\第03章\儿童画.jpg”，在图像中根据各图像的大小拖动鼠标即可创建切片，如图3-65所示。创建的切片分为两种：一种是用户切片；另一种是创建用户切片后生成的自动切片。用户切片的边缘以实线界定，自动切片的边缘以虚线界定。将鼠标光标放置到创建切片的任意边缘位置，当鼠标变为双向箭头时拖动鼠标即可调整用户切片的大小，此时将重新生成新的自动切片，如图3-66所示。

除手动创建切片外，还可根据图层来创建切片。打开素材图片“素材\第03章\卡通画.psd”，然后在【图层】面板中将“卡通人物”所在的“图层 1”设置为工作层，如图3-67所示。再执行“图层 | 新建基于图层的切片”命令，此时将根据“图层 1”中的图像自动生成如图3-68所示的切片。

如按住Shift键的同时单击“图层 4”，将“图层 1”～“图层 4”全部选择，如图3-69所示。再执行“图层 | 新建基于图层的切片”命令，将根据选择的图层自动生成如图3-70所示的切片。

图3-65 创建的切片

图3-66 调整后的切片

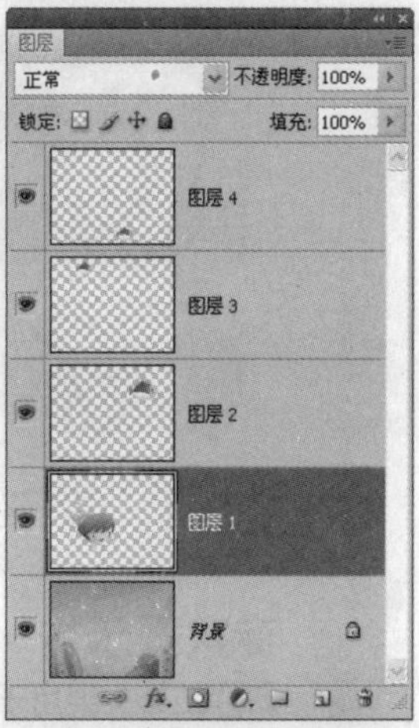

图3-67 选择的图层

图3-68 生成的切片

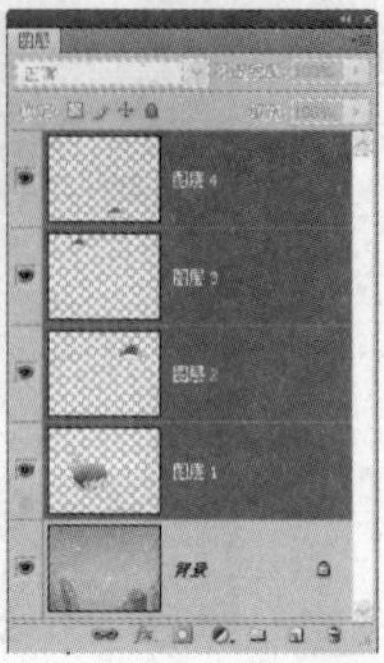

图3-69 选择的图层

图3-70 生成的切片

2. 切片工具选项栏

如图3-71所示为切片工具的选项栏。

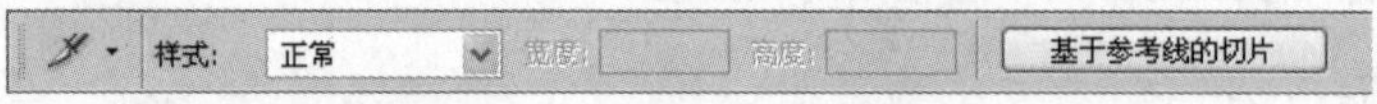

图3-71 切片工具的选项栏

- 样式：用于设置创建切片的样式。选择“正常”选项，可通过拖动鼠标来确定切片的大小；选择“固定长宽比”选项，可在右侧的宽度和高度文本框中输入切片的高宽比，以此来创建具有固定长宽比的切片；选择“固定大小”选项，可在右侧的宽度和高度文本框中输入切片的宽度和高度数值，然后在画面中单击鼠标，创建指定大小的切片。
- 基于参考线的切片：单击该按钮，可根据添加的参考线自动生成切片，如图3-72、图3-73所示。如果图像文件中没有参考线存在，则该按钮不可用。

图3-72 创建的参考线

图3-73 生成的切片

专家提示

切片工具主要用于对网页图片进行优化设置，当对网页图片进行裁切后，在存储时应利用“文件｜存储为Web和设备所用格式”命令，并将其格式进行准确设置，否则会影响网页图片的显示。

3.6.3 切片选择工具

切片选择工具主要用于编辑切片，包括选择、移动和缩放等。

选取工具，在切片中单击鼠标可将其选择；在用户切片内拖动鼠标，可移动切片的位置；将鼠标光标移动到用户切片的边缘位置，当鼠标光标显示为双向箭头时拖动鼠标，可调整切片的大小，如图3-74、图3-75所示。

图3-74 缩放切片

图3-75 移动切片

按住Shift键的同时依次单击用户切片，可选择多个切片，如图3-76所示。在选择的切片上单击鼠标右键，在弹出的快捷菜单中选择“组合切片”命令，可将选择的切片组合，如图3-77所示；选择切片02，然后在快捷菜单中选择“删除切片”命令或按Delete键，可将选择的切片删除，如图3-78所示。

图3-76 选择的切片

图3-77 组合切片

图3-78 删除切片

1. 选择切片工具的选项栏

如图3-79所示为选择切片工具的选项栏。

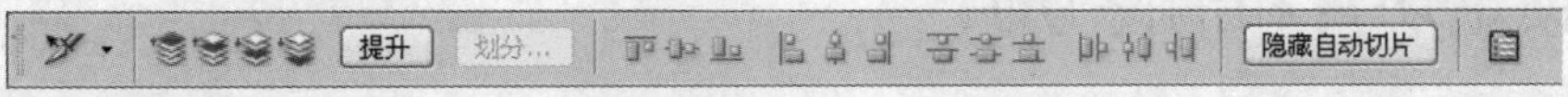

图3-79 选择切片工具的选项栏

- ：用于调整切片的堆叠顺序。在创建切片时，最后创建的切片位于切片的顶层。当切片重叠时，可单击相应的按钮来改变切片的堆叠顺序。单击按钮，可将选择切片调整至所有切片的上方；单击按钮，可将选择切片向上移动一个顺序；单击按钮，可将选择切片向下移动一个顺序；单击按钮，可将选择切片调整至所有切片的下方。
- 提升：单击该按钮，可将选择的自动切片转换为用户切片。
- 划分...：单击该按钮，将弹出【划分切片】对话框，在该对话框中可对选择的切片进行进一步的划分。
- 对齐与分布：选择多个切片后，可单击相应的按钮对其进行对齐与分布调整。这些工具的使用方法与对齐和分布图层的按钮相同。
- 隐藏自动切片：单击该按钮，可隐藏自动切片。
- ：单击该按钮，将弹出【切片选项】对话框，在该对话框中可对切片设置类型、名称及指定URL链接等。

2. 设置切片选项

利用工具双击切片，或选择切片单击选项栏中的按钮，可弹出如图3-80所示的【切片选项】对话框。

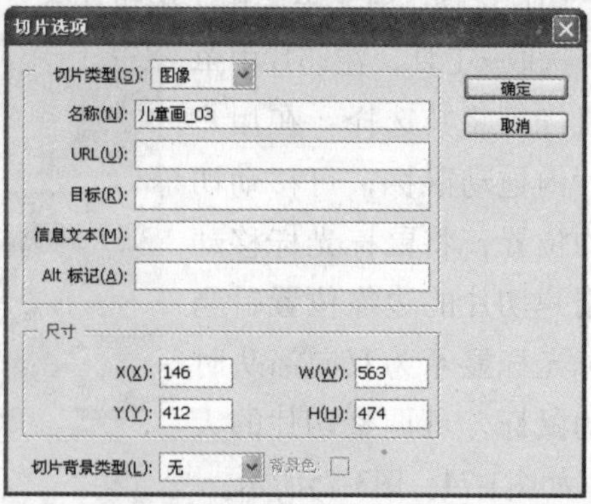

图3-80 【切片选项】对话框

- 切片类型：用于设置切片输出后的显示类型。选择“图像”选项，切片显示图像；选择“无图像”选项，切片处的图像将隐藏，此时可以在此处输入HTML文本。
- 名称：设置切片的名称。
- URL：可在此选项右侧的文本框中输入链接的Web地址。当在浏览器中单击该切片图像时，即可链接到该选项设置的网址。
- 目标：设置在右侧的文本框中设置在网页中单击鼠标时，当前切片是否在新窗口中打开。
- 信息文本：设置当鼠标光标移动到当前切片上时，浏览器下方信息行中要显示的内容。
- Alt标记：设置当鼠标光标移动到当前切片上时要弹出的提示信息。当不显示图像时，图片位置将显示“Alt 标记”文本框中的内容。
- 尺寸：X、Y选项用于设置切片的位置；W、H选项用于设置切片的大小。
- 切片背景类型：设置切片背景在网页中的显示类型，当在右侧的下拉列表框中选择“其他”选项时，可在弹出的【拾色器】对话框中设置切片背景的颜色。

3.6.4 锁定切片和清除切片

执行“视图 | 锁定切片”命令可将切片锁定。锁定切片后，可以防止不小心调整切片大小、移动切片或对切片进行其他更改。

清除切片的具体操作为，选择一个或多个切片，选取切片工具或切片选择工具，并按BackSpace键或Delete键即可。如要删除所有用户切片和基于图层的切片，可执行“视图 | 清除切片”命令。

删除了用户切片或基于图层的切片后，系统将会重新生成自动切片以填充文档区域。注意，无法删除自动切片。如果删除图像中的所有用户切片和基于图层的切片，将会保留一个包含整个图像的自动切片。

专家提示

删除基于图层的切片并不删除相关图层，但是删除与基于图层的切片相关的图层会删除该基于图层的切片。

3.7 吸管工具组

吸管工具组是一组辅助工具，包括用于吸取颜色的吸管工具和颜色取样器工具；用于测量尺寸与角度的标尺工具；用于添加标注的注释工具及用于对图像中的对象进行统计的计数工具。

3.7.1 吸管工具

吸管工具主要用于吸取图像颜色，其使用方法在第2.5.5节已讲解。

3.7.2 颜色取样器工具

利用颜色取样器工具可以在图像上设置取样点，以此来观察图像在调整颜色过程中颜色值的变化情况。选取工具，在图像中需要取样的位置单击鼠标，即可建立一个取样点，最多可放置4个取样点，如图3-81所示。建立取样点后，取样颜色值会在【信息】面板中显示，如图3-82所示。

图3-81 设置的取样点

图3-82 信息面板

当我们将图像调整至如图3-83所示的颜色后，颜色值会变为两组数字，斜线前面的数值为调整前的值，斜线后面的数值为调整后的数值，如图3-84所示。

将鼠标光标移动到取样点位置，当鼠标光标显示为移动符号时拖动取样点，可以移动它的位置，此时【信息】面板中的数值也会相应改变。按住Alt键的同时单击取样点，可将其删除；如果要删除所有的取样点，可单击工具选项栏中的 清除 按钮。

图3-83 调整后的图像

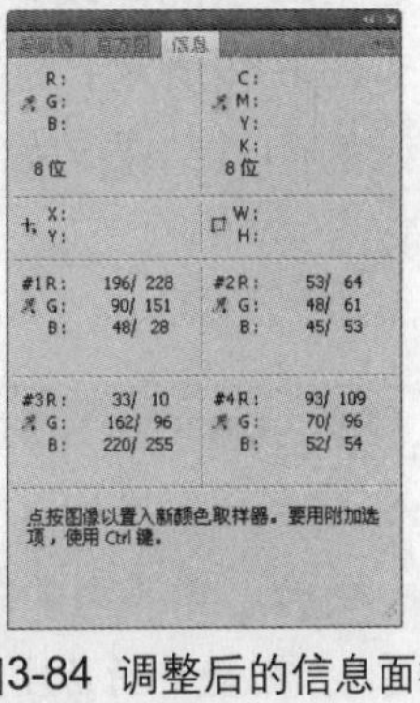

图3-84 调整后的信息面板

3.7.3 标尺工具

利用标尺工具可以测量图像中两点间的距离、角度和坐标等信息。

1. 测量长度

打开素材图片“素材\第03章\五星.jpg”，选取工具，在图像中选择要测量图像的起点位置，拖动鼠标至终点位置，释放鼠标后，即可创建测量线，如图3-85、图3-86所示。

图3-85 鼠标光标放置的起点位置

图3-86 拖动到终点时的状态

选项栏中显示的测量结果，如图3-87所示。

图3-87 标尺工具测量长度的选项栏

- X、Y：测量线起点的坐标值。
- W、H：测量线的水平和垂直距离。
- A：表示测量线与水平方向的角度。
- L1：表示测量线的长度。

专家提示

除“角度”外的所有测量单位都以“单位与标尺”首选项对话框中当前设置的测量单位来计算。

- 使用测量比例：勾选该复选框，选项栏中参数单位将使用利用“分析｜设置测量比例｜自定”命令设置的测量数据来计算。
- 拉直：单击该按钮，可将当前倾斜的测量线拉直，同时将测量线以外的图像删除。
- 清除：单击该按钮，可以将当前测量的数值和图像中的测量线清除。

2. 测量角度

在图像中拖动鼠标创建第一条测量线，然后按住Alt键，将光标移动到起点的位置，当光标变为时，拖动鼠标即可创建第二条测量线，如图3-88、图3-89所示；选项栏中显示的测量结果，如图3-90所示。

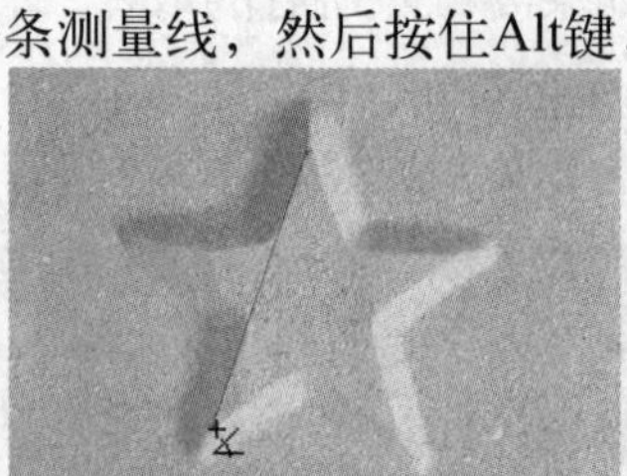
图3-88 创建第二条测量线时光标的位置

图3-89 创建的第二条测量线

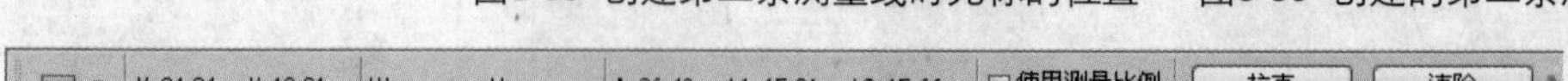

图3-90 显示的角度测量结果

- X、Y：两条测量线的交点坐标，即测量角的顶点坐标。
- A：测量角的角度。

- L1：第一条测量线的长度。
- L2：第二条测量线的长度。

3. 使用测量比例

启用选项栏中的“使用测量比例”选项，将使用系统设置的测量比例。也可自行设置测量比例，执行“分析 | 设置测量比例 | 自定”命令，将弹出如图3-91所示的【测量比例】对话框。

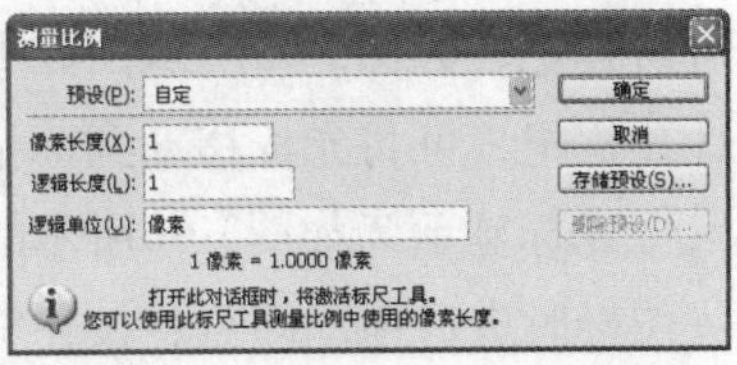

图3-91 【测量比例】对话框

- 预设：如果设置了自定义的测量比例并进行存储，可在该选项的下拉列表中将其选择。
- 像素长度：测量图像的实际长度。
- 逻辑长度/逻辑单位：要设置的测量比例及单位。

3.7.4 注释工具

利用注释工具可以为图像添加标注，以对图像进行说明。此工具不会影响图像的最终效果。

1. 添加注释

打开素材图片“素材\第03章\05.jpg”，选取工具，然后在图像中单击或拖动鼠标即可添加注释，并弹出如图3-92所示的注释窗口；在注释窗口中可添加文字说明，如图3-93所示。添加注释后，单击注释窗口右上角的按钮，即可将注释窗口关闭；双击注释图标，可将注释窗口再次调出。拖动注释图标，可移动它的位置。

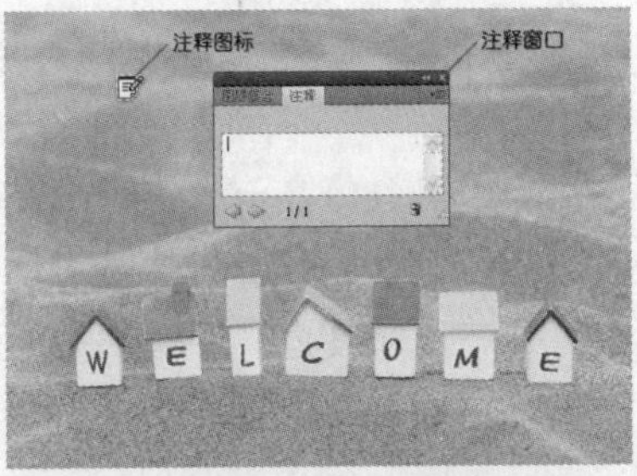

图3-92 添加的注释及弹出的注释窗口

图3-93 添加的标注说明

2. 注释工具的选项栏

注释工具的选项栏如图3-94所示。

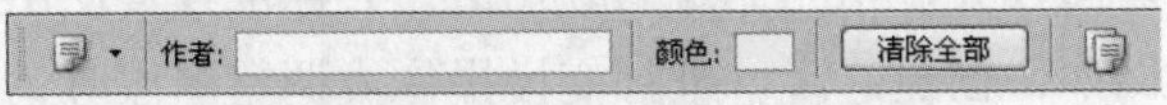

图3-94 注释工具的选项栏

- 作者：在右侧的文本框中可输入作者名称。
- 颜色：设置注释图标的颜色。
- 清除全部：单击该按钮，可将图像中的注释全部清除。如果要删除单个注释，可在要删除的注释图标上单击鼠标右键，然后在弹出的快捷菜单中选择“删除注释”命令，再在弹出的对话框中单击 是(Y) 按钮即可。
- ：单击该按钮，可显示或隐藏注释框。

3.7.5 计数工具

利用计数工具可对图像中的对象进行计数。

1. 计数工具的使用方法

计数工具的使用方法非常简单，在需要标记数字的图像上单击鼠标，即可显示数字来进行标记，如图3-95所示。如果要移动计数标记，可将光标移动到标记上，当鼠标光标显示为如图3-96所示的四向箭头图标时进行拖动即可；按住Shift键可以限制为沿水平、垂直或45°角倍数的方向拖动；按住Alt键的同时单击标记可删除标记。

图3-95 添加的计数标记

图3-96 移动标记时的状态

2. 计数工具的选项栏

如图3-97所示为计数工具的选项栏。

图3-97 计数工具的选项栏

- 计数：显示总的计数数目。
- 计数组：类似于图层组，可包含计数，每个计数组都可以有自己的名称、标记和标签大小及颜色。单击按钮可以创建计数组；单击按钮可显示或隐藏计数组；单击按钮可以删除计数组。
- 清除：单击该按钮，可将当前计数组中的计数全部清除。
- 颜色：单击颜色块，可以打开【拾色器】对话框设置计数组的颜色。
- 标记大小：可输入1~10之间的值，定义计数标记的大小。
- 标签大小：可输入8~72之间的值，定义计数标签的大小。

3.7.6 信息面板

在没有进行任何操作时，【信息】面板会显示光标处的颜色值、光标位置及使用当前工具的提示信息；如果执行了操作，例如，创建选区、进行变换操作或调整图像颜色等，【信息】面板中就会显示与当前操作有关的信息。

1. 识别信息面板中的数据信息

执行“窗口｜信息”命令，可以打开【信息】面板，默认情况下，面板会显示如图3-98所示的信息。

- 显示颜色信息：将鼠标光标移动到图像上，面板中会自动显示光标的精确坐标和光标处的颜色值，如图3-99、图3-100所示。

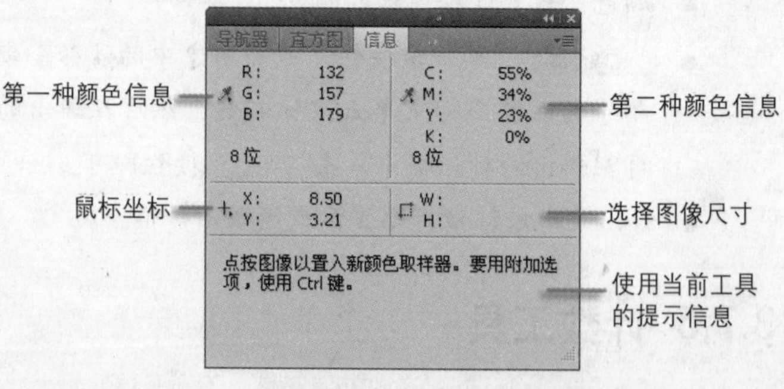

图3-98 【信息】面板显示的信息

- 显示选区的大小：在图像上创建选区时，会随着鼠标的拖动而显示宽度（W）和高度（H）值，如图3-101、图3-102所示。
- 显示变换参数：如使用裁剪工具或对选取的图像进行变换操作时，会显示宽度（W）和高度（H）的百分比变化，旋转角度（A）及水平扭曲（H）的角度，如图3-103、图3-104所示。

图3-99 颜色取样

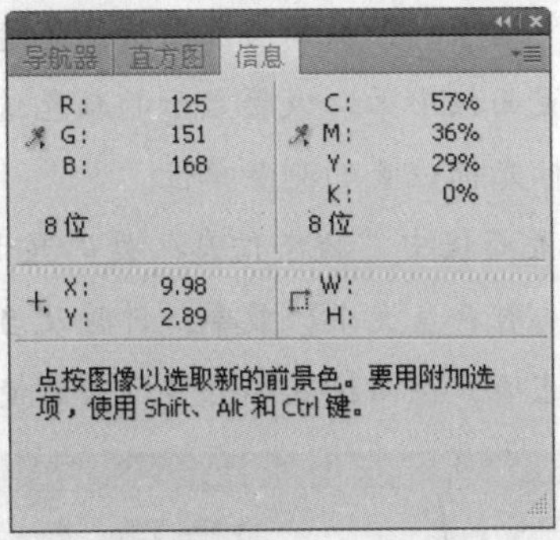

图3-100 显示的颜色取样信息和光标位置

图3-101 绘制选区

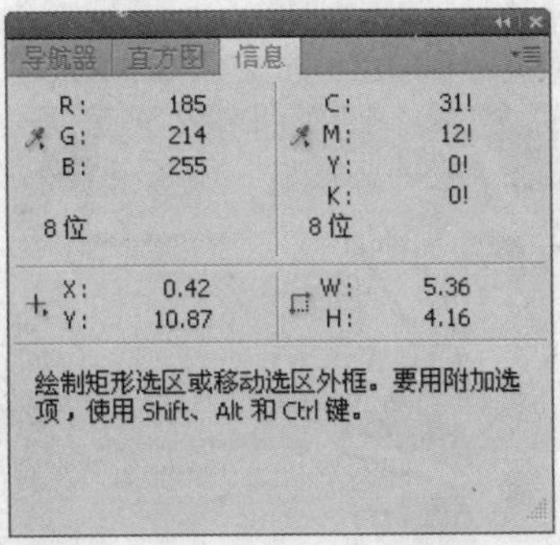

图3-102 显示选区的高和宽

图3-103 对选区内的图像进行变换

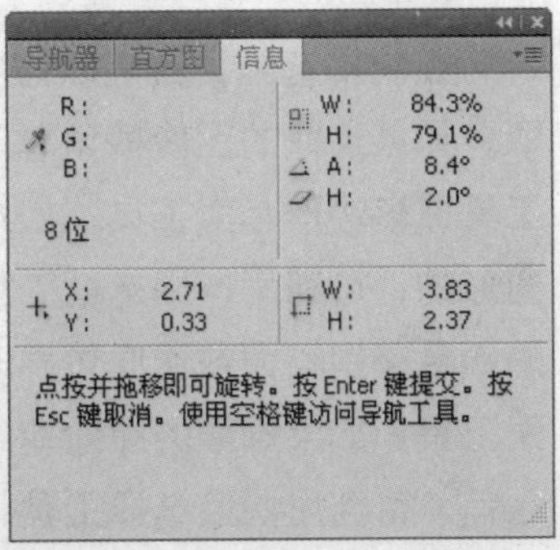

图3-104 缩放时【信息】面板中的信息

- 显示开始位置、变化角度和距离：在使用直线工具、钢笔工具、渐变工具或移动选区时，会随鼠标的移动显示开始位置的和坐标（X,Y），以及角度（A）和距离（L），如图3-105、图3-106所示为绘制直线时显示的信息。

（2）设置面板选项

执行【信息】面板菜单中的“面板选项”命令，可以打开【信息面板选项】对话框，如图3-107所示。

图3-105 使用直线工具绘制直线

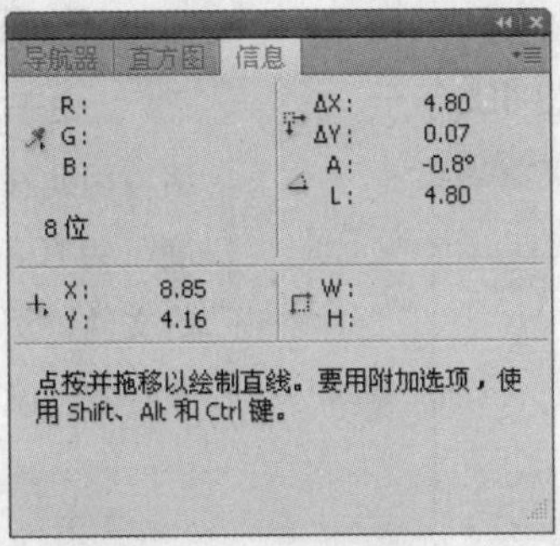

图3-106 绘制直线时的显示值

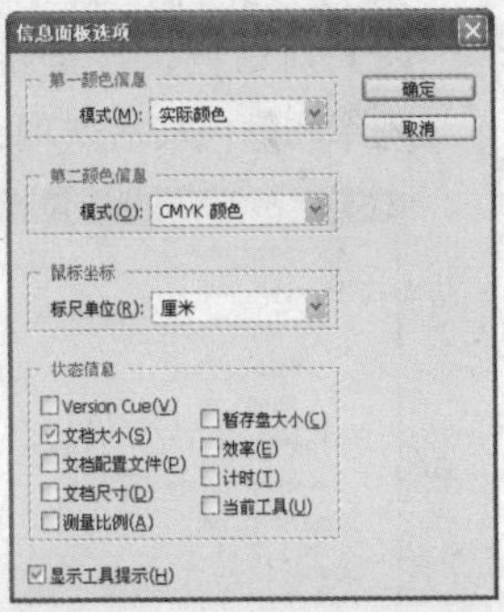

图3-107 【信息面板选项】对话框

- 第一颜色信息：在下拉列表中可以设置面板中第一个吸管显示的颜色。选择“实际颜色”选项，可显示图像当前颜色模式下的值；选择“校样颜色”选项，可显示图像的输出颜色空间值；选择“灰度”、“RGB”、“CMYK”等选项，可显示相应颜色模式下的颜色值；选择“油墨总量”选项，可显示指针当前位置的所有CMYK油墨的百分比；选择“不透明度”选项，可显示当前图层的不透明度，该选项不适用于背景。
- 第二颜色信息：用来设置面板中第二吸管显示的颜色信息。
- 鼠标坐标：用来设置鼠标光标位置的测量单位。
- 状态信息：可以用来设置面板中“状态信息”处的显示内容，包括显示文档大小、文档配置文件、文档尺寸、暂存盘大小、效率、计时及当前工具等。
- 显示工具提示：选择该选项，在面板底部会显示当前使用工具的提示信息。

3.8 综合实战——选取与合成图像

在利用选区工具选取需要的图像时，要先学会观察图像，即确定利用什么工具来选取。如果选取的图像棱角非常明显，可利用矩形选框工具或多边形套索工具；如果选取的图像是圆形或椭圆形的，可利用椭圆选框工具；如果选取图像与背景的颜色差别较大或图像边界非常分明，可利用磁性套索工具；如果选取的图像轮廓圆滑且与背景有明显的色差，可利用快速选择工具；如果选取图像的背景为单一色块或大面积颜色非常相近的区域，可利用魔棒工具先选取背景，然后再反选来选取图像。

下面以设计个人主页为例，来详细讲解各种选取图像及合成的方法。设计的个人主页如图3-108所示。

图3-108 设计的个人主页效果

实战演练005 —— 设计个人主页

1 执行“文件 | 新建”命令，弹出【新建】对话框，设置新建文件的尺寸及分辨率和颜色模式选项，如图3-109所示。

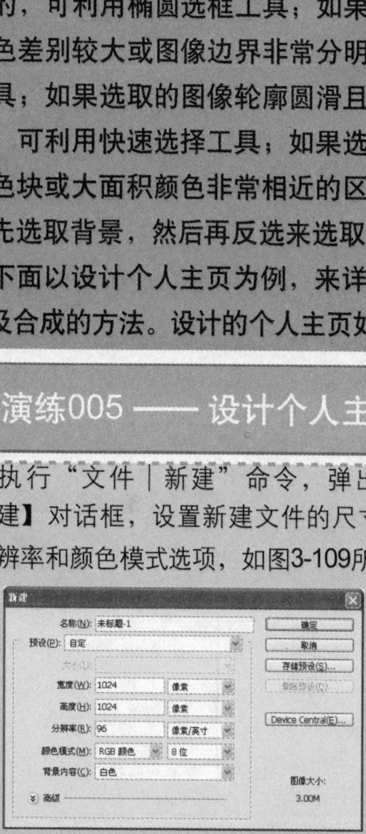

图3-109 设置的尺寸及选项设置

专家提示

由于本例设计的作品最终要应用于网络，因此在设置页面的大小时，新建了“宽度”为1024像素（即全屏显示时的宽度）的文件，页面的“高度”可根据实际情况设置，本例设置的“高度”也为1024像素。

2 单击 确定 按钮，新建一个图像文件，然后将前景色设置为灰色

(R:188、G:188、B:178)，背景色设置为褐色（R:106、G:70、B:70）。

3 在工具箱中选择工具，然后单击选项栏中的按钮，在弹出的【渐变颜色】选项面板中选择第一个“前景色到背景色渐变”的颜色块。

4 激活选项栏中的按钮，然后将鼠标光标移动到画面的中心位置向右下方拖动鼠标，状态及填充渐变色后的画面效果如图3-110所示。

5 选取工具，然后绘制出如图3-111所示的矩形选区。

图3-110 填充渐变色的状态及效果

图3-111 绘制的矩形选区

6 执行“图层｜新建｜图层”命令，弹出如图3-112所示的【新建图层】对话框，单击 确定 按钮，即可新建一个图层，且名称为“图层 1”。

专家提示

有关图层的功能及使用方法详见第9章的内容。

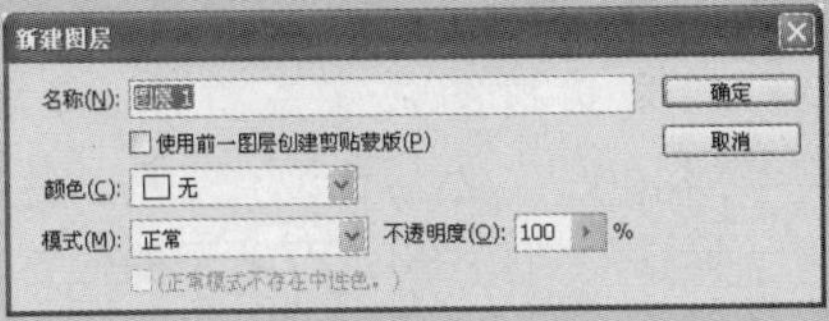

图3-112 【新建图层】对话框

7 将前景色设置为砖红色（R:238、G:200、B:162），然后将其填充至选区中，执行“选择｜取消选择”命令后的效果如图3-113所示。

8 同理，依次在新建的“图层 2”中利用工具绘制出如图3-114所示的矩形图形，填充色均为浅灰色（R:240、G:219、B:198）。

图3-113 填色并去除选区后的效果

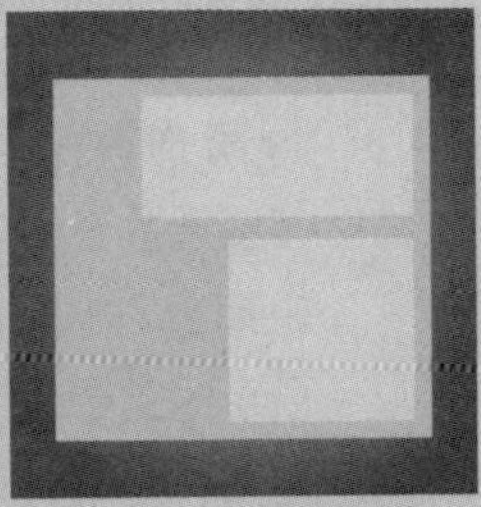
图3-114 绘制的矩形图形

9 选取工具，在小矩形的左下方位置绘制出如图3-115所示的椭圆形，然后按Delete键，将选区内的图像删除，效果如图3-116所示。再按Ctrl+D组合键去除选区。

图3-115 绘制的椭圆形选区

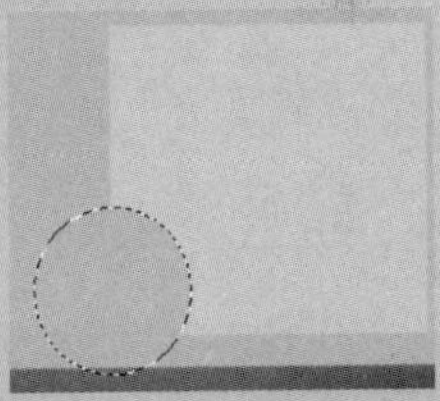
图3-116 删除选区内图像后的效果

10 执行“文件｜打开”命令，将素材图片打开“素材\第03章\儿童01.jpg”。

11 选取工具，将打开的儿童图片移动复制到新建的文件中，然后执行“编辑｜自由变换”命令，在图片的周围将显示如图3-117所示的自由变换框。

12 按住Shift键的同时向左上方拖动变形框右下角的控制点，将图片等比例缩小，状态如图3-118所示。

图3-117 显示的自由变换框

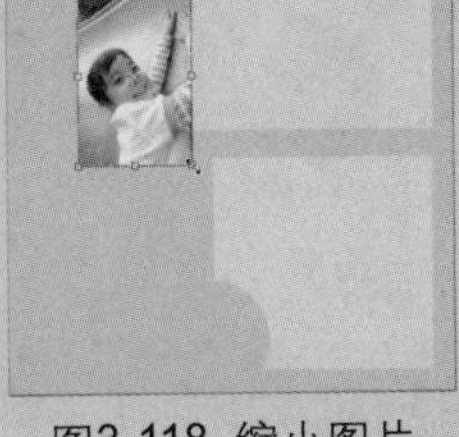
图3-118 缩小图片时的状态

13 单击选项栏中的✓按钮，确认图片的缩小调整。

14 利用▭工具根据图片的大小绘制出如图3-119所示的矩形选区，然后按住Ctrl+Alt组合键的同时单击【图层】面板中如图3-120所示的图层缩略图，生成的选区形态如图3-121所示。

图3-119 绘制的矩形选区

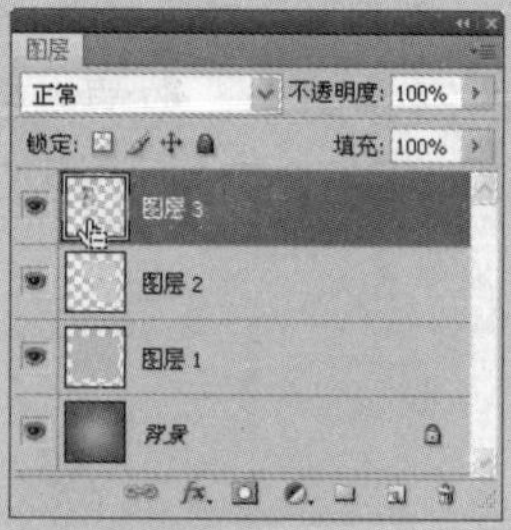

图3-120 鼠标光标所在的位置

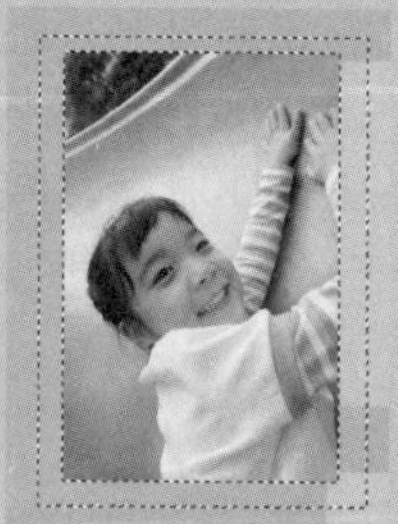

图3-121 生成的选区形态

15 为选区填充白色，按Ctrl+D组合键去除选区后的效果如图3-122所示。

16 执行“编辑 | 自由变换”命令，将鼠标光标放置到变形框各角点的外侧，当鼠标光标显示为旋转符号时拖动鼠标，可旋转图片的角度，用此方法将图片调整至如图3-123所示的位置及形态。

图3-122 添加边框后的效果

图3-123 图片调整后的形态

17 单击选项栏中的✓按钮，确认图片的调整，然后执行“图层 | 图层样式 | 投影”命令，在弹出的【图层样式】对话框中设置选项参数，如图3-124所示。

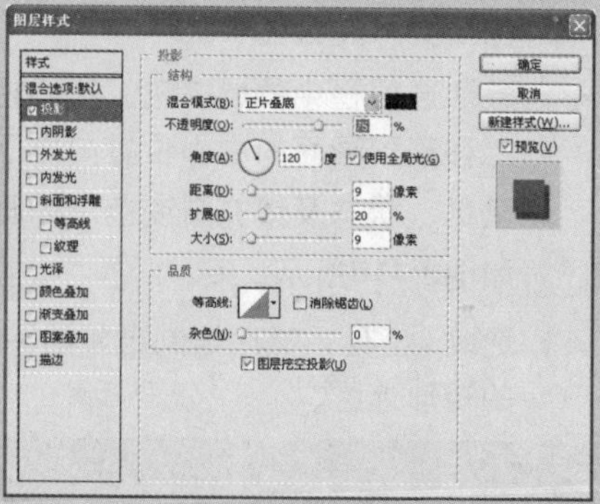

图3-124 设置的图层样式参数

18 单击 确定 按钮，图片添加投影后的效果如图3-125所示。

19 依次打开素材图片“素材\第03章\儿童02.jpg”、“儿童03.jpg”和“儿童4.jpg”文件，然后利用制作第一幅相片相同的方法，制作出如图3-126所示的图片效果。

图3-125 添加投影后的效果

图3-126 制作的图片效果

20 打开素材图片“素材\第03章\小熊.jpg”，然后选取工具，并将光标移动到如图3-127所示的位置单击鼠标，确定绘制选区的起点。

21 沿要选取小熊图像的边缘拖动鼠标，此时会根据图像的边缘自动生成一条吸附线形，同时带有紧固点，如图3-128所示。

专家提示

如果在拖动鼠标的过程中，生成的吸附线形没有很好地吸附想要创建的图像边缘，此时可按Delete键删除最近生成的紧固点，然后将鼠标光标移动到要吸附的位置单击鼠标，手动添加紧固点的位置，以创建更精确的吸附线形。

图3-127 鼠标光标放置的位置

图3-128 拖动鼠标状态

22 依次沿小熊图像的边缘拖动鼠标，至起点位置时单击鼠标，即可闭合线形，生成如图3-129所示的选区。

23 利用工具，将选取的小熊图片移动复制到新建的文件中，然后利用“自由变换”命令将其调整至如图3-130所示的大小及位置。

图3-129 生成的选区

图3-130 小熊图片调整后的大小及位置

24 打开素材图片“素材\第03章\图标.jpg”，然后利用工具将彩虹选取，如图3-131所示。

25 选取工具，并激活选项栏中的按钮，在如图3-132所示的位置单击鼠标，创建减选区的起点，再根据要删除选区的雨点图形绘制线形，状态如图3-133所示。

26 减选区后生成的新选区形态如图3-134所示。然后利用工具将选取的“彩虹”移动复制到新建的文件中。

图3-131 绘制的选区

图3-132 鼠标光标放置的位置

图3-133 绘制选区时的状态

图3-134 生成的新选区

27 选取工具，在“彩虹”图片边缘的白色区域内单击鼠标，创建如图3-135所示的选区，然后按Delete键将选区内的白色删除。

图3-135 创建的选区

28 按Ctrl+D组合键去除选区，然后利用“自由变换”命令，将“彩虹”图片调整至如图3-136所示的位置及形态。

29 按Enter键确认图片的调整，然后依次执行“图层｜排列｜后移一层”命令，将“彩虹”图片调整至“儿童相片”图片的下方，效果如图3-137所示。

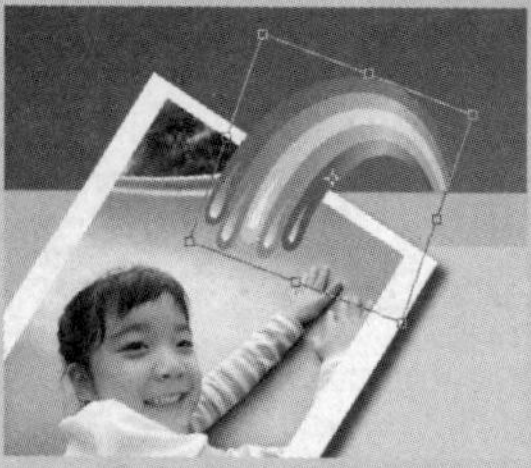

图3-136 彩虹图片调整后的位置及形态

图3-137 调整堆叠顺序后的效果

30 将“图标.jpg”素材文件设置为工作状态，然后利用工具将“气球”图形选取，并利用工具将其移动复制到新建的文件中，如图3-138所示。

31 再次选取工具，并将选项栏中的“容差”选项设置为1，然后将光标移动到“气球”图片的白色区域内单击鼠标，创建如图3-139所示的选区。

图3-138 选取的气球

图3-139 创建的选区

32 按Delete键删除选区内的图像，去除选区后的效果如图3-140所示。

33 将选项栏中的“容差”选项设置为10，在“气球”图片边缘的白色区域内单击鼠标，创建选区并按Delete键删除，最终效果如图3-141所示。

图3-140 删除选区内白色后的效果

图3-141 剩余的气球效果

专家提示

以上，首先将魔棒工具的容差值改小创建选区，目的是为了不将气球下方的灰色线形一同删除，之后将容差值改大创建选区，目的是一次创建更大区域的选区。利用这种方法，可选取出精确的气球效果。

34 利用“自由变换”命令将气球图片调整至合适的大小后放置到如图3-142所示的位置。

图3-142 气球图片调整后的大小及位置

35 灵活运用和工具，在新建的图层中绘制褐色（R:106、G:70、B:70）的椭圆形和矩形图形，然后利用工具依次输入如图3-143所示的文字。

专家提示

有关文字的输入与设置详见第7章内容。

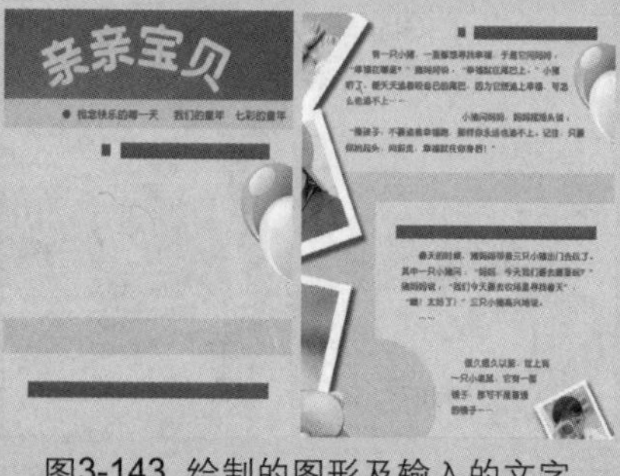

图3-143 绘制的图形及输入的文字

36 利用工具，绘制椭圆形选区，然后按住Shift键的同时拖动鼠标，再绘制一个小的椭圆形选区，如图3-144所示。

37 新建图层，然后执行“编辑｜描边”命令，在弹出的【描边】对话框中设置选项，如图3-145所示，其中颜色为褐色（R:106、G:70、B:70）。

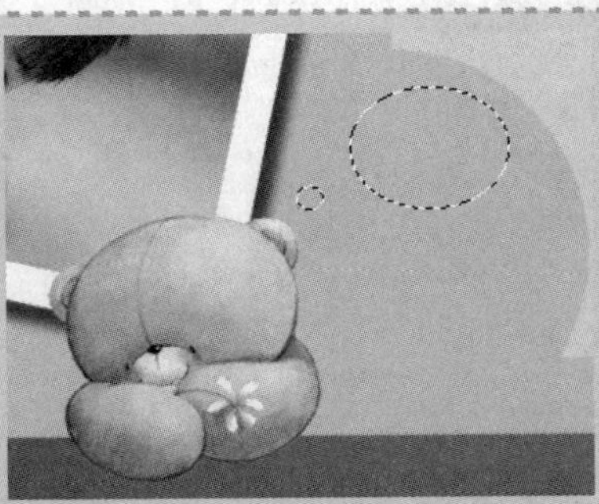

图3-144 绘制的选区

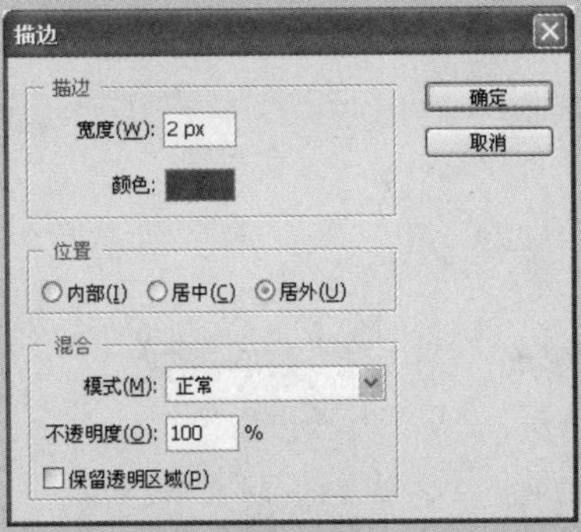

图3-145 【描边】对话框

38 单击 确定 按钮，为选区描绘边缘，去除选区后的效果如图3-146所示。

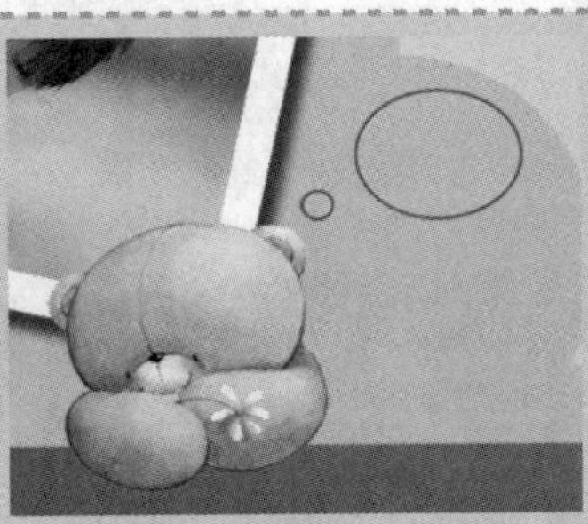

图3-146 描边后的效果

39 利用T工具，在椭圆形中输入如图3-147所示的文字，完成个人主页的设计。

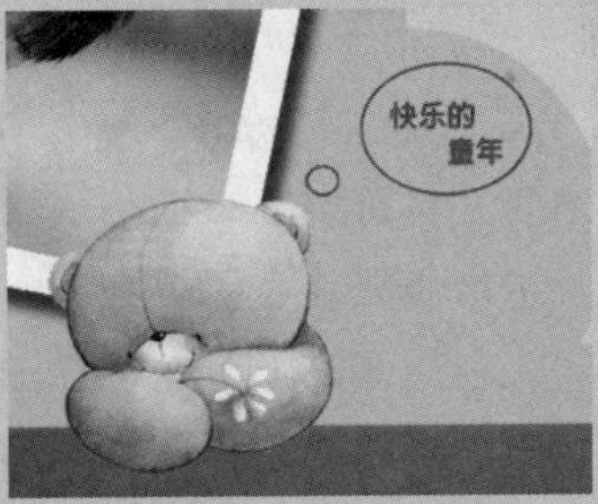

图3-147 输入的文字

40 按Ctrl+S组合键在弹出的【存储为】对话框中将此文件命名为“个人主页.psd”保存。

第4章

修复与修饰工具

修复与修饰工具是Photoshop中非常精彩的一部分内容，利用修复工具可以将有缺陷（如闭眼、有多余人物等）的照片进行修复，也可以将操作不满意的图像进行还原；同时，利用修饰工具还可对图像进行模糊、锐化、涂抹、提亮、加深及去色和加色等效果的添加。本章将来详细讲解每一个工具的功能及使用方法。

通过本章的学习，您可以掌握以下知识点：

- 修复工具组
- 图章工具组
- 历史记录工具组
- 历史记录面板
- 修饰工具组
- 明暗工具组
- 综合实战——修复图像

4.1 修复工具组

Photoshop中的修复工具组包括污点修复画笔工具、修复画笔工具、修补工具和红眼工具。利用这些工具可以对照片和图像进行美化和修改，让照片变得完美。

4.1.1 污点修复画笔工具

使用污点修复画笔工具可以快速去除照片中的污点和斑点等不理想的部分。

1. 使用方法

选取工具，然后在选项栏中设置合适的画笔大小和选项，再在图像的污点位置单击鼠标，即可去除污点，如图4-1所示。

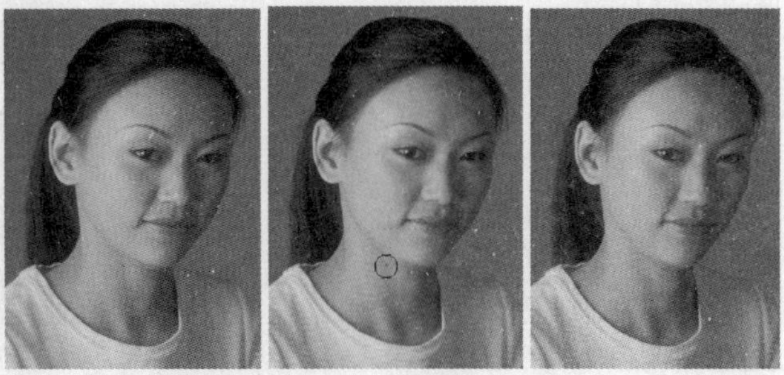

图4-1 去除污点

2. 污点修复画笔工具选项栏

如图4-2所示为污点修复画笔工具选项栏。

图4-2 污点修复画笔工具选项栏

- 画笔：用于设置污点修复画笔的笔头形状及大小。单击该选项右侧的按钮，弹出的设置面板如图4-3所示。

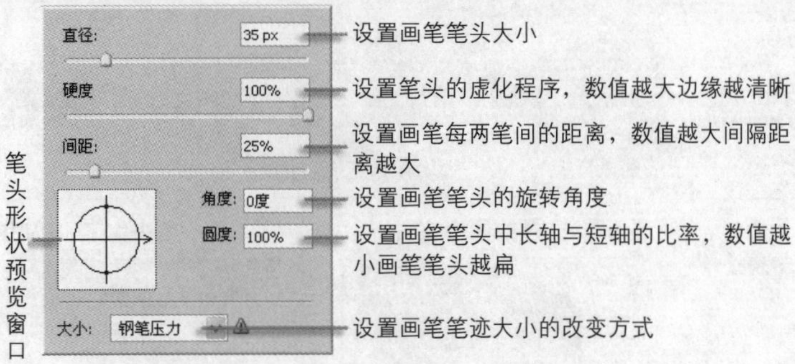

图4-3 画笔笔头设置面板

- 模式：用来设置修复图像时使用的混合模式。
- 类型：用来设置修复的方法。选择“近似匹配”选项，可以使用选区周围的像素来修复图像的缺陷；选择“创建纹理”选项，可以使用选区中的所有像素创建一个纹理来修复图像的缺陷。选择“内容识别”选项，可比较附近的图像内容，不留痕迹地填充选区，同时保留让图像栩栩如生的关键细节，如阴影和对象边缘。
- 对所有图层取样：如果当前文档中包含多个图层，勾选该复选框，可以从所有可见图层中进行取样；否则只能从当前图层中取样。

- 绘图板压力控制大小按钮：如果使用图形绘制绘图板（如Wacom®绘图板），则可以通过钢笔压力、角度、旋转或光笔轮来控制污点修复画笔工具的应用。

4.1.2 修复画笔工具

修复画笔工具与污点修复画笔工具的工作原理基本相似。只是利用修复画笔工具修复图像时，要先进行取样，即先按住Alt键的同时单击鼠标吸取没有缺陷的图像作为样本，然后在要修复的图像区域中拖动鼠标，将吸取的样本复制到此处与下方图像融合，从而对图像进行修复。

1. 使用方法

选取工具，按住Alt键的同时在被修饰区域的周围单击鼠标进行取样，然后在被修饰的地方拖动鼠标，即可进行修复，如图4-4所示。

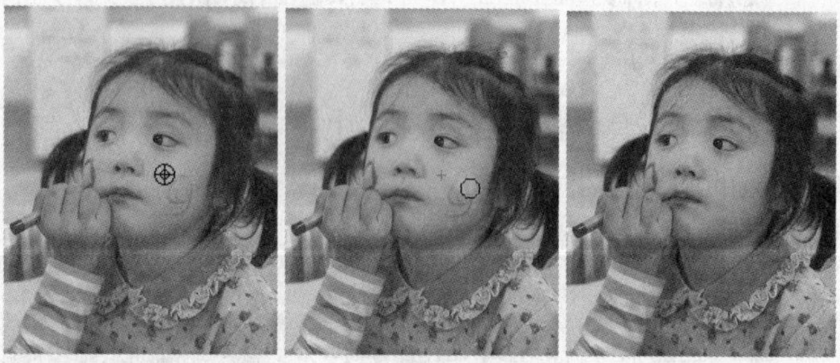

图4-4 修复图像的效果

修复画笔工具除可以修复单独的图像外，还可以将两幅具有相同颜色模式的图像进行合成，如图4-5、图4-6、图4-7、图4-8所示。

图4-5 打开的两个文件

图4-6 按住Alt键拾取图像

图4-7 在另一文件中拖动鼠标

图4-8 合成后的效果

2. 修复画笔工具选项栏

如图4-9所示为修复画笔工具选项栏。

图4-9 修复画笔工具选项栏

- 切换【仿制源】面板按钮：单击该按钮，可以打开或关闭【仿制源】面板。【仿制源】面板的具体使用方法，详见第4.1.3节的【仿制源】面板的相关内容。
- 模式：在右侧的下拉列表框中可以设置修复的混合模式。
- 源：选择用于修复图像的源。当选择“取样”单选按钮时，可以从图像的像素上取样；选择“图案”单选按钮时，可以在图案选项窗口中选择一个图案作为取样。为图像合成图案后的效果如图4-10、图4-11所示。

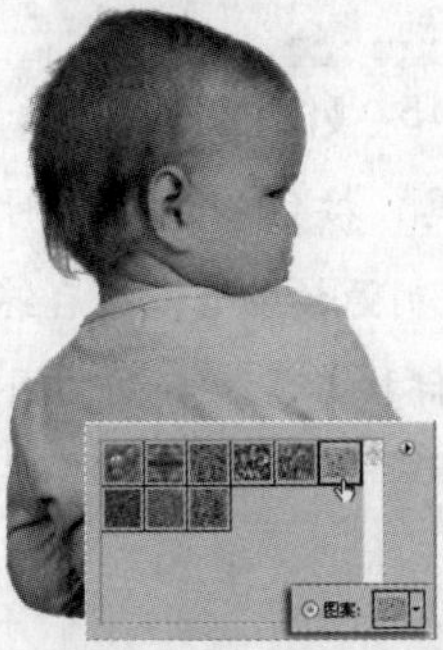

图4-10 打开的文件及选择的图案

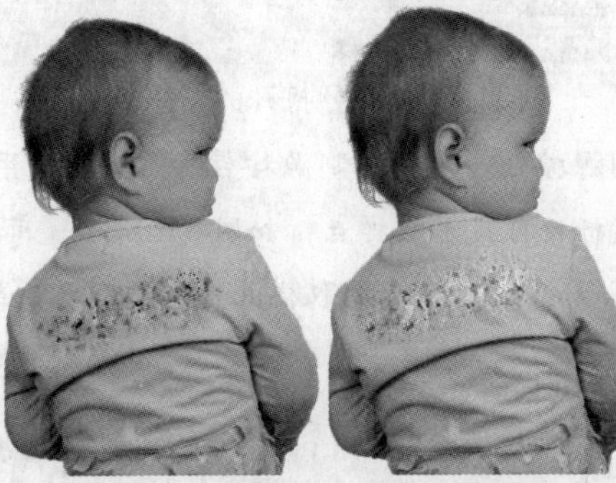

图4-11 拖动鼠标及生成的效果

- 对齐：勾选该复选框，会对像素进行连续取样，在修复过程中，取样点随修复位置的移动而变化；取消勾选，则在修复过程中始终以一个取样点为起点，如图4-12、图4-13所示。
- 样本：用来设置从指定的图层中进行取样。如果要从当前图层及其下方的可见图层中取样，可选择“当前和下方图层”选项；如果仅从当前图层中取样，可选择“当前图层”选项；如果要从所有可见图层中取样，可选择“所有图层”选项。
- 忽略调整图层按钮：在“样本”选项中选择“当前和下方图层”及“所有图层”选项时，此按钮将变得可用。激活该按钮，将从调整图层以外的可见图层中取样。

图4-12 勾选“对齐”复选框的效果

图4-13 不勾选“对齐”复选框的效果

4.1.3 【仿制源】面板

【仿制源】面板可以设置不同的样本源，并且还可以显示样本源的叠加，以帮助用户在特定的位置仿制源。还可以缩放或旋转样本源以特定的大小和方向进行复制，使其更好地与图像文件相匹配。

打开素材图片“素材\第04章\沙滩小品.jpg”，如图4-14所示。然后在修复画笔工具的选项栏中单击按钮或执行“窗口｜仿制源”命令，调出如图4-15所示的【仿制源】面板。

图4-14 打开的文件

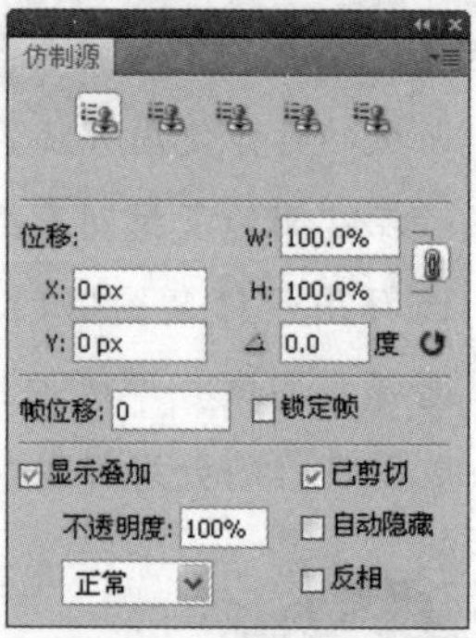

图4-15 【仿制源】面板

- 仿制源按钮：单击仿制源按钮，然后使用修复画笔工具，按住Alt键的同时在画面中单击鼠标，可设置取样点，如图4-16所示。再激活下一个仿制源按钮，然后继续取样，最多可以设置5个不同的取样源。【仿制源】面板会一直存储样本源，直到关闭图像文件。

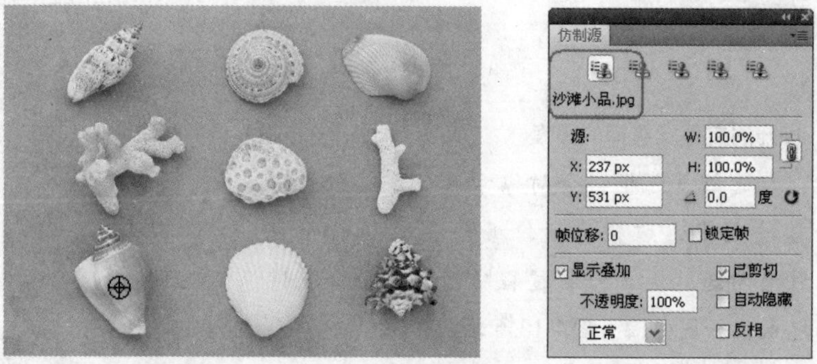

图4-16 设置的取样点

- 位移：输入W（宽度）或H（高度）值，可缩放所仿制的源，如图4-17所示。单击按钮将其关闭，可单独调整图像的宽度和高度。在X和Y文本框中输入数值，可在相对于取样点的精确位置上进行复制图像；在“角度”文本框中输入数值，可设置仿制源的旋转角度，如图4-18所示。

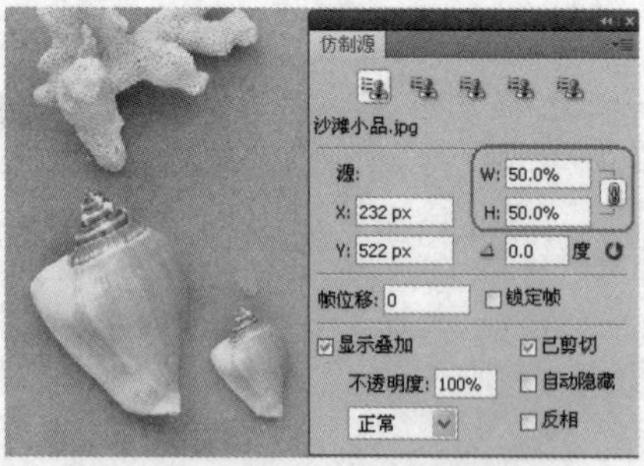

图4-17 调整大小及复制出的效果

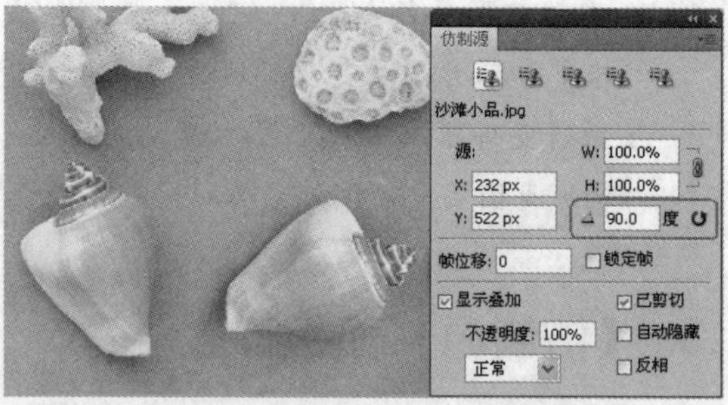

图4-18 旋转角度及复制出的效果

- 重置转换：单击该按钮，可以将样本源恢复到初始时的大小和方向。
- 帧位移/锁定帧：修复画笔工具可在视频帧和动画帧中仿制内容。设置“帧位移”数值，可将取样点设置为其他帧中的图像。输入正值时，要使用的帧在取样帧之后；输入负值时，要使用的帧在取样帧之前。勾选“锁定帧”复选框，将锁定取样点的图像，即总是使用初始取样图像进行绘制。

- 显示叠加：勾选该复选框，可以在使用修复画笔时，更好地查看仿制源与其下面的图像。
- 不透明度：可设置叠加的不透明度。
- 已剪切：勾选该复选框，可以将叠加剪切到画笔大小；否则将以整个图像跟随画笔进行绘制。
- 自动隐藏：可在应用绘画描边时隐藏叠加。
- 反相：勾选该复选框，将反相显示仿制源图像。
- 正常：可在下拉列表中选择一种仿制源的混合模式，包括正常、变暗、变亮和差值。

4.1.4 修补工具

修补工具，可以用其他区域或图案中的像素来修复选中的区域。与修复画笔工具一样，修补工具会将样本像素的纹理、光照和阴影与源像素进行匹配。但该工具的特别之处是，需要选区来定位修补范围。

1. 使用方法

选取工具，在需要修补的地方拖动鼠标创建选区（也可先利用其他选区工具创建选区），然后在选区中拖动鼠标，即可对选区中的图像进行修复，如图4-19所示。

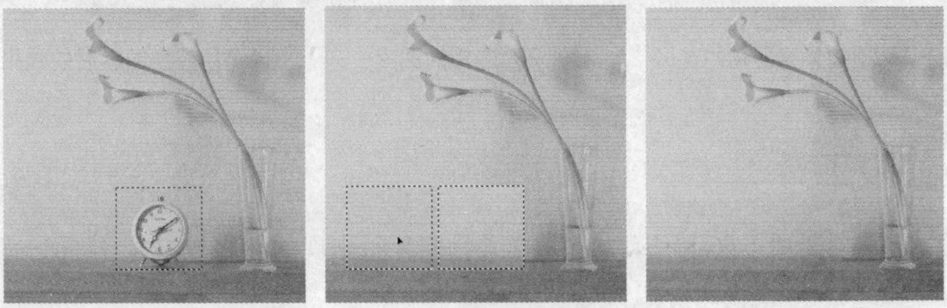

图4-19 修复图像

2. 修补工具选项栏

如图4-20所示为修补工具选项栏。

图4-20 修补工具选项栏

- 选区创建方式：激活新选区按钮，可以创建一个新选区，如果图像包含选区，则原选区将被新选区替换；激活添加到选区按钮，可以在当前选区的基础上添加新的选区；激活从选区减去按钮，即可在原选区中减去当前绘制的选区；激活与选区交叉按钮，即可得到原选区与当前创建的选区相交的部分。

- 源/目标：选择“源”单选按钮时，将选区拖动至要修补的区域，该区域的图像会修补原来的选区；如果选择“目标”单选按钮，将选区拖动至其他区域时，可以将原区域内的图像复制到该区域，如图4-21所示。

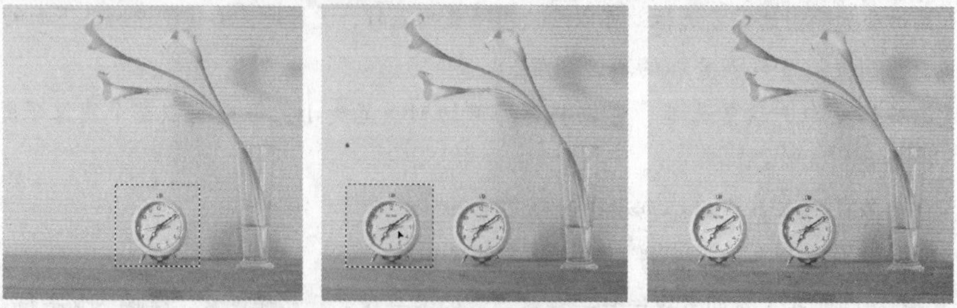

图4-21 复制图像

- 透明：勾选该复选框后，可以使修补的图像与原图像产生透明的叠加效果。
- 使用图案：在图案选项窗口中选择一个图案后，单击该按钮，可以使用选择的图案修补选区内的图像。为盘子修改图案如图4-22、图4-23、图4-24所示。

图4-22 创建具有羽化的选区

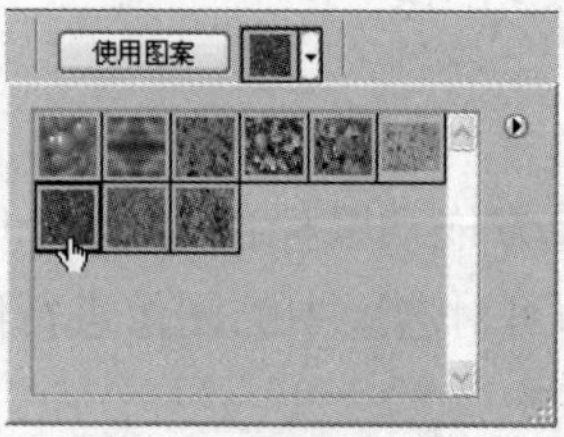

图4-23 选择的图案

图4-24 替换图案后的效果

4.1.5 红眼工具

红眼工具主要用于去除因闪光灯拍摄人物照片时出现的红眼效果。

专家提示

红眼是由于相机闪光灯在主体视网膜上反光引起的。在光线暗淡的房间里照相时，由于主体的虹膜张开得很宽，所以会产生红眼效果。

1. 使用方法

选择工具，单击红眼的区域，即可校正红眼效果。如果效果不满意，还可以执行“编辑｜还原”命令，再在选项栏中设置不同的“瞳孔大小”和“变暗量”，然后再次进行尝试。如图4-25所示为去除红眼效果。

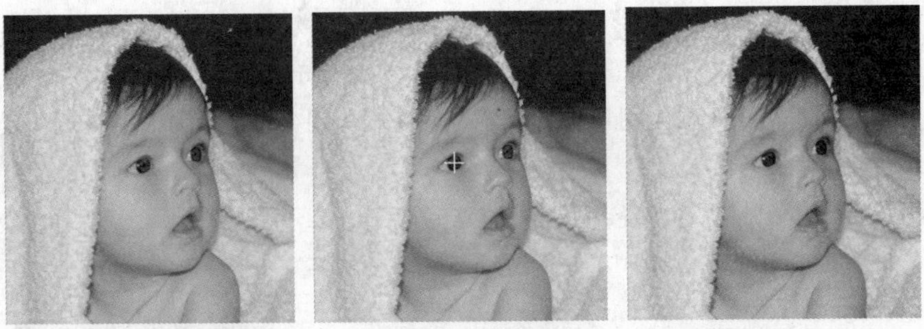

图4-25 去除红眼

2. 红眼工具选项栏

如图4-26所示为红眼工具选项栏。

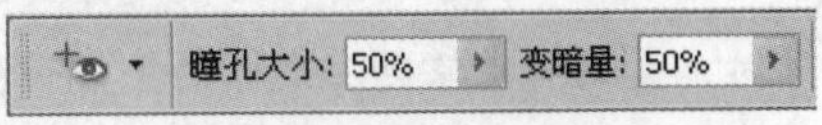

图4-26 红眼工具选项栏

- 瞳孔大小：用来设置瞳孔（眼睛暗色中心）的大小。
- 变暗量：用来设置瞳孔的暗度。

4.2 图章工具组

图章工具组中包括仿制图章工具和图案图章工具。

4.2.1 仿制图章工具

仿制图章工具是用来在图像中复制信息，然后应用到其他区域或其他图像上，该工具还经常被用来修复图像中的缺陷。

1. 使用方法

选取工具，按住Alt键的同时在要复制的图像上单击鼠标进行取样，如图4-27所示。然后移动鼠标至合适的位置进行拖动，即可复制出取样的图像，如图4-28、图4-29所示。

图4-27 进行取样

图4-28 拖动鼠标复制出的图像

图4-29 完成后的效果

2. 仿制图章工具的工具选项栏

如图4-30所示为仿制图章工具的工具选项栏。

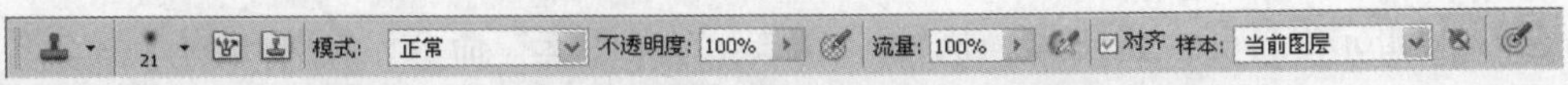

图4-30 仿制图章工具的工具选项栏

- 切换【画笔】面板按钮：单击该按钮，可以打开或关闭【画笔】面板。
- 切换【仿制源】面板按钮：单击该按钮，可以打开或关闭【仿制源】面板。
- 不透明度：用于设置复制图像时的不透明度。如图4-31所示为将“不透明度”设置为50%时复制出的图像。
- 绘图板压力控制不透明度按钮：激活该按钮，在使用图形绘制绘图板时，可以通过绘画板来控制不透明度。
- 流量：决定仿制图章工具在绘画时的压力大小，数值越小画出的颜色越浅。
- 喷枪按钮：激活该按钮，使用仿制图章工具仿制图像时，复制的图像会因鼠标的停留而向外扩展。画笔笔头的硬度越小，效果越明显。

图4-31 复制的图像

4.2.2 图案图章工具

图案图章工具可以利用Photoshop为大家提供的图案进行绘画，也可以利用自己定义的图案进行绘画。

1. 使用方法

选取工具，然后在选项栏中选取一个图案，再在画面中单击或拖动鼠标即可绘制选择的图案，如图4-32、图4-33所示。

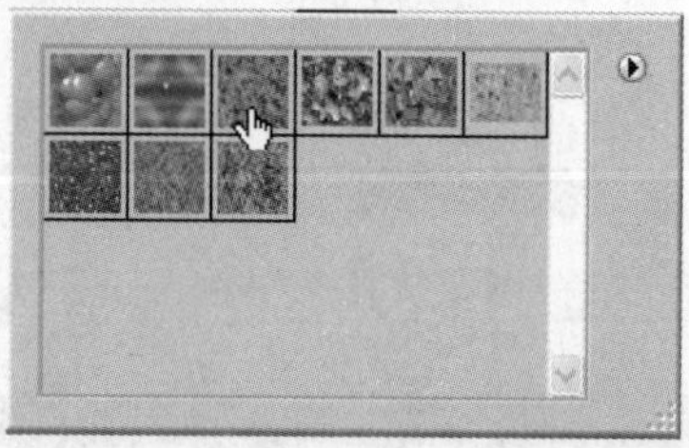
图4-32 选择的图案

图4-33 拖动鼠标绘制出的花图案

2. 图案图章工具的工具选项栏

如图4-34所示为图案图章工具的工具选项栏。

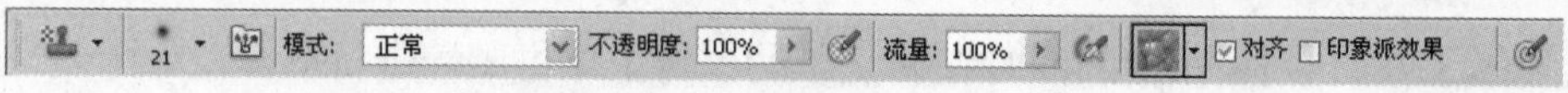

图4-34 图案图章工具的工具选项栏

图案图章工具选项栏中的“模式”、“不透明度”、“流量”、“喷枪”等选项与仿制图章工具的相同。勾选“印象派效果”复选框，可以使图案图章工具模拟出印象派效果的图案，如图4-35、图4-36所示为用同一张图案在不同模式下的效果。

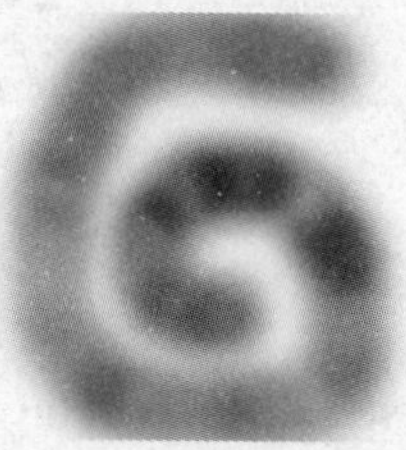
图4-35 勾选“印象派效果”复选框时的效果

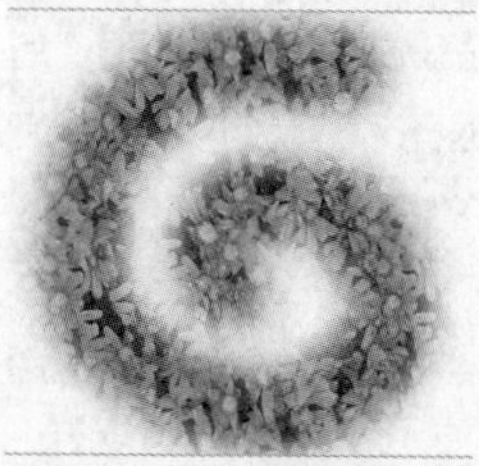
图4-36 不勾选“印象派效果”复选框时的效果

4.2.3 定义图案

在Photoshop中打开一张图片，执行“编辑｜定义图案”命令，在弹出的【图案名称】对话框中单击 确定 按钮，即可将图片定义为图案；也可以选取画面中图像的一部分进行定义，如图4-37、图4-38所示。

将选取的图像定义为图案后，定义的图案即显示在【图案选项】选项面板中。

新建一个文件，然后选取工具，并在工具选项栏的【图案选项】该项面板中选择如图4-39所示刚定义的图案，勾选“对齐”复选框，在文档窗口中拖动鼠标，即可绘制出如图4-40所示的图案效果。如不勾选“对齐”复选框，可绘制出如图4-41所示的图案效果。

图4-37 绘制的选区

图4-38 【图案名称】对话框

图4-39 选择的图案

图4-40 绘制出的对齐图案

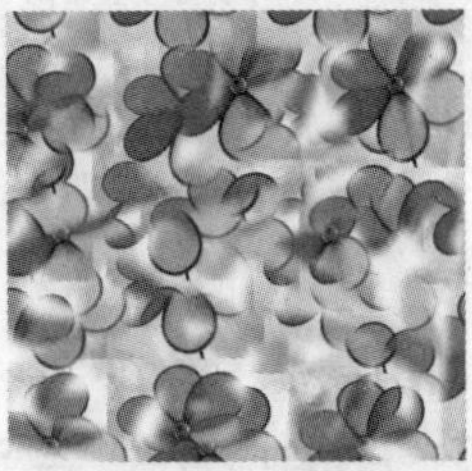

图4-41 绘制出的不对齐图案

4.3 历史记录工具组

编辑图片时经常会遇到不如意的地方，该工具组中的历史记录画笔工具就是用来对此进行弥补的工具，如果结合【历史记录】面板一起使用，还可以将图像恢复到编辑过程中的某一个步骤状态。另外，利用历史记录画笔艺术工具还可以在指定的历史记录状态或快照中为图像添加不同绘画风格的艺术效果。

专家提示

在使用历史记录工具组中的工具时，打开的图片不能进行大小调整，否则历史记录画笔工具和历史记录画笔艺术工具不能在图像中使用。

4.3.1 历史记录画笔工具

历史记录画笔工具可以将图像恢复到编辑过程中的某一个步骤状态，或者将部分图像恢复为原来的状态。下面的实例将为大家讲解其使用方法。

实战演练006——使用历史记录画笔工具修复图片

1 打开素材图片“素材\第04章\风景.jpg”，如图4-42所示。

图4-42 打开的图片

2 执行“图像 | 调整 | 阈值”命令，将图片的颜色调整为黑白色，如图4-43、图4-44所示。

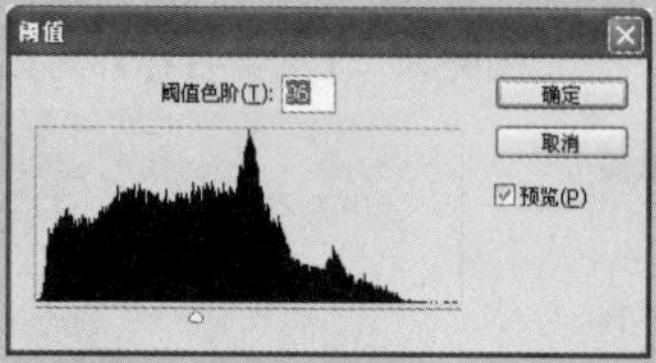

图4-43 调整【阈值】对话框

图4-44 调出的黑白色效果

3 选取工具，在选项栏中将画笔调整到适当的大小，然后在画面中拖动鼠标，即可显示原图片，如图4-45所示。

图4-45 拖动鼠标显示的原图片

4.3.2 历史记录艺术画笔工具

像历史记录画笔工具一样，历史记录艺术画笔工具也是在指定的历史记录状态或快照下为图像应用不同风格的艺术效果。

历史记录艺术画笔的使用方法与历史记录画笔一样。如图4-46所示为历史记录艺术画笔的工具选项栏。在其工具选项栏中，“画笔”、“模式”、“不透明度”等都与画笔工具的相应选项的作用相同。

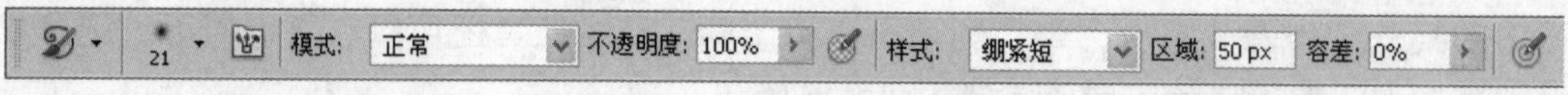

图4-46 历史记录画笔的工具选项栏

- 样式：可以在右侧的下拉列表框中选择绘画时的画笔样式。如图4-47所示为选择各个样式的绘画效果。

原图像

绷紧短

绷紧中

绷紧长

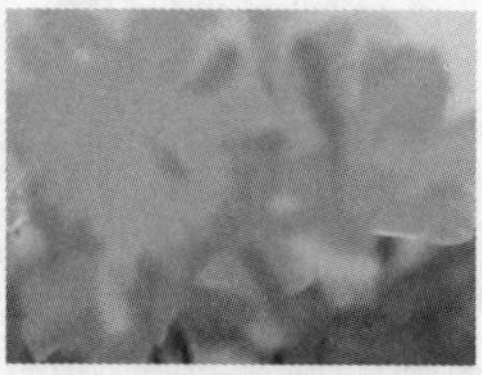

松散中等

松散长

轻涂

绷紧卷曲

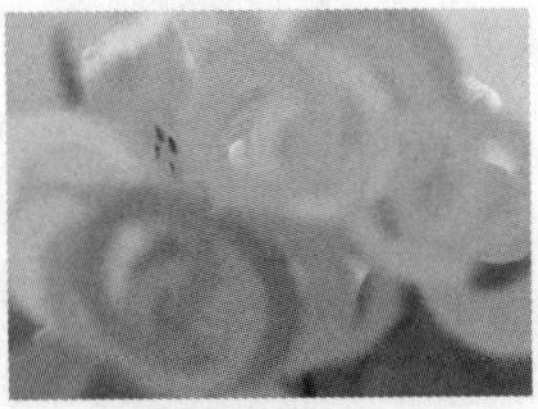

绷紧卷曲长　　松散卷曲　　松散卷曲长

图4-47 选择不同样式时的绘画效果

- 区域：用来设置绘画时所覆盖的区域。该值越高，覆盖的区域越大，描边的数量也越多。
- 容差：用于设置应用绘画描边的区域。数值为0时，可在图像中的任何地方绘制无数条描边；数值为100时，绘画描边将限定在源状态或快照中颜色明显不同的区域。

4.4 历史记录面板

在Photoshop中编辑图像时，每一个步骤都会记录在【历史记录】面板中，执行“窗口|历史记录”命令即可将该面板打开。通过该面板可以将图像恢复到操作过程中的某一步状态，也可以再次回到当前的操作状态，还可以将处理结果创建为快照或新的文件。

专家提示

快照是指在【历史记录】面板中保存某一步操作的图像状态，以便在需要时快速回到这一步。

默认情况下，【历史记录】面板中只记录20个操作步骤。当操作步骤超过20个之后，在此之前的记录被自动删除，以便为Photoshop释放出更多的内存空间。要想在【历史记录】面板中记录更多的操作步骤，可执行“编辑|首选项|性能”命令，在弹出的【首选项】对话框中设置“历史记录状态”的值即可，其取值范围为1～1000。

4.4.1 认识历史记录面板

如图4-48所示为【历史记录】面板，单击右上角的▤按钮，将弹出如图4-49所示的面板菜单。

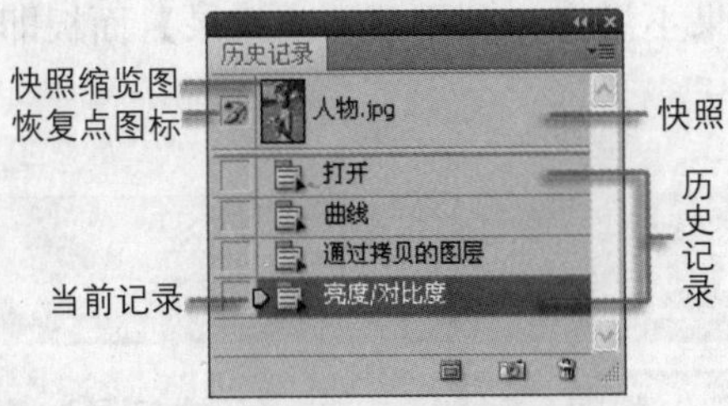

图4-48 【历史记录】面板

图4-49 面板菜单

- 设置历史恢复点：单击快照缩览图前面的▢窗格，即可将当前快照设置为历史恢复点，此时显示为，且利用工具对图像进行恢复时，将恢复到当前快照的图像状态。

- 快照缩览图：被记录为快照的图像状态。
- 当前记录：图像当前的编辑状态。
- 从当前状态创建新文档：基于当前操作步骤中图像的状态创建一个新文件。
- 创建新快照：基于当前的图像状态创建一个快照。
- 删除当前状态：选择一个历史记录，单击该按钮，可将该步骤及后面的操作删除。

专家提示

在Photoshop中对面板、颜色设置、动作和首选项做出的更改不是对某个特定图像的更改，因此不会记录在【历史记录】面板中。

要想保留更多的操作步骤，可利用面板菜单中的“历史记录选项”命令进行进一步的设置。选择该命令，弹出【历史记录选项】对话框，如图4-50所示。

- 自动创建第一幅快照：打开图像文件时，图像的初始状态会自动创建为快照。
- 存储时自动创建新快照：在编辑过程中，每保存一次文件，Photoshop都会自动创建一个快照。

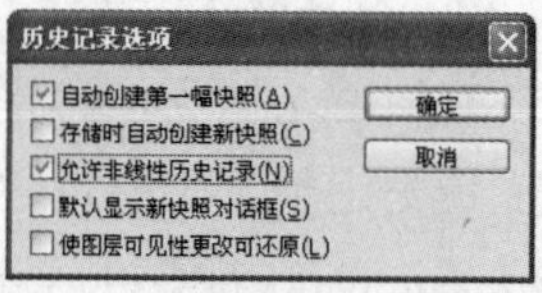

图4-50 【历史记录选项】面板

- 允许非线性历史记录：对选定状态进行更改，而不会删除它后面的状态。通常情况下，选择一个状态并更改图像时，所选状态后面的所有状态都将被删除。

专家提示

【历史记录】面板将按照所做编辑步骤的顺序来显示这些步骤的列表。通过以非线性方式记录状态，可以选择某个状态、更改图像并且只删除该状态。更改将附加到列表的结尾。

- 默认显示新快照对话框：勾选该复选框，Photoshop会强制性提示用户输入快照名称，即使使用面板上的按钮也会出现提示。
- 使图层可见性更改可还原：勾选该复选框可以保存对图层可见性的更改。

4.4.2 还原操作

在打开的图片上进行调整后，如果效果不满意，利用【历史记录】面板即可将图片快速恢复到原图片的效果或指定的状态。

实战演练007——通过【历史记录】面板还原操作

1 打开素材图片“素材\第04章\人物.jpg”，如图4-51所示。其【历史记录】面板如图4-52所示。

图4-51 打开的图片

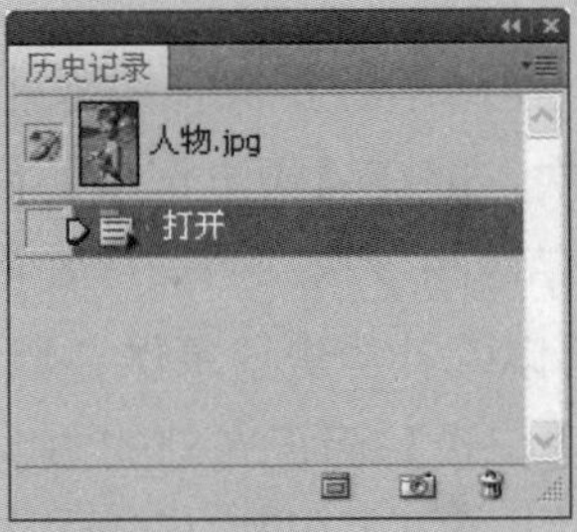

图4-52 【历史记录】面板

2 执行“图像｜调整｜曲线”命令，在弹出的【曲线】对话框中单击中间的斜线，添加控制点，然后调整控制点的位置，将线形调整至如图4-53所示的形态，图片调整后的效果如图4-54所示。

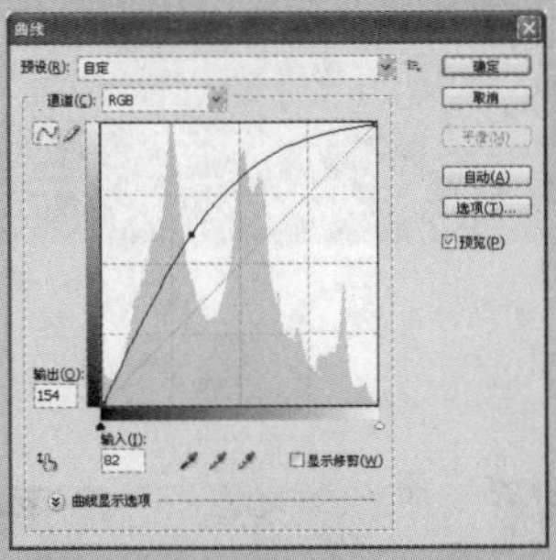

图4-53 【曲线】对话框

图4-54 调整后的图像效果

3 执行“图像｜调整｜亮度/对比度”命令，在弹出的【亮度/对比度】对话框中设置如图4-55所示的数值，效果如图4-56所示。

接下来利用【历史记录】面板进行恢复操作。

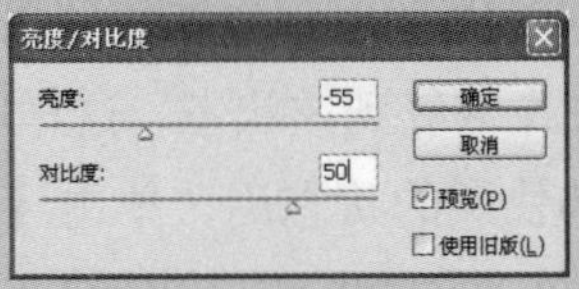

图4-55 【亮度/对比度】对话框

图4-56 调整后的效果

4 如图4-57所示为【历史记录】面板记录的操作，当单击每一步操作步骤时，图像将会显示该步骤时的效果，如图4-58所示。当单击“打开”操作步骤时图像将恢复到打开时的状态。

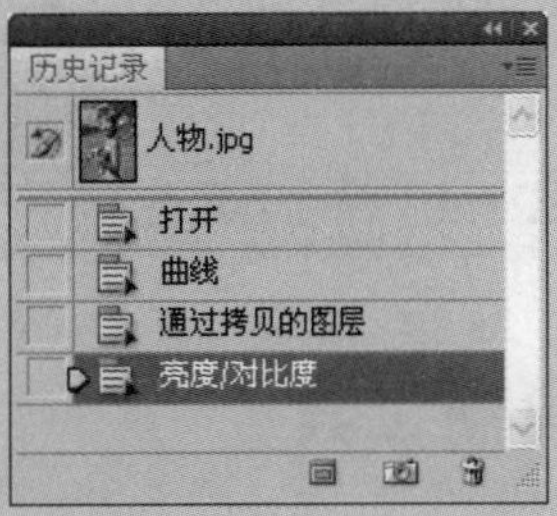

图4-57 【历史记录】面板信息

图4-58 单击步骤时显示与之相对应的图像效果

专家提示

当单击【历史记录】面板中的操作步骤来还原图像时，该步骤以下的操作全部变暗；当执行新的操作时，该步骤后面的记录将会被取代。前提是【历史记录选项】面板中的“允许非线性历史记录”复选框未处于勾选状态。

4.4.3 创建快照

【历史记录】面板保存的步骤有限，而一些操作需要很多步骤才能完成。例如，利用“画笔工具”绘画，每在文档窗口中单击一次，即在【历史记录】面板中显示为一个步骤。在这种情况下，可以利用创建新快照来保存这些步骤，当操作发生错误时，单击某一阶段的快照即可将图像恢复到该状态，这样就可以弥补历史记录保存数量的局限。

选择需要创建为快照的状态后，单击【历史记录】面板底部的按钮，即可创建新快照。在某一个步骤上单击右键也可以创建快照，并且在其弹出的对话框中还可以为快照命名。

4.4.4 删除快照

在【历史记录】面板中单击需要删除的快照，然后执行面板菜单中的“删除”命令，或单击面板底部的删除按钮，在弹出的询问对话框中单击 是(Y) 按钮，即可删除快照。

4.5 修饰工具组

修饰工具组中的工具主要用于对图像进行模糊、锐化和涂抹处理。

4.5.1 模糊工具

模糊工具可以将图像中的硬边缘进行柔化处理，以减少图像的细节，其使用方法非常简单。选取工具，在画面中拖动鼠标即可将画面模糊，如图4-59所示为使用模糊工具处理前后的对比效果。

图4-59 模糊前后的对比效果

如图4-60所示为模糊工具的工具选项栏。

图4-60 模糊工具的工具选项栏

- 画笔：可以选择模糊处理时的画笔笔头。
- 模式：用来设置模糊处理时的混合模式。
- 强度：用来设置工具在使用时的强度大小。强度越大模糊时的效果越明显，强度越低模糊时的效果越不明显。
- 对所有图层取样：勾选该复选框，可以对所有可见图层中的数据进行模糊处理；取消勾选时，只能对当前图层中的数据进行模糊处理。如果图像只有一个“背景”图层，勾选与不勾选时，产生的模糊效果相同。

4.5.2 锐化工具

锐化工具可以增强图像中相邻像素间的对比，提高图像的清晰度，其使用方法跟模糊工具相同，如图4-61所示为使用锐化工具后的前后对比效果。

锐化工具的工具选项栏和模糊工具的工具选项栏相同。值得注意的是，在使用锐化工具时不能在某个区域反复涂抹，否则画面会失真，如图4-62所示。

图4-61 锐化前后对比效果

图4-62 画面失真的效果

专家提示

模糊工具和锐化工具主要用于小面积的图像处理，在要进行大面积的模糊和锐化处理时，需要利用“滤镜”菜单（第16章将会讲到）中的模糊和锐化命令。

4.5.3 涂抹工具

涂抹工具可以将鼠标单击处的颜色沿鼠标的拖动而向外扩展，其使用方法与模糊、锐化工具一样，即在画面中拖动鼠标即可进行涂抹，如图4-63所示为涂抹前后的效果。

图4-63 涂抹后的前后对比效果

如图4-64所示为涂抹工具的工具选项栏，它与模糊工具和锐化工具的工具选项栏相似，只是多了“手指绘画”功能。

图4-64 涂抹工具的工具选项栏

勾选“手指绘画”复选框，可以在涂抹时添加前景色，如将前景色设置为黄色，利用手指绘画的效果如图4-65、图4-66所示；取消勾选并涂抹时，则使用光标所在位置的颜色进行涂抹，如图4-67所示。

图4-65 原图的效果

图4-66 勾选“手指绘画”复选框时的效果

图4-67 不勾选“手指绘画”复选框时的效果

4.6 明暗工具组

明暗工具组中的工具主要用于对图像进行提亮、加深及加色和减色处理。

4.6.1 减淡工具

利用减淡工具可以使图像变亮，其使用方法也很简单，在画面中拖动鼠标即可。如图4-68所示为利用减淡工具处理前后的效果对比。

如图4-69所示为减淡工具的工具选项栏。

图4-68 利用减淡工具处理前后的效果对比

图4-69 减淡工具的工具选项栏

- 范围：用于选择要修改的色调，默认选择“中间调”选项。当选择“阴影”选项时，可处理图像的暗色调；选择“高光”选项时，可处理图像的亮色调。如图4-70、图4-71所示为选择不同色调时的效果。
- 曝光度：用于设置曝光程度，该值越高效果越明显。
- 保护色调：勾选该复选框，可以保护图像的色调不受影响。

图4-70 选择“阴影”时的效果　图4-71 选择“高光”时的效果

4.6.2 加深工具

加深工具的效果与减淡工具的效果正好相反，加深工具可以使图像变暗，其使用方法和工具选项栏与减淡工具的相同。如图4-72所示为利用加深工具处理前后的效果对比。

图4-72 利用加深工具处理前后的效果对比

4.6.3 海绵工具

利用海绵工具可以修改图像的色彩饱和度，在灰度模式下可以使灰阶远离或靠近中间灰色来增加或降低对比度，它的使用方法与减淡、加深工具的使用方法一样，如图4-73所示为海绵工具的工具选项栏。

图4-73 海绵工具的工具选项栏

- 模式：可以选择更改颜色色彩的方式。选择“降低饱和度”选项，可降低饱和度；选择“饱和”选项，可以增加饱和度。如图4-74、图4-75、图4-76所示为原图和选择不同模式时的效果。

图4-74 原图的效果

图4-75 选择“降低饱和度”时的效果

图4-76 选择“饱和”时的效果

- 流量：用来指定海绵工具的流量，该值越高，工具的强度越大，效果也越明显。
- 自然饱和度：勾选该复选框，可以在增加饱和度时，防止颜色过度饱和。

4.7 综合实战——修复图像

在利用修复工具修复图像时，也要先学会观察图像，即确定利用什么工具来修复。如果要修复图像中面积较小的污点，或人物面部的黑痣、粉刺等，可利用污点修复画笔工具；如果要修复图像中的折痕、数码照片中的日期或多余的图像等面积稍大的区域，可利用修复画笔工具或修补工具；如果只是去除人物的红眼效果，可利用红眼工具。

下面以去除照片中的多余人物为例，来详细讲解利用修复工具进行工作的方法。去除多余人物前后的照片效果对比如图4-77所示。

图4-77 去除多余人物前后的效果对比

实战演练008—— 去除照片中多余的人物

1 打开素材图片“素材\第04章\女孩.jpg”。

2 执行“图层 | 复制图层”命令，在弹出的对话框中单击 确定 按钮，将“背景”图层复制生成“背景副本”图层。

3 选取工具，在画面中绘制修复范围，将多余人物的腿部选取，如图4-78所示。

图4-78 选取多余的人物

4 将鼠标光标移动到选区内，并向背景中没有人物的位置拖动，将地面图像复制到选区内遮盖人物，状态如图4-79所示。

图4-79 拖动鼠标时的状态

5 释放鼠标，按Ctrl+D组合键去除选区，修复后的图像效果如图4-80所示。

图4-80 修复后的图像效果

6 重新绘制修复范围，图像修复状态如图4-81所示。

图4-81 修复图像时的状态

7 同理，依次创建新的修复范围进行修复，效果分别如图4-82所示。

图4-82 修复后的效果

8 选取工具，按住Alt键的同时在如图4-83所示的位置单击鼠标进行取样，然后在拾取点的周围依次拖动鼠标，使去除人物的区域与黄色的树图像更好的融合，最终效果如图4-84所示。

图4-83 设置取样点

图4-84 最终效果

9 至此，照片中的多余人物就去除了，然后按Ctrl+S组合键保存文件为“范例\第04章\去除多余人物.psd”。

第5章

绘画工具

绘画工具最主要的功能就是绘制各种各样的图形和图像。它包括画笔工具组、橡皮擦工具组和渐变工具组。画笔工具组中的工具主要用于绘制图形；橡皮擦工具组中的工具主要用于擦除图像；渐变工具组中的工具主要用于为画面填充单色、渐变色和图案。灵活运用绘画工具，可绘制出非常逼真的画面效果。

通过本章的学习，您可以掌握以下知识点：

- 画笔工具组
- 画笔面板
- 橡皮擦工具组
- 渐变工具组
- 综合实战——制作大头贴照片效果

5.1 画笔工具组

Photoshop中的画笔工具组是常用的绘画工具，包括画笔工具、铅笔工具、颜色替换工具和混合器画笔工具。在接下来的章节中将详细讲解各工具的用法及其相关内容。

5.1.1 画笔工具

画笔工具与毛笔的用法类似，主要用来绘制线条或图案。使用时，首先选择一个合适的画笔笔头，然后设置好需要的前景色颜色，再在文档窗口中单击或拖动鼠标即可。

专家提示

使用画笔工具时，在画面中单击鼠标，然后按住Shift键在画面中的另一位置单击，两点间会以直线连接。另外，按住Shift键还可以绘制以45°角为倍数的直线。

1. 画笔工具选项栏

如图5-1所示为画笔工具的工具选项栏。

图5-1 画笔工具的工具选项栏

- 画笔：单击“画笔”选项右侧的按钮，可以打开【画笔设置】面板，如图5-2所示。在【画笔设置】面板中可以选择笔头形状，并设置画笔的大小和硬度。

专家提示

在使用画笔工具时，按[键可减小画笔的直径大小，按]键可增加画笔的直径大小；按Shift+[组合键可减小画笔的硬度，按Shift+]组合键可增加画笔的硬度。

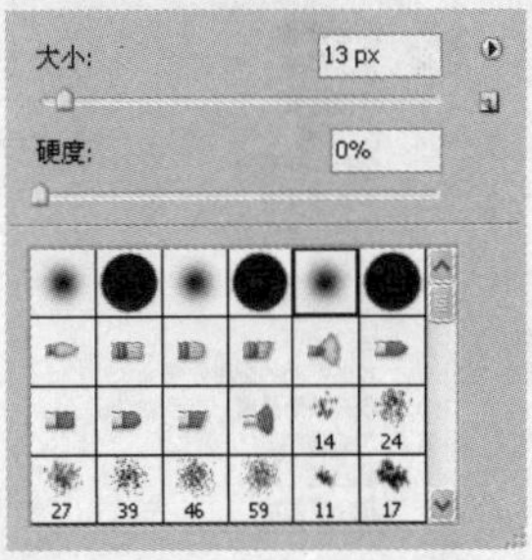

图5-2 【画笔设置】面板

- 模式：在下拉列表中可以选择画笔笔迹颜色与下面像素的混合模式。
- 不透明度：用来设置画笔的不透明度，该值越低，线条的透明度越高。

专家提示

按键盘中的数字键可以调整工具的不透明度。例如，按1键时，不透明度为10%；按5键时，不透明度为50%；按0键时，不透明度恢复为100%。

- 流量：决定画笔在绘画时的压力大小，数值越大画出的颜色越深。当激活右侧的按钮时，可启动喷枪功能，即在绘画时，绘制的颜色会因鼠标的停留而向外扩展。

2. 【画笔设置】面板

- 主直径：拖动滑块或在文本框中输入数值可以调整画笔的大小。
- 硬度：用来设置画笔边缘的虚化程度，数值越大边缘越清晰。
- 创建新的预设：单击该按钮，可以打开【画笔名称】对话框，输入画笔名称后，单击 确定 按钮，可以将当前画笔保存为一个预设的画笔。

3. 【画笔设置】面板菜单

单击【画笔设置】面板中右上角的按钮，即可打开面板菜单，如图5-3所示。在菜单中可以选择面板的显示方式，以及载入预设的画笔库等。

- 新建画笔预设：用来创建新的画笔预设，它与按钮的作用相同。
- 重命名画笔：选择一个画笔后，可执行该命令为画笔形状重新命名。
- 删除画笔：选择一个画笔后，执行该命令可将画笔删除。
- 纯文本/小缩览图/大缩览图/小列表/大列表/描边缩览图：用来设置画笔在【画笔设置】面板中的显示方式。如图5-4所示为选择不同显示方式时的面板状态。

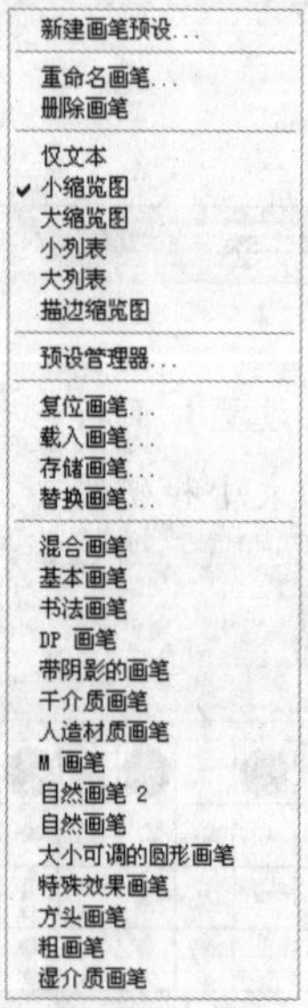

图5-3 【画笔设置】面板菜单

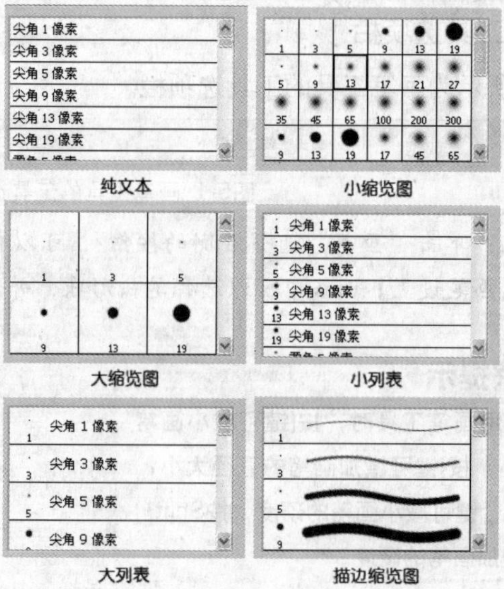

图5-4 画笔显示方式

- 预设管理器：执行该命令，可以打开【预设管理器】面板，在此面板中也可以对画笔进行载入、存储、重命名或删除等操作。
- 复位画笔：将面板中的画笔恢复为默认状态。
- 载入画笔：可将外部的画笔库载入到【画笔设置】面板中。
- 存储画笔：将面板中的画笔保存为一个画笔库。
- 替换画笔：执行该命令，可以打开【载入】对话框，在对话框中可以选择一个画笔库来替换面板中的画笔。
- 画笔库：面板菜单底部是Photoshop提供的各种画笔库。选择一个画笔库，如图5-5所示，将弹出如图5-6所示的询问对话框。单击 确定 按钮，可以载入画笔，并替换面板中已有的画笔，如图5-7所示；单击 追加(A) 按钮，可以载入画笔，并添加到原有的画笔后面；单击 取消 按钮，将取消载入操作。

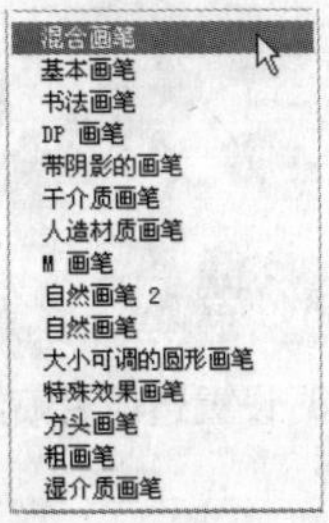

图5-5 选择画笔库

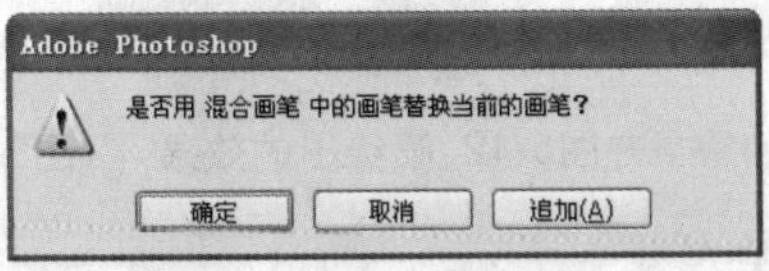

图5-6 弹出的询问对话框

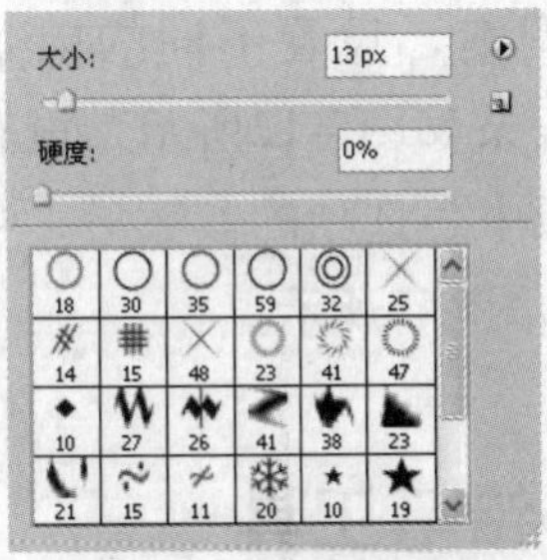

图5-7 载入的画笔库

5.1.2 定义画笔

打开素材图片“素材\第05章\扇贝.jpg”，执行“编辑 | 定义画笔预设”命令，在弹出的【画笔名称】对话框中单击 确定 按钮，即可将图片定义为画笔笔头；也可以在画面中选取图像的一部分进行定义，如图5-8、图5-9所示。

图5-8 绘制的选区

将选取的图像定义为画笔后，定义的画笔即显示在【画笔设置】面板中，如图5-10所示。

图5-9 【画笔名称】对话框

专家提示

确认图像中有选区的情况下，执行“选择 | 修改 | 羽化”命令，在弹出的【羽化选区】对话框中设置合适的羽化半径值，单击 确定 按钮，可将选区进行羽化处理，此时执行“编辑 | 定义画笔预设”命令，将选区内的图像定义为画笔，可定义出边缘虚化的画笔效果。如图5-11所示为定义无羽化和有羽化效果的画笔后，喷绘出的效果对比。

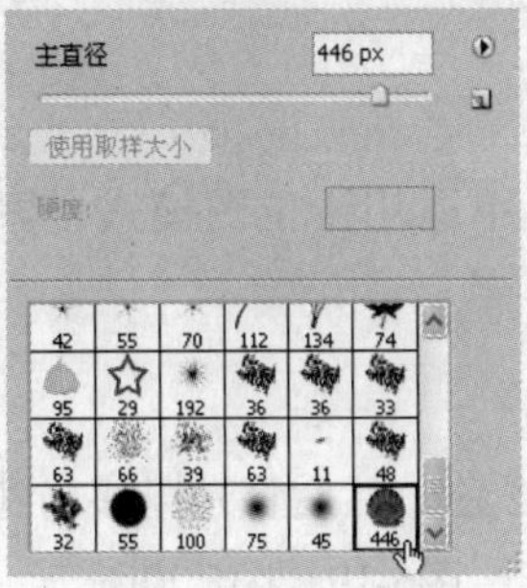

图5-10 定义的画笔

图5-11 无羽化和有羽化效果对比

新建一个文件，然后选取工具，并在【画笔设置】面板中选择刚定义的图案，设置不同的前景色喷绘出的效果如图5-12所示。设置【画笔】面板中各选项的参数后，喷绘出的效果如图5-13所示。

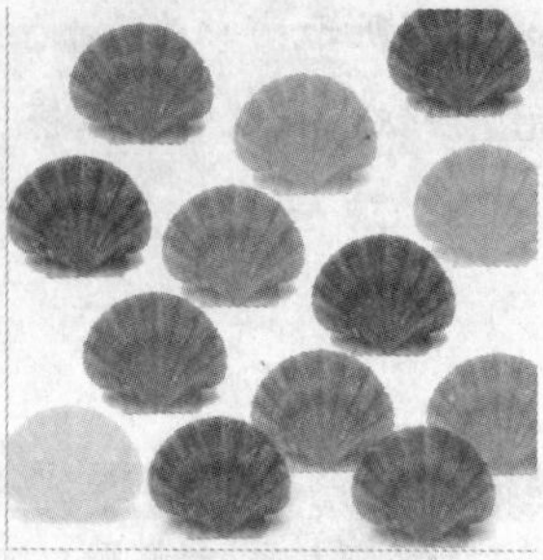

图5-12 喷绘出的效果

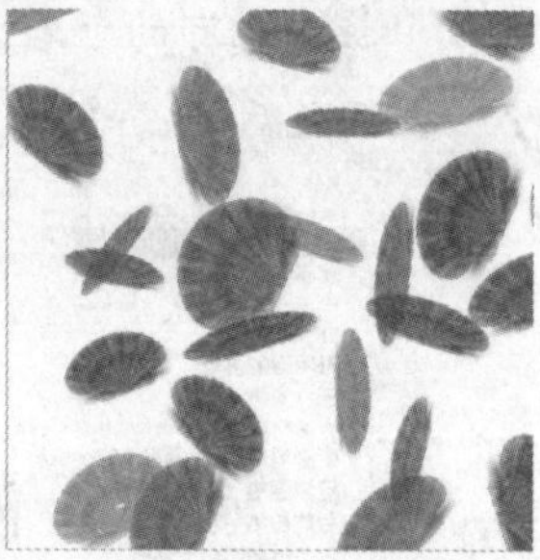

图5-13 设置选项后喷绘出的效果

5.1.3 铅笔工具

铅笔工具与画笔工具的用法基本一样，都是使用前景色绘制线条，其区别在于画笔工具可以绘制带有柔边效果的线条，而铅笔工具只能绘制硬边线条。

如图5-14所示为铅笔工具的工具选项栏，可以发现与画笔工具的工具选项栏相比，只是多了一项“自动抹除”功能。

图5-14 铅笔工具的工具选项栏

勾选“自动涂抹”复选框，在画面中拖动鼠标，拖动出的颜色将为前景色的颜色，如图5-15所示；如果在涂抹好的颜色上继续拖动鼠标，则该区域将涂抹成背景色，相当于橡皮擦的功能，如图5-16所示。如果再次在涂抹好的颜色上拖动鼠标，则继续显示前景色，以此类推，可绘制出如图5-17所示的效果。

图5-15 开始拖动鼠标时的效果

图5-16 再次拖动鼠标的效果

图5-17 反复拖动鼠标的效果

5.1.4 颜色替换工具

颜色替换工具可以使用前景色替换图像中的颜色。该工具不适用于位图模式、索引模式或多通道颜色模式的图像。

1. 使用方法

打开素材图片“素材\第05章\树林.jpg”，将前景色设为需要的颜色，然后将光标移动到画面中需要替换的区域进行拖动，即可将颜色替换为前景色，如图5-18、图5-19、图5-20所示。

2. 颜色替换工具的工具选项栏

如图5-21所示为颜色替换工具的工具选项栏。

图5-18 打开的文件

图5-19 前景色

图5-20 替换颜色后的效果

图5-21 颜色替换工具的工具选项栏

- 模式：用来设置替换的内容，包括“色相”、“饱和度”、“颜色”和“明度”。默认为“颜色”，它表示可以同时替换色相、饱和度和明度。
- 取样：用来设置颜色的取样方式。激活连续按钮，在拖动鼠标时可连续对颜色取样；激活一次按钮，只替换包含第一次单击的颜色区域中的目标颜色；激活背景色板按钮，只替换包含当前前景色的区域。
- 限制：选择“不连续”选项，可替换出现在光标下任何位置的样本颜色；选则“连续”选项，只替换与光标下的颜色邻近的颜色；选择“查找边缘”选项，可替换包含样本颜色的连续区域，同时更好地保留形状边缘的锐化程度。
- 容差：用来设置颜色替换的范围。颜色替换工具只替换鼠标单击点颜色容差范围内的颜色，因此该值越高包含的颜色范围越大。
- 消除锯齿：勾选该复选框，可以为替换颜色的区域消除锯齿，生成平滑的边缘。

5.1.5 混合器画笔工具

混合器画笔工具是Photoshop CS5的新增功能，它可以模拟真实的绘画技术，如混合画布上的颜色、组合画笔上的颜色以及在描边过程中使用不同的绘画湿度。

混合器画笔工具有两个绘画色管、一个储槽和一个拾取器。储槽存储最终应用于画布的颜色，并且具有较多的油彩容量。拾取色管接收来自画布的油彩，其内容与画布颜色是连续混合的。

1. 使用方法

选取工具，然后设置合适的笔头大小，并在选项栏中设置好各选项参数后，在画面中拖动鼠标，即可将风景照片涂抹成水粉画效果。

2. 颜色替换工具的工具选项栏

如图5-22所示为混合器画笔工具的工具选项栏。

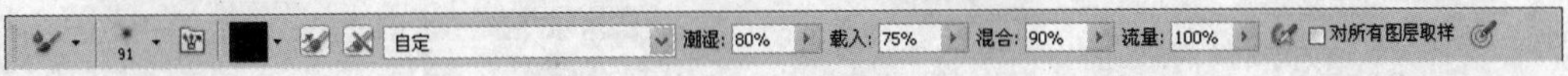

图5-22 混合器画笔工具的工具选项栏

- 当前画笔载入按钮：可重新载入或者清除画笔，也可在这里设置需要的颜色，让它和涂抹的颜色进行混合。具体的混合结果可通过后面的设置值进行调整。

- 每次描边后载入画笔按钮和每次描边后清理画笔按钮：控制每一笔涂抹结束后对画笔是否更新和清理。类似于画家在绘画时，一笔过后是否将画笔在水中清洗的选项。
- 有用的混合画笔组合：单击下拉列表框，将弹出下拉列表，其中包括Adobe工程师预先设置好的混合画笔。当选择某一种混合画笔时，右边的4个选项设置值会自动调节为预设值。
- 潮湿：设置从画布拾取的油彩量。
- 载入：设置画笔上的油彩量。
- 混合：设置颜色混合的比例。
- 流量：设置描边的流动速率。
- 对所有图层取样：勾选此复选框，无论文件中有多少图层，都会将它们作为一个合并的图层看待。

5.1.6 绘制水粉画和油画效果

对于没有绘画基础的朋友来说，利用该工具同样可以轻松地绘制出漂亮的画面。而对于有美术基础的朋友，使用它更是如虎添翼。本节通过绘制一张水粉风景画和油画效果来详细介绍该工具的基本使用方法，最终效果如图5-23所示。

图5-23 绘制的水粉画及油画效果

实战演练009—— 绘制水粉画和油画

1 打开素材图片“素材\第05章\风车.jpg”文件，如图5-24所示。

图5-24 打开的图片

2 选取工具，如果用户使用的是专业绘图板，在画面的左上角位置会出现一个奇特的小画笔形态窗口，里边是一支画笔。如果单击这个窗口，可以更换画笔的形态，比如把扁平的画笔转动一个角度，在绘画时可以通过捻动笔杆改变各个方向涂抹时的笔触效果，并在这个窗口中实时展现出来。由于这里没有使用绘图板，所以下面还是以鼠标操作为例来介绍该工具的使用方法。

3 在选项栏中单击笔头右侧的按钮，打开【画笔设置】面板，选取如图5-25所示的画笔。

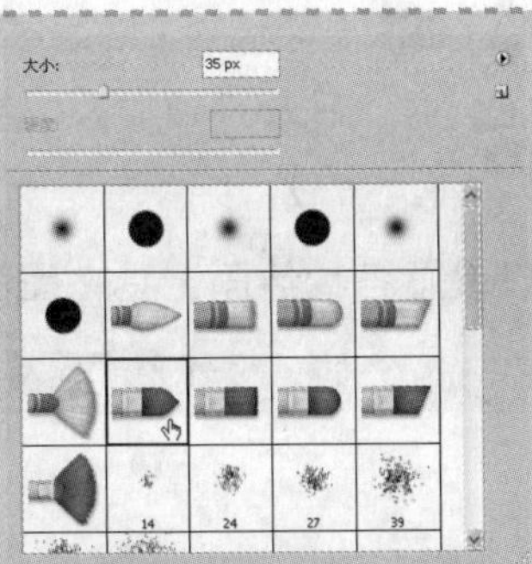

图5-25 选取的画笔

4 在选项栏中的“自定”下拉列表中选择“湿润，深混合”选项，右边的4个选择数值会自动改变为预设值。

5 利用设置的画笔在画面中的草地上进行绘制，注意笔触的长短、方向和大小的控制，如图5-26所示。

图5-26 绘制草地

6 继续利用不同大小、长短和方向的笔触来绘制房子、树及风车，效果如图5-27所示。

图5-27 绘制的效果

7 在选项栏中打开【画笔设置】面板，重新选取如图5-28所示的画笔。

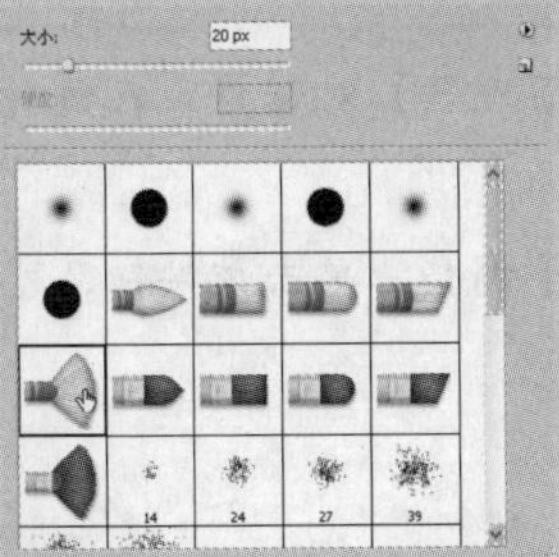

图5-28 选取的画笔

8 在天空中根据绘画的笔触规则来涂抹绘制天空，注意不要乱涂，其笔触的大小和方向应该遵循绘画技法中的笔触，效果如图5-29所示。

图5-29 绘制的天空

9 按Shift+Ctrl+S组合键，将文件重新命名为“水粉画.jpg”存储。

如果在当前的画面中再叠加上一层油画的笔触肌理，画面立刻会更加生动有趣，下面来添加。

10 打开素材图片“素材\第05章\油画机理.jpg”，如图5-30所示。

图5-30 打开的图片

11 将油画肌理移动复制到绘制的水粉画画面中，在【图层】面板中将生成图层的图层混合模式设置为“叠加”，水粉画即可又变成了油画效果，如图5-31所示。

图5-31 油画效果

12 按Shift+Ctrl+S组合键，将文件重新命名为“油画.psd”存储。

5.2 画笔面板

【画笔】面板是比较重要的一个面板，利用它可以设置各种绘画工具、图像修复工具、图像润饰工具和擦除工具的画笔选项。

5.2.1 认识画笔面板

执行“窗口｜画笔”命令，或单击画笔工具选项栏中的按钮，可以打开【画笔】面板，如图5-32所示。

- 画笔设置选项：单击各选项名称，即可在画笔上应用该选项，同时可在右侧的画笔参数设置区设置详细的参数，以此来改变画笔的形态。
- 选中的画笔笔头形状：当前选择的画笔笔头。
- 画笔笔头形状选项窗口：显示了Photoshop提供的预设画笔笔头，选择一个笔头后，可在“画笔描边预览”窗口中预览该笔头描边时的形状。
- 画笔参数设置：用来设置选择画笔笔头的参数。
- 画笔描边预览：可预览当前选择画笔的描边效果。

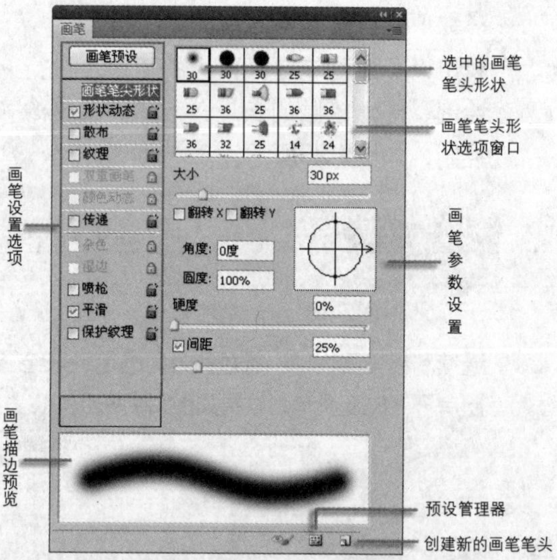

图5-32 【画笔】面板

专家提示

拖动画笔时，连续应用许多画笔笔头构成的线条称为画笔描边。

- 预设管理器按钮：单击该按钮，可弹出【预设管理器】对话框，在该对话框中可对画笔进行管理，如重新载入和删除等。
- 创建新画笔按钮：如果对一个预设的画笔进行了调整，单击该按钮，可将其保存为一个新的画笔。

5.2.2 画笔预设

【画笔】面板中提供了各种预设的画笔笔头，要使用这些画笔，可单击【画笔】面板中的画笔预设按钮，然后在弹出的【画笔预设】面板中单击需要的画笔笔头即可，如图5-33

所示。拖动上方“大小”选项下面的滑块或在其右侧的文本框中输入数值，可以调整画笔笔头的大小，如图5-34所示。单击面板右上角的按钮，在弹出的面板菜单中可加载系统预设的画笔笔头。加载后，如想要恢复画笔笔头的默认状态，可在面板菜单中选择“复位画笔”命令。单击右侧的按钮，可返回到【画笔】面板。

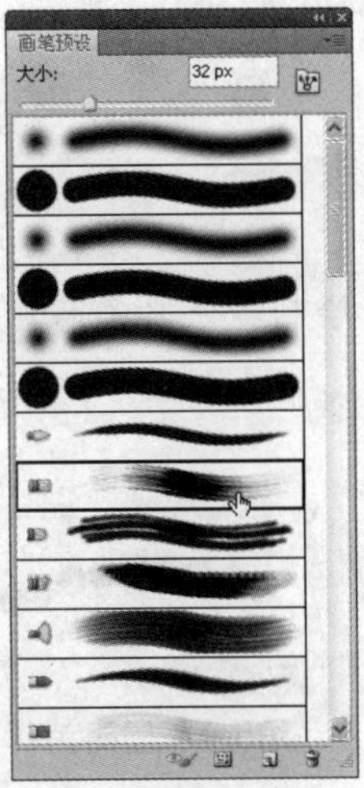

图5-33 选择画笔

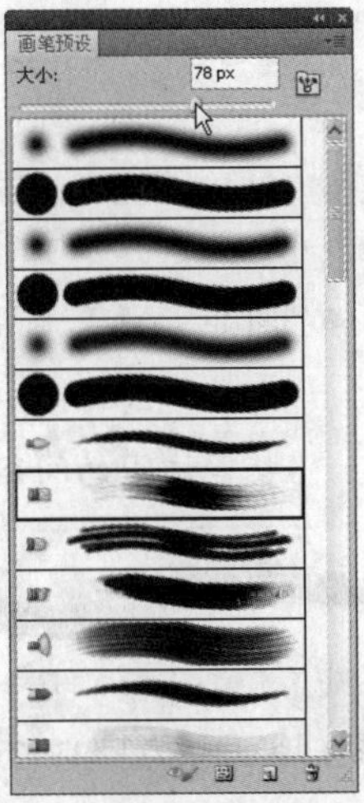

图5-34 调整画笔笔头大小

5.2.3 画笔笔尖形状

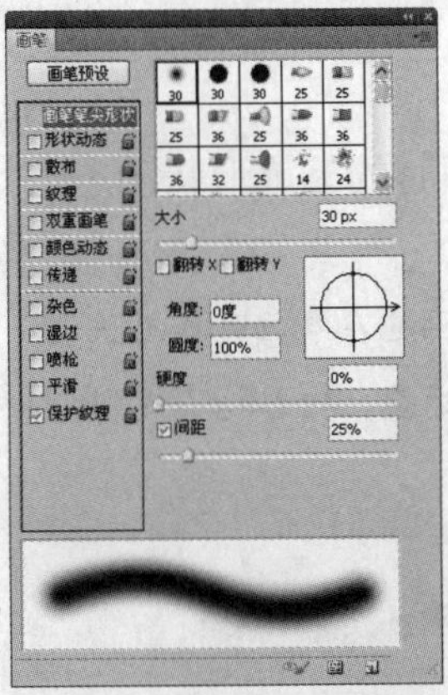

图5-35 设置画笔笔尖形状

单击【画笔】面板中的“画笔笔尖形状”选项，可对画笔笔头进行大小、角度、圆度、硬度和间距等的设置，如图5-35所示。注意，选择不同的画笔笔头，弹出的选项参数也各不相同。

- 大小：用来设置画笔笔头的大小。
- 翻转X/翻转Y：用来改变画笔笔头在X轴或Y轴上的方向，如图5-36、图5-37、图5-38所示。

图5-36 原画笔效果

图5-37 翻转X轴时的效果

图5-38 翻转Y轴时的效果

- 角度：用来设置画笔的旋转角度。可在文本框中输入角度值，也可以拖动箭头进行调整，如图5-39、图5-40所示。

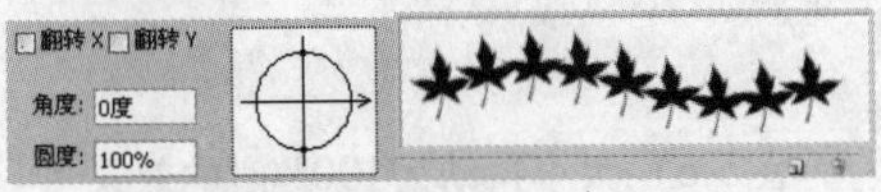

图5-39 0°时的笔头效果

图5-40 58°时的笔头效果

- 圆度：用来设置画笔笔头长轴和短轴之间的比率。可在文本框中输入数值，或拖动控制点来调整。当该值为100%时画笔为圆形，设置其他值时可将画笔压扁，如图5-41、图5-42所示。

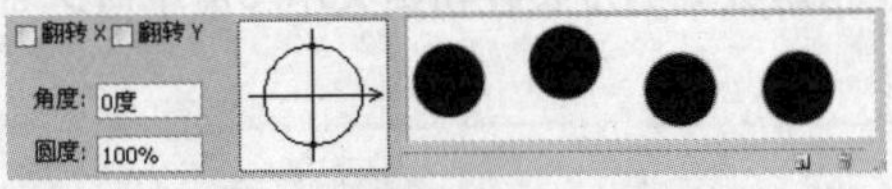

图5-41 100%时画笔笔头

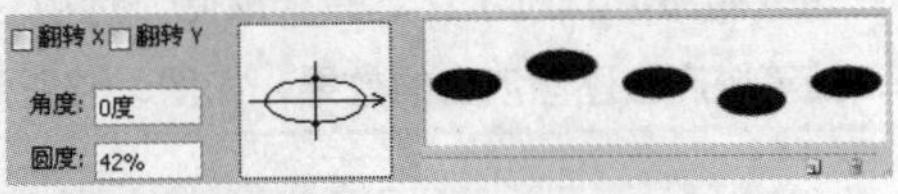

图5-42 42%时的画笔笔头

- 硬度：用来设置画笔笔头的虚化程度。该值越小，画笔的边缘越柔和，如图5-43、图5-44、图5-45所示。

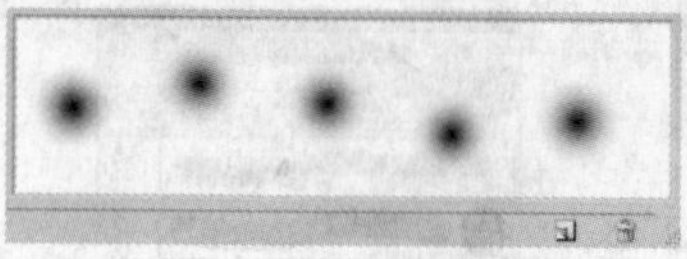
图5-43 硬度为0%时的效果

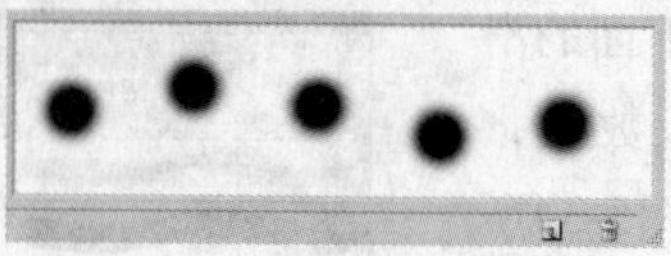
图5-44 硬度为50%时的效果

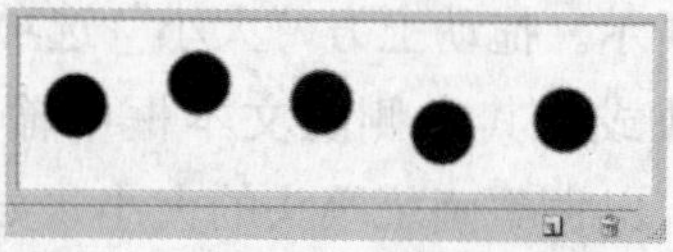
图5-45 硬度为100%时的效果

- 间距：设置利用画笔绘制线条时每两笔间的距离。该值越高，每两笔之间的距离越大，如图5-46、图5-47、图5-48所示；如果取消勾选，则会自动根据光标的移动速度调整笔迹间的间距。

图5-46 间距为1%时的效果

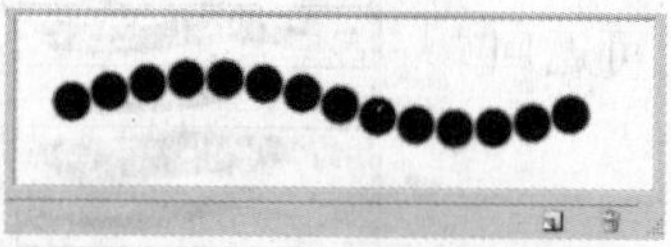
图5-47 间距为100%时的效果

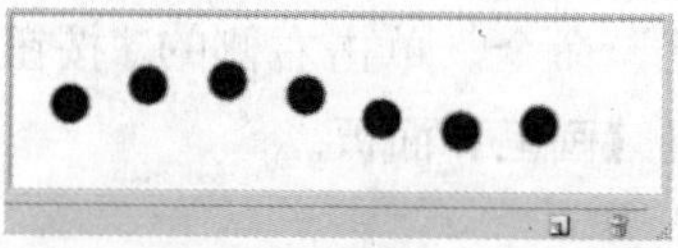
图5-48 间距为200%时的效果

5.2.4 形状动态

单击【画笔】面板中的"形状动态"选项，可对利用画笔绘画时的笔迹形状动态进行设置，包括大小、角度和圆度等的随机变化，如图5-49所示。

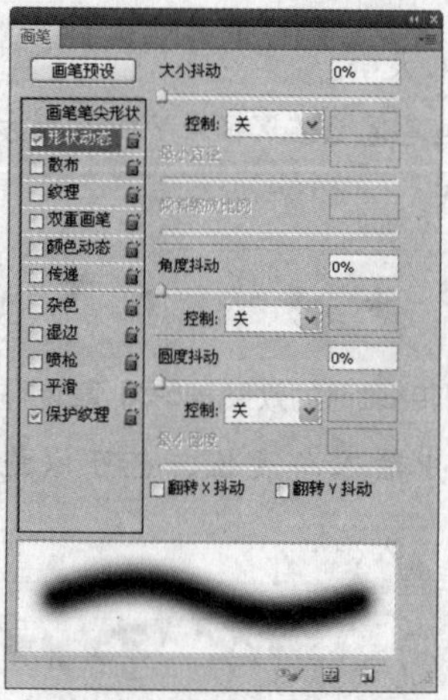

图5-49 设置画笔形状动态

- 大小抖动：用来设置画笔在绘画时各笔头大小的变化程度。该值越高，轮廓越不规则，如图5-50、图5-51所示。

图5-50 大小抖动为0%时的效果

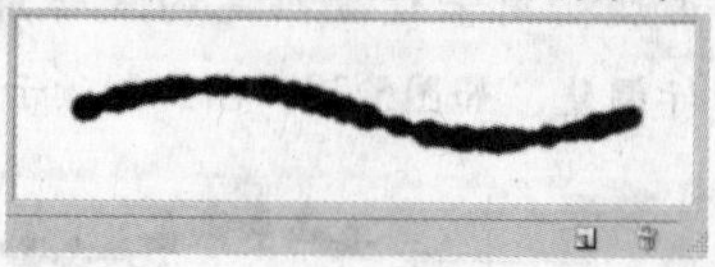
图5-51 大小抖动为100%时的效果

专家提示

在"控制"下拉列表框中可以选择改变的方式，选择"关"选项，表示不控制画笔笔头的大小变化，如图5-52所示；选择"渐隐"选项，可按照指定数量的步长在初始大小和最小值之间渐隐，使笔迹产生逐渐淡出的效果，如图5-53所示。

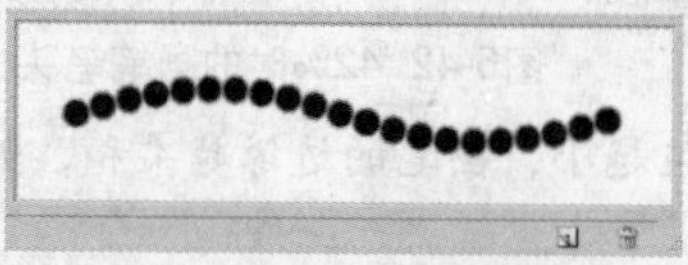
图5-52 控制"关"时的效果

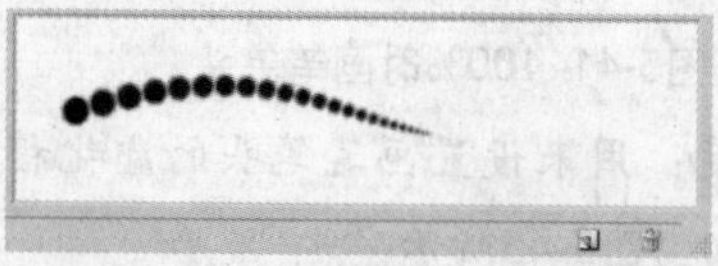
图5-53 控制"渐隐"时的效果

- 最小直径：当启用了“大小抖动”后，可通过该选项设置画笔笔头可以缩放的最小百分比。该值越高，笔头直径的变化越小，如图5-54、图5-55所示。
- 角度抖动：用来改变画笔在绘画时各笔头角度的变化程度。该值为0时，不产生角度变化，如图5-56、图5-57所示。如果要指定画笔角度的改变方式，可在“控制”下拉列表框中选择一个选项。
- 圆度抖动/最小圆度：用来设置画笔在绘画时各笔头圆度的变化程度。该值越高，圆度变化越明显，如图5-58、图5-59所示。也可以在“控制”下拉列表框中选择一种控制选项；另外，还可设置“最小圆度”选项的值来设置画笔笔头的最小圆度。

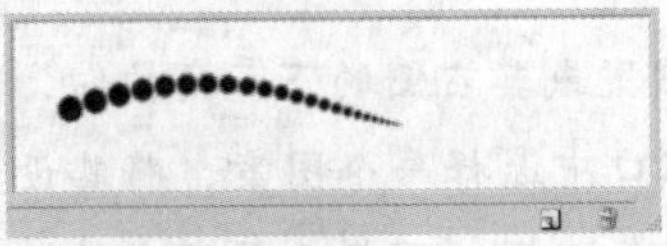
图5-54 最小直径为0%时的效果

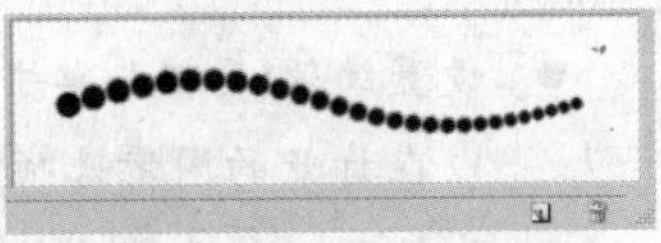
图5-55 最小直径为50%时的效果

图5-56 角度抖动为0%时的效果

图5-57 角度抖动为50%时的效果

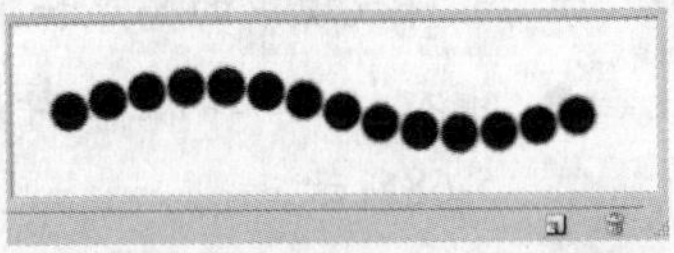
图5-58 圆度抖动为0%时的效果

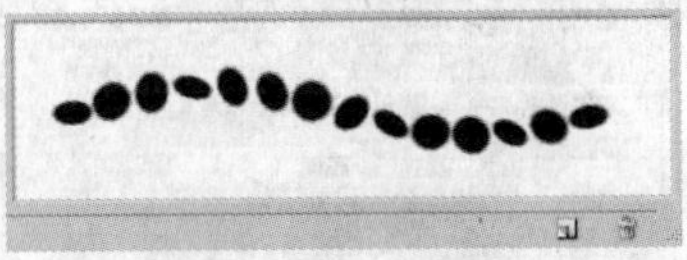
图5-59 圆度抖动为50%时的效果

- 翻转X抖动/翻转Y抖动：用来设置画笔笔头在其X轴或Y轴上的方向。

5.2.5 散布

勾选【画笔】面板中的“散布”复选框，可对利用画笔绘画时笔头的散布程度进行设置，包括笔迹的散布位置及数量等，如图5-60所示。

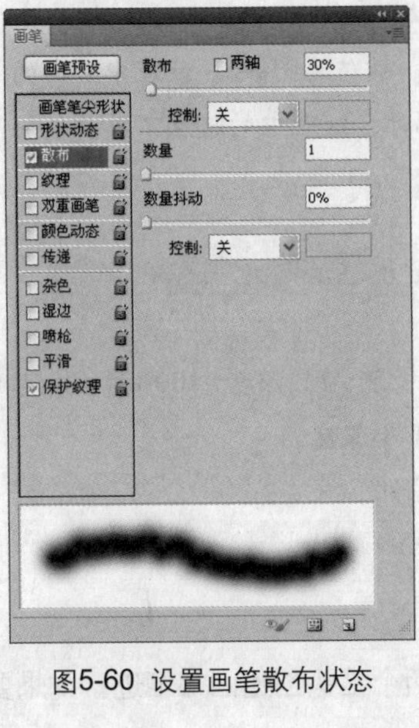

图5-60 设置画笔散布状态

- 散布/两轴：用来设置利用画笔绘画时笔迹的分散程度，该值越高，画笔笔迹分散的范围越广，如图5-61、图5-62所示。勾选“两轴”复选框，画笔笔迹将以中间为基准，向两侧分散，如图5-63所示。如果要指定画笔笔迹如何散布变化，可以在“控制”下拉列表框中选择指定的选项。
- 数量：用于设置绘画时散射出笔迹的数量，增加该值可重复笔迹，如图5-64、图5-65所示。
- 数量抖动：用来指定画笔笔迹的数量如何针对各种间距而变化。

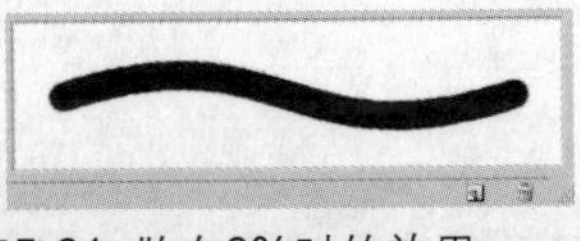
图5-61 散布0%时的效果

图5-62 散布300%时的效果

图5-63 散布300%并勾选两轴时的效果

图5-64 散布70%、数量为1时的效果

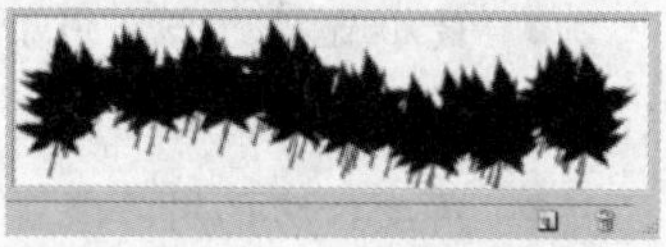

图5-65 散布70%、数量为10时的效果

5.2.6 纹理

勾选【画笔】面板中的“纹理”复选框，可以选择一种图案作为画笔的纹理，使其在绘画时产生图案纹理效果，如图5-66所示。

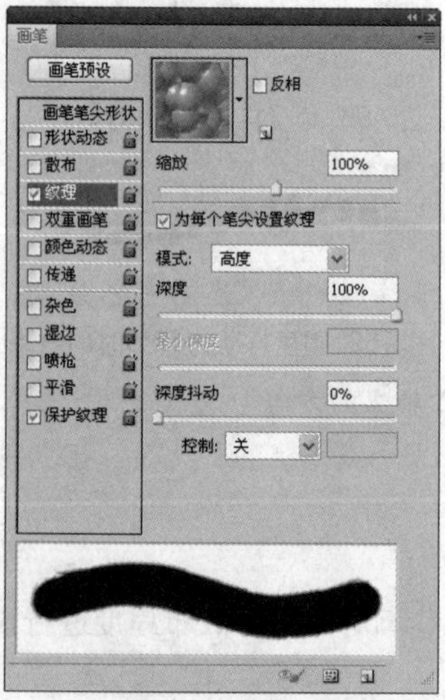

图5-66 设置画笔纹理状态

- 设置纹理/反相：单击图案或其右侧的下三角按钮，可以在打开的图案选项窗口中选择一个图案，将其设置为纹理。勾选“反相”复选框，可基于图案中的色调翻转纹理中的亮点和暗点。
- 缩放：用来调整选择图案的缩放比例，如图5-67、图5-68所示。
- 为每个笔尖设置纹理：勾选该复选框，可将选定的纹理应用于每个画笔笔迹。如果不勾选，将为整个画笔描边应用选定的纹理。只有勾选该复选框，其下的“深度”选项才可用。

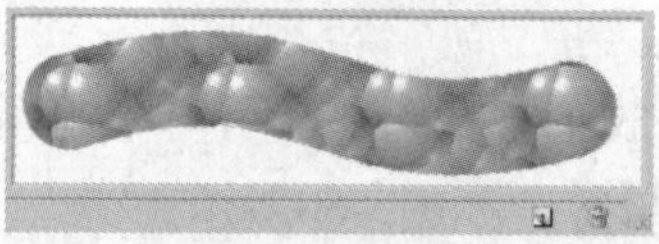

图5-67 缩放100%时的效果

图5-68 缩放200%时的效果

- 模式：用于设置选择图案纹理与前景色之间的混合模式。
- 深度：用于设置选择图案纹理与画笔颜色的混合程度。该值为0%时，纹理中所有的点都接收相同数量的油彩，进而隐藏图案；该值为100%时，纹理中的暗点不接收任何油彩，进而只显示图案，如图5-69、图5-70、图5-71所示。

图5-69 深度为0%时的效果

图5-70 深度为50%时的效果

图5-71 深度为100%时的效果

- 最小深度：用于为每个笔头设置纹理时，渗入油彩的最小深度。
- 深度抖动：用于设置为每个笔头应用纹理时的抖动百分比。

5.2.7 双重画笔

勾选【画笔】面板中的“双重画笔”复选框，可以使用两个笔头创建画笔笔迹。如果要使用双重画笔，首先要在“画笔笔头形状”选项中设置主要笔头的选项，然后再从“双重画笔”选项中选择另一个画笔笔头，如图5-72、图5-73所示。

- 模式：在右侧的下拉列表框中可以选择两种笔头在组合时使用的混合模式。
- 大小：用来设置笔头的大小。
- 间距：用来控制描边中双笔头画笔笔迹之间的距离。
- 散布：用来指定描边中双笔头画笔笔迹的散布程度。
- 数量：用来指定在每个间距应用的双画笔笔迹的数量。

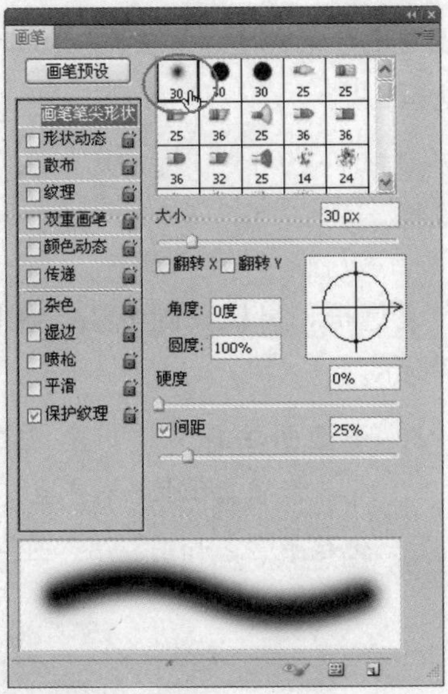

图5-72 在“画笔笔头形状”中选择画笔

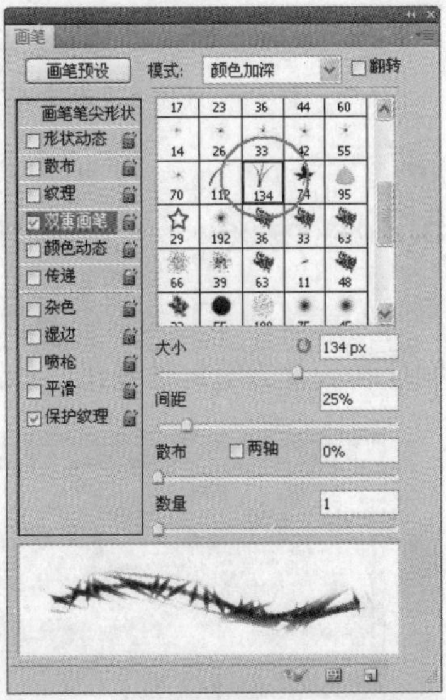

图5-73 在“双重画笔”中选择画笔

5.2.8 颜色动态

勾选【画笔】面板中的“颜色动态”复选框，可设置画笔在绘画时颜色的变化方式，包括前景/背景、色相、饱和度、亮度和纯度的随机性变化，如图5-74所示。

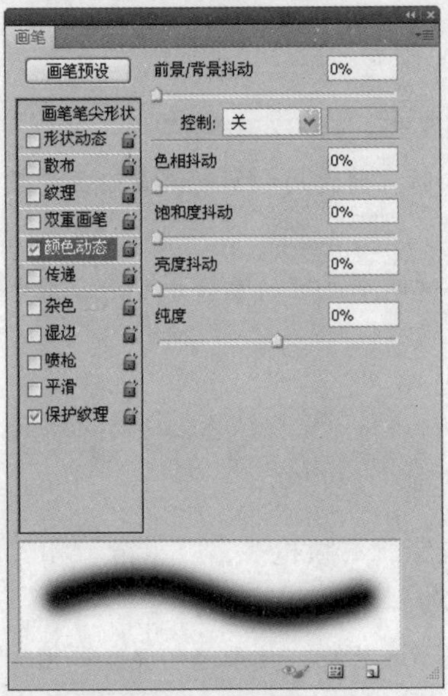

图5-74 设置画笔颜色动态

- 前景/背景抖动：用来指定前景色和背景色之间的颜色变化。该值越小，变化后的颜色越接近前景色；该值越高，变化后的颜色越接近背景色。
- 色相抖动：用来设置画笔颜色的色相变化。该值越小，颜色越接近前景色；该值越高，色相变化越丰富，如图5-75、图5-76所示。

图5-75 色相抖动为0%时的效果

图5-76 色相抖动为100%时的效果

- 饱和度抖动：用来设置画笔颜色的饱和度变化。该值越小，饱和度越接近前景色的饱和度；该值越高，色彩的饱和度变化越丰富。
- 亮度抖动：用来设置画笔颜色的亮度变化。该值越小，亮度越接近前景色的亮度；该值越高，颜色的亮度变化差异越大。
- 纯度：用来设置增大或减小画笔颜色的纯度。该值为－100时，画笔颜色将完全去色；该值为100时，颜色将完全饱和。

5.2.9 传递

勾选【画笔】面板中的“传递”复选框，可设置画笔在绘画时的改变方式，包括不透明度和流量的随机性变化，如图5-77所示。

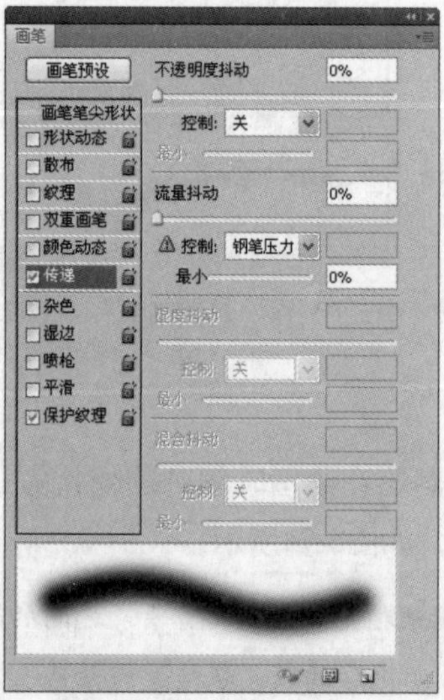

图5-77 设置画笔传递状态

- 不透明度抖动：用来设置画笔颜色的不透明度变化。数值为0时，不产生变化；数值越大，产生的变化越丰富，如图5-78、图5-79所示。

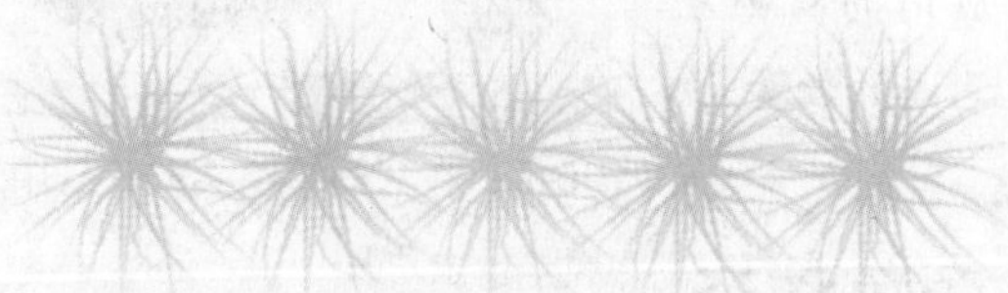
图5-78 不透明度抖动为0%时的效果

图5-79 不透明度抖动为100%时的效果

- 流量抖动：用来设置画笔颜色的流量变化。数值为0时，将使用相同的流量绘画；数值越大，流量变化越大。
- 湿度抖动和混合抖动：当选择混合器画笔工具时，这两个选项的参数才可用，用于设置选择笔头在绘画时，湿度和混合程度的变化。

5.2.10 其他选项

【画笔】面板中的其他复选框包括“杂色”、“湿边”、“喷枪”、“平滑”和“保护纹理”，它们没有可供调整的数值，如果要启用一个选项，将其勾选即可。

- 杂色：可以为画笔笔头添加杂色效果，对于硬度越小的笔头，效果越明显，如图5-80所示。
- 湿边：可以沿画笔描边的边缘增大油彩量，以创建水彩效果，如图5-81所示。

图5-80 不勾选与勾选“杂色”产生的效果对比

图5-81 不勾选与勾选“湿边”产生的效果对比

- 喷枪：勾选该复选框，相当于激活画笔工具选项栏中的按钮，这样在绘画时，将因鼠标的停留而加深该处的颜色。
- 平滑：在绘画过程中生成更平滑的曲线。当使用压感笔进行快速绘画时，该选项最有效。
- 保护纹理：将相同图案和缩放比例应用于具有纹理的所有画笔预设。选择该复选框后，在使用多个纹理画笔笔头绘画时，可以模拟出一致的画布纹理。

5.2.11 画笔面板菜单

单击【画笔】面板右上角的按钮，即可打开“画笔”面板菜单，如图5-82所示。“画笔”面板菜单与第5.1.1节中讲解的“画笔设置”面板菜单的功能差不多，在其中都可以选择面板的显示方式，以及载入预设的画笔库等。

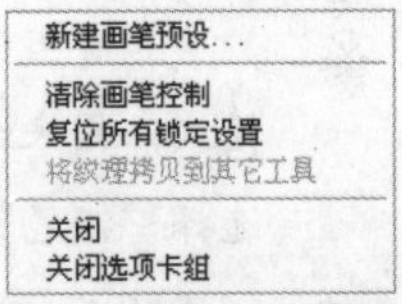

图5-82 “画笔”面板菜单

- 新建画笔预设：选择该命令，将弹出【画笔名称】面板，在“名称”选项右侧的文本框中可为新建的画笔命名，单击 确定 按钮，即可将当前画笔定义为预设画笔。
- 清除画笔控制：选择该命令，将取消对画笔的设置。
- 复位所有锁定位置：当画笔后面的锁定图标有许多处于锁定状态时，选择该命令，可以将所有的锁定设置取消。
- 将纹理拷贝到其他工具：当“纹理”选项处于选择状态时，选择该命令，每个画笔将都会有纹理效果；当“纹理”选项没有启用时，该命令也不可用。
- 关闭/关闭选项卡组：选择该命令，可将【画笔】面板或【画笔】面板组关闭。

5.3 橡皮擦工具组

Photoshop包含3种类型的橡皮擦：橡皮擦工具、背景橡皮擦工具和魔术橡皮擦工具。使用这些工具擦除背景层中的图像时，除了橡皮擦工具的被擦除部分会显示背景颜色外，其余的两种均显示为透明。

5.3.1 橡皮擦工具

橡皮擦工具是最基本的擦除工具。

1. 使用方法

打开素材图片“素材\第05章\儿童.jpg”，选取工具，设置合适的笔头大小后，将鼠标光标移动到画面中拖动，即可擦除图像，显示背景色，如图5-83所示。

若将背景层转换为普通层（执行“图层｜新建｜背景图层”命令），再利用工具进行擦除，被擦除的区域将显示透明区域，如图5-84所示。

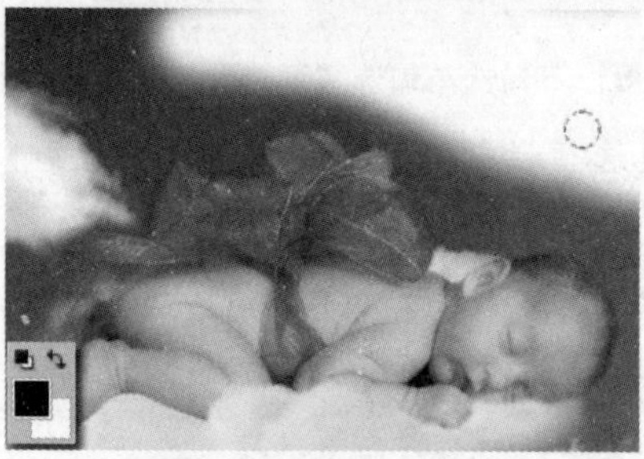
图5-83 显示的背景色

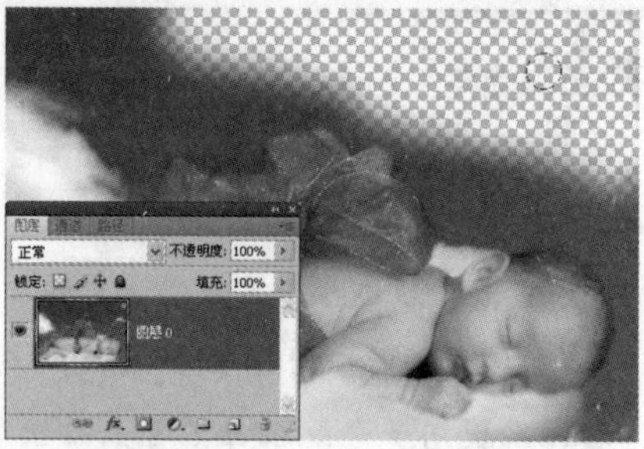
图5-84 显示的透明区域

2. 橡皮擦工具的工具选项栏

如图5-85所示为橡皮擦工具的工具选项栏。

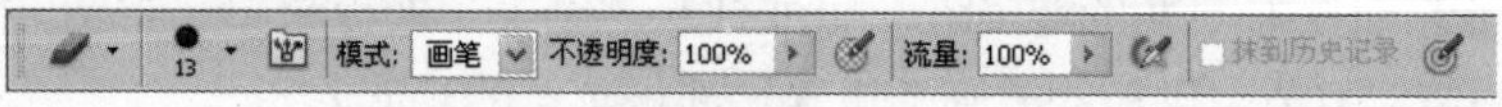

图5-85 橡皮擦工具的工具选项栏

- 模式：用来选择橡皮擦擦除图像的方式，选择“画笔”选项时，会擦出柔角效果的边缘；选择“铅笔”选项时，只能擦出硬边的效果；选择“块”选项时，将擦出块状的擦痕。
- 不透明度：用来设置擦除图像的不透明程度，100%时可以将像素完全擦除。当将模式设置为“块”选项时，该选项不可用。
- 流量：此选项用来控制橡皮擦的擦除强度，数值越大，对图像的擦除效果越明显。
- 抹到历史记录：与历史记录画笔的功能相近，勾选该复选框后，可以在【历史记录】面板选择一个操作步骤或一个快照，在擦除时可以将图像恢复到指定的状态。

5.3.2 背景橡皮擦工具

背景橡皮擦工具是用来擦除背景的一种智能工具，它具有自动识别对象边缘的功能。

1. 使用方法

打开素材图片“素材\第05章\人物01.jpg”，选取工具，然后将鼠标光标移动到画面中的背景处按下鼠标并拖动，即可将背景擦除，如图5-86所示；沿人物的边缘继续拖动鼠标，即可将照片中的背景擦除，如图5-87所示。在擦除过程中，注意不能让光标中心的十字线碰到人物，否则人物也将会被一并擦除。

图5-86 在背景处拖动鼠标

图5-87 擦除背景后的效果

2. 背景橡皮擦工具的工具选项栏

如图5-88所示为背景橡皮擦工具的工具选项栏。

图5-88 背景橡皮擦工具的工具选项栏

- 取样：包含3个按钮，用来设置取样的方式。单击“连续”按钮后，在拖动鼠标时将会对颜色进行连续取样，如果光标碰到需要保留的图像也将会一并擦除；单击“一次”按钮后，只擦除包含第一次单击时的颜色区域；单击“背景色板”按钮后，将擦除包含背景色的区域。
- 限制：用来选择擦除时的限制模式。选择“不连续”选项，可以擦除光标下任何位置的颜色；选择“连续”选项，只擦除样本颜色和其相互连接的区域；选择“查找边缘”选项，该选项可以很好地保留形状边缘的锐化程度，擦除包含样本颜色的连接区域。
- 容差：用来设置颜色的容差范围。低容差仅限于擦除与样本颜色相近的区域，而高容差可擦除范围更广的区域。
- 保护前景色：该选项用来防止擦除与前景色匹配的颜色区域。

5.3.3 魔术橡皮擦工具

魔术橡皮擦工具的用法与魔棒工具相同，利用它可以一次性擦除图像中与鼠标单击处颜色相同或相近的颜色。

1. 使用方法

打开素材图片“素材\第05章\人物02.jpg”文件，如图5-89所示。然后选取工具，将鼠标光标移动到背景处单击，即可将与单击点颜色相近的区域擦除，如图5-90所示。继续在其他区域单击鼠标即可将背景完全擦除。

图5-89 打开的图片

图5-90 擦除背景后的效果

2. 魔术橡皮擦工具的工具选项栏

如图5-91所示为魔术橡皮擦工具的工具选项栏。

图5-91 魔术橡皮擦工具的工具选项栏

- 容差：用来设置可擦除的颜色范围，低容差会擦除颜色范围内与单击点像素非常相近的像素，高容差可擦除范围更广的像素。
- 消除锯齿：该选项可以将擦除区域的边缘变得平滑。
- 连续：勾选该复选框，在擦除时可擦除与单击点像素邻近的像素；取消勾选时，将擦除与图像中所有相似的像素。

5.4 渐变工具组

渐变工具组中的工具主要用于为图像填充颜色或图案，包括填充渐变色的渐变工具■和填充颜色及图案的油漆桶工具。

5.4.1 渐变工具

渐变工具是用来在选区内或在整个文档中填充渐变颜色的。选择■工具后，在图像中拖动鼠标，释放后即可为图像填充渐变色。

如图5-92所示为渐变工具的工具选项栏。

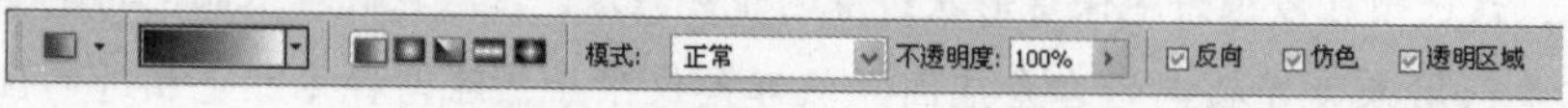

图5-92 渐变工具的工具选项栏

- 渐变颜色条：颜色条中显示了当前的渐变颜色，单击右侧的按钮即可打开“渐变颜色”选项面板，如图5-93所示，在面板中可以选择预设的渐变颜色；如果直接单击颜色条，则可以打开【渐变编辑器】对话框（在下一节将会详细讲到）进行编辑，如图5-94所示。

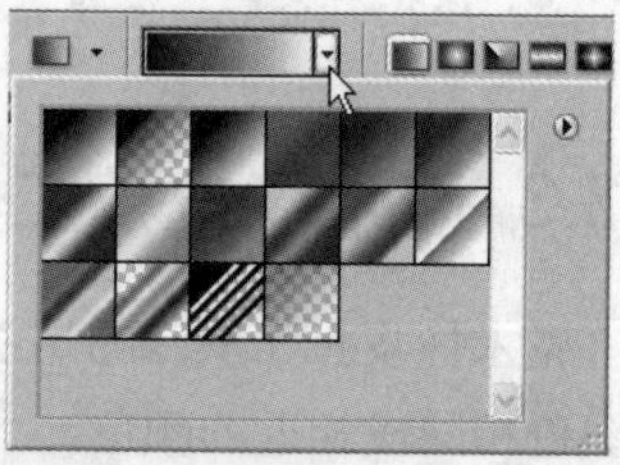

图5-93 “渐变颜色”选项面板

- 渐变类型：渐变的类型包括线性渐变、径向渐变、角度渐变、对称渐变和菱形渐变5种。单击“线性渐变”按钮即可创建如图5-95所示的线性渐变效果，即创建以直线从起点到终点的渐变；单击“径向渐变”按钮即可创建如图5-96所示的圆形渐变效果，即以圆形从起点到终点的渐变；单击“角度渐变”按钮即可创建围绕起点以逆时针扫描方式的渐变，如图5-97所示；单击“对称渐变”按钮即可创建对称的渐变效果，并且此渐变是以线性渐变的起点为对称点产生的，如图5-98所示；单击“菱形渐变”按钮即可创建菱形渐变效果，并且以菱形的方式从起点向外渐变，终点定义为菱形的一个角，如图5-99所示。

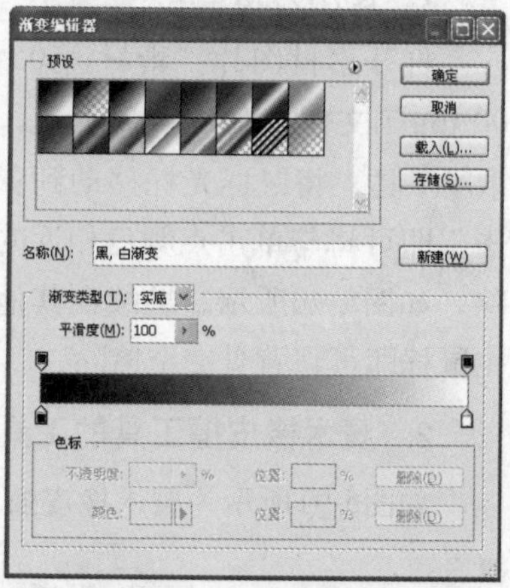

图5-94 【渐变编辑器】对话框

- 模式：该选项可以用来对渐变效果的混合模式进行设置。
- 不透明度：可以设置渐变的不透明度大小。
- 反向：勾选该复选框，可以得到与原颜色顺序相反的渐变效果。
- 仿色：用较小的带宽创建平滑的混合，使渐变颜色之间的过渡更加柔和。在屏幕上不能明显地显示出仿色的作用。

● 透明区域：该选项可以创建透明的渐变，如图5-100所示。取消勾选时将创建实色渐变，如图5-101所示。

图5-95 线性渐变效果

图5-96 径向渐变效果

图5-97 角度渐变效果

图5-98 对称渐变效果

图5-99 菱形渐变效果

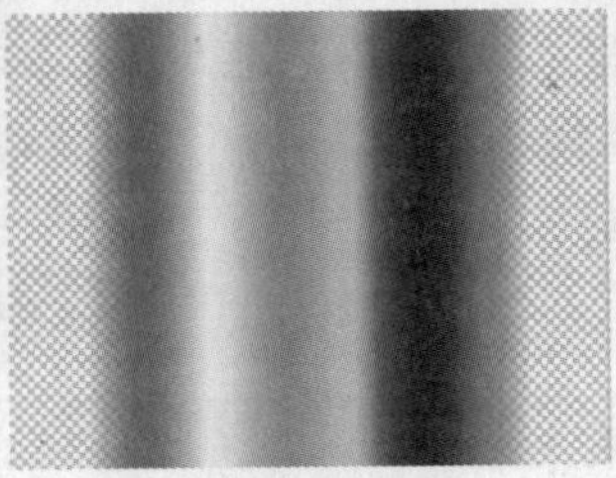
图5-100 创建的透明渐变

图5-101 创建的实色渐变

5.4.2 渐变填充

下面以为画面填充各种形式的渐变颜色为例来讲解渐变工具的应用。

实战演练010—— 填充实色渐变

1 打开素材图片“素材\第05章\花.jpg”，如图5-102所示。然后利用工具将白色背景擦除，效果如图5-103所示。

图5-102 打开的图片

图5-103 去除背景后的效果

2 在【图层】面板中单击如图5-104所示的按钮，新建一个图层。

3 执行“图层 | 排列 | 向后一层”命令，将新建的图层调整至“图层 0”的下方，如图5-105所示。

图5-104 单击按钮

图5-105 调整图层后的【图层】面板

4 选取■工具，然后单击颜色条■■■右侧的▪按钮，在弹出的【渐变颜色】选项面板中选择如图5-106所示的渐变色。

图5-106 选择的渐变颜色

5 将鼠标光标移动到画面中并自左向右拖动，状态如图5-107所示。释放鼠标后，即可为画面填充选择的渐变色，如图5-108所示。

专家提示

按住Shift键拖动鼠标，可确保拖动的直线保持水平或垂直。

图5-107 拖动鼠标时的状态

图5-108 填充渐变色后的效果

6 按Ctrl+S组合键保存文件“范例\第05章\填充渐变背景.psd”。

实战演练011—— 填充杂色渐变

1 打开素材图片“素材\第05章\人物03.jpg”，如图5-109所示。利用■工具去除背景，然后新建图层并调整图层顺序，效果如图5-110所示。

图5-109 打开的图片

图5-110 去除背景并添加图层后的效果

2 选取■工具，然后单击选项栏中的颜色条，在弹出的【渐变编辑器】对话框中选择如图5-111所示的“杂色”选项。

3 将渐变类型设置为“杂色”后的【渐变编辑器】对话框，如图5-112所示。注意，每单击一次 随机化(Z) 按钮，将产生随机性的杂色渐变颜色，拖动R、G、B选项右侧的滑块，可调整杂色渐变的颜色。

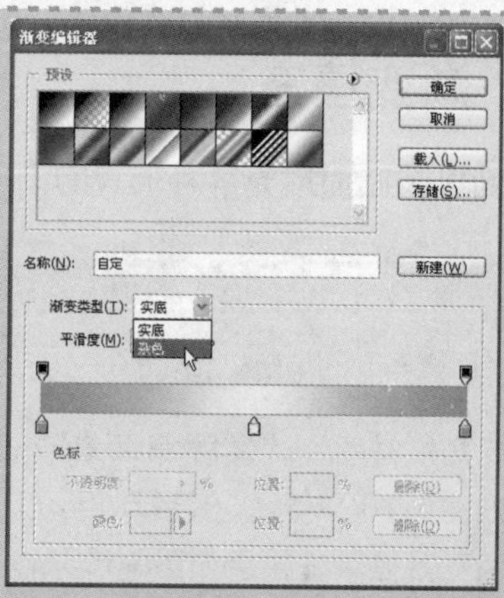

图5-111 选择“杂色”选项

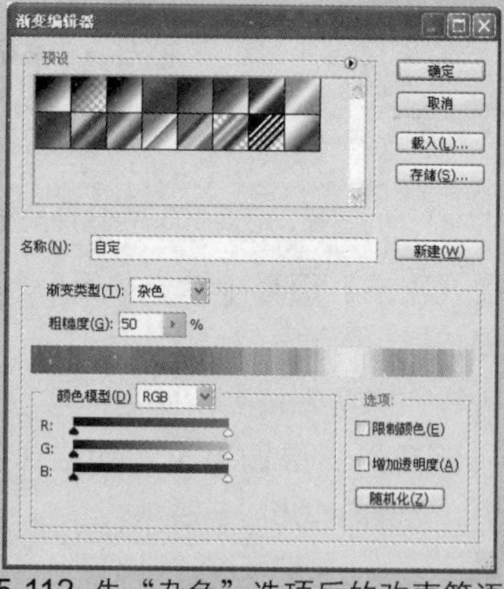

图5-112 先“杂色”选项后的欢声笑语框

4 单击 确定 按钮，关闭对话框，然后分别在画面中自上向下或自右向左拖动鼠标。为画面添加如图5-113所示的杂色渐变背景。

5 按Ctrl+S组合键保存文件“范例\第05章\填充杂色渐变.psd”。

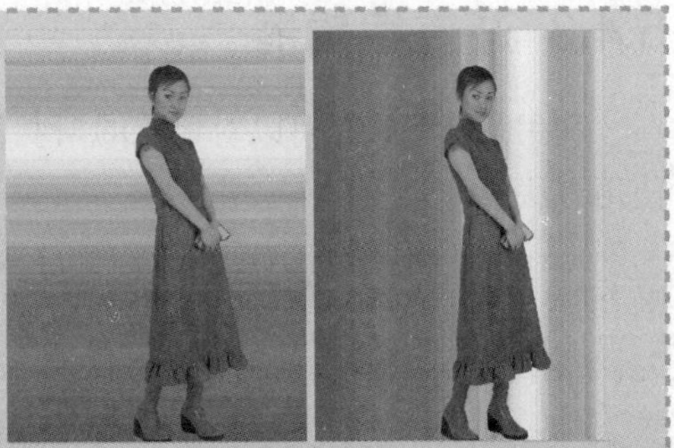
图5-113 添加背景后的效果

实战演练012—— 填充透明渐变

1 打开素材图片“素材\第05章\人物04.jpg”，如图5-114所示，然后将前景色设置为浅蓝色（R:213、G:236、B:244）。

2 选取工具，然后单击颜色条右侧的按钮，在弹出的【渐变颜色】选项面板中选择如图5-115所示的渐变色。

图5-114 打开的图片

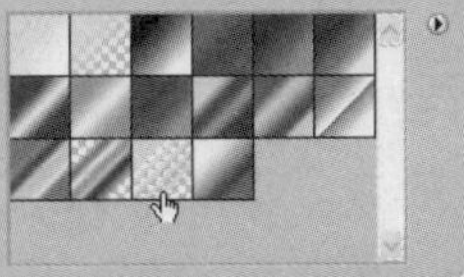
图5-115 选择的渐变色

3 新建图层，然后将鼠标光标移动到打开的图片中拖动，状态如图5-116所示。

图5-116 拖动鼠标时的状态

4 释放鼠标后，即可制作出如图5-117所示的百叶窗效果。

图5-117 制作的百叶窗效果

5 单击【图层】面板下方按钮，在弹出的下拉菜单中选择“投影”命令，然后在【图层样式】面板中单击 确定 按钮，为图形添加阴影效果，如图5-118所示。

图5-118 添加的阴影效果

6 按Ctrl+S组合键保存文件“范例\第05章\百叶窗效果.psd”。

5.4.3 渐变编辑器

利用渐变编辑器可以对填充的渐变色彩进行编辑。下面以制作按钮为例来详细讲解其使用方法。

实战演练013 —— 加载渐变色并应用

1 新建宽度为10厘米，高度为10厘米，分辨率为120像素/英寸的白色文件。

2 利用工具绘制如图5-119所示的圆形选区。

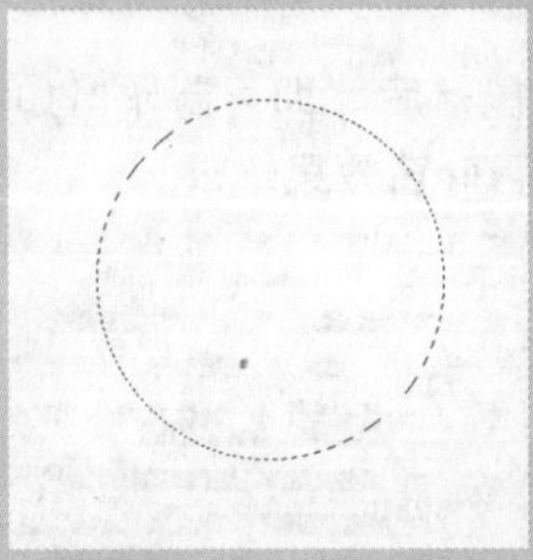

图5-119 绘制的圆形选区

3 选取工具，然后单击选项栏中的颜色条，在弹出的【渐变编辑器】对话框中单击“预设”窗口右上角的按钮，在弹出的下拉菜单中选择如图5-120所示的“金属”命令。

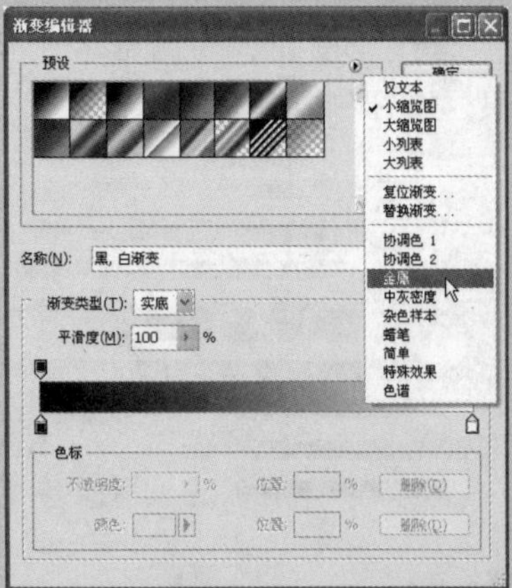

图5-120 选择的“金属”命令

4 在弹出的询问对话框中单击如图5-121所示的追加(A)按钮。

图5-121 询问对话框

5 此时，在【渐变编辑器】对话框的“预设”选项区中即可显示加载的渐变色，然后选取如图5-122所示的渐变色。

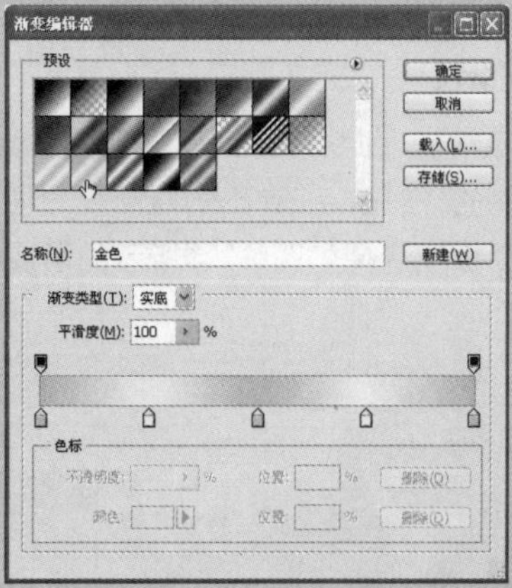

图5-122 选择的渐变色

6 单击确定按钮，然后新建图层，确认选项栏中激活的按钮，将鼠标光标移动到选区内自左上方向右下方拖动，如图5-123所示，为选区填充渐变色。

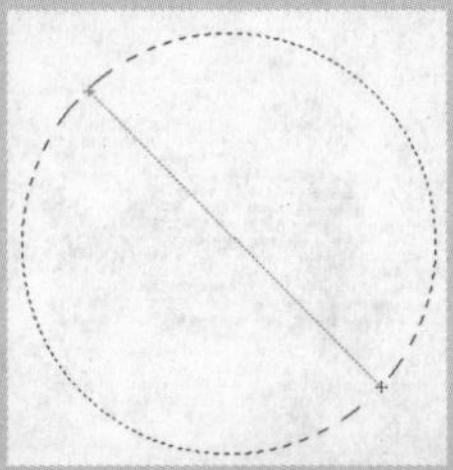

图5-123 拖动鼠标时的状态

7 释放鼠标后，为选区填充的渐变颜色如图5-124所示。

专家提示

单击“预设”窗口右上角的按钮，在弹出的下拉菜单中选择“复位渐变”命令，在弹出的面板中单击 确定 按钮，即可恢复默认的渐变颜色。

图5-124 填充渐变颜色后的效果

8 执行“选择｜变换选区”命令，在选区的周围将显示如图5-125所示的变形框，然后激活选项栏中的按钮，并设置选项参数为 W: 94.0% H: 94%。

9 单击选项栏中的按钮，确认选区的缩小调整，如图5-126所示。

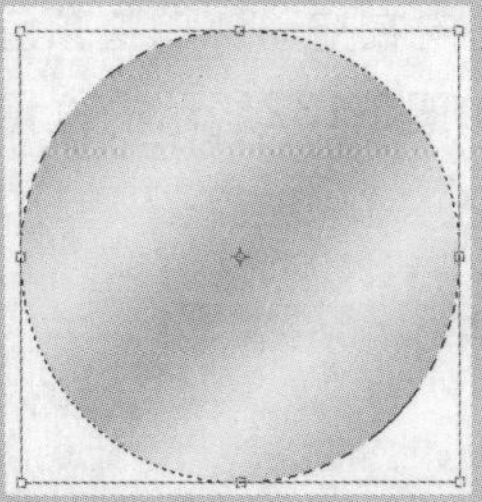

图5-125 显示的变形框 图5-126 选区缩小后的形态

实战演练014—— 设置实色渐变

需要调整渐变颜色时，选择一个色标，然后单击色标下面的色块即可打开【拾色器】对话框，在【拾色器】对话框中即可对颜色进行编辑；选择一个色标并拖动它，即可调整此色标在渐变条中的位置，也可以在位置后面的文本框中输入数值调整位置。

1 单击工具选项栏中的颜色条，在弹出的【渐变编辑器】对话框中选取“前景色到背景色渐变”的渐变颜色，然后将鼠标光标移动到下方渐变颜色条左侧的色标上单击，将其选择，如图5-127所示。

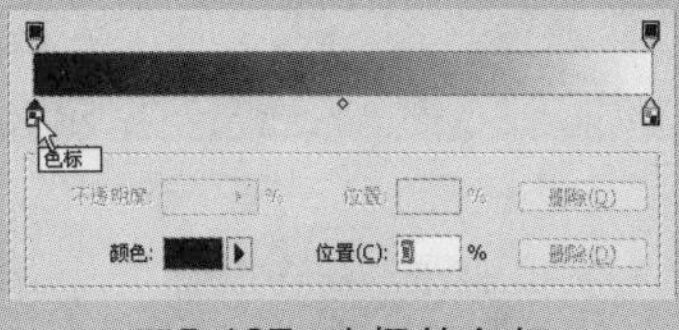

图5-127 选择的色标

2 单击【渐变编辑器】对话框下方“颜色”选项右侧的色块，在弹出的【选择色标颜色】对话框中将颜色设置为绿色（R:58、G:227、B:0），然后单击 确定 按钮关闭对话框。

3 移动鼠标选择如图5-128所示的色标，同理，将其颜色设置为深绿色（R:21、G:110、B:0）。

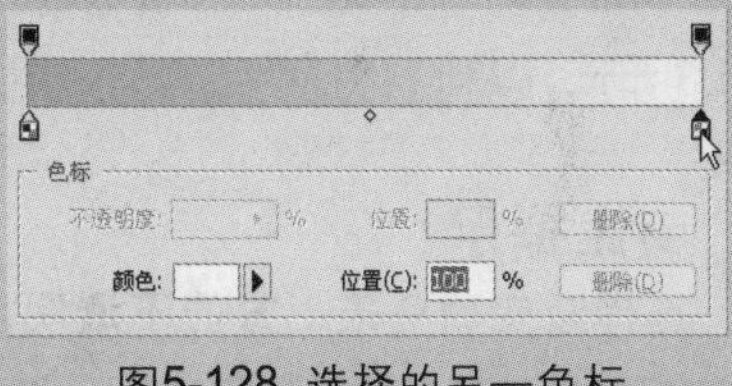

图5-128 选择的另一色标

4 再次单击深绿色色标，吸取颜色，然后将鼠标光标移动到如图5-129所示的位置单击，添加颜色色标。

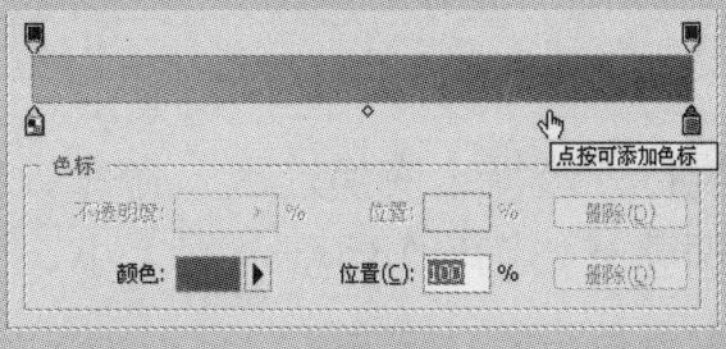

图5-129 鼠标光标放置的位置

5 释放鼠标后即可添加一个颜色色标，左右拖动颜色色标，可调整色标在颜色条中的百分比位置，如图5-130所示。

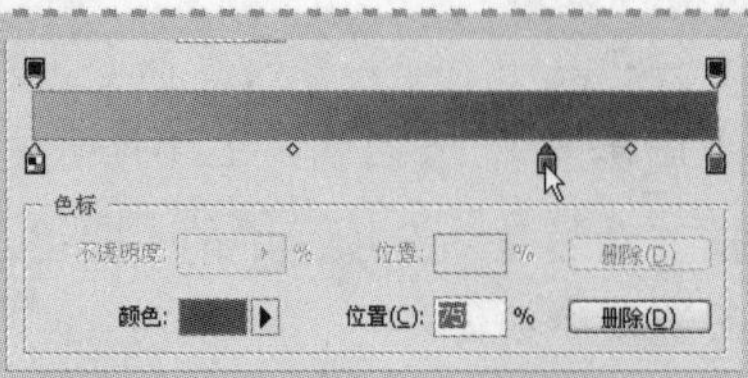

图5-130 添加色标调整后的位置

6 将鼠标光标移动到如图5-131所示的颜色中点位置按下并向右拖动，调整颜色中点的位置，至如图5-132所示的位置时释放鼠标。

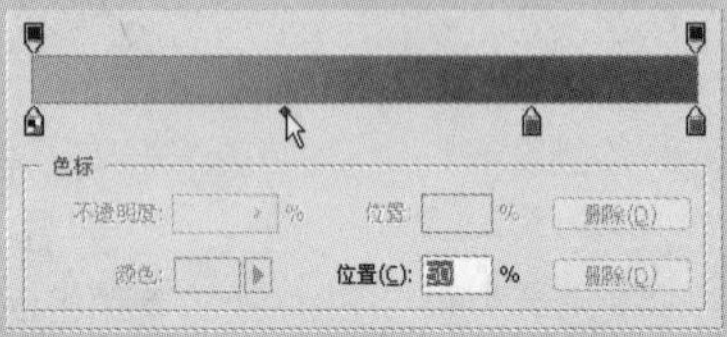

图5-131 选择的颜色中点

图5-132 颜色中点调整后的位置

渐变颜色设置完成后，单击 新建(W) 按钮，即可将设置的渐变颜色保存到预设窗口中，如图5-133所示，以利于以后的编辑与应用。

专家提示

选择渐变颜色条上方的不透明度色标，可对颜色的不透明度进行设置；将色标拖出对话框外时，可将色标删除。

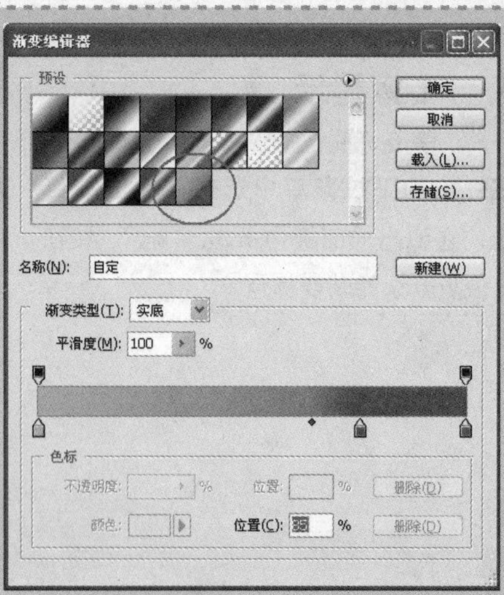

图5-133 保存的渐变颜色

7 单击 确定 按钮，确认渐变颜色的编辑操作，然后新建图层，并激活选项栏中的按钮。

8 将鼠标光标移动到选区内拖动，为选区填充设置的渐变色，状态及填充后的效果如图5-134所示。

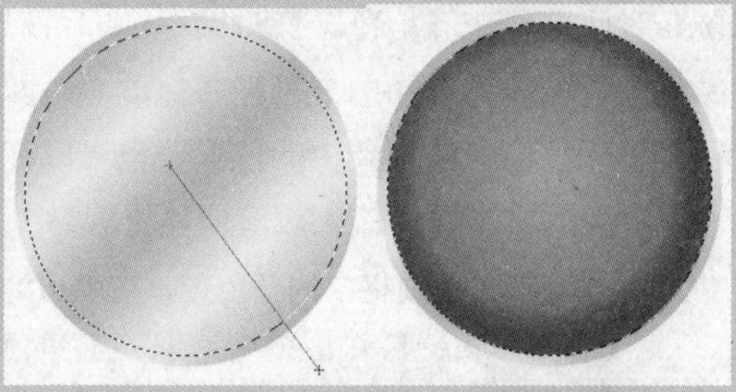

图5-134 填充渐变颜色的状态及效果

实战演练015 —— 利用透明渐变制作高光效果

1 执行“选择|变换选区”命令，将选区调整至如图5-135所示的大小，然后将前景色设置为白色。

2 单击工具选项栏中颜色条右侧的按钮，在弹出的【渐变颜色】选项面板中选择“前景色到透明渐变”渐变色，然后激活按钮。

图5-135 调整后的选区形态

3 新建图层，然后在选区内自上向下拖动鼠标，为选区填充渐变色，状态及填充颜色后的效果如图5-136所示。

图5-136 填充渐变颜色后的状态及颜色效果

4 按Ctrl+D组合键去除选区，然后执行“滤镜｜模糊｜高斯模糊”命令，弹出【高斯模糊】对话框，参数设置如图5-137所示。

5 单击 确定 按钮，模糊后的效果如图5-138所示。

6 打开素材图片“素材\第05章\图标.jpg”，利用工具将白色背景选取，然后按Shift+Ctrl+I组合键，将选区反选。

7 利用工具将选取的图标移动复制到“按钮”文件中，调整大小后放置到如图5-139所示的位置，完成按钮的制作。

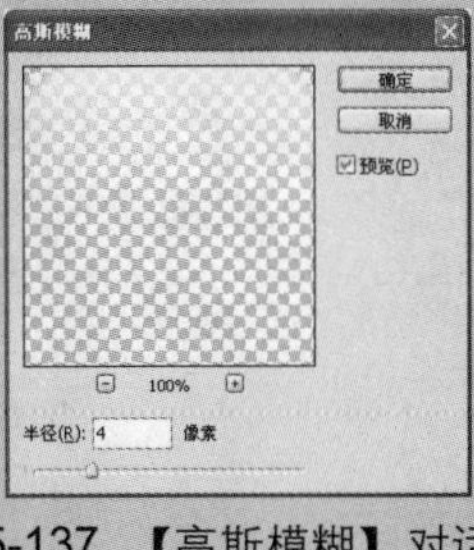

图5-137 【高斯模糊】对话框

图5-138 模糊后的效果　　图5-139 添加的图标

8 保存文件为“范例\第05章\按钮.psd”。

5.4.4 油漆桶工具

使用油漆桶工具可以为图像或选区填充各种颜色及图案。

1. 使用方法

选取工具，在选项栏中选择填充颜色或是图案后，在选区或文档窗口中单击鼠标即可为图像填充颜色或图案。

2. 油漆桶的工具选项栏

如图5-140所示为油漆桶工具的选项栏。

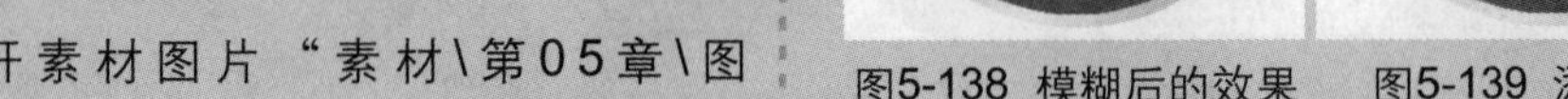

图5-140 油漆桶工具的选项栏

- 填充内容：单击 前景 右侧的按钮，可以打开下拉列表，在下拉列表中可以选择填充的内容，包括前景色和图案。
- 模式/不透明度：用来设置填充内容的混合模式和不透明度。
- 容差：用来定义填充的范围。数值越大，填充的范围越大。
- 消除锯齿：可以将填充的边缘进行平滑处理。
- 连续的：勾选时只填充与单击点相邻的像素。取消勾选时，可以填充图像中的所有像素。

- 所有图层：勾选该复选框，可对图像文件中所有可见图层的合并颜色数据进行填充；取消勾选，将只根据当前图层的颜色进行填充，如图5-141、图5-142所示。

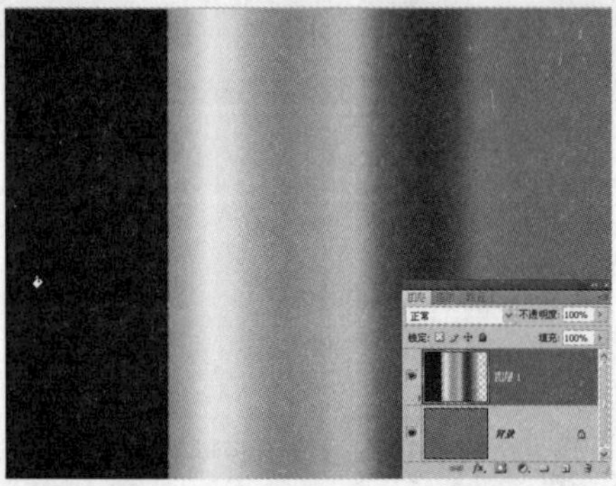

图5-141 勾选“所有图层”时填充的颜色

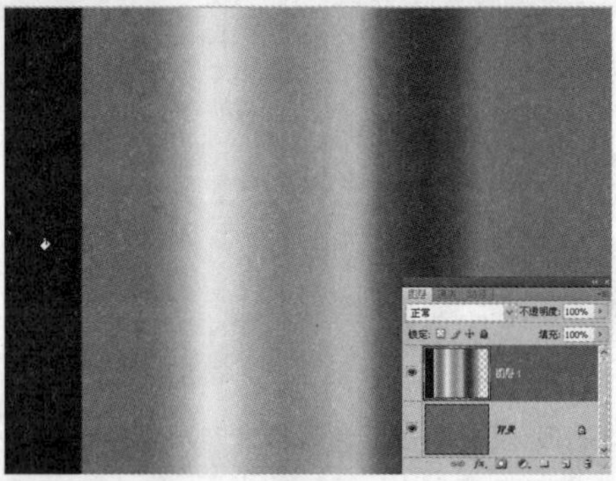

图5-142 不勾选“所有图层”时填充的颜色

5.5 综合实战——制作大头贴照片效果

下面以制作大头贴照片为例，来详细讲解画笔工具的应用。首先是利用画笔工具结合图层的混合模式为女孩化妆，然后利用画笔工具的形状动态、散布和颜色动态等功能来制作大头贴效果。原图与制作的大头贴效果如图5-143所示。

图5-143 原图与制作的大头贴效果

实战演练016 —— 制作大头贴效果

1 打开素材图片“素材\第05章\美女.jpg”。

2 新建“图层1”，然后将前景色设置为紫色（R:219、G:0、B:216）。

3 选取工具，单击选项栏中的按钮，在弹出的面板中设置参数，如图5-144所示。

4 将鼠标光标定位在人物的唇部，在画面中拖动鼠标涂抹设定的前景色，状态如图5-145所示。

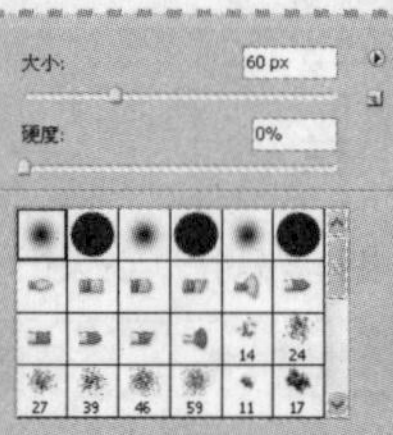

图5-144 设置画笔工具参数

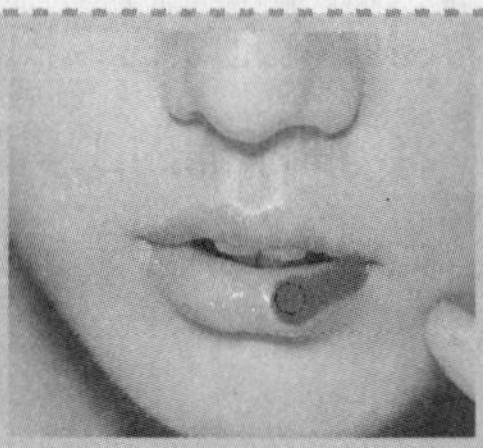

图5-145 涂抹颜色时的状态

5 继续涂抹，在人物唇部绘制如图5-146所示的紫色唇状图形。

6 在【图层】面板中将“图层1”的图层混合模式设置为“柔光”，“不透明度”设置为35%，绘制的口红效果如图

5-147所示。

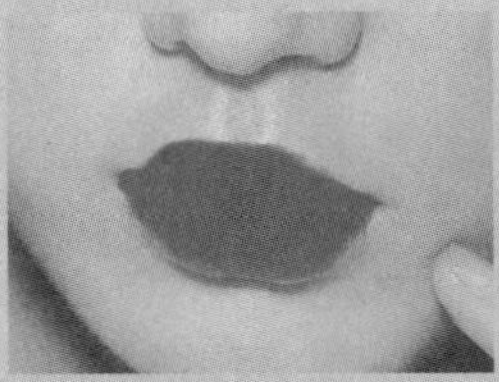

图5-146 绘制的唇状图形

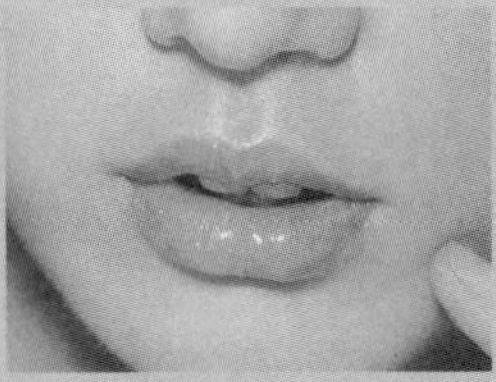

图5-147 描绘口红后的效果

7 选取工具，单击选项栏中的按钮，在弹出的面板中设置参数，如图5-148所示。拖动鼠标在人物唇部进行涂抹，擦除人物唇部不自然的口红，擦除后的唇部效果如图5-149所示。

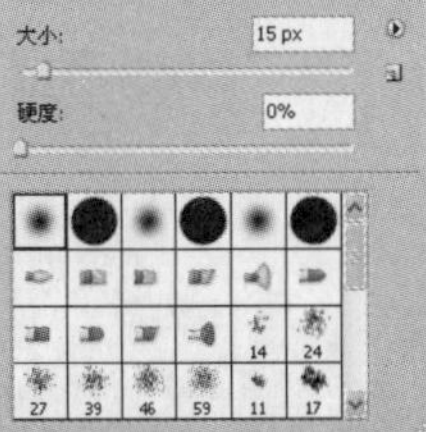

图5-148 设置橡皮擦参数

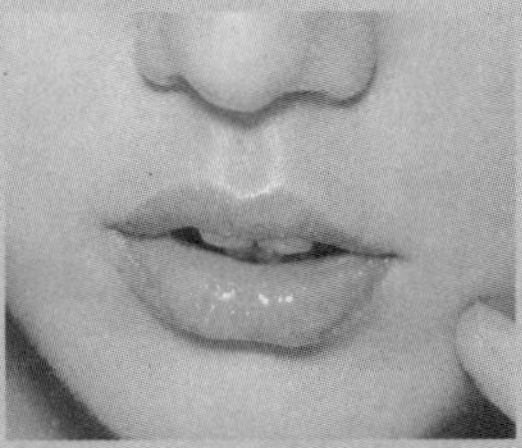

图5-149 擦除后的唇部效果

8 新建“图层2”，选取工具，在人物面部涂抹如图5-150所示的紫色图形。

9 将“图层2”的图层混合模式设置为“柔光”，“不透明度”设置为15%，绘制的腮红效果如图5-151所示。

图5-150 绘制的紫色图形

图5-151 绘制的腮红效果

10 打开【拾色器】对话框，设置前景色为蓝色（R:0、G:82、B:159），单击确定按钮。

11 新建“图层3”，选取工具，单击选项栏中按钮，在弹出的面板中设置参数，如图5-152所示。在人物右眼的睫毛上方的位置拖动鼠标涂抹颜色，状态如图5-153所示。

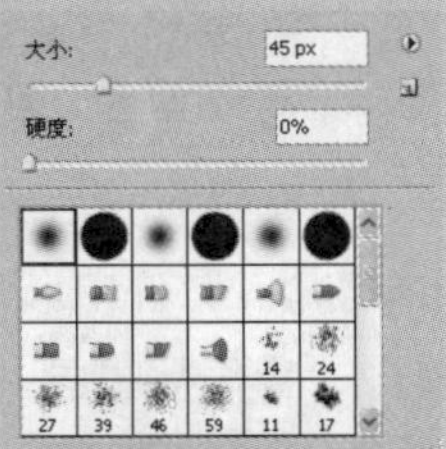

图5-152 设置画笔工具参数

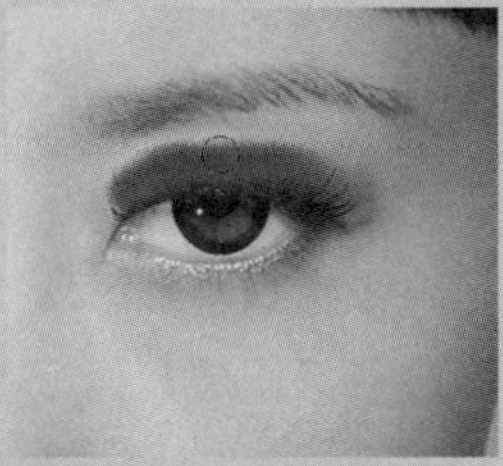

图5-153 绘制颜色时的状态

12 将“图层3”的图层混合模式设置为“柔光”，“不透明度”设置为70%，绘制的眼影效果如图5-154所示。

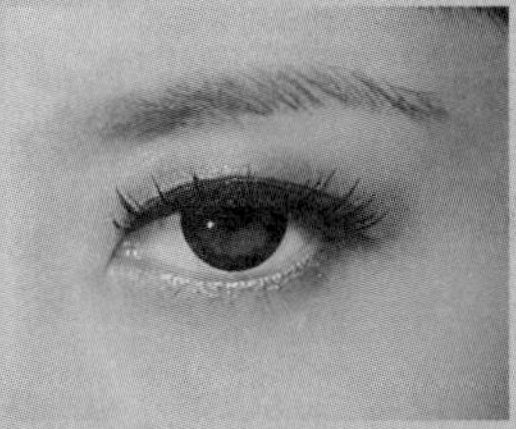

图5-154 绘制的眼影

13 同理，为左眼绘制眼影，绘制眼影后的眼睛效果如图5-155所示。

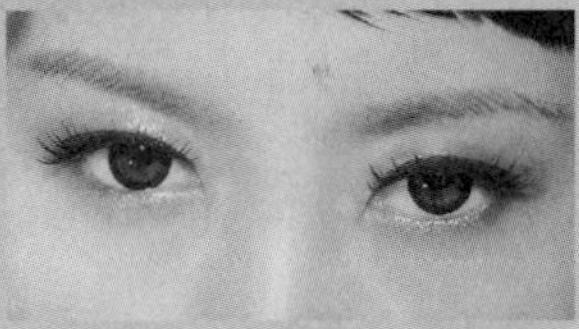

图5-155 绘制眼影后的眼睛效果

至此，女孩化妆完成，化妆前后的对比效果如图5-156所示。

图5-156 上妆前后的效果对比

将文件保存为“美女化妆.psd”。然后来制作大头贴效果。

14 打开素材图片“素材\第05章\边框.jpg”。

15 将“美女化妆.psd”文件设置为工作状态，执行“图层｜拼合图像”命令，将图层合并，然后利用工具将合并后的图像移动复制到“边框.jpg”文件中。

16 在【图层】面板中双击“背景”图层，在弹出的对话框中单击 确定 按钮，将“背景”图层转换为“图层 0”。

专家提示

此处将“背景”图层转换为“图层0”的目的：一是为了调整两个图层的排列顺序；二是为了在删除图像时，删除图像的区域能显示为透明，如果为背景图层，则不能调整与其他图层的排列顺序，也不能使删除的区域显示为透明。

17 执行“图层｜排列｜置为顶层”命令，将“图层 0”调整至“图层 1”的上方，【图层】面板如图5-157所示。

18 选取工具，在边框图形中的白色区域上单击鼠标，创建如图5-158所示的选区。

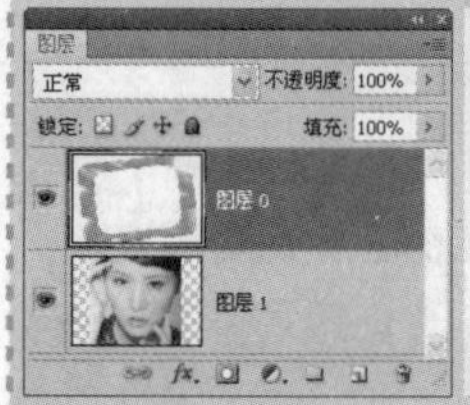

图5-157 调整图层顺序后的效果

图5-158 创建的选区

19 按Delete键删除选区内的白色区域，露出下方的人物图像，然后按Ctrl+D组合键去除选区。

20 在【图层】面板中单击“图层 1”，将其设置为工作状态，然后利用“自由变换”命令将其调整至如图5-159所示的大小及位置。

21 按Enter键确认图像的调整，然后在【图层】面板中将“图层 0”设置为工作状态，并单击下方的按钮，新建“图层 2”，如图5-160所示。

图5-159 图像调整后的大小

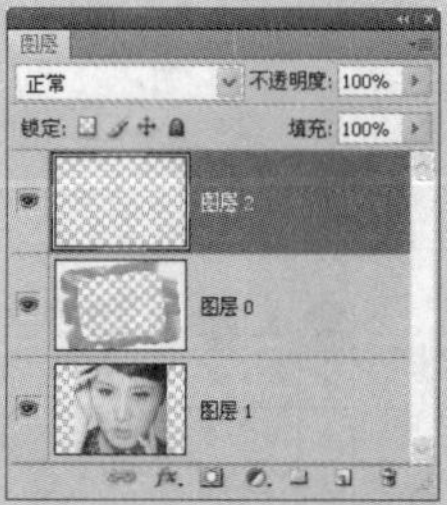

图5-160 新建的图层

22 选取工具，并单击选项栏中的按钮，在弹出的【画笔】面板中单击左上角的 画笔预设 按钮，在弹出的【画笔预设】面板中单击右上角的按钮，然后在面弹出的板菜单中选择“特殊效果画笔”命令。

23 在弹出的面板中单击 确定 按钮，用新选择的画笔笔头替换默认的画笔笔头。

24 在【画笔】面板中依次设置各选项参数，如图5-161所示。

专家提示

以上各选项参数设置的含义分别为：选择“蝴蝶”笔头；设置画笔的笔头“大小”为100 px；设置“间距”为100%，是指喷绘时两笔之间的距离为笔头的100%大小；设置“大小抖动”和“角度抖动”，是指在喷绘时，喷绘出图形的大小和角度是不固定的，会在100 px大小的基础上随机性地变化大小和角度。设置“散布”和“数量抖动”，是指在喷绘时，喷绘出的图形会根据鼠标拖动的区域随机性的向外散布，同时生成不同数量的图形；设置“前景/背景抖动”，是指在喷绘时，喷绘图形的颜色会根据设置的前景色和背景色不同而进行不同程度的变化，从而喷绘出颜色各异的图形，同时设置“色相抖动”，是指在不同颜色的基础上同时产生不同色相的变化，从而使喷绘出的图形产生更多的颜色。设置“不透明度抖动”，是指要喷绘出不同透明度的图形。

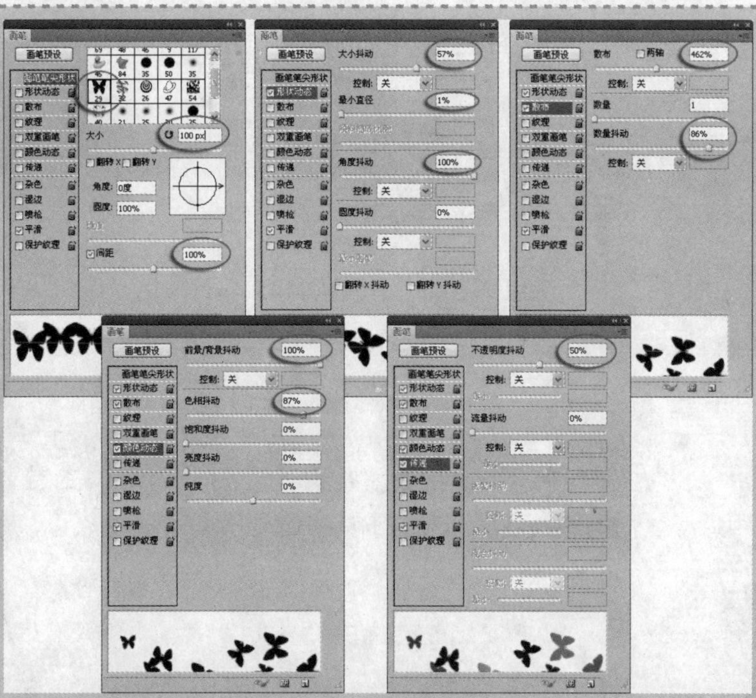

图5-161 设置的画笔选项参数

25 将前景色设置为红色（R:255、G:0、B:0），背景色设置为黄色（R:255、G:240、B:0），然后将鼠标光标移动到画面的边缘进行拖动，依次喷绘蝴蝶图形，效果如图5-162所示。

26 至此，大头贴制作完成，按Ctrl+S组合键将文件保存为“范例\第05章\大头贴.psd”。

图5-162 喷绘的蝴蝶效果

第6章

路径与矢量图形工具

在Photoshop中经常会利用路径工具绘制复杂的图形或选取图像，因此必须了解并熟练掌握这些工具的功能及使用方法。

通过本章的学习，您可以掌握以下知识点：

- 认识路径
- 钢笔工具组
- 路径选择工具组
- 路径面板
- 形状工具组
- 综合实战——绘制风筝
- 综合实战——设计咖啡海报

6.1 认识路径

路径是可以转化为选区或者使用颜色填充和描边的轮廓，是由一个或多个直线段或曲线段组成的，因此在路径上会有许多锚点（各线段之间的节点称为锚点），拖动这些锚点即可改变路径的形状。另外，路径是Photoshop提供的一种通过矢量绘图的方法绘制的形状，因此放大或缩小图像时，路径的边缘不会出现锯齿效果。

6.1.1 路径形态

路径的形态包括有起点和终点的开放式路径以及没有起点和终点的闭合式路径两种，如图6-1、图6-2所示。

图6-1 开放式路径

图6-2 闭合式路径

除了以上两种路径形态外，路径也可以由多个相互独立的路径组成，这些单个的路径称为子路径，如图6-3所示。

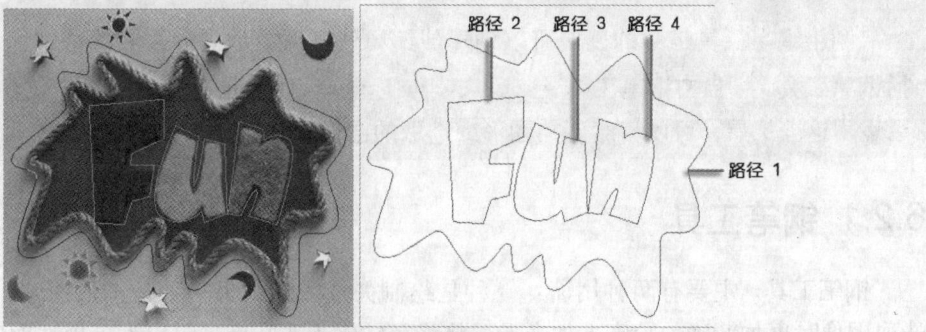

图6-3 各子路径组成的路径形态

6.1.2 锚点形态

锚点是用来连接路径的直线段和曲线段的，它分为平滑点和角点两种。平滑点的连接可以形成平滑的曲线，如图6-4所示；角点的连接可以形成直线，如图6-5所示；角点还可以创建锐角曲线，如图6-6所示。

曲线路径上的锚点有方向线和控制点，如图6-7所示。通过调整控制点的位置使方向线发生变化，从而可以调整曲线路径的形状。

图6-4 平滑点的连接

图6-5 角点的连接

图6-6 角点创建的锐角曲线

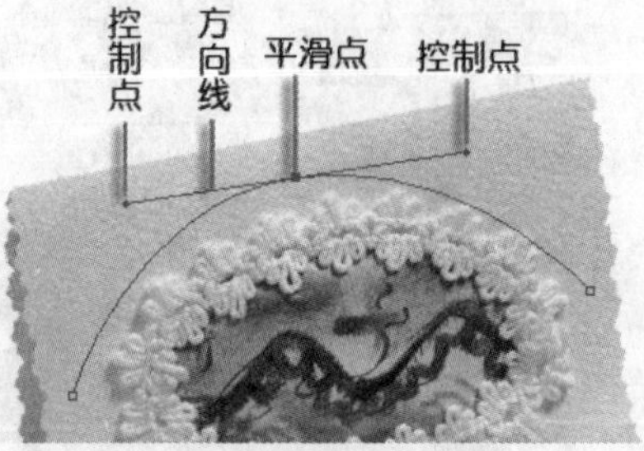

图6-7 方向线及控制点

6.2 钢笔工具组

利用钢笔工具组中的工具可以创建或编辑任意形状的矢量形状图形及路径，主要包括钢笔工具、自由钢笔工具、添加锚点工具、删除锚点工具和转换点工具。灵活运用这些工具，可以使绘制的图形或选取的图像更加精确。

6.2.1 钢笔工具

钢笔工具主要有两种用途：一种是绘制矢量图形；另一种是选取图像。用钢笔工具选取图像时更加精确，轮廓更加光滑，将路径转化为选区后就可以准确地选取图像了。

1. 绘制直线路径

利用钢笔工具绘制直线路径最为简单，选取工具，并激活选项栏中的按钮，然后在画面中单击鼠标创建第一个锚点，再将鼠标移到第二个锚点的位置单击即可创建一条直线路径，如果需要继续创建锚点则继续移动并单击鼠标即可。将光标移到起点位置，当光标变为时单击鼠标即可将路径闭合，如图6-8、图6-9、图6-10所示。在未闭合路径之前按住Ctrl键的同时在路径外单击鼠标，可创建开放路径。

图6-8 创建第一个锚点

图6-9 创建第二个锚点

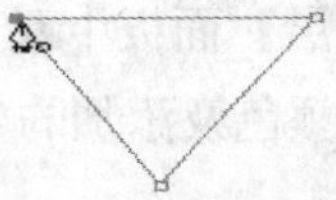

图6-10 闭合路径

专家提示

在绘制直线路径时要单击鼠标而不可以拖动鼠标，否则将会创建出曲线路径。按住Shift键可以绘制水平、垂直或45°角为增量的直线。

2. 绘制曲线路径

利用钢笔工具绘制曲线与绘制直线唯一不同的是，在绘制曲线时要拖动鼠标，如图6-11所示，即依次在画面中拖动鼠标即可创建出曲线路径。

3. 绘制锐角路径

在绘制曲线路径时，在要创建锐角的位置单击鼠标不进行拖动，即可创建锐角路径，如图6-12所示。

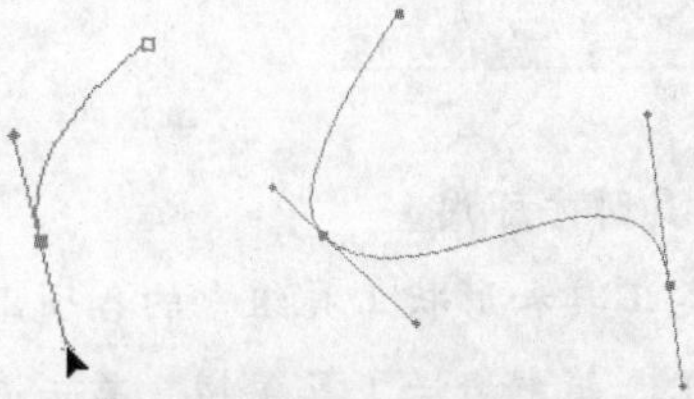

图6-11 创建出的曲线

图6-12 创建角点路径

专家提示

在绘制曲线路径时，按住Alt键的同时拖动鼠标可以调整方向线的方向，释放Alt键和鼠标，重新移动鼠标光标至合适的位置进行拖动，也可创建具有锐角的路径。

4. 钢笔工具的工具选项栏

如图6-13所示为钢笔工具的工具选项栏。

图6-13 钢笔工具的工具选项栏

- 形状图层：激活该按钮，可以利用钢笔工具创建出填充前景色的矢量形状图形，同时在【图层】面板中自动生成包括图层缩览图和矢量蒙版缩览图的形状层，并在【路径】面板中生成矢量蒙版，如图6-14所示。

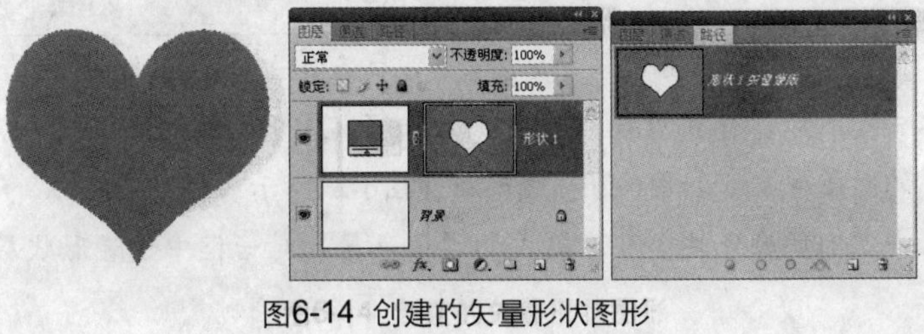

图6-14 创建的矢量形状图形

在【图层】面板中双击图层缩览图可以修改形状图形的填充颜色。当路径的形状调整后，填充的颜色及添加的效果会随之发生变化，如图6-15、图6-16所示。

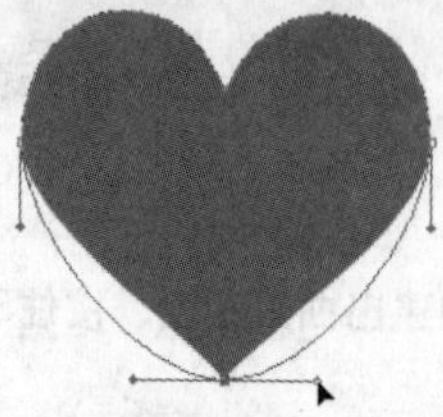
图6-15 调整形状图形时的状态

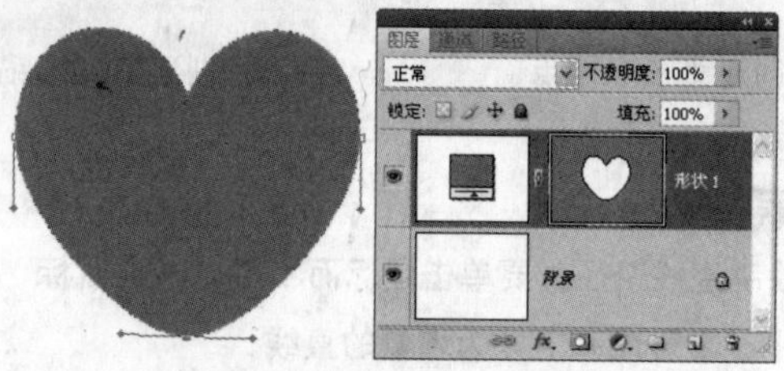

图6-16 调整形状图形后的效果

- 路径：激活该按钮，可以利用钢笔工具创建路径，此时在【图层】面板中不会生成新的图层，仅在【路径】面板中生成工作路径，如图6-17所示。

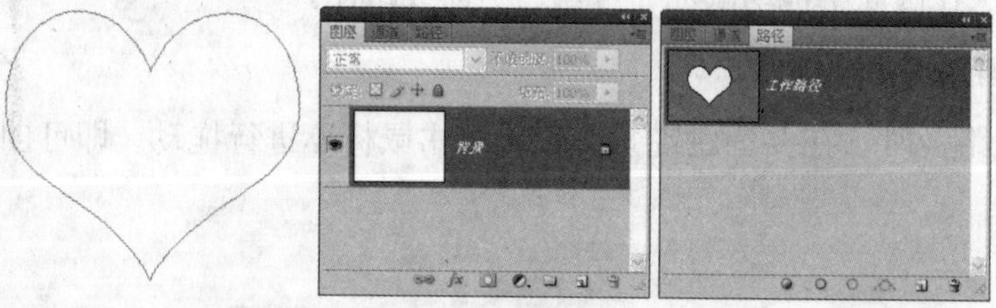

图6-17 创建的路径

- 填充像素：当前不可用，只有激活形状工具组中的工具时才可用。
- 各项工具选项：钢笔工具选项栏中的为钢笔工具和形状工具组中的各项工具。激活相应的按钮，即可将该按钮启用，相当于在工具箱中激活工具按钮。单击最右侧的按钮，将弹出相应工具的选项面板。注意，激活不同的工具按钮，弹出的面板选项也各不相同，具体将在各工具按钮中讲解。
- 按钮：单击此按钮将弹出如图6-18所示的选项面板，勾选“橡皮带”复选框后，在利用钢笔工具绘制路径时将显示鼠标移动的轨迹。

图6-18 钢笔选项面板

- 自动添加/删除：勾选该复选框后绘制路径时，在鼠标光标的右下脚将会出现“+”或“－”标志，表示在绘制的路径上单击鼠标可添加锚点；在锚点上单击鼠标可删除锚点。此功能相当于工具箱中的添加锚点工具和删除锚点工具。若取消勾选，则只能绘制路径，不能同时添加或删除锚点。
- 路径运算：激活各按钮，在绘制路径的同时可进行相应的运算，如相加、相减、相交和重叠除外等。

如激活选项栏中的按钮，选项栏还将显示样式等选项，如图6-19所示。

图6-19 钢笔工具的工具选项栏

- 样式：单击图标，弹出【样式】面板，选择其中的样式可以在形状层中快速应用系统中保存的图层样式，如图6-20、图6-21、图6-22所示。
- 颜色：单击右侧的颜色块，可在弹出的【拾色器】对话框中设置形状层的颜色。

图6-20 绘制的形状图形

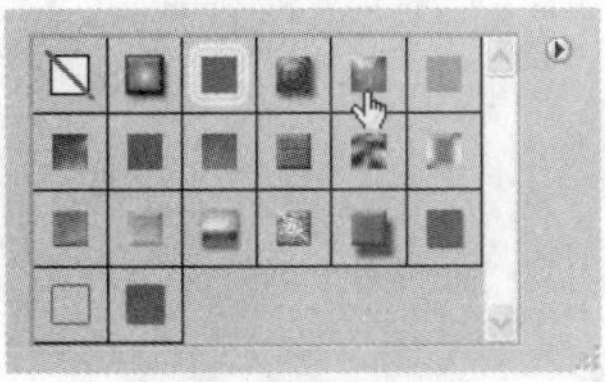
图6-21 选择的样式

图6-22 添加样式后的效果

6.2.2 自由钢笔工具

自由钢笔工具与平时用到的铅笔类似，是用来随意绘制图形的。使用时，只需在画面中拖动鼠标即可绘制出随意的路径，绘制的路径会自动添加锚点，如图6-23所示。

图6-23 自由钢笔工具绘制出的路径

单击选项栏中的按钮，将弹出如图6-24所示的选项面板。

- 曲线拟合：控制绘制路径对鼠标移动时的灵敏度。数值越小，路径上产生的锚点越多，路径形状越接近鼠标光标的移动轨迹。
- 磁性的：勾选该复选框，自由钢笔工具将具有磁性功能，可以像磁性套索工具一样自动查找不同颜色的边缘，如图6-25所示。

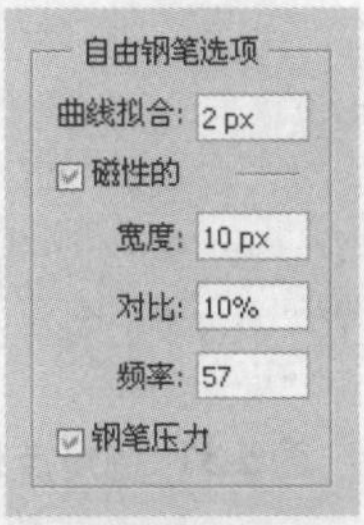

图6-24 【自由钢笔选项】面板

宽度、对比和频率分别用于控制产生磁性的宽度范围、查找颜色边缘的灵敏度和路径上产生锚点的密度。

- 钢笔压力：如果计算机外接了绘图板等绘画工具，勾选该复选框，将应用绘图板的压力更改钢笔的宽度，从而决定自由钢笔绘制路径的精确程度。

图6-25 绘制路径状态

6.2.3 添加锚点工具

选择添加锚点工具，然后在路径上单击鼠标，即可添加锚点，如图6-26、图6-27所示。如在路径上拖动鼠标，即可添加平滑节点，如图6-28所示。

图6-26 添加锚点

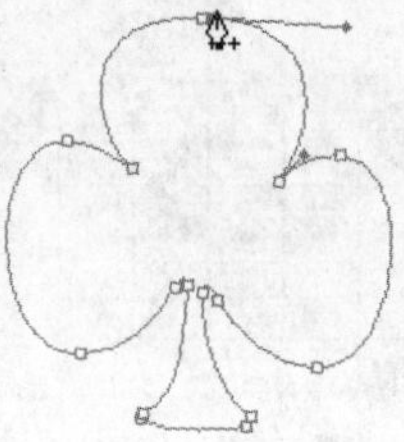

图6-27 添加锚点后的效果

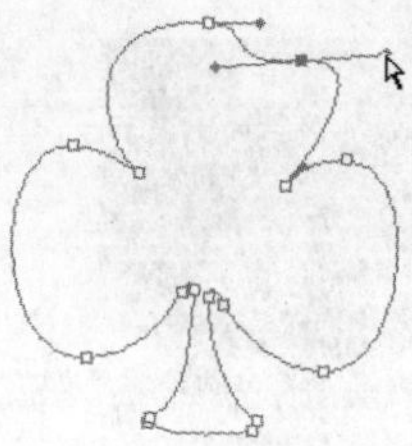

图6-28 创建平滑节点

6.2.4 删除锚点工具

选择删除锚点工具，在路径的锚点上单击鼠标，即可将锚点删除，如图6-29、图6-30所示。

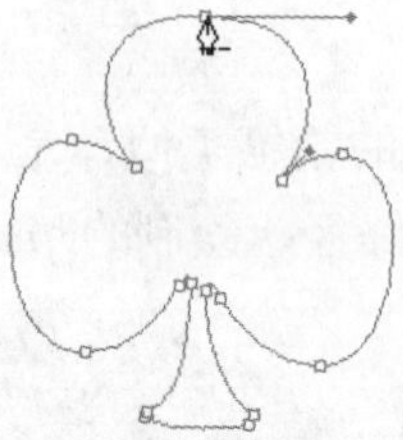

图6-29 选择删除的锚点

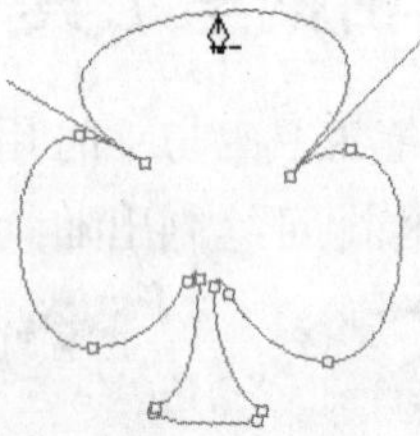

图6-30 删除锚点后的路径形状

6.2.5 转换点工具

利用转换点工具可以将锚点在平滑点和角点之间相互转化。选择工具后，如果在角点上鼠标拖动鼠标，则可以将锚点转化为平滑点，如图6-31所示；如果在平滑点上单击鼠标，则可以将锚点转化为角点，如图6-32所示。

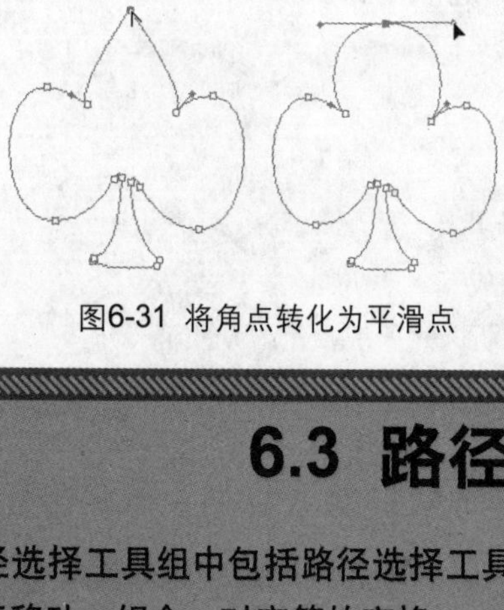

图6-31 将角点转化为平滑点

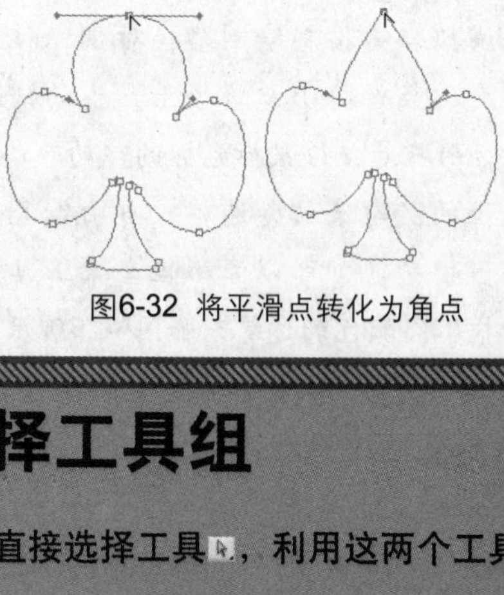

图6-32 将平滑点转化为角点

6.3 路径选择工具组

路径选择工具组中包括路径选择工具和直接选择工具，利用这两个工具可以对路径进行移动、组合、对齐等的变换。

6.3.1 路径选择工具

路径选择工具可以选择一个或多个路径，并对这些路径进行移动、组合、对齐、分布和变换等。

利用工具在需要选择的路径上单击鼠标，即可将其选择；当需要选择多个路径时，可以按住Shift键的同时逐个单击要选择的路径，也可以拖动鼠标绘制一个选框，将要选择的路径全部框选；当需要取消选择时，在空白处单击鼠标即可。如果在按住Alt键的同时拖动选择的路径，还可将其复制。

如图6-33所示为路径选择工具的工具选项栏。

图6-33 路径选择工具的工具选项栏

- 显示定界框：勾选该复选框时，选择的路径将会显示出定界框，拖动定界框的控制点即可对路径进行变形。
- 组合：激活相应的运算按钮，然后单击该按钮，可将选择的路径进行相加、相减、相交或反交运算。
- 对齐与分布选项按钮：用来将多个路径进行对齐与平均分布。该选项中按钮的功能和使用方法与移动工具选项栏中的按钮相同。

6.3.2 直接选择工具

使用直接选择工具可以方便地选取路径的锚点和路径段，通过调整选择锚点或路径段的位置，可以改变路径的形态。

1. 选择与移动单个锚点或路径段

在要选择的锚点或路径段上单击鼠标即可将其选择，选择后的锚点显示为黑色实心的方块，未选择的锚点为空心的方块。在选择的锚点或路径段上拖动鼠标，即可调整锚点或路径段的位置；按Delete键，可将该锚点或路径段删除。注意，在删除锚点时，同时也会将锚点两侧的路径段删掉。

2. 选择和移动多个锚点或路径段

如果要选择多个锚点或路径段，可拖动鼠标创建出选框进行框选，如图6-34所示。或者按住Shift键单击要选择的锚点或路径段即可。选择后，拖动鼠标，即可移动其位置。

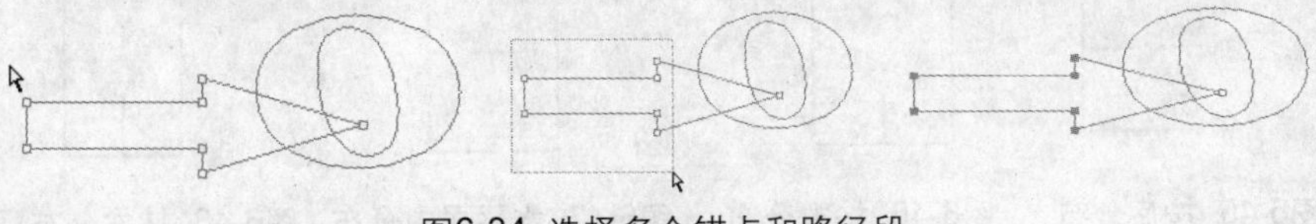

图6-34 选择多个锚点和路径段

6.3.3 对齐与分布路径

如果当前文件中有3个或3个以上的路径，则可以将路径进行对齐与分布。

1. 对齐路径

先选择要对齐的路径，然后单击对齐按钮即可将路径对齐。对齐按钮包括顶对齐、垂直居中对齐、底对齐、左对齐、水平居中对齐和右对齐，如图6-35~图6-41所示为单击不同的按钮显示的不同对齐结果。

图6-35 原路径

图6-36 顶对齐

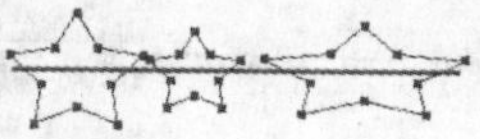

图6-37 水平居中对齐

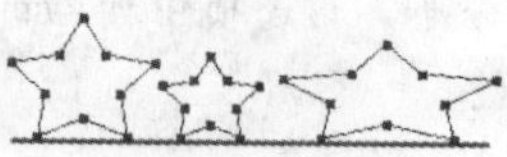

图6-38 底对齐

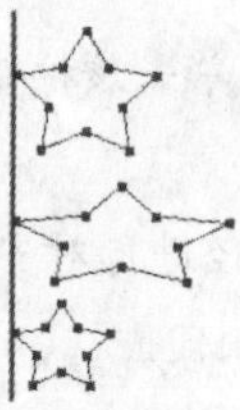

图6-39 左对齐

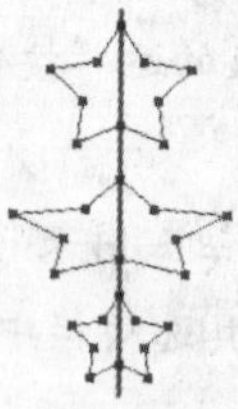

图6-40 垂直居中对齐

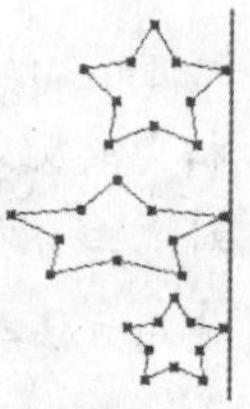

图6-41 右对齐

2. 分布路径

使用分布路径时至少要有3个或3个以上的路径，分布路径按钮包括按顶分布、垂直居中分布、按底分布、按左分布、水平居中分布和按右分布，如图6-42~图6-48所示为单击不同按钮时的分布效果。

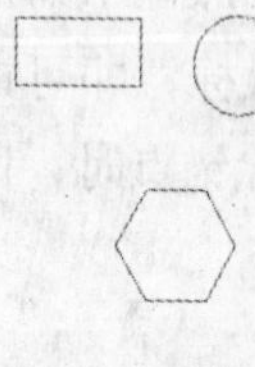

图6-42 原分布图

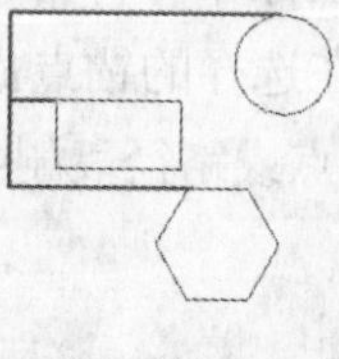

图6-43 按顶分布

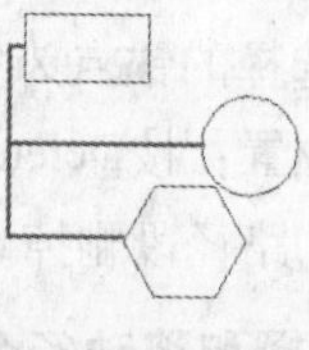

图6-44 垂直居中分布

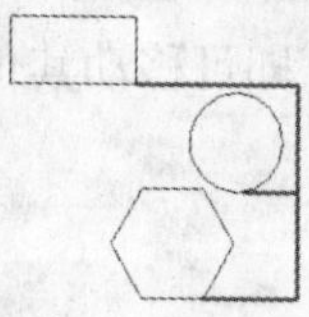

图6-45 按底分布

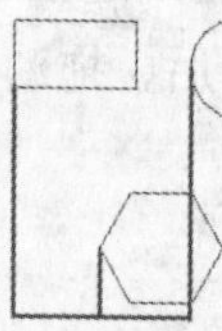

图6-46 按左分布

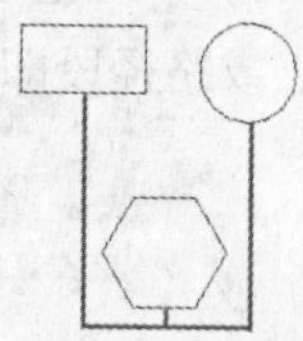

图6-47 水平居中分布

图6-48 按右分布

6.3.4 路径运算

路径的运算即将多个子路径进行相加、相减、相交和反交组合。

（1）添加到路径区域：将新建路径区域添加到原选区，如图6-49所示。

（2）从路径区域减去：将新建路径选区从原选区减去，如图6-50所示。

（3）交叉路径区域：将新建选区与原选区交叉，如图6-51所示。

（4）重叠路径区域除外：将两路径重叠的部分去掉，如图6-52所示。

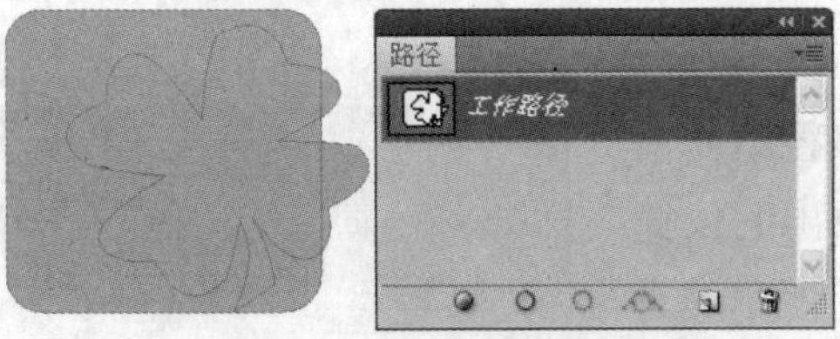

图6-49 添加到路径区域的效果

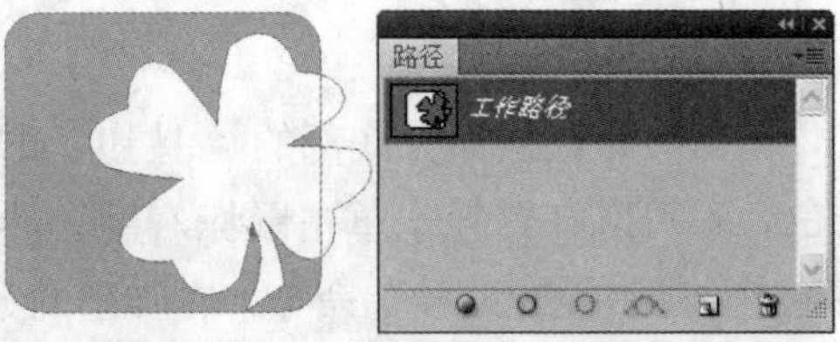

图6-50 从路径区域减去的效果

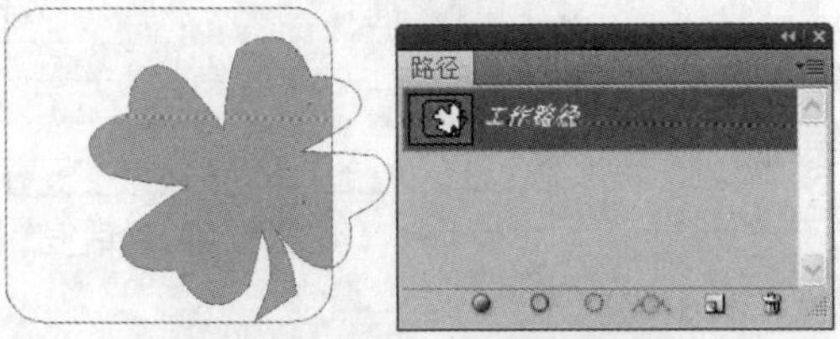

图6-51 交叉路径区域的效果

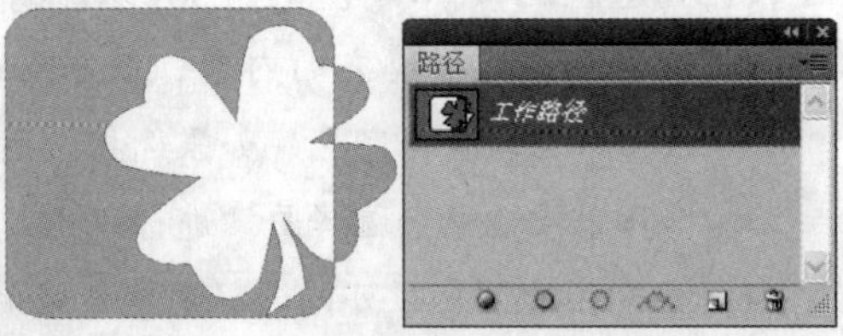

图6-52 重叠路径区域除外的效果

6.4 路径面板

【路径】面板中显示了每条路径的信息，它用来保存和管理路径，接下来将讲解【路径】面板中的各项功能与信息。

6.4.1 认识路径面板

执行“窗口｜路径”命令即可打开【路径】面板，路径面板中显示的各项信息以及【路径】面板的面板菜单如图6-53所示。

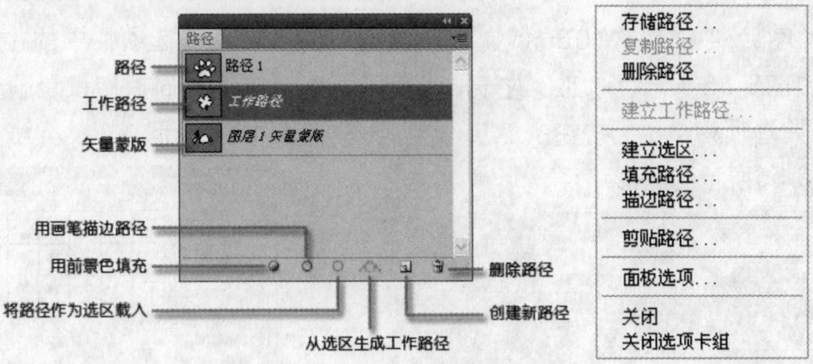

图6-53 【路径】面板及面板菜单

- 路径/工作路径/矢量蒙版：显示当前文件中包含的所有路径，包括临时路径和矢量蒙版。
- 用前景色填充路径：用前景色填充当前路径。
- 用画笔描边路径：用画笔工具对路径进行描边。
- 将路径作为选区载入：可以将路径转化为选区。
- 从选区生成工作路径：将当前选区转化为工作路径。
- 创建新路径：创建新的路径。
- 删除路径：将当前的路径删除。

6.4.2 填充路径

单击【路径】面板底部的按钮，即可为路径填充前景色，也可以在路径上单击鼠标右键，然后在弹出的快捷菜单中选择“填充路径”命令，在弹出的如图6-54所示的对话框中可以选择填充的内容和混合模式等选项。还可以将路径转化为选区后按照填充颜色的方法进行填充。

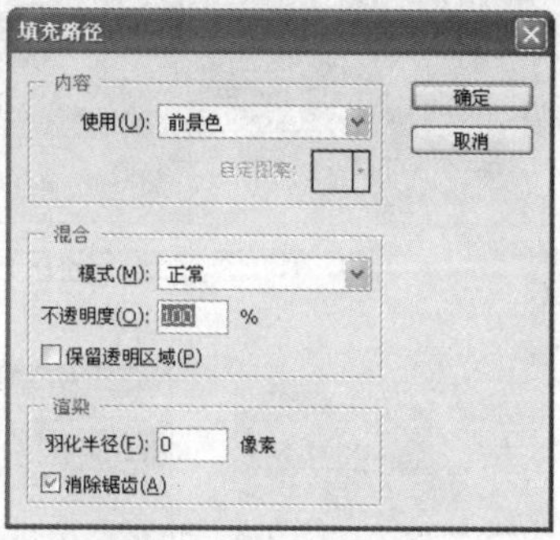

图6-54 【填充路径】对话框

- 使用：可选择填充的内容，如前景色、背景色、黑色、白色或其他颜色。如果选择“图案”选项，则可以在图案选框中选择图案进行填充。
- 模式/不透明度：可以选择填充效果的混合模式和不透明度。
- 保留透明区域：勾选该复选框，在填充时将只填充包含像素的区域。
- 羽化半径：可以将填充的区域进行羽化设置。
- 消除锯齿：勾选该复选框，可以在选区的像素与像素之间创建精细的过渡。

6.4.3 描绘路径

描绘路径即用画笔、铅笔、橡皮擦等工具对路径进行描绘，在对路径进行描绘之前应该先将使用的描绘工具设置好。下面以具体的实例来进行讲解。

实战演练017——描绘路径

1 打开素材图片“素材\第06章\人物.jpg”，如图6-55所示。选取工具，并单击工具选项栏中的按钮，然后绘制出如图6-56所示的矩形路径。

图6-55 打开的图片

图6-56 绘制的矩形路径

2 接下来进行画笔的设置，选取工具，并单击工具选项栏中的按钮，在弹出的【画笔】面板中设置画笔选项参数，如图6-57所示。

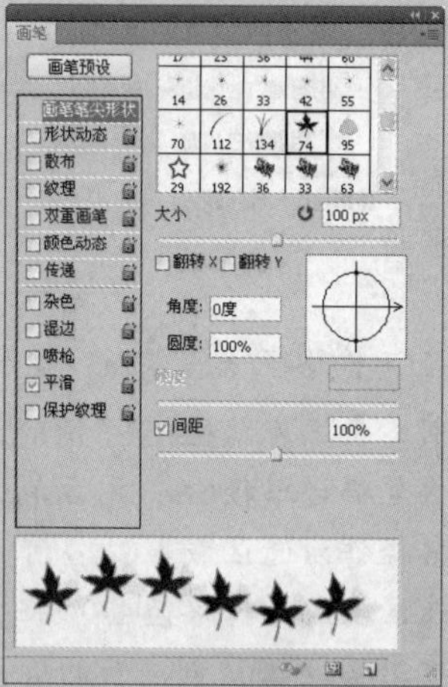

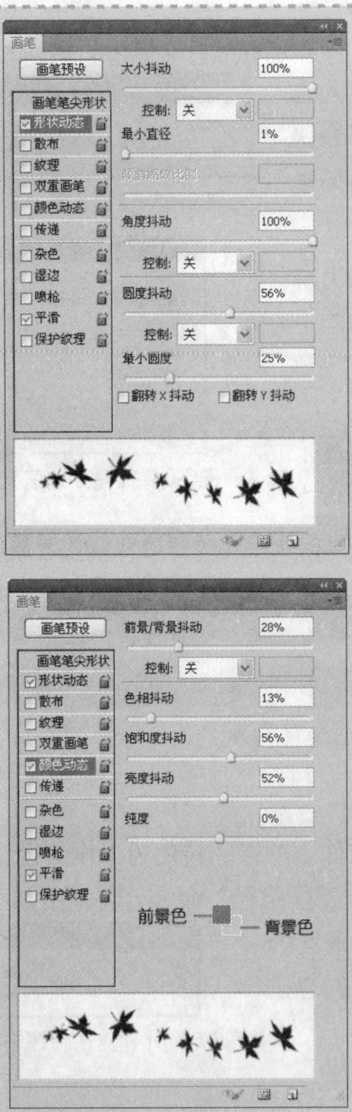

图6-57 设置的画笔选项参数

3 新建图层。然后将【路径】面板调出，并单击下方的按钮，用设置的画笔对路径进行描绘，效果如图6-58所示。

每单击一次按钮，即可对路径描绘一次边缘。由于画笔设置了随机性的“形状动态”和“颜色动态”选项，因此每单击一次按钮，都将描绘不同效果的边缘。在【路径】面板的空白处单击鼠标，即可将路径隐藏，多次单击按钮后的效果如图6-59所示。

图6-58 描绘的边缘

图6-59 多次描绘后的效果

4 保存文件为“范例\第06章\描绘路径.psd”。

将“背景”图层设置为工作层，依次激活工具箱中的涂抹工具、图案图章工具和橡皮擦工具，并设置合适的选项参数后，对路径进行描绘后的效果分别如图6-60、图6-61、图6-62所示。

图6-60 利用涂抹工具描绘的效果

图6-61 利用图案图章工具描绘的效果

图6-62 利用橡皮擦工具描绘的效果

专家提示

选取工具，然后在路径上单击鼠标右键，在弹出的快捷菜单中选择“描边路径”命令，或在面板菜单中选择“描边路径”命令，在弹出的如图6-63所示的对话框中选择要描绘路径的工具，单击 确定 按钮，也可用设置的工具对路径进行描绘。

6.4.4 路径转化为选区

图6-63 【描边路径】对话框

单击【路径】面板底部的按钮即可将路径转化为选区，或按Ctrl+Enter组合键。除这两种方法外，还可以在快捷菜单和面板菜单中的“建立选区”命令将路径转换为选区，且可以直接转换为带有羽化的选区。

在路径上单击鼠标右键，然后在弹出的快捷菜单中选择“建立选区”命令，或在面板菜单中选择“建立选区”命令，将弹出如图6-64所示的对话框。

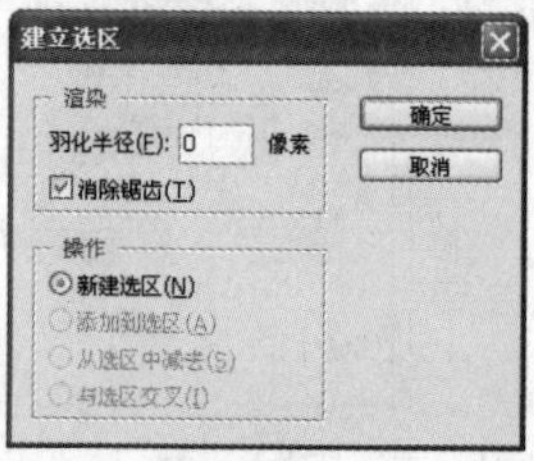

图6-64 【建立选区】对话框

- 羽化半径：用于设置选区的羽化程度。
- 操作：如当前文件中有选区存在，其下的各选项才可用。选择“新建选区”单选按钮，可用转换的选区替换图像中的选区；选择“添加到选区”单选按钮，可将转换的选区与图像中的选区相加，得到新的选区；选择“从选区中减去”单选按钮，可将转换的选区在原选区中减去，得到新的选区；选择“与选区交叉”单选按钮，可将转换的选区与原选区的相交部分定义为新的选区。

6.4.5 选区转化为路径

单击【路径】面板底部的按钮，即可将当前文件中的选区转化为工作路径。如按住Alt键的同时单击按钮，或在面板菜单中选择“建立工作路径”命令，将弹出如图6-65所示的对话框。设置“容差”值，可设置转换路径与原选区的相似程度，数值越小，转换后的路径与原选区越相似，容差值的取值范围为0.5～10像素。

图6-65 【建立工作路径】对话框

6.4.6 新建路径

单击【路径】面板底部的按钮即可创建出新的路径，当需要在新建路径的同时为路径命名，则需按住Alt键的同时单击按钮，然后在弹出的如图6-66所示的对话框中为路径命名即可。

图6-66 【新建路径】对话框

6.4.7 删除路径

在【路径】面板中选择需要删除的路径，然后单击【路径】面板底部的按钮，在弹出的对话框中单击 是(Y) 按钮即可将路径删除；也可以将要删除的路径拖动到按钮上将其删除；还可以用路径选择工具将路径选取后按Delete键删除。

6.4.8 存储路径

默认情况下，利用钢笔工具绘制的路径是以“工作路径”的形式存在的。工作路径是临时路径，如果取消其选择状态，再次绘制路径时，新路径将自动取代原来的工作路径。如果工作路径在后面的绘图过程中还要使用，应该保存路径以免丢失。

存储工作路径有以下两种方法：

- 在【路径】面板中，将要保存的工作路径拖动到面板底部的按钮上，释放鼠标后，即可将其以“路径 1”为名称保存。
- 选择要存储的工作路径，然后在面板菜单中选择“存储路径”命令，弹出【存储路径】对话框，设置路径要保存的名称后，单击确定按钮，即可将工作路径按指定的名称存储。

专家提示

在绘制路径之前，单击【路径】面板底部的按钮，创建一个新路径，然后利用钢笔工具绘制路径，即可将绘制的路径存储在新建的路径层中。

6.4.9 复制路径

复制路径有很多种方法，具体操作分别如下：

1. 通过【路径】面板复制

将已经存储的路径拖到【路径】面板底部的按钮上即可将路径复制，如果要为复制的路径重新命名，则可以双击该路径，然后输入路径的名称即可；也可以在面板菜单中选择“复制路径”命令，然后在弹出的【复制路径】对话框中将路径进行命名，再单击确定按钮也可将路径复制。

2. 通过剪贴板复制

选取工具，将路径选取后，执行“编辑 | 拷贝”命令（或按Ctrl+C组合键）将路径复制到剪贴板中，然后执行“编辑 | 粘贴”命令（或按Ctrl+V组合键）即可将路径粘贴，还可以将其粘贴到其他的图像文件中。

3. 在不同文件中复制

在【路径】面板中拖动要复制的路径到新建的文件中，即可将路径复制到新文件中，同时新文件会变为工作状态。

6.4.10 选择与隐藏路径

如果当前图像文件中有很多个路径层，单击【路径】面板中的某个路径层，即可将其设置为当前工作路径。在【路径】面板的空白处单击鼠标，即可将路径隐藏。

专家提示

反复按Ctrl+H组合键可将路径显示或隐藏，如当前文件中同时有选区、切片或辅助线等，反复按Ctrl+H组合键将会同时显示或隐藏。

6.4.11 将路径输出到矢量软件

当需要将Photoshop中的路径转到Illustrator软件中时，就需要用到“文件 | 导出 | 路径到Illustrator”命令。执行此命令，即可完成路径的输出，具体操作如下。

实战演练018——将路径输出到矢量软件

1 打开素材图片“素材\第06章\图案.jpg”，如图6-67所示。

2 选取工具，在图案中的黑色区域内单击鼠标，添加如图6-68所示的选区。

图6-67 打开的图案

图6-68 创建的选区

3 将【路径】面板调出，然后在面板菜单中选择“建立工作路径”命令，在弹出的【建立工作路径】对话框中设置参数，如图6-69所示。

图6-69 设置容差参数

4 单击 确定 按钮，将选区转换为工作路径，如图6-70所示。

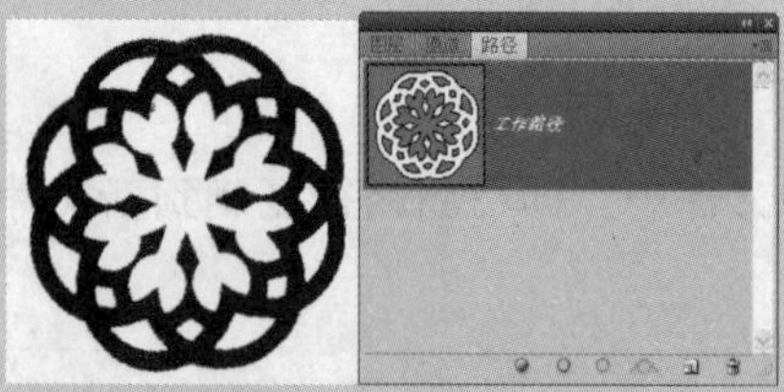

图6-70 建立的工作路径

5 执行“文件 | 导出 | 路径到Illustrator”命令，在弹出的如图6-71所示的对话框中为路径命名，然后单击 保存(S) 按钮即可。

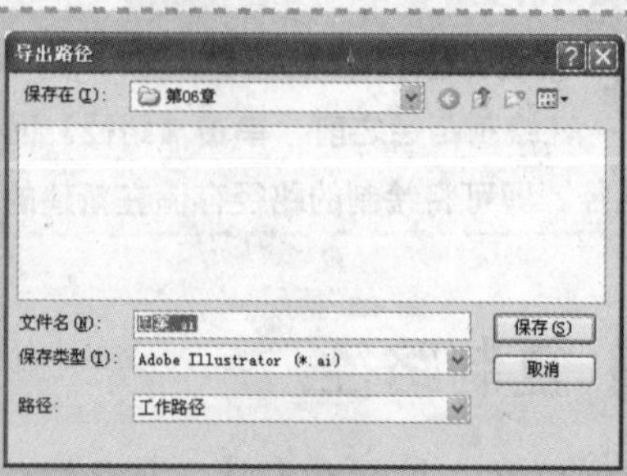

图6-71 【导出路径】对话框

启动Illustrator软件，将导出的“图案.ai”文件打开，利用工具框选文件，即可显示如图6-72所示的路径。分别选择各路径可为其填充不同的颜色，如图6-73所示。

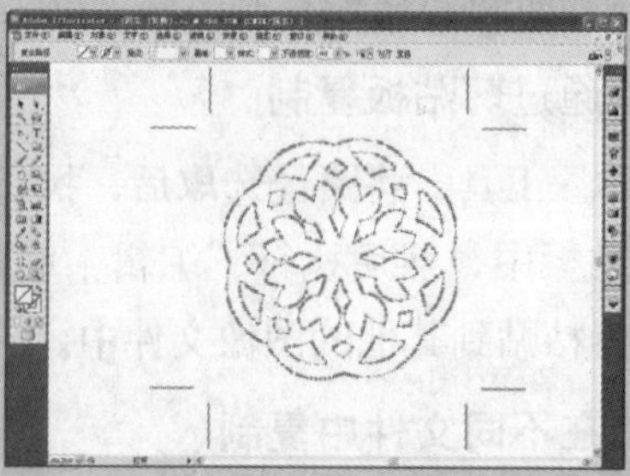

图6-72 显示的路径

图6-73 填充颜色后的效果

6.5 形状工具组

形状工具组中的工具包含了常用的一些基本形状和自定义的图形，根据Photoshop提供的这些图形可以方便地绘制所需要的基本形状和图形，在这一节中将详细讲解形状工具组中的各项工具。

形状工具组中各工具的选项栏与钢笔工具的工具选项栏相同，只是选择各形状工具时，选项栏中的□按钮变得可用。激活□按钮，可以在当前图层上绘制栅格化图形（图形的颜色为前景色）。由于不能创建矢量图形，因此【路径】面板中没有路径生成，如图6-74所示。

图6-74 绘制图形后的【路径】面板和【图层】面板

6.5.1 矩形工具

矩形工具■用来绘制矩形和正方形，按住Shift键的同时拖动鼠标可以绘制正方形，按住Alt键的同时拖动鼠标，可以以光标所在位置为中心绘制矩形，按住Shift+Alt组合键的同时拖动鼠标可以以光标所在位置为中心绘制正方形。在工具选项栏中单击▾按钮，可打开如图6-75所示的选项面板，在面板中可以选择绘制矩形时的方法。

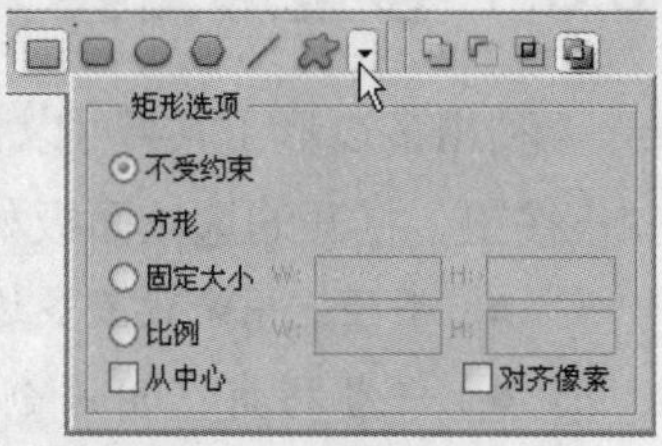

图6-75 矩形选项面板

- 不受约束：选择该单选按钮时，可以绘制任意大小的矩形和正方形。
- 方形：选择该单选按钮时，只能绘制任意大小的正方形。
- 固定大小：选择该单选按钮时，该项后面的文本框将被激活，输入数值后，将按此数值进行绘制矩形。
- 比例：选择该单选按钮，并在此项后面的文本框中输入数值，此后无论创建多大的矩形都将会按照此比例进行绘制。
- 从中心：选择该单选按钮时，无论以任何方式绘制矩形，都将以光标所在位置为矩形的中心向外扩展绘制矩形。
- 对齐像素：选择该单选按钮时，矩形的边缘将与像素重合，图形的边缘不会出现锯齿，取消勾选时会出现模糊的现象，如图6-76、图6-77所示。

图6-76 取消勾选“对齐像素”时的效果

图6-77 勾选“对齐像素”时的效果

6.5.2 圆角矩形工具

圆角矩形工具是用来创建圆角矩形的，它的使用方法以及选项与矩形工具一样，不同的是，圆角矩形有“半径”选项，用来设置圆角的半径，该值越高，圆角越大，如图6-78、图6-79所示。

图6-78 “半径”为10px时的效果

图6-79 “半径”为50px时的效果

6.5.3 椭圆工具

椭圆工具是用来创建椭圆形和圆形的，其工具选项栏与矩形工具的一样，利用椭圆工具即可创建规则的圆形，也可以创建不受约束的椭圆形。

6.5.4 多边形工具

利用多边形工具可以创建多边形和星形，在其工具选项栏中单击按钮，打开的选项面板如图6-80所示。

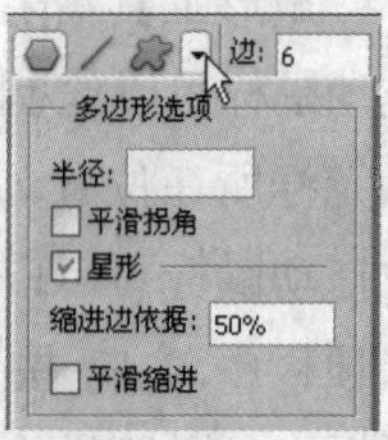

图6-80 多边形选项面板

- 半径：用来设置多边形或星形的半径。
- 平滑拐角：用来创建具有平滑拐角的多边形和星形，如图6-81、图6-82所示为勾选该选项与取消勾选时的多边形和星形的效果。

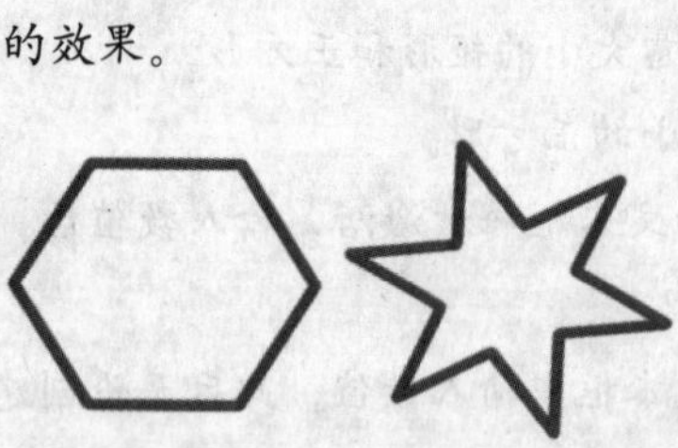

图6-81 取消勾选时的多边形和星形的效果

图6-82 勾选时的多边形和星形的效果

- 星形：勾选该复选框时可以创建星形，在“缩进边依据”选项中可以设置星形的边缘向中心缩进的数量，该值越高，缩进量就越大，如图6-83、图6-84所示；勾选“平滑缩进”复选框时，可以使星形的边平滑缩进，如图6-85所示。

图6-83 “缩进边依据”为50%的效果　图6-84 “缩进边依据”为80%的效果　图6-85 勾选“平滑缩进”时的效果

6.5.5 直线工具

直线工具是用来创建直线和带箭头线段的，按住Shift键的同时拖动鼠标可以创建水平、垂直或45° 角为增量的直线。单击工具选项栏中的按钮，打开的选项面板如图6-86所示，在其中可以设置直线的粗细，也可以设置箭头的大小与方向。

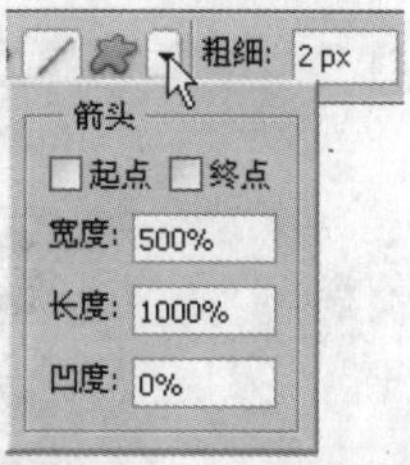

图6-86 直线工具的选项面板

- 起点/终点：勾选“起点”复选框时在箭头的起点添加箭头，勾选“终点”复选框时在箭头的终点添加箭头，当两个复选框时，则会绘制出双向箭头，如图6-87、图6-88、图6-89所示。

图6-87 勾选“起点”时的效果　图6-88 勾选“终点”时的效果　图6-89 勾选两项时的效果

- 宽度：该项用来设置箭头宽度与直线的百分比，如图6-90、图6-91所示为相同长度不同宽度时箭头的形态。

图6-90 宽度为200%时的效果　图6-91 宽度为500%时的效果

- 长度：该项用来设置箭头长度与直线宽度的百分比，如图6-92、图6-93所示为相同宽度不同长度时的效果。

图6-92 长度为200%时的效果　图6-93 长度为1000%时的效果

- 凹度：该项用来设置箭头的凹陷程度，如图6-94、图6-95、图6-96所示为不同凹度时的效果。

图6-94 凹度为－50%时的效果　图6-95 凹度为0%时的效果　图6-96 凹度为50%时的效果

6.5.6 自定形状工具

在自定形状工具中有许多Photoshop自带的形状，选择该工具后，单击按钮即可打开如图6-97所示的选项面板，其用法与矩形工具的选项相同；单击工具选项栏中的“形状”后的按钮，即可打开如图6-98所示的形状库。

在形状库中选择需要的形状，然后在画布中拖动鼠标，即可绘制出选择的形状图形。

单击形状库右上角的按钮，在弹出的面板菜单中选择“全部”命令，在弹出的Adobe Photoshop对话框中单击确定按钮，即可显示系统中存储的全部图形，如图6-99所示。

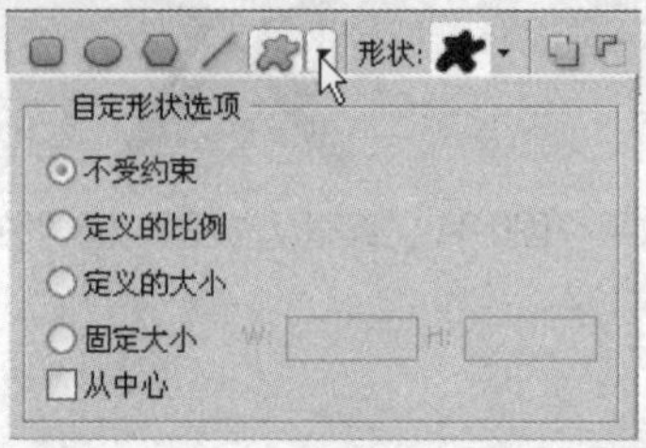

图6-97 自定形状工具的选项面板

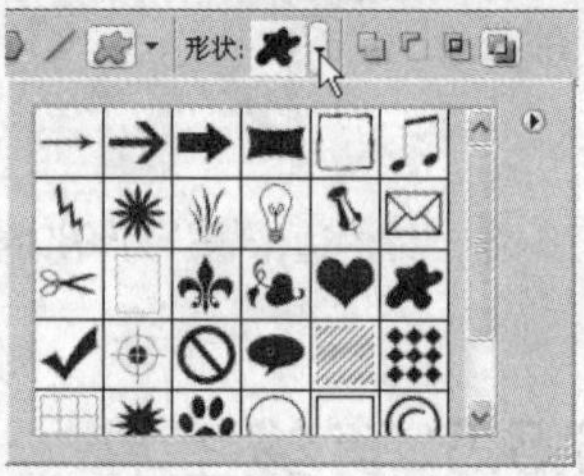

图6-98 自定形状工具的形状库

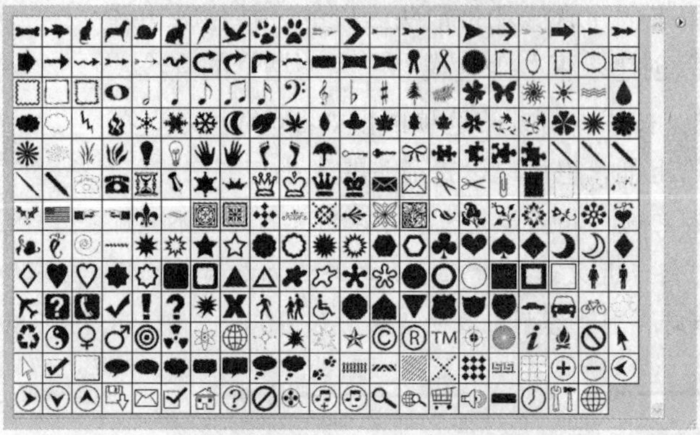
图6-99 显示的全部形状图形

6.5.7 定义自定形状

在自定形状工具组中，除了用预设的的形状外，还可以自定义形状，具体操作如下。

实战演练019 —— 定义自定形状

1 新建文件，选取工具，依次绘制出如图6-100所示的3个圆形路径。

图6-100 绘制的路径

2 执行“编辑｜定义自定形状”命令，弹出如图6-101所示的对话框，在对话框中可以对路径进行命名。

图6-101 【球状名称】对话框

3 单击确定按钮，即可将路径定义为自定形状，打开自定形状库即可找到定义的形状，如图6-102所示。

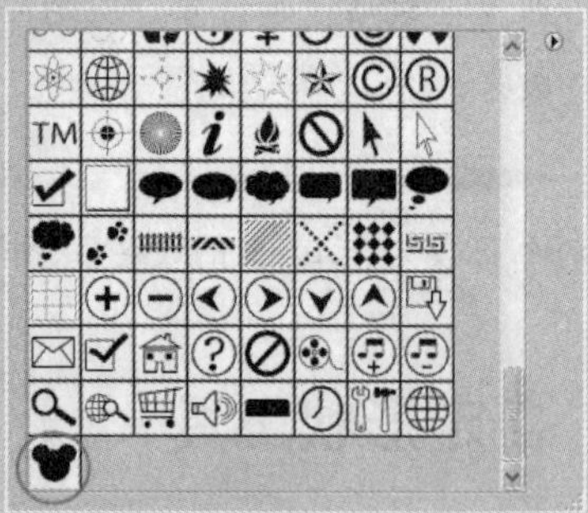
图6-102 显示出的自定形状

6.5.8 栅格化形状

利用钢笔工具或者形状工具组中的工具绘制形状图形后，执行“图层｜栅格化｜形状”命令，或在“形状层”中单击鼠标右键，在弹出的快捷菜单中选择“栅格化图层”命令，即可将形状层进行栅格化，使其转换为普通层。注意，将形状层栅格化为普通层后，形状层就不再具有路径的特性。栅格化之前、之后的形状和【图层】面板如图6-103、图6-104所示。

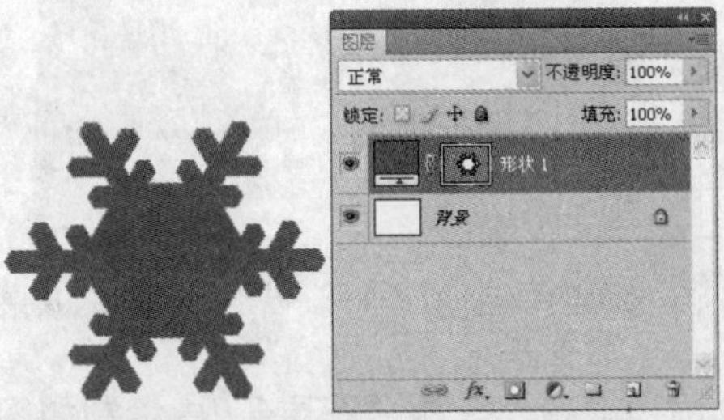

图6-103 栅格化之前的形状和【图层】面板

图6-104 栅格化之后的形状和【图层】面板

6.6 综合实战——绘制风筝

路径工具的主要功能就是绘制精确的选区。可以用它来选取图像，也可以用于绘制图形。下面主要以绘制风筝为例来详细讲解路径工具的应用。绘制的风筝效果如图6-105所示。

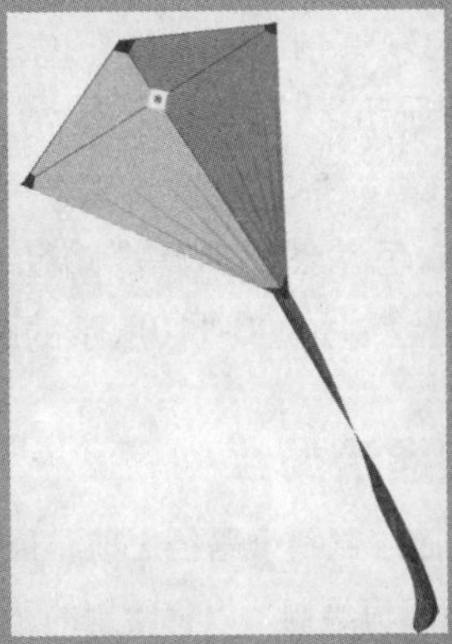
图6-105 绘制的风筝

实战演练020 —— 绘制风筝

1 新建宽度为12厘米，高度为16厘米，分辨率为200像素/英寸的白色文件。

2 将【路径】面板调出，单击按钮新建“路径 1”，然后选取工具，并单击选项栏中的按钮，再在画面中依次单击鼠标，绘制如图6-106所示的路径。

图6-106 绘制的路径

3 按Ctrl+Enter组合键将路径转换为选区，效果如图6-107所示。

4 在【图层】面板中新建“图层1”，然后为选区填充洋红色（R:255、G:66、B:170），再按Ctrl+D组合键去除选区。

5 新建“路径 2”，然后利用工具在画面中绘制如图6-108所示的路径。

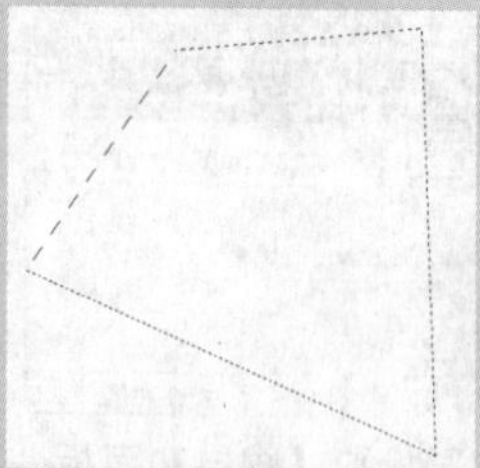

图6-107 添加的选区

图6-108 绘制的路径

6 按Ctrl+Enter组合键将路径转换为选区，然后新建“图层2”，并为选区填充黄绿色（R:210、G:214、B:72）。

7 按Ctrl+D组合键去除选区，图形效果如图6-109所示。

8 按D键，将前景色设置为黑色，背景色设置为白色。然后新建“路径3”，利用工具绘制如图6-110所示的路径。

专家提示

在下面绘制每个路径之前，最好新建一个路径层再绘制，以将绘制的路径保存，后面相似的情况下将不再提示。

图6-109 绘制的黄绿色图形

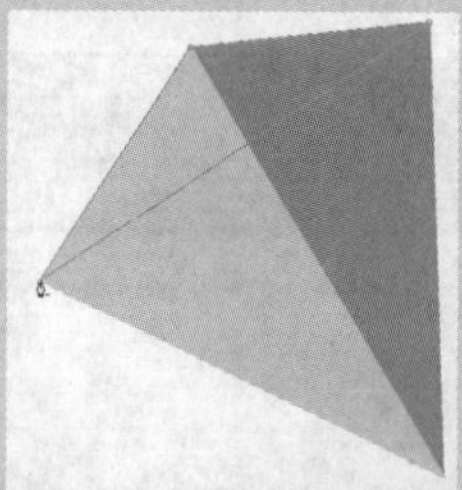

图6-110 绘制的路径

9 选取工具，在选项栏中单击按钮，在弹出的面板中设置画笔工具的各项参数，如图6-111所示。

10 新建“图层 3”，然后打开【路径】面板，单击按钮描绘路径，单击【路径】面板的空白处隐藏路径，图形效果如图6-112所示。

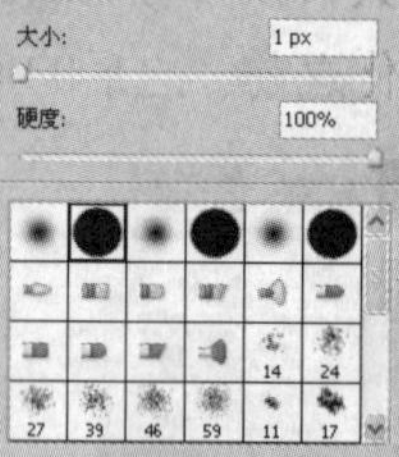

图6-111 设置的画笔工具参数

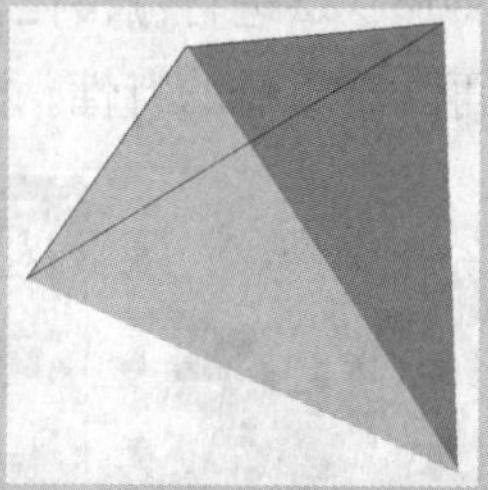

图6-112 描绘路径后的效果

11 同理，在新建的“图层4”中绘制如图6-113所示的黑色直线。

12 继续利用工具绘制出如图6-114所示的路径。

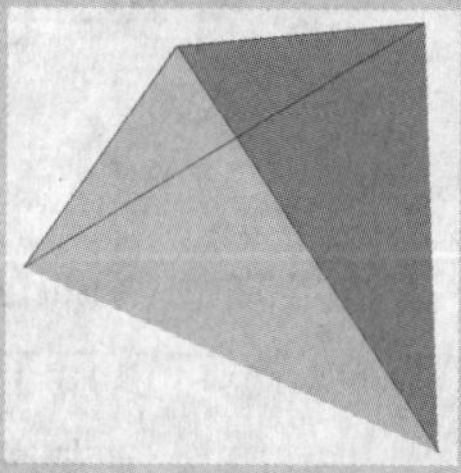

图6-113 绘制的黑色直线

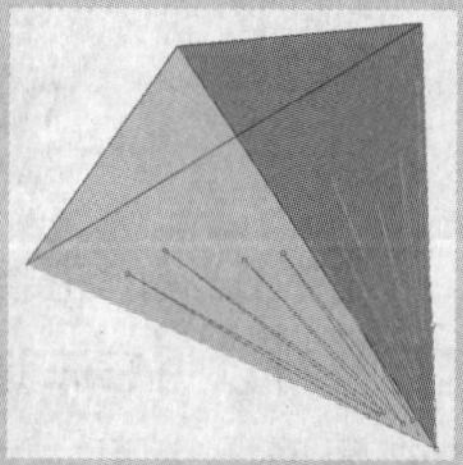

图6-114 绘制的路径

13 按Ctrl+Enter组合键将路径转换为选区，然后新建“图层5”，并为选区填充蓝黑色（R:17、G:44、B:77），按Ctrl+D组合键去除选区，图形效果如图6-115所示。

14 在【图层】面板中，将“图层5”的“不透明度”设置为20%，图形效果如图6-116所示。

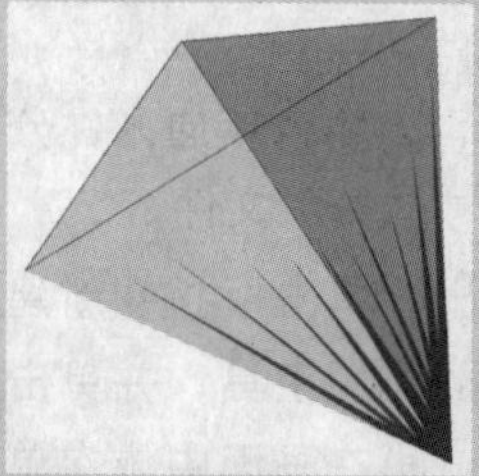

图6-115 填充前景色后的效果

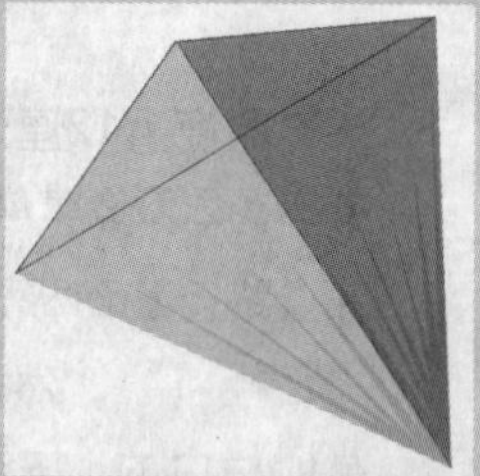

图6-116 降低不透明度后的图形效果

15 利用工具绘制出如图6-117所示的路径，然后将路径转换为选区，并在新建的“图层6”中为选区填充白色，去除选区后的效果如图6-118所示。

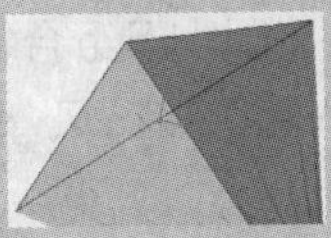
图6-117 绘制路径

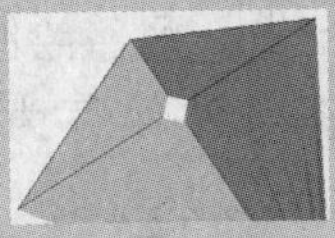
图6-118 填充前景色后的图形效果

16 选取工具，在画面中绘制如图6-119所示的圆形选区。

17 按Delete键删除选区内的颜色，删除选区后的效果如图6-120所示。

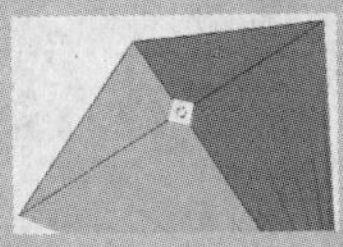
图6-119 绘制的选区

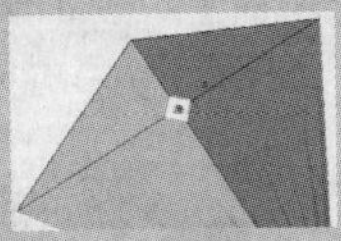
图6-120 删除选区后的效果

18 再次选取工具，并单击选项栏中的按钮，然后在画面中依次绘制如图6-121所示的路径。

19 将路径转换为选区，然后在新建的“图层7”中为选区填充深蓝色（R:27、G:20、B:100），按Ctrl+D组合键去除选区，图形效果如图6-122所示。

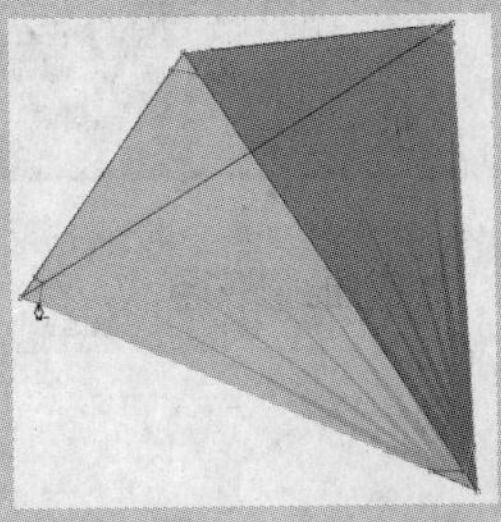
图6-121 绘制路径

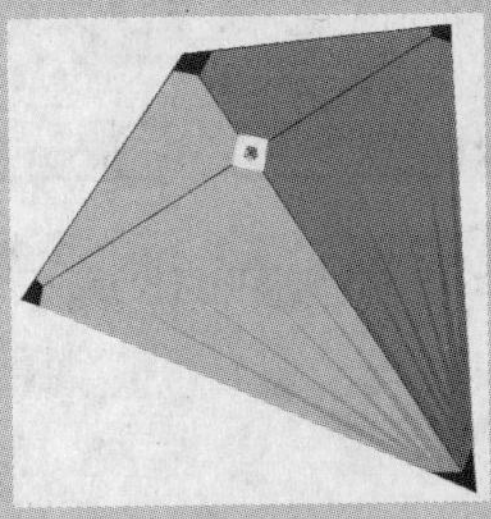
图6-122 填充颜色后的图形效果

20 新建路径层，利用工具绘制柔和的路径，然后利用工具进行细部调整，最终效果如图6-123所示。

21 将路径转换为选区，然后在新建的“图层 8”中为选区填充紫色（R:114、G:62、B:195），去除选区后的效果如图6-124所示。

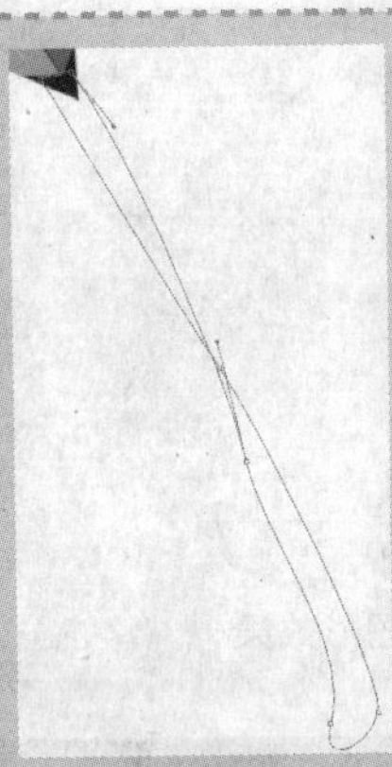
图6-123 绘制的路径

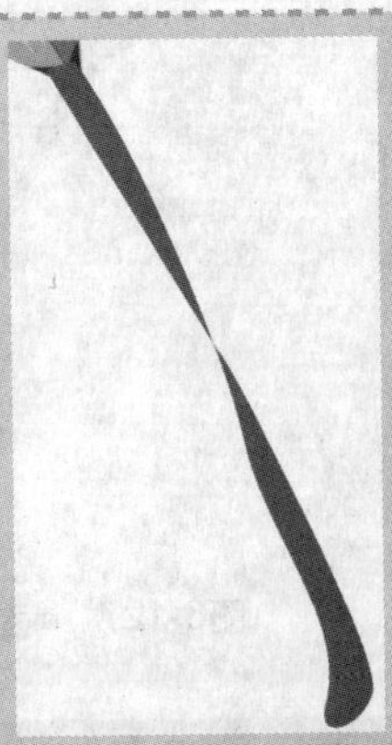
图6-124 填充颜色后的效果

22 选取工具，根据“图层 8”中的图形绘制如图6-125所示的路径，然后按Ctrl+Enter组合键将路径转换为选区。

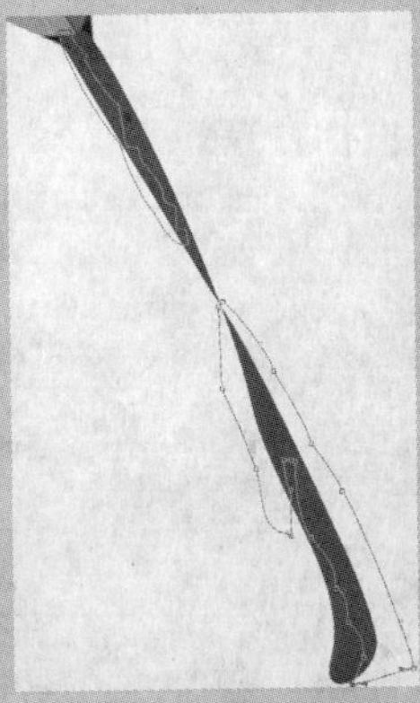
图6-125 绘制的路径

23 按Ctrl+U组合键，在弹出的【色相/饱和度】对话框中设置参数，如图6-126所示。单击确定按钮，选区内图形调整颜色后的效果如图6-127所示。

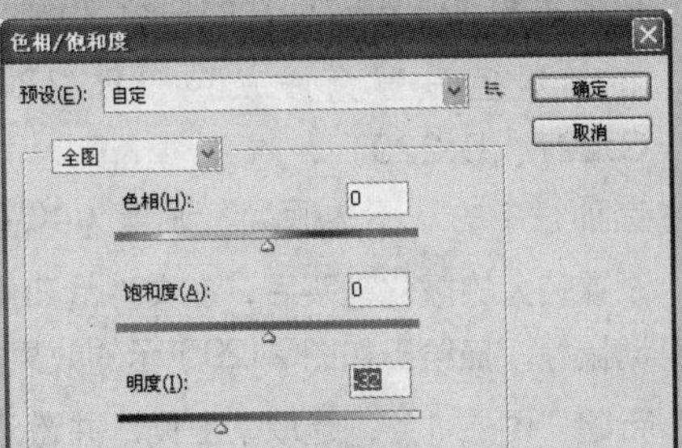

图6-126 设置色相/饱和度参数

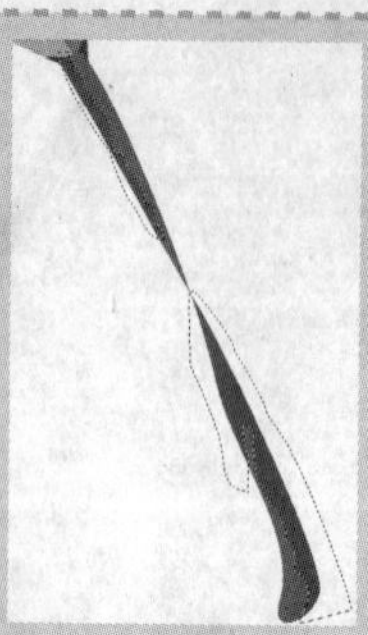

图6-127 调整后的图形效果

24 按Ctrl+D组合键去除选区，然后执行“图层｜排列｜置为底层”命令，将“图层8”调整到“图层 1”的下方、背景图层的上方。

25 至此，风筝绘制完成，按Ctrl+S组合键将文件保存为“范例\第06章\风筝.psd”。

6.7 综合实战——设计咖啡海报

本节灵活运用路径及形状工具来设计如图6-128所示的咖啡海报。

图6-128 设计的咖啡海报

实战演练021 —— 设计咖啡海报

1 新建宽度为29.7厘米，高度为21厘米，分辨率为300像素/英寸的白色文件。

2 将前景色设置为浅灰色（R:226、G:227、B:229），选取工具，并将选项栏中的“不透明度”设置为40%。

3 设置较大的虚化笔头后，在文件的四周拖动鼠标，描绘出如图6-129所示的效果。

4 新建“图层 1”，选取工具，并激活选项栏中的按钮，然后在画面中左侧位置单击鼠标，确定绘制路径的第一点，然后移动鼠标至合适位置进行拖动，状态如图6-130所示，绘制曲线路径。

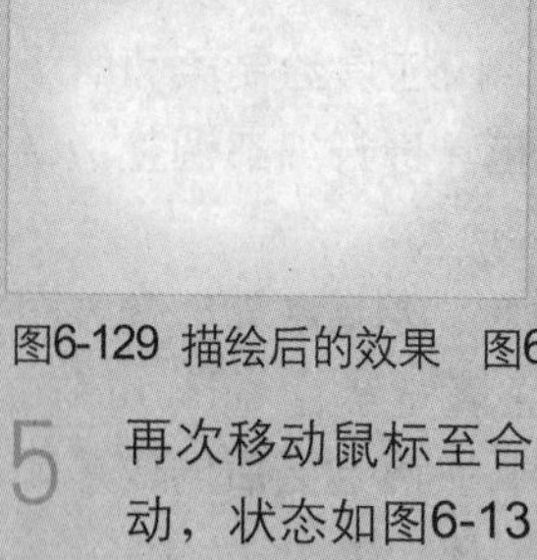

图6-129 描绘后的效果

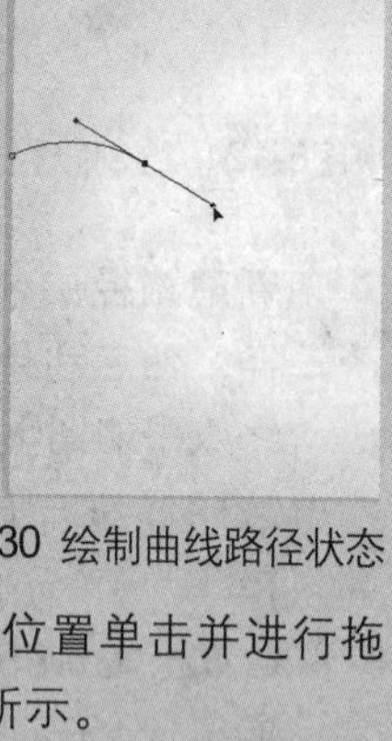

图6-130 绘制曲线路径状态

5 再次移动鼠标至合适位置单击并进行拖动，状态如图6-131所示。

6 至画面右侧的合适位置单击鼠标，完成路径的绘制，如图6-132所示。此时也可以利用工具对路径的节点进行调整，从而更改路径的形态。

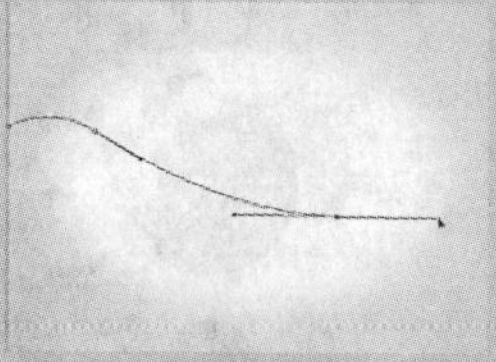

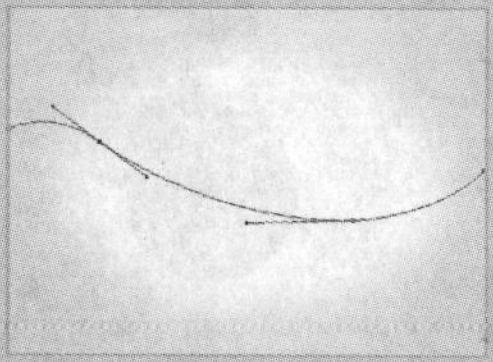

图6-131 确定的第三点位置　图6-132 绘制的路径

7 将前景色设置为砖红色（R:150、G:73、B:10），选取工具，然后将笔头设置为“大小”为7 px；“硬度”为100%的实心笔头。

8 将【路径】面板调出，然后单击面板下方的按钮，用设置的画笔笔头对路径进行描绘，隐藏路径后的效果如图6-133所示。

图6-133 描绘路径后的效果

9 在【路径】面板中将路径选择，使其显示，然后利用和工具将其调整至如图6-134所示的形态及位置。

图6-134 路径调整后的形态及位置

10 选取工具，然后单击【路径】面板下方的按钮，用设置的画笔笔头对路径进行描绘，隐藏路径后的效果如图6-135所示。

图6-135 描绘路径后的效果

11 用与步骤7~8相同的方法依次调整路径并进行描绘，最终效果如图6-136所示。

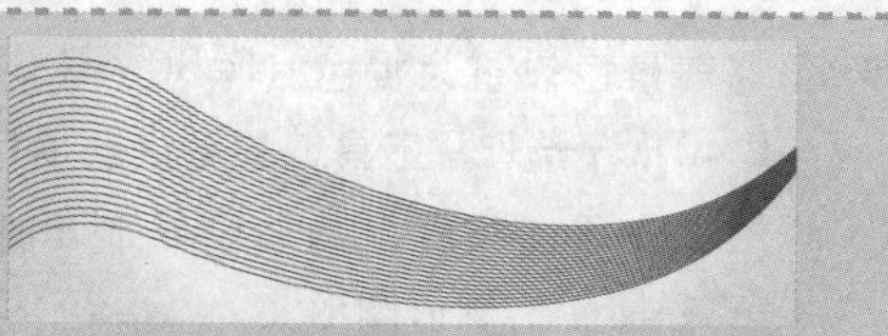

图6-136 描绘出的效果

12 在【图层】面板中将“图层 1”图层的“不透明度”选项设置为30%，然后利用工具将其向下调整至如图6-137所示的位置。

13 执行“图层｜复制图层”命令，在弹出的对话框中单击 确定 按钮，将“图层 1”图层复制为“图层 1 副本”图层。

14 执行“编辑｜变换｜水平翻转”命令，将复制出的图像在水平方向上翻转，然后将其向上调整至如图6-138所示的位置。

图6-137 调整后的位置　图6-138 复制图形调整后的位置

15 在【图层】面板中单击按钮，为“图层 1 副本”图层添加图层蒙版。

16 选取工具，将前景色设置为黑色，背景色设置为白色，然后单击选项栏渐变颜色块右侧的按钮，在弹出的选项面板中选择“前景色到背景色渐变”选项。

17 激活选项栏中的按钮，从画面的左侧向右拖动鼠标，状态如图6-139所示，释放鼠标后的效果如图6-140所示。

图6-139 拖动鼠标时的状态

图6-140 编辑图层蒙版后的效果

18 将前景色设置为褐色（R:80、G:60、B:40），选取工具，并激活选项栏中的按钮，然后在画面中绘制出如图6-141所示的圆形图形。

图6-141 绘制的圆形图形

19 将前景色设置为深褐色（R:55、G:0、B:25），然后再绘制出如图6-142所示的圆形图形。

20 按住Shift+Alt组合键的同时拖动绘制的深褐色圆形图形进行复制，然后按Ctrl+T组合键为复制出的圆形图形添加自由变形框，并将其调整至如图6-143所示的大小及位置。

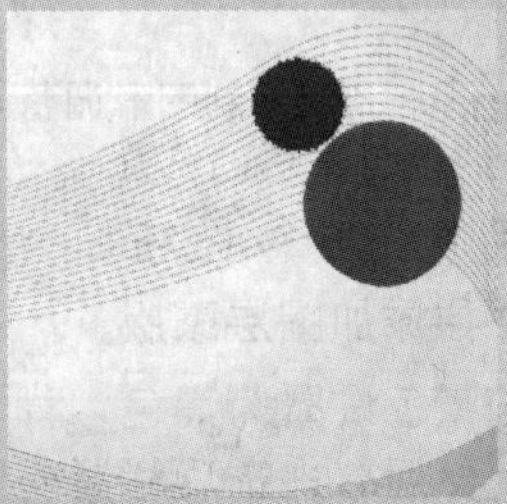

图6-142 绘制的圆形图形

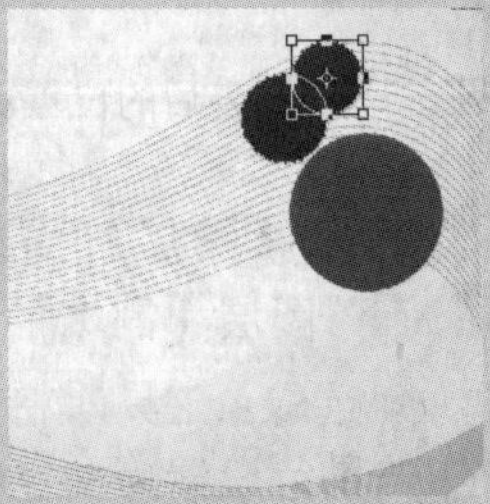

图6-143 调整后的大小及位置

21 同理，依次复制圆形图形并调整大小及位置，效果如图6-144所示。

图6-144 复制出的图形

22 将前景色设置为砖红色（R:150、G:70、B:10），然后绘制出如图6-145所示的图形，再将前景色设置为白色，绘制出如图6-146所示的图形。

图6-145 绘制的砖红色图形

图6-146 绘制的白色图形

23 打开素材图片“素材\第06章\六角花.jpg”。

24 选取工具，在花形上单击鼠标，添加如图6-147所示的选区，然后单击【路径】面板中的按钮，将选区转换为路径。

图6-147 创建的选区

25 执行“编辑｜定义自定形状”命令，弹出【形状名称】对话框，单击确定按钮，将“六角花”路径定义为形状图形。

26 选取工具，然后单击选项栏中“形状”选项右侧的按钮，在弹出的形状选项面板中选择新定义的形状图形。

27 将前景色设置为枣红色（R:193、G:90、B:6），然后在画面中依次绘制出如图6-148所示的图形。

28 依次将前景色设置为橘红色（R:217、G:127、B:54）、渐粉色（R:225、G:176、B:136）和粉红色（R:248、G:214、B:249），然后分别绘制出如

图6-149所示的花形图形。

图6-148 绘制的图形

图6-149 绘制的花形图形

29 单击选项栏中“形状”选项右侧的·按钮，在弹出的形状选项面板中单击右上角的 按钮，在弹出的面板菜单中选择“全部”命令。

30 弹出询问对话框，单击 确定 按钮，加载全部的形状图形，然后选择如图6-150所示的图形形状。

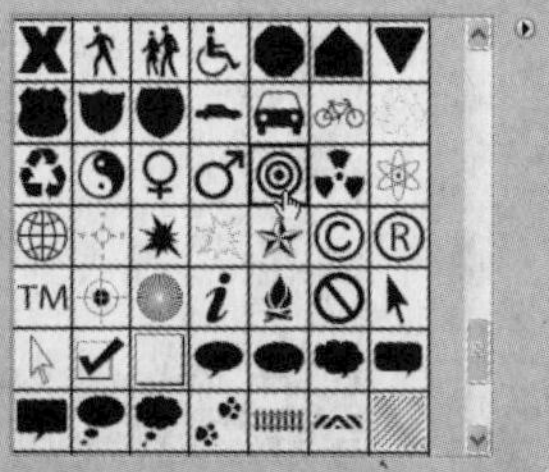
图6-150 选择的图形形状

31 将前景色设置为渐粉色（R:236、G:193、B:158），然后在画面中依次绘制出如图6-151所示的形状图形。

图6-151 绘制的图形

32 打开素材图片“素材\第06章\蝴蝶.jpg”，然后用与步骤24~26相同的方法，将蝴蝶选区转换为路径，并定义为形状图形。

33 选取 工具，并在形状选项面板中选择定义的蝴蝶图形，然后分别将前景色设置为橘黄色（R:243、G:117、B:14）和深褐色（R:100、G:53、B:14），在画面中绘制出如图6-152所示的蝴蝶图形，注意其变形调整。

图6-152 绘制的蝴蝶图形

34 打开素材图片“素材\第06章\咖啡杯.psd”，然后将其移动到新建的文件中，放置到如图6-153所示的位置。

图6-153 咖啡杯调整后的大小及位置

35 选取 T 工具，并单击选项栏中的 按钮，在弹出的【字符】面板中设置选项参数及颜色参数，如图6-154所示。

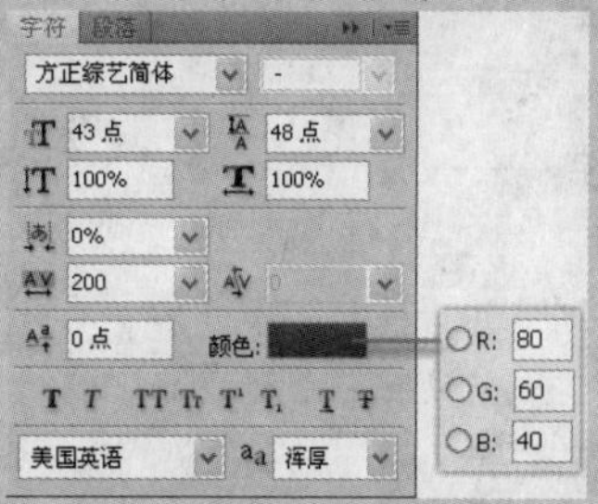

图6-154 设置的选项

36 在画面的左上角输入如图6-155所示的文字，即可完成咖啡海报的设计。

图6-155 输入的文字后的效果

37 按Ctrl+S组合键将文件保存为“范例\第06章\咖啡海报.psd”。

第7章

文字工具

文字是最基本的传达信息的工具，因此在设计中是不可缺少的一部分，它起着传达信息、美化版面和强化主题的作用。本章将详细讲解文字工具的各项用法。

通过本章的学习，您可以掌握以下知识点：

- 文字工具组
- 输入文字
- 文字属性设置
- 字符与段落面板
- 路径文字
- 转换文字
- 综合实战——设计电子杂志

7.1 文字工具组

文字工具组包括横排文字工具、直排文字工具、横排文字蒙版工具和直排文字蒙版工具。

7.1.1 横排文字工具

利用横排文字工具可以创建横向排列的文字，同时在【图层】面板中生成文字图层，如图7-1所示。

如图7-2所示为文字工具的工具选项栏。

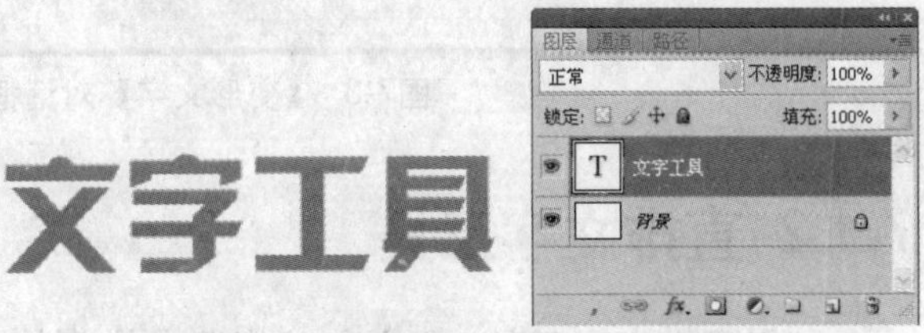

图7-1 创建的横排文字及文字层

图7-2 文字工具的工具选项栏

- 改变文字的排列方向：单击该按钮，可以将当前的横排文本转化为直排文本。如果为直排文本将转化为横排文本。
- 设置字体：单击按钮可打开字体库，用于选择字体。
- 设置字体样式：单击按钮可打开字体样式的下拉菜单，从中可以选择字体样式，字体样式主要包括Regular（规则的）、Italic（斜体）、Bold（粗体）、Bold Italic（粗斜体）等。需要注意的是，不是所有的字体都能设置字体样式，字体样式只对部分英文字体有效。
- 设置字体大小：该选项用来设置文字的大小，在其下拉菜单中有预设的大小，也可以在其文本框中输入数值设置。
- 设置消除锯齿的方法：可以为文字设置一种消除锯齿的方法，包括无、锐利、犀利、浑厚和平滑，可根据需要进行选择。
- 对齐按钮：包括左对齐按钮、居中对齐按钮和右对齐按钮。单击不同的按钮可以将文本按照不同的方式进行对齐。
- 设置文本颜色：单击该按钮，可以弹出【拾色器】对话框，在其中可以设置文字的颜色。
- 创建变形文字：该按钮是基于创建文字后使用的，单击该按钮即可弹出如图7-3所示的【变形文字】对话框，单击“样式”下拉列表框，可弹出如图7-4所示的样式下拉列表，选择其中的选项即可为文字添加相应的变形样式。
- 切换字符和段落面板：单击该按钮，可显示或隐藏【字符】和【段落】面板。

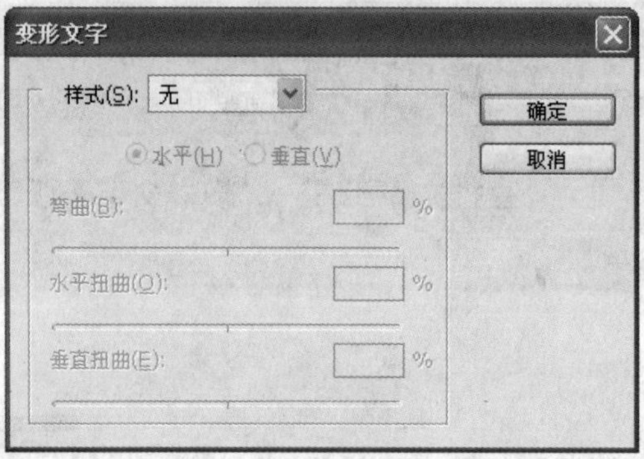

图7-3 【变形文字】对话框

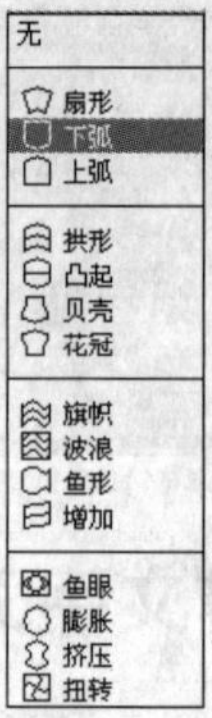

图7-4 “样式”下拉列表

7.1.2 直排文字工具

利用直排文字工具可以创建出竖向排列的文字，如图7-5所示。同时也会在【图层】面板中生成文字图层。另外，直排文字工具的工具选项栏与横排文字工具的工具选项栏一样，在此不做讲解。

图7-5 直排文字工具创建的文字

7.1.3 横排文字蒙版工具

利用横排文字蒙版工具可以创建文字选区，但不会在【图层】面板中生成文字图层。选择该工具在画面中单击鼠标，然后输入文字即可创建出文字选区，如图7-6所示。对该文字选区可以进行移动、拷贝或填充、描边等，如图7-7所示。

图7-6 创建的文字选区

图7-7 对文字选区进行填充

7.1.4 直排文字蒙版工具

直排文字蒙版工具与横排文字蒙版工具一样都是用来创建文字选区的，用法与横排文字蒙版工具相同。

7.2 输入文字

在Photoshop中输入的文字有点文字和段落文字之分，点文字主要用于文字内容较少的画面；当需要输入很多文字内容时，即可用段落文字来进行输入。

7.2.1 输入点文字

下面将讲解如何创建点文字。

实战演练022 —— 输入点文字

1 打开素材图片“素材\第07章\雪景.jpg”文件，如图7-8所示。

图7-8 打开的图片

2 选取T工具（或IT工具），并将选项栏中的选项和参数设置为（字体：黑体，大小：90点，颜色：蓝色），然后在需要输入文字的地方单击鼠标即可插入光标，如图7-9所示。

图7-9 插入的光标

3 输入需要的文字（如图7-10所示），当输入完成后，单击选项栏中的✓按钮，即可完成点文字的输入，如图7-11所示。

专家提示

在输入点文字时，如需换行可按Enter键，如果要移动文字的位置，可将鼠标光标移动到字符以外的区域，当光标显示为 图标时拖动鼠标即可。

图7-10 输入需要的文字

图7-11 完成文字输入

7.2.2 输入段落文字

段落文字具有自动换行、调整文字区域大小等优点，在需要输入大量文字时可以选择用段落文字输入，具体输入方法如下。

实战演练023 —— 输入段落文字

1 打开素材图片“素材\第07章\红叶.jpg”文件，选取T工具，并设置文字工具选项栏中的参数如图7-12所示。

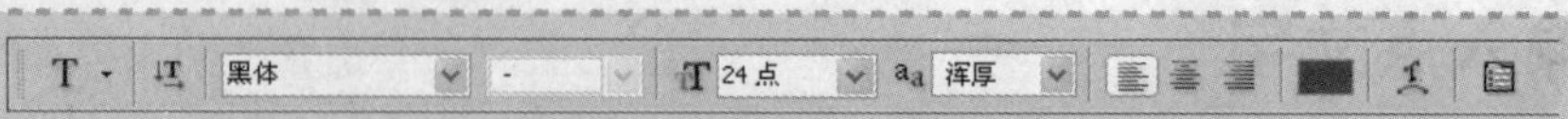

图7-12 文字工具选项栏

2 在画面中选择要输入文字的区域，然后拖动鼠标，创建出如图7-13所示的文本定界框。然后输入需要的文字，如图7-14所示。

图7-13 创建出的文本定界框

图7-14 输入文字

专家提示

在绘制定界框之前，按住Alt键的同时单击或拖动鼠标，将会弹出【段落文字大小】对话框，在对话框中设置定界框的宽度和高度，然后单击 确定 按钮，可以按照指定的大小绘制定界框。

3 定界框中的文字具有自动换行的功能，当输入完成后，单击✓按钮即可完成段落文字的输入，定界框将会自动隐藏，如图7-15所示。

图7-15 完成文字输入

7.2.3 编辑文本定界框

创建段落文字后，通过编辑文本定界框，可以对段落文字进行编辑，如通过调整定界框的大小进而调整定界框中文字的重新排列，也可以对文本定界框进行旋转、缩放或斜切，从而对文字进行编辑。

实战演练024 —— 编辑文本定界框

1 打开素材图片“素材\第07章\花.jpg”文件，利用T工具在画面中输入如图7-16所示的段落文字。保留定界框不取消，拖动定界框的控制点，即可改变定界框的大小，从而改变段落文本的排列显示，如图7-17所示。

图7-16 输入的段落文字

图7-17 改变文本定界框后的效果

2 按住Shift键的同时拖动控制点，可以等比例缩放文字。当将定界框缩小到一定程度，不能完全显示定界框中的文字时，定界框的右下角将显示⊞图标，如图7-18所示。

图7-18 不能完全显示文字时的效果

3 将鼠标光标移动到定界框外，当光标显示为弯曲的双向箭头时拖动鼠标，可以旋转文字，如图7-19所示。按住Shift键的同时拖动鼠标，可以将文字按15°角为增量进行旋转。

图7-19 旋转文字

4 按住Ctrl键的同时将鼠标光标放置到定界框各边中间的控制点上，当鼠标光标显示为扭曲图标时拖动鼠标，可对文字进行斜切，如图7-20所示。

图7-20 斜切文字

5 调整完成后，单击工具选项栏中的✓按钮，即可完成对段落文字的编辑，如果要取消对文字的修改，可在单击✓按钮之前单击⊘按钮，或按Esc键。

7.2.4 点文字与段落文字相互转换

在Photoshop中可以将点文字与段落文字相互转换，具体操作为，选择要转换的文字（注意选择的文字不能处于编辑状态），然后执行“图层｜文字｜转换为段落文本或转换为点文本”命令，即可完成点文字与段落文字的相互转换。

如要转换的段落文本中有隐藏的文字，执行“图层｜文字｜转换为点文本”命令，将弹出如图7-21所示询问对话框。

- 单击 确定 按钮，隐藏的文字将被删除。
- 单击 取消 按钮，将取消转换操作。

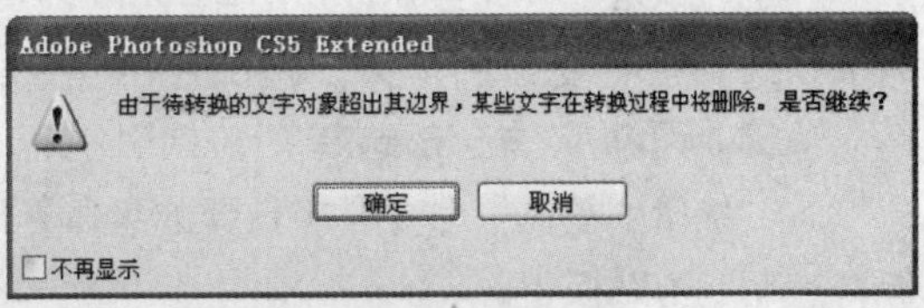

图7-21 询问对话框

7.3 文字属性设置

创建文字后在其工具选项栏中即可进行文字属性的各项设置，包括对文字的方向、字体、大小和颜色等的设置。

7.3.1 转换文字方向

在画面中输入文字后，执行“图层｜文字｜水平”或“垂直”命令即可转换文字的方向，如图7-22、图7-23所示。单击文字工具选项栏中的按钮也可以转换文字的方向。

图7-22 执行“水平”命令的效果

图7-23 执行“垂直”命令的效果

7.3.2 设置字体

将文字选取后，在工具选项栏中的“设置字体”下拉列表框中选择需要的字体即可，也可以利用【字符】面板进行字体的设置。

7.3.3 安装字体

在实际的设计工作过程中，经常需要一些特定的文字字体，如设计海报常用的POP字体、设计圣诞贺卡常用的雪峰体以及制作印章常用的篆体等。这些字体在系统默认的字体库中都不存在，因此需要安装，下面来详细讲解安装系统外字体的方法。

实战演练025 —— 安装字体

1 在Windows 桌面上双击“我的电脑”图标，在打开的【我的电脑】窗口中将需要安装的字体所在的文件夹找到（安装的字体可以是从网络中下载的，也可以是字体光盘），如图7-24所示。

2 选择需要安装的字体（按Ctrl+A组合键，可将字体全部选择）。然后执行“编辑｜复制”命令，将选择的字体复制到剪贴板中。

图7-24 需要安装的字体

3 依次单击工具栏中的按钮，返回到“我的电脑”根目录下，然后单击如图7-25所示的“控制面板”选项，弹出【控制面板】窗口，如图7-26所示。

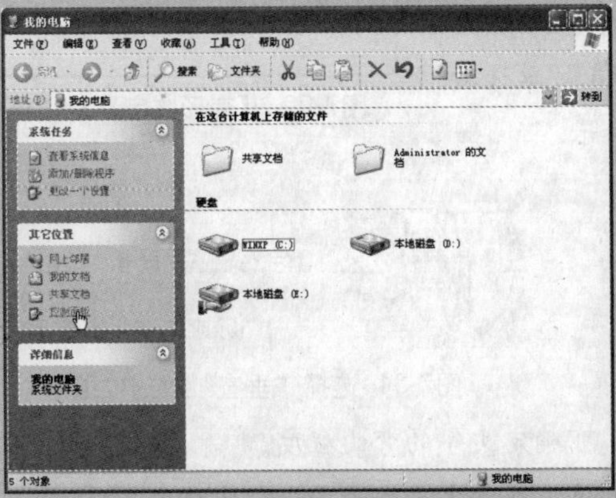

图7-25 【我的电脑】窗口

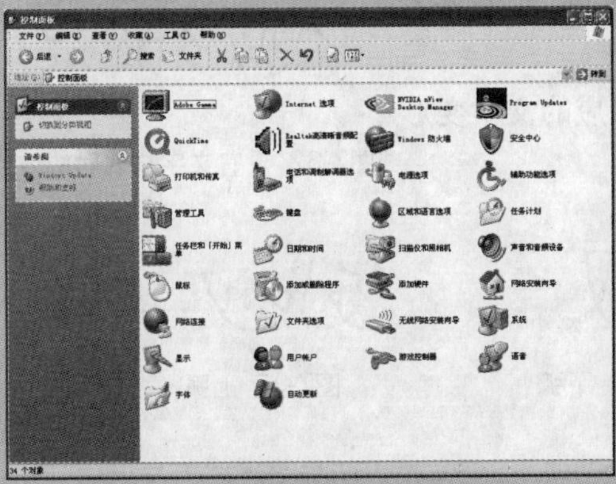

图7-26 【控制面板】窗口

4 在【控制面板】窗口中双击“字体”文件夹即可打开如图7-27所示的窗口。

图7-27 【字体】窗口

5 执行“编辑|粘贴”命令，将复制的字体粘贴到当前文件夹中，会显示安装进度对话框，如图7-28所示。

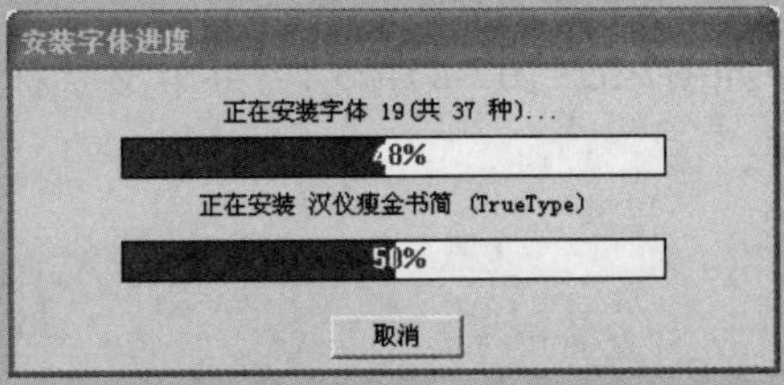

图7-28 安装进度对话框

6 字体安装完毕后，进入Photoshop CS5中输入文字即可将文字设置为刚安装完成的字体样式。

7.3.4 设置字号

字号是指文字的大小，在文字工具的工具选项栏中有已经预设好的字号大小，也可以在字号后面的文本框中直接输入数值。

7.3.5 设置文字颜色

在文字工具的工具选项栏中单击颜色色块，即可打开【拾色器】对话框，在其中可以选择文字的颜色。当输入文字之后，可以将文字选取后再进行颜色的设置。

7.3.6 变形文字

单击文字工具选项栏中的按钮，即可打开【变形文字】对话框，如图7-29所示。在

“样式”下拉列表框中有预设的各种文字样式。

【变形文字】对话框中的各项功能在选择样式后即被激活，各选项功能如下：

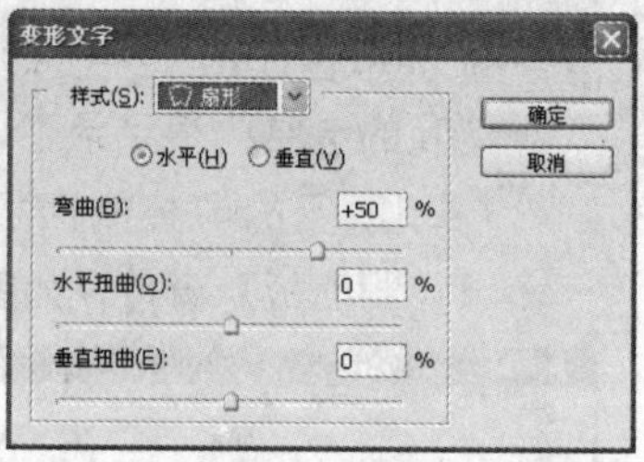

图7-29 【变形文字】对话框

- 水平/垂直：用于设置文字在水平方向上还是在垂直方向上变形。选择“水平”单选按钮，文字按水平方向扭曲，如图7-30所示。选择“垂直”单选按钮，文字按照垂直方向扭曲，如图7-31所示。

图7-30 选择“水平”时的效果

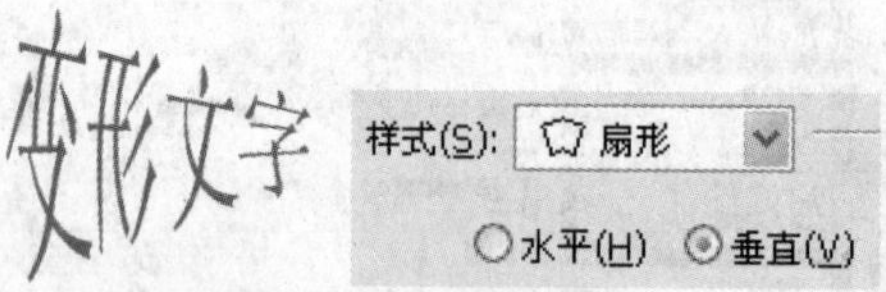

图7-31 选择“垂直”时的效果

- 弯曲：拖动滑块或在文本框中输入数值，可确定文字的弯曲程度。
- 水平扭曲：拖动滑块或在文本框中输入数值，可确定文字的水平扭曲程度。
- 垂直扭曲：拖动滑块或在文本框中输入数值，可确定文字的垂直扭曲程度。

如图7-32~图7-47所示为每个文字样式所对应的文字变形效果。

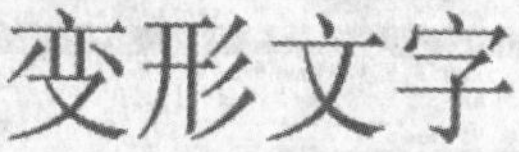

图7-32 没有文字样式时的效果

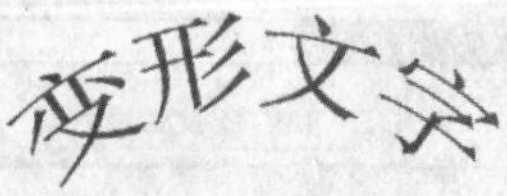
图7-33 扇形

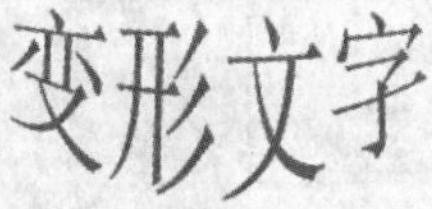
图7-34 下弧

图7-35 上弧

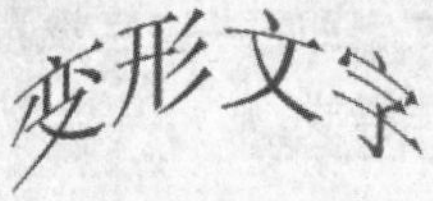
图7-36 拱形

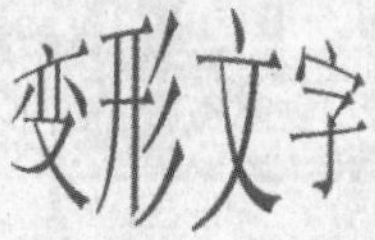
图7-37 凸起

图7-38 贝壳

图7-39 花冠

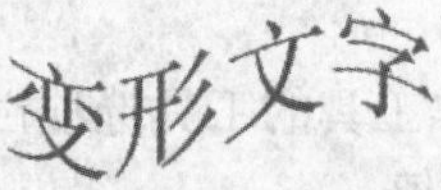
图7-40 旗帜

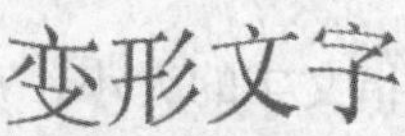
图7-41 波浪

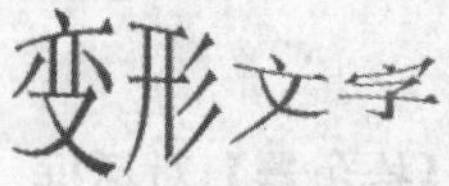
图7-42 鱼形

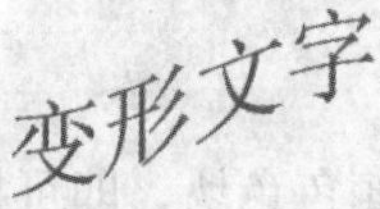
图7-43 增加

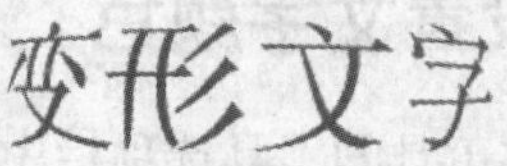
图7-44 鱼眼

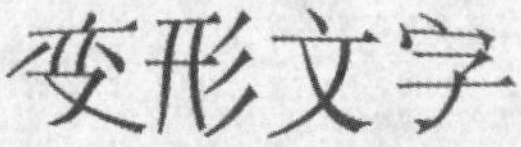
图7-45 膨胀

图7-46 挤压

图7-47 扭转

7.4 字符与段落面板

【字符】与【段落】面板提供的各项功能比工具选项栏中提供的功能更详细，本节来具体讲解。

7.4.1 字符面板

如图7-48所示为【字符】面板的各项功能。

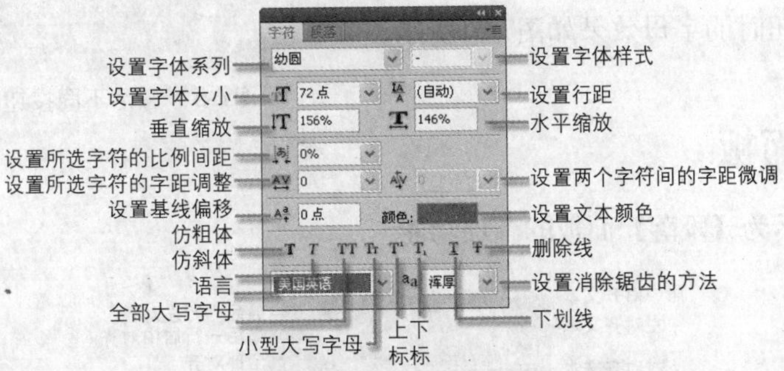

图7-48 【字符】面板的各项功能示意图

- 设置字体系列：该选项用来设置文字的字体。
- 设置字体样式：用来设置字体的样式。
- 设置字体大小：用来设置和调整文字的大小。
- 设置行距：该选项用来设置文字的行距，在其下拉列表中有预设的各种大小，也可在文本框中直接输入数值设置行距。如图7-49、图7-50所示为相同字体大小、不同行距大小时的效果。

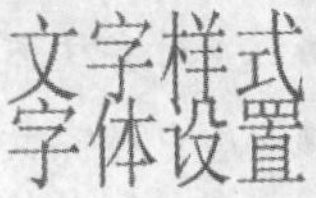

图7-49 行距为48点时的效果

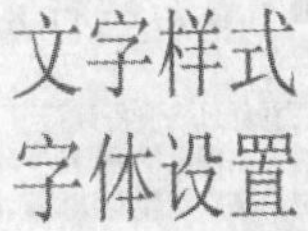

图7-50 行距为72点时的效果

- 垂直缩放/水平缩放：垂直缩放用于调整字符的高度，水平缩放用于调整字符的宽度，当两个数值相同时可以等比例缩放文字。
- 设置所选字符的比例间距：该选项用来设置文字之间的间距大小。
- 设置所选字符的字距调整：选择了部分字符时可以调整所选字符的字距，没有选择时可以调整所有字符的间距。
- 设置基线偏移：用来调整文字与基线的距离，可以升高或降低文字。
- 设置两个字符间的字距微调：可以将两个字符间的字距进行微调。
- 设置文本颜色：用来设置文字的颜色。
- 语言：可以对所选字符进行有关连字符和拼写规则的语言设置，Photoshop使用语言词典检查连字符连接。

- 设置消除锯齿的方法：该选项与文字工具选项栏中的消除锯齿方法一样。
- 仿粗体：将文字加粗。
- 仿斜体：将文字倾斜。
- 全部大写字母：将所有的字母改为大写。
- 小型大写字母：将大写的字母缩小显示。
- 上标/下标：将文字设置为上标或下标，在输入数字时经常用到。
- 下划线：为文字加下划线。
- 删除线：为文字加删除线，在修改文章时经常用到。

激活不同按钮时的字母效果如图7-51所示。

图7-51 激活不同按钮时的字母效果

7.4.2 段落面板

如图7-52所示为【段落】面板的各项功能。

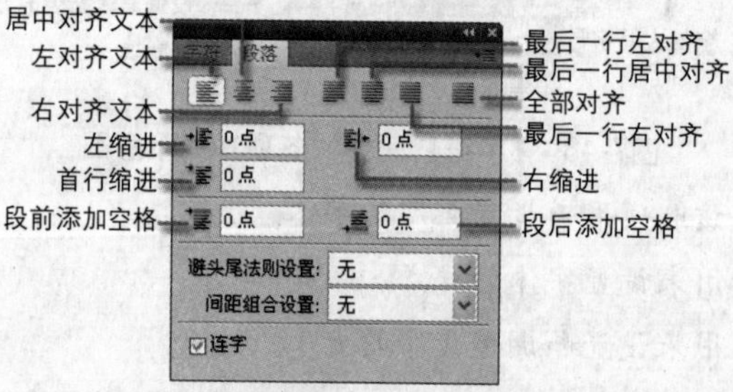

图7-52 【段落】面板的各项功能详解

- 左对齐文本：将文字进行左对齐，如图7-53所示。
- 居中对齐文本：将文字居中对齐，如图7-54所示。
- 右对齐文本：将文字进行右对齐，如图7-55所示。
- 最后一行左对齐：最后一行左对齐，其余行左右两端对齐，如图7-56所示。

图7-53 左对齐文本

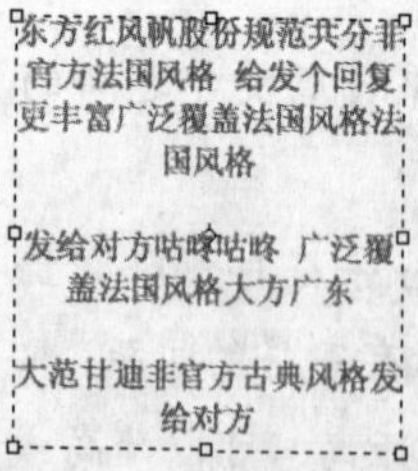

图7-54 居中对齐文本

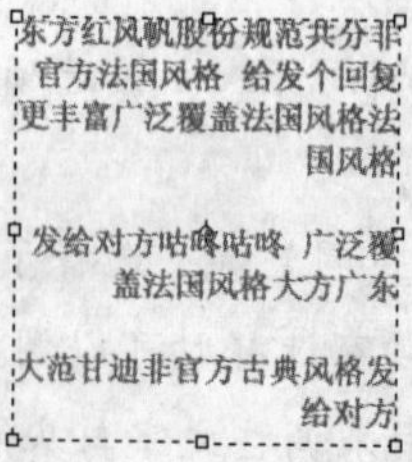

图7-55 右对齐文本

图7-56 最后一行左对齐

- 最后一行居中对齐：最后一行居中对齐，其余行左右两端对齐，如图7-57所示。
- 最后一行右对齐：最后一行右对齐，其余行左右两端对齐，如图7-58所示。
- 全部对齐：自动为鼠标所在段落中最后一行的文字添加字符间距，使整个段落左右对齐，如图7-59所示。

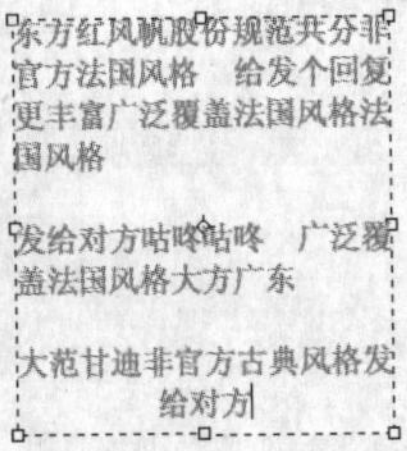

图7-57 最后一行居中对齐

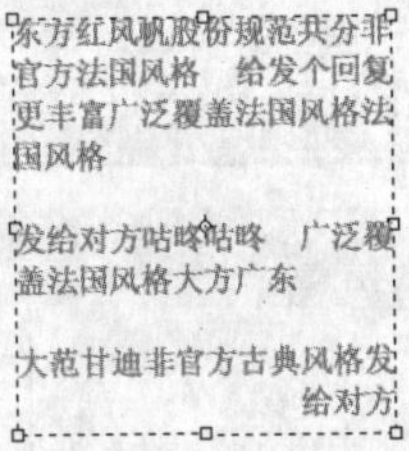

图7-58 最后一行右对齐

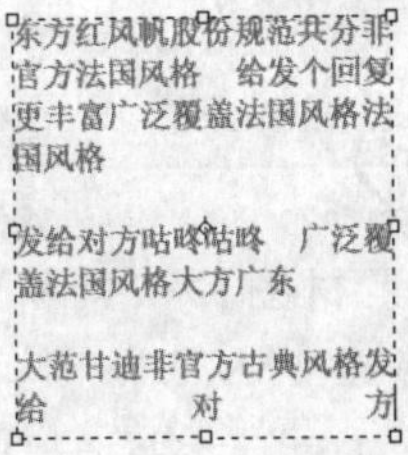

图7-59 全部对齐

- 左缩进：可以将横排文字从左边缩进，直排文字从顶端缩进，如图7-60所示。
- 右缩进：可以将横排文字从右边缩进，直排文字从底端缩进，如图7-61所示。
- 首行缩进：可以缩进段落文字的首行，如图7-62所示。

图7-60 左缩进

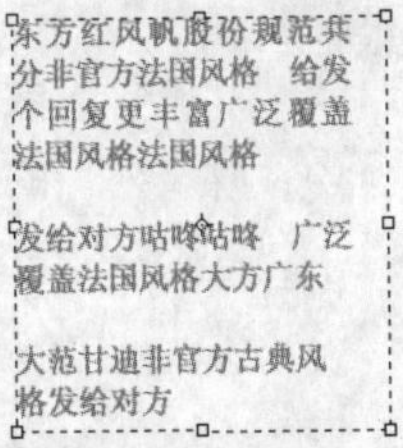

图7-61 右缩进

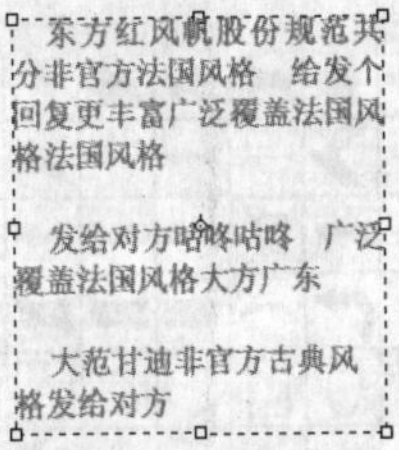

图7-62 首行缩进

- 段前添加空格/段后添加空格：这两项是用来控制所选段落与其他段落间的间距的，如图7-63所示为选择的段落，如图7-64所示为段前添加20点的效果，如图7-65所示为段后添加20点的效果。

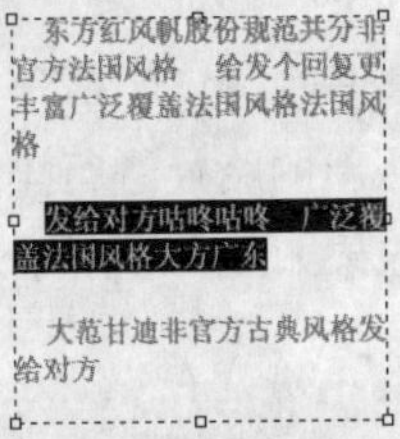

图7-63 选择的段落

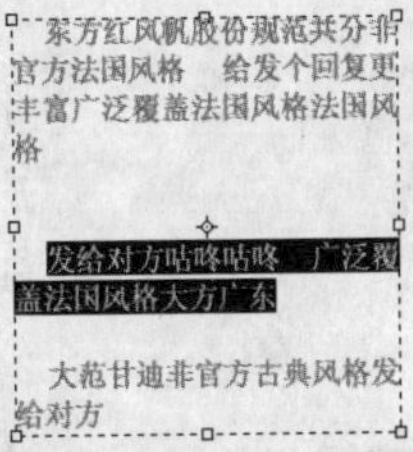

图7-64 添加段前距的效果

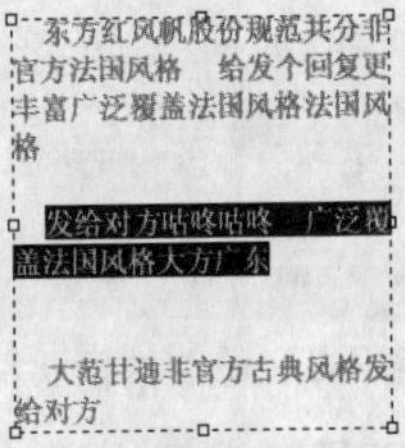

图7-65 添加段后距的效果

- 连字：在对齐文本时会将某些英文单词断开，而设置连字后，在断开的单词间会自动添加连字符将其连接。

7.5 路径文字

路径文字是指沿路径创建的文字，在路径上的文字可以根据路径的变化而变化，路径文字在Photoshop中应用更加灵活方便。

7.5.1 沿闭合路径输入文字

在闭合路径内输入文字，可以制作出文本绕图的效果，具体操作如下。

实战演练026 —— 沿闭合路径输入文字

1 打开素材图片“素材\第07章\风景.jpg”。

2 选取 工具，在选项栏中单击“形状”后面的 按钮，在弹出的面板中选择如图7-66所示的箭头形状，单击 按钮，然后按住Shift键的同时在画面中绘制如图7-67所示的路径。

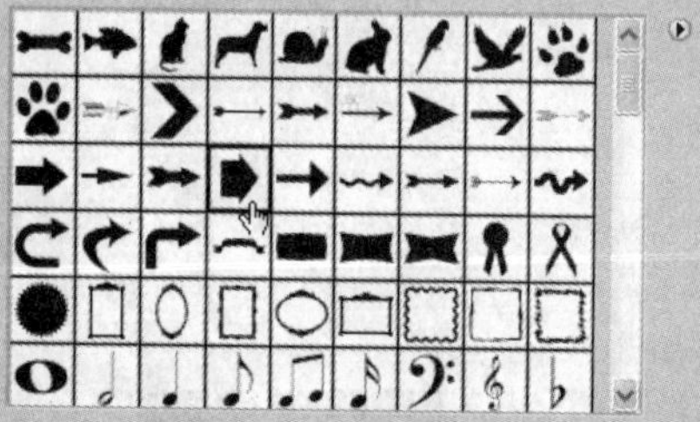

图7-66 选择的形状

图7-67 绘制的箭头路径

3 选取 工具，设置合适的字体、字号及文字颜色后将鼠标光标移动到闭合路径的左上方，当鼠标光标变为如图7-68所示的形状时，单击鼠标即可在箭头路径的边缘添加如图7-69所示的定界框。

图7-68 鼠标光标的显示形态

图7-69 显示的定界框

4 依次输入文字，输入的文字即可按路径的形状进行排列，如图7-70所示。

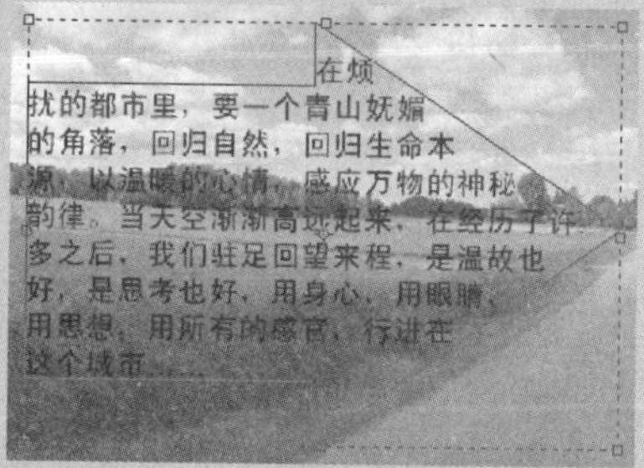

图7-70 输入的文字

5 利用 工具调整路径的形状，输入的文字即可按照新的路径进行排列，状态及调整后的效果如图7-71所示。

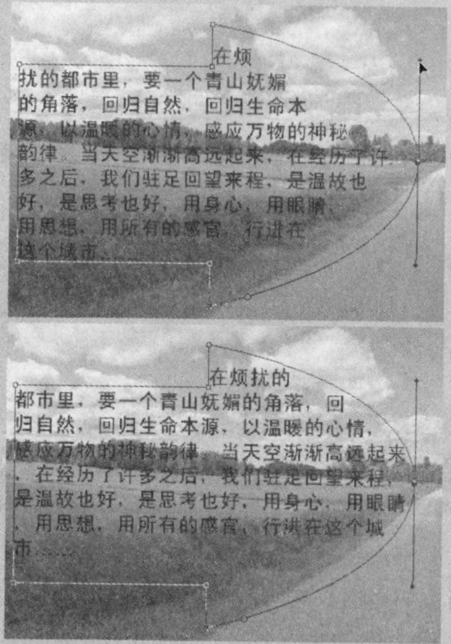

图7-71 调整路径形态及调整后的效果

7.5.2 沿开放路径输入文字

沿开放路径输入文字，可以使输入的文字沿绘制的路径排列，制作出变形的效果。

实战演练027 —— 沿开放路径输入文字

1 打开素材图片“素材\第07章\田园风光.jpg”，然后利用和工具绘制出如图7-72所示的路径。

图7-72 绘制的路径

2 选取工具，设置合适的字体、字号及文字颜色后将鼠标光标移动到开放路径的起点位置，当光标变为如图7-73所示的形状时单击鼠标，此时在路径的单击处会出现一个插入点，表明输入文字的起点，在路径的终点会显示一个小圆圈，表示输入文字的终点，如图7-74所示。

图7-73 鼠标光标显示的形态

图7-74 显示的起点和终点位置

3 依次输入文字，文字即可按照路径排列，如图7-75所示。

图7-75 沿路径排列的文字

7.5.3 编辑路径

利用编辑路径工具调整路径的形状，文字即按照新的路径进行排列，状态及调整后的效果如图7-76所示。

图7-76 调整路径的状态及调整后的效果

7.5.4 编辑文字

选取工具，将鼠标光标放置到路径的起点位置，当光标显示为如图7-77所示的图标时拖动鼠标，可调整文字在路径中的显示位置，如图7-78所示。

将鼠标光标放置到路径的终点位置，当光标显示为如图7-79所示的图标时拖动鼠标，可调整文字在路径中的显示位置，如图7-80所示。

在路径的起点位置拖动鼠标，可将文字移动到路径的另一侧，如图7-81所示。

图7-77 鼠标光标显示的形态

图7-78 沿路径移动文字后的效果

图7-79 鼠标光标显示的形态

图7-80 调整路径终点后的效果

图7-81 将文字翻转到路径另一侧的效果

7.6 转换文字

输入文字后还可将文字转换为路径或形状图形，以进一步编辑，还可将文字层转换为普通层，以进行更多效果的添加。

7.6.1 将文字转换为路径

执行“图层｜文字｜创建工作路径”命令，可以将文字转换为路径，转换后的路径将以“工作路径”的形式出现在【路径】面板中，如图7-82所示。

图7-82 输入的文字及转换后的路径的效果

文字转换的路径可以像其他路径一样存储和编辑，但不能将此路径形态的文字作为文本再进行编辑。将文字转换为路径后，原文字图层保持不变并可继续进行编辑。

7.6.2 将文字转换为形状

执行“图层｜文字｜转换为形状”命令，可以将文字转换为形状，转换后，文字图层将变为形状图层，并可利用工具对形状图形进行位置调整，如图7-83所示。

在将文字转换为形状时，文字图层被替换为具有矢量蒙版的图层。用户可以编辑矢量蒙版并对图层应用样式，但无法在图层中将字符再作为文本进行编辑。

图7-83 输入的文字及转换为形状并编辑后的效果

7.6.3 将文字层转换为普通层

将要转换的文字层设置为工作层，然后执行“图层 | 栅格化 | 文字”命令，即可将其转换为普通层。将文字层转换为普通层后，文字将不再具有文本的特性，不能再为其重新设置字体及字号等，因此在将文字层转换为普通层之前最好将其复制，以备后用。

7.6.4 直排英文字母

当利用直排文字工具输入英文字母时，执行“标准垂直罗马对齐方式”命令可将字符方向旋转90°，旋转后的字符是直立排列的，未旋转的字符是横向排列的，如图7-84、图7-85所示。

图7-84 直排字母效果

图7-85 默认的字母排列效果

设置直排字母的方法为：选择直排字母，然后在【字符】面板菜单中选择“标准垂直罗马对齐方式”命令，使其前面显示选择标记，即可旋转字母使其直排显示。注意，“标准垂直罗马对齐方式”命令不能用来旋转双字节字符，如中文文字。

7.6.5 直排内横排字符

在【字符】面板菜单中选择“直排内横排”命令，将可以直排文字行中的英文字符或数字字符设置为横排，如图7-86、图7-87所示。

选择要设置为横排的直排字符，然后选择【字符】面板菜单中的“直排内横排”命令，即可将选择的字符设置为横排排列。将字符设置为横排后，仍可利用【字符】面板对其进行编辑，如缩小字符间距后的效果如图7-88所示。

图7-86 输入的直排文字

图7-87 字符横排后的效果

图7-88 缩小字符间距后的效果

7.7 综合实战——设计电子杂志

文字工具的主要功能是在作品中输入文字，随着软件版本的更新，文字的功能也越来越强大，除了以前单纯的输入文字功能，到后来的可以调整文字的大小、字体及不同的颜色，再到后来的沿路径输入文字或在闭合的路径内输入文字，再到文字的变形或转换，直到今天，可以说什么样的文字都可以利用软件来表现出来。

本例主要以设计电子杂志为例，来详细讲解文字的应用，包括输入与编辑操作。设计的电子杂志如图7-89所示。

图7-89 设计的电子杂志

实战演戏028 —— 设计电子杂志

1 打开素材图片“素材\第07章\背景.jpg”和“婚纱照.jpg”。

2 将“婚纱照.jpg”文件设置为工作状态，然后选取工具，并激活选项栏中的按钮，再将“容差”值设置为3。

专家提示

此处选取工具是为了选取文件中的人物。通过观察图像，发现图像的背景为单一的白色，因此选用魔棒工具；发现人物的衣服与白色背景的颜色很相似，因此要调小“容差”值，以便选择精确的白色；发现白色背景不是一整块颜色，而是分布在不同的区域，因此要激活按钮，用以加选。

3 将光标移动到画面中的白色背景区域依次单击鼠标，创建如图7-90所示的选区。

图7-90 创建的选区

4 按Shift+Ctrl+I组合键将选区反选，即选取人物，然后利用工具将选区内的人物图像移动复制到“背景.jpg”文件中，如图7-91所示。

图7-91 图像放置的位置

此时人物的边缘选取并不是很精确，下面来调整一下。

5 按住Ctrl键的同时在【图层】面板中单击所生成的“图层 1”的图层缩览图，加载图像的选区，然后执行“选择｜修改｜羽化”命令，弹出【羽化选区】对话框，设置选项参数如图7-92所示。

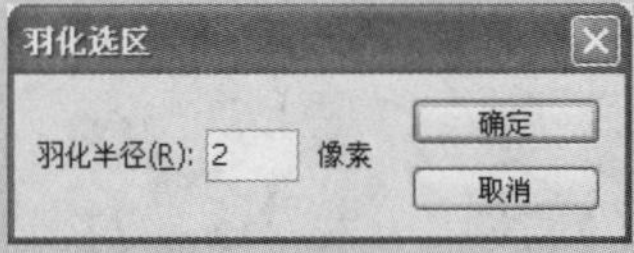

图7-92 设置的羽化参数

6 单击 确定 按钮，将选区稍微羽化处理，然后按Shift+Ctrl+I组合键将选区反选，再连续按4次Delete键，删除图像边缘的像素，去除选区后的对比效果如图7-93所示。

图7-93 图像去除白边前后的对比效果

7 依次打开“素材\第07章”目录下的“婚纱照01.jpg”、“婚纱照02.jpg”、“婚纱照03.jpg”和“情侣熊.psd”图片文件。

8 利用工具，依次将“婚纱照01.jpg”、“婚纱照02.jpg”、“婚纱照03.jpg”和“情侣熊.psd”文件中的图像移动复制到“背景.jpg”文件中，【图层】面板中依次生成“图层2”~“图层5”，效果及【图层】面板如图7-94所示。

图7-94 图像在文件中的位置及【图层】面板的状态

9 选取工具，在画面中输入如图7-95所示的青色（R:204、G:255、B:255）和黑色文字。

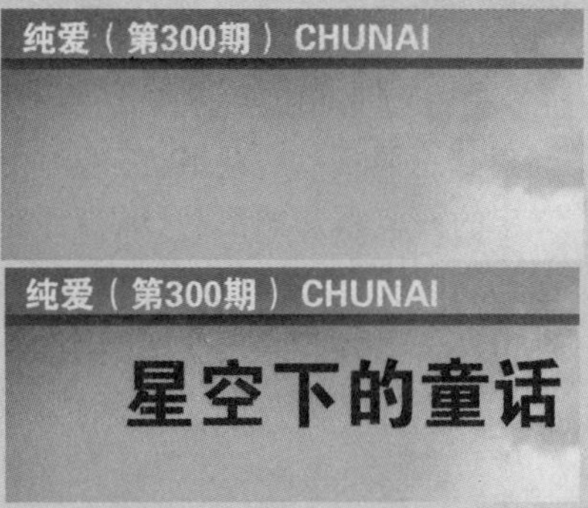

图7-95 输入的文字

10 利用工具，选中“童话”二字，状态如图7-96所示。单击选项栏中的按钮，在【字符】面板中设置文本颜色为紫色（R:255、G:8、B:200），单击按钮确认操作，效果如图7-97所示。

图7-96 选中文字时的状态

图7-97 更改文本颜色

11 按住Ctrl键的同时单击【图层】面板中的按钮，在“星空下的童话”文字图层下方新建“图层6”，然后利用工具根据“童话”文字绘制矩形选区，并为其填充灰色（R:102、G:102、B:102），去除选区后的效果如图7-98所示。

图7-98 绘制的灰色图形

12 利用工具在画面中依次输入如图7-99所示的灰色和黑色文字。

图7-99 输入的文字

13 新建“图层7”，利用工具，在黑色文字的右侧添加如图7-100所示的黑色图形，然后利用工具依次输入如图7-101所示的灰色字母和文字。

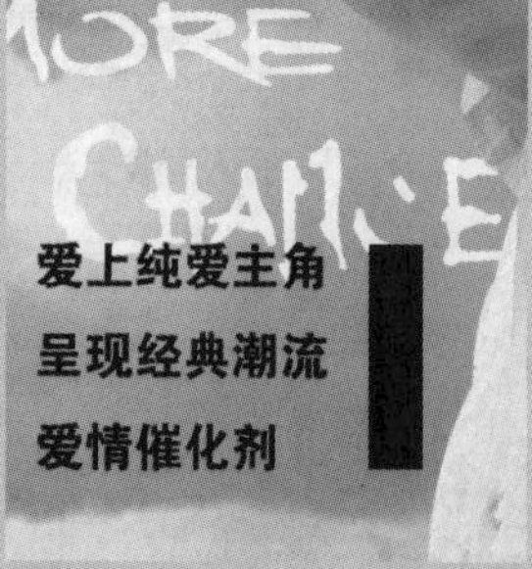

图7-100 添加的黑色图形

图7-101 输入的灰色字母及文字

14 确认刚输入的灰色文字层处于当前层，执行“图层｜文字｜文字变形”命令，在弹出的对话框中设置参数，如图7-102所示。单击确定按钮，变形文字效果如图7-103所示。

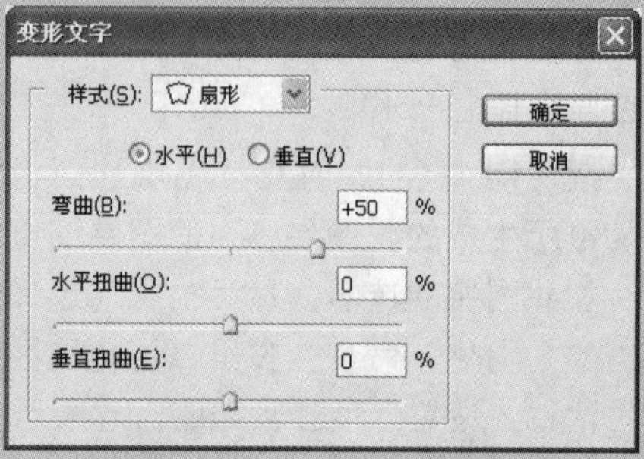

图7-102 设置的变形参数

图7-103 文字变形的效果

15 按Ctrl+T组合键为变形文字添加自由变换框，利用自由变换框调整文字的倾斜角度及位置，状态如图7-104所示，然后按Enter键确认操作。

图7-104 文字调整的状态

16 继续利用T工具，在画面中输入如图7-105所示的黑色文字。

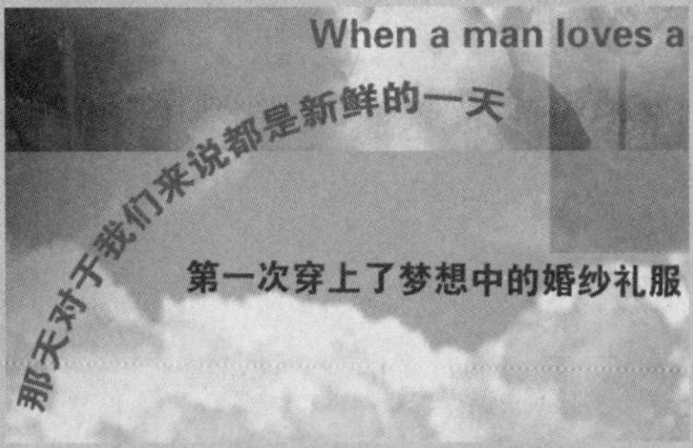

图7-105 输入的文字

17 执行“图层 | 文字 | 文字变形”命令，在弹出的对话框中设置参数，如图7-106所示。单击 确定 按钮，将文字变形处理，然后利用“自由变换”命令将变形文字调整至如图7-107所示的旋转角度及位置。

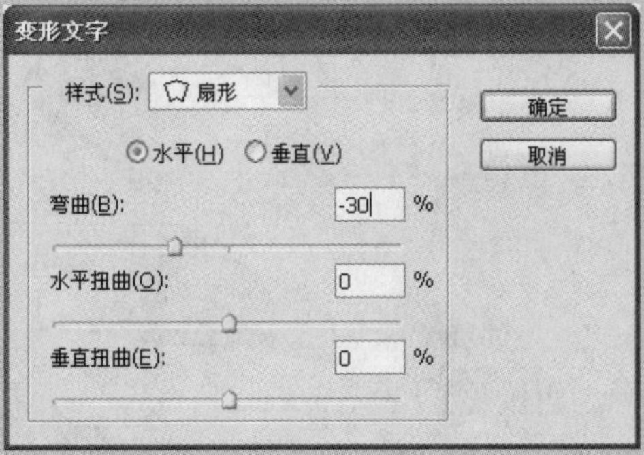

图7-106 设置的变形参数

图7-107 文字变形效果

18 同理，分别输入灰色和黑色文字并进行变形，依次制作出如图7-108所示的两组文字效果。其文字变形的样式都为“扇形”；弯曲的数值分别为40和－40。

图7-108 制作的变形文字

19 继续利用T工具，在画面的左下角输入如图7-109所示的草绿色（R:0、G:102、B:102）英文字母。

图7-109 输入的英文字母

20 至此，电子杂志设计完成，按Ctrl+S组合键将文件保存为“范例\第07章\电子杂志.psd”。

第8章

3D工具

在Photoshop CS5软件中打开3D模型之后，可以更改模型的位置、相机视图、光照或渲染模式，创建横截面视图或播放3D文件中包含的动画；还可以处理和合并3D对象、创建新的3D场景、编辑和创建3D纹理及组合3D对象与2D图像。

通过本章的学习，您可以掌握以下知识点：

- 3D文件
- 3D工具组
- 3D视图工具组
- 3D面板
- 3D面板菜单
- 综合实战——为地球仪贴图

8.1 3D文件

由Adobe Acrobat 3D Version 8、3D Studio Max、Alias、Maya 以及Google Earth等程序创建的文件，称为3D文件。3D文件可包含下列一个或多个组件。

1. 网格

提供3D模型的底层结构，如方体和球体等。3D模型至少包含一个网格，也可能包含多个网格。通常，网格看起来是由成千上万个单独的多边形框架结构组成的线框，如图8-1所示。

在Photoshop 中，可以在多种渲染模式下查看网格，还可以分别对每个网格进行操作。如果无法修改网格中实际的多边形，则可以更改其方向，并且可以通过沿不同坐标进行缩放以变换其形状，还可以通过使用预先提供的形状或转换现有的2D图层，创建自己的3D网格。

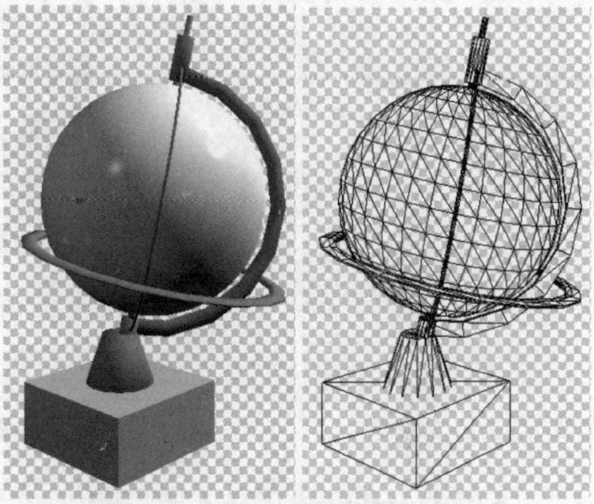

图8-1 3D对象和网格的线框形态

专家提示

要编辑 3D 模型本身的多边形网格，必须使用 3D 创作程序。

2. 材质

一个网格可具有一种或多种相关的材质，这些材质控制整个网格的外观或局部网格的外观。在3D面板中激活▦按钮，面板中将显示出模型应用于的材质列表。这些材质依次构建于被称为纹理映射的子组件，它们的积累效果可创建材质的外观。纹理映射本身就是一种2D图像文件，它可以产生各种品质，例如颜色、图案、反光度或凹凸程度。Photoshop材质最多可使用9种不同的纹理映射来定义其整体外观。

3. 光源

光源类型包括点光、聚光灯和无限光。用户可以移动和调整现有光照的颜色和强度，并且可以将新光照效果添加到3D场景中。

在3D面板中激活💡按钮，面板中将显示出模型应用于的灯光列表。通过调整其下的选项及数值，即可对灯光效果进行调整。

8.1.1 打开3D文件

执行“文件 | 打开”命令，在弹出【打开】对话框的“文件类型”下拉列表中选择一种3D格式，然后找到要打开的文件，单击 打开(O) 按钮即可，打开的文件如图8-2所示。

图8-2 打开的3D文件

8.1.2 启用OpenGL

OpenGL是一种软件和硬件标准，可在处理大型或复杂图像（如3D文件）时加速视频处理过程。OpenGL需要支持OpenGL标准的视频配适器。在安装了OpenGL的系统中打开、移动和编辑3D模型时的性能将大大提高。

启用GPU增强的具体操作为，执行“编辑｜首选项｜性能”命令，在弹出的【首选项】对话框中勾选如图8-3所示的“启用OpenGL绘图”复选框，然后单击 确定 按钮，即可将其启用。

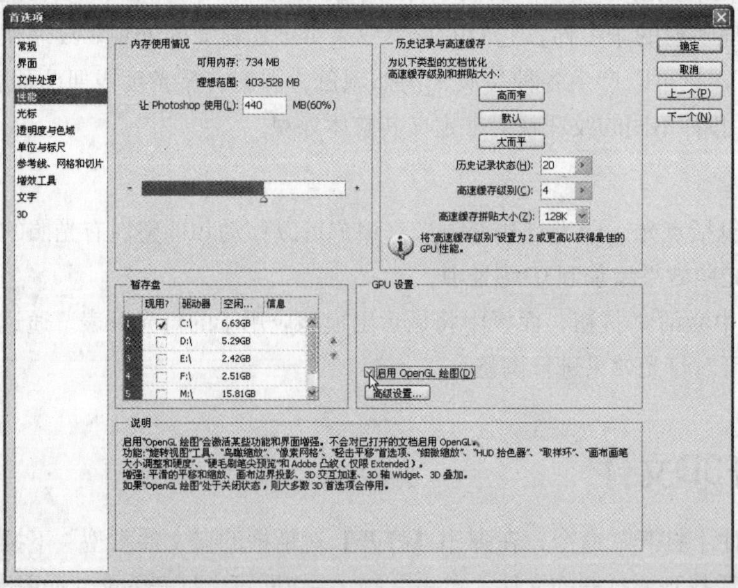

图8-3 启用OpenGL绘图选项

启用GPU增强后再打开3D文件，打开的文档窗口左上方将显示坐标轴图标，如图8-4所示。将鼠标光标放置到坐标轴的不同位置进行拖动即可移动、旋转和缩放3D对象。执行"视图｜显示｜3D轴"命令，可以显示或隐藏3D轴。

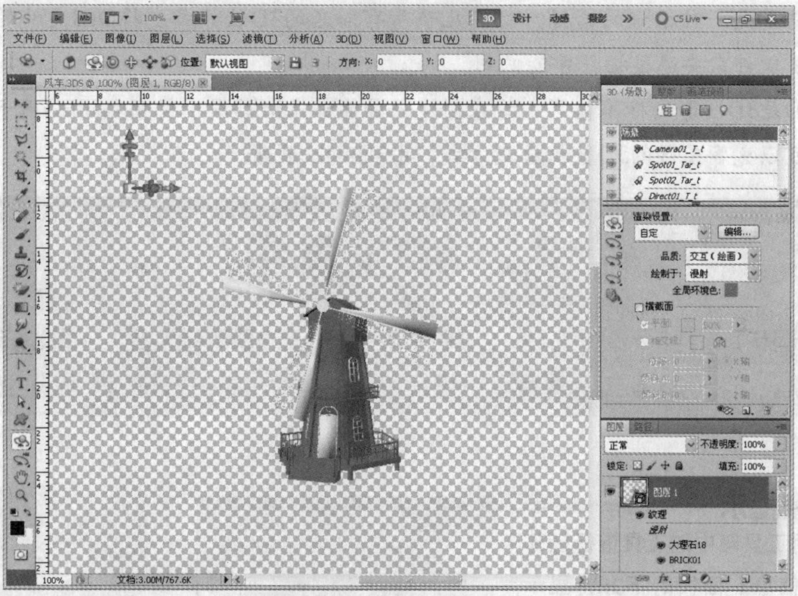

图8-4 显示的坐标轴

将鼠标光标移动到坐标轴区域，坐标轴的上方将显示黑色的标题栏，如图8-5所示。

- 将鼠标光标移动到黑色标题栏上并进行拖动，可调整坐标轴的显示位置。
- 单击按钮，可将坐标轴最小化显示，最小化显示的坐标如图8-6所示。此时的按钮变为按钮，再次单击鼠标，可还原显示坐标轴，以正常大小显示。
- 单击按钮，将关闭坐标轴。

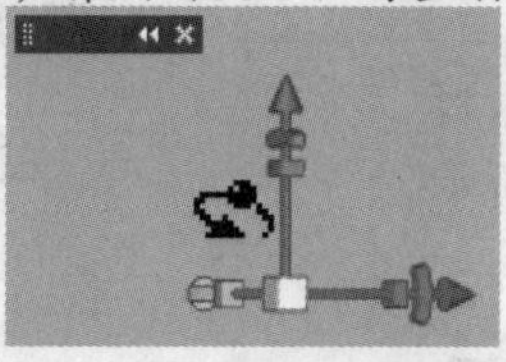

图8-5 显示的灰色标题栏

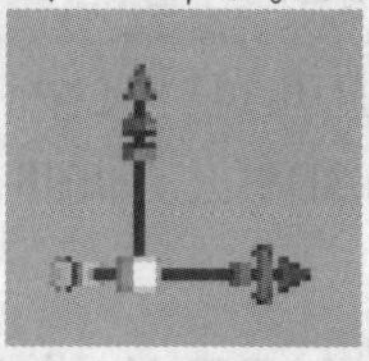

图8-6 最小化显示的坐标

8.1.3 Photoshop 支持的3D文件格式

Photoshop 支持的3D 文件格式有3DS、DAE、KMZ、OBJ及U3D。

- 3DS格式是一种通用的保存三维模型的格式，由Autodesk推出，并广泛应用于各软件之间的模型数据交换。
- DAE格式是COLLADA软件的标准格式，最初用于3D软件的数据交换，由SCEA发起，现在则被许多著名厂家支持，如Autodesk。COLLADA不仅可以用于建模工具之间交换数据，也可以作为场景描述语言用于小规模的实时渲染。
- KMZ实际上是一种类似于压缩文件的文件格式，它可以被常见的解压缩程序打开，如WinRAR。另外，它可以整合诸如视频、图片、Flash等多媒体文件，然后压缩这些被整合的文件，使文件体积变小，方便传播。整合还使Google Earth在加载一个KMZ文件所需要的数据都能在本地计算机上找到，所以也加快了Google Earth的加载速度。

- OBJ文件是一种标准的3D模型文件格式，很适合用于3D软件模型之间的互导。例如，在3ds Max或LightWave中建了一个模型，想把它调到Maya里面渲染或动画，导出OBJ文件就是一种很好的选择。目前几乎所有知名的3D软件都支持OBJ文件的读写，不过很多软件需要通过插件才能做到。
- U3D是3D图形的标准格式，旨在创建一种能够像MP3用于视频和JPEG用于静态图像那样可以免费获得的3D数据编码方式，由3Dmake创建。

8.2 3D工具组

3D工具组中包括3D旋转工具、3D滚动工具、3D平移工具、3D滑动工具和3D比例工具。利用这些工具对模型进行编辑时，是对对象进行操作，而不是相机。

专家提示

利用工具箱中的工具进行操作时，在【信息】面板的下方将显示该工具的操作提示。如选取工具，然后将鼠标光标移动到图像窗口中，【信息】面板的下方将显示如图8-7所示的提示信息。

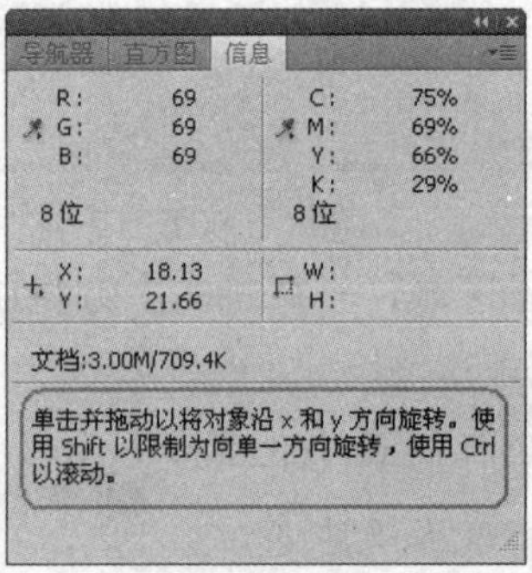

图8-7 显示的提示信息

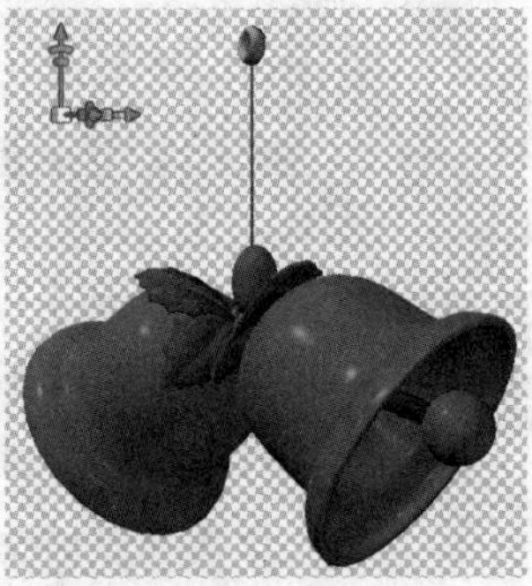

图8-8 打开的3D对象

打开素材文件“素材\第08章\铃铛.3DS”，如图8-8所示。

8.2.1 3D旋转工具

3D 旋转工具可围绕模型进行旋转。上下拖动鼠标可使模型围绕其X轴旋转，如图8-9所示。左右拖动鼠标可使模型围绕其Y轴旋转，如图8-10所示。如按住Alt键的同时拖动鼠标，可滚动模型。

图8-9 沿X轴旋转后的形态

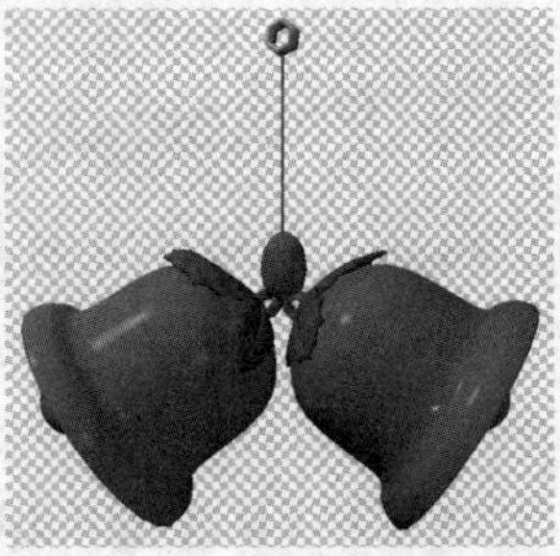

图8-10 沿Y轴旋转后的形态

8.2.2 3D滚动工具

3D 滚动工具可围绕模型的Z轴进行旋转。将鼠标光标移动到画面中左右拖动即可对其进行旋转，效果如图8-11所示。

8.2.3 3D平移工具

3D平移工具可沿X轴方向或Y轴方向平移对象。在画面中左右拖动鼠标，可使模型在水平方向上移动位置；上下拖动鼠标，可使模型在垂直方向上移动位置。按住Alt键的同时拖动鼠标，可使模型沿X轴和Z轴移动位置。向上移动模型后的效果如图8-12所示。

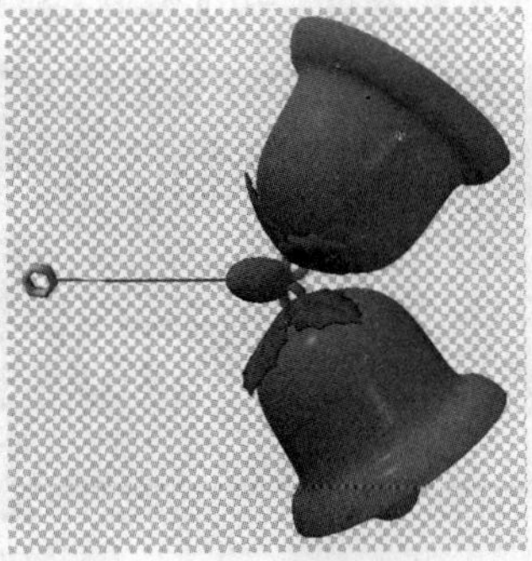

图8-11 沿Z轴旋转后的形态

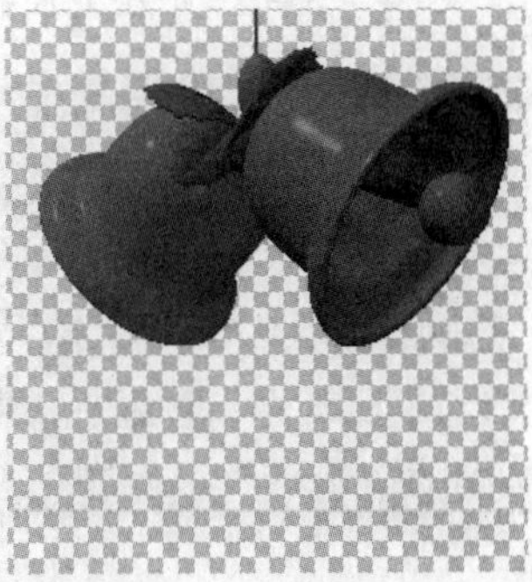

图8-12 向上移动模型后的效果

8.2.4 3D滑动工具

3D 滑动工具可左右拖动以水平移动模型，或上下拖动以拉近或拉远模型。相当于按住Alt键的同时用工具进行操作。

8.2.5 3D比例工具

3D比例工具可放大或缩小模型。向上拖动鼠标将放大模型，向下拖动鼠标将缩小模型。

专家提示

使用3D工具组中的工具变换模型时，按住Shift键的同时拖动鼠标，可使旋转、滚动、平移、滑动或缩放操作限制在单一方向上进行。

8.2.6 3D工具组的选项栏

3D工具组的选项栏如图8-13所示。

图8-13 3D工具组的选项栏

- 返回到初始对象位置：当模型进行旋转或移动等变换后，单击此按钮，可将模型还原到初始时的状态。
- 位置：在右侧的选项栏中包括默认视图、左视图、右视图、俯视图、仰视图、前视图和后视图。选择相应的选项，可直接将模型切换至相应视图中的形态。
- 存储当前视图：当模型进行旋转或移动等变换后，单击该按钮，可将当前的视图形态保存。视图名称可在弹出的对话框中设定，设定后将显示在【位置】选项栏中。
- 删除当前所选视图：当选择自定义的视图选项时，单击该按钮，可将自定义的视图在【位置】选项栏中删除，模型将恢复初始时的状态。

- 方向：可在文本框中输入数值，以精确定义模型的位置、旋转和缩放等。

8.3 3D视图工具组

3D工具组中包括3D环绕工具、3D滚动视图工具、3D平移视图工具、3D移动视图工具和3D缩放工具。利用这些工具对模型进行编辑时，是对相机进行操作，模型的位置不会发生变化。

8.3.1 3D环绕工具

3D环绕工具可使相机沿X轴或Y轴方向环绕移动。激活此按钮后，将鼠标光标移动到画面中拖动，即可使相机在水平或垂直方向环绕移动。按住Ctrl键的同时拖动鼠标，可以滚动相机。

8.3.2 3D滚动视图工具

使用3D滚动视图工具可围绕Z轴旋转相机。

8.3.3 3D平移视图工具

3D平移视图工具可沿X轴或Y轴方向平移相机。在画面中左右拖动鼠标，可使相机在水平方向上移动位置；上下拖动鼠标，可使相机在垂直方向上移动位置。按住Ctrl键的同时拖动鼠标，可使相机沿X轴和Z轴移动位置。

8.3.4 3D移动视图工具

3D移动视图工具可移动相机。拖动鼠标可使相机在Z轴平移、Y轴旋转；按住Ctrl键的同时拖动鼠标，可使相机沿Z轴平移、X轴旋转。

8.3.5 3D缩放工具

3D 缩放工具可拉近或拉远相机的视角。选取该工具，其选项栏如图8-14所示。

图8-14 3D 缩放工具的选项栏

- 透视相机——使用视角：显示汇聚成消失点的平行线。
- 正交相机——使用缩放：保持平行线不相交。在精确的缩放视图中显示模型，而不会出现任何透视扭曲。

- 标准视角：显示当前3D相机的视角，右侧的下拉列表框中包括“垂直角度”、“水平角度”和“毫米镜头”3个选项。当选择“垂直角度”和“水平角度”选项时，标准视角的最大值为180。
- 景深：设置景深。“模糊”可以使图像的其余部分模糊化。“距离”决定聚焦位置到相机的距离。

8.4 3D面板

打开素材图片“素材\第08章\小恐龙.3DS”，如图8-15所示。执行“窗口｜3D”命令，调出3D面板，如图8-16所示。

图8-15 打开的3D模型

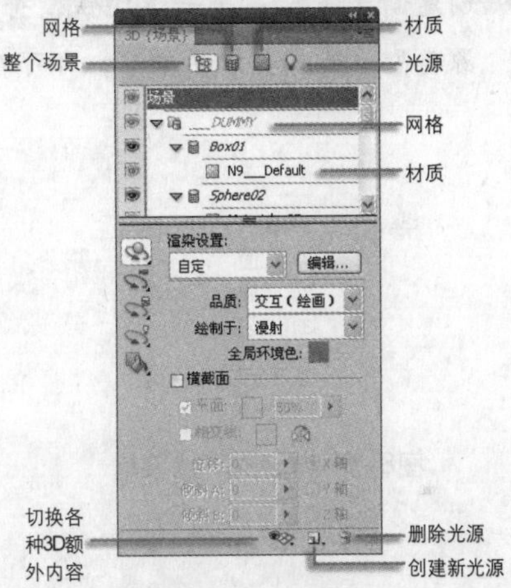

图8-16 3D面板

3D面板中主要存储3D文件的纹理、渲染及光照信息。通过面板中的选项及参数设置，可以移动3D模型，或对其进行动画处理、更改渲染模式、编辑或添加光照，或将多个3D模型合并为一个3D场景。

- 单击位于3D面板顶部的整个场景、网格、材质或光源按钮，可切换到相应的3D面板。
- 显示/隐藏3D网格或光源：单击“网格”或“光源”前面的眼睛图标，可显示/隐藏网格或光源。

专家提示

不能在3D面板中打开或关闭材质的显示。要显示或隐藏材质，要先在【图层】面板中更改与之关联的纹理的可见性设置。

- 展开或折叠网格的材质：单击网格前面的▼图标，即可将网格的材质折叠；此时图标显示为▶，再次单击可将其展开。
- 切换各种3D额外内容：单击该按钮，将弹出如图8-17所示的下拉菜单。选择“3D

轴”命令，将在视图的左上角显示3D坐标轴。选择“3D地面”命令，将在视图中显示地面网格，如图8-18所示。选择“3D 光源”命令，将在视图中显示光源参考线。光源参考线为进行调整光源提供三维参考点。这些参考线反映了每个光源的类型、角度和衰减。点光显示为小球；聚光灯显示为锥形，无限光显示为直线，如图8-19所示。选择“3D选区”命令，当选择面板中的材质或网格时，文档窗口中会出现一个彩色的外框，从而帮助用户识别当前项目。选择“显示全部”命令，将同时启用显示3D轴、3D地面、3D光源和3D选区；选择“隐藏全部”命令，将不显示任何额外内容。

专家提示

需要注意的是，要想显示额外选项，必须启用OpenGL绘图才能显示。

- 创建新光源：单击该按钮，将弹出如图8-20所示的下拉菜单，列出了可以新建的光源类型，选择其中的命令，即可在场景中添加相应的光源。

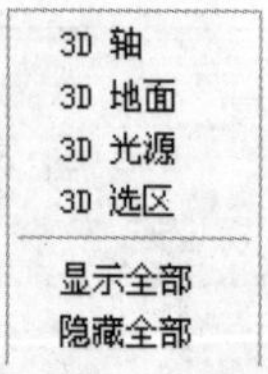

图8-17 弹出的下拉菜单

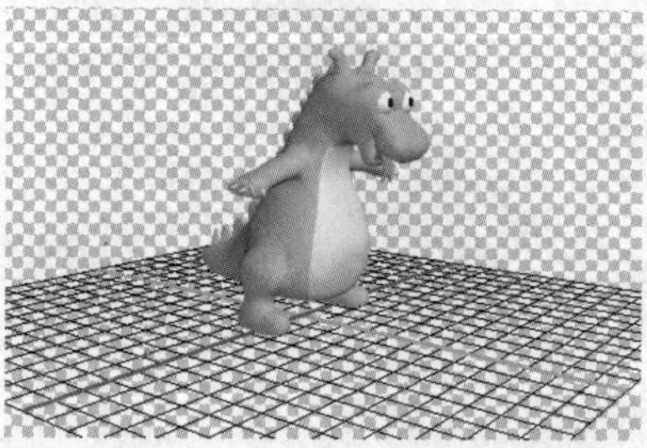

图8-18 显示的地面网格

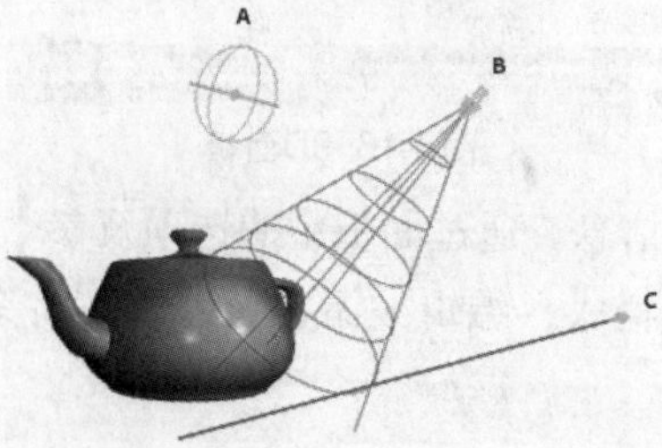

图8-19 光源参考线

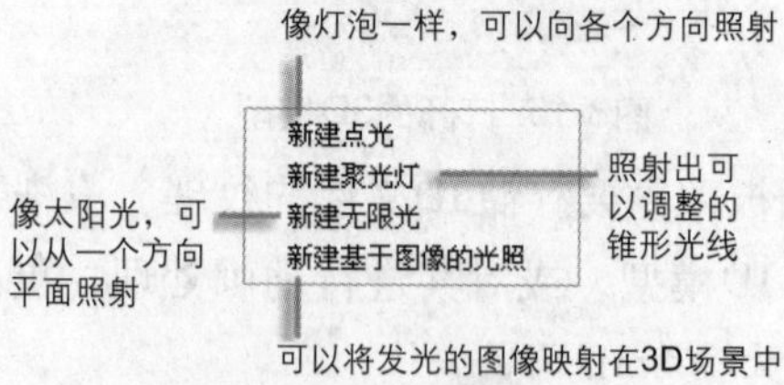

图8-20 新建光源下拉菜单

- 删除光源：在面板上方的场景列表中选择一个光源，单击该按钮，可将选择的光源删除。

8.4.1 3D场景面板

使用3D场景设置可更改渲染模式、选择要在其上绘制的纹理或创建横截面。

- 渲染设置：可在下方的下拉列表框中选择模型的渲染预设。单击右侧的编辑...按钮，可在弹出的【3D渲染设置】对话框中自定渲染选项。
- 品质：该选项用于设置模型的显示品质，包括“交互（绘画）”、“光线跟踪草图”和“光线跟踪最终效果”3个选项。选择“交互”选项，使用OpenGL进行渲染可以利用视频卡上的GPU产生高品质的效果，但缺乏细节的反射和阴影。对于大多数系统来说，此选项最适于进行编辑；选择“光线跟踪草图”选项，使用计算机主板上的CPU进行渲染，具有草图品质的反射和阴影。如果系统有功能强大的显卡，则“交互”选项可以产生更快的结果；选择“光线跟踪最终效果”选项，可以完全渲染反射和阴影，显示速度较慢，一般适用于最终输出。

- 绘制于：直接在3D模型上绘画时，可在该选项的下拉列表中选择要在其上绘制的纹理映射。
- 全局环境色：设置在反射表面上可见的全局环境光的颜色。该颜色与用于特定材质的环境色相互作用。
- 横截面：勾选该复选框，可创建以所选角度与模型相交的平面横截面，如图8-21、图8-22所示。这样可以切入模型内部，查看里面的内容。

图8-21 创建横截面后的效果

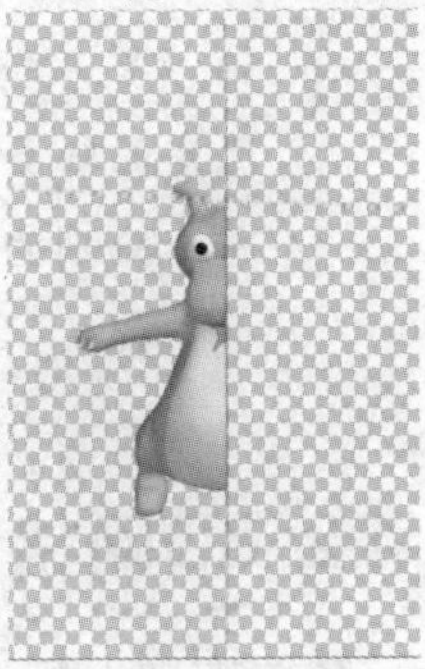

图8-22 旋转角度后的效果

勾选“横截面”复选框后，其下的选项即变得可用。

- 平面：勾选该复选框，将显示创建横截面的相交平面。单击右侧的颜色色块可以设置显示平面的颜色，在右侧的文本框中输入数值，可以设置显示平面的不透明度。
- 相交线：勾选该复选框，将以高亮的形式显示横截面与平面相交的模型区域。单击右侧的色块，可调整高光显示的颜色；单击按钮，可镜像显示横截面，即将模型的显示区域更改为相交平面的反面，如图8-23所示。
- 位移：使用“位移”选项可沿平面的轴移动平面，而不更改平面的斜度。如图8-24、图8-25所示为设置不同数值时生成的横截面。

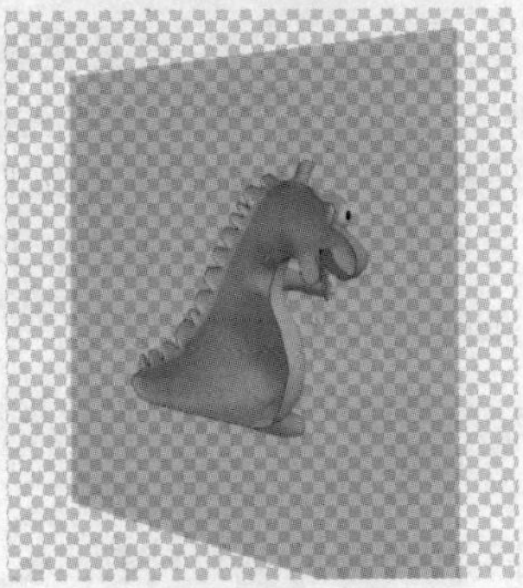

图8-23 显示的效果

图8-24 位移为+5时的效果

图8-25 位移为－5时的效果

专家提示

在数值为 0 的情况下，平面将与 3D 模型相交于中点。使用最大正位移或负位移时，平面将会移动到它与模型的任何相交线之外。

- 倾斜：可将平面朝任一可能倾斜的方向旋转至0°~360°范围内的任意角度。如果“倾斜A”和“倾斜B”选项中都设置数值，可设置平面围绕两个轴进行旋转。
- 对齐方式：为交叉平面选择一个轴（X、Y或Z轴）。该平面将与选定的轴垂直。如图8-26、图8-27所示分别为选择Y轴和Z轴时的横截面效果。

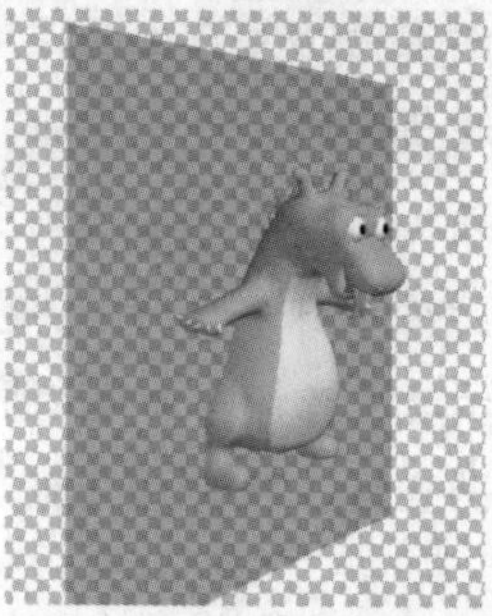
图8-26 选择Y轴时的横截面效果

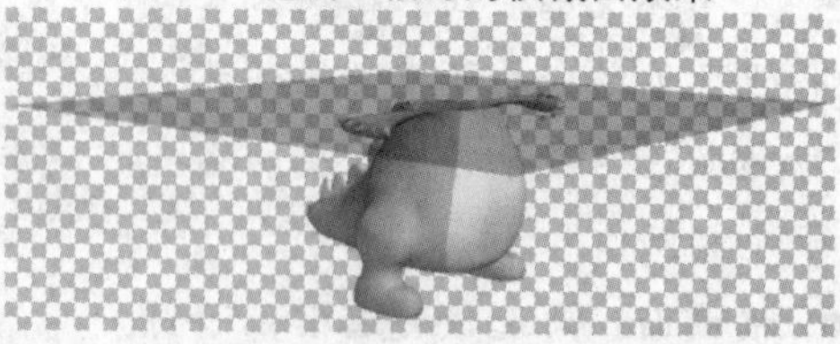
图8-27 选择Z轴时的横截面效果

8.4.2 3D网格面板

在3D面板中单击按钮，如图8-28所示。将切换到【3D{网格}】面板。在网格列表中选择特定的网格，其下将显示该网格的有关信息，如图8-29所示。

3D 模型中的每个网格都出现在 3D 面板顶部的列表框中。选择网格，可访问网格设置和 3D 面板底部的信息。这些信息包括应用于网格的材质和纹理数量，以及其中所包含的顶点和表面的数量。同时还可以设置网格显示选项。

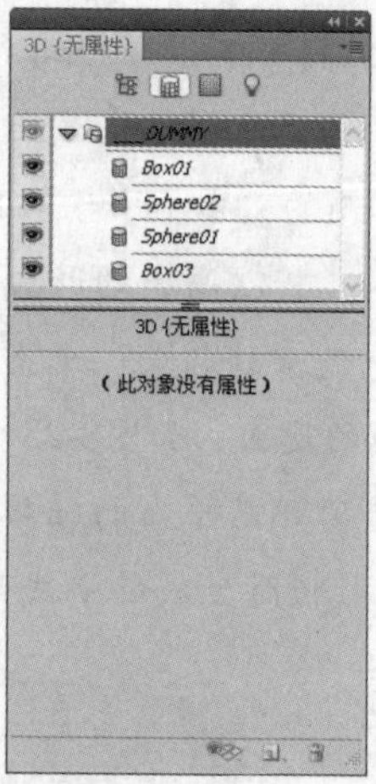

图8-28 单击按钮

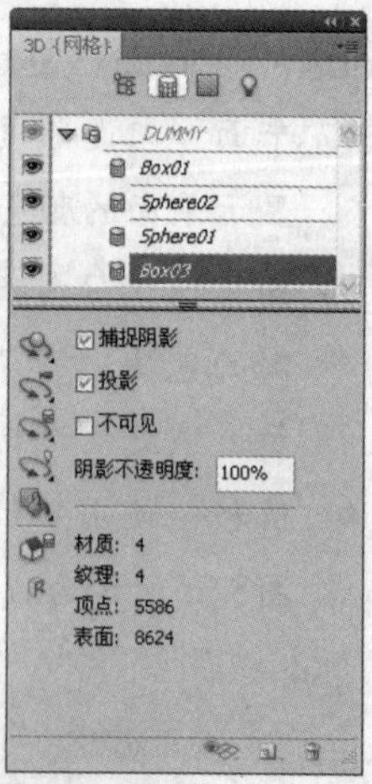

图8-29 选择网格显示的按钮及选项

- 捕捉阴影：控制选定的网格是否在其表面显示来自其他网格的阴影。注意，要查看阴影，必须设置光源并将渲染品质设置为“光线跟踪”。
- 投影：在“光线跟踪”渲染模式下，控制选定的网格是否在其他网格表面产生投影。
- 不可见：勾选该复选框，将在文件中隐藏该网格，但显示其表面的所有阴影。
- 阴影不透明度：控制所选网格投射阴影的不透明度。在将3D对象与下面的图层混合时，该设置特别有用。
- 网格位置工具：单击面板左侧的按钮，将弹出如图8-30所示的工具列表。使用该列表中的工具可移动、旋转或缩放选定的网格，而无需移动整个模型。各位置工具的操作方式与3D工具组中各工具的操作方式相同。注意，要在选定单个网格时对整个模型进行操作，请使用工具箱中的3D工具。

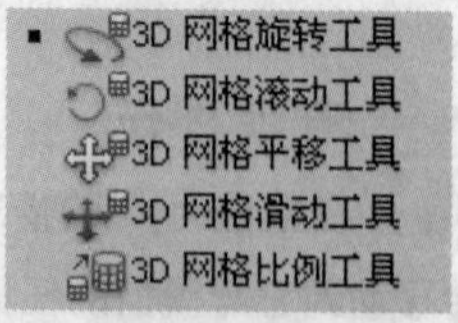

图8-30 网格位置工具列表

- 返回到初始网格位置：单击按钮，可将选择的网格移动到初始的位置。即X、Y、Z轴坐标为0的位置。

- 编辑凸纹：当选择凸纹对象时，该按钮才可用，单击此按钮将弹出【凸纹】对话框，用于对凸纹进行形状、凸出程度及内部约束等的编辑。

8.4.3 3D材质面板

在3D面板中单击按钮，将切换到【3D{材质}】面板，如图8-31所示。

【3D{材质}】面板顶部列出了在 3D 文件中使用的材质。可使用一种或多种材质来创建模型的整体外观，如果模型包含多个网格，则每个网格可能会有与之关联的特定材质。或者模型可以从一个网格构建，而使用多种材质，在这种情况下，每种材质分别控制网格特定部分的外观。

对于面板顶部选定的材质，底部会显示该材质所使用的特定纹理映射。某些纹理映射（如漫射和凹凸）通常依赖于 2D 文件来提供创建纹理的特定颜色或图案。

- 应用、存储或载入材质预设：单击列表窗口下方的材质预览球，将弹出如图8-32所示的预设材质。在预设的材质球上双击鼠标，可将该材质应用。单击弹出面板右上角的按钮，在弹出的面板菜单中选择"新建材质"命令，可将该材质保存。另外，在面板菜单中还可对材质进行重命名或删除。如果要保存预设组，可执行"存储材质"命令，如果要恢复默认的材质组，可执行"复位材质"命令。

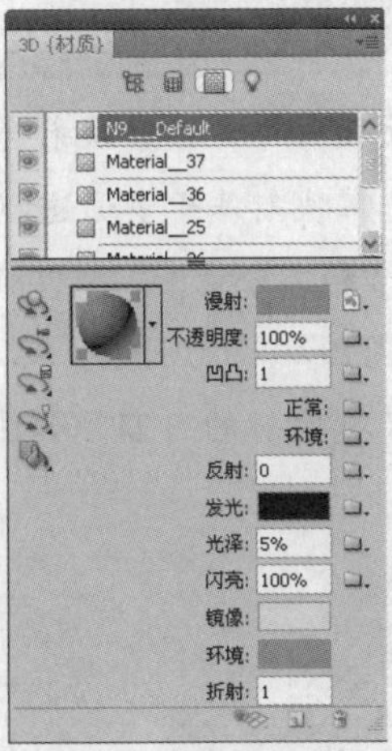

图8-31 【3D{材质}】面板

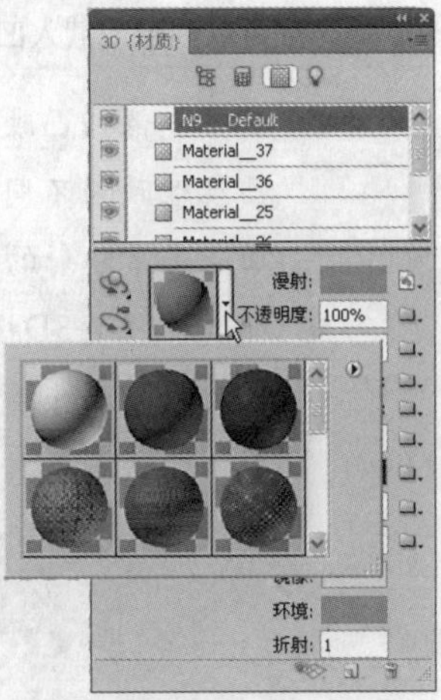

图8-32 显示的预设材质球

- 漫射：材质的颜色，可以是实色或任意 2D 图像。单击右侧的色块，可为材质设置不同的颜色，如图8-33、图8-34所示。单击右侧的按钮，将弹出如图8-35所示的命令列表。利用这些命令可为模型添加纹理、对纹理进行编辑或去除，具体操作参见第8.5节的内容。

图8-33 漫射色为紫色的效果

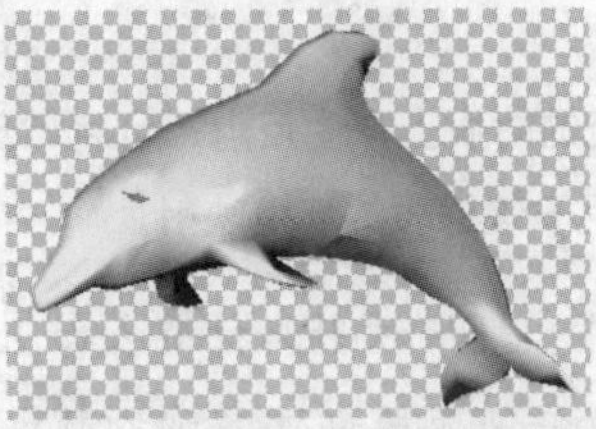
图8-34 漫射色为黄色的效果

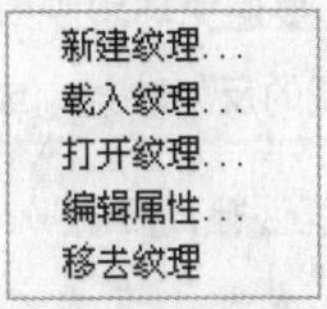

图8-35 编辑纹理命令列表

- 不透明度：用于设置材质的不透明度。数值为0%时，材质将不可见；数值为100%

时，材质完全不透明。也可为不透明度添加映射纹理，其中白色值创建完全不透明，而黑色值创建完全透明。

● 凹凸：利用图像在材质表面创建凹凸。单击右侧的按钮，新建或加载纹理，然后通过在文本框中输入数值或在选项处拖动滑块来调整凹凸强度。数值越大，效果越明显，如图8-36、图8-37所示为模型加载的图像（素材\第08章\海景.jpg）及效果。

图8-36 载入的凹凸映射文件

图8-37 制作的凹凸效果

专家提示

凹凸映射是一种灰度图像，其中较亮的值创建突出的表面区域，较暗的值创建平坦的表面区域。还可以创建或载入凹凸映射文件，或在模型上绘画以自动创建凹凸映射文件。

● 正常：像凹凸映射纹理一样，正常映射会增加表面细节。与基于单通道灰度图像的凹凸纹理映射不同，正常映射基于多通道（RGB）图像。每个颜色通道的值代表模型表面上正常映射的x、y和z分量。

● 环境：保存3D模型周围环境的图像。环境映射会作为球面全景来应用。可以在模型的反射区域中看到环境映射的内容，如图8-38、图8-39所示，注意要设置下方的“反射”选项参数。

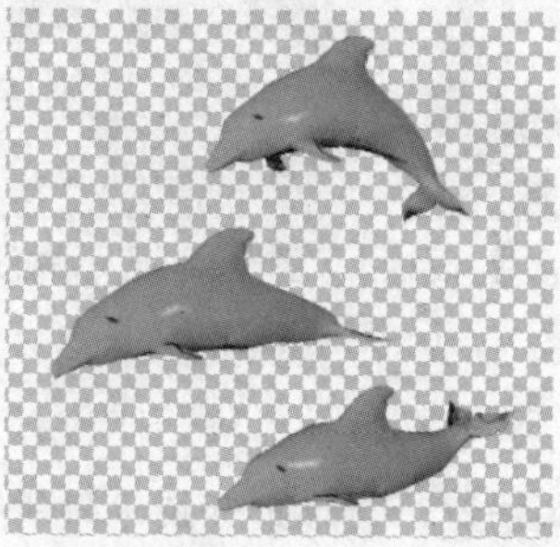
图8-38 打开的3D文件

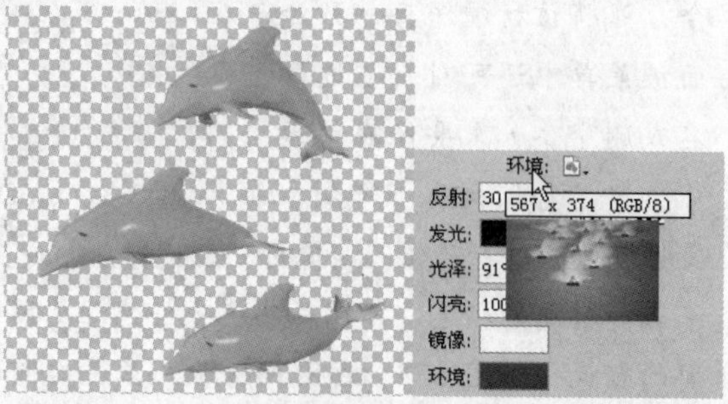

图8-39 添加环境映射并设置反射后的效果

专家提示

要避免环境映射在给定的材质上产生反射，可将“反射”选项的数值设置为0，并添加遮盖材质区域的反射映射，或移去用于该材质的环境映射。

● 反射：可增加3D场景、环境映射和材质表面上其他对象的反射。

● 发光：设置不依赖于任何光照即可显示的颜色。可创建从内部照亮3D对象的效果，如图8-40所示。也可利用2D图像作为模型的自发光纹理。

- 光泽：定义来自光源的光线经表面反射，折回到人眼中的光线数量。可以通过在文本框中输入数值或使用小滑块来调整光泽度。数值为0时，材质没有光泽；数值越大，材质的光泽度越高。如果创建单独的光泽度映射，则映射中的颜色强度控制材质中的光泽度。黑色区域创建完全的光泽度，白色区域移去所有光泽度，而中间值减少高光大小。

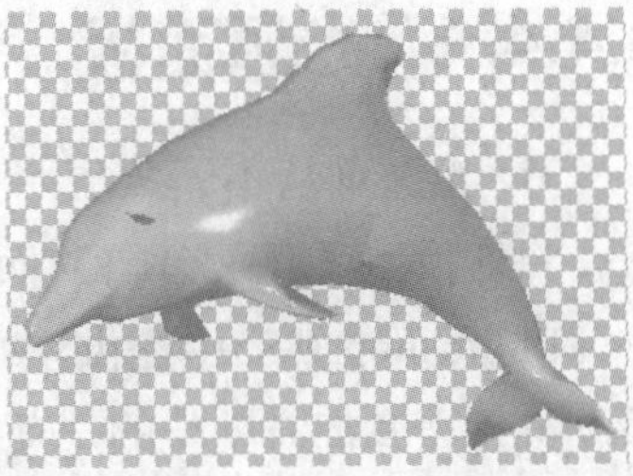

图8-40 将色块设置为紫色后的效果

- 闪亮：定义“光泽度”设置所产生的反射光的散射。低反光度（高散射）产生更明显的光照，而焦点不足。高反光度（低散射）产生较不明显、更亮、更耀眼的高光。分别设置不同的“光泽”和“闪亮”数值产生的效果如图8-41所示。

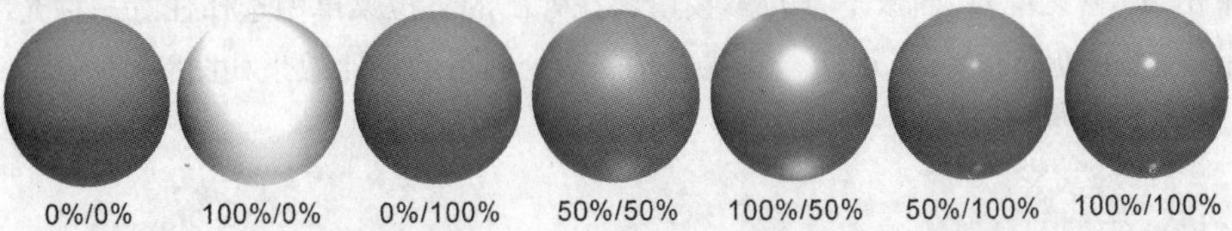

图8-41 调整光泽度（左边的数值）和反光度（右边的数值）

- 镜像：为镜面属性显示的颜色，如光泽和闪亮点。如图8-42、图8-43所示为设置不同颜色时的效果对比。

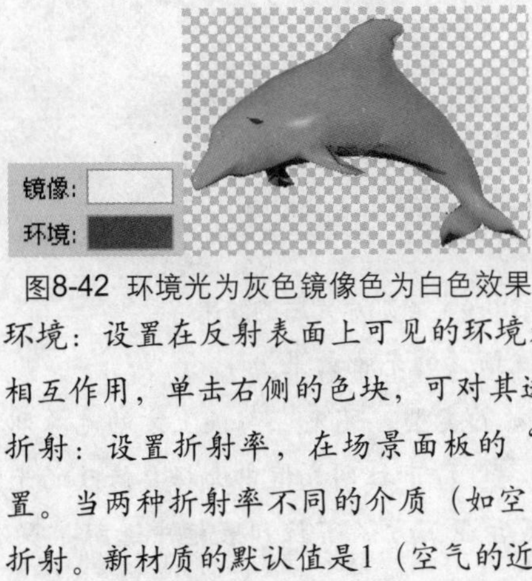

图8-42 环境光为灰色镜像色为白色效果

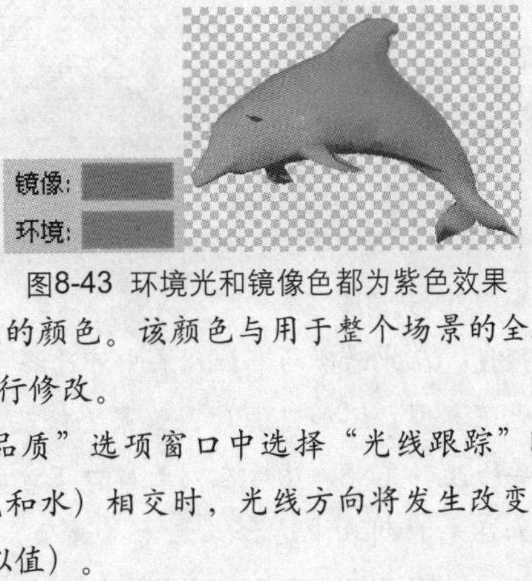

图8-43 环境光和镜像色都为紫色效果

- 环境：设置在反射表面上可见的环境光的颜色。该颜色与用于整个场景的全局环境色相互作用，单击右侧的色块，可对其进行修改。
- 折射：设置折射率，在场景面板的“品质”选项窗口中选择“光线跟踪”时方可设置。当两种折射率不同的介质（如空气和水）相交时，光线方向将发生改变，即产生折射。新材质的默认值是1（空气的近似值）。
- 材质拖放工具：3D材质拖放工具的工作方式与传统的油漆桶工具非常相似，能够直接在3D对象上对材质进行取样并应用这些材质。选择工具后，将鼠标光标移动到文档窗口中的3D对象上，当要取样的材质出现外框时，按住Alt键的同时单击鼠标可对该材质取样；移动鼠标光标至其他网格上进行单击，即可应用该材质。
- 选择材质工具：在按钮上按住鼠标左键不放，在弹出的工具列表中可选择工具。选择工具后，将光标移动到文档窗口中的3D对象上，在要选择的材质出现外框时单击鼠标，即可将该材质选择。

8.4.4 3D光源面板

3D 光源可从不同角度照亮模型，从而添加逼真的深度和阴影。在3D面板中单击按钮，将切换到【3D{光源}】面板，如图8-44所示。

Photoshop CS5中提供了4种类型的光源，包括点光、聚光灯、无限光和基于图像的光照。每种光源都有独特的选项和特性。

（1）点光像灯泡一样，向各个方向照射。

（2）聚光灯照射出可调整的锥形光线。

（3）无限光像太阳光一样，从一个方向平面照射。

（4）基于图像的光照可以将发光的图像映射到场景中。

单击【3D{光源}】面板下方的按钮，在弹出的下拉菜单中选择任意一种光源，即可在场景中添加相应的光源。选择“新建点光”命令前后的对比效果如图8-45所示。

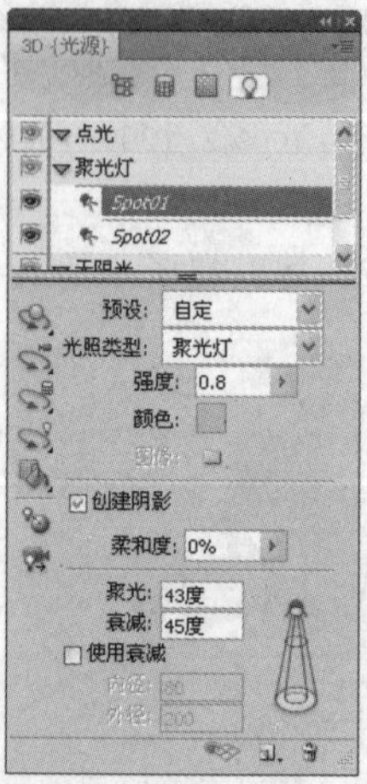

图8-44 【3D{光源}】面板

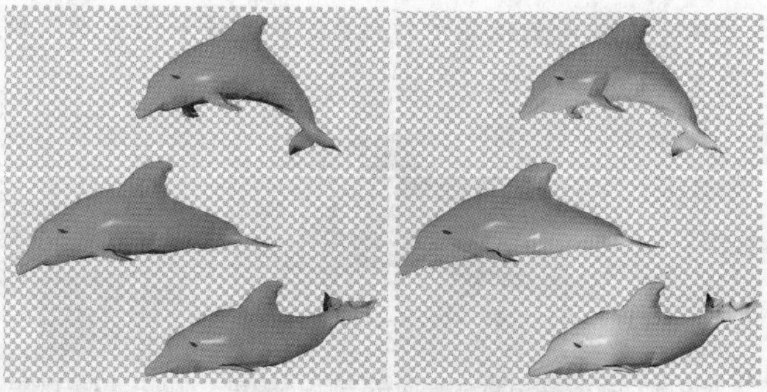

图8-45 添加点光后的效果

- 预设：在此选项的下拉列表中可选择系统预设的光照效果。
- 光照类型：添加光源后，如果要修改光源的类型，可先在面板上方的光源列表中选择要修改的光源，然后在列表窗口下方的下拉列表框中选择要修改的光源即可。如在光源列表中选择“点光”选项，然后在下方的下拉列表框中选择“聚光灯”选项，则可以将点光修改为聚光灯类型。
- 强度：设置光源的照射强度。数值越大，灯光越亮。
- 颜色：设置光源的颜色。单击右侧的色块可进行设置。
- 创建阴影：勾选该复选框，可创建从前景表面到背景表面、从单一网格到其自身或从一个网格到另一个网格的投影。取消该复选框的勾选，可提高模型的渲染性能。
- 柔和度：用于模糊阴影边缘，产生逐渐衰减的效果。
- 聚光：设置光源明亮中心的宽度，此选项只有选择聚光灯时才可调整。
- 衰减：设置光源的外部宽度，此选项只有选择聚光灯时才可调整。
- 使用衰减：勾选该复选框，可启用光源的衰减特性，即光源的照射会在某一范围内消失。“内径”和“外径”选项决定衰减锥形，以及光源强度随对象距离的增加而减弱的速度。对象接近“内径”限制时，光源强度最大。对象接近“外径”限制时，光源强度为零。处于中间距离时，光源从最大强度开始线性衰减直至为零。

专家提示

将鼠标光标移动到“聚光”、“衰减”、“内径”和“外径”选项上，右侧图标中的红色轮廓会指示受影响的光源元素，分别如图8-46所示。

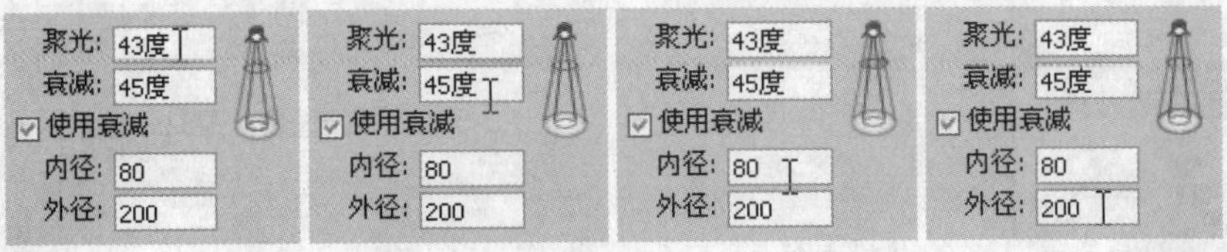

图8-46 指示受影响的光源元素

- 移动光源位置按钮：用于调整光源的位置，包括旋转光源、拖动光源、滑动光源、位于原点处的点光和移至当前视图。
- 旋转光源：可以旋转光源，同时保持其在3D空间的位置。只能对聚光灯和无限光进行旋转。在此按钮上按住鼠标左键不放，将弹出如图8-47所示的隐藏按钮。
  - 拖动光源：可以将光源移动到同一3D平面中的其他位置。只能对聚光灯和点光进行拖动。
  - 滑动光源：可以将光源移动到其他平面。只能对聚光灯和点光进行滑动。

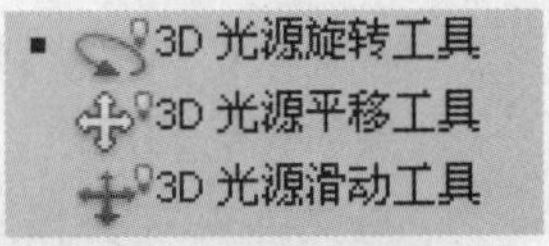

图8-47 移动光源位置按钮

  - 位于原点处的点光：可以使光源正对模型中心。当选择聚光灯时此按钮才可使用。
  - 移至当前视图：将光源置于与相机相同的位置。

8.5 创建和编辑3D模型的纹理

在Photoshop CS5中打开3D文件时，纹理会与3D模型一起被导入，通过各种相关命令，可对这些纹理进行编辑或重新创建。

打开素材文件“素材\第08章\海豚.3DS”，纹理条目将显示在【图层】面板中，并嵌套在3D图层的下方，如图8-48所示。

在【图层】面板中双击“纹理映射类型”下方的纹理映射文件名，纹理会作为智能对象打开，此时在打开的文件夹中绘制图形或移动复制图像，完成后将文件保存，即可用新的图像替换原来的纹理。下面以案例的形式来详细讲解。

图8-48 3D模型的纹理条目

实战演练029 —— 编辑3D模型纹理

1 在【图层】面板中双击如图8-49所示的纹理映射文件名，弹出的文件如图8-50所示。

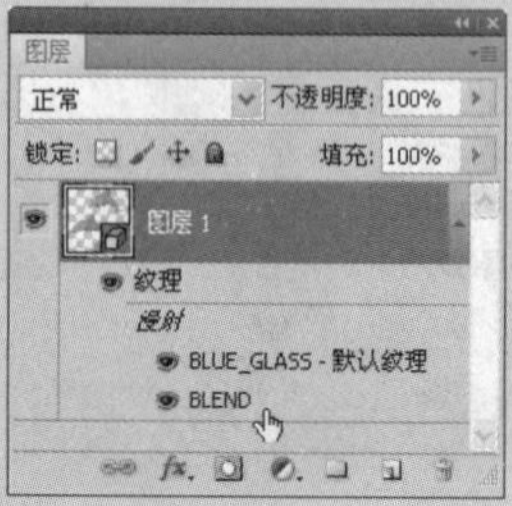

图8-49 双击纹理映射文件名　图8-50 打开的文件

2 选取工具，然后单击选项栏中的图案按钮，在弹出的面板中选择如图8-51所示的图案。再设置画笔笔头的选项参数，如图8-52所示。

3 将鼠标光标移动到文件中随意拖动，效果如图8-53所示。然后按Ctrl+S组合键将文件保存，模型应用的新纹理如图8-54所示。

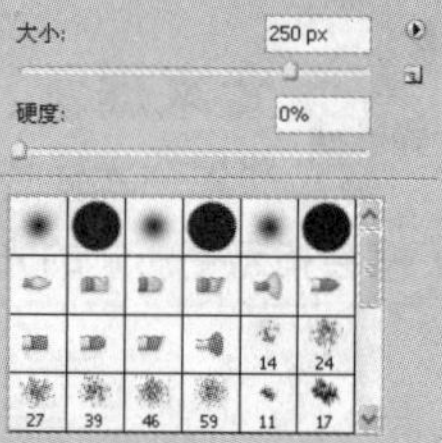

图8-51 选择的图案　图8-52 设置的画笔笔头参数

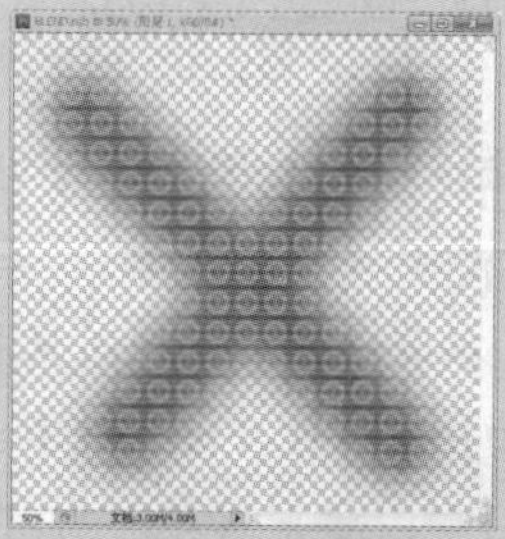

图8-53 绘制的图案　图8-54 修改纹理后的效果

除了以上的编辑纹理方法外，还可利用【3D{材质}】面板中的按钮进行重新创建和编辑。具体操作分别如下。

8.5.1 新建纹理

在【3D{材质}】面板中单击如图8-55所示的材质，将其设置为当前材质，然后单击“漫射”选项右侧的按钮，在弹出的下拉菜单中选择“新建纹理”命令。

在弹出的【新建】对话框中输入新映射的名称、尺寸、分辨率和颜色模式，然后单击 确定 按钮，即可将新建的文件作为纹理应用于模型上。新纹理映射的名称会显示在【3D{材质}】面板中纹理映射类型的旁边。该名称还会添加到【图层】面板中 3D 图层下的纹理列表中。

专家提示

为匹配现有纹理映射的长宽比，可通过将鼠标光标移动到【图层】面板中的纹理映射名称上来查看其尺寸，如图8-56所示。

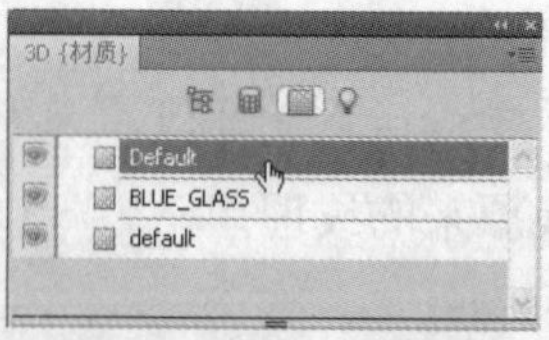

图8-55 单击相应的材质

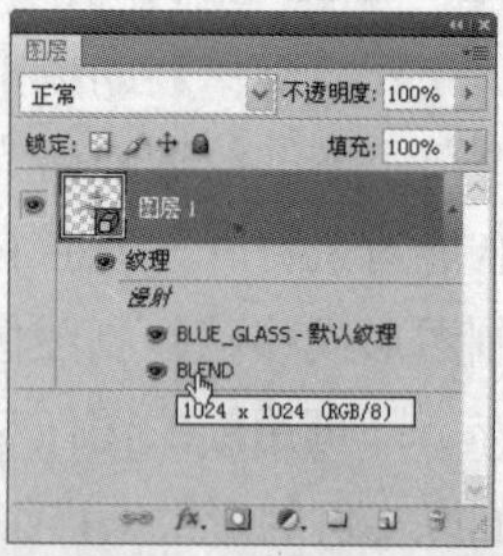

图8-56 显示的文件尺寸

8.5.2 载入纹理

在【3D{材质}】面板中单击“漫射”选项右侧的按钮，在弹出的下拉菜单中选择“载入纹理”命令。将弹出【打开】对话框，在其中选择要作为纹理的图像文件，单击打开(O)按钮，即可将选择的图像作为纹理应用于模型上，如图8-57、图8-58所示。

图8-57 选择的图像

图8-58 图像应用于模型上的效果

8.5.3 打开纹理

在【3D{材质}】面板中单击“漫射”选项右侧的按钮，在弹出的下拉菜单中选择“打开纹理”命令。可将纹理文件以*.psd的格式打开，打开后，可在画面中绘制图形或添加新的图像，且可以新建图层，最终将文件保存，即可将修改后的图像作为材质纹理应用于模型上。如图8-59、图8-60所示为执行“图像｜调整｜反相”命令，将图像反相后作为模型纹理的效果。

图8-59 图层反相处理后的效果

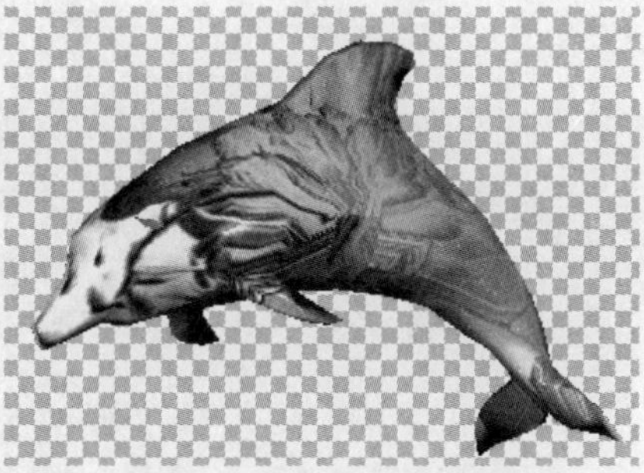

图8-60 修改纹理后的效果

8.5.4 编辑属性

纹理映射根据其 UV 映射参数来应用于模型的特定表面区域。在实际工作过程中，可调整 UV 比例和位移以改进纹理映射到模型的方式。

专家提示

大多数材质贴图都是为 3D 曲面指定的 2D 平面。因此，说明贴图位置和变形时所用的坐标系与 3D 空间中使用的 X、Y 和 Z 轴坐标不同。特别是贴图坐标使用的是字母 U、V 和 W。U、V 和 W 坐标分别与 X、Y 和 Z 坐标的相关方向平行。如果查看 2D 贴图图像，U 相当于 X，代表着该贴图的水平方向；V 相当于 Y，代表着该贴图的竖直方向；W 相当于 Z，代表着与该贴图的 UV 平面垂直的方向。

在【3D{材质}】面板中单击“漫射”选项右侧的按钮，在弹出的下拉菜单中选择“编辑属性”命令，将弹出如图8-61所示的对话框。

- 目标：确定设置应用于特定图层还是复合图像。
- U和V比例：调整映射纹理的大小。要创建重复图案，请降低该值。
- U和V位移：调整映射纹理的位置。

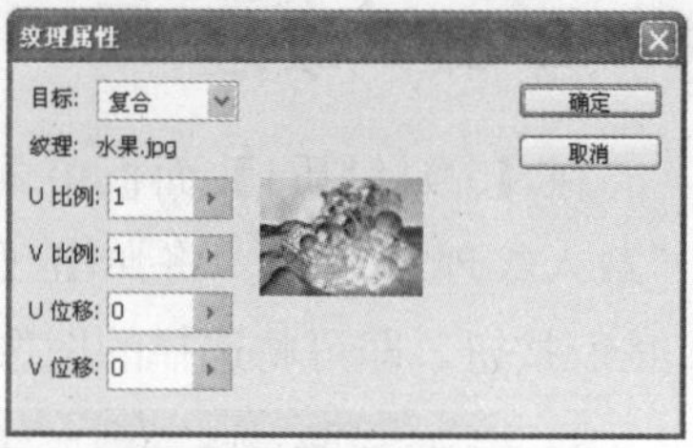

图8-61 【纹理属性】对话框

调整相应的参数后，单击确定按钮，即可对纹理进行修改。需要注意的是，只有在模型的UV映射不正确时，才需要更改 UV 比例和位移设置。

8.5.5 移去纹理

在【3D{材质}】面板中单击“漫射”选项右侧的按钮，在弹出的下拉菜单中选择“移去纹理”命令，可将添加到模型中的纹理去除，此时“漫射”选项右侧的色块颜色会作为模型的漫射颜色。还可以通过直接在模型上绘画来创建漫射映射。

8.6 3D面板菜单

在3D面板中单击按钮，将弹出如图8-62所示的面板菜单。

- 地面阴影捕捉器：执行该命令，或执行“3D | 地面阴影捕捉器”命令，可在网格上捕捉地面所产生的阴影。
- 将对象贴紧地面：执行该命令，或执行“3D | 将对象贴紧地面”命令，可将阴影与对象对齐。
- 选择可绘画区域：执行该命令，将在模型上显示可以绘画的区域。

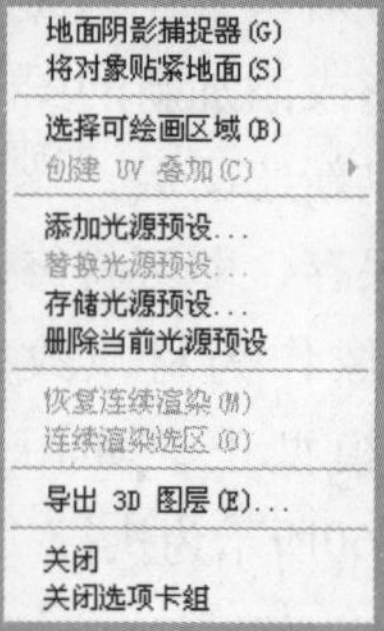

图8-62 弹出的面板菜单

8.6.1 创建UV叠加

当3D 模型上应用了多种材质，根据材质所使用的漫射纹理文件可将应用于模型上不同表面的多个内容区域进行编组，这个过程叫做UV映射。它将2D纹理映射中的坐标与3D模型上的特定坐标相匹配。UV映射使2D纹理可正确地绘制在3D模型上。

对于在Photoshop外创建的3D内容，UV映射发生在创建内容的程序中。然而，Photoshop可以将UV叠加创建为参考线，帮助用户直观地了解2D纹理映射如何与 3D 模型表面匹配。在编辑纹理时，这些叠加可作为参考线。

专家提示

要双击【图层】面板中的纹理以打开进行编辑，这时“创建 UV 叠加”命令才可用。

执行“创建UV叠加”命令或执行“3D | 创建UV叠加”命令，然后选择叠加选项。

- 线框：显示UV映射的边缘数据。
- 着色：显示使用实色渲染模式的模型区域。
- 正常映射：显示转换为RGB值的几何常值，R=X、G=Y、B=Z。

UV叠加作为附加图层添加到纹理文件的【图层】面板中，可以显示、隐藏、移动或删除。关闭并存储纹理文件时，或从纹理文件切换到关联的3D图层（纹理文件自动存储）时，叠加会出现在模型表面。

8.6.2 添加、替换、存储和删除光源预设

利用3D面板菜单中的命令，可将光源保存，以备后用。默认情况下，系统会安装各类这种文件，以便快速应用不同的灯光类型。

- 添加光源预设：执行该命令，将弹出【载入】对话框，在此对话框中可选择现有的预设光源，将其添加到当前场景中。
- 替换光源预设：执行该命令，可用选择的预设替换现有的光源。
- 存储光源预设：执行该命令，将弹出【存储】对话框，可以将当前光源组存储为预设，这样，在以后要使用这样的光源时可直接调用。
- 删除当前光源预设：执行该命令，将删除当前的光源预设。

8.7 综合实战——为地球仪贴图

本例主要以为地球仪贴图为例，来详细讲解3D面板的应用，地球仪贴图前后的对比效果如图8-63所示。

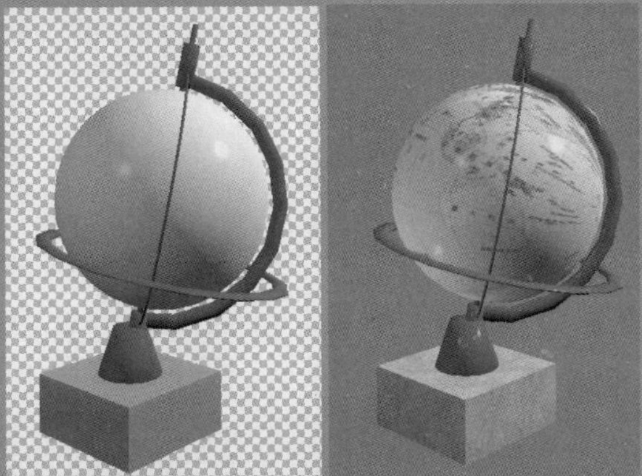

图8-63 地球仪贴图前后的对比效果

实战演练030 —— 为地球仪贴图

1 打开素材文件“素材\第08章\地球仪.3DS”，在【图层】面板中单击按钮，新建“图层2”。

2 将背景色设置为灰色（R:142、G:142、B:142），然后执行“图层｜新建｜图层背景”命令，将新建的图层转换为背景层，效果如图8-64所示。

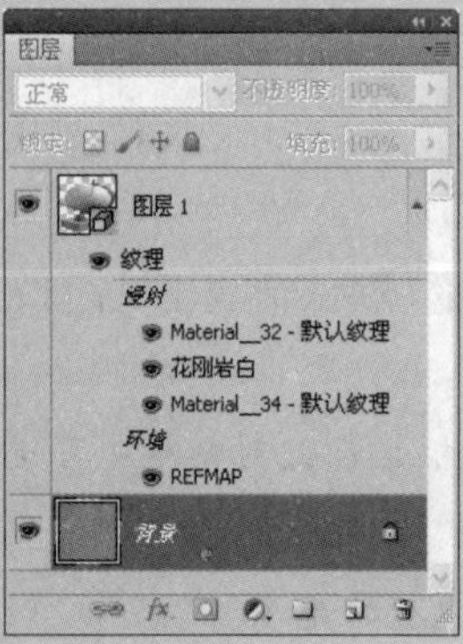

图8-64 新建的“背景”图层

3 单击“图层 1”，将其设置为工作层，然后将3D面板调出，并单击按钮，切换到【3D{材质}】面板。

4 单击如图8-65所示的颜色色块，弹出【选择漫射颜色】对话框，将颜色设置为蓝色（R:34、G:124、B:217）。

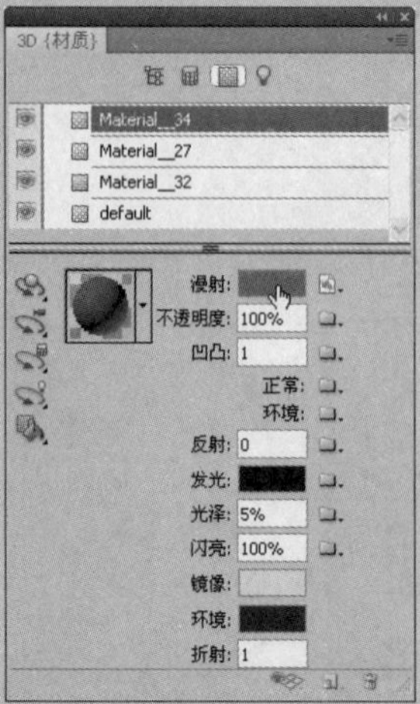

图8-65 单击颜色色块

5 单击确定按钮，修改漫射颜色后的效果如图8-66所示。

6 在【3D{材质}】面板中将“光泽”选项设置为72%，材质增强光泽度后的效果如图8-67所示。

图8-66 修改漫射颜色后的效果

图8-67 增强光泽度后的效果

7 在材质列表框中选择如图8-68所示的材质，然后单击下方“漫射”选项右侧的按钮，在弹出的下拉菜单中选择“载入纹理”命令。

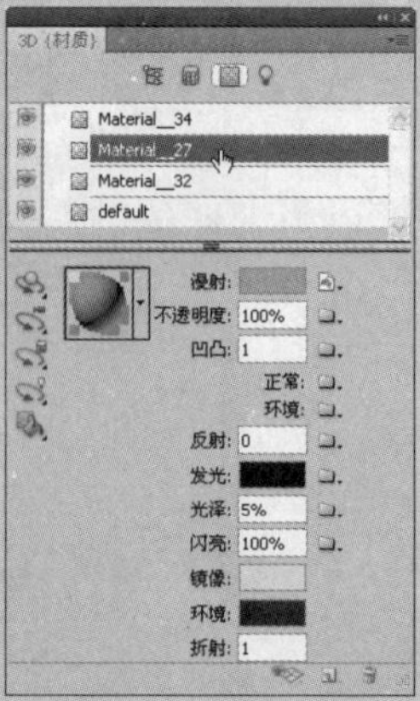

图8-68 选择的材质

8 在弹出的【载入】对话框中选择“素材\第08章\大理石.jpg”文件，然后单击打开(O)按钮，将大理石文件作为纹理载入，添加纹理的效果如图8-69所示。

图8-69 添加纹理后的效果

9 在“材料列表”中选择第三种材料，然后用相同的方法，将“素材\第08章\地图.jpg”文件作为纹理载入，效果如图8-70所示。

地图图片导入后，发现贴在球形上的文字与实际情况不太相符，下面来进行调整。

10 在【3D{材质}】面板中单击按钮，在弹出的下拉菜单中选择“打开纹理”命令，纹理文件即被打开。

11 执行“图像｜图像旋转｜90度（顺时针）”命令，将地图图片顺时针旋转90度，如图8-71所示。

图8-70 载入地图图片后的效果

图8-71 旋转角度后的图片

12 按Ctrl+S组合键将旋转后的图片保存，然后关闭该文件，图片旋转角度后的效果如图8-72所示。

图8-72 旋转后的贴图效果

接下来调整一下贴图的位置。

13 在【3D{材质}】面板中单击按钮，在弹出的下拉菜单中选择“编辑属性”命令，在弹出的【纹理属性】对话框中设置参数，如图8-73所示。

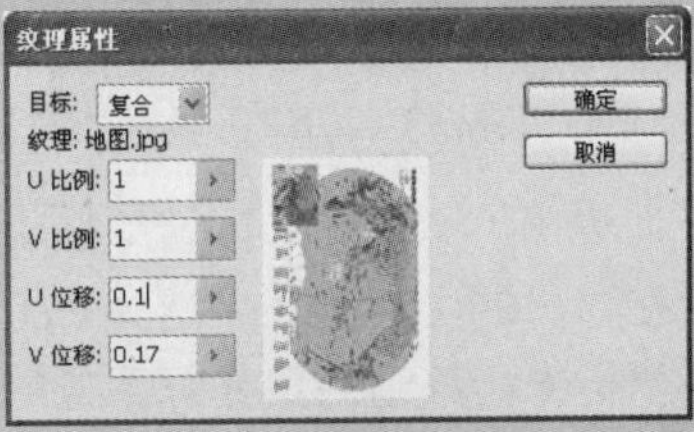

图8-73 【纹理属性】对话框

14 单击 确定 按钮，编辑图片位置后的效果如图8-74所示。

图8-74 编辑图片位置后的效果

最后再添加一个光源，来照亮地球仪的暗部区域。

15 在3D面板中单击按钮，切换到【3D{光源}】面板，然后单击下方的按钮，在弹出的下拉菜单中选择“添加聚光灯”命令，为场景添加一个聚光灯，效果如图8-75所示。

16 单击面板下方的按钮，在弹出的下拉菜单中选择“3D光源”命令，将显示光源参考线，效果如图8-76所示。

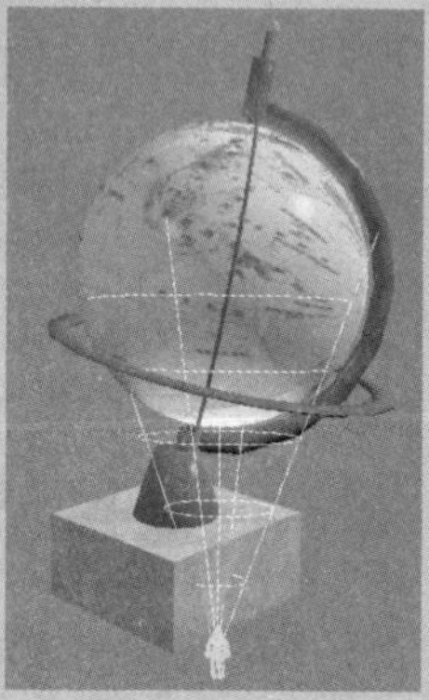

图8-75 添加的聚光灯　图8-76 显示的光源参考线

17 在面板中的按钮上按住鼠标不放，然后在弹出的工具列表中选择工具，再将鼠标光标移动到聚光灯下方的光源位置拖动鼠标，将添加的聚光灯移动到如图8-77所示的位置。

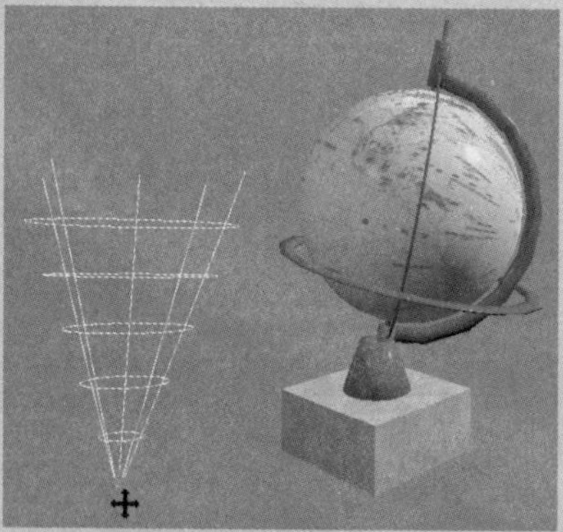

图8-77 聚光灯移动后的位置

18 在面板中选取工具，然后将鼠标光标移动到聚光灯上进行拖动，将聚光灯旋转至朝地球仪的方向，如图8-78所示。

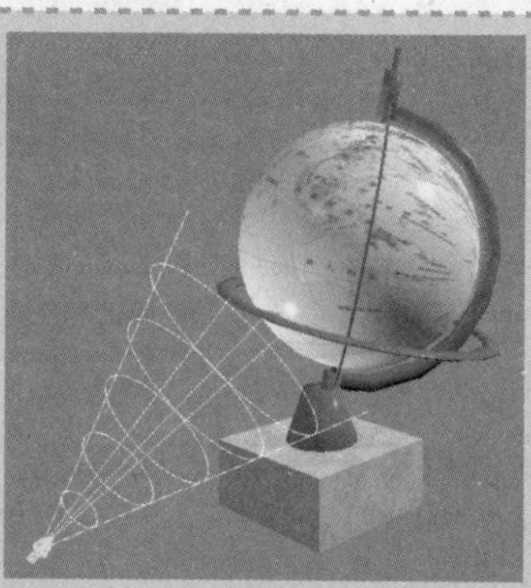

图8-78 聚光灯旋转后的位置

专家提示

在拖动鼠标调整聚光灯的位置及角度时，可根据实际情况灵活调整，最终要能够照亮地球仪左下方的区域。

19 在【3D{光源}】面板中将灯光的颜色设置为淡紫色（R:235、G:189、B:245），将灯光设置为暖色调光源，然后勾选下方的“使用衰减”复选框，并设置“内径”和“外径”选项参数，如图8-79所示。

20 单击【3D{光源}】面板下方的按钮，将光源参考线隐藏，完成灯光的设置操作。最终效果如图8-80所示。

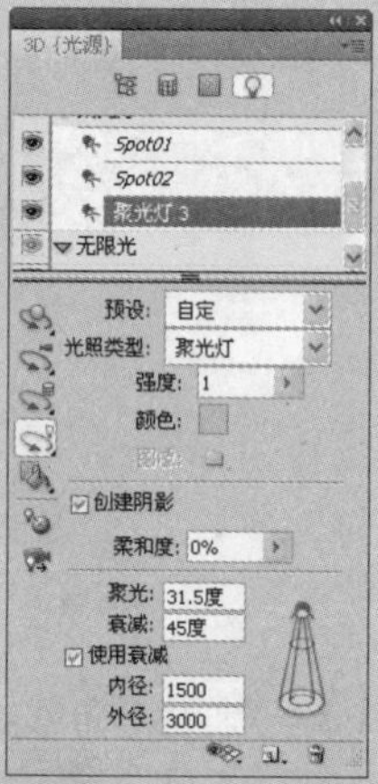

图8-79 设置的灯光颜色及参数　图8-80 最终效果

21 按Ctrl+S组合键，将文件保存为“范例\第08章\地球仪.psd”。

第9章

图层

在Photoshop中，图层承载了几乎所有的编辑操作，而【图层】面板，则为图层提供了每一个图层的信息，结合【图层】面板可以灵活运用图层处理出各种特殊的效果。在本章中将详细讲解图层与【图层】面板的使用。

通过本章的学习，您可以掌握以下知识点：

- 认识图层
- 图层的基本操作
- 图层组
- 创建新的填充层或调整层
- 添加图层蒙版
- 中性色图层
- 图层面板菜单
- 添加图层样式
- 样式面板与面板菜单
- 综合实战——制作网页按钮

9.1 认识图层

要灵活掌握图层的各项应用，首先应该了解图层。

9.1.1 图层概念

图层可以将其理解为是一些透明的纸张，在这些透明的纸张上可以填充颜色或绘画。绘画后，将很多透明纸张对齐，通过上方透明纸张的透明区域可以看到下面的内容，从而组合出一幅完整的图像，示意图如图9-1所示。

此时的【图层】面板状态如图9-2所示。

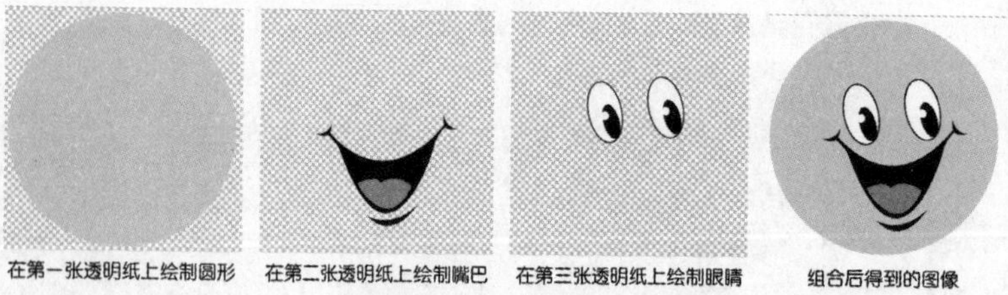

图9-1 图层概念示意图

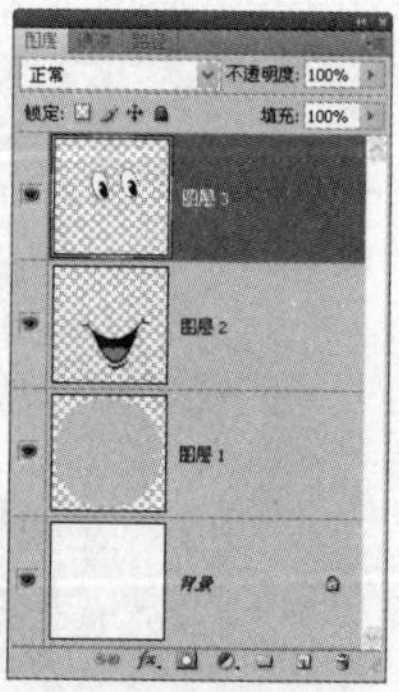

图9-2 【图层】面板的状态

图中每一张透明纸即是一个图层，利用相应的工具可以调整绘制图形在图层中的位置，或将不需要的图层删除，再新建图层并绘制需要的图形，从而得到新的图像，如图9-3所示。

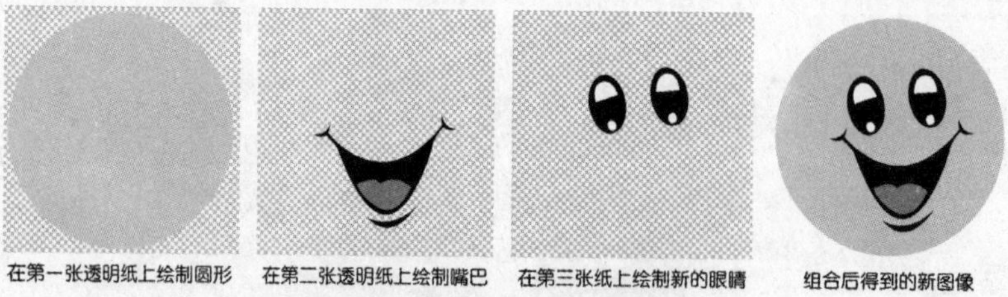

图9-3 修改后得到的新图像

利用图层可轻松移动或复制需要的图像，也可以更改图层的不透明度以使部分内容透明，还可以添加各种艺术效果以满足设计的需要。

9.1.2 图层和选区的关系

在对图像进行编辑时，如果不创建选区，所做的操作将会影响整个图层；如果先创建选区，再进行操作，所做的操作将只会影响选区内的图像，如图9-4、图9-5、图9-6所示。

图9-4 原图

图9-5 对整个图像调色

图9-6 对选区内的图像调色

当图层中包含透明区域时，可将不透明的区域转化为选区。具体操作为，按住Ctrl键的同时单击该图层的图层缩览图，即可将不透明区域转化为选区，如图9-7所示。

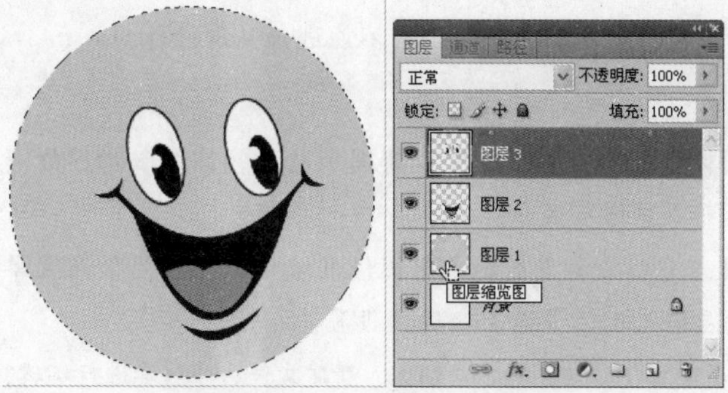

图9-7 将不透明区域转化为选区

9.1.3 图层面板

如图9-8所示为【图层】面板的说明图。

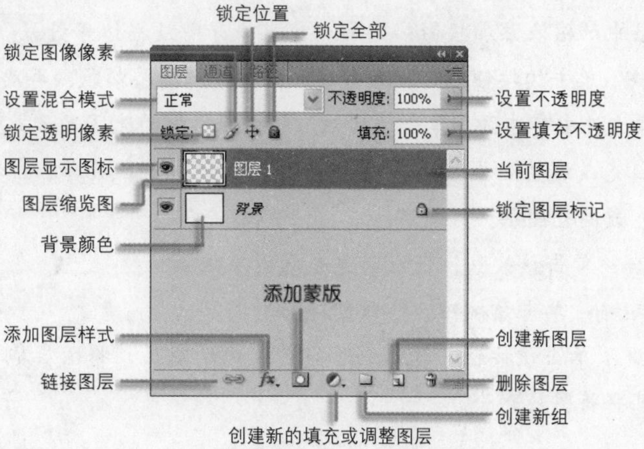

图9-8 【图层】面板的说明图

1. 混合模式和不透明度

- 设置混合模式：用来设置当前图层与下方图层的混合模式，使之与下面的图像产生混合效果。
- 设置不透明度：用来设置当前图层的不透明度。

- 设置不透明度：用来设置图层中图形填充颜色的不透明度，若该图形应用了图层样式，图层样式不会发生变化。

2. 锁定

- 锁定透明像素：用来锁定当前图层的透明像素。激活该按钮后，只能在不透明区域编辑。
- 锁定图像像素：用来锁定当前图层的图像像素。激活该按钮后，在当前图层中不能进行图形绘制及其他的命令操作。
- 锁定位置：用来锁定当前图层的位置，以避免图形被移动。
- 锁定全部：将当前图层全部锁定，不能进行任何操作。

3. 图标

- 图层显示图标：单击图标可以将图层隐藏，此时眼睛图标消失，在单击的位置再次单击鼠标可以将图层显示。
- 图层缩览图：用于显示当前图层中图像的缩略图。利用面板菜单中的"面板选项"命令，可对图层缩略图的显示大小进行设置。
- 背景颜色：新建文件时设置的背景颜色。新建文件后可对其进行编辑，也可为其填充图案。
- 锁定图层标记：用于表明图层处于锁定状态。
- 当前图层：指示当前处于工作状态的图层。

4. 按钮

- 链接图层：用来将当前选中的多个图层进行链接。
- 添加图层样式：单击该按钮，可弹出列有图层样式的下拉菜单，选择的其中的命令可以为图层中的图像添加投影、阴影、发光、浮雕及描边等效果。
- 添加蒙版：单击该按钮，可以为当前的图层添加图层蒙版，再次单击，可添加矢量蒙版。如图像文件中有选区，单击该按钮，可根据添加的选区显示或隐藏选区内的图像。
- 创建新的填充或调整图层：单击该按钮，可弹出下拉菜单，选择其中的命令可以创建新的填充或调整图层。
- 创建新组：单击该按钮，可以创建新的图层组。
- 创建新图层：单击该按钮，可以创建新的图层。
- 删除图层：单击该按钮，可以删除当前选中的图层，将图层拖动到该按钮上并释放鼠标，也可将将图层删除。

9.1.4 图层的类型

如图9-9所示为图层类型说明图。

- 当前图层：指示当前处于工作状态的图层。
- 链接图层：显示当前保持链接状态的图层，其右侧带有图标。

- 中性色图层：填充了中性色的特殊图层。
- 填充图层：填充了纯色、渐变或图案的特殊效果图层。该图层对其下的各个图层都起作用；如想删除这种效果，只需要将该层删除，其下各图层中的内容不会被破坏。
- 智能对象图层：包含智能对象的特殊图层。智能对象是包含栅格或矢量图像（如Photoshop或Illustrator 文件）数据的图层。保留图像的源内容及其所有原始特性，从而可以让用户能够对图层执行非破坏性的编辑。
- 剪贴蒙版图层：蒙版的一种，可让用户使用某个图层的内容来遮盖其上方的图层，通常用于图像的合成。
- 图层蒙版图层：添加了图层蒙版的图层，蒙版可以控制图层中图像的显示范围。

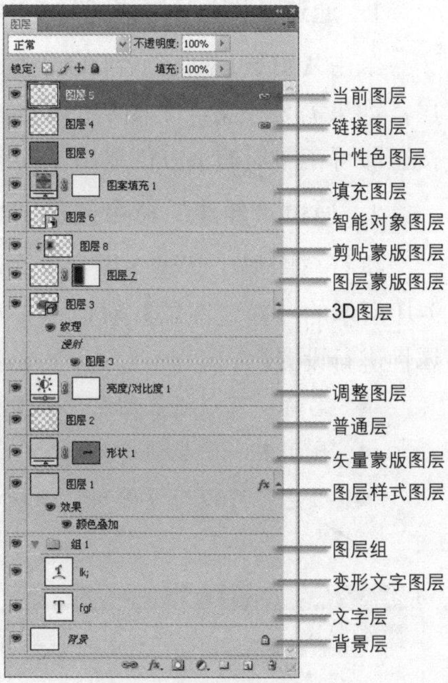

图9-9 图层类型的说明图

- 3D图层：置入3D文件的图层。
- 调整图层：调整图层可以用来调整图像的色彩，它可以随时修改或删除，当该图层删除后图像将会恢复为原来的状态。
- 普通层：最常见的一种图层，通过单击面板底部的按钮即可创建。
- 矢量蒙版图层：带有矢量形状的蒙版图层。
- 图层样式图层：带有图层样式的图层，删除该图层，图层样式会随之删除。
- 图层组：用来组织和管理多个图层，单击面板底部的按钮即可创建一个新的图层组。
- 变形文字图层：创建有变形文字的图层。
- 文字层：输入文字时自动创建出的图层。
- 背景层：新建文件时带有的图层，始终在图层面板的最底部，处于锁定状态。如新建“背景内容”为“透明”的文件，该文件将没有背景层。

9.2 图层的基本操作

图层的基本操作包括图层的新建、删除、移动以及对图层进行的各种设置，掌握好图层的基本操作对制作出好的作品是不可缺少的。

9.2.1 新建图层

新建图层有很多方法，可以通过【图层】面板创建，也可以通过各种命令进行创建。

1. 通过【图层】面板创建图层

单击【图层】面板底部的按钮即可创建新的图层，创建出的新图层会自动成为工作层；如果需要在某一个图层的下面创建图层（背景层除外）则需按住Ctrl键的同时单击按钮即可在图层的下方创建出新的图层。

2. 通过“新建”命令创建图层

执行“图层 | 新建 | 图层”命令，（或按住Alt键的同时单击按钮）即可弹出如图9-10所示的【新建图层】对话框，在对话框中可以对图层的名称、颜色和混合模式等各项属性进行设置。

- 名称：可以设置图层的名称。
- 使用前一图层创建剪贴蒙版：该选项用于创建剪贴蒙版，但是该项不可用于组。
- 颜色：可以为【图层】面板中的图层设置显示颜色，如图9-11所示。

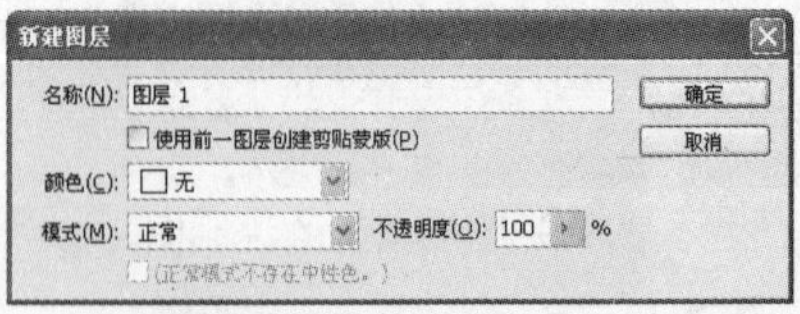

图9-10 【新建图层】对话框

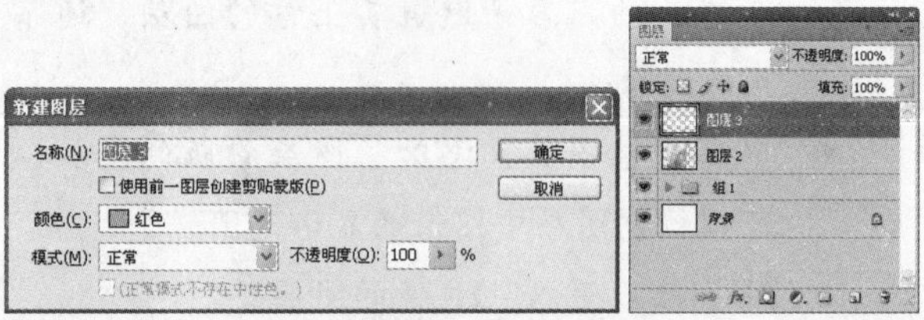

图9-11 为图层设置显示颜色

- 模式：为图层选择一种混合模式，使当前图层与下方图层更好地融合。
- 填充中性色：当模式选择除“正常”、“溶解”、“实色混合”、“色相”、“饱和度”、“颜色”或“明度”之外的其他选项时，勾选该复选框将创建中性色图层。（中性色图层的功能及应用详见第9.6节）。
- 不透明度：用来调整图层的不透明度。

3. 用“通过拷贝的图层”命令创建图层

执行“图层 | 新建 | 通过拷贝的图层”命令（或按Ctrl+J组合键）可以快速复制当前的图层。如果在当前图层中创建了选区，执行该命令时会将选区中的图像复制到新的图层中，且原图像不会被破坏，如图9-12、图9-13、图9-14所示。

图9-12 在画面中创建选区

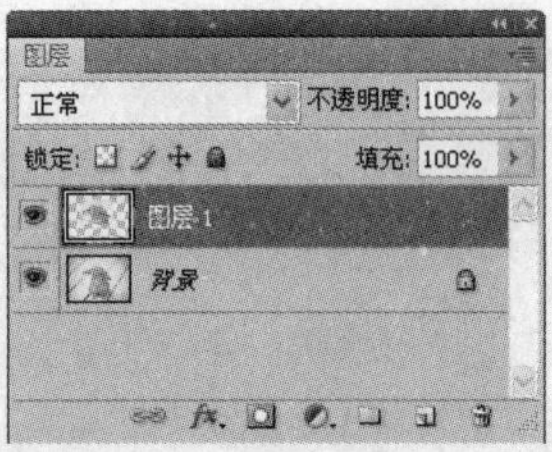

图9-13 复制后的图层效果

图9-14 移动位置后的效果

4. 用“通过剪切的图层”命令创建图层

执行“图层 | 新建 | 通过剪切的图层”命令（或按Shift+Ctrl+J组合键）可以快速将当前图层中选区内的图像通过剪切后复制到新的图层中，原图像被破坏，若当前层为背景层，剪切的区域将以背景色填补，如图9-15、图9-16、图9-17所示。

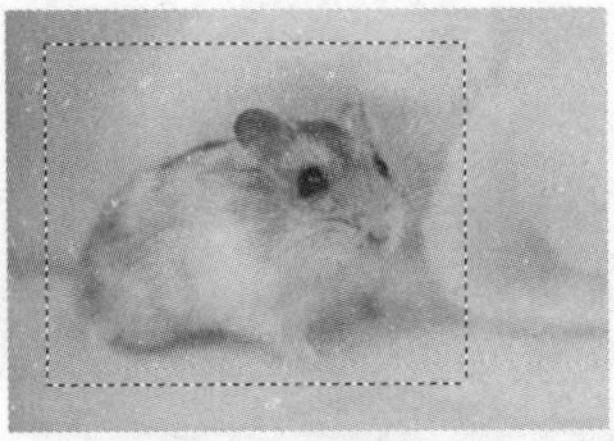

图9-15 创建的选区

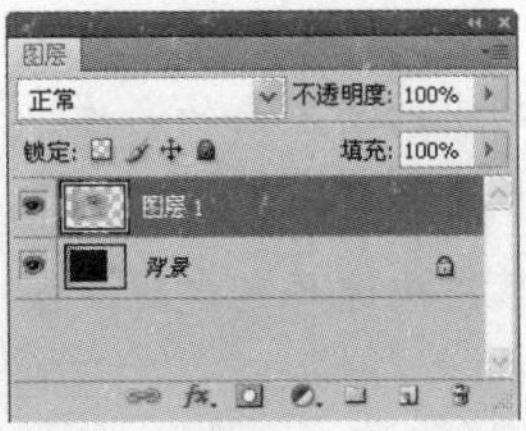

图9-16 【图层】面板的状态

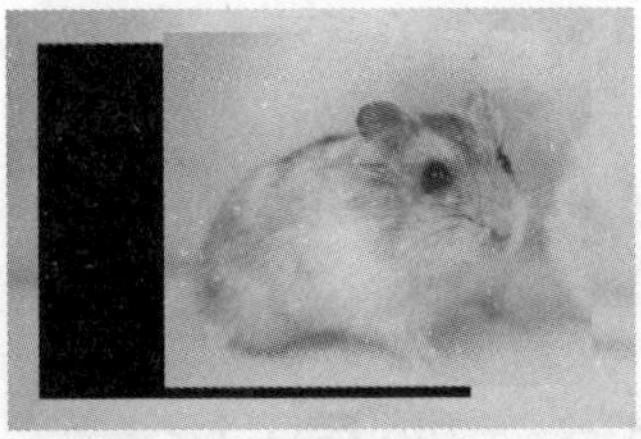

图9-17 剪切后的原图效果

5. 在编辑图像的过程中新建图层

在文件中创建选区后，执行“编辑 | 拷贝”命令（或按Ctrl+C组合键）即可将选区内的图像复制至剪贴板中，执行“编辑 | 粘贴”命令（或按Ctrl+V组合键）即可将图像复制到新图层中。如果打开了多个文件，则可以利用移动工具将某一个文件移动到另一个文件中生成新的图层。

6. 创建背景图层

新建文件时，如果背景内容选择“白色”或者“背景色”，则【图层】面板的最下方即是背景图层；如果选择“透明”作为背景内容时，则文件没有背景图层。如果需要创建一个背景层，执行“图层 | 新建 | 背景图层”命令即可创建出背景图层。

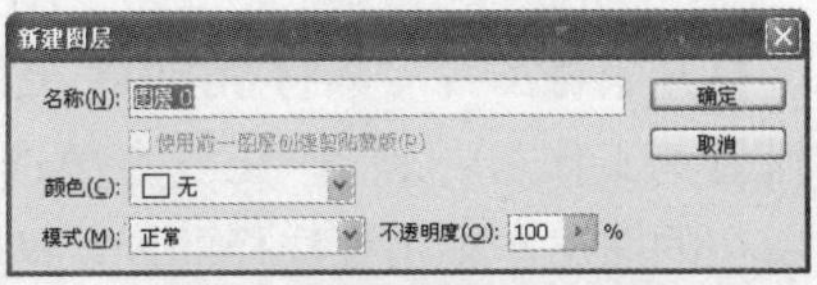

图9-18 【新建图层】对话框

7. 将背景层转化为普通图层

双击“背景”图层，即可打开如图9-18所示的【新建图层】对话框，输入图层的名称，单击 确定 按钮，即可将背景图层转化为普通图层，如图9-19所示。

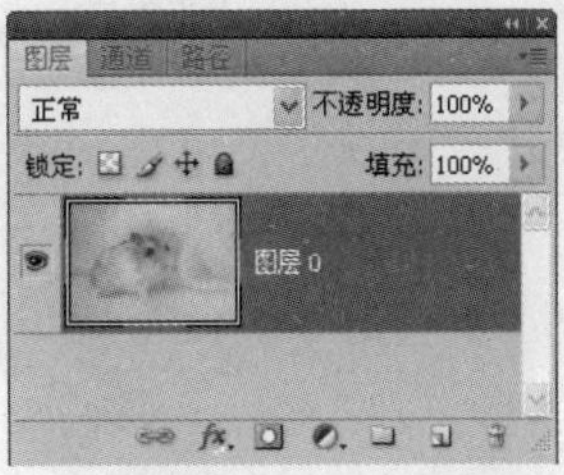

图9-19 将背景图层转化为普通图层后的效果

9.2.2 复制图层

在工作过程中，对于相同的操作可利用复制来完成，这样可以大大提高工作效率。复制图层的方法主要有以下两种：

1. 通过面板复制图层

选择需要复制图层将其拖动到【图层】面板底部的按钮上，即可将当前图层进行复制。

2. 通过命令复制图层

选择图层，执行“图层 | 复制图层”命令即可打开【复制图层】对话框，如图9-20所示。在对话框中可以为复制的图层进行重命名，还可以在“文档”下拉列表框中选择某一个文件将其复制到选择的文件中。

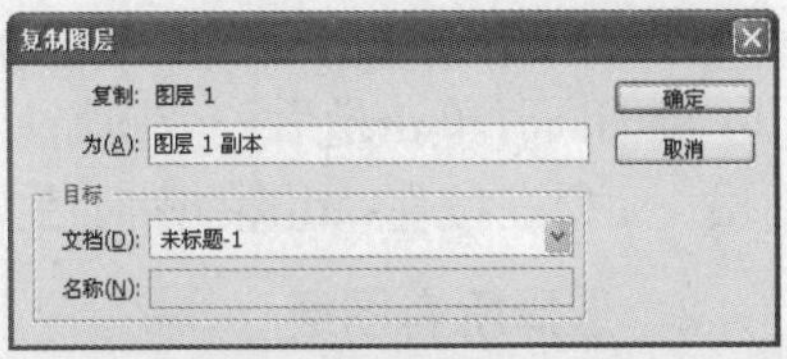

图9-20 【复制图层】对话框

- 复制：显示要复制的图层。
- 为：可以在文本框中输入复制出的新图层的名称。
- 文档：该项用来选择是否将复制出的图层复制到当前文档中或者将图层复制到新的文档中。
- 名称：当在“文档”下拉列表框中选择新建时，可以用来为新建的文档命名。

9.2.3 删除图层

对于整个作品中的多余图层，最终都要将其删除，以减小存储文件的大小。

1. 通过面板删除图层

单击面板底部的按钮即可将当前的图层删除，将图层拖动到该按钮上也可以将图层删除。

2. 通过命令删除图层

执行“图层｜删除｜图层”命令即可将当前的图层删除。

9.2.4 设置工作层

打开素材图片“素材\第09章\笑脸01.psd”，在【图层】面板中单击某一个图层即可将其设置为工作层；利用工具在要选择的对象上单击鼠标右键，可以显示该单击处所有对象所在的图层，单击要选择的图层即可将其设置为工作层，如图9-21所示。

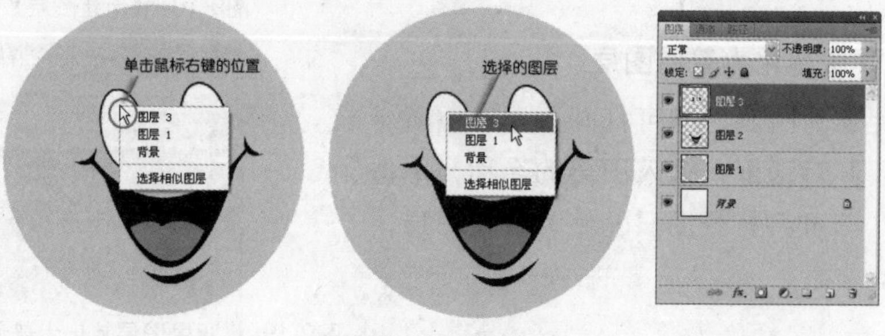

图9-21 设置工作层

9.2.5 选择多个图层

在实际工作过程中，经常需要选择多个图层一同编辑，如移动位置或调整大小等；也可选择类似的图层，如文字层，一同修改文字的字体、大小和颜色等。选择多个图层的具体操作分别如下：

1. 选择多个图层

如要选择连续的图层，可在最下方或最上方的图层上单击鼠标将其选择，然后按住Shift键的同时单击最后一个图层，即可将两个图层间的所有图层选取；如要选择不连续的图层，可以在按住Ctrl键的同时依次单击要选择的图层。

2. 选择所有图层

执行“选择｜所有图层”命令，即可将所有图层选取。

3. 选择相似图层

要选择某一图层的相似图层时，可以选择一个图层，然后执行“选择 | 选择相似图层”命令，即可将相似的图层一同选取。

4. 选择链接的图层

执行“图层 | 选择链接的图层”命令即可将链接的图层一同选取。

5. 取消选择图层

在面板的空白处单击鼠标即可取消图层的选择；另外，执行“选择 | 取消选择图层”命令，也可将选择的图层取消。

9.2.6 修改图层堆叠顺序

图层的堆叠顺序对作品的最终效果有着直接的影响，如图9-22、图9-23所示。因此在工作过程中，必须准确调整各图层的排列顺序。

图9-22 图像效果及【图层】面板

图9-23 调整堆叠顺序后的效果及【图层】面板

1. 菜单法

执行“图层 | 排列”命令，将弹出如图9-24所示的排列子菜单。

- 置为顶层：可将选择的图层调整至所有图层的上方。
- 前移一层：可将选择的图层向上移动一层。
- 后移一层：可将选择的图层向下移动一层。
- 置为底层：可将选择的图层调整至所有图层（背景层除外）的下方。
- 反向：选择两个或两个以上的图层时，执行此命令，可将选择的图层反向排列。

图9-24 排列子菜单

2. 手动法

在【图层】面板中将要调整排列顺序的图层向上或向下拖动，当突出显示的线条出现在要放置的图层位置时释放鼠标，选择的图层即调整至释放鼠标的图层位置，如图9-25所示。

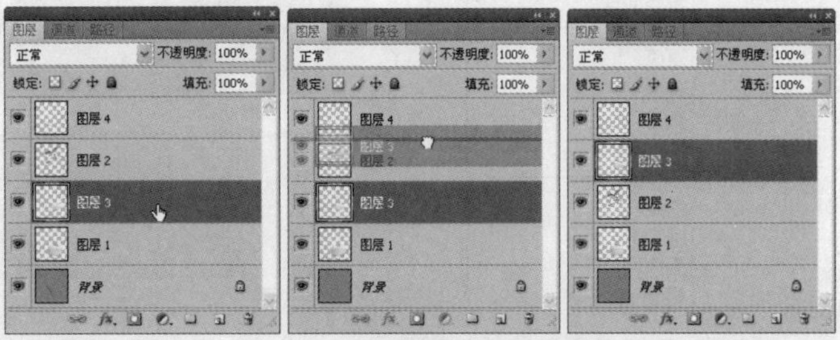

图9-25 调整图层堆叠顺序

9.2.7 链接图层

在【图层】面板中选择多个图层，单击面板底部的按钮，或执行“图层｜链接图层”命令，即可将选择的图层进行链接。链接后在【图层】面板中会显示图标标明。

选择单个链接图层，再次单击按钮，可取消该图层与其他图层的链接。如同时选择链接的多个图层，单击按钮，可将该链接取消。

9.2.8 图层混合模式

单击【图层】面板中的下拉列表框，即可打开图层混合模式的下拉列表，如图9-26所示。在菜单中可以为图层选择一种混合模式效果。

打开素材图片“素材\第09章\图层混合模式.psd”，将“图层 1”设置为工作层，然后选择不同的混合模式将图像进行合成的效果如图9-27所示。

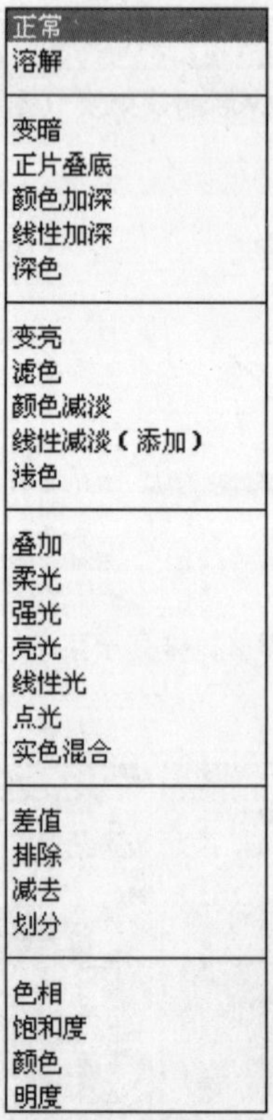

图9-26 图层混合模式下拉列表

图9-27 不同混合模式合成的图像效果

9.2.9 图层不透明度

在【图层】面板中设置图像不透明度的方法有两种：一是利用“不透明度”选项设置；二是利用“填充”选项设置。

利用“不透明度”选项设置除应用于对象本身外，还可以影响添加在对象上的任何图层样式和混合模式；利用“填充”选项设置将只影响图层中绘制的像素或图层上绘制的形状，不能应用于添加的图层效果。

例如，绘制图形后添加投影样式，然后分别设置“不透明度”和“填充”选项的参数，生成的不透明度效果对比如图9-28、9-29所示。

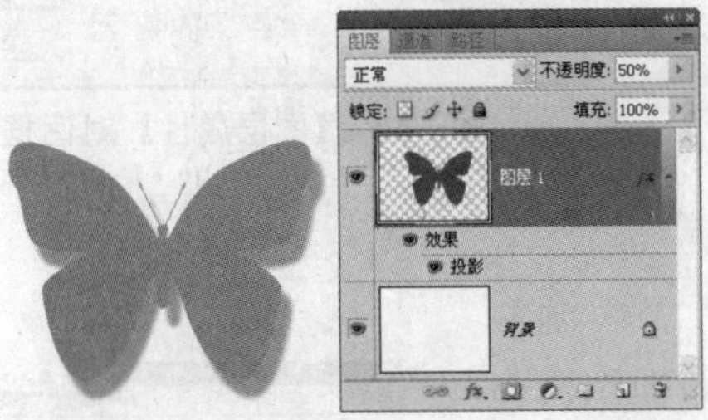

图9-28 设置“不透明度”选项

图9-29 设置“填充”选项

在图层“不透明度”或“填充”选项的文本框中输入数值即可改变图层的不透明度，将光标放到如图9-30所示的位置，左右拖动鼠标也可以改变不透明度的值，如图9-31所示。

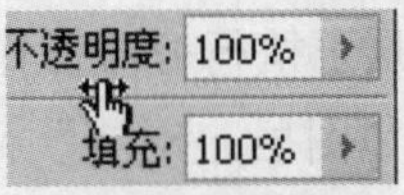

图9-30 光标放置的位置与效果

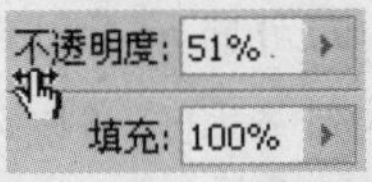

图9-31 拖动鼠标改变不透明度数值

9.2.10 锁定图层

【图层】面板中有4项锁定功能，分别是锁定透明像素、锁定图像像素、锁定位置和锁定全部。

（1）锁定透明像素：激活⊡按钮，在编辑图像时只会对图像的不透明区域进行编辑。

（2）锁定图像像素：激活✎按钮，图像只能进行移动和变换操作，而不能在图层上进行绘画或涂抹等其他操作。

（3）锁定位置：激活✥按钮，图像将不能被移动，因此在操作时不用担心会不小心移动了图像的位置。

（4）锁定全部：激活🔒按钮，即可将全部选项锁定，不能对图像进行任何操作，包括删除，但能存储或关闭文件。

9.2.11 修改图层名称

在图层名称上双击鼠标，然后在文本框中输入图层的名称即可，如图9-32、图9-33所示。

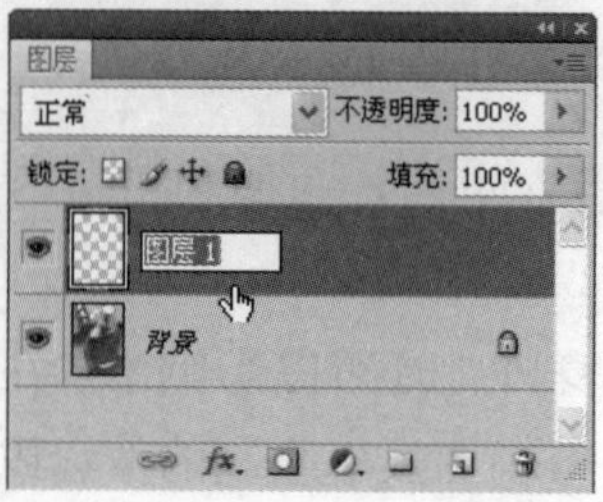

图9-32 双击图层名称进行输入

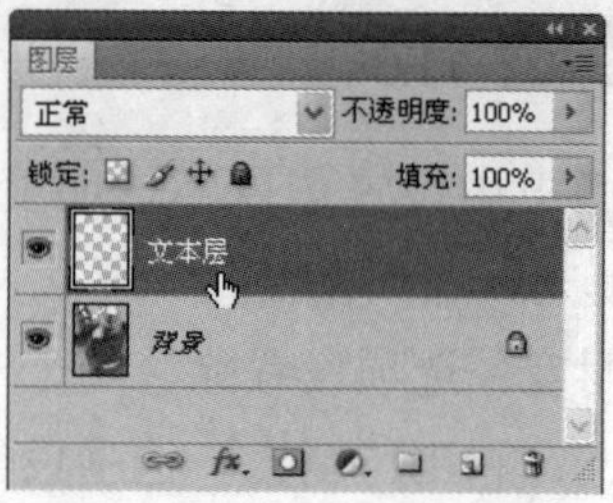

图9-33 修改名称后的效果

执行“图层｜图层属性”命令，弹出如图9-34所示的对话框，在该对话框中也可以修改图层的名称。另外，在“颜色”选项下拉列表框中还可选择当前图层在【图层】面板中显示的颜色，以对图层进行标记，使其在【图层】面板中更容易识别。

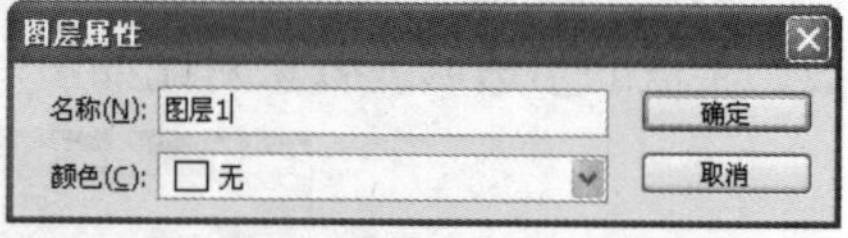

图9-34 【图层属性】对话框

9.2.12 对齐与分布图层

当选取多个图层后可以对图层执行对齐和分布操作，选择两个或两个以上的图层就可执行对齐操作；选择3个或3个以上的图层可执行分布操作。

执行“图层｜对齐”命令，在其子菜单中即可显示不同的对齐命令，如图9-35所示。执行“图层｜分布”命令，在其子菜单中即可显示不同的分布命令，如图9-36所示。

图层的对齐和分布操作与之前的路径对齐和分布操作相似，所以在这里不再详细讲解。

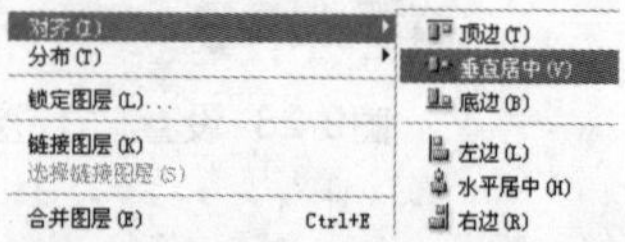

图9-35 “对齐”命令子菜单

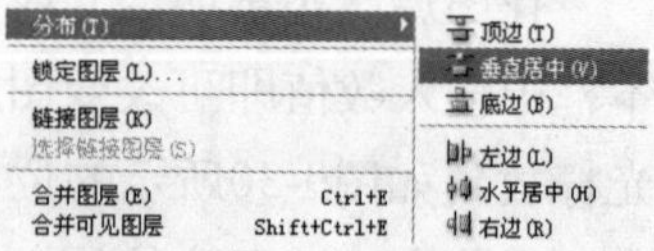

图9-36 “分布”命令子菜单

9.3 图层组

图层组是用来管理和组织图层的，当对图像编辑进一步深入时，图层会变得越来越多，因此利用图层组来管理图层会使图层的结构更加清晰。

9.3.1 创建新组

1. 通过【图层】面板创建新组

单击【图层】面板底部的按钮即可为图层创建一个新组，新创建的图层组为空图层组。

2. 通过命令创建图层组

执行“图层｜新建｜组”命令，会弹出如图9-37所示的【新建组】对话框，在对话框中可以为图层组命名。

图9-37 【新建组】对话框

- 名称：用来为图层组命名。
- 颜色：用于设置图层组在【图层】面板中显示的颜色。
- 模式：用来设置图层组的混合模式，默认的模式为“穿透”，表示图层组与里面的图层不产生混合模式，当选择某种模式时表明图层组与图层产生混合模式。
- 不透明度：用来设置图层组的不透明度。

3. 从所选的图层创建新组

通常创建的图层组为空的图层组，将多个图层同时选择后，执行“图层｜图层编组”命令，即可在选择图层的基础上创建新组，单击图层组前面的三角按钮即可展开或关闭图层组中的图层，如图9-38、图9-39所示。

专家提示

选择多个图层后，执行“图层｜新建｜从图层建立组”命令，也可将选择的多个图层创建到图层组中。

4. 创建嵌套结构的图层组

创建图层组后，还可以在组中再创建图层组，而组成嵌套式的图层组，如图9-40所示。

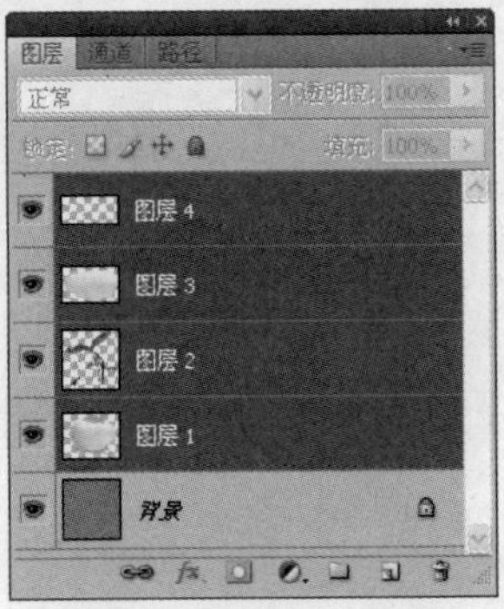

图9-38 选择多个图层

图9-39 将选择的图层编组

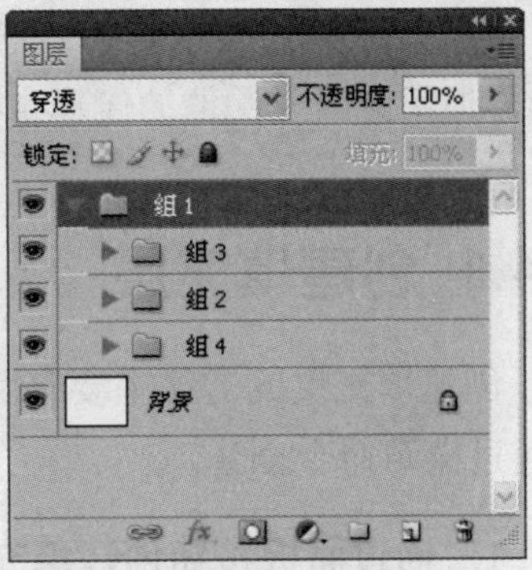

图9-40 嵌套式的图层组

9.3.2 移入移出图层组

创建图层组后，还可以继续向图层组中添加图层，或将添加到图层组中的图层移出，具体分别如下：

1. 将图层移入图层组

选择一个图层将其拖进图层组中，即可将图层添加到该组中，如图9-41所示。

2. 将图层移出图层组

选择图层组中的一个图层，将其移到图层组外，即可将其移出图层组，如图9-42所示。

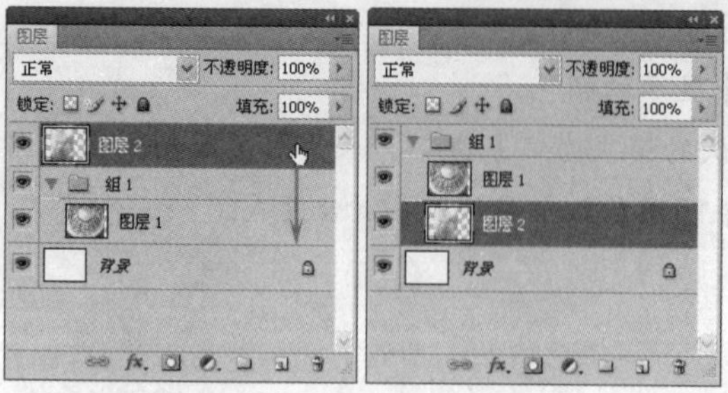

图9-41 将图层拖到图层组中

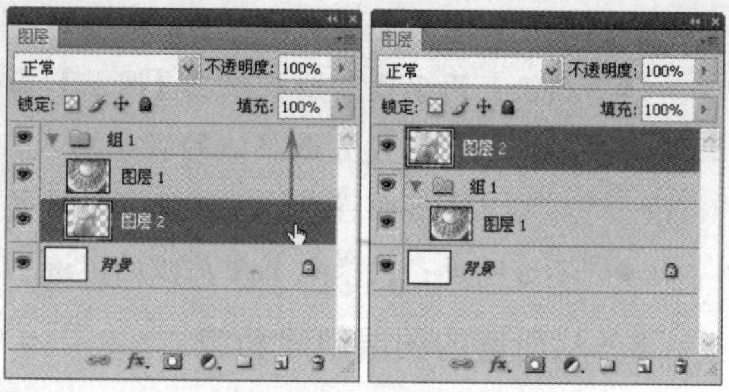

图9-42 将图层移出图层组

9.3.3 取消图层编组

选择一个图层组，执行“图层 | 取消图层编组”命令即可将图层编组取消，且图层组中的图层仍然保留。如果要将图层组中的图层一并删除，直接将图层组拖动到【图层】面板底部的按钮上即可。

9.4 创建新的填充层或调整层

填充层和调整层是一种特殊的图层，利用此图层可以将颜色和色调调整应用于图像，但不会改变图像的像素也不会对图像产生实质的破坏，因此属于非破坏性编辑。

9.4.1 创建填充层

创建填充层的方法主要有两种，一种是通过【图层】面板下方的按钮创建，另一种是通过菜单命令创建。

1. 通过面板按钮创建填充层

单击【图层】面板底部的按钮，在弹出的下拉菜单中选择一种图层填充的内容（纯色、渐变或图案，其余选项是用来调整图层效果的），如图9-43所示。

（1）“纯色”填充：选择该命令，将打开【拾色器】对话框，在对话框中可以设置一种颜色对图层进行填充。

（2）“渐变”填充：选择该命令，将打开【渐变填充】对话框，在对话框中可以进行渐变颜色的选择和编辑。

（3）“图案”填充：选择该命令，将打开【图案填充】对话框，在对话框中可以进行图案的选择及缩放设置。

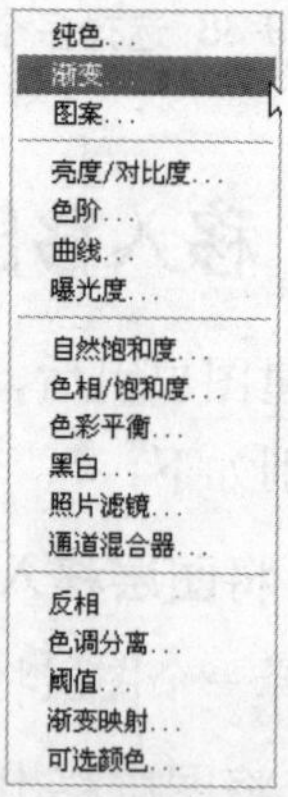

图9-43 图层填充或图层调整的下拉菜单

2. 通过菜单命令创建填充层

执行“图层 | 新建填充层 | 纯色、渐变或图案”命令，将会弹出【新建图层】对话框

框，在对话框中设置新建图层的名称及各属性后，单击 确定 按钮，即可创建出新的填充层。新的填充层会自动带有图层蒙版，如图9-44所示。

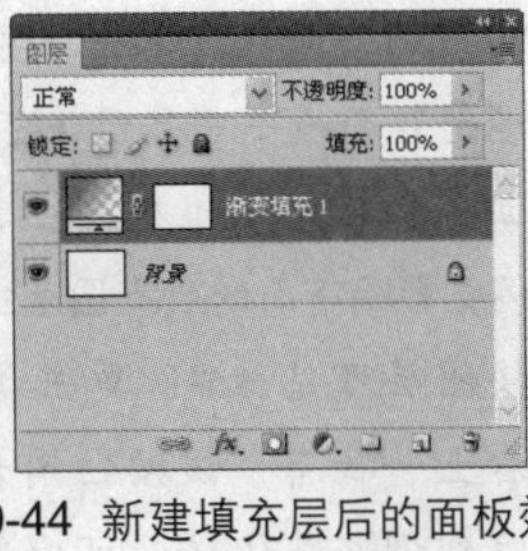

图9-44 新建填充层后的面板效果

9.4.2 创建调整层

默认的【调整】面板如图9-45所示。

- 调整图层按钮：单击其中的按钮，面板中将会显示相应按钮的设置选项，当光标放到调整图层按钮上时，在【调整】面板的左上角将会显示相应按钮的名称。
- 调整预设：单击预设前面的三角按钮，即可展开该预设的列表，如图9-46所示。

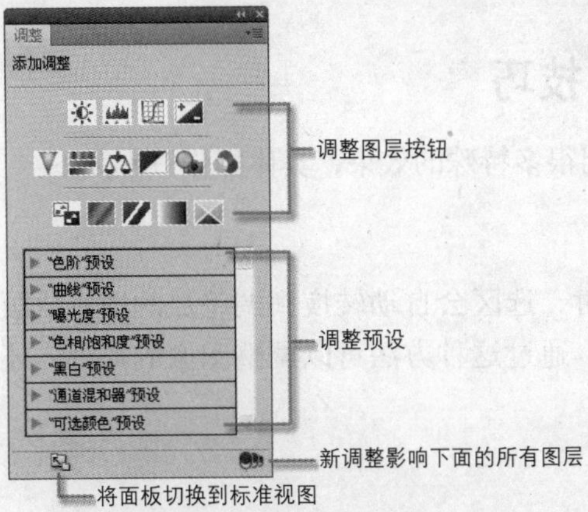

图9-45 【调整】面板说明图

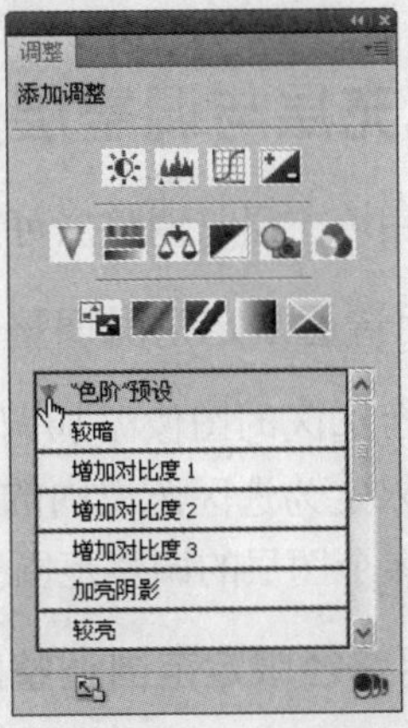

图9-46 预设的列表

1. 通过面板创建调整层

单击面板底部的 按钮，在弹出的下拉菜单中选择调整的类型，即可弹出相应的【调整】面板，在【图层】面板中也会出现相应的调整层。如选择“色相/饱和度”命令，弹出的【调整】面板如图9-47所示。

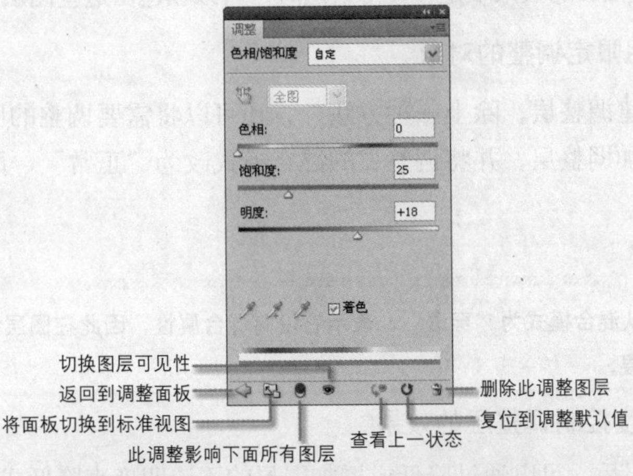

图9-47 “色相/饱和度”调整面板

- 返回到调整面板：单击按钮，可以返回到显示调整按钮和预设列表的状态。此时默认的【调整】面板中将显示按钮，单击该按钮，可将面板切换到显示调整设置选项的状态。
- 将面板切换到标准视图：该选项可以用来调整面板的视图大小。
- 此调整影响下面的所有图层：该选项用来设置新的调整是影响下面的一个图层还是所有图层。
- 切换图层可见性：单击该按钮可以隐藏或显示调整图层。
- 查看上一状态：该按钮用来查看上一状态，以便比较调整前后两种状态的效果。
- 复位到调整默认值：可以将参数恢复为默认值。
- 删除此调整图层：可以将调整图层删除。

2. 通过命令创建调整层

执行“图层｜新建调整层”命令，然后在弹出的子菜单中选择相应的调整选项，也可以创建出调整层。

9.4.3 填充层与调整层应用技巧

灵活运用填充层与调整层可制作出很多特殊的效果，具体操作分别如下：

1. 利用选区限定范围调整图层

当为包含选区的图像添加调整层时，选区会自动转换到调整层的图层蒙版中，调整的范围也将被限定为选区范围内的图像，通过这种方法可以调整图像的局部，还可以利用这种方法限定多个图层的调整范围。

2. 利用路径限定范围调整图层

当创建调整层时，如果选择了闭合路径，则创建的调整层效果将被限定在路径区域之内。系统会自动由闭合的路径创建出一个由矢量蒙版来限制的调整层。

3. 利用剪贴蒙版限定调整对象

当需要调整图层中所有不透明区域的像素时，就可以使用剪贴蒙版将调整限定作用于所有图层；当需要将调整图层的效果限定在一个组内时，可以创建由这些图层组成的剪贴蒙版。

4. 利用图层组限定调整的对象

对一组图层创建调整层，除上一种方法外，还可以将需要调整的图层创建到一个图层组中，然后为其添加调整层，并将调整层的混合模式改为“正常”，即可将调整的范围限制到图层组内。

专家提示

图层组的默认混合模式为“穿透”，表示它没有混合属性，因此在图层组中创建调整层会作用于下面的所有图层。

5 利用不透明度控制调整层的效果

当添加了调整层后，可以通过降低或增加图层的不透明度来降低或加强图像的效果。

6. 利用混合滑块控制调整的强度

“混合选项”中的混合滑块可以有选择性地调整图像的暗部和亮部，该项可以依据图像的亮部范围进行调节，因此该项比利用不透明度进行调节更灵活。

9.4.4 利用填充层和调整层给美女换服装

下面以为美女换服装为例来详细讲解填充层和调整层的应用。原图片及调整衣服颜色后的效果对比如图9-48所示。

图9-48 原图片及调整衣服颜色后的效果对比

实战演练031 —— 给美女换服装

1 打开素材图片“素材\第09章\蓝色衣服美女.jpg”。

2 单击【图层】面板下方的按钮，在弹出的下拉菜单中选择“纯色”命令，在弹出的【拾取实色】对话框中设置实色为紫红色（R:220、G:15、B:180）。

3 将“颜色填充”图层的图层混合模式设置为“色相”，如图9-49所示，图像效果如图9-50所示。

4 选取工具，沿着人物衣服边缘绘制如图9-51所示的路径。

5 按Ctrl+Enter组合键将路径转换为选区，然后按Shift+Ctrl+I组合键将选区反选，效果如图9-52所示。

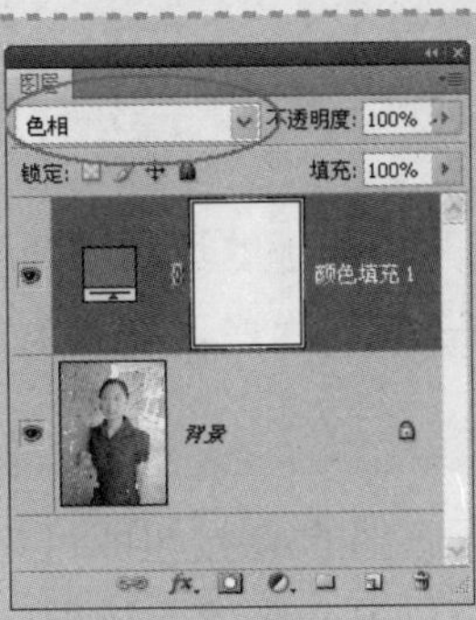

图9-49 设置图层混合模式

图9-50 添加填充层后的效果

图9-51 绘制的路径

图9-52 反选选区

6 将“颜色填充”图层的图层蒙版缩览图设置为工作状态。

7 按D键，将前景色设置为黑色，背景色设置为白色，然后按Alt+Delete组合键为选区填充前景色，按Ctrl+D组合键去除选区，图像效果及【图层】面板如图9-53所示。

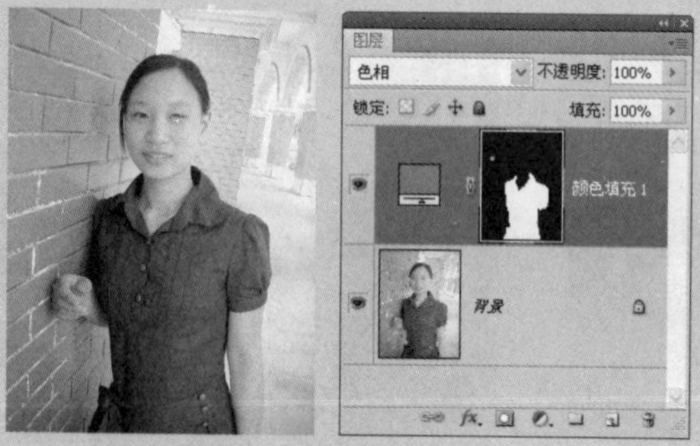

图9-53 编辑填充层蒙版后的效果及【图层】面板的状态

8 按住Ctrl键的同时单击“颜色填充”图层的图层蒙版缩览图载入选区，然后单击【图层】面板下方的按钮，在弹出的下拉菜单中选择“色阶”命令。

9 在【调整】面板中设置各项参数，如图9-54所示。已加深衣服的颜色，调整“色阶”后的图像效果如图9-55所示。

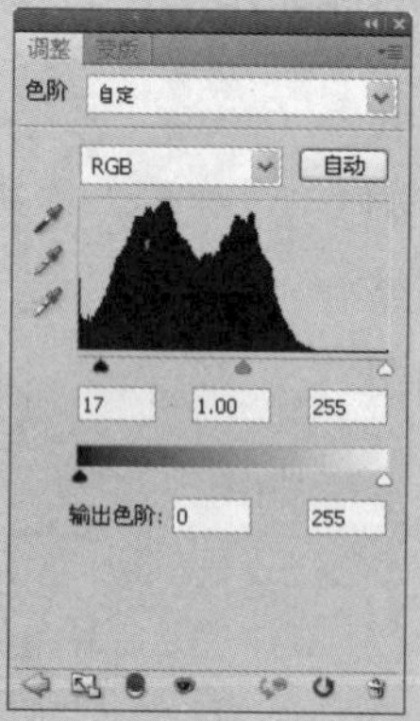

图9-54 设置色阶参数

图9-55 图像最终效果

10 按Shift+Ctrl+S组合键另存文件为“范例\第09章\衣服换颜色.psd”。

9.5 添加图层蒙版

在进行图像合成时，蒙版的运用很重要，它可以控制图像的显示区域，还可以利用蒙版将几个图像合在一起，生成羽化图像的合成效果，且图层中的图像不会被破坏，仍能保留原有的效果。

单击【图层】面板底部的按钮即可为图层添加一个图层蒙版，图层蒙版中颜色的变化使其所在图层的相应位置产生透明效果。其中，与蒙版的白色部分相对应的图像不产生透明效果，与蒙版的黑色部分相对应的图像完全透明效果，与蒙版的灰色部分相对应的图像根据其灰度产生相应程度的透明效果，如图9-56、图9-57、图9-58所示。有关蒙版运用的内容详见第10章。

图9-56 素材图片

图9-57 添加的图层蒙版

图9-58 添加图层蒙版后的效果

9.6 中性色图层

在图像处理过程中，有些滤镜命令（如“光照效果”）不能应用于没有像素的图层，如果实际操作中一定要为此类图像添加光照效果，且不想破坏原图像，这时就可利用中性色图层来解决这个问题。

9.6.1 认识中性色图层

创建中性色图层时，由于混合模式的作用，中性色在画面中不可见，就像创建的透明图层一样，但会在【图层】面板中显示创建的图层。如图9-59所示为创建的中性色图层。

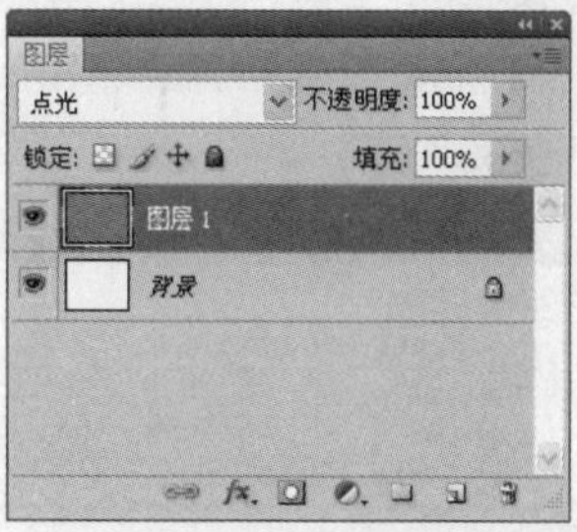

图9-59 创建的中性色图层

利用中性色图层处理图像时，图像的原始图像将不会被改变，如图9-60所示为利用中性色图层对图像进行处理前后的对比效果，【图层】面板中的背景层图像保持不变，如图9-61所示。

图9-60 处理前后的图像效果

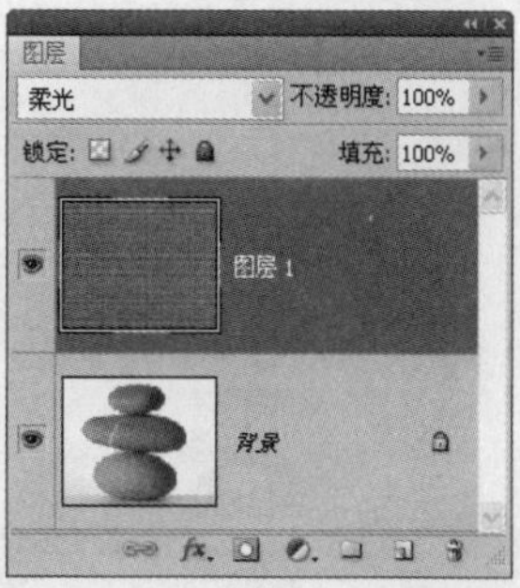

图9-61 【图层】面板的状态

9.6.2 利用中性色图层制作灯光效果

下面以案例的形式来具体讲解中性色图层的作用。

实战演练032 —— 制作光照效果

1 打开素材图片“素材\第09章\蜡烛.jpg”，如图9-62所示。

图9-62 打开的图片

2 执行“图层 | 新建 | 图层”命令，弹出【新建图层】对话框，设置选项如图9-63所示。

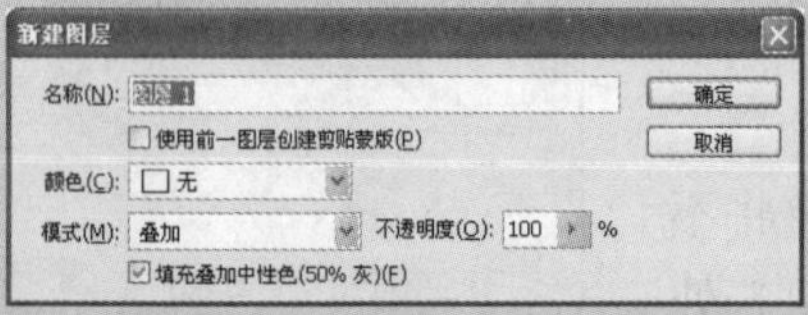

图9-63 【新建图层】对话框

3 单击 确定 按钮，即可创建出50%灰色的中性色图层，如图9-64所示。

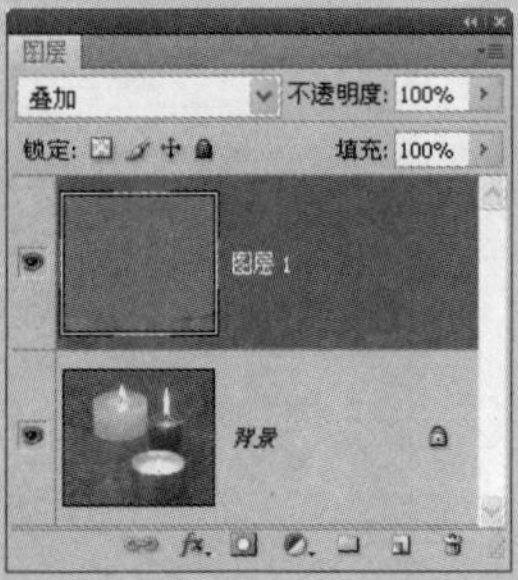

图9-64 创建出的中性色图层

4 执行“滤镜 | 渲染 | 光照效果”命令，在弹出的【光照效果】对话框中设置选项及参数，如图9-65所示。其中灯光的颜色为浅红色（R:248、G:233、B:219）。

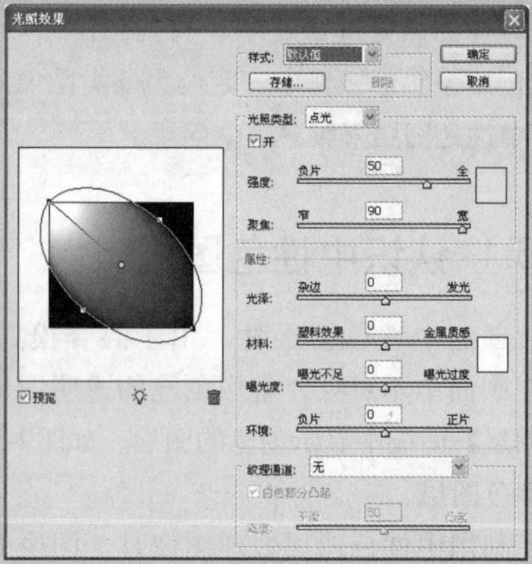

图9-65 【光照效果】对话框

5 单击 确定 按钮，即可为图片创建光照效果，如图9-66所示。

图9-66 创建出的光照效果

6 将文件另命名为“光照效果.psd”保存。

9.6.3 利用中性色图层制作纹理效果

下面灵活运用中性色图层来为石膏像添加纹理效果。

实战演练033 —— 添加纹理效果

1 打开素材图片“素材\第09章\石膏像.jpg”，如图9-67所示。

图9-67 打开的石膏像图片

2 执行“图层 | 新建 | 图层”命令，在弹出的对话框中设置选项，如图9-68所示。

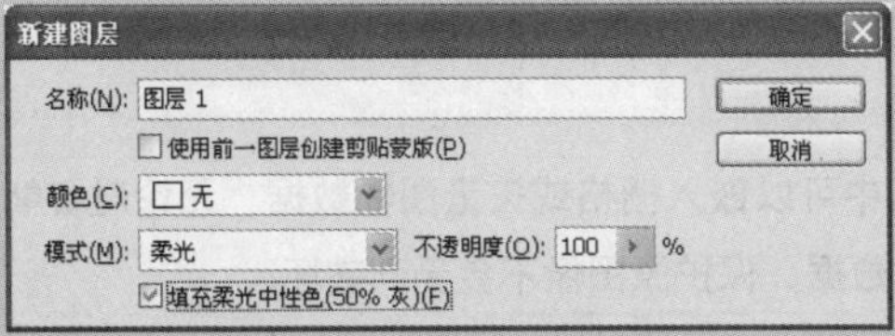

图9-68 【新建图层】对话框

3 单击确定按钮，创建中性色图层，然后执行“滤镜 | 纹理 | 纹理化”命令，在弹出的【纹理化】对话框中设置选项及参数，如图9-69所示。

4 单击确定按钮，为石膏像创建出的纹理效果，如图9-70所示。

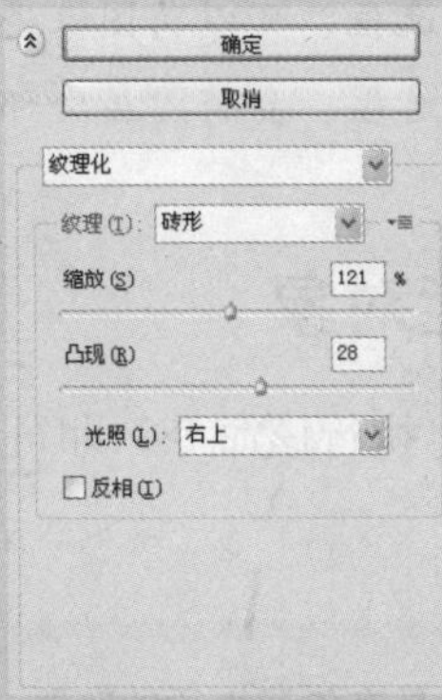

图9-69 设置纹理化参数

图9-70 纹理化后的石膏像效果

5 将此文件另命名为“石膏像纹理化.psd”保存。

9.7 图层面板菜单

单击图层面板中的按钮即可打开如图9-71所示的图层面板菜单。其中“新建图层”命令、“复制图层”命令、“删除图层”命令、“新建组”命令、“从图层新建组”命令、“图层属性”命令和“链接图层”命令和“选择链接图层”命令与9.2节、9.3节讲解的相关命令的作用相同。

图9-71 图层面板菜单

9.7.1 删除隐藏图层

当【图层】面板中有隐藏的图层时，选择该命令，可将隐藏的图层全部删除。

9.7.2 锁定组内的所有图层

选择某一个组后，执行该命令，将弹出的如图9-72所示的【锁定组内的所有图层】对话框。

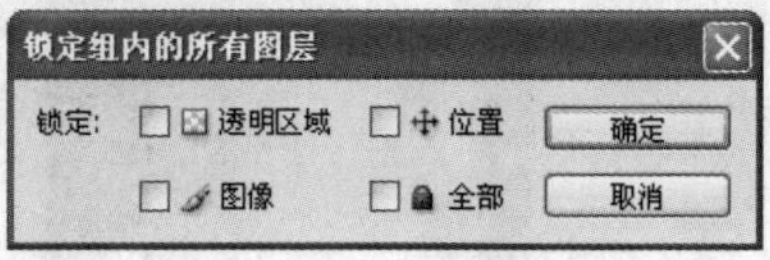

图9-72 【锁定组内的所有图层】对话框

- 透明区域：勾选该复选框，将锁定图层中的透明区域。
- 位置：勾选该复选框，可以将图层中图像的位置锁定。
- 图像：勾选该复选框，可以将图像进行锁定，对图像只能进行移动和变换操作。
- 全部：勾选该复选框，会将图层全部锁定。

9.7.3 转换为智能对象

选定某一个图层后，执行该命令，即可将该图层转换为智能对象。

专家提示

智能对象类似一种具有矢量性质的容器，在其中可以嵌入栅格或矢量图像数据。无论对智能对象进行怎样的编辑，其仍然可以保留原图像的所有数据，保护原图像不会受到破坏。

9.7.4 编辑内容

该选项与智能对象选项相结合，如果图层未转化为智能对象则“编辑内容”命令不可用。当要编辑智能对象时，源内容将在Photoshop或Illustrator中打开（详细内容见15.5的菜单命令）。

9.7.5 混合选项

选择该命令，可以打开【图层样式】对话框，用于为图层中的图像添加各种特殊效果（详细内容见9.8节）。

9.7.6 编辑调整

当选择调整层时，该命令才可用。选择该命令，可以弹出【调整】面板，在此面板中可以对调整层进行重新编辑或调整。

9.7.7 创建剪贴蒙版

选择该命令，可以将当前图层创建为剪贴蒙版，再次选择该命令可以将剪贴蒙版释放（详细内容见15.5节的菜单命令）。

9.7.8 向下合并

选择该命令，可以将当前图层合并到其下方的图层中；当选择多个图层时，显示为“合并图层”命令，选择该命令，可将选择的多个图层合并为一个图层。

9.7.9 合并可见图层

执行该命令，可以将除背景层之外的可见图层进行合并。

9.7.10 拼合图像

执行该命令，可以将【图层】面板中所有的图层进行合并，包括背景层在内。

9.7.11 动画选项

该选项主要用于创建动画时使用，该选项包括3个下拉菜单内容，分别为自动、总是显示和总是隐藏。

- 自动：在【动画】面板打开时，显示统一图层按钮。注意，【动画】面板必须处于帧动画模式下。
- 总是显示：无论是在打开还是关闭【动画】面板时，都显示统一图层按钮。
- 总是隐藏：无论是在打开还是关闭【动画】面板时，都隐藏统一图层按钮。

选择“总是显示”命令时，在【图层】面板中将显示有关创建动画时的统一图层按钮及选项，如图9-73所示。

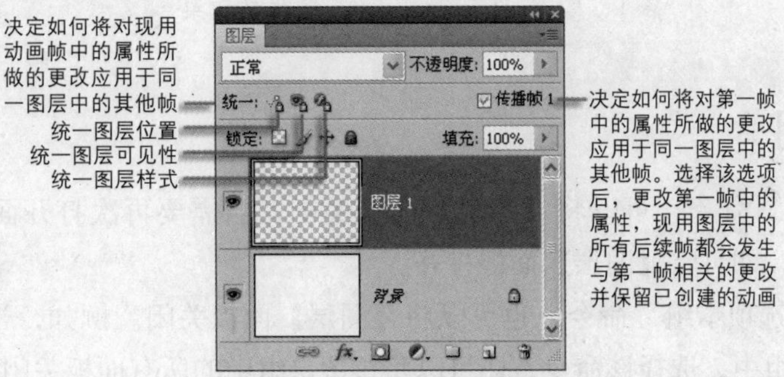

图9-73 显示的动画选项

9.7.12 面板选项

选择“面板选项”命令，可打开如图9-74所示的【图层面板选项】对话框。

- 缩览图大小：图层面板选项对话框中提供了4种缩览图效果，如图9-75~图9-78所示为选择不同缩览图时的【图层】面板效果。

- 图层边界/整个文档：这两项用来设置【图层】面板中图层缩览图的显示区域，如图9-79、图9-80所示为选择不同选项时图层面板的效果。

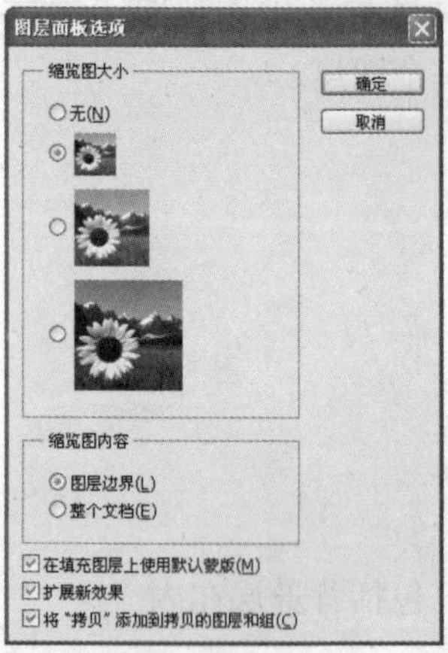

图9-74 【图层面板选项】对话框

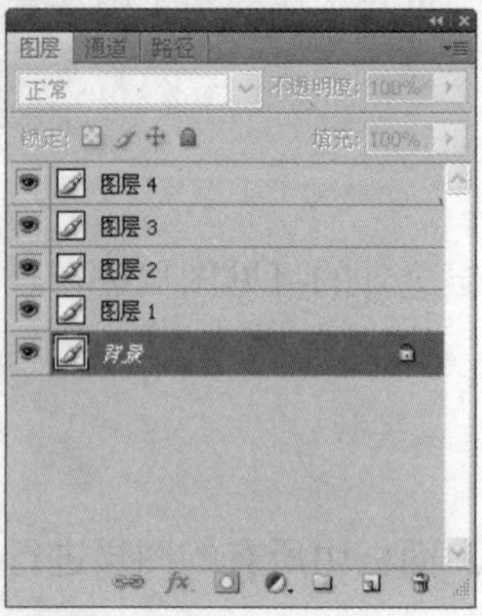
图9-75 缩览图为"无"

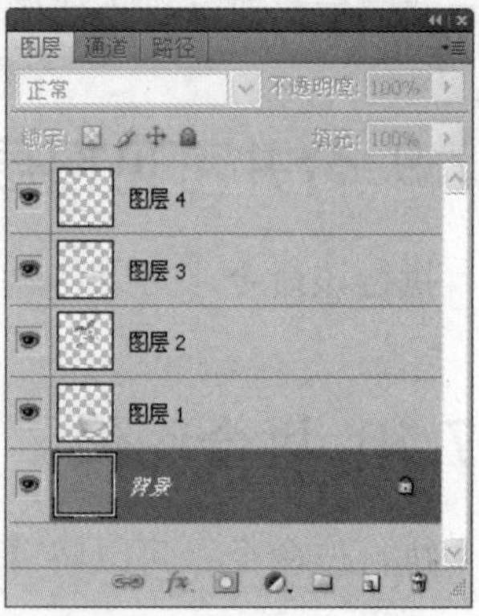
图9-76 缩览图为"小"

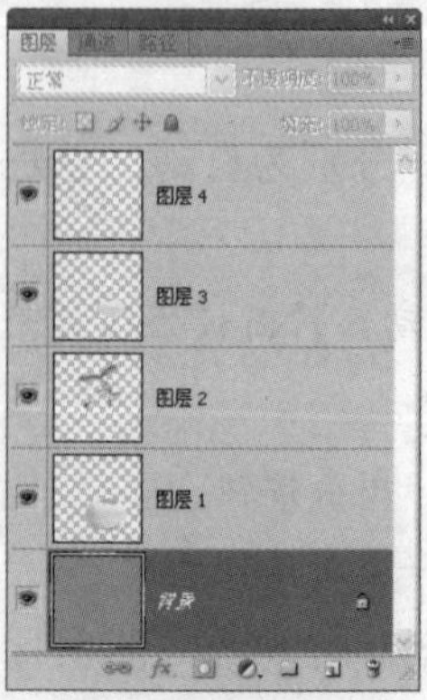
图9-77 缩览图为"中"

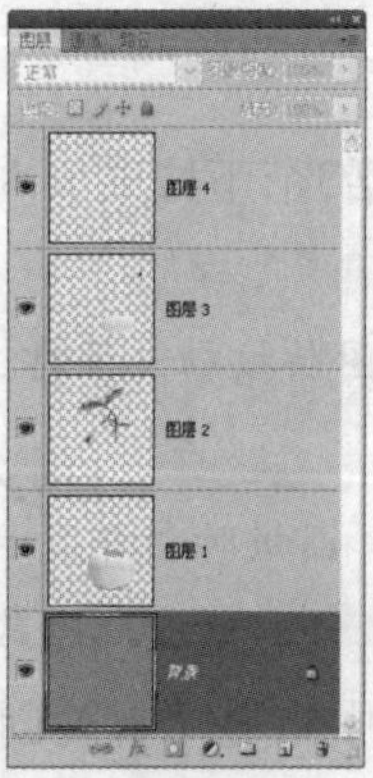
图9-78 缩览图为"大"

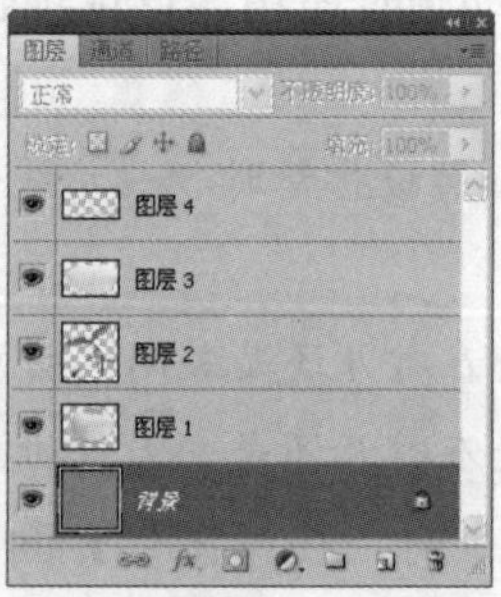
图9-79 选择"图层边界"时的效果

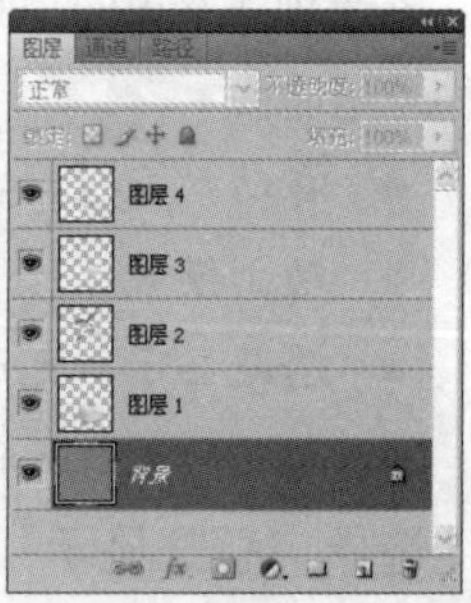
图9-80 选择"整个文档"时的效果

9.7.13 关闭

选择"关闭"命令，可以将【图层】面板关闭，当需要再次打开面板时，执行"窗口｜图层"命令，即可将【图层】面板打开。

选择"关闭选项卡组"命令，也可以将【图层】面板关闭。例如，当前的【图层】面板位于一个图层组中，选择该命令，还可以将该图层组中的所有面板关闭。

9.8 添加图层样式

图层样式在Photoshop中是用来创建图像特效的，为图层添加不同的图层样式可以创建出具有真实质感的玻璃、水晶或金属等特效。图层样式还可以随时修改、隐藏或显示，因此在运用时相当灵活。

9.8.1 混合选项

在某一图层（背景层除外）上双击鼠标，或执行“图层｜图层样式｜混合选项”命令，即可打开【图层样式】对话框，如图9-81所示。

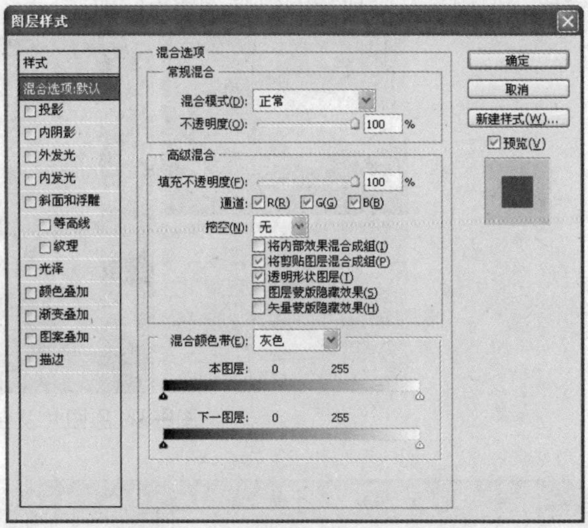

图9-81 【图层样式】对话框

- 混合模式：用来设置图层的混合方式，默认为“正片叠底”。
- 不透明度：用来设置图层的不透明度，在文本框中输入数值即可更改图层的不透明度。
- 填充不透明度：该项用来设置填充内容的不透明度。
- 通道：可以选择默认R、G、B中的某一个通道。
- 挖空：单击按钮可以选择挖空的程度。
- 将内部效果混合成组：勾选该复选框，可以将图层的混合模式应用于修改不透明像素的图层效果。
- 将剪贴图层混合成组：勾选该复选框，可以将基底图层的混合模式应用于剪贴蒙版中的所有图层，取消勾选时可以保持原有混合模式和组中每一个图层的外观。
- 透明形状图层：勾选该复选框，可以将图层效果和挖空限制在图层的不透明区域，取消勾选时则会针对整个图层。
- 图层蒙版隐藏效果：勾选该复选框，可以将图层效果限制在图层蒙版所定义的区域。
- 矢量蒙版隐藏效果：勾选该复选框，可将图层效果限制在矢量蒙版所定义的区域。
- 混合颜色带：单击按钮可以选择颜色的混合带。选取“灰色”选项，可以指定所有通道的混合范围。选择单个颜色通道（如 RGB 图像中的红色、绿色或蓝色），可以指定该通道内的混合。
- 本图层和下一图层：用于设置混合像素的亮度范围。拖动白色滑块设置范围的高值，拖动黑色滑块设置范围的低值。要定义部分混合像素的范围，可按住Alt键的同时拖动滑块三角形的一半，在分开的滑块上方显示的两个值指示部分混合范围。
  - 使用“本图层”滑块指定现用图层上将要混合并因此出现在最终图像中的像素范围。
  - 使用“下一图层”滑块指定将在最终图像中混合的下面的可见图层的像素范围。混合的像素与现用图层中的像素组合产生复合像素，而未混合的像素透过现用图层的上层区域显示出来。

9.8.2 利用混合选项合成图像

混合选项的主要功能就是合成图像，它最大的好处就是可以不必抠图就能将图像进行合成。原图片及合成后的效果如图9-82所示。

图9-82 原图片及合成后的效果

实战演练034 —— 合成图像

1 打开素材图片“素材\第09章\城市.jpg”和“海景.jpg”。

2 利用工具将“海景”图片移动复制到“城市”文件中，并调整至如图9-83所示的大小及位置。

图9-83 图片调整后的大小及位置

3 按Enter键确认图片的调整，然后执行“图层｜图层样式｜混合选项”命令，在弹出的【图层样式】对话框中选择如图9-84所示的滑块。

4 按住Alt键的同时向右拖动鼠标，调整一个滑块的位置，如图9-85所示。调整当前图层混合后的效果如图9-86所示。

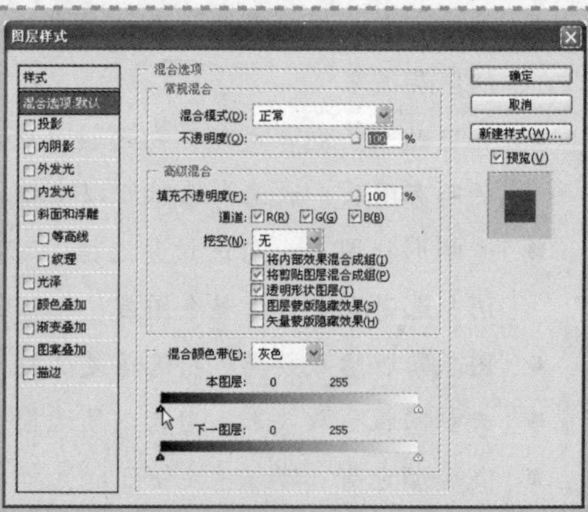

图9-84 鼠标光标放置的位置

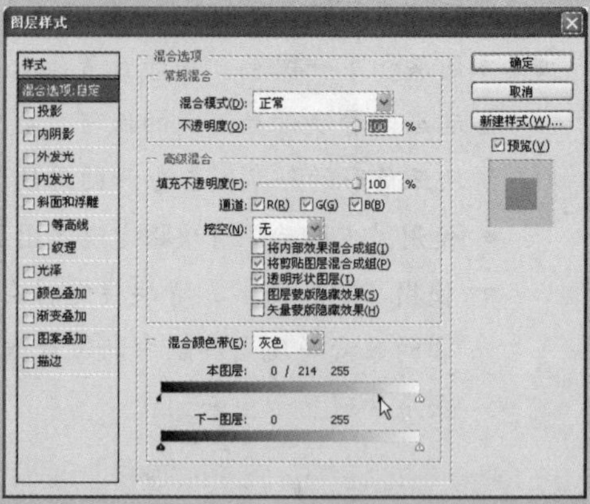

图9-85 滑块移动后的位置

图9-86 混合后的效果

5 将鼠标光标移动到前面的单个滑块上并向右拖动鼠标，调整混合的范围，调整后的范围及生成的混合效果如图9-87所示。

图9-87 滑块移动后的位置及生成的混合效果

6 同理，对“下一图层”的混合进行调整，如图9-88所示。

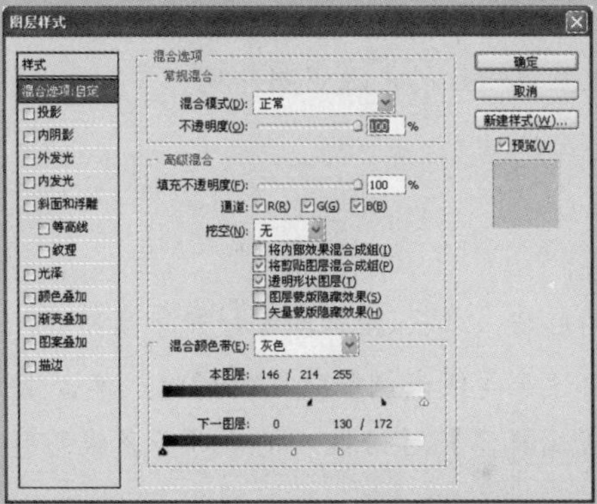

图9-88 另一滑块移动后的位置及生成的混合效果

7 单击 确定 按钮，完成图像的初步混合。然后利用图层蒙版对其进行编辑。

8 在【图层】面板中单击按钮，为“图层 1”添加图层蒙版，然后选取工具，并设置画笔工具的选项参数，如图9-89所示。

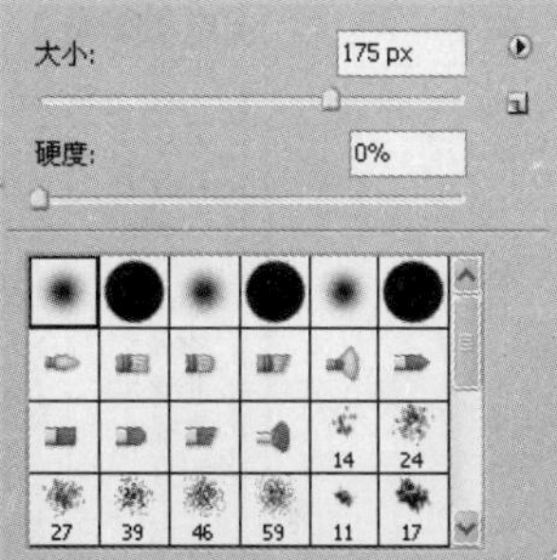

图9-89 设置的画笔工具参数

9 将前景色设置为黑色，然后移动鼠标光标到画面中进行拖动，将下方的图像隐藏，状态如图9-90所示。

图9-90 编辑蒙版时的状态

10 依次拖动鼠标，将不想显示的图像隐藏，编辑后的蒙版及图像合成效果如图9-91所示。

图9-91 编辑后的蒙版状态及图像合成效果

11 按Shift+Ctrl+S组合键另存图像为“范例\第09章\图像混合.psd”。

9.8.3 投影

如图9-92所示为选择“投影”样式时的【图层样式】对话框。

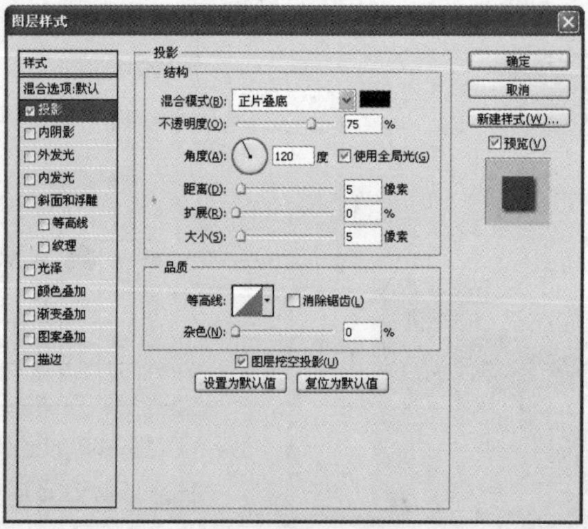

图9-92 “投影”选项的【图层样式】对话框

在“投影”样式面板中“混合模式”与“不透明度”选项的作用与之前的“混合模式”选项一样，不同的只有下面的选项。

- 角度：该项用来设置投影的角度，在文本框中输入数值或拖动圆盘的指针都可以调整角度的大小。
- 使用全局光：勾选该复选框，可以在图像上呈现一致的光源照明外观。
- 距离：用来调整投影与图像之间的距离。
- 扩展：用来调整投影的扩散效果。
- 大小：用来调整投影的大小。
- 等高线：用来控制某些效果在指定范围上的形状。单击按钮即可打开等高线的预设窗口，如图9-93所示。在对话框中可以选择预设等高线来调整效果的形状；单击按钮的前面部分，将弹出如图9-94所示的【等高线编辑器】对话框，用于对等高线的形状进行编辑。

- 消除锯齿：混合等高线的边缘像素，在处理具有复杂等高线的小阴影上最有用。
- 杂色：输入数值或拖动滑块可调整投影中杂色的数量，如图9-95、图9-96所示为投影中设置不同杂色值时所显示的不同效果。
- 图层挖空投影：控制半透明图层中投影的可见性。
- 预览：勾选该复选框时，可以预览设置的图层效果。

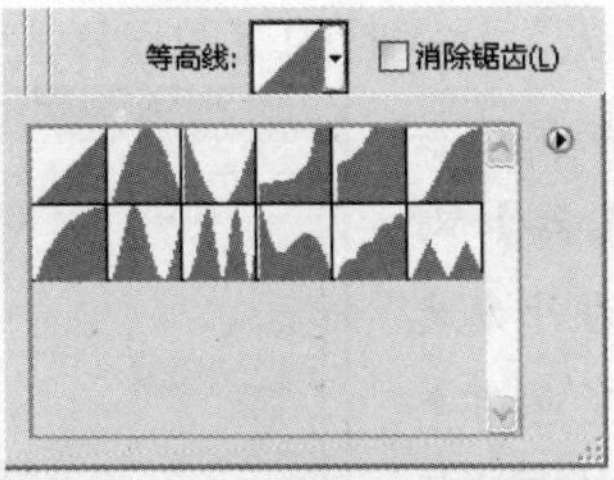

图9-93 “等高线”的预设窗口

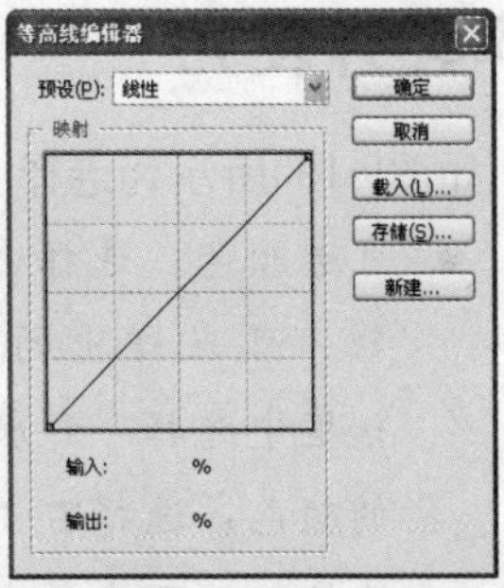

图9-94 【等高线编辑器】对话框

图9-95 杂色值为0%时的投影效果

图9-96 杂色值为50%时的投影效果

9.8.4 内阴影

如图9-97所示为选择“内阴影”样式时的【图层样式】对话框。

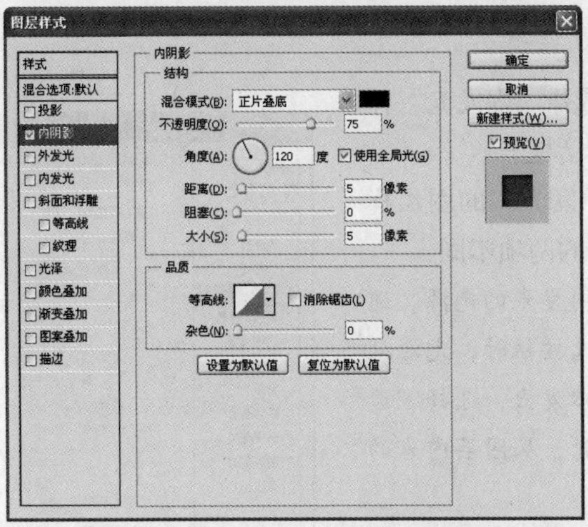

图9-97 “内阴影”选项的【图层样式】对话框

“内阴影”面板中的各选项与投影面板中的各项选项大致相同，只是少了“图层挖空投影”一项，如图9-98、图9-99所示为为文字添加内阴影后的前后对比效果。

图9-98 未添加内阴影时的效果

图9-99 添加内阴影后的效果

9.8.5 外发光

如图9-100所示为选择“外发光”样式时的【图层样式】对话框。

- 可选颜色：选择白色色块单选按钮，可在弹出的【拾色器】对话框中选择一种颜色作为外发光的颜色；选择右侧的渐变色条单选按钮，可在弹出的【渐变编辑器】对话框中设置一种渐变颜色作为外发光的颜色。
- 方法：包括“柔和”和“精确”两个选项。“柔和”适用于所有类型的杂边，可以将图像的边缘应用模糊，不保留大尺寸的细节特征；“精确”适用于消除锯齿形状的硬边杂边，它的保留细节能力优于“柔和”选项。
- 范围：该项用来控制发光中作为等高线目标的范围。
- 抖动：用来改变渐变的颜色和不透明度的应用。

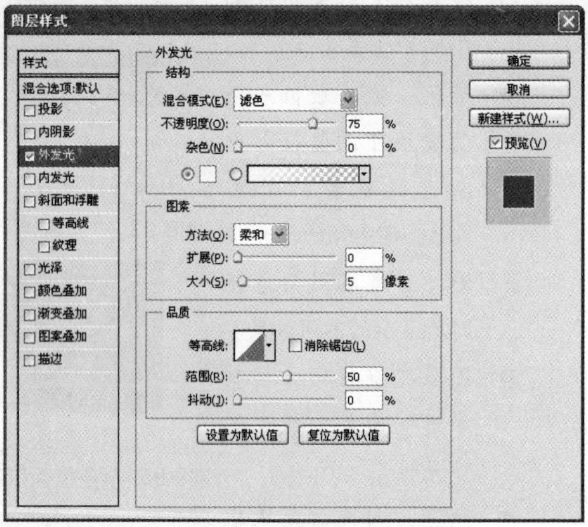

图9-100 “外发光”选项的【图层样式】对话框

9.8.6 内发光

如图9-101所示为选择“内发光”样式时的【图层样式】对话框。

“内发光”与“外发光”的图层样式面板相似，只是下面的两项不同：

- 源：用来指定内发光的光源。选择“居中”单选按钮时，光源从图层内容的中心发出；选择“边缘”单选按钮时，从图层内容的边缘发出。
- 阻塞：用来在模糊之前将“内发光”的杂边边界进行收缩。

输入的字母及添加的内发光和外发光效果如图9-102所示。

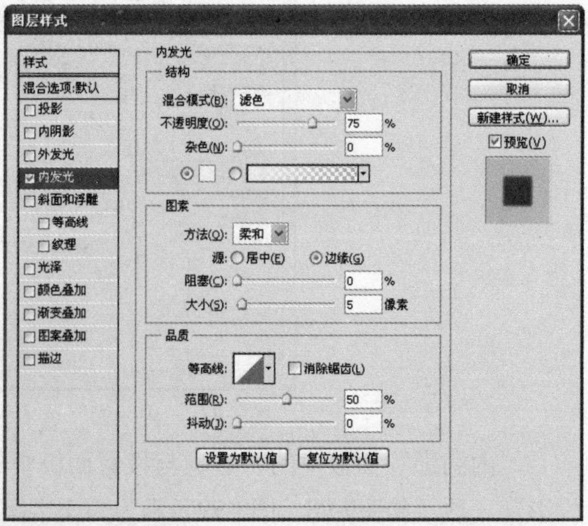

图9-101 “内发光”选项的【图层样式】对话框

图9-102 输入的文字及添加的发光效果

9.8.7 斜面和浮雕

如图9-103所示为选择“斜面和浮雕”样式时的【图层样式】对话框。

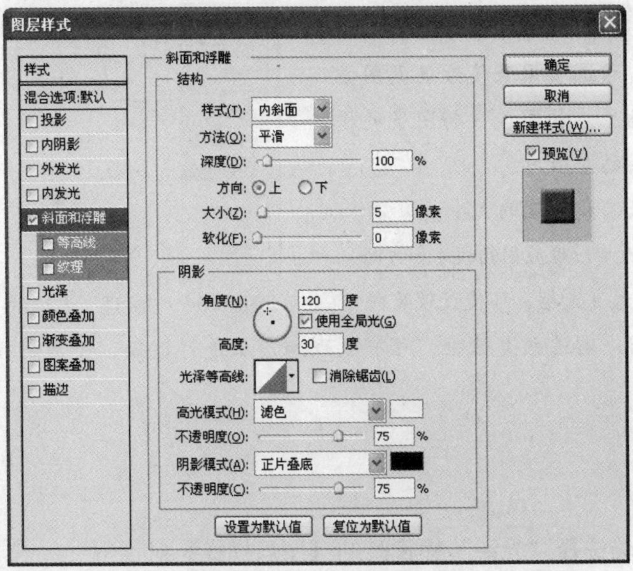

图9-103 “斜面和浮雕”选项的【图层样式】对话框

- 样式：该选项用来指定斜面的样式。包括“内斜面”、“外斜面”、“浮雕效果”、“枕状浮雕”和“描边浮雕”。
  - 内斜面：用来在内边缘上创建斜面。
  - 外斜面：用来在外边缘上创建斜面。
  - 浮雕效果：用来模拟出相对于下层图层而言呈浮雕状的效果。
  - 枕状浮雕：用来模拟出将图层内容的边缘压入下层图层中的效果。
  - 描边浮雕：用来将浮雕效果应用于图层的描边边界（如果图层中的图像没有进行描边，则“描边浮雕”选项不可用）。
- 方法：该方法包括平滑、雕刻清晰和雕刻柔和。
  - 平滑：可以将杂边的边缘进行稍微模糊，适用于所有类型的杂边，该项不保留大尺寸的细节特征。
  - 雕刻清晰：该选项主要用于消除锯齿形状的硬边杂边。
  - 雕刻柔和：该选项对较大范围的杂边比较适用。

- 深度：用来指定斜面的深度，也可以用来指定图案的深度。该值越高浮雕的立体效果越明显。
- 方向：用来设定浮雕的方向，向上凸起或向下凹陷。
- 大小：用来设置斜面的大小。
- 软化：该项用来软化斜面与斜面之间的棱角。
- 角度/高度：拖动圆盘中的小光标即可同时调整角度和高度的值，在文本框中输入数值也可以改变角度和高度，这两项用来设置光源的角度和高度。
- 高光模式/阴影模式：这两项都是用来设置斜面的高光或阴影的混合模式。

在斜面和浮雕选项中等高线和纹理是与之相联系的，等高线与“投影”中的等高线相同，勾选“纹理”复选框可以选择应用一种纹理，如图9-104所示为“纹理”选项的【图层样式】对话框。

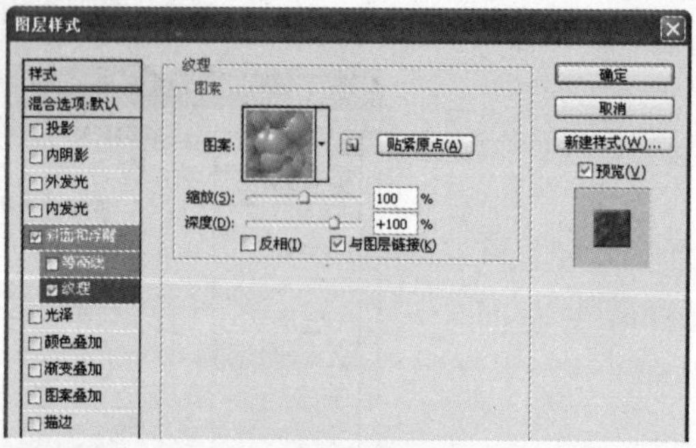

图9-104 “纹理”选项的【图层样式】对话框

- 图案：用来选择一种图案作为纹理。
- 贴近原点：该选项用来使纹理的图案原点与文档原点相同，或将图案的原点放到图层的左上角。
- 缩放：用来缩放纹理的大小。
- 深度：用来改变纹理应用的程度和方向。
- 反向：勾选该复选框，可使纹理反向。
- 与图层链接：勾选该复选框，可将纹理与图层进行链接，使图层移动时纹理也会随之一起移动。

9.8.8 光泽

如图9-105所示为选择“光泽”样式时的【图层样式】对话框。

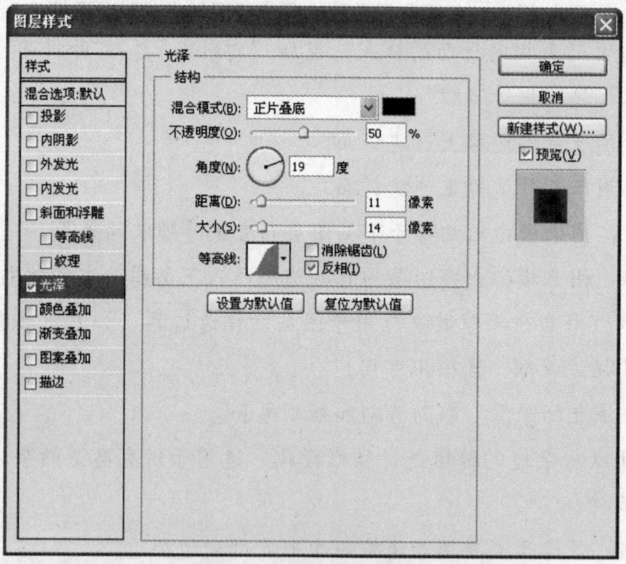

图9-105 “光泽”选项的【图层样式】对话框

设置光泽选项可以为图像创建出金属表面的光泽外观。如图9-106所示为添加光泽前后的效果对比。

图9-106 添加光泽前后的效果

9.8.9 颜色叠加

如图9-107所示为选择“颜色叠加”样式时的【图层样式】对话框。

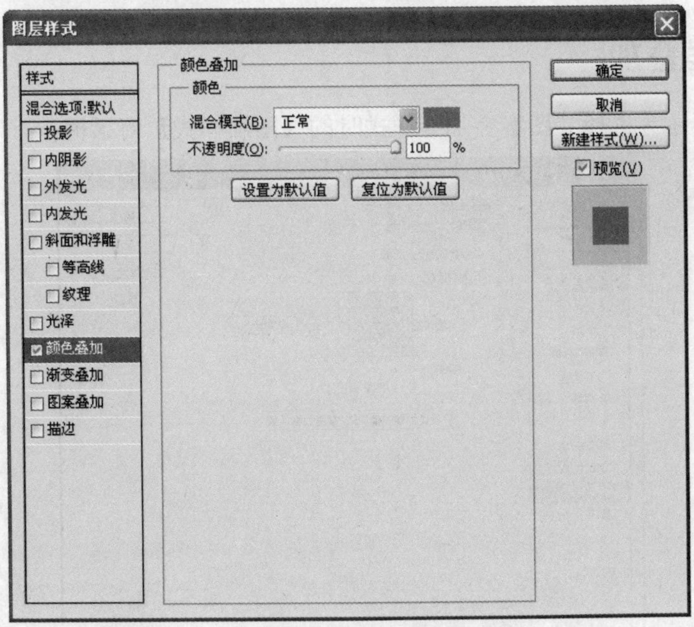

图9-107 “颜色叠加”选项的【图层样式】对话框

该选项可以将原有颜色进行叠加改变为指定的颜色，通过调整其混合模式和不透明度可以控制叠加颜色的效果。

9.8.10 渐变叠加

如图9-108所示为选择“渐变叠加”样式时的【图层样式】对话框。

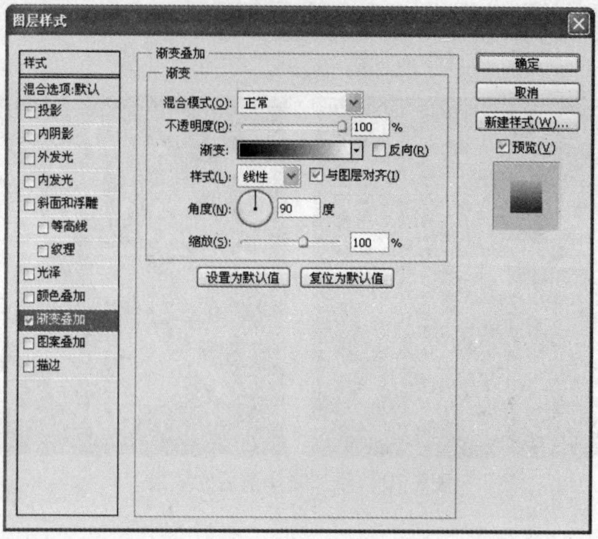

图9-108 “渐变叠加”选项的【图层样式】对话框

该选项与颜色叠加选项一样，都可以将原有的颜色进行叠加改变，然后通过调整混合模式与不透明度控制渐变颜色的不同效果。

9.8.11 图案叠加

如图9-109所示为选择“图案叠加”样式时的【图层样式】对话框。

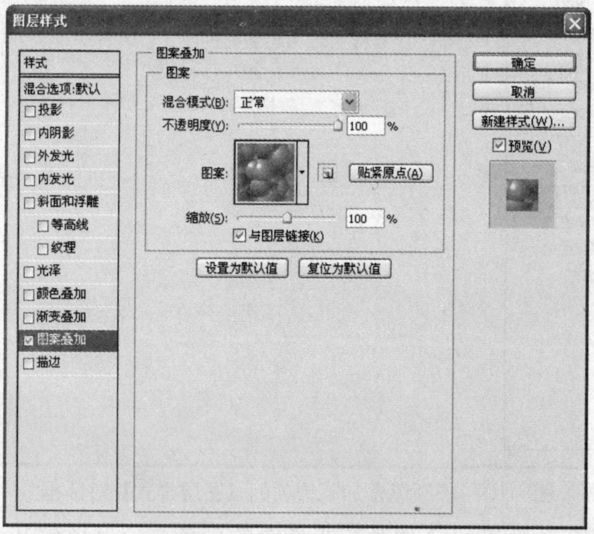

图9-109 “图案叠加”选项的【图层样式】对话框

可以选择一种图案叠加到原有图像上，与利用颜色和渐变色进行叠加一样。

9.8.12 描边

如图9-110所示为选择“描边”样式时的【图层样式】对话框。

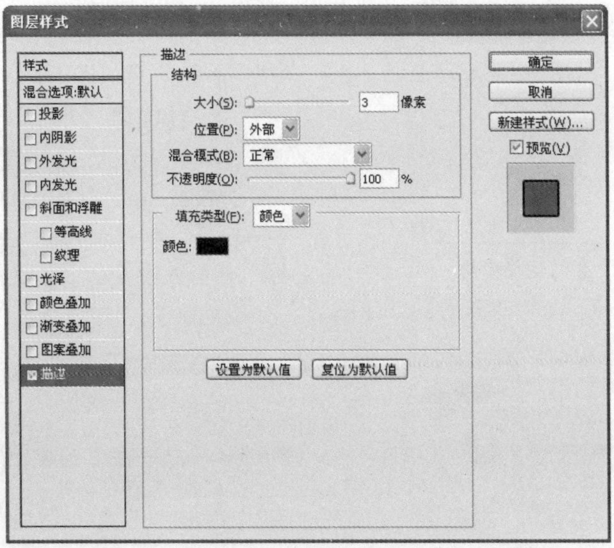

图9-110 “描边”选项的【图层样式】对话框

该选项可以使用颜色、渐变或图案来描绘对象的轮廓。

9.8.13 拷贝与粘贴图层样式

选择添加了图层样式的图层后，执行“图层｜图层样式｜拷贝图层样式”命令或在该图层上单击鼠标右键，在弹出的快捷菜单中选择“拷贝图层样式”命令，即可将当前选中的图层样式进行复制；选择其他的图层，执行“图层｜图层样式｜粘贴图层样式”命令，或在该图层上单击鼠标右键，在弹出的快捷菜单中选择“粘贴图层样式”命令，即可将当前的图层样式粘贴到新的图层中。

下面以实际操作为例，来详细讲解“图层样式”命令的应用，并熟悉拷贝与粘贴图层样式操作。

实战演练035 —— 图层样式应用

1 打开素材图片“素材\第09章\咖啡.jpg”，然后利用T工具在文件中输入如图9-111所示的白色文字。

2 单击选项栏中的工按钮，在弹出的【变形文字】对话框中将“样式”设置为“扇形”，其他选项参数设置如图9-112所示。

图9-111 输入的文字

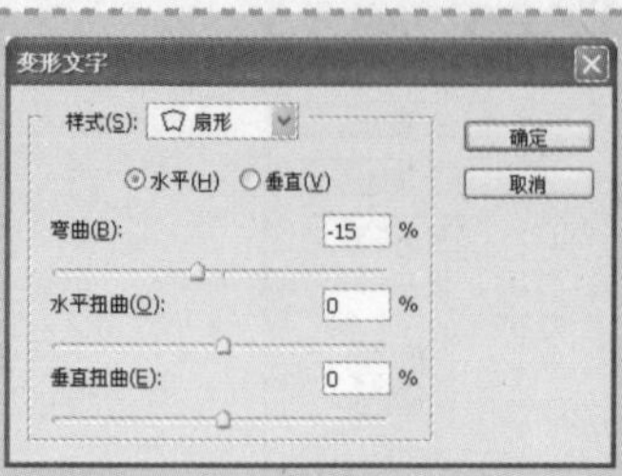

图9-112 设置的变形参数

3 单击 确定 按钮，文字变形后的效果如图9-113所示。

图9-113 文字变形后的效果

4 执行“图层｜图层样式｜斜面和浮雕”命令，在弹出的【图层样式】对话框中设置各选项参数，如图9-114所示。

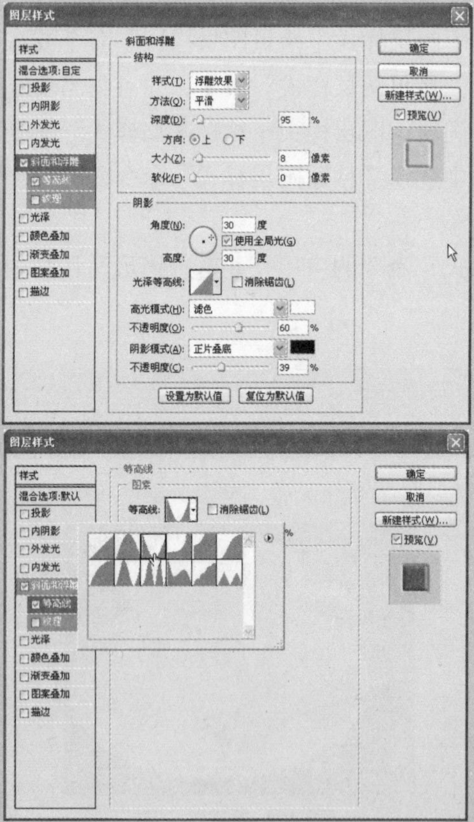

图9-114 设置的斜面和浮雕样式

5 单击 确定 按钮，文字添加斜面和浮雕后的效果如图9-115所示。

6 在【图层】面板中将“填充”选项的参数设置为0，即隐藏白色文字，只显示浮雕效果，如图9-116所示。

图9-115 添加斜面和浮雕样式后的效果 图9-116 隐藏白色文字后的效果

7 选取工具，然后单击选项栏中【形状】选项右侧的按钮，在弹出的选项面板中选择如图9-117所示的形状图形。

8 新建“图层 1”，然后激活选项栏中的按钮，再在杯碟上绘制出如图9-118所示的黑色图形。

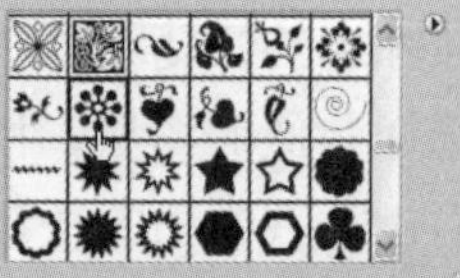

图9-117 选择的图案 图9-118 绘制出的图形

9 在文字层的名称上单击鼠标右键，在弹出的快捷菜单中选择“拷贝图层样式”命令，然后在“图层 1”上单击鼠标右键，在弹出的快捷菜单中选择“粘贴图层样式”命令，效果如图9-119所示。

10 同理，绘制出另两组花形，效果如图9-120所示。

图9-119 粘贴图层样式后的效果 图9-120 制作的另两组花形

11 按Shift+Ctrl+S键另存文件为“范例\第09章\浮雕效果.psd”。

9.8.14 清除图层样式

将图层样式拖动到按钮上将其删除，也可以选中要删除的图层样式，执行“图层 | 图层样式 | 清除图层样式”命令将其删除。

9.8.15 全局光

在【图层样式】面板中，“投影”、“内阴影”和“斜面和浮雕”效果中都包含【全局光】选项，该选项可以用来统一调节光源的角度和高度。

如果要调整全局光的角度和高度，在样式层下方如图9-121所示的效果选项上单击鼠标右键，在弹出的快捷菜单中选择“全局光”命令或选择效果层执行“图层 | 图层样式 | 全局光”命令，即可打开如图9-122所示的【全局光】对话框，在此对话框中设置“角度”和“高度”值，即可将应用的光源统一在同一位置。

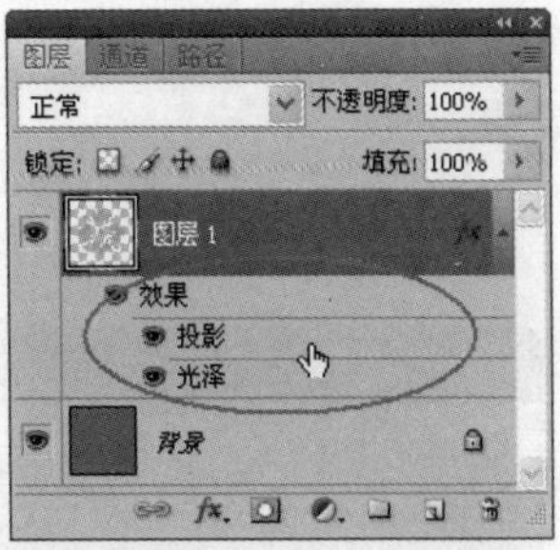

图9-121 鼠标光标放置的位置

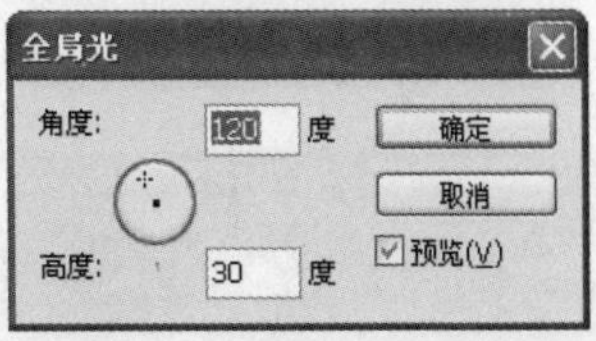

图9-122 【全局光】对话框

9.8.16 创建图层

选择带有样式的图层，执行“图层 | 图层样式 | 创建图层”命令，即可将图层的样式单独创建为图层，另外，在样式层下方的效果选项上单击鼠标右键，在弹出的快捷菜单中选择“创建图层”命令，也可将效果层转换为普通层。需要注意的是，样式层转换为普通层后，就不再具有样式层的特性，也不能通过双击该图层进行样式的编辑，但可以继续为其添加图层样式。

9.8.17 隐藏所有效果

在【图层】面板中，要隐藏所有的效果，可单击效果前面的按钮，即可将所有的图层样式隐藏，再次单击按钮即可将所有的效果显示。要隐藏某个样式，则只需单击该效果前面的图标即可。

执行“图层 | 图层样式 | 隐藏所有效果”命令，或在效果选项上单击鼠标右键，在弹出的快捷菜单中选择“隐藏所有效果”命令，可将所有效果隐藏；再次执行该命令，即可将其显示。

9.8.18 缩放效果

当为图层中的内容添加图层样式后，再利用“自由变换”命令对其大小进行调整，添加的图层样式不会随之改变，如果想让添加的图层样式适合缩放后的内容，就可利用“缩放效果”命令来进行调整。

执行“图层 | 图层样式 | 缩放效果”命令，或在效果选项上单击鼠标右键，在弹出的快捷菜单中选择“缩放效果”命令，将弹出如图9-123所示的【缩放图层效果】对话框。

单击▸按钮并拖动滑块即可调整缩放数值的大小（在文本框中直接输入数值也可以），相应的图层样式效果也会随之改变。

如图9-124所示为相同的图层样式，缩放图像后，未执行和执行“缩放效果”命令后的对比效果。

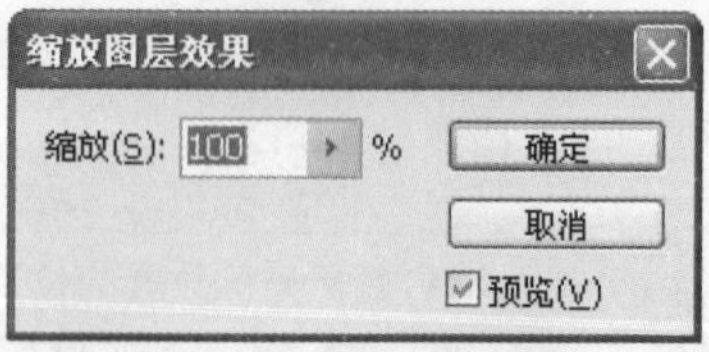

图9-123 【缩放图层效果】对话框

图9-124 未执行和执行“缩放效果”命令后的对比效果

9.9 样式面板与面板菜单

在【样式】面板中有Photoshop预设的各种样式，该面板通常用来管理、保存或者应用图层样式，在面板中还可以将外部的样式载入。如图9-125所示为【样式】面板及其面板菜单。

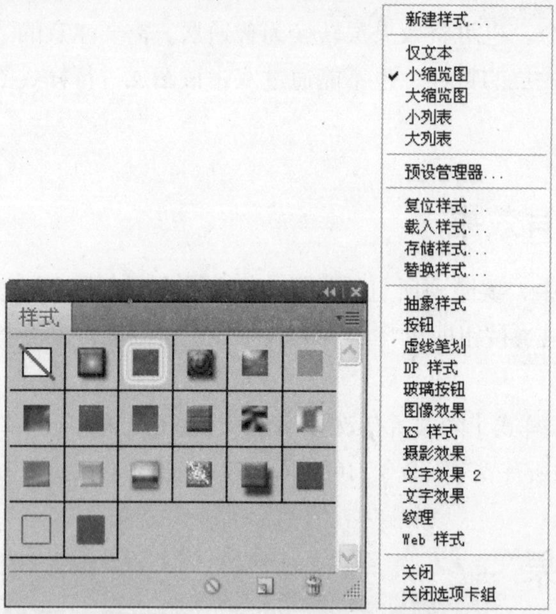

图9-125 【样式】面板与面板菜单

9.9.1 清除样式

单击【样式】面板中的，即可将当前的样式清除，单击样式面板底部的按钮也可以将当前的样式清除。

9.9.2 创建新样式

在【图层】面板中选择一个带有图层样式的图层，单击【样式】面板中的创建新样式按钮，在打开的如图9-126所示的对话框中单击确定按钮，即可将当前图层添加的图层样式创建为新样式。

图9-126 【新建样式】对话框

- 名称：可以为新建的样式命名。
- 包含图层效果：勾选该复选框，可以把当前图层的图层效果设置为样式。
- 包含图层混合选项：勾选该复选框，可以将当前设置的混合模式设置到样式中。

面板菜单中的“新建样式”命令与面板底部的创建新样式按钮的用法一样。

9.9.3 删除样式

选择一个样式并将其拖动到按钮上即可将该样式清除，还可以在按住Alt键的同时单击需要删除的样式将其直接删除。

9.9.4 样式缩览图

样式缩览图包括“纯文本”、“大/小缩览图”和“大/小列表”5种。“纯文本”，即所有的样式都为文字描述；“大/小缩览图”，即只有图片效果的缩览图；“大/小列表”，即不只有文字描述还附有图片效果的缩览图。如图9-127~图9-131所示为选择不同缩览图选项时的【样式】面板效果。

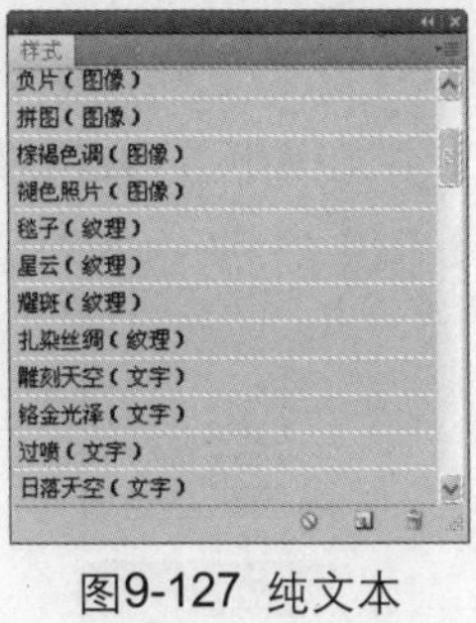

图9-127 纯文本

图9-128 小缩览图

图9-129 大缩览图

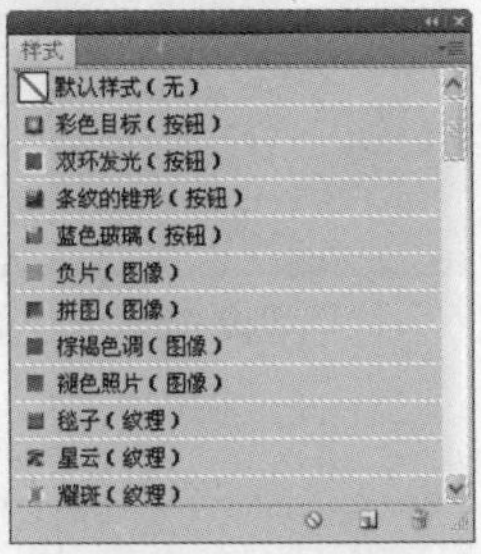

图9-130 小列表

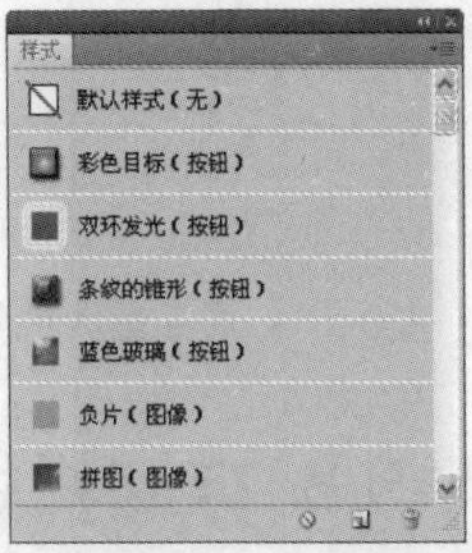

图9-131 大列表

9.9.5 预设缩览图

在面板菜单中选择该命令，可以打开【预设管理器】对话框，如图9-132所示。

- 预设类型：该选项中不仅设有样式的各项选项，还包括画笔、色板、图案等工具的预设类型。
- 载入(L)...：单击该按钮，可以从外部载入样式。
- 存储设置(S)...：用来存储样式。
- 重命名(R)...：可以将样式进行重命名。
- 删除(D)：单击该按钮，可以将样式删除。

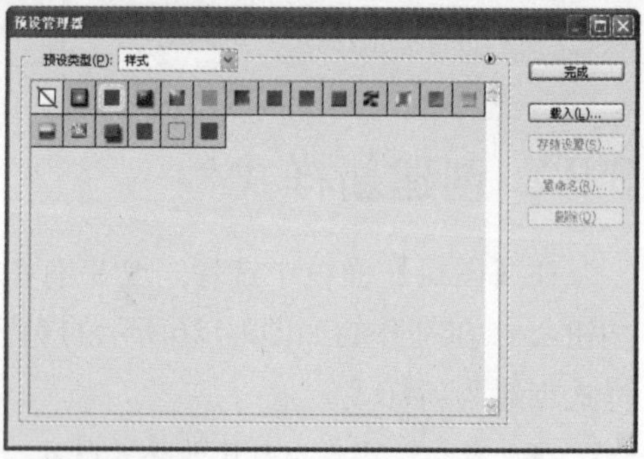

图9-132 【预设管理器】对话框

9.9.6 复位样式

选择该命令，将弹出如图9-133所示的对话框，单击确定按钮即可将样式面板恢复为Photoshop默认的样式，单击取消按钮可以取消当前的复位样式操作；单击追加(A)按钮将把原有的样式与现有样式一同添加。

图9-133 复位样式对话框

9.9.7 载入样式

选择该命令，将弹出【载入】对话框，在此对话框中可选择预设或在网络中下载的ALS文件将其作为样式库载入。

在面板菜单底部有Photoshop提供的样式，单击某一样式（如图9-134所示），即可弹出如图9-135所示的对话框，单击追加(A)按钮即可将选中的样式载入，如图9-136所示。

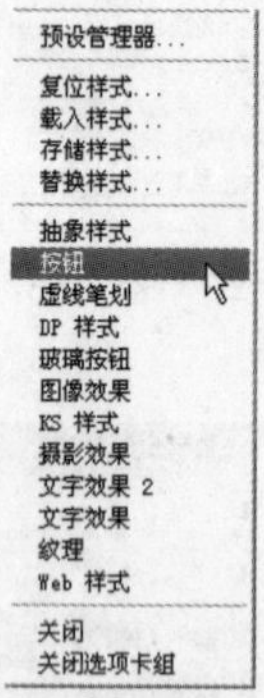

图9-134 选择载入的样式

图9-135 载入样式对话框

图9-136 载入后的样式

9.9.8 存储样式

执行面板菜单中的“存储样式”命令，在打开的【存储】对话框中输入样式库的名称与保存的位置，然后单击保存(S)按钮，即可将面板中的样式保存为一个独立的样式库。

9.9.9 替换样式

选择该命令，也将弹出【载入】对话框，选择要替换当前样式的样式库，单击载入(L)按钮，即可将原有的样式替换。

9.10 综合实战——制作网页按钮

下面以设计网页按钮为例，来详细讲解图层及“图层样式”命令的应用。制作的网页按钮如图9-137所示。

图9-137 制作的网页按钮

实战演练036 —— 制作网页按钮

1 新建宽度为30厘米，高度为10厘米，分辨率为200像素/英寸的文件。

2 为背景填充浅黄色（R:226、G:216、B:193），然后利用工具在画面的左侧绘制出如图9-138所示的圆形选区。

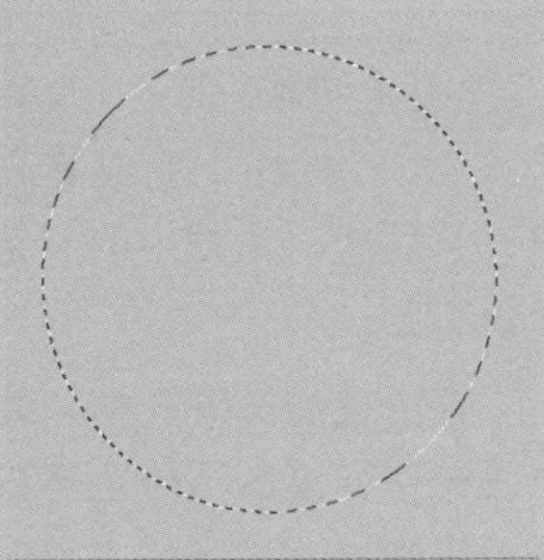

图9-138 绘制的圆形选区

3 新建“图层 1”，为选区填充白色，然后去除选区，并执行“图层｜图层样式｜投影”命令，在弹出的【图层样式】对话框中设置各选项参数，如图9-139所示。

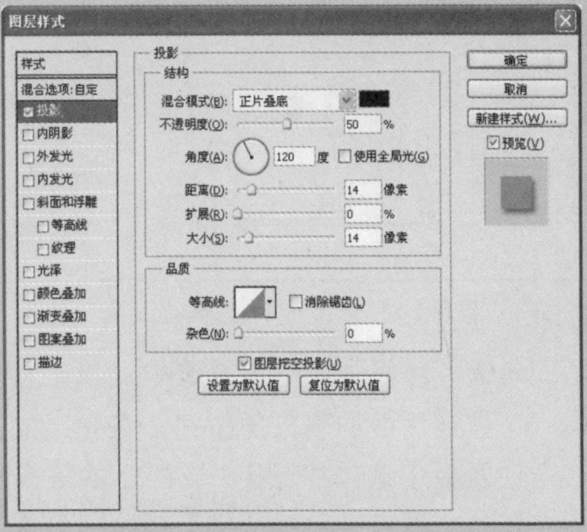

图9-139 设置的投影样式参数

4 在【图层样式】对话框的左侧列表框中勾选“内阴影”复选框，然后设置其右侧的选项参数，如图9-140所示。

5 勾选“内发光”复选框，然后单击右侧的浅黄色色块，在弹出的【拾色器】对话框中将颜色设置为灰色（R:103、G:103、B:103），单击确定按钮，再设置对话框中的选项参数，如图9-141所示。

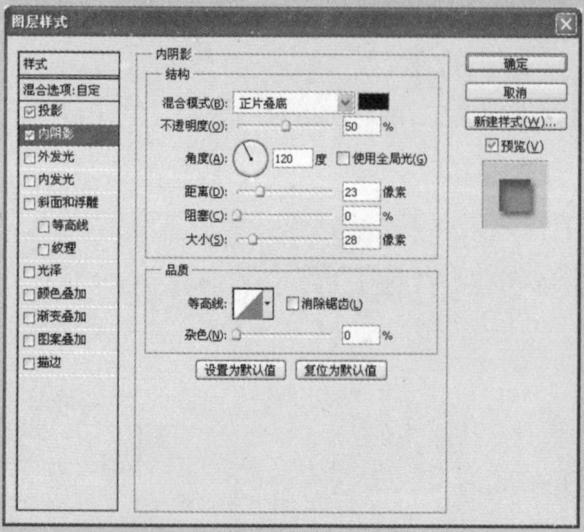

图9-140 内阴影样式参数设置

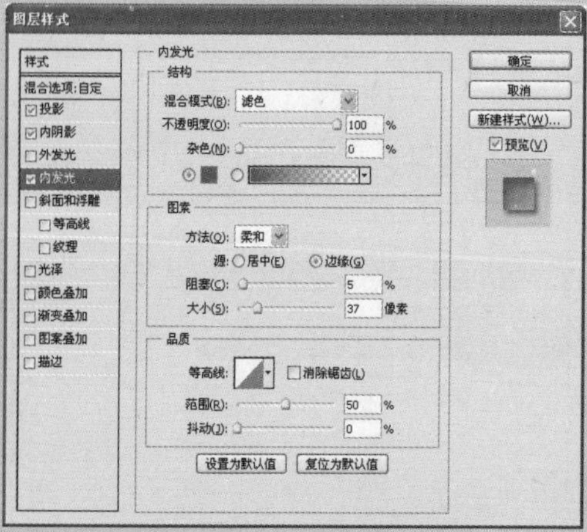

图9-141 内发光样式参数设置

6 勾选“斜面和浮雕”复选框，单击右侧按钮后面的下三角按钮，在弹出的选项面板中选择如图9-142所示的等高线形状，然后设置对话框中的选项参数，如图9-143所示。

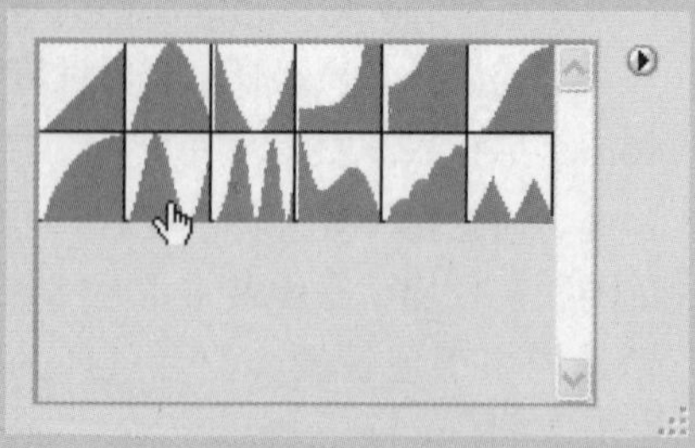

图9-142 选择的等高线

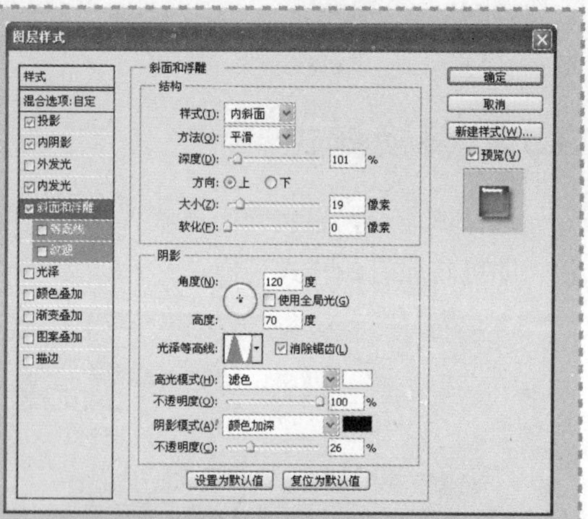

图9-143 斜面和浮雕样式参数设置

7 勾选“等高线”复选框，单击右侧按钮的前面部分，在弹出的【等高线编辑器】对话框中向上拖动左下角的控制点，将控制点调整至如图9-144所示的位置。

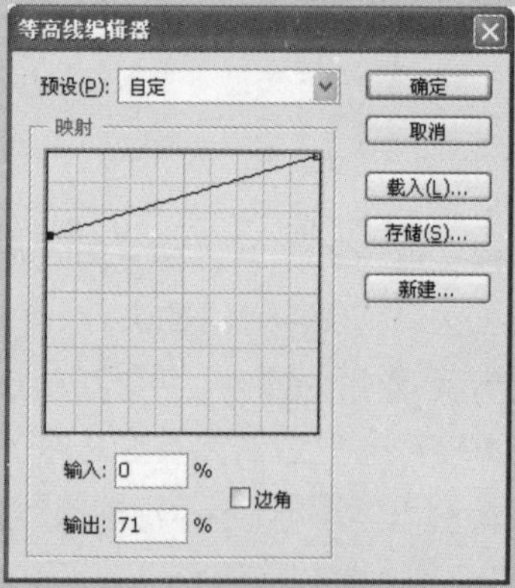

图9-144 编辑的等高线效果

8 单击 确定 按钮，完成等高线线形的调整，然后将对话框中的“范围”选项设置为27%。

9 勾选“颜色叠加”复选框，并单击右侧的色块，在弹出的【拾色器】对话框中将颜色设置为洋红色（R:255、G:0、B:138），并单击 确定 按钮。

10 至此，各图层样式的选项参数设置完成，单击 确定 按钮，绘制图形生成的效果如图9-145所示。

11 按住Ctrl键的同时单击“图层 1”，加载圆形选区，然后执行“选择 | 编辑选

区”命令，将圆形选区调整至如图9-146所示的大小。

图9-145 添加图层样式后的效果

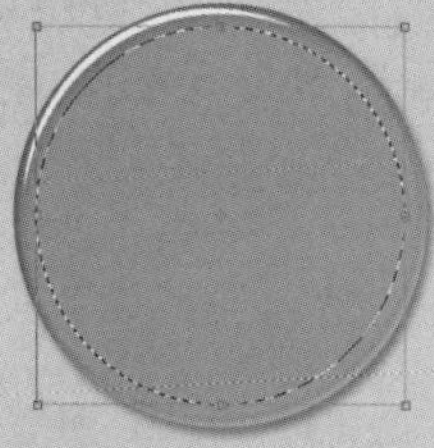

图9-146 选区调整后的大小

12 按Enter键确认选区的大小调整，然后新建“图层 2”，并为选区填充白色，再去除选区。

13 执行“图层｜图层样式｜外发光”命令，在弹出的对话框中将外发光的颜色设置为白色，然后设置其他选项参数，如图9-147所示。

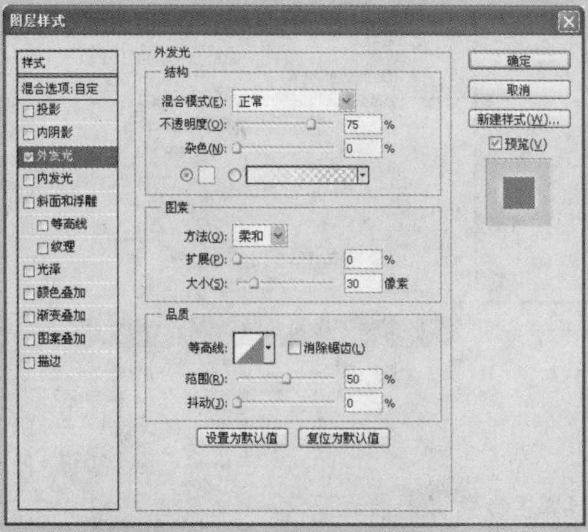

图9-147 外发光样式参数设置

14 单击 确定 按钮，白色图形添加外发光后的效果如图9-148所示。

15 执行“图层｜图层样式｜创建图层”命令，将白色图形添加的外发光创建为独立的图层，如图9-149所示。

16 将“图层 2”拖动至下方的按钮上释放鼠标，将该图层删除，生成的画面效果如图9-150所示。然后利用工具绘制出如图9-151所示的椭圆形选区。

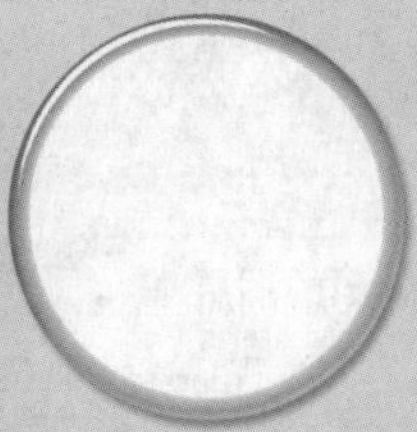

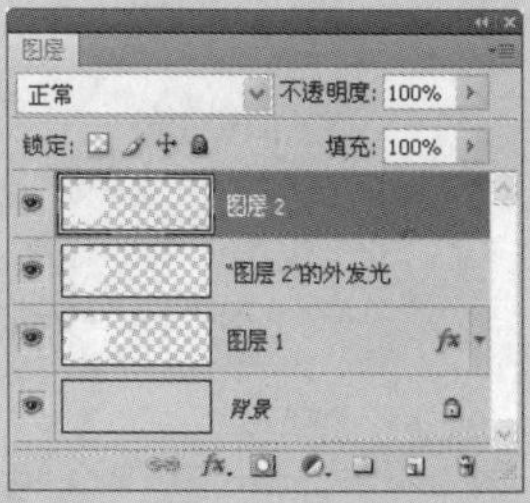

图9-148 添加外发光后的效果 图9-149 创建的图层

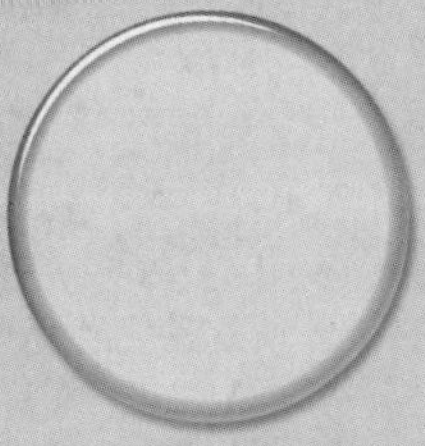

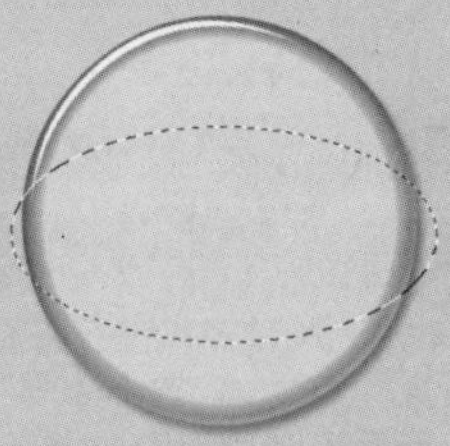

图9-150 删除图层后的效果 图9-151 绘制的选区

17 执行“选择｜修改｜羽化”命令，弹出【羽化选区】对话框，将数值设置为50像素，单击 确定 按钮。

18 依次按Delete键删除选区内的图像，直至出现如图9-152所示的效果，然后按Ctrl+D组合键去除选区。

19 按住Shift键的同时在【图层】面板中单击“图层 1”，将除“背景”图层外的两个图层同时选择，然后再向下拖动选择的图层至按钮上，复制图层，效果如图9-153所示。

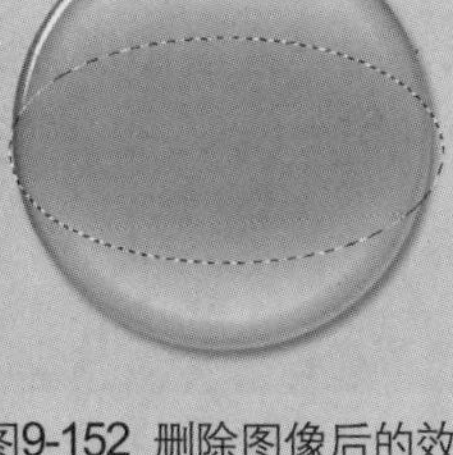

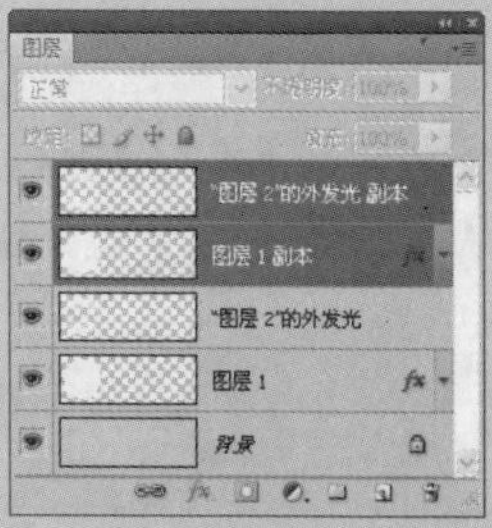

图9-152 删除图像后的效果 图9-153 复制出的图层

20 利用工具将复制出的图形向右移动位置，状态如图9-154所示，然后将“图层 1 副本”图层设置为工作层。

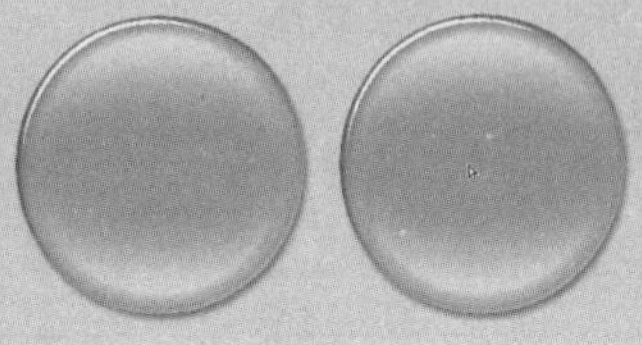

图9-154 移动复制出的图层

21 在【图层】面板中双击效果层中的“投影”选项，调出【图层样式】对话框，然后分别修改各选项的参数，如图9-155所示。

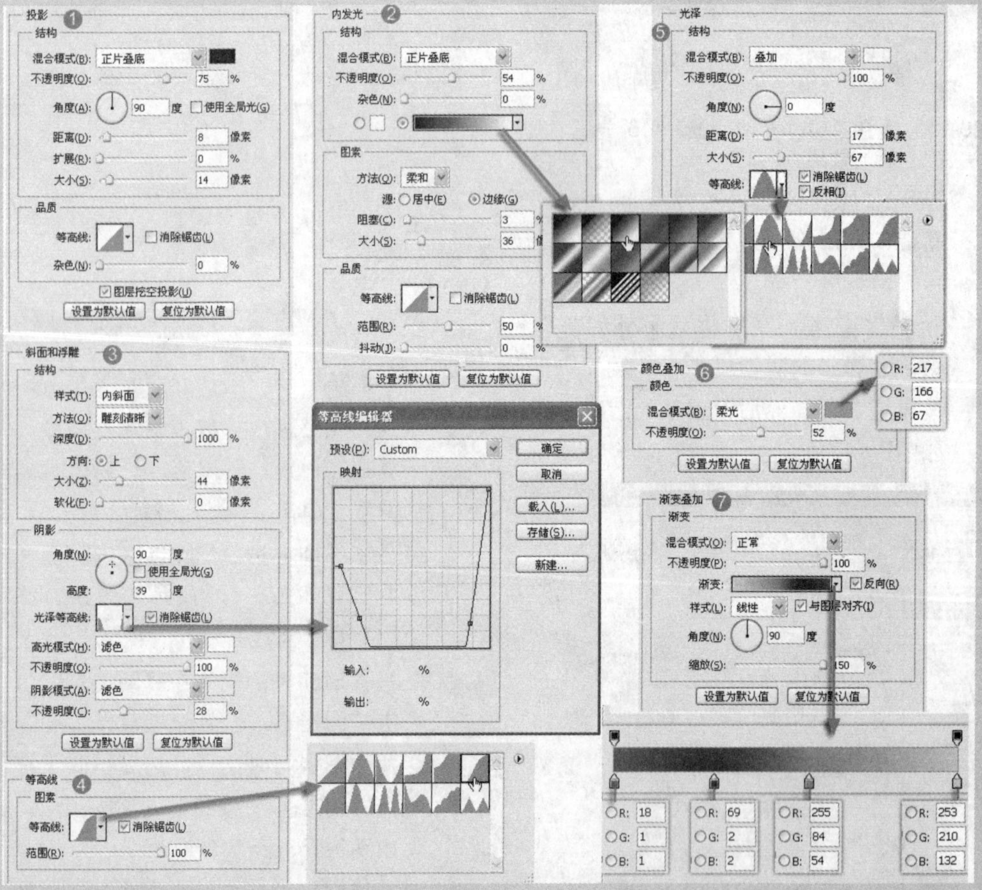

图9-155 修改层样式参数

22 单击 确定 按钮，图形修改图层样式后的效果，如图9-156所示。

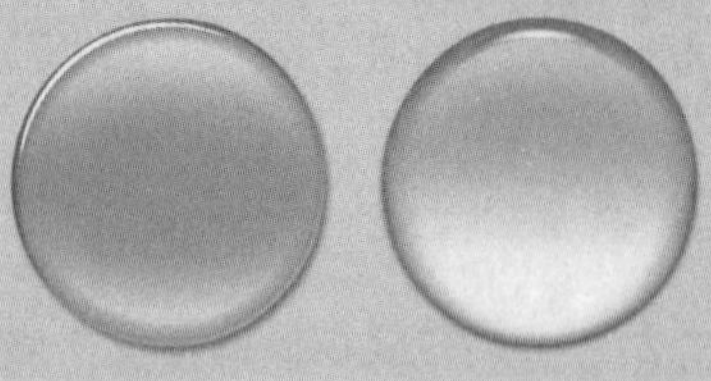

图9-156 图形修改图层样式后的效果

23 在【图层】面板中，将“图层1副本”和“‘图层2’的外发光 副本”图层同时选择，然后将其复制，并利用工具将复制出的图形向右调整至适合的位置。

24 将“图层1副本2”图层设置为工作层，然后双击效果层中的“颜色叠加”选项，调出【图层样式】对话框，将叠加的颜色设置为蓝色（R:5、G:104、B:167）。

25 单击“渐变叠加”选项，修改渐变的颜色如图9-157所示。然后单击 确定 按钮，完成图层样式的编辑，效果如图9-158所示。

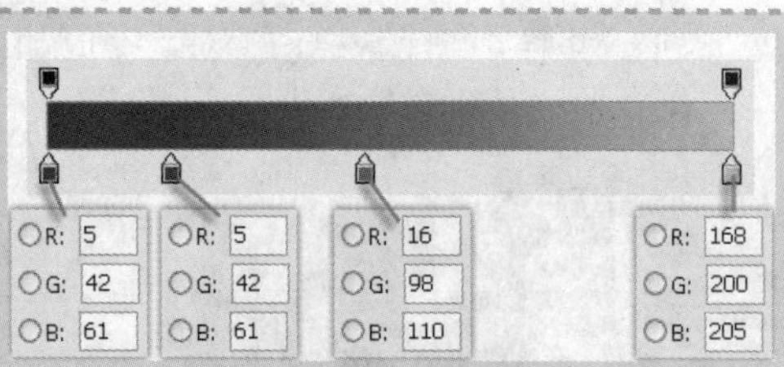

图9-157 设置的渐变颜色

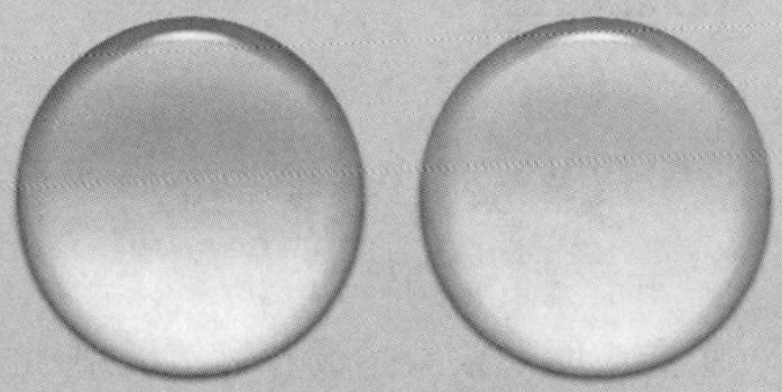

图9-158 调整图层样式后的效果

最后来制作按钮上的图标。

26 选取工具，并单击选项栏中“形状”选项右侧的·按钮，在弹出的面板中选择如图9-159所示的形状图形。

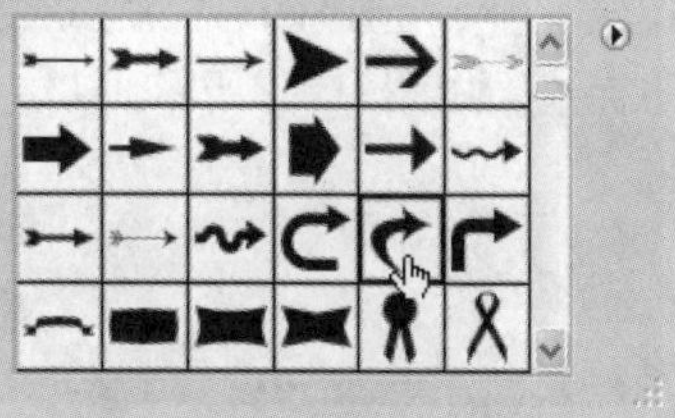

图9-159 选择的形状图形

27 激活选项栏中的按钮，然后绘制出如图9-160所示的形状图形。

图9-160 绘制的形状图形

28 利用“图层样式”命令为图形添加效果，参数设置如图9-161所示。

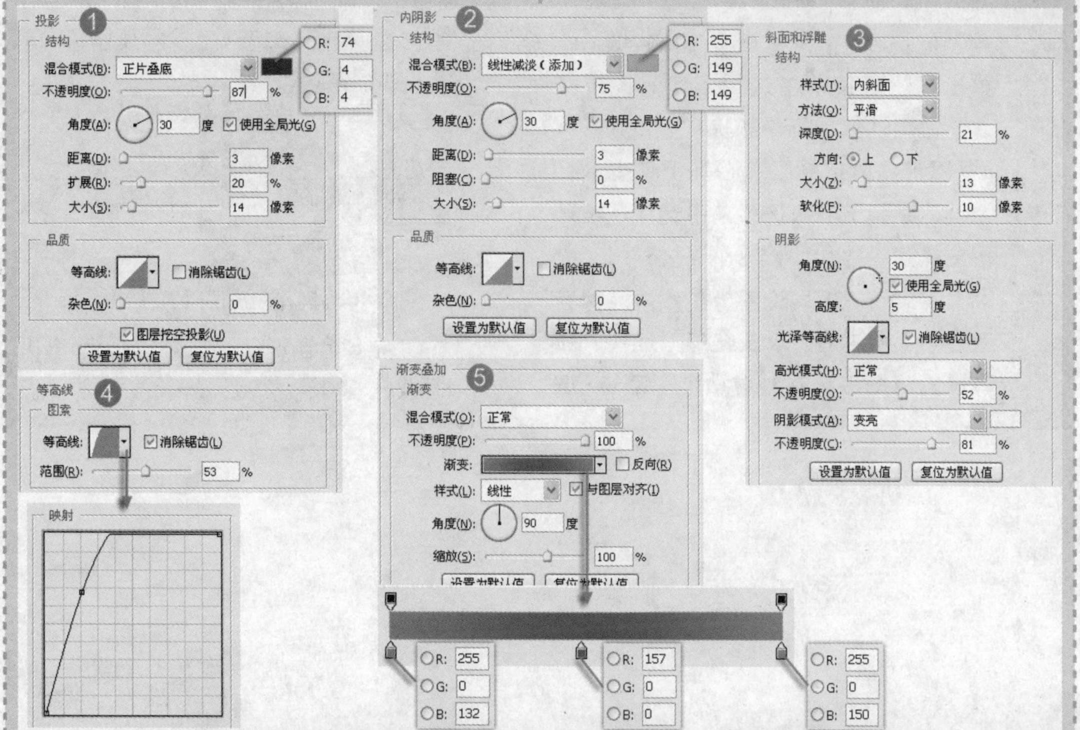

图9-161 设置的图层样式参数

29 单击 确定 按钮，添加图层样式后的图标效果如图9-162所示。

图9-162 添加图层样式后的效果

30 利用工具，在另两个按钮上分别绘制出如图9-163所示的图标。

图9-163 绘制的图标

31 在“形状 1”图层上单击鼠标右键，在弹出的快捷菜单中选择“拷贝图层样式”命令，然后将“形状 2”和“形状 3”图层同时选择，并在其上单击鼠标右键，在弹出的快捷菜单中选择“粘贴图层样式”命令。

32 将“形状 2”图层设置为工作层，然后双击效果层中的“渐变叠加”选项，在弹出的【图层样式】对话框中单击按钮，并在弹出的选项面板中选取如图9-164所示的渐变样式。

图9-164 选择的渐变颜色

33 单击 确定 按钮，完成对“形状 2”图层中图形效果的调整，然后用相同的方法为“形状 3”图层中的图形调整渐变叠加，其渐变颜色参数如图9-165所示。

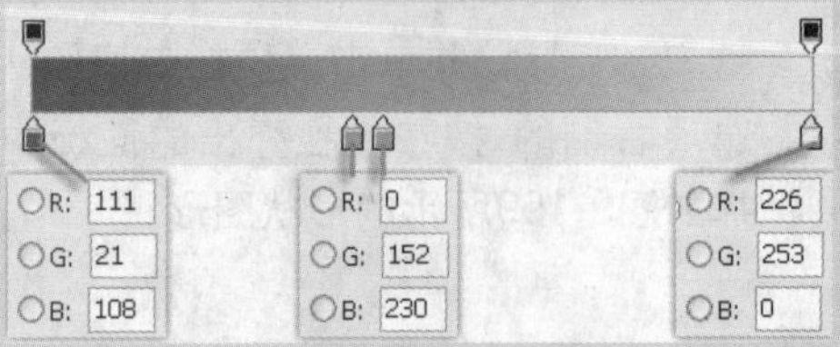

图9-165 设置的渐变颜色

34 单击 确定 按钮，完成网页按钮的制作，如图9-166所示。

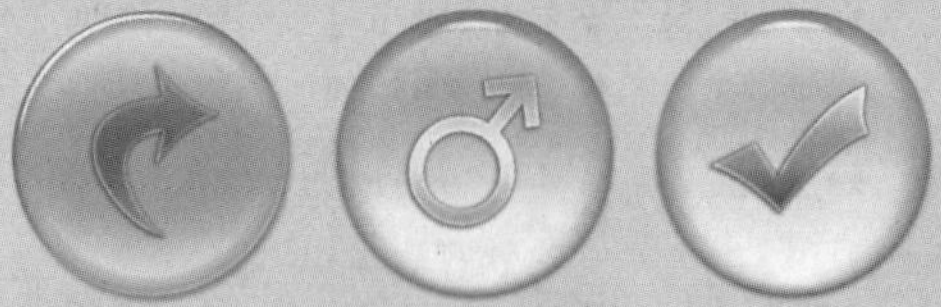

图9-166 制作完成的网页按钮

35 按Ctrl+S组合键保存文件“范例\第09章\按钮.psd”。

第10章

蒙版

蒙版是进行图像合成的重要手法，它可以控制部分图像的显示与隐藏，还可以对图像进行抠图等处理。Photoshop提供了很多种蒙版类型，包括图层蒙版、剪贴蒙版、矢量蒙版和快速蒙版，利用这些蒙版可以合成许多意想不到的特效图片。

通过本章的学习，您可以掌握以下知识点：

- 认识蒙版
- 图层蒙版
- 矢量蒙版
- 剪贴蒙版
- 编辑蒙版
- 蒙版面板
- 综合实战——制作婚纱相册

10.1 认识蒙版

蒙版是用来控制图像显示区域的一种功能，是非破坏性的编辑工具，即利用蒙版进行编辑时，可隐藏图像中不想显示的区域，且被隐藏的部分不会受到破坏，也不会从图像中删除，蒙版的这一特点在处理图像时非常灵活。

10.1.1 蒙版的概念

蒙版是基于图层创建的，因此蒙版与图层是密不可分的。蒙版可以理解为是用来控制图像中不同区域显示与隐藏的工具，利用蒙版可以将多个图像进行叠合，创建蒙版的同时为图层创建了一个遮盖层，利用这个遮盖层可以随意控制图像中部分区域的显示与隐藏，用这个方法可以将不同的图像呈现到一幅图像中，如图10-1所示。

图10-1 将不同图像呈现到一幅图像中

10.1.2 蒙版的类型

根据创建方式的不同，蒙版可分为图层蒙版、矢量蒙版、剪贴蒙版和快速蒙版4种类型。其中，前3种蒙版主要用于图像合成，制作图像特效；而快速蒙版则主要用于选取图像。

1. 图层蒙版

图层蒙版是图像合成中使用最广泛的一种，利用图层蒙版创建出的合成图像效果如图10-2所示。图层蒙版的编辑方式比矢量蒙版和剪贴蒙版的编辑方式更灵活，可以使用画笔、渐变、涂抹等多种工具进行编辑和修改。

图10-2 利用图层蒙版合成的图像

2. 矢量蒙版

矢量蒙版是利用形状来控制图像的显示区域，只作用于当前图层。按住Ctrl键的同时单击【图层】面板底部的按钮，即可创建矢量蒙版。如图10-3所示为创建的矢量蒙版。矢量蒙版中创建的图形为矢量图形，因此可以利用路径选择工具和钢笔工具组中的工具对矢量图形进行修改。

3. 剪贴蒙版

剪贴蒙版是使用下面图层中的图像形状来控制上层图像的显示区域。创建剪贴蒙版后，蒙版的前面将会有图标，蒙版的下面图层名称中将会带有下划线，此时上面的图层为内容图层，下面的图层为基底图层，如图10-4所示。

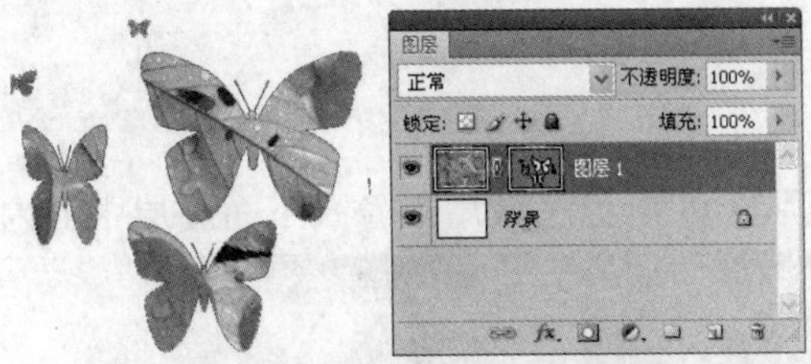

图10-3 创建的矢量蒙版

图10-4 创建剪贴蒙版后的【图层】面板效果

剪贴蒙版可以应用于相邻的、连续的多个图层。按住Alt键，将鼠标光标放置在【图层】面板中要创建剪贴蒙版的两个图层中间的线上，当光标显示为形状时单击鼠标同样可以创建剪贴蒙版。按住Alt键，将鼠标光标放置在分隔两组图层的线上，当光标显示为形状时单击鼠标同样可以释放剪贴蒙版。

4. 快速蒙版

快速蒙版是用来创建、编辑和修改选区的，主要用来选取图像。单击工具箱下方的按钮就可直接创建快速蒙版。当创建了快速蒙版后，图像就等于是创建了一层暂时的遮罩层，此时可以在图像上利用画笔、橡皮擦等工具进行编辑。在快速蒙版状态下，被选取的区域显示原图像，而被屏蔽不被选取的区域显示为默认的半透明红色，如图10-5所示。

图10-5 快速蒙版

10.1.3 蒙版与选区的关系

蒙版和选区的关系非常密切，在运用蒙版时可以根据需要将图层蒙版或矢量蒙版的选区载入到图像中使用，按住Ctrl键的同时单击蒙版的缩览图即可将蒙版的选区载入到图像中。

如果当前图像中已经创建选区，则在当前蒙版上单击右键，即可从弹出的快捷菜单中选择将选区载入的方式，载入选区的方式有：添加图层蒙版到选区、从选区中减去图层蒙版和使图层蒙版与选区交叉3种。

按住快捷键的同时单击鼠标可快速完成载入选区的操作。

- 按住Shift+Ctrl组合键的同时单击蒙版的缩览图，可以将蒙版的选区添加到当前选区；
- 按住Ctrl+Alt组合键的同时单击蒙版缩览图，可以减去当前选区；
- 按住Shift+Ctrl+Alt组合键的同时单击缩览图，可以将选区进行交叉。

10.2 图层蒙版

利用图层蒙版可以制作各种图像的合成效果，而图层中的图像却不会被破坏，仍会保留原有的效果。

10.2.1 蒙版原理

蒙版是一张标准的256级色阶的灰度图像，蒙版中的白色区域用来隐藏下面图层中的内容，只显示当前图层中的图像；蒙版中的黑色区域用来隐藏当前图层中的图像，显示下面图层中的内容；蒙版中的灰色区域可以根据当前图层中的图像呈现不同层次的透明效果，如图10-6所示。

图10-6 蒙版原理

10.2.2 创建图层蒙版

创建图层蒙版的方法主要有以下几种：

1. 通过菜单命令创建图层蒙版

执行“图层|图层蒙版|显示全部”命令，即可创建出显示整个图层的蒙版。如图像中有选区，执行“图层|图层蒙版|显示选区”命令，可根据选区创建显示选区内图像的蒙版，如图10-7、图10-8所示。

图10-7 创建的选区

图10-8 添加蒙版后的面板及画面

执行“图层|图层蒙版|隐藏全部”命令，即可创建出隐藏整个图层的蒙版。如果图像中

有选区，执行“图层｜图层蒙版｜隐藏选区”命令，可根据选区创建隐藏选区内图像的蒙版。

2. 通过面板创建图层蒙版

单击【图层】面板底部的按钮，即可创建一个图层蒙版。此时如果要隐藏当前图层中的图像，可以使用黑色涂抹蒙版，如图10-9所示；如果要显示被隐藏的图像，可使用白色涂抹蒙版，如图10-10所示；如果要使当前图层中的图像呈半透明效果，则使用灰色涂抹蒙版，如图10-11所示；也可以使用“渐变”工具为蒙版填充渐变色，制作过渡效果，如图10-12所示。

图10-9 隐藏的图像

图10-10 显示的图像

图10-11 半透明效果

图10-12 过渡效果

专家提示

按住Alt键的同时单击按钮，可创建一个黑色的图层蒙版，此时该图层中的图像被全部隐藏。

10.2.3 编辑图层蒙版

下面来详细介绍编辑图层蒙版的有关操作。

1. 图像与蒙版间的切换

在【图层】面板中单击图层的缩览图即可进入图层的编辑状态；单击蒙版的缩览图即可进入图层蒙版的编辑状态。

2. 复制蒙版

按住Alt键的同时在【图层】面板中单击需要复制的蒙版缩览图并将其拖动到另外的图层上，释放鼠标即可将蒙版复制。

3. 转移蒙版

蒙版在图层中是可以进行相互转移的。将蒙版拖动到目标图层中即可将蒙版转移到其他图层；按住Shift键的同时拖动蒙版也可以将蒙版转移到其他图层，但转移的蒙版将被反向处理，即原先的遮盖区域变为显示区域，显示区域变为遮盖区域。

10.3 矢量蒙版

矢量蒙版是通过路径和矢量形状来控制图像的显示区域，且可以任意缩放这些形状。

10.3.1 创建矢量蒙版

创建矢量蒙版的方法主要有以下几种。

1. 通过命令创建矢量蒙版

执行“图层 | 矢量蒙版 | 显示全部”命令即可显示出图层图像的矢量蒙版；执行“图层 | 矢量蒙版 | 隐藏全部”命令即可创建隐藏整个图层图像的矢量蒙版。

2. 通过面板创建矢量蒙版

按住Ctrl键的同时单击【图层】面板中的按钮即可创建出空的矢量蒙版，在矢量蒙版中可以利用钢笔工具或矢量形状工具绘制图形。

3. 从路径创建矢量蒙版

当前文件中存在路径时，按住Ctrl键的同时单击【图层】面板中的按钮，即可创建基于当前路径的矢量蒙版；也可以在选择路径后，执行“图层 | 矢量蒙版 | 当前路径”命令创建基于路径的矢量蒙版。

10.3.2 编辑矢量蒙版

下面来详细介绍编辑矢量蒙版的有关操作。

1. 图像与蒙版间的切换

单击【图层】面板中矢量蒙版的缩览图，即可进入矢量蒙版的编辑状态；单击【路径】面板中的路径缩览图也可以进入矢量蒙版的编辑状态。

2. 变换矢量蒙版

进入路径编辑状态后，执行“编辑 | 变换路径”命令，在其子菜单中即可选择命令对矢量蒙版中的路径进行调整。

3. 矢量蒙版和图层蒙版间的转化

选择矢量蒙版所在的图层，执行“图层 | 栅格化 | 矢量蒙版”命令即可将矢量蒙版转化为图层蒙版。转换为矢量蒙版后，【图层】面板中蒙版的颜色将会由灰色变为黑色。

专家提示

注意，当矢量蒙版转化为图层蒙版后，不能再将其转换回矢量蒙版。

10.3.3 利用矢量蒙版制作艺术照

下面以实例的形式来详细讲解矢量蒙版的应用。制作的艺术照效果如图10-13所示。

图10-13 制作的艺术照效果

实战演练037 —— 制作艺术照

1 打开素材图片“素材\第10章\粉红模板.psd”和“儿童照片.jpg”。

2 将儿童照片移动复制到粉红模板文件中，在【图层】面板中将生成的“图层3”调整至“图层 1”的上方，如图10-14所示。然后在画面中将儿童图像调整至如图10-15所示的位置。

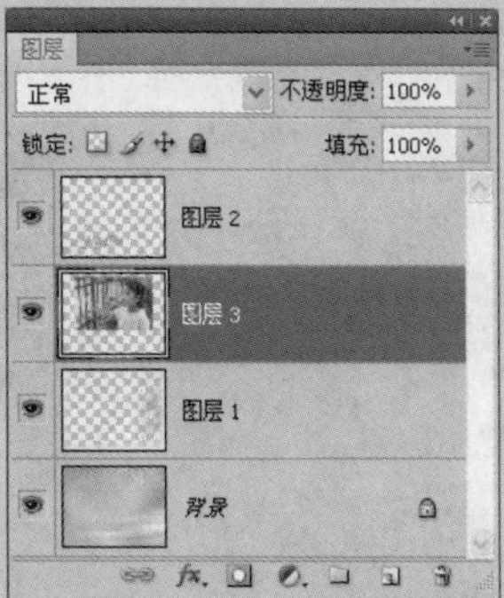

图10-14 调整图层后的堆叠顺序

图10-15 图片调整后的大小及位置

3 选取工具，并单击选项栏中“形状”选项右侧的按钮，在弹出的【自定形状】面板中选择如图10-16所示的形状图形。

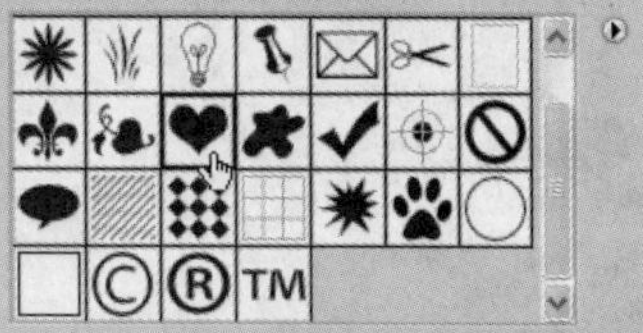

图10-16 选择的形状图形

4 激活选项栏中的按钮，然后在画面中绘制出如图10-17所示的路径。

图10-17 绘制的心形路径

5 再次单击选项栏中“形状”选项右侧的按钮，在【自定形状】面板中再单击右上角按钮，在弹出的面板菜单中选择“全部”命令，弹出如图10-18所示的询问对话框。

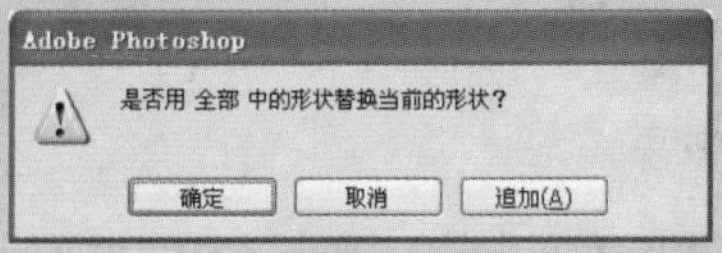

图10-18 弹出的询问对话框

6 单击 确定 按钮，将全部的形状图形调出，然后选择如图10-19所示的形状图形。

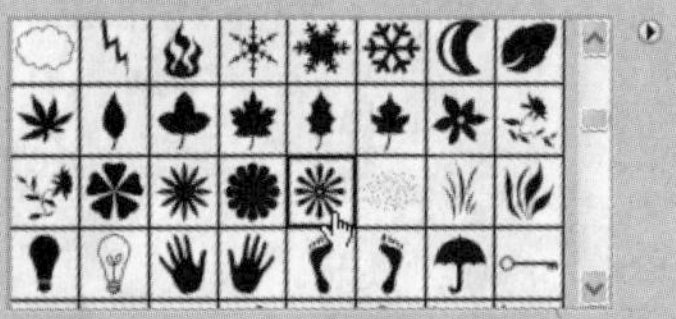

图10-19 选择的形状图形

7 依次在画面中绘制出如图10-20所示的花形路径。

图10-20 绘制的花形路径

8 选取工具，将绘制出的路径全部框选，然后激活选项栏中的按钮，并单击 组合 按钮，将选择的路径组合。

9 选取工具，框选如图10-21所示的节点。

图10-21 框选节点时的状态

10 按Ctrl+T组合键，为选择的路径添加自由变换框，然后将选项栏中 W: 200.0% H: 200% 选项的参数都设置为200%。

11 继续利用工具框选如图10-22所示的节点，然后按Delete键删除，剩余的路径形态如图10-23所示。

图10-22 框选的节点

图10-23 删除部分节点后的路径形态

12 确认儿童图片所在的“图层 3”为工作层，执行“图层｜矢量蒙版｜当前路径”命令，为儿童照片添加矢量蒙版，效果及【图层】面板如图10-24所示。

图10-24 添加矢量蒙版后的效果及【图层】面板

13 执行“图层｜图层样式｜投影”命令，在弹出的【图层样式】对话框中设置各选项参数，如图10-25所示。

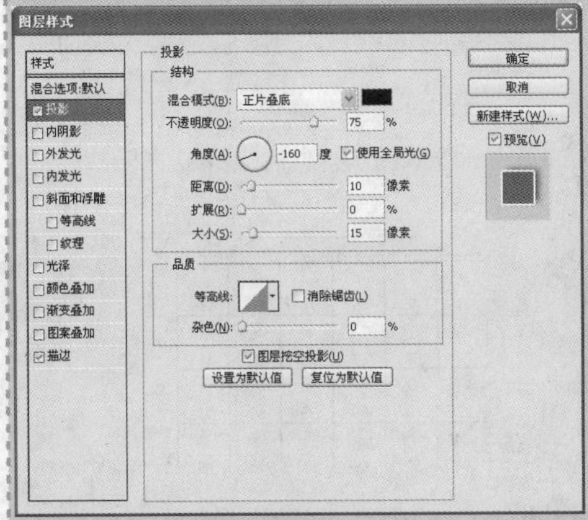

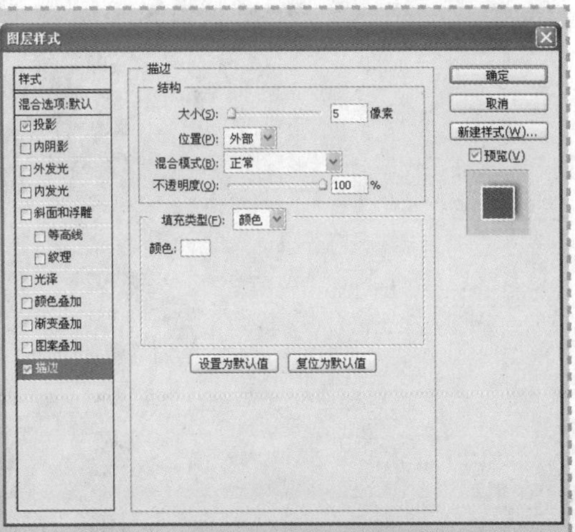

图10-25 设置的投影和描边样式参数

14 单击 确定 按钮，即可完成艺术照的制作，效果如图10-26所示。

图10-26 制作的艺术照效果

15 按Ctrl+S组合键，将此文件命名为“矢量蒙版应用.psd”保存。

10.4 剪贴蒙版

剪贴蒙版是比较灵活的一种蒙版，它使用下方图层中的形状来限制它上层图像的显示范围，且可以通过一个图层来控制多个图层的显示区域。

10.4.1 创建剪贴蒙版

下面以实例的形式来讲解如何创建剪贴蒙版，制作的艺术照效果如图10-27所示。

图10-27 制作的艺术照效果

实呀演练038 —— 创建剪贴蒙版效果

1 打开素材图片“素材\第10章\模版素材.jpg”、“儿童照片01.jpg”和“星星.psd”。

2 利用工具将“儿童照片01.jpg”和“星星.psd”图片移动复制到“模板素材.jpg”文件中，并分别调整至与模版文件相同的大小，如图10-28所示。

图10-28 图片调整后的大小及堆叠顺序

3 选取工具，然后单击选项栏中“画笔”选项右侧的按钮，在弹出的【画笔设置】面板中选择如图10-29所示的画笔笔头。

4 新建“图层 3”，然后在画面中拖动鼠标，喷绘出如图10-30所示的枫叶图形。

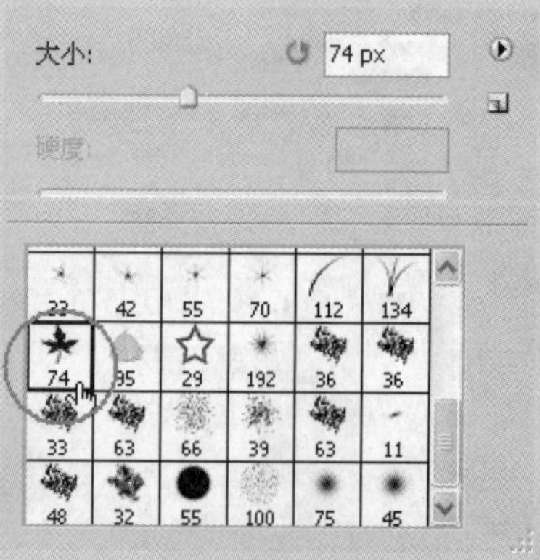

图10-29 选择的画笔笔头

图10-30 喷绘出的枫叶图形

5 在【图层】面板中，将“图层 3”调整至“图层 1”的下方，如图10-31所示。

6 按住Alt键的同时将光标放置到如图10-32所示的位置单击鼠标，为“图层 1”制作剪贴蒙版，效果如图10-33所示。

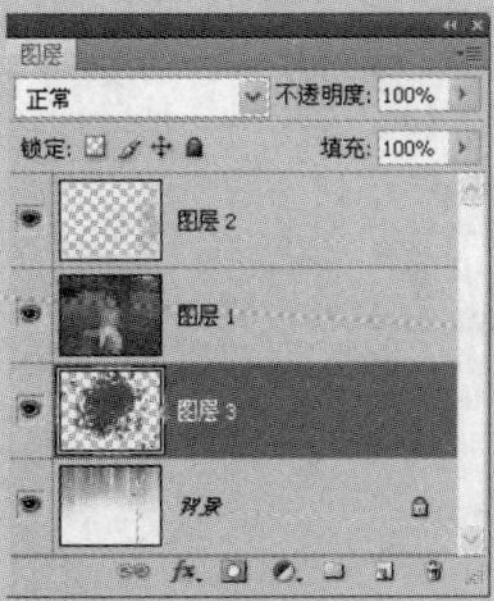

图10-31 调整后的图层堆叠顺序

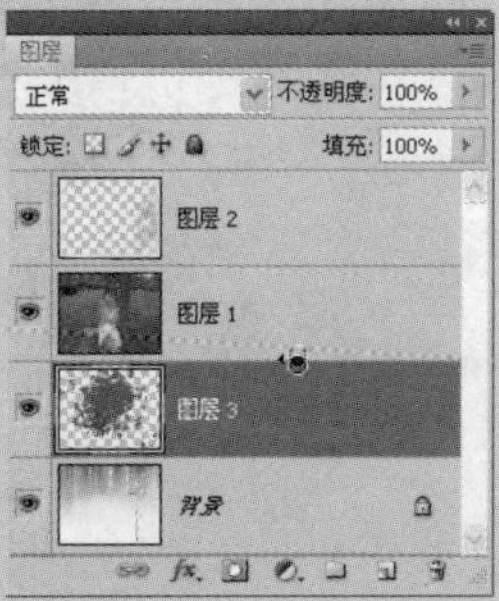

图10-32 鼠标光标放置的位置

图10-33 制作剪贴蒙版后的效果

7 同理，为“图层 2”制作剪贴蒙版，效果及【图层】面板形态如图10-34所示。

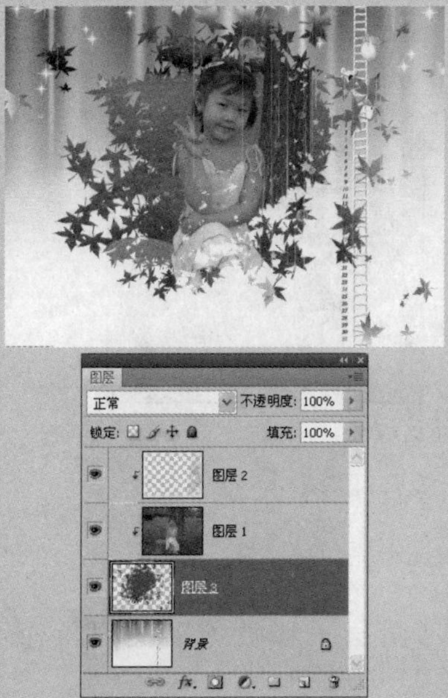

图10-34 制作的剪贴蒙版及【图层】面板的状态

8 打开素材图片“素材\第10章\花.psd”，然后利用工具将图片移动复制到“模板素材.jpg”文件，并调整至如图10-35所示的大小及位置。

图10-35 图片调整后的大小及位置

9 在【图层】面板中将生成的“图层 4”调整至所有图层的上方，如图10-36所示。

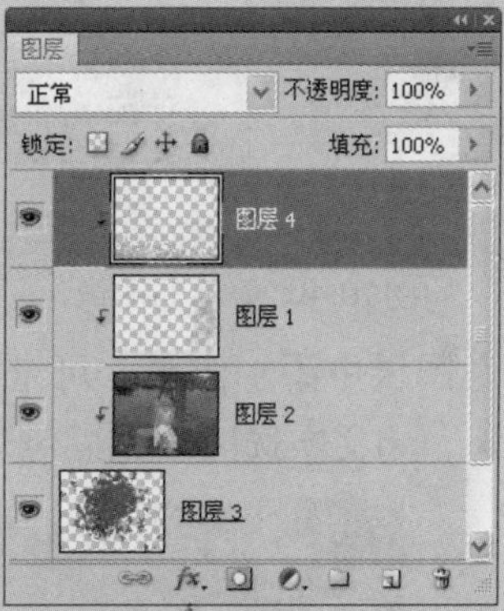

图10-36 调整图层后堆叠顺序

10 按住Alt键的同时在如图10-37所示的位置单击鼠标，将“图层 4”在剪贴蒙版中释放出来，效果如图10-38所示。

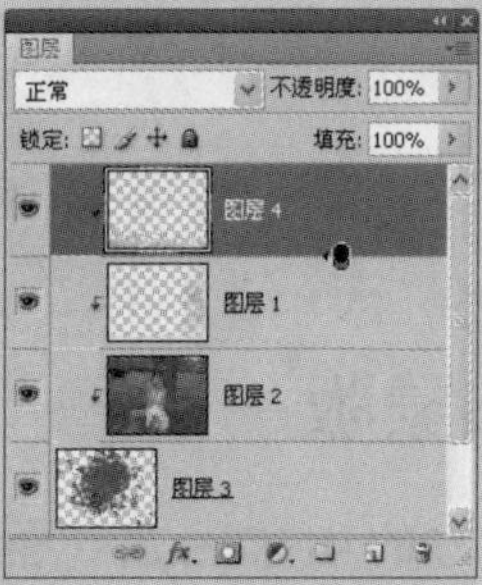

图10-37 鼠标光标放置的位置

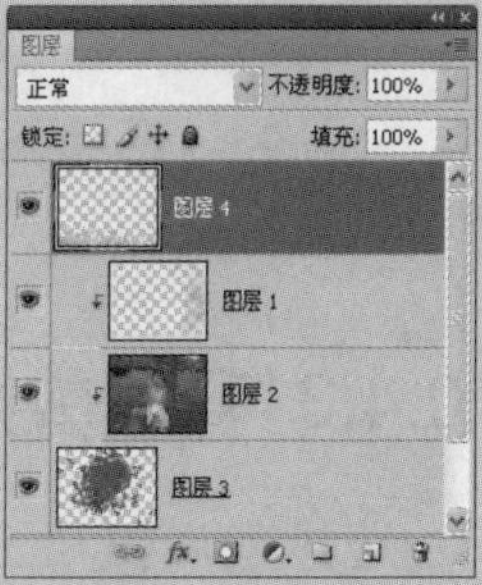

图10-38 释放剪贴蒙版

11 将“图层 4”的图层混合模式设置为“明度”，即可完成艺术照的合成，最终效果如图10-39所示。

12 按Ctrl+S组合键，将此文件命名为“剪贴蒙版应用.psd”保存。

图10-39 制作的艺术照效果

10.4.2 编辑剪贴蒙版

创建剪贴蒙版后，基底图层中的形状决定了内容图层的显示范围，如图10-40所示。移动基底图层中的图形可以改变内容图层的显示区域，如图10-41所示。

图10-40 显示的图像

图10-41 移动图形后显示的图像

在基底图层中添加像素，可增加内容图层的显示区域，如利用工具在基底图层中输入文字选区，为文字选区填充黑色后，即可增加上方图层的显示区域，如图10-42所示。

图10-42 添加图层显示区域

10.4.3 释放剪贴蒙版

选择基底图层上方的内容图层，然后执行“图层 | 释放剪贴图层”命令或按Ctrl+Alt+G组合键，即可将剪贴蒙版释放。

10.5 编辑蒙版

熟练操作蒙版对图像合成有很大帮助，因此在本节中将讲解蒙版的一些基本操作，希望大家能够很好地掌握。

10.5.1 取消图层与蒙版的链接

创建图层蒙版后，图层与蒙版之间会自动添加图标，表示图层与蒙版处于链接状态，此时利用工具移动图像，蒙版也会跟着变化，如图10-43所示。单击图层与蒙版之间的图标，可将其链接取消，此时利用工具移动图像，蒙版不会跟着变化，如图10-44所示。

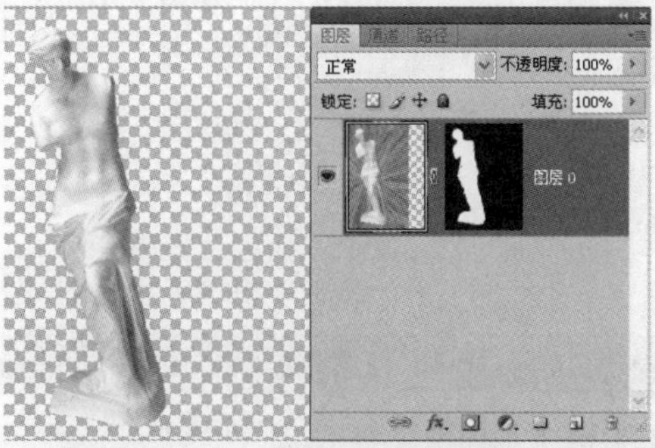

图10-43 图层与蒙版处于链接状态

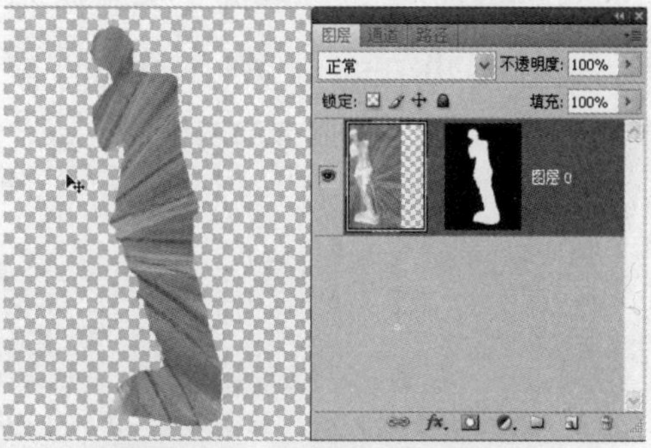

图10-44 图层与蒙版取消链接状态

10.5.2 应用或删除蒙版

按住Shift键的同时单击蒙版缩览图，将停用图层蒙版，此时，蒙版缩览图上将显示红色的叉号，图像还原成添加蒙版之前的效果，如图10-45所示；再次按住Shift键单击蒙版缩览图，将启用图层蒙版，如图10-46所示。另外，在蒙版上单击鼠标右键，在弹出的快捷菜单中选择“停用｜启用图层蒙版”命令也可以将蒙版停用或启用。

图10-45 停用图层蒙版

图10-46 启用图层蒙版

10.5.3 删除蒙版

选择蒙版后，单击【图层】面板底部的按钮，即可弹出如图10-47所示的询问对话框。单击应用按钮，可将蒙版删除，但效果仍应用于图层中；单击删除按钮，可以将蒙版删除，而效果不会应用到图层中。

图10-47 询问对话框

10.6 蒙版面板

如图10-48所示为【蒙版】面板的说明图

置和调整图层的不透明度和羽化值。

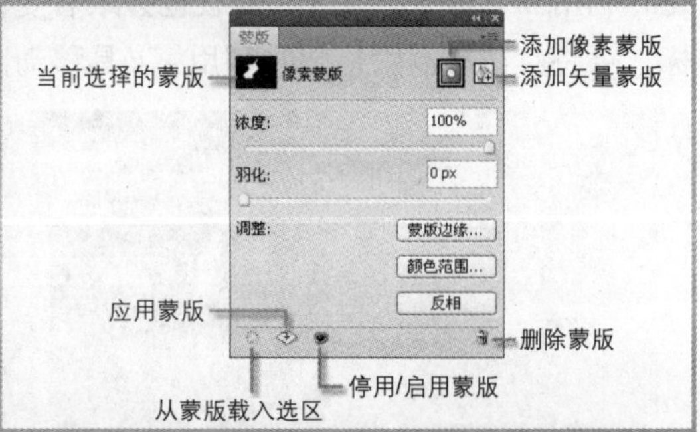

图10-48 【蒙版】面板说明图

- 添加像素蒙版：单击该按钮，可以在图层中迅速为图像添加一个图层蒙版。
- 添加矢量蒙版：单击该按钮，可以在图层中迅速为图像添加一个矢量蒙版。
- 当前选择的蒙版：用来指示当前选择的蒙版。
- 浓度：拖动滑块可以调整蒙版的不透明度。
- 羽化：拖动滑块可以调整蒙版边缘的羽化值。
- 蒙版边缘...：单击该按钮，可以打开【调整蒙版】对话框，用于修改蒙版的边缘。
- 颜色范围...：单击该按钮，可以弹出【色彩范围】对话框，通过调整颜色容差或者从图像中取样颜色可以调整蒙版的范围。
- 反相：用于更改蒙版的颜色，即当前蒙版颜色为黑色时，单击该按钮，可以将蒙版颜色转化为白色；当前蒙版颜色为白色时，单击该按钮，可以将蒙版颜色转化为黑色。
- 从蒙版中载入选区：单击该按钮，可以将蒙版中的选区载入到图像中。
- 应用蒙版：单击该按钮，可以将蒙版应用到图像中，使原先被蒙版遮盖的区域成为透明区域。
- 停用/启用蒙版：单击该按钮，可以快速将蒙版进行停用和启用，较利用菜单命令进行停用和启用来说更加方便。
- 删除蒙版：选择蒙版后单击该按钮，即可将选中的蒙版删除。

单击【蒙版】面板右上角的按钮，可以打开【蒙版】面板的面板菜单，如图10-49所示。

- 添加蒙版到选区：可以将蒙版作为选区载入。

- 从选区中减去蒙版：可以将蒙版从图像中创建的选区中减去。
- 蒙版与选区交叉：可以将图像中的选区与蒙版进行交叉组合，创建出蒙版与选区交叉的选区效果。
- 关闭：可以将【蒙版】面板关闭，如果想再次打开该面板可以执行“窗口｜蒙版”命令。

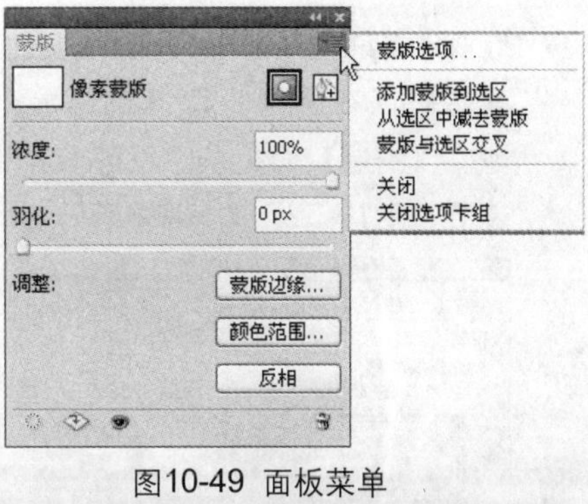

图10-49 面板菜单

10.7 综合实战——制作婚纱照相册

下面以制作婚纱照相册为例，来详细讲解图层及图层蒙版的应用。制作的婚纱相册如图10-50所示。

图10-50 制作的婚纱照相册

实战演练039 —— 制作婚纱照相册

1 新建宽度为20厘米，高度为10厘米，分辨率为200像素/英寸的白色文件。

下面首先来合成各图片，制作婚纱照相册的背景。

2 打开素材图片“素材\第10章\草地.jpg”，然后利用工具将草地图片移动复制到新建文件中，生成“图层1”，草地图像在画面中的位置如图10-51所示。

3 按D键，将前景色设置为黑色，背景色设置为白色。

图10-51 草地图像在画面中的位置

4 在【图层】面板中单击下方的按钮，为“图层1”添加图层蒙版，然后选取工具，设置一个较大的圆形虚化笔头后，在画面中涂抹以隐藏部分草地，【图层】面板及隐藏部分草地后的效果如图10-52、图10-53所示。

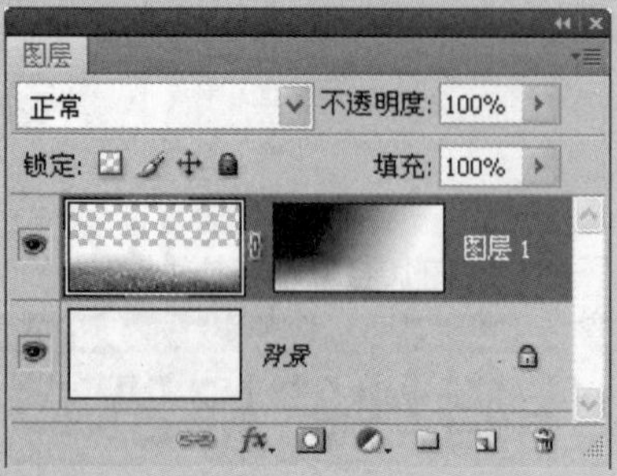

图10-52 【图层】面板状态

图10-53 调整后的草地效果

5 打开素材图片“素材\第10章\蓝天.jpg”，然后利用工具将蓝天图片移动复制到新建文件中，生成“图层2”，如图10-54所示。

图10-54 蓝天图像在画面中的位置

6 单击按钮，为“图层2”添加图层蒙版，然后继续利用工具，设置一个合适的虚化笔头后，在蓝天图像的下方拖动鼠标，将蓝天图片与下方草地图片的分界线隐藏，【图层】面板及隐藏部分白色图像后的效果如图10-55所示。

图10-55 【图层】面板及蓝天编辑后的效果

7 打开素材图片“素材\第10章\白云.psd”，然后利用工具将白云图片移动复制到新建文件中，生成“图层3”，如图10-56所示。

图10-56 白云图像在画面中的位置

8 将“图层3”的图层混合模式设置为“叠加”，更改混合模式后的效果如图10-57所示。

图10-57 更改混合模式后的效果

背景合成后，接下来为画面添加各种装饰音符及主题文字。

9 新建“图层4”，设置前景色为淡绿色(R:121、G:201、B:85)，然后选取工具，并在选项栏中单击“形状”选项右侧的按钮，在弹出的【自定形状】选项面板中选取如图10-58所示的形状图形。

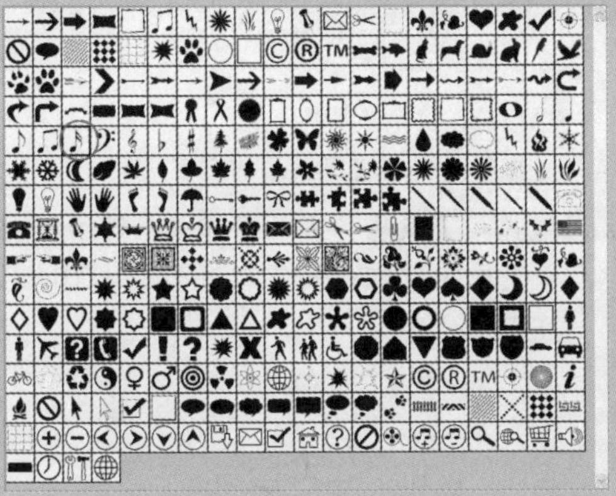

图10-58 选取的形状图形

10 单击选项栏中的按钮，然后拖动鼠标，绘制出如图10-59所示的音符。

图10-59 绘制的音符效果

11 执行“图层 | 图层样式 | 投影”命令，在弹出的【图层样式】对话框中设置选项参数，如图10-60所示。

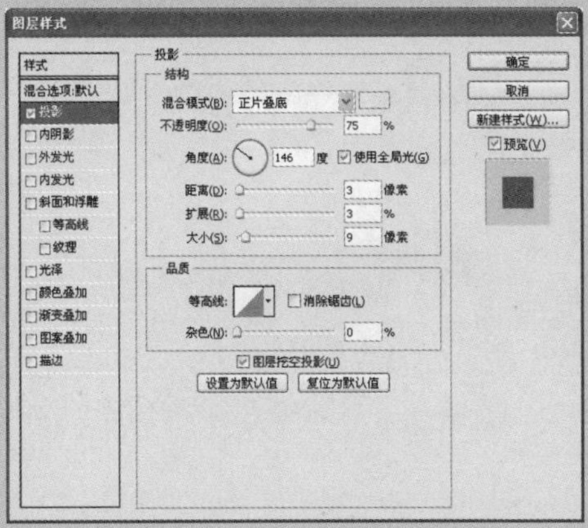

图10-60 设置的图层样式参数

12 单击 确定 按钮，添加投影后的音符效果如图10-61所示。

13 在【图层】面板中将“图层 4”复制为“图层 4 副本”图层，然后利用“自由变换”命令，将复制出的音符调整至如图10-62所示的大小及位置。

图10-61 添加投影后的效果

图10-62 音符调整后的大小及位置

14 再次选取工具，并在选项栏中单击“形状”选项右侧的按钮，在弹出的【自定形状】选项面板中选取如图10-63所示的形状图形，然后在画面中绘制出如图10-64所示的音符。

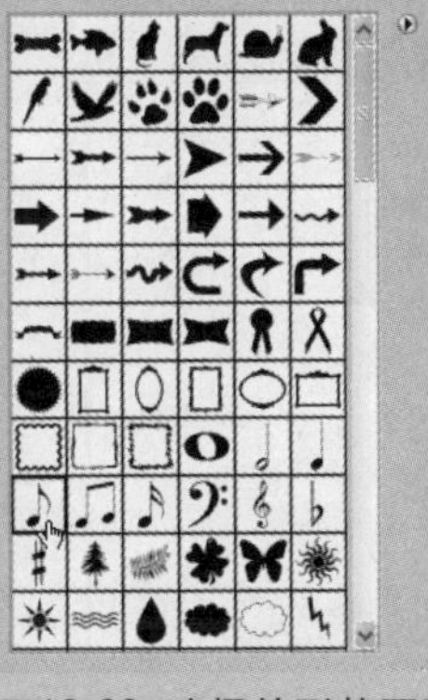

图10-63 选择的形状图形

图10-64 绘制出的音符

15 新建“图层5”，选取工具，分别设置不同大小的圆形虚化笔头，然后依次在画面中单击鼠标，喷绘出如图10-65所示的荧光效果。

16 将前景色设置为深绿色（R:18、G:108、B:6），然后选取工具，输入如图10-66所示的文字。

图10-65 绘制的荧光效果

图10-66 输入的文字

17 执行“图层|栅格化|文字”命令，将文字层栅格化，然后单击【图层】面板左上角的按钮，锁定“爱琴乐章”图层的透明像素。

18 选取工具，并打开【渐变编辑器】对话框，然后设置渐变参数，如图10-67所示。

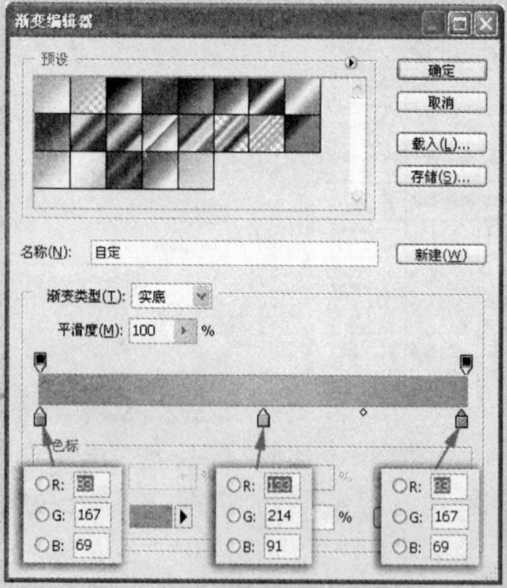

图10-67 设置的渐变参数

19 按住Shift键的同时在文字上自上向下拖动鼠标，为当前图层中的不透明区域填充设定的渐变色，文字效果如图10-68所示。

图10-68 填充渐变后的文字效果

20 利用工具将“爱”字选取，然后利用工具将选取的文字移动到如图10-69所示的位置。

图10-69 移动后的文字效果

21 同理，依次对“乐章”、“琴”和“章”文字做如图10-70所示的调整。

图10-70 依次调整文字位置后的效果

22 利用工具将“琴”字区域放大显示，然后利用工具绘制出如图10-71所示的选区。

23 按Delete键删除选区内的笔划，再按Ctrl+D组合键去除选区，效果如图10-72所示。

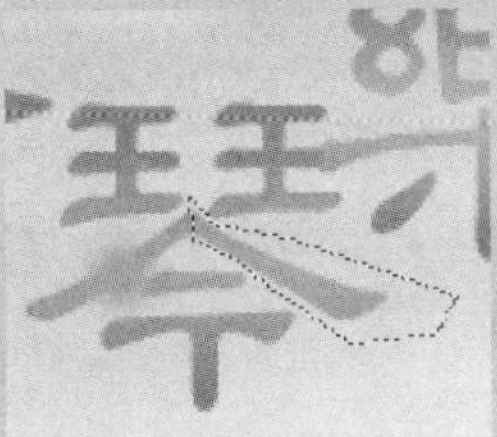

图10-71 绘制的选区

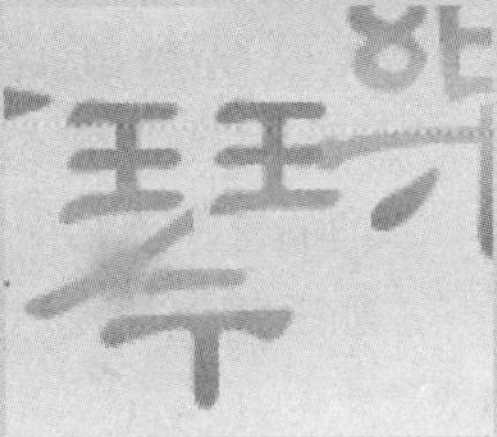

图10-72 删除文字的效果

24 新建“图层6”，利用和工具，绘制出如图10-73所示的路径。

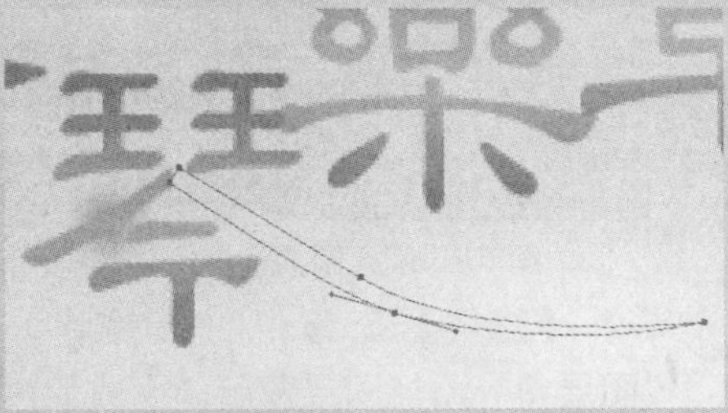

图10-73 绘制的路径

25 按Ctrl+Enter组合键将路径转换为选区，然后按Alt+Delete组合键为选区填充前景色深绿色（R:18、G:108、B:6），再按Ctrl+D组合键去除选区，画面效果如图10-74所示。

图10-74 填充颜色后的效果

26 新建“图层7”，用相同的方法绘制路径并为其填充渐变颜色，添加的渐变图形如图10-75所示。

图10-75 添加的渐变图形效果

27 打开素材图片“素材\第10章\海鸥.psd”，然后利用工具，将海鸥图像移动复制到新建文件中，生成“图层8”，效果如图10-76所示。

图10-76 海鸥图像在画面中的位置

28 执行“图层｜图层样式｜投影”命令，在弹出的【图层样式】对话框中设置参数，如图10-77所示。

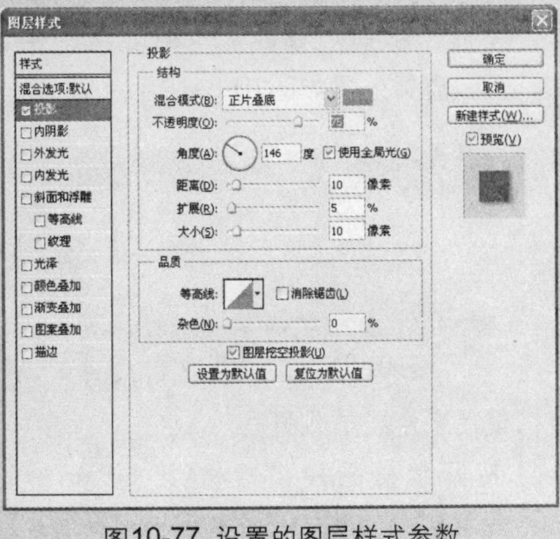

图10-77 设置的图层样式参数

29 单击确定按钮，画面效果如图10-78所示。

图10-78 添加投影后的海鸥效果

30 选取 工具，按住Alt键的同时拖动海鸥图像进行复制，然后利用“自由变换”命令将复制的海鸥图像调整至如图10-79所示的大小及位置。

图10-79 复制的海鸥图像效果

31 选取 工具，在画面中输入如图10-80所示的深绿色（R:18、G:108、B:6）文字。

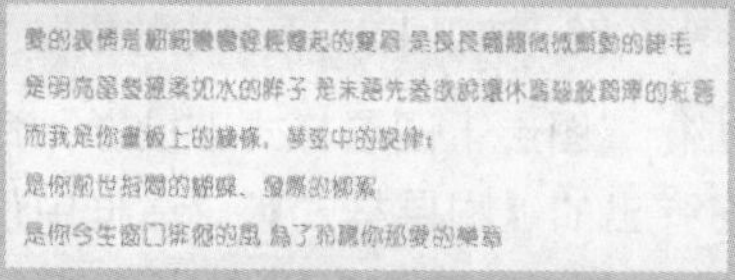

图10-80 输入的文字

至此，相册的背景及主题文字制作完成，整体效果如图10-81所示。

图10-81 相册背景效果

最后来合成婚纱照片。

32 打开素材图片“素材\第10章\婚纱照.jpg”，利用 工具将婚纱照相片移动复制到新建文件中，生成“图层9”，并利用“自由变换”命令将其调整至如图10-82所示的大小及位置。

图10-82 婚纱照图片在画面中的位置

33 按Enter键确认图片的调整，然后选取 工具，并在选项栏中设置“羽化”选项的参数为100 px，再在画面中绘制出如图10-83所示的选区。

图10-83 绘制的选区

34 单击【图层】面板中的 按钮，为“图层 9”添加图层蒙版，生成的效果如图10-84所示。

图10-84 添加图层蒙版后的效果

35 打开素材图片“素材\第10章\婚纱照01.jpg”，利用 工具将婚纱图片移动复制到新建文件中，生成“图层 10”，并利用“自由变换”命令将其调整至合适的大小后，移动到画面的右上角位置。

36 同理，为“图层 10”添加图层蒙版，效果及【图层】面板如图10-85所示。

图10-85 添加图层蒙版后的效果及面板状态

37 将“图层10”的“不透明度”设置为70%，画面效果如图10-86所示。

图10-86 降低不透明度后的效果

38 打开素材图片“素材\第10章\婚纱照02.jpg”，利用工具将婚纱图片移动复制到新建文件中，生成“图层11”，并利用“自由变换”命令将其调整至如图10-87所示的大小及位置。

图10-87 婚纱照图片在画面中的位置

39 选取工具，在画面中绘制如图10-88所示的选区，然后单击按钮，为“图层 11”添加图层蒙版，显示选区内的图像。

图10-88 绘制的选区

40 执行“图层｜图层样式｜投影”命令，在弹出的【图层样式】对话框中分别设置各选项参数，如图10-89所示。

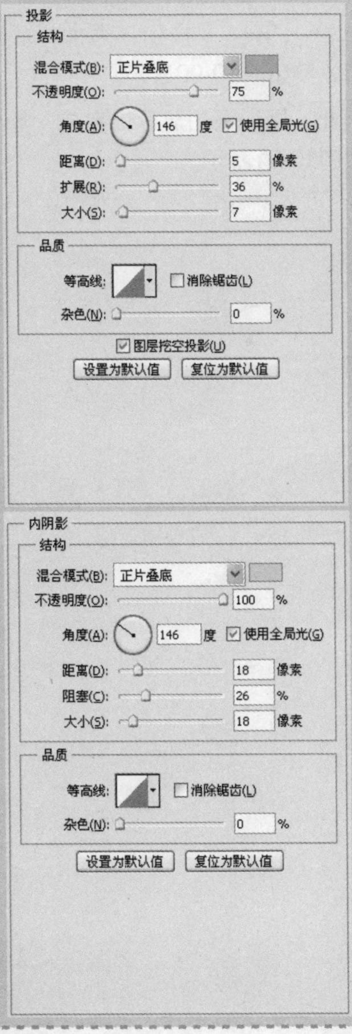

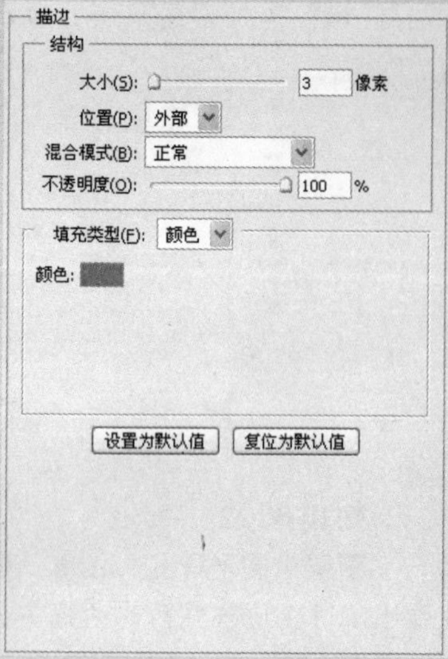

图10-89 设置的图层样式参数

41 单击 确定 按钮，添加样式后的画面效果如图10-90所示。

至此，婚纱照相册设计完成，整体效果如图10-91所示。

图10-90 添加样式后的画面效果

图10-91 婚纱照相册效果

42 按Ctrl+S组合键保存文件为“范例\第10章\婚纱照相册.psd”。

第11章

通道

通道是Photoshop除了图层和蒙版之外最重要的功能之一，它主要是用来保存图像的颜色信息及选区等。高难度图像的合成几乎都离不开通道的应用，通道单色存储颜色信息的原理，在图像特殊选区的添加以及颜色调整中更能显示出其强大的功能和灵活性。本章将深入学习有关通道的知识内容。

通过本章的学习，您可以掌握以下知识点：

- 认识通道
- 通道面板
- 深入解析通道
- 应用通道

11.1 认识通道

通道有4种类型，即复合颜色通道、单色通道、专色通道和Alpha通道。通道不仅与选区有密切的关系，而且与图层和蒙版也有紧密的联系，本节就来介绍一下通道的概念以及它的用法。

11.1.1 通道组成原理

通道是为了记录选区的范围，并通过黑与白的形式将打开的图像保存为不同颜色信息的灰度图像，通道可以存储图像中的颜色数据、蒙版或选区，人们将这种独立并依附于原图的、用以保存选择区域的黑白图像称为“通道”。利用通道可以制作出各种图像效果，它是图像处理与合成工作中重要的功能。在通道中，以白色代替透明表示需要处理的部分；以黑色表示不需要处理的部分。因此，通道也与蒙版一样，没有其独立的意义，而只有在依附于图像（或模型）存在时，才能体现其功用。

每一幅图像都有一个或多个通道，通过编辑通道中存储的各种信息可以对图像进行编辑。在通道中，白色代替图像的透明区域，表示要处理的部分，可以直接添加选区；黑色表示不需处理的部分，不能直接添加选区。

下面通过一个实例来了解通道是由颜色叠加组成的原理。

实战演练040——查看图像各通道的状态

1 打开素材图片“素材\第11章\唠嗑.jpg”文件，如图11-1所示。

图11-1 打开的图片

2 按F7键打开【图层】面版，新建“图层1”填充上黑色，新建“图层 2”，设置其图层混合模式为“滤色”。

3 单击“图层 1”左侧的图标，将“图层 1”隐藏。

4 打开【通道】面板，单击“红”通道，此时画面显示“红”通道的灰色图像效果，如图11-2所示。

图11-2 查看“红”通道

5 单击【通道】面板下面的按钮，此时在画面中显示出了“红”通道的选区，如图11-3所示。

图11-3 显示的选区

6 单击RGB复合通道，再打开【图层】面板，单击“图层 1”左侧将该图层显示。

7 打开【颜色】面板选取红色（R:255、G:0、B:0）的颜色然后填充到“图层 2”中，取消选区后此时所看到的就是“红”通道的颜色组成情况，如图11-4所示。

图11-4 “红”通道颜色组成情况

8 将“图层 1”和“图层 2”先暂时隐藏，再新建“图层 3”设置为工作层，设置图层混合模式设置为“滤色”。

9 打开【通道】面板，再载入“绿”通道选区，然后填充绿色（R:0、G:255、B:0），取消选区并打开“图层 1”，此时显示的就是“绿”通道的组成情况，如图11-5所示。

10 继续操作，关闭“图层 1”~“图层 3”，新建“图层 4”，设置其图层混合模式为“滤色”。

11 载入“蓝”色通道选区，并填充蓝色（R:0、G:0、B:255），取消选区并打开“图层 1”，此时就是“蓝”通道的组成情况，如图11-6所示。

图11-5 “绿”通道颜色组成

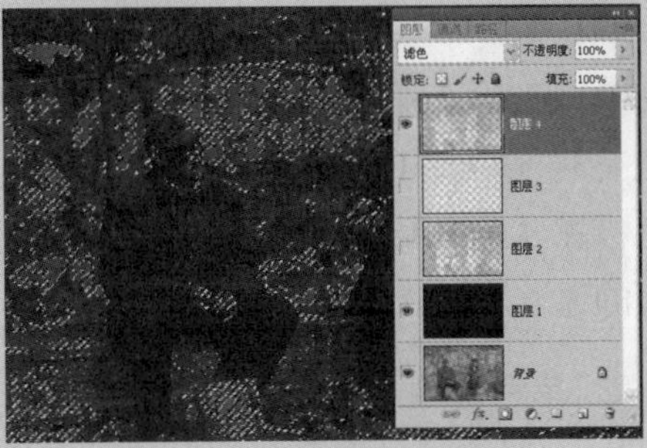

图11-6 “蓝”通道颜色组成

12 将“图层 3”和“图层 2”都打开，此时所看到的图像即为红、绿、蓝3个通道颜色叠加后得到的效果，该效果也就是复合通道的图像原色效果，如图11-7所示。

图11-7 各通道颜色合成后的效果

11.1.2 通道类型

在Photoshop中的图像，通道根据存储的信息内容不同，可分为4种类型的通道：复合颜色通道、单色通道、专色通道和Alpha通道，如图11-8所示。

图11-8 通道类型说明

1. 复合颜色通道

不同模式的图像通道的数量也不一样，默认情况下，位图、灰度和索引模式的图像只有一个通道，RGB和Lab模式的图像有3个通道，CMYK模式的图像有4个通道。在【通道】面板的最上面一个通道（复合通道）代表每个通道叠加后的图像颜色，下面的通道是拆分后的单色通道。

2. 单色通道

单色通道是用来记录打开图像的颜色信息的，每个图像的颜色模式不同因此通道中显示的颜色信息就不同，单色通道都显示为灰色，它通过0~256级亮度的灰度表示颜色。如图11-9所示为“RGB颜色”模式的通道信息，它包含红、绿、蓝和用于编辑图像的RGB复合通道；如图11-10所示为“CMYK颜色”模式的通道信息，它包含了青色、洋红、黄色、黑色和一个CMYK复合通道；如图11-11所示为“Lab颜色”模式的颜色信息，它包含了明度、a、b和一个Lab复合通道；如图11-12所示为只含有一个灰色通道。

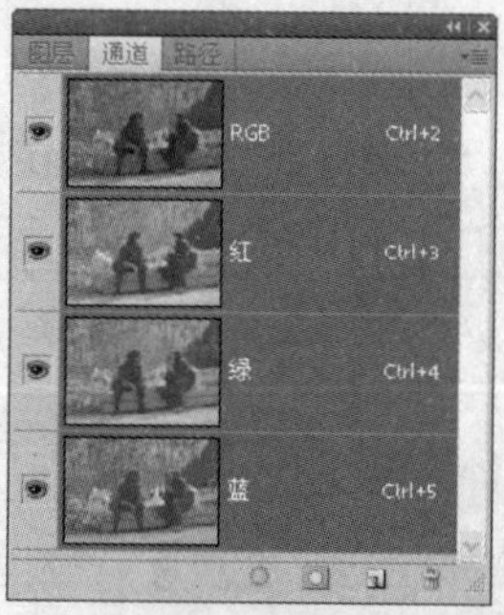

图11-9 “RGB颜色”模式 的通道信息

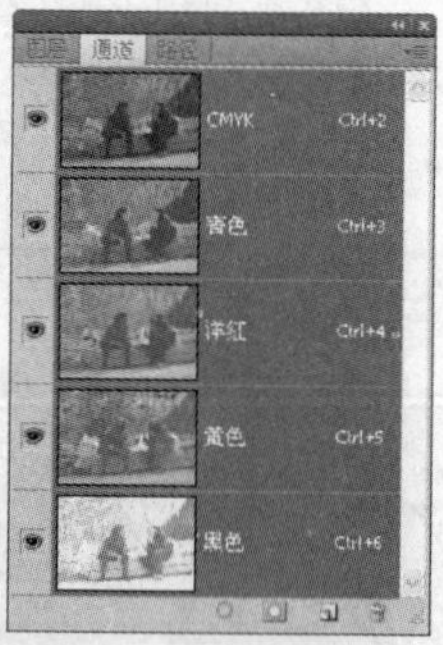

图11-10 “CMYK颜色”模式的通道信息

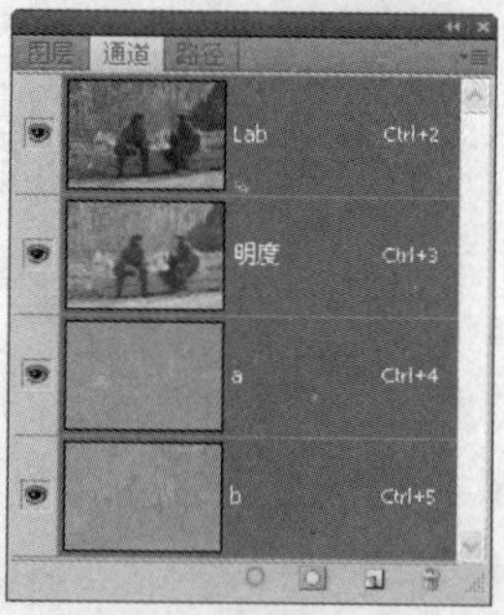

图11-11 “Lab颜色”模式的颜色信息

图11-12 “灰度颜色”模式的通道信息

3. 专色通道

专色是一种特殊的预混油墨，它用于替代或补充印刷色（CMYK）油墨。在平面印刷设计中，如果企业有自己的特殊的专色，在设计作品时往往要做一些特殊通道的处理。除了系统默认的颜色通道外，可以通过创建专色通道，如增加印刷品的荧光油墨或夜光油墨，套版印制无色系（如烫金、烫银）等，这些特殊颜色的油墨就称为“专色”，这些专色都无法用三原色油墨混合而成，这时就要用到专色通道与专色印刷技术。

4. Alpha通道

Alpha通道是用来保存选区的，其作用主要是用来保存图像中的选区和蒙版。打开的图像文件一般不会存储有Alpha通道，通常它是在图像处理过程中为了制作并存储特殊选区或蒙版而创建的。在输出制版时，Alpha通道会因为与最终生成的图像无关而被删除，但有时也要保留Alpha通道，比如在三维软件最终渲染输出作品时，会附带生成一张 Alpha 通道，用来在平面处理软件中做后期合成。

11.1.3 通道用途

通道的用途主要有以下几个方面：

1. 在选区中的应用

利用通道可以创建选区或编辑通道后得到图像需要的特殊选区。

2. 在色彩调整中的应用

利用通道可以修改或调整图像的颜色，当对图像的任一通道修改颜色后，可以影响整幅图像的颜色，从而得到特殊的艺术色调效果。

3. 在滤镜中的应用

在通道中应用滤镜可以为图像创建特效或改善图像的质量。

4. 在印刷中的应用

利用通道中的专色通道为印刷添加专色印版。

11.1.4 通道与选区的关系

通道与选区是可以相互转换的，在图像中创建选区后，单击【通道】面板底部的按钮，可以把选区存储为Alpha通道，如图11-13所示。按住Ctrl键的同时单击【通道】面板中的单色通道或单击按钮，可以将通道中的白色区域作为选区载入到图像中。

图11-13 选区和存储的Alpha通道

11.1.5 通道与图层的关系

如果图像文件包含多个图层，而在【图层】面板中只显示一个图层，在通道中则只显示该图层中的颜色信息，如图11-14所示。

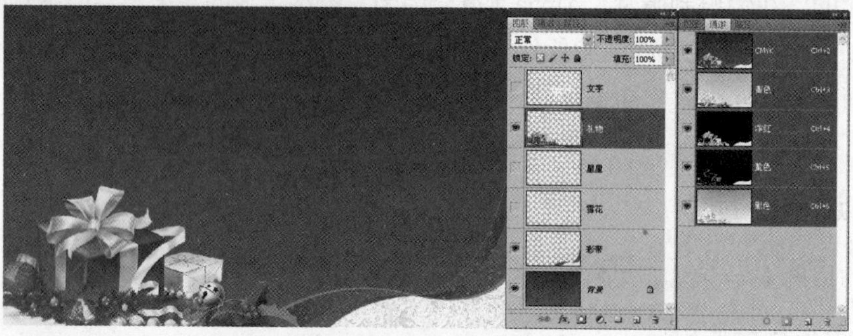

图11-14 显示单个图层的通道信息

如果在【图层】面板显示多个图层，在通道中则显示所有图层的复合通道颜色信息，如图11-15所示。

图11-15 显示所有图层的通道信息

11.1.6 通道与蒙版的关系

在图像文件中建立了图层蒙版后，在通道面板中将会出现该图层的蒙版通道，如图11-16所示。当删除该图层蒙版时，通道中的蒙版通道也将被删除；当设置没有蒙版的图层为工作层时，通道中的图层蒙版会自动消失。如果要将通道中的蒙版通道保存，可以将其拖动到通道面板底部的按钮上复制即可。

图11-16 蒙版合成照片及蒙版通道

蒙版和通道都按照默认的灰度图像来显示的，因此都可以利用绘画工具对其进行编辑。在编辑时，图像的黑色区域属于保护区域，白色区域属于编辑区域，白色区域可以作为选区载入，灰色区域为半透明部分，载入的选区会带有羽化的性质。

11.2 通道面板

本节主要介绍通道面板以及面板中各按钮的功能和作用。

11.2.1 通道面板

执行“窗口 | 通道”命令，【通道】面板将显示在工作区中，如图11-17所示。如果打开了图像文件，在通道中即可显示图像文件在通道中的信息内容。下面介绍一下面板中各按钮的功能和作用。

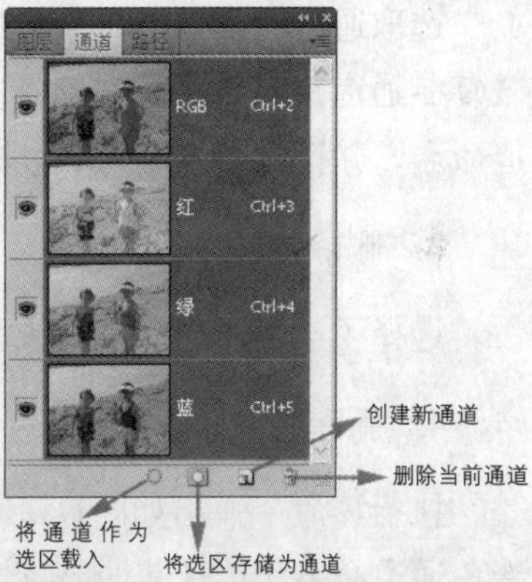

图11-17 【通道】面板的说明图

- 指示通道可见性图标：与【图层】面板中的图标相同，单击该图标可以关闭或显示通道。当【通道】面板中某一单色通道被关闭后，复合通道会自动关闭；当选择或显示复合通道后，所有的单色通道也会自动显示。
- 通道缩览图：图标右侧为通道缩览图，主要是显示通道的图像颜色信息。
- 通道名称：通道缩览图的右侧为通道名称，它能使用户快速识别各种通道。通道名称的右侧为切换该通道的快捷键。
- 将通道作为选区载入：单击该按钮，或按住Ctrl键的同时单击通道，可以将通道中颜色较淡的区域作为选区载入。
- 将选区存储为通道：当图像中有选区时，单击该按钮，可以将图像中的选区存储为Alpha通道。
- 创建新通道：可以创建一个新的通道。
- 删除当前通道：可以将选择的通道删除。

11.2.2 通道面板菜单

单击【通道】面板右上角的按钮，弹出如图11-18所示的面板菜单，下面来介绍这些菜单命令的功能和作用。

图11-18 通道面板菜单

1. 新建通道

执行该命令时与单击【通道】面板底部的

按钮作用相似，可以为图像新建一个Alpha通道。执行该命令后将弹出如图11-19所示的【新建通道】对话框，在对话框中可以为新建的通道命名或对其进行颜色设置。

- 名称：可以对新建的通道重新命名。
- 被蒙版区域：选择该单选按钮时可以将新建的通道定义为黑色被蒙版的形态。
- 所选区域：选择该单选按钮时可以将新建的通道定义为被白色所选区域形态。
- 颜色/不透明度：该选项用来设定通道的显示颜色与不透明度。

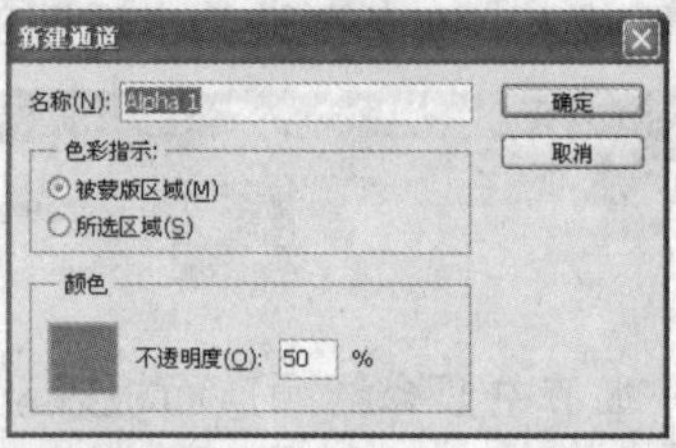

图11-19 【新建通道】对话框

2. 复制通道

选取通道后执行该命令将弹出如图11-20所示的【复制通道】对话框，在对话框中可以为复制的通道命名，并指定其复制为的目标文档。

图11-20 【复制通道】对话框

3. 删除通道

选择了某个通道后执行该命令可将选中的通道删除。

4. 新建专色通道

执行该命令弹出如图11-21所示的【新建专色通道】对话框，在对话框中可以为新建的专色通道命名和选择其油墨特性，包括其颜色与密度。

5. 合并专色通道

该命令只对两个以上的专色通道起作用，当通道面板中选择了两个以上的专色通道执行该命令并在弹出的如图11-22所示的对话框中单击确定按钮即可将选中的专色通道合并。

6. 通道选项

对于新建的Alpha 1通道执行该命令，在弹出的如图11-23所示的【通道选项】对话框中显示当前通道的属性或重新设置通道的属性。

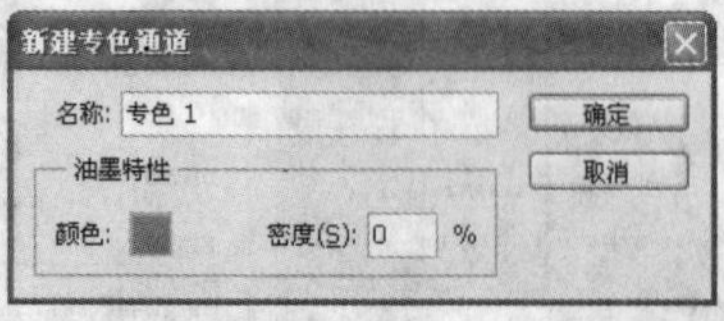

图11-21 【新建专色通道】对话框

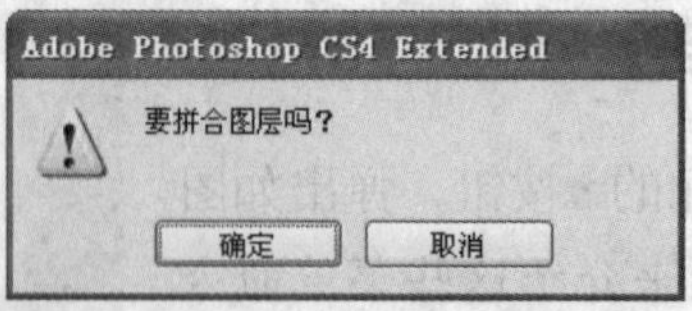

图11-22 合并专色图层对话框

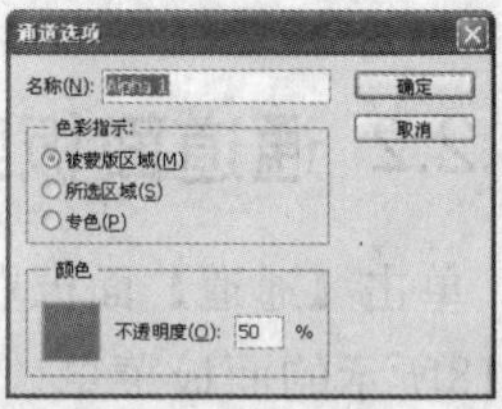

图11-23 【通道选项】对话框

7. 分离通道

执行该命令可以将图像的每一个单色通道分离成单独的灰度模式的文件，如图11-24所示。

图11-24 分离后的通道

8. 合并通道

执行该命令可以将分离通道后的灰度图像文件进行合并，在弹出的对话框中可以选择合并之后的图像的模式，如图11-25所示。

9. 面板选项

执行该命令打开【通道面板选项】对话框，如图11-26所示，在对话框中可以设置通道缩览图的大小。

图11-25 【合并通道】对话框

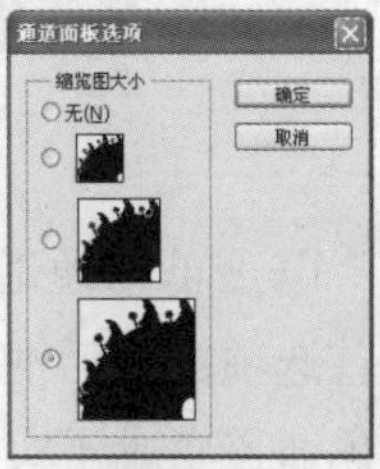

图11-26 【通道面板选项】对话框

10. 关闭

执行该命令可以将通道面板关闭，执行“窗口｜通道”命令即可将面板再次打开。

11. 关闭选项卡组

执行该命令可以将通道以及与其一起组成的选项卡组一起关闭。

11.2.3 排列通道顺序

在通道面板中向上或向下拖动某一个通道，当出现如图11-27所示的深色线条时释放鼠标，即可调整通道的排列顺序，如图11-28所示。

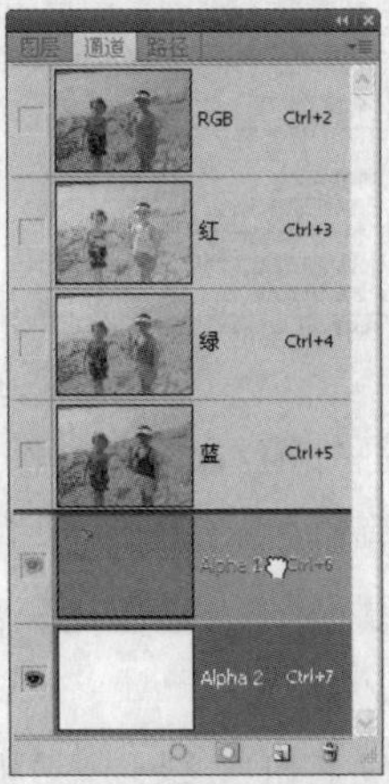

图11-27 拖动通道面板

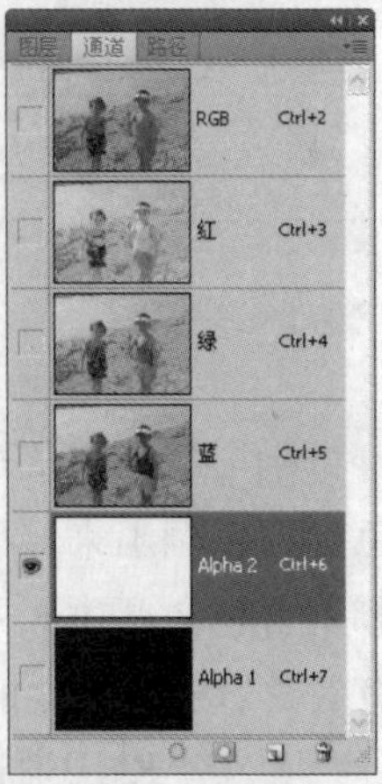

图11-28 重新排列顺序

11.3 深入解析通道

本节将深入解析通道的构成原理和组成形式，从而更加轻松容易地理解通道的真正内涵。

11.3.1 RGB颜色模式图像通道

打开的图像文件如果是RGB颜色模式，其通道就是RGB色彩模式下的通道，它是由红、绿、蓝3个通道组成的，这也是大多数图片的标准模式。但在通道中所看到的红、绿、蓝是灰色的，如图11-29所示。

图11-29 各单色通道

以上单色通道也可以变成标准色彩模式。执行“编辑 | 首选项 | 界面”命令，打开【首选项】对话框，勾选“用彩色显示通道”复选框，立即看到通道原来的红、绿、蓝3个灰色通道变成了实际的红、绿、蓝彩色模式，如图11-30所示。

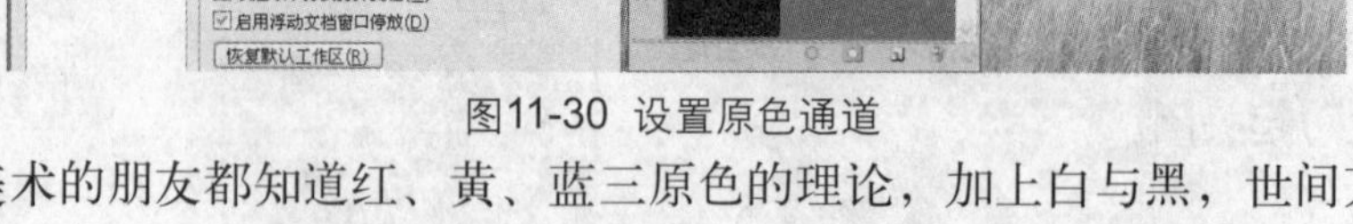

图11-30 设置原色通道

学习过美术的朋友都知道红、黄、蓝三原色的理论，加上白与黑，世间万物的一切颜色都可以调出来。而计算机的RGB颜色与美术绘画中的三原色稍有不同，但它们相互叠加和重合也会产生一系列复杂的色彩变化。有关颜色理论知识，有兴趣的朋友可以学习一下有关色彩构成方面的专业知识。

其实上RGB通道不仅有红、绿、蓝3种色彩，如图11-31所示。还包含黑、白、灰元素色，也就是在默认形式下看到的复合色通道，它分别叠加了红、绿、蓝3色，影响着我们对真正黑、白、灰的正确认识。但如果在Lab或CMYK色彩模式下，就会看到单纯的黑、白、灰或黑色的通道。

图11-31 红、绿、蓝3种色彩通道

之所以默认情况下看到的通道是以灰色显示，这是因为过于鲜艳的色彩会影响对图像颜色的正确调整。当然，如果读者喜欢这样看彩色通道，也可以保留这样的显示效果。这主要取决于自己的喜好，不过还是推荐用默认的通道形式为好。

图11-32 红、绿通道叠加后的效果

如图11-32所示为红色与绿色通道叠加后的色彩效果，仔细观察，它们的的色彩相应发生了变化。如天空和远山变成了黄绿色，整个画面偏向了黄绿色调。

如图11-33所示，这是红色通道与蓝色通道的叠加，画面变成了紫色的色调。通道前面的小眼睛图标表示该通道为显示状态。

如图11-34所示，这是绿色通道与蓝色通道的叠加效果。

图11-33 红、蓝通道叠加后的效果

图11-34 绿、蓝通道叠加后的效果

11.3.2 Lab颜色模式图像通道

上面介绍了RGB颜色模式图像的通道的构成，执行“图像｜模式｜Lab颜色”命令，把RGB模式的图像转换成Lab模式，来看一看Lab颜色通道的组合构成。

Lab模式仍是由明度、a、b通道组成，如图11-35所示。与RGB不同的是，Lab颜色模式的通道是把颜色分配到了a、b两个通道中，“明度”是由黑、白、灰组成，这就是在图像处理中为什么强调为彩色转黑白时最好用“明度”通道来调整的原因，也是为什么彩色图片在增加图像的锐度时，最好在“明度”通道中进行调整的道理。

图11-35 Lab模式通道组成

选择a通道来看一下，它管理着洋红与绿色，如图11-36所示。而b通道则管理着黄色与蓝色，如图11-37所示。在默认形式下，a、b两个通道都是以灰蒙蒙的颜色来呈现的，大多数图像处理者都不喜欢这样的颜色。

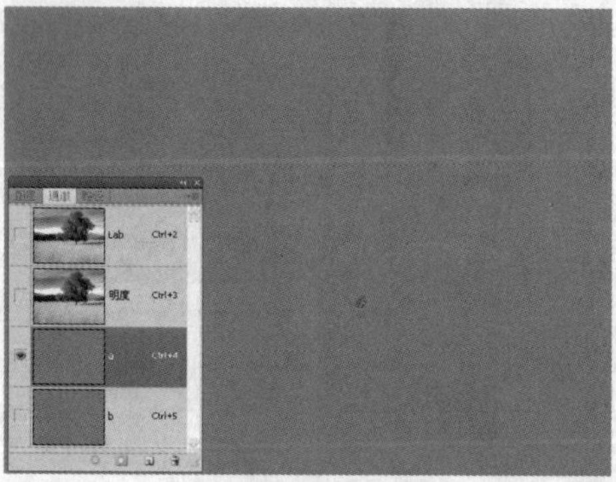

图11-36 a通道效果

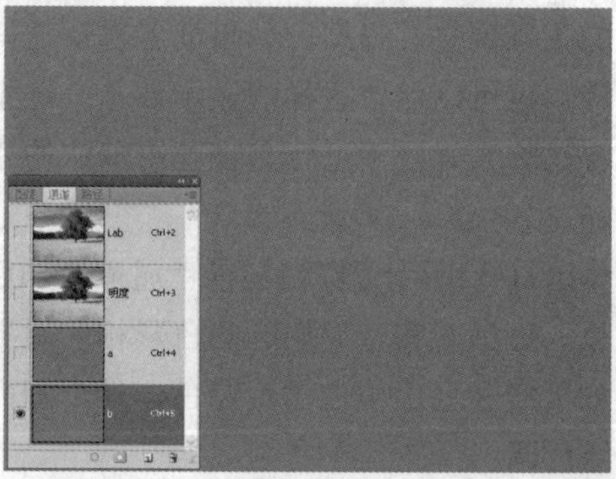

图11-37 b通道效果

虽然a、b两个通道的颜色都比较灰，但却具有非常神奇的颜色深度和可调整性，很多PS图像处理高手都非常喜欢利用这两种颜色通道来把颜色平淡的图片调整成漂亮的颜色，因为该模式下的4种通道颜色可以分别进行精确的调整。

如图11-38所示为a通道和b通道叠加后的效果，它是这幅风景图片除黑、白、灰以外的颜色效果。如图11-39所示为b通道与明度通道叠加后的效果。

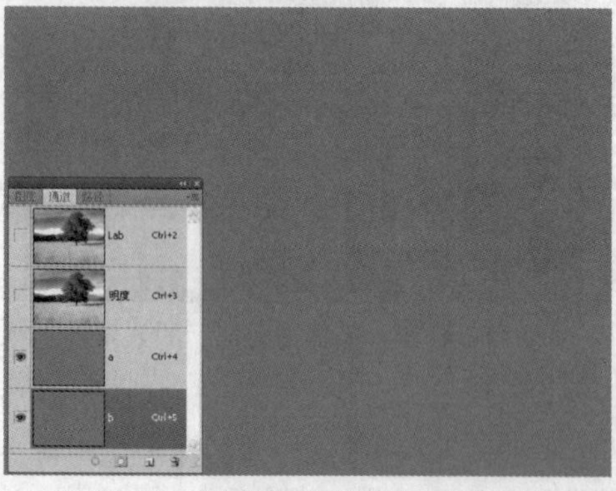

图11-38 a通道和b通道叠加后的效果

图11-39 b通道和明度通道叠加后的效果

如图11-40所示为a通道与明度通道叠加后的效果。如图11-41所示为单纯的明度通道，它完全是由黑、白、灰所组成，不带其他任何色彩。

图11-40 a通道与明度通道叠加后的效果

图11-41 单纯的明度通道效果

11.3.3 CMYK颜色模式图像通道

本节来看看CMYK模式图像的通道构成，它是由青色、洋红、黄色、黑色4个颜色通道所组成，而且颜色很单纯，如图11-42所示。如果设计出的作品要进行印刷或出版，就必须要了解这种颜色模式，如果作品是RGB或Lab颜色模式是无法拿到印刷厂去印刷的。

如图11-43所示，这是青色、洋红、黄色和黑色通道显示出来的风景图片颜色，我们可以对每一个通道的颜色进行精确调整，当然对于通道颜色模式的调整是非常复杂的，在印刷厂的专家那里一般都有一套颜色的调整操作程序，但如果在深入理解通道原理之后，也能够在Photoshop中自己进行精确的调整，这对是否能够调整出精美颜色的作品来说是非常重要的。

图11-42 CMYK模式通道组成

图11-43 每个通道所呈现的颜色效果

11.4 应用通道

通过对以上3节内容对通道的学习，相信大家已经了解了通道的一些功能，但这些内容也仅仅是一部分而不是全部，通道还有许多复杂的内容和相关的作用。不管通道有多少功能，归纳一下，只要明白“通道就是选区”就可以为工作带来很大的方便。本节将综合通道多种方法的应用，通过实例来阐述“通道就是选区”的道理。

11.4.1 利用通道选取复杂树枝的大树

利用通道选取图像是一种常用的方法，尤其对于复杂的图像，利用通道来选取，会使复杂的操作变得简单化，下面用实例来讲解如何利用通道选取复杂树枝的大树。实例最终效果如图11-44所示。

图11-44 大树图片及替换背景后的效果

实战演练041——利用通道选取复杂树枝的大树

1 打开素材图片“素材\第11章\大树.jpg”，如图11-45所示。

2 打开【通道】面板，分别选择“红”、“绿”、“蓝”3个通道，发现“蓝”通道中的树枝和后面的背景对比最明显，复制“蓝”通道为“蓝副本”通道，如图11-46所示。

图11-45 原图像的效果

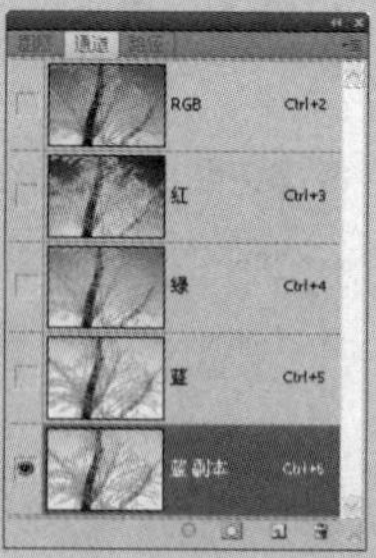

图11-46 复制的通道

3 按Ctrl+L组合键，弹出【色阶】对话框，调整“输入色阶”参数，如图11-47所示，增强大树和背景的对比度。

4 单击 确定 按钮，即可将图像调整出如图11-48所示的效果。

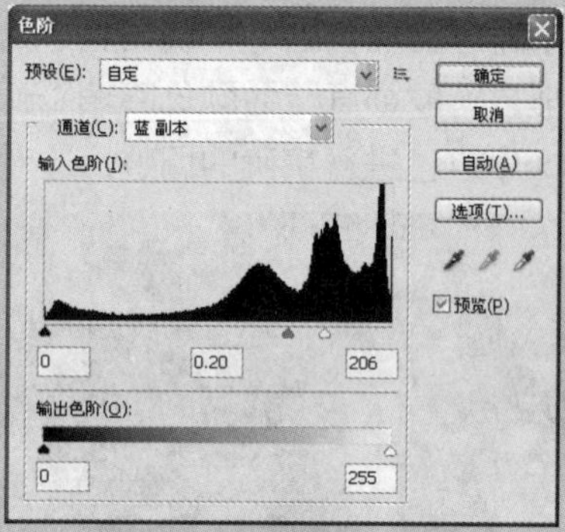

图11-47 【色阶】对话框

图11-48 调整后的效果

5 选取工具，在选项栏中设置选项和参数，如图11-49所示。

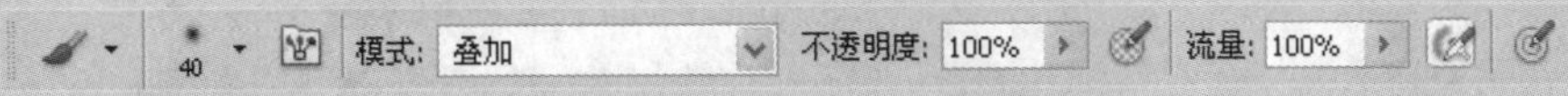

图11-49 画笔工具的选项设置

6 将前景色设为黑色，在画面中树干部位绘制黑色，如图11-50所示。

图11-50 在树干上绘制黑色

7 继续在树干及树枝上绘制黑色，绘制完成的效果如图11-51所示。

图11-51 绘制黑色后的效果

8 把前景色设置为白色，然后在画面的顶部的灰色部位绘制上白色，效果如图11-52所示。

图11-52 绘制白色后的效果

9 按Ctrl+ I组合键将通道中的黑白反转，效果如图11-53所示。

10 按住Ctrl键的同时单击【通道】面板中的“蓝副本”通道的缩览图，给大树载入选区，然后单击RGB复合通道，选取的大树如图11-54所示。

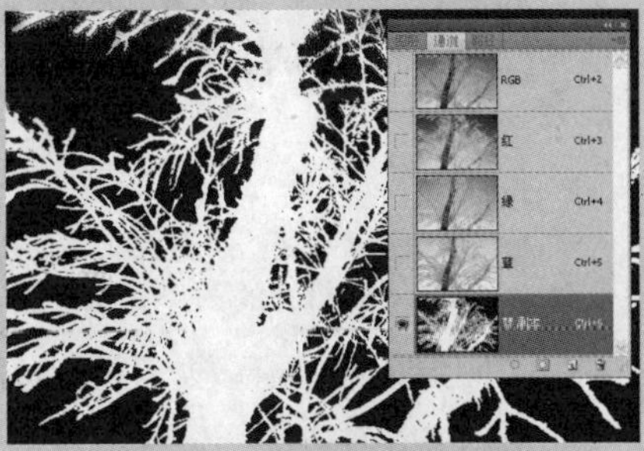

图11-53 反转黑白后的效果

图11-54 载入的选区

11 执行“图层｜新建｜通过拷贝的图层”命令，把选取的大树通过拷贝生成为“图层 1”，把“背景”图层关闭，可以看到去除背景后的大树效果，如图11-55所示。

图11-55 隐藏背景后的大树

12 打开素材图片“素材\第11章\雪景.jpg”，如图11-56所示。

13 将打开的雪景图片移动复制到去掉背景后的大树文件中，调整大小后放置在“图层 1”的下面，效果如图11-57所示。

图11-56 打开的图片

14 执行“图层|修边|移去黑色杂边”命令，将没有修饰干净的树枝周围的黑色杂边去除可以使效果更加理想。

图11-57 添加的新背景

15 按Shift+Ctrl+S组合键，将文件另存为“替换背景大树.psd”文件。

11.4.2 利用通道选取美女飘逸的头发

有时候魔术棒、套索、钢笔甚至蒙版都试过了，也很难把图像中那些飘动的头发干净利落地从背景中分离出来，本节就来讲解一种利用通道把美女飘动的头发从背景中分离出来的方法。案例图片及最终效果如图11-58所示。

图11-58 人物图片及替换背景后的效果

实战演练042——利用通道选取美女飘逸的头发

1 打开素材图片“素材\第11章\美女.jpg”和“蓝色蝴蝶.psd”，如图11-59所示。

图11-59 打开的图片

2 确认“美女.jpg”文件为工作状态，依次在【通道】面板中单击“红”、“绿”、“蓝”通道，查看这3个通道的明暗对比效果，可以看出绿色通道中的头发与背景的对比最为强烈。

3 将“绿”通道拖动到下方的按钮处将其复制，如图11-60所示。然后选取工具，并设置选项栏中的各选项及参数，如图11-61所示。

4 在图像的背景区域拖动鼠标将背景淡化处理，最终效果如图11-62所示。注意不要淡化人物的头发区域。

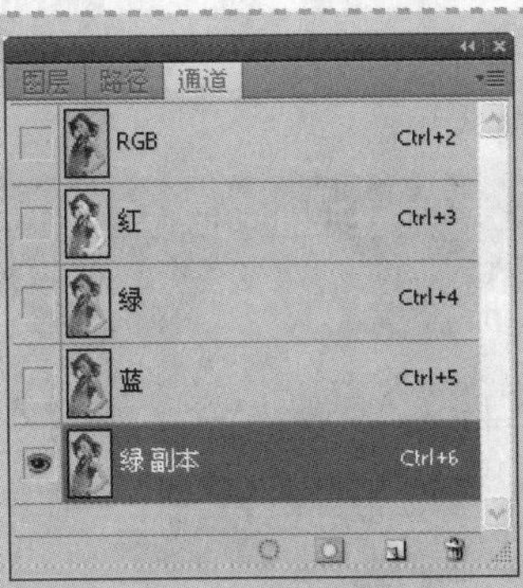

图11-60 复制出的通道

图11-61 减淡工具的属性设置

图11-62 背景淡化处理后的效果

5 执行“图像 | 应用图像”命令，在弹出的【应用图像】对话框中设置各选项，如图11-63所示。

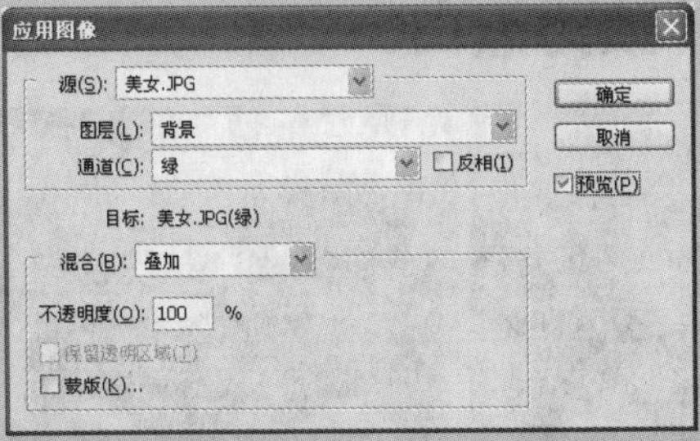

图11-63 【应用图像】对话框

6 单击 确定 按钮，背景的大部分区域已变成为白色，如图11-64所示。

7 再次执行“图像 | 应用图像”命令，在弹出的【应用图像】对话框中将“不透明度”选项设置为60，单击 确定 按钮再一次将背景提亮，效果如图11-65所示。

图11-64 应用图像后的效果

图11-65 再次应用图像后的效果

8 选取 工具，使用黑色将人物涂抹成黑色，效果如图11-66所示。

9 按Ctrl+I组合键，将通道中的图像反相显示，效果如图11-67所示。

图11-66 将人物涂抹成黑色后的效果

图11-67 反相显示后的通道效果

10 按住Ctrl键的同时单击“绿 副本”通道加载人物选区，然后按Ctrl+~组合键转换到RGB通道模式，如图11-68所示。

图11-68 加载的选区

11 在【图层】面板中将“背景”图层复制为“背景 副本”图层，然后单击按钮为“背景 副本”图层添加图层蒙版，即屏蔽掉人物以外的背景区域。

12 按Shift+Ctrl+S组合键，将此文件另命名为“头发选取.psd”保存。

13 利用工具将添加蒙版后的人物移动复制到“蓝色蝴蝶.psd”文件中生成的“图层 1”，然后将“图层 1”调整至“文字”图层的下方，如图11-69所示。

图11-69 调整图层顺序

生成的画面合成效果如图11-70所示。

14 按Ctrl+T组合键为人物图片添加自由变形框，然后将人物图片调整到如图11-71所示的大小，再按Enter键确定图片的大小。

图11-70 合成的画面效果

图11-71 调整大小后的效果

15 按Shift+Ctrl+S组合键，将此文件另命名为“合成背景.psd”保存。

11.4.3 用Lab明度通道把彩色照片转换为黑白

经常会遇到把色彩图像转为黑白图像的时候。利用Lab通道中的“明度”通道就是一种很流行的转换方法之一。它能够有效地避开图像中的颜色和噪点，得到较优质的黑白图像效果，其方法和步骤也很简单。实例最终效果如图11-72所示。

图11-72 原图片及处理的最终效果

实战演练043——用Lab明度通道把彼色照片转换为黑白

1 打开素材图片“素材\第11章\旗袍美女.jpg”，如图11-73所示。

2 执行“图像｜模式｜Lab颜色”命令，完成RGB到Lab模式的转换。

3 打开【通道】面板，单击“明度”通道，此时的画面效果如图11-74所示。

图11-73 打开的图片

图11-74 “明度”通道效果

4 执行“图像｜模式｜灰度”命令，在弹出的对话框中单击 确定 按钮。

5 执行“图像｜调整｜色阶”命令，弹出【色阶】对话框，调整“输入色阶”参数，如图11-75所示，增强对比度。单击 确定 按钮即可将图像调整出如图11-76所示的灰度效果。

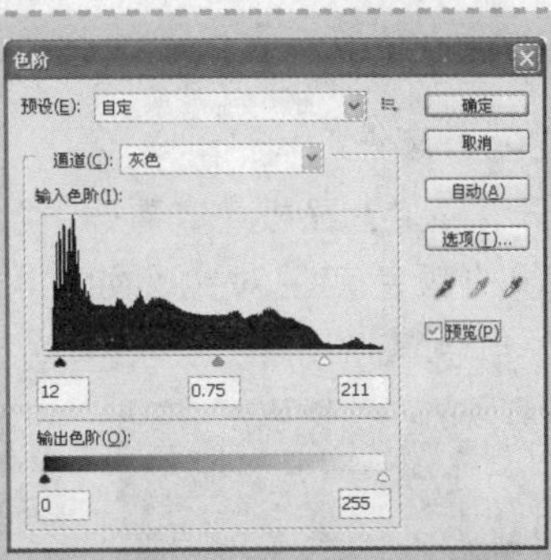

图11-75 【色阶】对话框

图11-76 灰度效果

6 按Shift+Ctrl+S组合键，将此文件另命名为“彩色转黑白.jpg”保存。

11.4.4 替换通道调色法

利用数码相机拍摄的照片，如果白平衡设置错误，所拍摄出来的照片可能会出现偏红、偏蓝或偏黄的现象，很多人都习惯性地用“色彩平衡”、“色相/饱和度”、“色阶”、“曲线”等一些基本调色命令来矫正颜色，但是很快就会发现，这样处理的效果很不理想，难度也大。本节来讲利用替换通道调色法，来解决照片的偏色问题。实例最终效果如图11-77所示。

图11-77 实例最终效果

实战演练044——利用替换通道调色法调整偏色

1 打开素材图片“素材\第11章\美女01.jpg”文件。

2 打开【通道】面板，查看一下各个通道之间的颜色灰度对比，如图11-78所示。红色通道明暗及层次基本正常；再看绿色通道，虽然有些问题，但层次和细节都能反映出来，基本上也算较正常；而蓝色通道问题就出来了，没有了层次关系，一片灰暗。

图11-78 查看通道的颜色灰度对比

3 选择蓝色通道为工作通道，执行“图像|调整|色阶”命令，弹出【色阶】对话框，如图11-79所示。选取红色通道，拖动左右两边的黑白滑块，对齐峰线后，可以发现图像明暗开始增强，如图11-80所示。

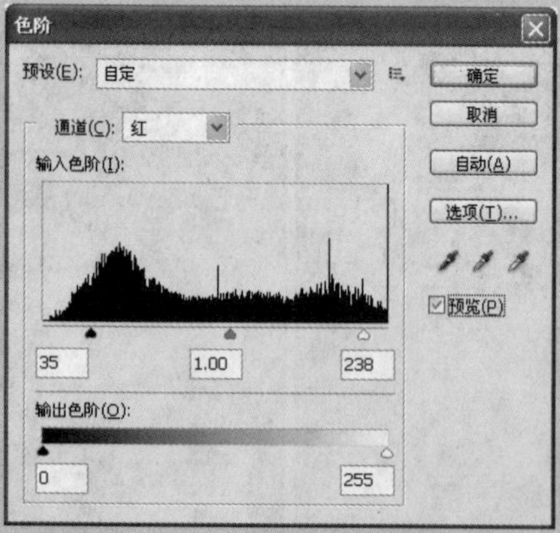

图11-79 【色阶】对话框

图11-80 画面效果

4 选取绿色通道，拖动左右两边的黑白滑块，如图11-81所示。此时画面颜色更加偏黄，如图11-82所示。可以暂时不理会它，下面就可以看到通道的神奇作用了。

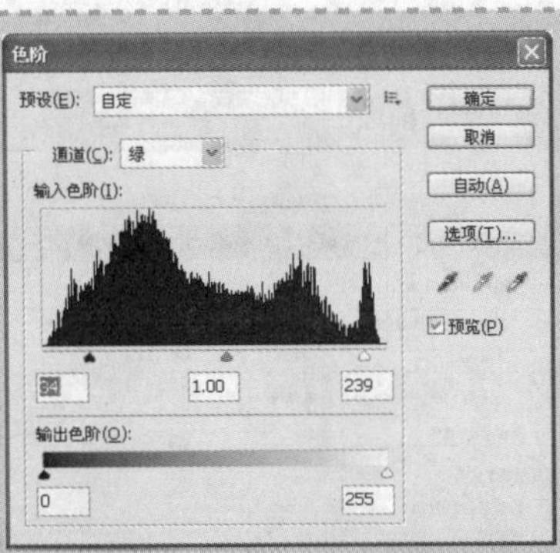

图11-81 【色阶】对话框

图11-82 画面效果

5 单击 确定 按钮，执行“图像 | 应用图像“命令，在弹出的【应用图像】对话框中设置各选项，如图11-83所示。

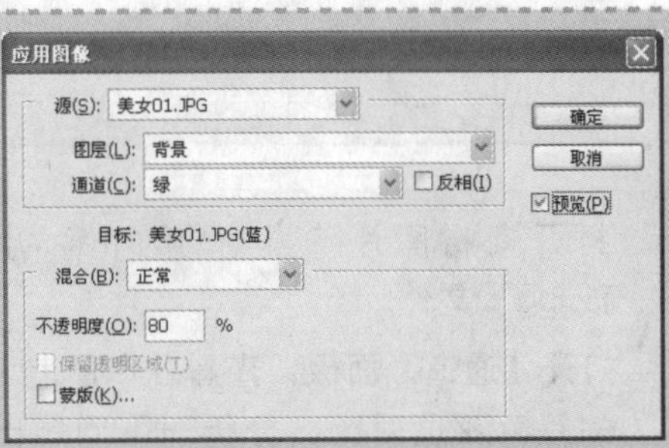

图11-83 【应用图像】对话框

6 单击 确定 按钮，会发现图像色彩发生了巨大的变化，严重偏黄消失了，色彩趋于正常，如图11-84所示。

图11-84 应用图像的效果

7 按Shift+Ctrl+S组合键，将此文件另命名为“矫正偏黄照片.jpg”保存。

11.4.5 通道修复与色彩调校

在拍摄照片时，如果因为天气、光线和相机的曝光度不够，拍摄出的照片会出现曝光不足的情况，而利用通道修复与色彩调校可以很容易地调整出照片的正常亮度，实例最终效果如图11-85所示。

图11-85 实例最终效果

实战演练045——利用通道修复与色彩调校调整照片亮度

1 打开素材图片“素材\第11章\小女孩.jpg”文件。

2 打开【通道】面板，查看各个通道之间的颜色灰度对比，分析一下问题出在哪，可以看出每个通道很灰暗，对比很弱，层次感不强，如图11-86所示。

图11-86 查看通道的颜色灰度对比

3 单击RGB通道，执行“图像 | 应用图像”命令，在弹出的【应用图像】对话框中设置各选项，如图11-87所示。单击 确定 按钮，以此来增强画面的光量，如图11-88所示。

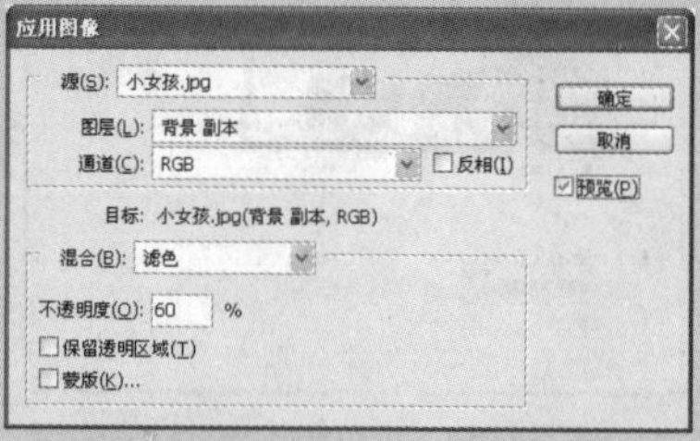

图11-87 【应用图像】对话框

图11-88 增强画面的光量

4 执行“图像 | 应用图像”命令，在弹出的【应用图像】对话框中设置各选项，如图11-89所示。单击 确定 按钮，画面效果如图11-90所示。

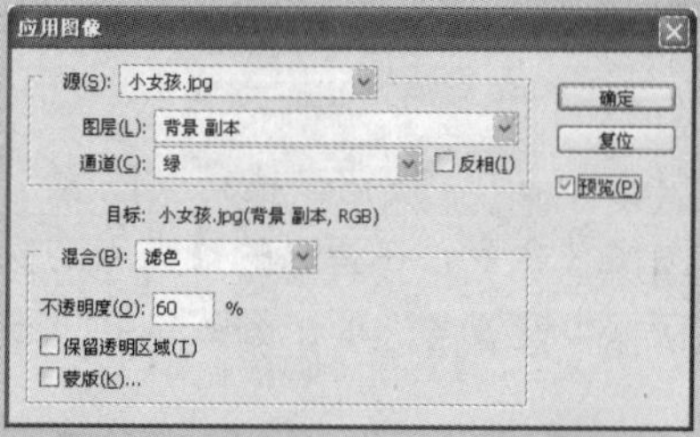

图11-89 【应用图像】对话框

图11-90 再次增强画面的光量

5 单击图层面板下方的按钮，在弹出的下拉菜单中选择“曲线”命令，参数设置如图11-91所示。调整后的图像效果如图11-92所示。

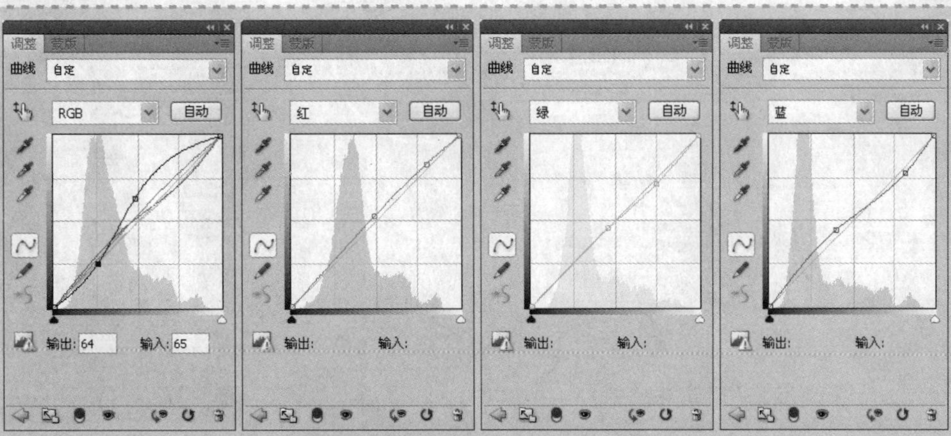

图11-91 调整曲线参数

图11-92 调整后效果

6 单击图层面板下方的按钮，在弹出的下拉菜单中选择“色相/饱和度”命令，参数设置如图11-93所示。调整后的图像效果如图11-94所示。

7 按Shift+Ctrl+S组合键，将此文件另命名为“曝光不足调整.psd”保存。

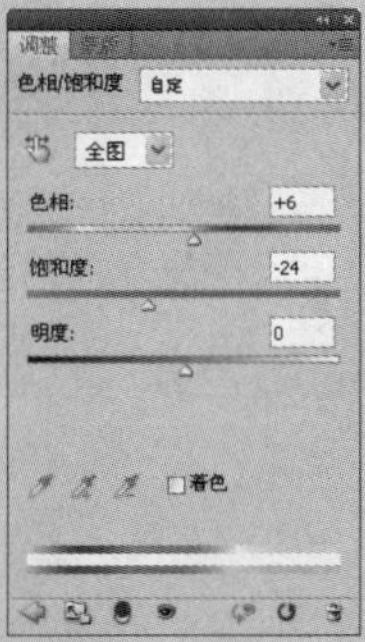

图11-93 调整色相/饱和度参数

图11-94 调整后的图像效果

第12章

文件菜单

前几章详细介绍了Photoshop CS5中的工具按钮和图层、蒙版及通道的应用，本章将对各个菜单命令进行讲解。

通过本章的学习，您可以掌握以下知识点：

- Bridge和Mini Bridge
- 置入、导入与导出命令
- 自动命令
- 【动作】面板
- 综合实战——利用扫描仪导入图像并打印输出

在Photoshop的菜单栏中，文件菜单主要用来执行文件的一些基本操作，如新建、打开、关闭、存储或导入与导出等，文件菜单如图12-1所示。

下面来简单介绍一下文件菜单命令：

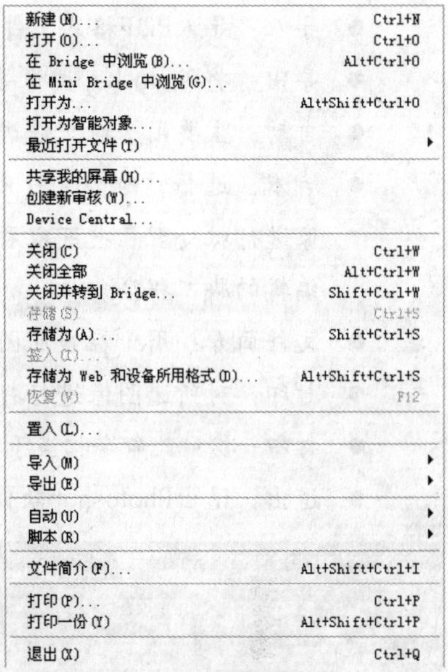

图12-1 文件菜单

- 新建：用于产生一个新的文件，其文件的名称、大小和颜色可以在弹出的【新建】对话框中进行设定。
- 打开：用于打开一个已存在的图像文件。
- 在Bridge中浏览：此命令可以打开【文件浏览器】面板，用于浏览、管理和调用图像文件。
- 在Mini Bridge中浏览：Mini Bridge是Adobe Photoshop CS5、Adobe InDesign CS5和Adobe InCopy CS5 中的一项扩展功能，通过它可以处理主机应用程序面板中的资源。
- 打开为：用于以用户指定的文件格式打开文件。
- 打开为智能对象：可以将文件作为智能对象打开。
- 最近打开文件：选择该命令，弹出的子菜单中罗列了一些文件名，这些文件都是最近打开过的图像文件。如果想再次打开这些文件，只要在相应的文件名上单击鼠标即可。
- 共享我的屏幕：此命令可以通过网络实时与其他人进行交流，并在屏幕上添加注释、发送聊天信息以及利用集成音频进行沟通。还可以广播实时视频、共享文件、捕捉会议记录以及控制与会者的计算机。
- 创建新审核：在Adobe Creative Suite中针对创意项目完成创建、共享以及获取反馈的所有操作。执行该命令，只需通过Web浏览即可邀请同事和客户提供反馈。
- Device Central：执行该命令，将打开【设备库】面板，在该面板中将根据所选的一个或多个设备列出建议的文档大小，如果设备具有不同的显示屏大小。
- 关闭：将当前文件关闭。如果该文件没存盘，软件会提示用户是否要进行存盘操作。
- 关闭全部：只有当同时打开多个文件时，该命令才可用。执行该命令可以将当前打开的所有文件关闭。
- 关闭并转到Bridge：关闭当前文件，然后启用Bridge，打开【文件浏览器】面板，同时显示文件。
- 存储：将文件以原文件名进行存盘保存。如果文件内容发生改变，软件会以新的内容自动将旧的内容覆盖掉。
- 存储为：将图像文件另命名或另选路径或另选文件格式保存。
- 签入：该命令在存储文件时允许存储文件的不同版本以及各版本注释。
- 存储为Web和设备所用格式：将图像保存为网页格式或应用于网页的图像格式。
- 恢复：将修改过的图像恢复到上一次保存的效果，使图像可以重新进行修改。

- 置入：该命令可以将其他应用软件中制作的图像，如PDF和EPS等格式的文件，作为一个新层置于当前图像中。
- 导入：导入PDF格式文件图像和其他文件中的注释。
- 导出：将Photoshop图像导出到Illustrator或视频设备中，以满足不同的使用目的。
- 自动：主要用于对文件进行批处理。
- 脚本：选择该命令，可以在弹出的次级菜单中选择Photoshop CS提供的脚本命令对图像进行批处理。也可以载入用户使用支持 OLE 自动化的任何脚本语言或Javascript语言编辑的脚本程序。
- 文件简介：用于在当前图像中加入作者及图像文件的相关信息。
- 打印：对所选图像进行打印。
- 打印一份：此命令相当于“打印”命令的快捷方式，以默认参数将当前图像打印一份。
- 退出：退出Photoshop软件。

12.1 Bridge和Mini Bridge

Bridge和Mini Bridge是Photoshop CS5附带的组件，使用它们可以组织、浏览和查找所需文件，创建供印刷、网站和移动设备使用的内容。

12.1.1 在Bridge中浏览

从Bridge中可以查看、搜索、排序、管理和处理图像文件。可以使用Bridge来创建新文件夹、对文件进行重命名、移动和删除操作、编辑元数据、旋转图像以及运行批处理命令，还可以查看有关从数码相机导入的文件和数据的信息。

专家提示

Bridge 既可以独立使用，也可以从 Adobe Photoshop、Adobe Illustrator、Adobe InDesign 和 Adobe GoLive 中使用。

当运行Bridge时可以打开如图12-2所示的对话框。

- 快捷工具：提供基本任务按钮。
- 路径栏：该选项中显示了当前正在查看的文件夹路径。
- 预览区：可以预览当前打开文件的内容。
- 面板：显示不同面板中指定的文件。
- 文件总数：显示当前文件夹中的文件总数。
- 调整预览区的大小：拖动滑块可以调整预览区的大小。

从图12-2的界面窗口可以看出，Bridge与看图软件ACDSee的界面窗口非常相似，而且在使用方法也很相似，下面来分别讲解。

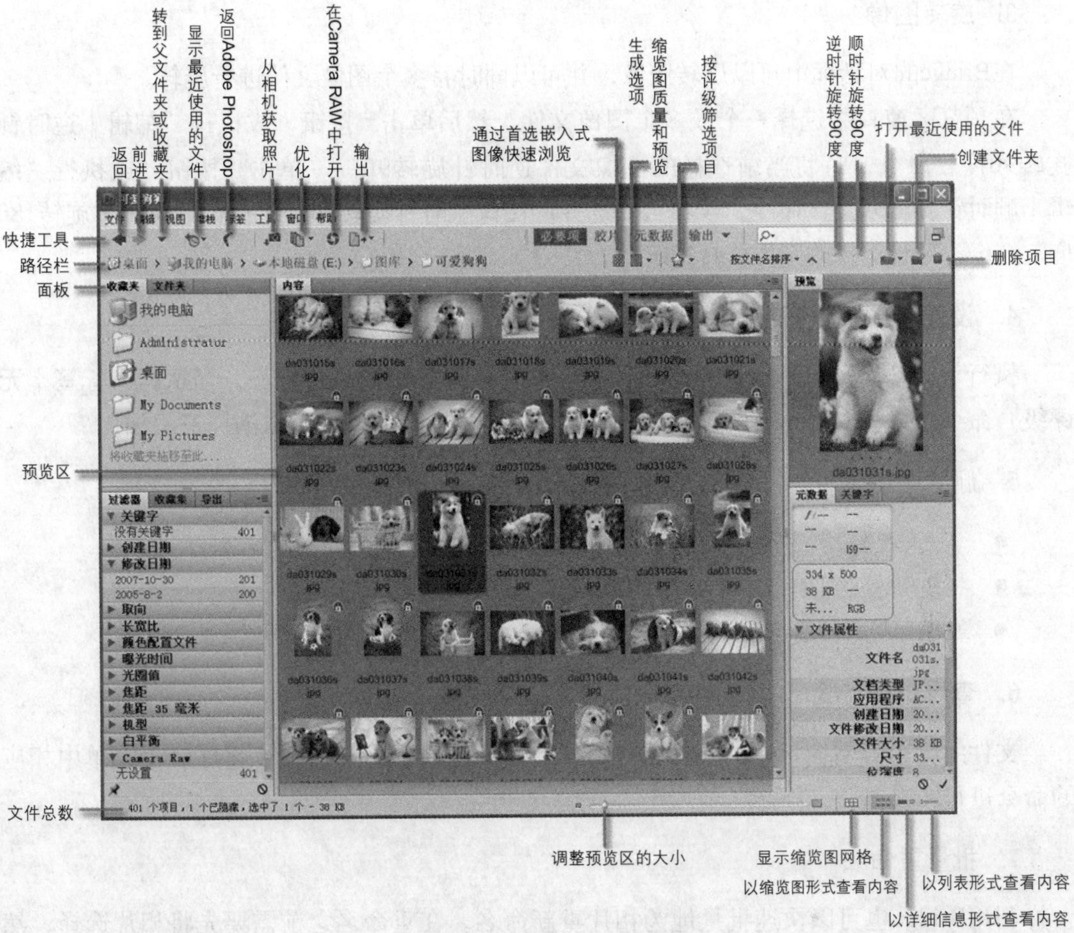

图12-2 Bridge的对话框

1. 选择图像

- 在预览区窗口中单击要选择文件的缩览图，即可将此图像文件选择。
- 在选择一个图像文件后，按住Shift键的同时单击其他的图像文件，可选择相邻的多个图像文件；按住Ctrl键的同时单击其他的图像文件，可选择不连续的图像文件。
- 执行“编辑｜全选”命令，可选择当前文件夹中的所有文件。
- 执行“编辑｜全部取消选择“命令，可取消所选文件的选择状态。
- 执行“编辑｜反向选择”命令，可将当前选择图像外的图像文件选择。

2. 打开图像文件

- 在预览区窗口中选择要打开的图像文件，然后按Enter键。
- 在预览区窗口中要打开的图像文件上双击鼠标。
- 选择要打开的图像文件后，执行“文件｜打开”命令。
- 在预览区窗口中将要打开的图像文件拖动至工作区，当鼠标光标显示为带加号的箭头符号时释放鼠标左键，也可将图像文件打开。

3. 旋转图像

在Bridge的对话框中可以旋转图像，并可以同时将多个图像文件进行旋转。

在预览区窗口中选择一个或多个图像文件，然后单击按钮，或执行“编辑｜逆时针旋转90度”命令，可将当前选择的图像文件逆时针旋转90°。单击按钮，或执行“编辑｜顺时针旋转90度”命令，可将当前选择的图像顺时针旋转90°。执行“编辑｜旋转180度”命令，可将选择的图像旋转180°。

4. 设置文件等级和标签

执行“标签”菜单下的命令，可为图像文件设置等级或添加标签。当执行“标签｜无评级”命令时，将取消等级设置；执行“标签｜无标签”命令，将取消标签添加。

5. 删除图像文件

- 单击按钮，可将当前选择的图像文件删除。
- 将要删除的图像文件拖动到按钮上。
- 选择要删除的图像文件后，按Delete键或执行“文件｜删除”命令。

6. 查看排序方式

文件缩览图查看窗口中的文件排序方式，可以通过执行“视图｜排序”子菜单中相应的命令进行转换。

7. 批量重命名

利用Bridge也可以快速批量地为相片重新命名。在重命名之前需要先将相片选择，然后执行“工具｜批重命名”命令或在缩览图上单击鼠标右键，在弹出的快捷菜单中选择“批重命名”命令，在弹出的【批重命名】对话框中设置相应的选项后，单击 重命名 按钮，即可完成重命名操作。

8. 使用高速缓存

使用“工具｜高速缓存”命令可存储缩览图和文件信息，当查看多个目录的图像文件后，返回上一次查看过的文件夹时，载入速度就会加快。使用高速缓存会占用磁盘空间，清空高速缓存可释放硬盘的空间。

12.1.2 在Mini Bridge中浏览

Mini Bridge是Adobe Photoshop CS5、Adobe InDesign CS5和Adobe InCopy CS5中的一项扩展功能，通过它可以处理主机应用程序面板中的资源。当在多个应用程序中工作时，这是一种访问多种Adobe Bridge功能的有效方法。Mini Bridge面板如图12-3所示。

1. 打开 Mini Bridge

- 执行“文件 | 在Mini Bridge中浏览”命令。
- 单击Photoshop工作界面最上方标题栏中的按钮。
- 执行“窗口 | 扩展功能 | Mini Bridge”命令。

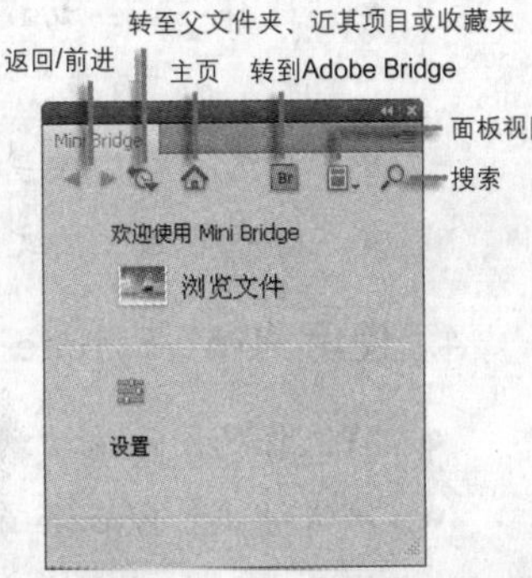

图12-3 Mini Bridge 面板

2. Mini Bridge 首选项

单击Mini Bridge面板主页上的“设置”按钮。

- Bridge启动：用于控制Mini Bridge 与Adobe Bridge通信方式的选项。
- 外观：“用户界面”的“亮度”滑块可调整Mini Bridge面板背景的亮度。“图像背景”可调整内容区和预览区背景的亮度。选择“色彩管理”面板可以将显示器的ICC配置文件应用于Mini Bridge中的缩览图和图像预览。

3. 在 Mini Bridge 中浏览文件

单击Mini Bridge面板中的“浏览文件”按钮，此时的Mini Bridge 面板如图12-4所示。

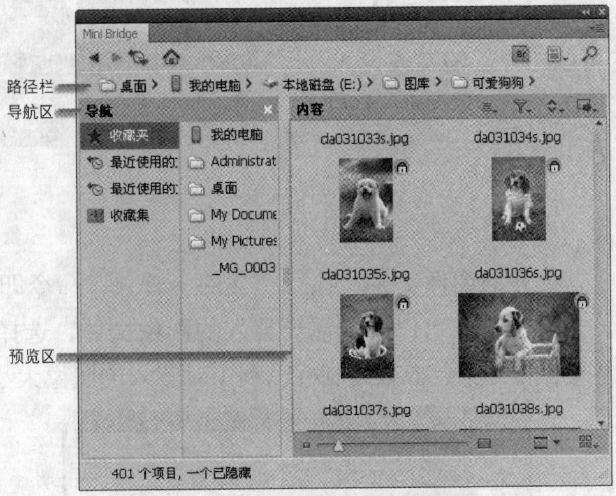

图12-4 在 Mini Bridge 中浏览文件

- 单击“转到Adobe Bridge”按钮，将转到Bridge对话框。
- 单击“面板视图”按钮，可在导航区、预览区和路径栏之间切换。
- 使用“搜索”按钮，可根据指定的条件查找文件。
- 缩览图滑块：拖动滑块，可以使缩览图变大或变小。
- 单击“预览”按钮，将放大显示选择的图像。
- 单击“视图”按钮，指定“内容”列表框显示文件的方式：作为缩览图、连环缩览幻灯胶片、详细信息或列表。选择“网格锁”，将以始终显示完整的缩览图，而无论Mini Bridge 面板有多大。
- 使用以下菜单按钮指定要在“内容”列表框中显示的内容。

- “选择”：切换显示拒绝的文件、隐藏的文件和文件夹以及“全选”、“取消全选”或“反选”。
- “筛选”：按星级或标签筛选。
- “排序”：按文件名、文件类型、创建日期和其他元数据条件进行排序。

4. 使用 Mini Bridge 打开或置入文件

- 将选择的图像拖动到主机应用程序中或应用程序图标上。
- 双击该文件以在其首选应用程序中打开。或者，在图像文件缩览图上单击鼠标右键，然后在弹出的快捷菜单中选择“打开图像”、“在Camera Raw打开”或“使用默认应用程序打开”命令。
- 单击“工具”按钮，然后选择“置入 | Photoshop中”命令。
- 要运行自动任务，请选择一个或多个图像文件，然后单击“工具”按钮，再选择“Photoshop | [相应的自动任务]”命令。

12.2 置入、导入与导出命令

在该组命令中可以将外部的文件导入到Photoshop中使用，也可以将Photoshop中的图像导出到其他的地方进行使用。

12.2.1 置入

确认绘图窗口中有打开的图像文件，执行“文件 | 置入”命令即可打开如图12-5所示的【置入】对话框。在对话框中可以选择需要置入的图像文件，选择后单击置入(P)按钮，即可将文件置入，置入后的文件会带有控制框以利于对置入的图像大小进行调整。

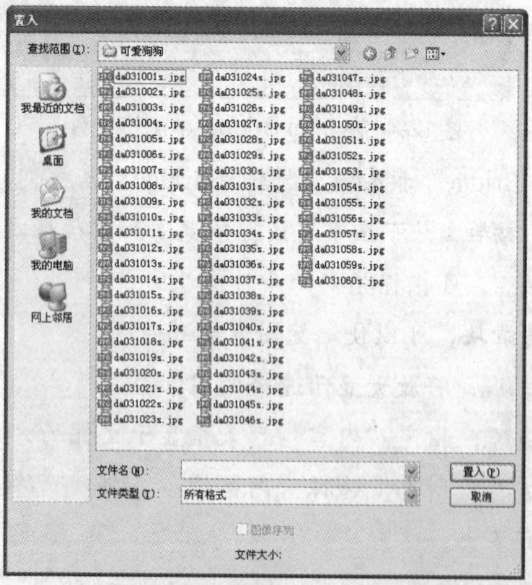

图12-5 【置入】对话框

12.2.2 导入

如图12-6所示为执行“文件｜导入”命令的子菜单。

在该命令中可以将一些数码照片导入到Photoshop中使用，也可以将视频帧、注释等内容导入到Photoshop中使用。

图12-6 “文件｜导入”命令的子菜单

1. 导入变量数据组

执行“文件｜导入｜变量数据组”命令可以将一些电子表格或文本编辑的内容导入到Photoshop中。

2. 导入视频帧到图层

执行“文件｜导入｜视频帧到图层”命令可以打开一个【载入】对话框，在对话框中选择一个文件，单击 载入(L) 按钮，即可将其导入到图层中。拖动时间滑块即可调整导入帧的范围。

3. 导入注释

执行“文件｜导入｜注释”命令即可打开【载入】对话框，在对话框中选择一个包含注释的文件，单击 载入(L) 按钮，即可将其导入到当前的文件中。

4. 导入WIA支持

该选项主要用于从数码相机将照片导入到Photoshop中。

12.2.3 导出

如图12-7所示为执行“文件｜导出”命令的子菜单。

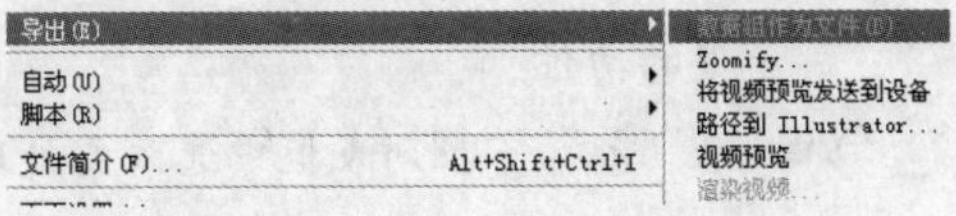

图12-7 “导出”命令的子菜单

1. 导出数据组作为文件

当选中一个或多个数据组后，可以执行“文件｜导出｜数据组作为文件”命令将数据按照批处理模式输出PSD文件。

2. 导出Zoomify

该命令可以将分辨率高的图像发布到Web上，并利用Viewpoint Media Player可以查看图像。

3. 将视频预览发送到设备

执行该命令后，可以将图像的内容发到设备中进行查看。

4. 路径到Illustrator

该命令是输出Photoshop路径为Adobe Illustrator软件文件格式。

5. 视频预览

如果电脑上连接了显示设备并可以打开文件，执行“文件｜导出｜视频预览”命令，并在打开的对话框中进行各项设置后，即可将文档导出到视频预览显示器上进行预览。

6. 渲染视频

执行“文件｜导出｜渲染视频”命令即可将文件导出为QuickTime影片。

12.3 自动命令

自动命令通过将复杂的任务组合到一个或多个对话框中，以便简化操作。执行“文件｜自动”命令，将弹出如图12-8所示的下一级子菜单。

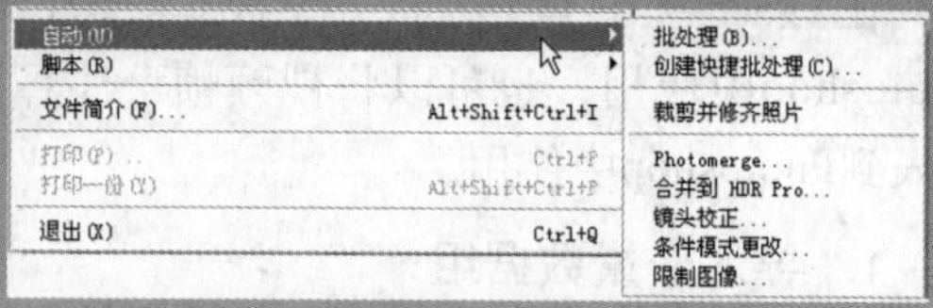

图12-8 “文件｜自动”命令的子菜单

12.3.1 批处理命令

批处理命令可以在包含多个文件和子文件夹的文件夹上播放动作。对文件进行批处理时，可以打开、关闭所有文件并存储对原文件的更改，或将修改后的文件存储到新的位置。

执行“文件｜自动｜批处理”命令，弹出如图12-9所示的【批处理】对话框。

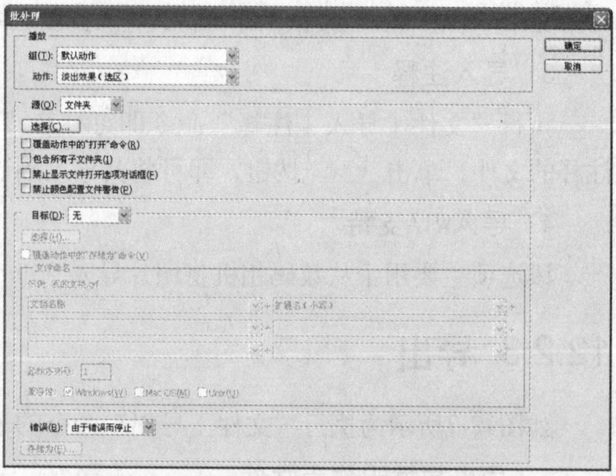

图12-9 【批处理】对话框

- 在“组”和“动作”选项右侧的下拉列表框中指定要用来处理文件的动作。
- 从“源”下拉列表框中选取要处理的文件。
  - 文件夹：处理指定文件夹中的文件。单击 选择(C)... 按钮可以查找并选择文件夹。
  - 导入：处理来自数码相机、扫描仪或PDF文档的图像。
  - 打开的文件：处理所有打开的文件。
  - Bridge：处理Adobe Bridge中选定的文件。如果未选择任何文件，则处理当前Bridge文件夹中的文件。
- 设置处理、存储和文件命名选项，然后单击 确定 按钮即可。

12.3.2 创建快捷批处理命令

创建快捷批处理命令可以将【动作】面板中创建的动作转换为应用程序。使用时，只需将要应用动作的文件拖动到生成的应用程序图标上释放鼠标左键，即可为文件应用动作。

动作是创建快捷批处理的基础。在创建快捷批处理前，必须在【动作】面板中创建所需的动作。

执行“文件｜自动｜创建快捷批处理”命令，在弹出的【创建快捷批处理】对话框中单击“将快捷批处理存储于”下方的 选择(C)... 按钮，指定快捷批处理的存储位置。然后指定打算在“组合”和“动作”菜单中使用的动作（在打开对话框前选择【动作】面板中的动作可以预先选择这些菜单），设置处理、存储和文件命名选项后，单击 确定 按钮，即可创建出快捷批处理程序。

12.3.3 裁剪并修齐照片命令

在扫描图像时，可以在扫描仪中放入若干照片并一次性进行扫描，扫描后，将创建一个图像文件。如果想将这些图像分别生成为一个单独的图像文件，即可利用“文件｜自动｜裁剪并修齐照片”命令。

裁剪并修齐照片命令可以将一次扫描的多个图像分成单独的图像文件。为了获得最佳效果，在扫描图像时，图像之间应保持1/8英寸的间距，而且背景应该是没有什么杂色的均匀颜色。此命令适用于外形轮廓十分清晰的图像。

如图12-10所示为扫描的图像，如图12-11所示为执行“文件｜自动｜裁剪并修齐照片”命令分离出的图像。

图12-10 扫描的图像

图12-11 分离出的图像

如果裁剪并修齐照片命令对某一张图像进行的拆分不正确，可在该图像和某一背景的周围创建一个选区边框，然后在按住Alt键的同时选取“裁剪并修齐照片”命令，此操作表明只有一幅图像要从背景中分离出来。

12.3.4 Photomerge命令

Photomerge命令可以将多个重叠图像合并到全景图中，如图12-12所示。在合并全景图时，还可对图像文件进行旋转、透视及设置圆柱映射效果。

图12-12 合并全景图

要创建 Photomerge 合成图像，请执行“文件 | 自动 | Photomerge”命令，然后选取源文件并指定版面和混合选项。所选的选项取决于拍摄全景图的方式。例如，如果是为360°全景图拍摄的图像，则推荐使用“球面”选项。该选项会缝合图像并变换它们，就像这些图像是映射到球体内部一样，从而模拟观看360° 全景图的感受。

1. 拍摄用于 Photomerge 的图片

源照片在全景图合成图像中起着重要的作用。为了避免出现问题，请按照下列规则拍摄要用于Photomerge的照片：

（1）充分重叠图像

图像之间的重叠区域应约为 40%。如果重叠区域较小，则Photomerge 可能无法自动汇集全景图。但是请记住，图像不应重叠得过多。如果图像的重合度达到70%或更高，则Photomerge可能无法混合这些图像。请尝试使各个图片之间至少具有一些明显不同的地方。

（2）使用同一焦距

如果使用的是缩放镜头，则在拍摄照片时不要改变焦距（放大或缩小）。

（3）使相机保持水平

尽管Photomerge可以处理图片之间的轻微旋转，但如果有好几度的倾斜，在汇集全景图时可能会导致错误。使用带有旋转头的三脚架有助于保持相机的准直和视点。

（4）保持相同的位置

在拍摄系列照片时，请尝试不改变自己的位置，这样可使照片来自同一个视点。将相机举到靠近眼睛的位置，使用光学取景器，这样有助于保持一致的视点。或者尝试使用三脚架以使相机保持在同一位置上。

（5）避免使用扭曲镜头

扭曲镜头可能会影响Photomerge。不过“自动”选项会对使用鱼眼镜头拍摄的照片进行调整。

（6）保持同样的曝光度

避免在一些照片中使用闪光灯，而在其他照片中不使用。Photomerge中的混合功能有助于消除不同的曝光度，但很难使差别极大的曝光度达到一致。一些数码相机会在拍照时自动改变曝光设置，因此需要检查相机设置以确保所有的图像都具有相同的曝光度。

2. 创建 Photomerge 合成图像

创建Photomerge合成图像，必须有合适的源图像，且各图像间的重叠区域应约为 40%，如果太小将不能合成出理想的效果。

执行“文件｜自动｜Photomerge”命令，将弹出如图12-13所示的Photomerge对话框。

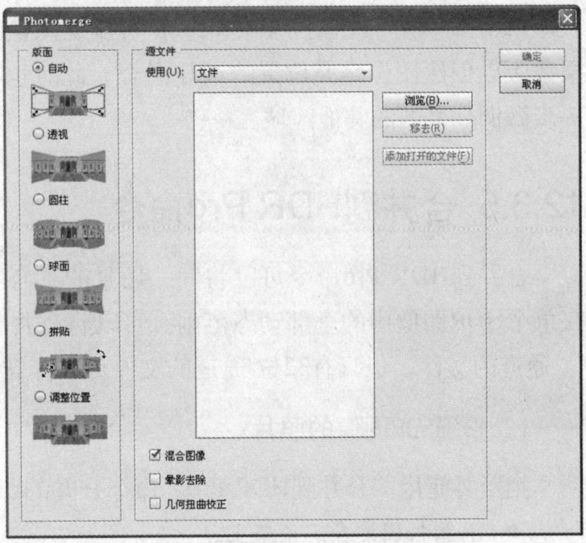

图12-13 Photomerge对话框

(1) 在“源文件”选项区中，从“使用”下拉列表框中选取下列选项之一。

- 文件：使用个别文件生成Photomerge合成图像。
- 文件夹：使用存储在一个文件夹中的所有图像来创建Photomerge合成图像。

(2) 通过执行下列操作之一来指定要使用的图像：

- 要选择图像文件或图像所在的文件夹，请单击 浏览(B)... 按钮并浏览到文件或文件夹。
- 要使用目前在Photoshop中打开的图像，请单击 添加打开的文件(F) 按钮。
- 要从“源文件”列表框中删除图像，请选择文件名称后，并单击 移去(R) 按钮。

(3) 在“版面”选项区中选择一个选项。

- 自动：Photoshop分析源图像并应用“透视”或“圆柱”和“球面”版面，具体取决于哪一种版面能够生成更好的Photomerge。
- 透视：通过将源图像中的一个图像（默认情况下为中间的图像）指定为参考图像来创建一致的复合图像。然后将变换其他图像（必要时，进行位置调整、伸展或斜切），以便匹配图层的重叠内容。
- 圆柱：通过在展开的圆柱上显示各个图像来减少在“透视”版面中会出现的“领结”扭曲。文件的重叠内容仍匹配。将参考图像居中放置，最适合于创建宽全景图。
- 球面：对齐并转换图像，使其映射球体内部。如果拍摄了一组环绕360°的图像，使用此选项可创建360°全景图。也可以将“球面”与其他文件集搭配使用，以产生完美的全景效果。
- 拼贴：对齐图层并匹配重叠内容，同时变换（旋转或缩放）任何源图层。
- 调整位置：对齐图层并匹配重叠内容，但不会变换（伸展或斜切）任何源图层。

(4) 勾选以下任意复选框。

- 混合图像：找出图像间的最佳边界并根据这些边界创建接缝，以使图像的颜色相匹配。不勾选“混合图像”复选框时，将执行简单的矩形混合。

- 晕影去除：在由于镜头瑕疵或镜头遮光处理不当而导致边缘较暗的图像中去除晕影并执行曝光度补偿。
- 几何扭曲校正：补偿桶形、枕形或鱼眼失真。

单击 确定 按钮后，Photoshop 可从源图像创建一个多图层图像，并根据需要添加图层蒙版以创建图像重叠位置的最佳混合。此时也可以编辑图层蒙版或添加调整图层以便进一步微调全景图的其他区域。

12.3.5 合并到HDR Pro命令

合并到HDR Pro命令可以将同一场景的具有不同曝光度的多个图像合并起来，从而捕获单个HDR图像中的全部动态范围。可以将合并后的图像输出为32位/通道、16位/通道或 8位/通道的文件，但只有32位/通道的文件可以存储全部HDR图像数据。

1. 拍摄HDR图像的照片

拍摄要使用“合并到HDR Pro”命令合并的照片时，请牢记下列几点：

- 将相机固定在三角架上。
- 拍摄足够多的照片以覆盖场景的整个动态范围。可以尝试拍摄5~7张照片，视场景的动态范围不同，可能需要进行更多次的曝光。最少应拍摄3张照片。
- 改变快门速度以获得不同的曝光度。调整光圈会使每次曝光的景深发生变化，可能会导致图像品质降低。调整ISO或光圈还可能导致图像中出现杂色或晕影。
- 一般来说，不要使用相机的自动包围曝光功能，因为曝光度的变化通常非常小。
- 照片的曝光度差异应在一两个EV（曝光度值）级（相当于差一两级光圈左右）。
- 不要改变光照条件。例如，在这次曝光时不使用闪光灯，而在下次曝光时却使用闪光灯。
- 确保场景中没有移动的物体。曝光合并功能只能用于处理场景相同但曝光度不同的图像。

2. 创建合并到 HDR Pro的图像

执行“文件 | 自动 | 合并到HDR Pro”命令。在弹出的【合并到 HDR Pro】对话框中单击 浏览(B)... 按钮以选择特定图像。如果手持相机拍摄图像，则选择“尝试自动对齐源图像”选项。单击 确定 按钮，这时会出现另一个“合并到HDR Pro”对话框，显示源图像的缩览图以及合并结果的预览。

在预览的右上角，为合并后的图像选择一个位深度。如果希望合并后的图像存储HDR图像的全部动态范围，则选择32位、8位和（非浮点型）16位的图像文件不能存储HDR图像中所有范围的明亮度值。

12.3.6 镜头校正命令

镜头校正命令可修复常见的镜头瑕疵，如桶形和枕形失真、晕影和色差等。执行“文件｜自动｜镜头校正”命令，将弹出如图12-14所示的【镜头校正】对话框。

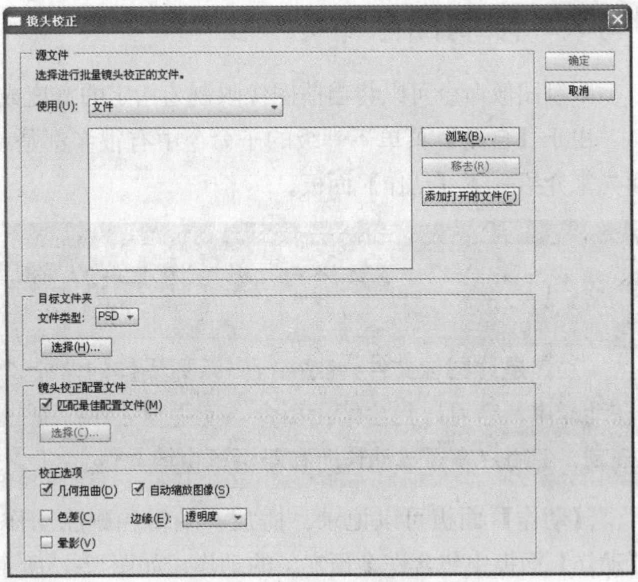

图12-14 【镜头校正】对话框

1. 目标文件夹

设置用于存储已处理文件的格式及位置。单击PSD按钮，可选择JPG、PNG、PSD或TIF文件格式；单击选择(H)...按钮，可设置处理文件的存储位置。

2. 镜头校正配置文件

设置镜头校正匹配的文件。勾选下方的“匹配最佳配置文件”复选框，系统将自动匹配合适的文件；如果不勾选复选框，可单击选择(H)...按钮，自行进行选择要匹配的文件。

3. 校正选项

- 几何扭曲：补偿桶形、枕形或鱼眼失真。
- 色差：校正图像色差。
- 晕影：在由于镜头瑕疵或镜头遮光处理不当而导致边缘较暗的图像中去除晕影并执行曝光度补偿。
- 自动缩放图像：扭曲图像后并自动缩放图像。
- 边缘：设置扭曲后图像边缘效果，包括边缘扩展、透明度、黑色和白色。

12.3.7 条件模式更改命令

条件模式更改命令可以根据图像原来的模式将其更改为指定的模式。此命令主要用于动作，例如，在记录动作时，利用条件模式更改命令为源模式指定一个或多个模式，然后为目标模式指定一个模式。单击确定按钮后，条件模式更改将作为一个命令出现在【动作】面板中。再对打开的文件执行该动作时，若该文件的模式为指定的源模式，动作将自动将其转换为设置的目标模式，然后执行该动作中的一系列命令。如打开文件的模式不是所指定的源模式，则该文件在执行动作时会出现错误。例如，在某个动作中，有一个步骤是将源模式为RGB的图像转换为目标模式CMYK，如果在灰度模式或非RGB的任何其他模式下向图像应用该动作，都将会导致错误。

12.3.8 限制图像命令

限制图像命令可以将当前图像限制为指定的宽度或高度，但不会改变长宽比。

由于【自动】菜单下一级的子命令中有很多都是基于【动作】面板而应用的，因此下面先来介绍一下【动作】面板。

12.4 【动作】面板

动作是让图像文件一次执行一系列操作的命令，大多数命令和工具操作都可以记录在动作中。它可以包含停止指令，使用户去执行那些无法记录的任务，也可以包含模态控制，使用户在播放动作时在对话框中输入值。

【动作】面板可以记录、播放、编辑和删除动作，还可以存储和载入动作，默认的【动作】面板中包含许多预定义的动作，如图12-15所示。

1. 显示【动作】面板

执行"窗口｜动作"命令，或按Alt+F9组合键。

如果【动作】面板已在工作界面中显示，可单击【动作】标签。

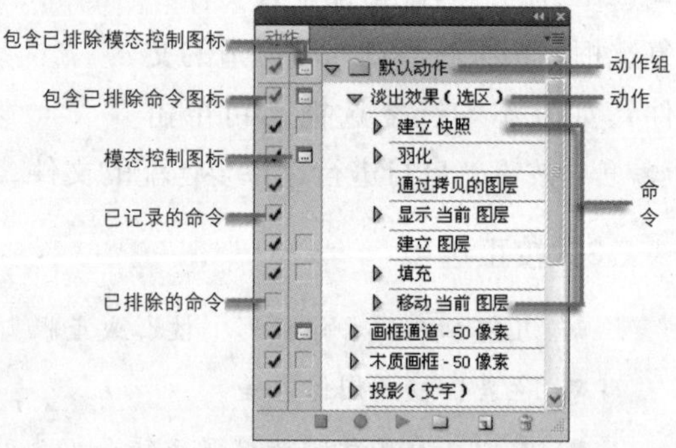

图12-15 【动作】面板

2. 展开或折叠组、动作和命令

- 在【动作】面板中单击组、动作或命令左侧的▶图标，可将当前关闭的组、动作或命令展开；按住Alt键的同时单击▶图标，可展开一个组中的全部动作或一个动作中的全部命令。
- 单击▶图标，该图标将显示为▼图标，单击该图标，可将展开的组、动作或命令关闭；按住Alt键的同时单击▼图标，可关闭一个组中的全部动作或一个动作中的全部命令。

3. 以按钮模式显示动作

默认情况下，【动作】面板以列表的形式显示动作，但用户可以将其设置为以按钮的形式显示。具体操作为，在【动作】面板中单击右上角的☰按钮，然后在弹出的面板菜单中选择"按钮模式"命令，即可将【动作】面板中的动作以按钮的形式显示。在【动作】面板菜单中再次选取"按钮模式"命令，可将动作以列表的形式显示。

12.4.1 记录动作

除系统预置的动作外，还可以自己设置动作。在设置之前，最好创建动作组，以更好地组织和管理动作。

1. 创建新组

在【动作】面板中单击“创建新动作组”按钮。或在【动作】面板菜单中选取“新建组”命令。在弹出的【新建组】对话框中设置组的名称，然后单击 确定 按钮，即可新建动作组。

2. 创建新动作

创建新动作组后，通过记录可以将所做的操作记录在该动作组中，直至停止记录。

在【动作】面板中，单击“创建新动作”按钮，弹出的【新建动作】对话框如图12-16所示。

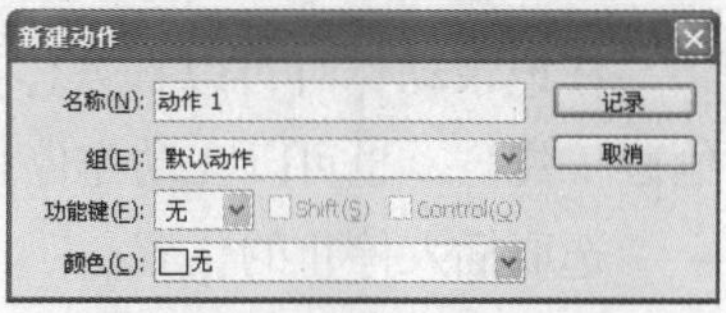

图12-16 【新建动作】对话框

- 名称：用于设置新建动作的名称。
- 组：用于设置新建动作所从属的动作组。
- 功能键选项：用于设置动作的键盘快捷键。可以选取功能键、Ctrl键和Shift键的任意组合。
- 颜色选项：用于设置按钮模式的显示颜色。

设置完各选项后，单击 记录 按钮，即可在新建动作同时开始记录动作，此时【动作】面板中的“开始记录”按钮将显示为红色。执行要记录的操作，如果要停止记录，可单击【动作】面板底部的“停止播放/记录”按钮或按Esc键，此时显示为红色的记录按钮将还原为关闭的状态。

专家提示

如要记录【存储为】命令时，不要更改文件名。如果输入了新的文件名，系统将记录此文件名并在每次运行该动作时都使用此文件名。在存储之前，如果浏览到另一个文件夹，可以指定另一位置而不必指定文件名。

若要在同一动作中继续开始记录动作，可再次单击面板底部的按钮，或选取面板菜单中的“再次记录”命令。

12.4.2 插入路径、停止和不可记录的命令

在记录动作时还可以随时插入路径、停止和不可记录的命令，以完善整个动作。

1. 插入路径

插入路径命令可以将复杂的路径作为动作的一部分包含在内。播放动作时，工作路径被设置为所记录的路径。

在【动作】面板中选取插入路径的位置。

- 开始记录动作。
- 选择一个动作的名称，在该动作的最后记录路径。

● 选择一个命令，在该命令之后记录路径。

插入路径的方法为，在【路径】面板中选择现有的路径，然后在【动作】面板菜单中选取“插入路径”命令。

专家提示

如果在单个动作中记录多个“插入路径”命令，则每一个路径都将替换目标文件中的前一个路径。若要添加多个路径，可在记录每个“插入路径”命令之后，使用【路径】面板记录“存储路径”命令。

2. 插入停止

在记录动作时可以插入停止，以便在播放动作时去执行那些无法记录的命令（如使用绘画工具），也可以在动作停止时显示一条短信息，提示用户需要进行的操作。

选取插入停止的位置。

● 选择一个动作的名称，在该动作的最后插入停止。

● 选择一个命令，在该命令之后插入停止。

在【动作】面板菜单中选取“插入停止”命令，在弹出的【记录停止】对话框中输入希望显示的信息。如果希望该选项继续执行动作而不停止，则勾选“允许继续”复选框。然后单击 确定 按钮。

专家提示

当勾选【记录停止】对话框中的“允许继续”复选框后，在播放动作遇到停止时，若不需要执行任何操作，可单击 继续(C) 按钮，若需要停止可单击 停止(S) 按钮。

3. 插入不可记录的命令

在记录动作时，可以使用“插入菜单项目”命令将许多不可记录的命令插入到动作中（如绘画工具、视图和窗口等命令）。

插入的命令直到播放动作时才执行，因此插入命令时图像文件保持不变。命令的任何值都不记录在动作中。如果插入的一个命令有对话框，在播放期间将显示该对话框，并且暂停动作，直到单击 确定 或 取消 按钮为止。

选取插入菜单项目的位置。

● 选择一个动作名称，在该动作的最后插入项目。

● 选择一个命令，在该命令的最后插入项目。

在【动作】面板菜单中选取“插入菜单项目”命令，在弹出的【插入菜单项目】对话框中选取一个菜单命令，然后单击 确定 按钮。

12.4.3 设置模态控制和排除

记录完动作后，可设置模态控制以暂停有对话框的命令，便于在对话框中输入新的参数值，如果不设置模态控制，则播放动作时不会出现对话框，并且不能更改已记录的值。使用“插入菜单项目”命令插入有对话框的命令时，不能停用其模态控制。另外，记录完动作后，还可以排除不想播放的命令。需要注意的是，必须在【动作】面板的列表模式中才能设置模态控制和排列，在按钮模式下不能设置。

1. 设置模态控制

在能弹出对话框的命令名称左侧框中单击鼠标，当显示▣图标时，即完成模态控制的设置，再次单击鼠标可删除模态控制。在组或动作名称左侧的框中单击鼠标，可打开（或停用）组或动作中所有命令的模态控制。模态控制由▣图标表示，如果动作和组中的可用命令只有一部分是模态，则这些动作和组将显示红色的▣图标。

2. 排除命令

在命令列表处于展开的状态下，单击所要排除命令左侧的勾选标记☑，取消其勾选状态，即可排除此命令。再次单击鼠标，可将该命令包括。若要排除或包括一个动作中的所有命令，可单击该动作名称左侧的勾选标记☑。

当排除某个命令时，其勾选标记将消失，同时，父动作的勾选标记将显示为红色☑，即表示动作中的某些命令已被排除。

12.4.4 播放动作

播放动作就是执行【动作】面板中指定的一系列命令，也可以播放单个命令。如果播放的动作中包括模态控制，则可以在对话框中指定值。

1. 播放整个动作

在【动作】面板中选择要播放的动作名称，然后单击面板底部的▶按钮，或在面板菜单中选取“播放”命令。如果为一个动作指定了组合键，则按组合键就会自动播放该动作。在【动作】面板中选择多个动作后，单击面板底部的▶按钮，或在面板菜单中选择“播放”命令，可一次播放多个动作。

2. 播放动作中的单个命令

在【动作】面板中选择要播放的命令，然后按住Ctrl键的同时单击面板底部的▶按钮，或按住Ctrl键的同时双击该命令。

在按钮模式下，单击一个按钮将执行整个动作，但不执行先前已排除的命令。

12.4.5 编辑动作

记录动作后，还可以对动作进行编辑，如重新排列动作或命令的执行顺序，对组、动作或命令进行复制和删除，更改动作或组选项等。

1. 重新排列动作和命令

在【动作】面板中重新排列动作或动作中的命令可以更改它们的执行顺序。

拖动动作或命令到位于另一个动作或命令之前或之后的新位置，当要放置的位置出现双线时释放鼠标左键，即可将该动作或命令移动到新的位置。利用这种方法，还可以将动作拖动到另一个组或将命令拖动到另一个动作中。

2. 复制组、动作或命令

对于需要多次执行的同一个组、动作或命令，执行下列任一种操作就可以将其复制。

- 按住Alt键的同时将组、动作或命令拖动到【动作】面板中的新位置，当所需的位置出现双线时释放鼠标左键。
- 选择要复制的组、动作或命令。然后在【动作】面板菜单中选择“复制”命令。复制的组、动作或命令即出现在原来的位置之后。
- 将要复制的组、动作或命令拖动至【动作】面板底部的按钮上。复制的组、动作或命令即出现在原来的位置之后。

3. 删除组、动作和命令

对于不再需要的组、动作或命令，执行下列任一种操作可将其从【动作】面板中删除。

- 选择要删除的组、动作或命令，然后单击按钮，在弹出的询问对话框中单击确定按钮。
- 选择要删除的组、动作或命令，按住Alt键的同时单击按钮，可直接将其删除。
- 将要删除的组、动作或命令拖动到按钮上。
- 选择要删除的组、动作或命令，然后在面板菜单中选取“删除”命令。选取“清除全部动作”命令可删除【动作】面板中的全部动作。

4. 更改动作或组选项

在【动作】面板中选择动作，然后在面板菜单中选取“动作选项”命令，在弹出的【动作选项】对话框中可以为选择的动作输入一个新的名称，或设置新的键盘快捷键和按钮颜色。

在【动作】面板中选择组，然后在面板菜单中选取“组选项”命令，在弹出的【组选项】对话框中可以为选择的组输入一个新的名称。

12.4.6 管理动作

默认情况下，【动作】面板中显示预定义的动作，但可以载入其他动作，或将设置的动作保存，或设置动作的播放速度。

1. 设置回放选项

回放选项命令提供了3种速度播放动作，在【动作】面板菜单中选取“回放选项”命令，将弹出如图12-17所示的【回放选项】对话框。

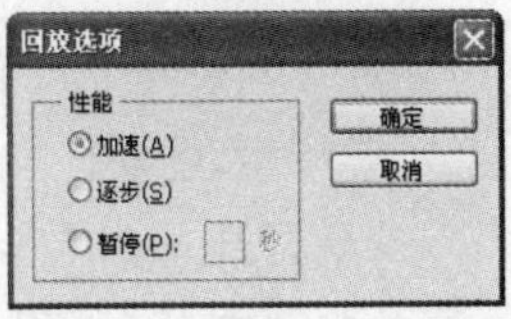

图12-17 【回放选项】对话框

- 加速：选择该单选按钮，将以正常的速度播放动作。该选项为默认设置。
- 逐步：选择该单选按钮，在播放每个命令后将重绘图像，然后再执行动作中的下一个命令。
- 暂停：选择该单选按钮，在其右侧的文本框中输入暂停的时间，在播放动作时执行每个命令后将按照此处所设置的时间量暂停。

2. 存储动作组

在【动作】面板中选择要保存的动作组，然后在面板菜单中选择“存储动作”命令，在弹出的【存储】对话框中输入名称，并选取一个保存位置，然后单击保存(S)按钮。即可将该动作组保存。

可以将动作组存储在任何位置。但如果将其保存在Photoshop CS5程序文件夹内的 Presets\Actions文件夹中，则在重新启动应用程序后，该动作组将显示在【动作】面板菜单的底部。

按住Ctrl+Alt组合键的同时选择“存储动作”命令，可将动作存储在文本文件中。使用此操作可查看或打印动作的内容。不过，不能将该文本文件重新载入到Photoshop软件中。

3. 载入动作组

在需要执行预定义的其他动作时，可以将其所在的动作组载入，方法有下列两种。

- 在【动作】面板菜单中选择“载入动作”命令，选择要载入的动作组文件，然后单击载入(L)按钮（Photoshop 动作组文件的扩展名为.atn）。
- 在【动作】面板菜单的底部区域选择动作组。

4. 将动作恢复到默认组

在【动作】面板菜单中选择“复位动作”命令。在弹出的面板中单击确定按钮，将用默认组替换【动作】面板中的当前动作，单击追加(A)按钮，可将默认动作组添加到【动作】面板中的当前动作中。

5. 替换动作组

在【动作】面板菜单中选择“替换动作”命令，可将选择的动作组替换【动作】面板中的当前动作。

12.4.7 利用动作命令修改图像大小

灵活运用动作命令将“素材\第12章\可爱狗狗”目录下所有图像文件的高度都改为300像素，且保持宽高比。具体操作如下。

实战演练046 —— 动作命令应用

1 执行“文件｜打开”命令，将“素材\第12章\可爱狗狗”目录下的所有图像文件打开。

2 执行“窗口｜动作”命令，将【动作】面板调出。

3 单击面板下方的按钮，在弹出的【新建组】对话框中直接单击确定按钮，创建一个新的动作组。

4 单击面板下方的按钮，在弹出【新建动作】对话框中设置各选项，如图12-18所示。

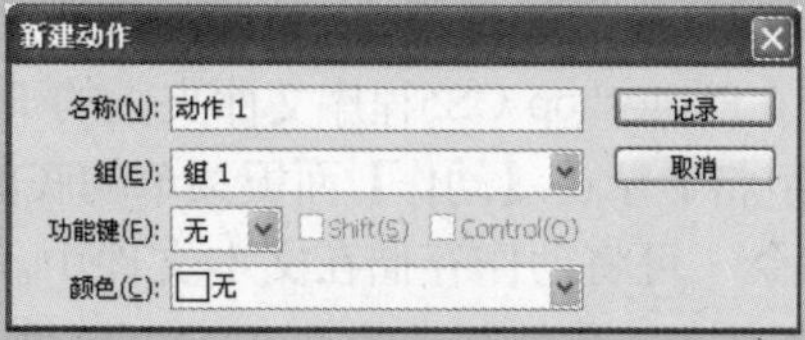

图12-18 【新建动作】对话框

5 单击记录按钮，在新建的动作组中新建一个新动作，并开始记录，此时按钮显示为开启状态。

6 执行“图像｜图像大小”命令，弹出的【图像大小】对话框，如图12-19所示。

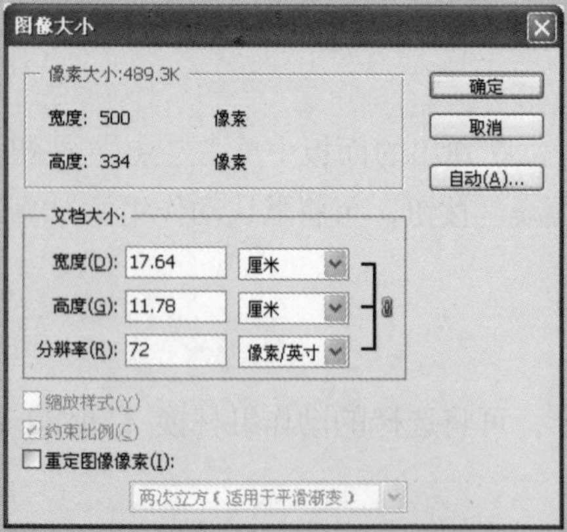

图12-19 【图像大小】对话框

7 依次勾选【图像大小】对话框中下方的复选框，然后将“高度”选项的参数设置为300 像素，如图12-20所示。

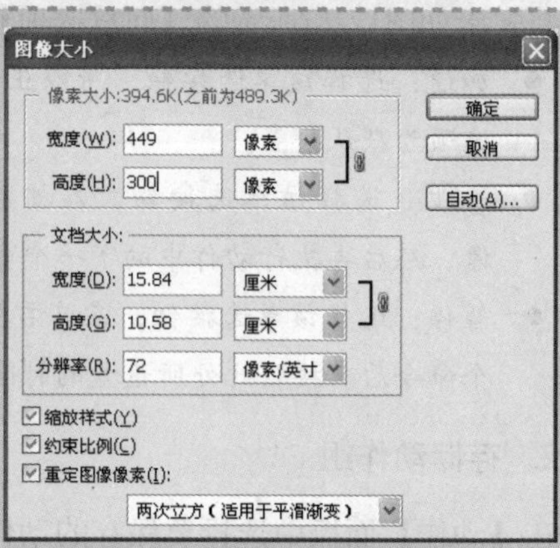

图12-20 设置的选项及参数

8 单击确定按钮，修改图像文件的大小。

9 执行“文件｜存储为”命令，在弹出的【存储为】对话框中重新选择一个图像文件的保存路径，也可单击上方的按钮新建文件夹，然后单击保存(S)按钮。此处注意一定不要修改图像文件的文件名，否则运行动作后都将保存为同一文件名。

10 在再次弹出的【JPEG 选项】对话框中设置保存图像的品质，然后单击确定按钮。

11 执行“文件｜关闭”命令，将文件关闭，然后单击【动作】面板下方的按钮，完成动作的记录，此时的【动作】面板如图12-21所示。

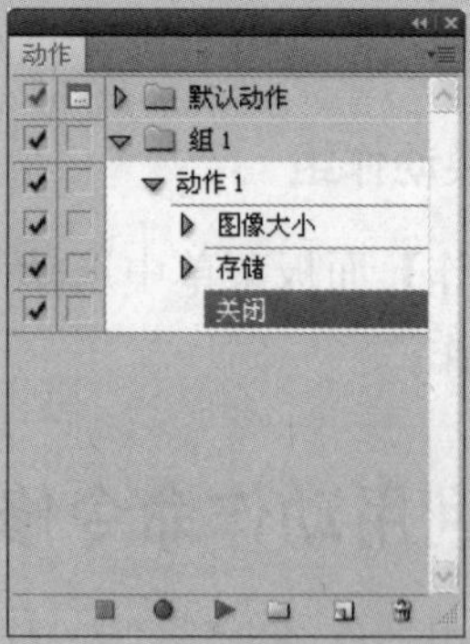

图12-21 记录的动作

12 确认下一幅图像文件处于当前状态，在【动作】面板中单击“动作 1”，将其设置为开始状态，然后单击▶按钮，即可运行刚才记录的动作，将图像文件的高度自动转换为设置的300像素，并保存到指定的位置。

13 同理，依次单击▶按钮，即可利用动作命令分别调整图像的尺寸。

12.5 综合实战——利用扫描仪导入图像并打印输出

下面来学习利用扫描仪扫描图像的方法，以及利用打印机将图像打印输出的方法。

实战演练047 —— 导入图像并打印输出

1 打开扫描仪电源开关，然后启动Photoshop CS5软件。

2 将准备好的图片放入扫描仪的玻璃板上。

3 在Photoshop CS5中，执行“文件 | 导入”菜单下的相应命令，只有计算机安装了扫描仪驱动程序后，这个命令才会显示。另外，由于应用的扫描仪型号不同，此处所显示的命令也会有所不同，希望读者注意。

4 执行相应的扫描命令后，将弹出扫描参数设置对话框，在此对话框中单击“预览”按钮，放入扫描仪中的图像就会显示在预览窗口中。

5 在预览窗口中绘制选区，将要扫描的图像选择，然后在扫描参数设置对话框中，根据原图像的质量以及不同的印刷要求，分别设置和调整扫描图像的分辨率、图像尺寸、曝光度、色彩和添加滤镜效果等选项及参数。

6 设置后，单击“扫描”按钮，即可进行扫描操作，扫描完成后的图像将显示在Photoshop窗口中。

7 单击扫描参数设置对话框中的“关闭”按钮退出扫描参数设置对话框，即可完成图像的扫描操作。

在作品设计完成之后、印刷之前通常要将样稿进行打印，用来修改或发现错误。对图像进行打印输出时，首先要进行打印设置，如定义纸张的大小、打印图片的质量或份数等。

8 打开打印机电源开关，确认打印机处于联机状态。

9 在打印机放纸夹中放入A4（210mm×297mm）尺寸的普通打印纸。

10 在Photoshop CS5中，打开素材图片“素材\第12章\宣传单页.jpg”。

11 执行“文件 | 打印”命令，弹出图12-22所示的【打印】对话框。

由于打印机的品牌和型号不同，在执行“打印”命令后弹出的【打印】对话框的形态也会有所不同。

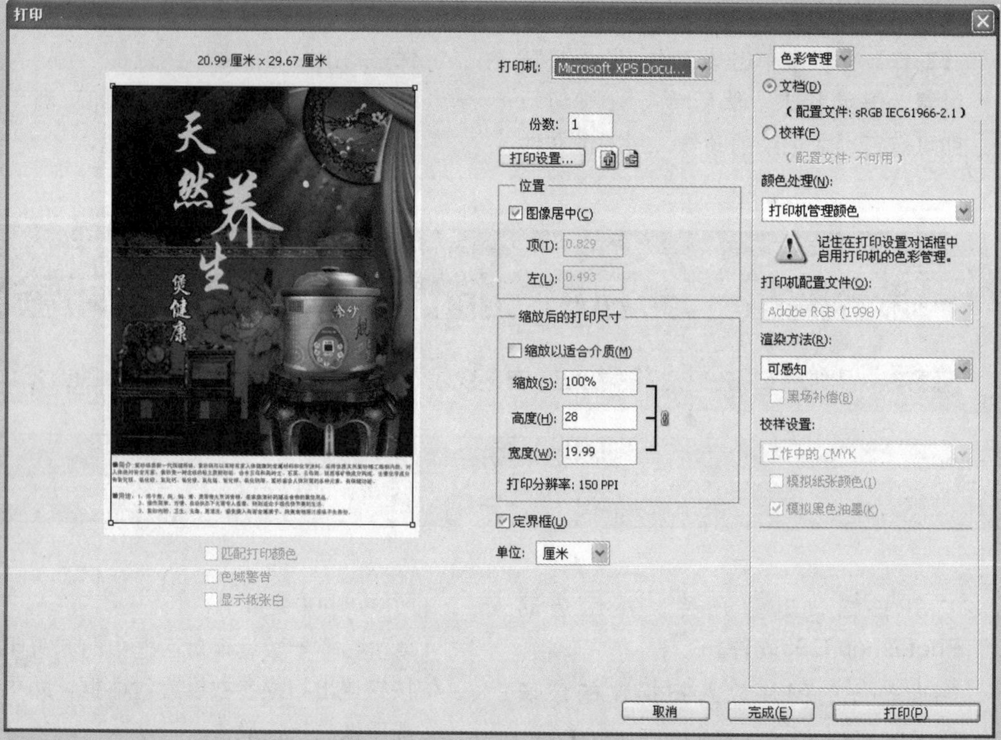

图12-22 【打印】对话框

- 打印机：在右侧的下拉列表框中选择打印机的型号。
- 份数：用于设置需要打印图片的数量。
- 打印设置... 按钮：用于设置有关的打印设置，包括打印质量设置、打印纸张尺寸设置、打印的方向、份数或指定页的设置等。右侧的和按钮，用于设置打印页面是按照纵向还是横向打印。
- 图像居中：勾选该复选框，打印后的图像将位于纸张的中央位置。取消该复选框的勾选，可以设置打印图片离纸张顶边和左边的距离。
- 缩放以适合介质：勾选该复选框，将按照设置的打印介质的尺寸来缩放图片，以适合介质尺寸。取消该复选框的勾选，可以按照比例来缩放图片的大小。

12 设置完各选项后，在【打印】对话框中单击 打印(P) 按钮，稍等片刻后即可进行打印输出。

第13章

编辑菜单

编辑菜单主要用于对一些操作进行还原与重做，还可以对图像进行复制、粘贴和变换等。另外，对软件参数的一些预置管理也在此菜单中，因此编辑菜单中的命令还是很重要的，希望读者能将其完全掌握。

通过本章的学习，您可以掌握以下知识点：

- 复制与粘贴命令
- 拼写检查与查找和替换文字
- 描边命令
- 变换图像命令
- 定义命令
- 清理命令
- 预设命令
- 颜色设置
- 键盘快捷键和菜单
- 首选项设置
- 综合实战——设计儿童相册

编辑菜单如图13-1所示。

下面来简单介绍一下编辑菜单命令：

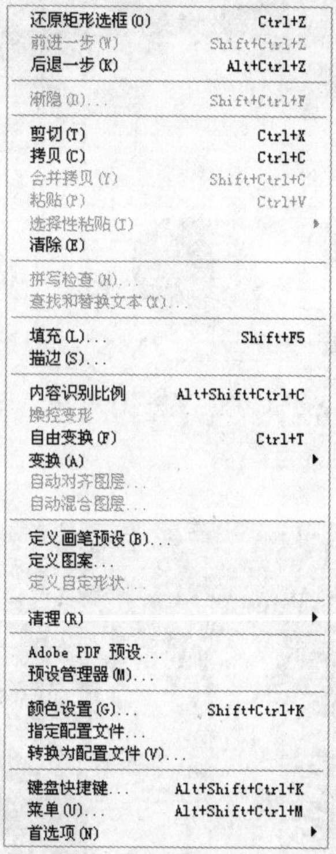

图13-1 编辑菜单

- 还原矩形选框：用于将图像文件恢复到最后一次操作前的状态。
- 前进一步：在图像中有被撤销的操作时，执行该命令，将向前恢复一步操作。
- 后退一步：执行该命令，可撤销一步操作。每执行一次，将撤销一步。
- 渐隐：当图像在使用滤镜或者进行添加图层效果后，通常用该命令来调节效果的不透明度或者混合模式。
- 剪切：将被选择的图像保存至剪贴板上，并在原图像中删除。
- 拷贝：将图像文件中被选择的图像保存至剪贴板，原图像继续保留。
- 合并拷贝：该命令主要用于图层文件。将选区中所有层的内容复制到剪贴板中进行粘贴时，将其合并为一层粘贴。
- 粘贴：将剪贴板中的内容作为一个新图层粘贴到当前图像文件中。
- 选择性粘贴：决定图像粘贴的位置是同一位置，还是选区内或选区外。
- 清除：在图像中创建选区后，执行该命令，可将选区中的内容清除，当清除的是背景图层中的内容时，原图像会以背景色进行填充；当清除的是普通层中的内容时则会将选区内的图像删除。
- 拼写检查：输入文本后可将错误的单词或语句进行检查并加以替换。
- 查找和替换文本：对输入的文本进行查找和替换的操作。
- 填充：将选定的内容按指定的模式填入图像的选区域内或直接将其填入图层内。
- 描边：用前景色沿选区边缘描绘指定宽度的线条。
- 内容识别比例：内容识别缩放可在不更改重要可视内容（如人物、建筑、动物等）的情况下调整图像大小。
- 操控变形：操控变形功能提供了一种可视的网格，借助该网格，可以随意地扭曲特定图像区域，同时保持其他区域不变。
- 自由变换：在自由变换状态下，以手动方式将当前图层的图像或选区做任意缩放、旋转等自由变形操作。这一命令在使用路径时，会变为“自由变换路径”命令，对路径进行自由变换。
- 变换：分别对当前图层的图像或选区域进行缩放、旋转、斜切、扭曲、透视等单项变形操作。这一命令在作用于路径时，会变为“变换路径”命令，对路径进行单项变形。
- 自动对齐图层：可以根据不同图层中的相似内容（如角和边）自动对齐图层。可以指定一个图层作为参考图层，也可以让 Photoshop 自动选择参考图层。其他图层将与参考图层对齐，以便匹配的内容能够自行叠加。

- 自动混合图层：可以缝合或组合图像，从而在最终复合图像中获得平滑的过渡效果。
- 定义画笔预设：将选定的图案定义为新的画笔笔型。
- 定义图案：将选定的区域定义为图案，以供填充、图章及画笔绘画等操作使用。设置图案时有两个必要的条件，即选区必须是矩形选区且选区无羽化效果。
- 定义自定形状：可以自定义形状，注意，只有在图像中有形状图形时，此命令才可用。
- 清理：用于清除占用内存的无用数据，以加快软件的运行速度。
- Adobe PDF预设：此命令是一组影响创建 PDF 处理的设置。这些设置旨在平衡文件大小和品质，具体取决于如何使用 PDF 文件。
- 预设管理器：用于管理 Photoshop 随附的预设画笔、色板、渐变、样式、图案、等高线、自定形状和预设工具的库。例如，可以使用预设管理器来更改当前的预设项目集或创建新库等。
- 颜色设置：用于对屏幕、印刷油墨及调配方式等各项进行设置。
- 指定配置文件：用于指定或删除颜色配置文件。
- 转换为配置文件：可将文档颜色转换为其他配置文件。
- 键盘快捷键：可以自定义菜单命令及工具箱工具的快捷键。
- 菜单：可以自定义菜单命令可见性和显示颜色。
- 首选项：用于设置Photoshop的预置和优化。

13.1 复制与粘贴命令

该组命令是很普通的命令，主要用来完成图像的复制与粘贴操作。与其他程序不同的是，在Photoshop软件中粘贴图像时，还可确定图像粘贴到原位置、选区内还是选区外。

13.1.1 剪切、拷贝、合并拷贝与粘贴

在图像中创建选区后，执行“编辑｜剪切”命令或按Ctrl+X组合键，可将选区中的图像剪切到剪贴板中，此时，选区及选区中的内容将消失。若为背景图层将露出背景色，如图13-2，图13-3所示；若为普通层将直接露出下面的图像。

图13-2 创建的选区

图13-3 剪切后的效果

剪切图像后，执行“编辑｜粘贴”命令或按Ctrl+V组合键，可以将剪贴板中的图像复制到当前文件中，如图13-4所示。如其他图像为工作状态，执行“编辑｜粘贴”命令或按Ctrl+V组合键，可将剪贴板中的图像复制到其他文件中。

在图像中创建选区后，执行“编辑｜拷贝”命令或按Ctrl+C组合键，可将选区中的图像复制到剪贴板中，此时选区及选区内的图像保持不变。按Ctrl+V组合键，可将复制的图像再粘贴至选区中，同时生成新的图层，如图13-5所示。

图13-4 粘贴的图像

图13-5 复制并粘贴的图像

当打开的图像文件有多个图层时，执行“编辑｜合并拷贝”命令时可以将所有可见图层中的内容复制到剪贴板中，如图13-6、图13-7、图13-8所示。

图13-6 创建的选区

图13-7 直接拷贝并粘贴的效果

图13-8 合并拷贝并粘贴的效果

13.1.2 选择性粘贴

选择性粘贴命令在粘贴图像时可选择粘贴至原位置，如果文档中创建了选区，还可以选择是粘贴至选区内还是选区外。

如图13-9、图13-10、图13-11所示为将复制的图像粘贴至选区内。

如图13-12、图13-13、图13-14所示为将复制的图像粘贴至选区外。

图13-9 复制的图像

图13-10 创建的选区

图13-11 粘贴至选区内的效果

图13-12 复制的图像

图13-13 创建的选区

图13-14 粘贴至选区外的效果

13.2 拼写检查与查找和替换文字

在图像中输入文字后，可以利用拼写检查命令检查文字的拼写是否有误，还可以对指定的文本进行查找或替换。

13.2.1 拼写检查

确认要检查的文本层处于工作层，或者利用T工具将要检查的文本选择，再执行“编辑｜拼写检查”命令，当出现错误时，会在【拼写检查】对话框中自动找出错误并提出修改建议，如图13-15、图13-16所示。

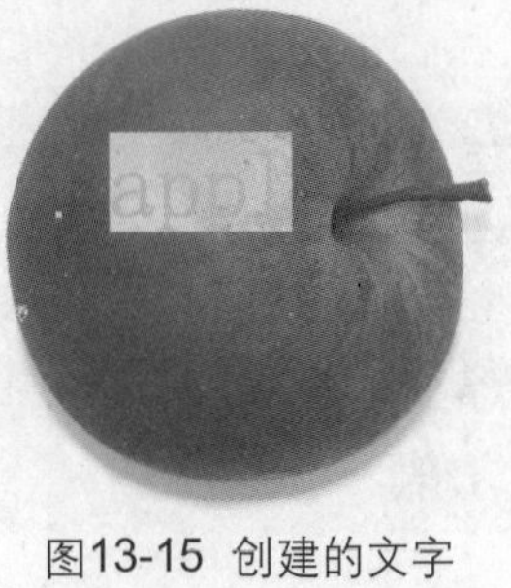

图13-15 创建的文字

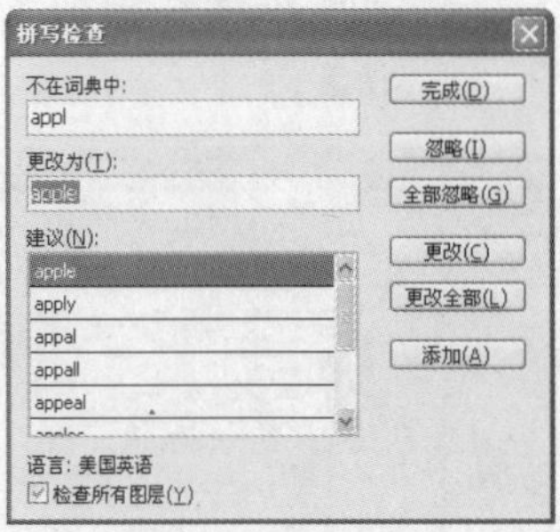

图13-16 【拼写检查】对话框

- 完成(D)：单击该按钮可以关闭对话框，对文字只进行检查，而不进行更改。
- 忽略(I)：单击该按钮可以将检查出来的文字不进行更改。
- 全部忽略(G)：可以将检查出来的所有文字都不进行更改。

- 更改(C)：可以将检查出来的文字进行更改。
- 更改全部(L)：可以将检查出来的所有文字都进行更改。
- 添加(A)：可以将拼写正确的单词添加到词典中。
- 检查所有图层：检查所有图层中的文本。如果取消该复选框的勾选，将只检查所选图层中的文本。

13.2.2 查找和替换

在Photoshop中除了对字母的拼写检查外，还可以对指定的文本进行查找和替换。如图13-17所示为【查找和替换文本】对话框，在对话框“查找内容”选项下方的文本框中输入要查找的内容，然后在“更改为”选项下方的文本框中输入要替换的内容，单击查找下一个(I)按钮进行查找。查找后，单击更改(C)按钮，可以将文件中查找到的文本进行更改；单击更改/查找(N)按钮，将更改当前查找到的内容，同时查找下一个；单击更改全部(A)按钮，将一次性更改要替换的内容。

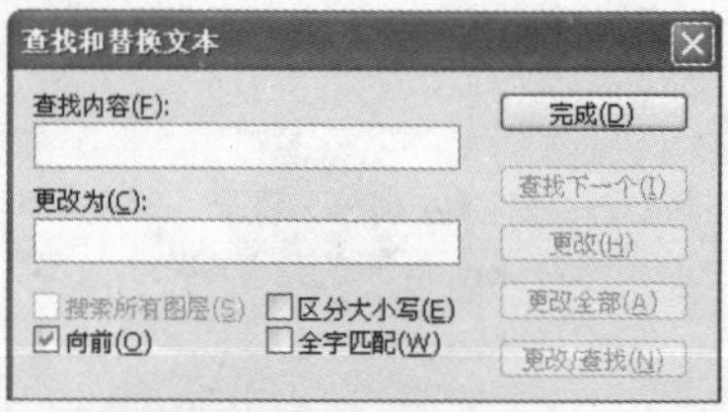

图13-17 【查找和替换文字】对话框

13.3 描边命令

描边命令可以在图形或选区的边缘进行颜色描绘，也可以对输入的文字进行描边，但要先将文字进行栅格化。执行“编辑｜描边”命令可以打开如图13-18所示的对话框。

- 描边：在该选项中可以设置描边的宽度和颜色。
- 位置：该选项可以设置描边的位置。
- 混合：在该选项中可以对描边进行混合模式的设置。

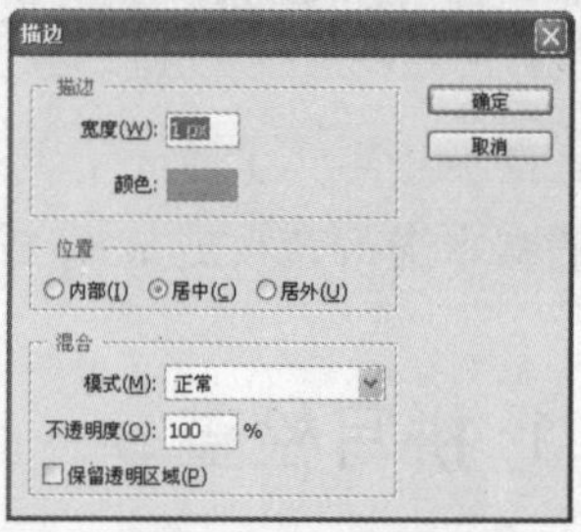

图13-18 【描边】对话框

13.4 变换图像命令

变换图像命令包括变换、自由变换以及内容识别比例、操控变形、自动对齐图层和自动混合图层命令，下面来分别讲解。

13.4.1 变换命令应用

变换和自由变换命令在3.1.4节中已经讲解，下面以制作“抽象的海螺”效果为例来介绍变换命令的应用，制作的海螺效果如图13-19所示。

图13-19 制作的抽象海螺效果

实战演练048 —— 变换命令应用

1 新建宽度为35厘米，高度为35厘米，分辨率为72像素/英寸的白色文件，然后为“背景”图层填充上黑色。

2 利用和工具，绘制并调整出如图13-20所示的路径，然后按Ctrl+Enter组合键将路径转换为选区。

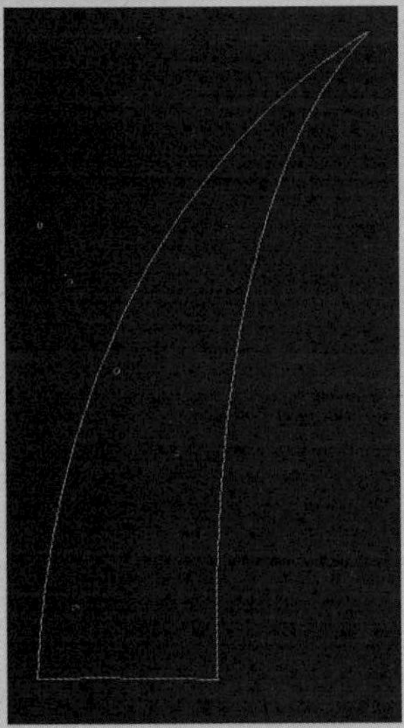

图13-20 绘制的路径

3 新建“图层 1”，选取工具，单击选项栏中的按钮，在弹出的【渐变编辑器】对话框中设置渐变颜色，如图13-21所示。

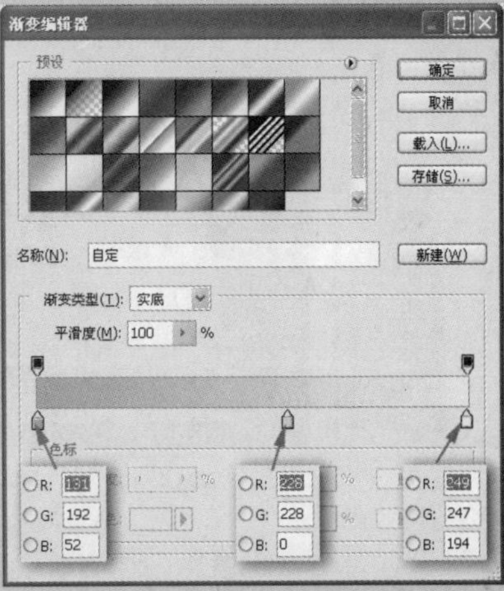

图13-21 【渐变编辑器】对话框

4 按住Shift键的同时在选区内由下至上拖动鼠标，填充线性渐变色，效果如图13-22所示，然后按Ctrl+D组合键将选区去除。

5 利用 和 工具，绘制并调整出如图13-23所示的路径，然后按Ctrl+Enter组合键将路径转换为选区。

图13-22 填充渐变色后的效果

图13-23 绘制的路径

6 新建“图层 2”，选取 工具，按住Shift键的同时在选区内由上至下拖动鼠标，填充线性渐变色，效果如图13-24所示，然后按Ctrl+D组合键将选区去除。

7 利用 和 工具，绘制并调整出如图13-25所示的路径，然后按Ctrl+Enter组合键将路径转换为选区。

图13-24 填充渐变色后的效果

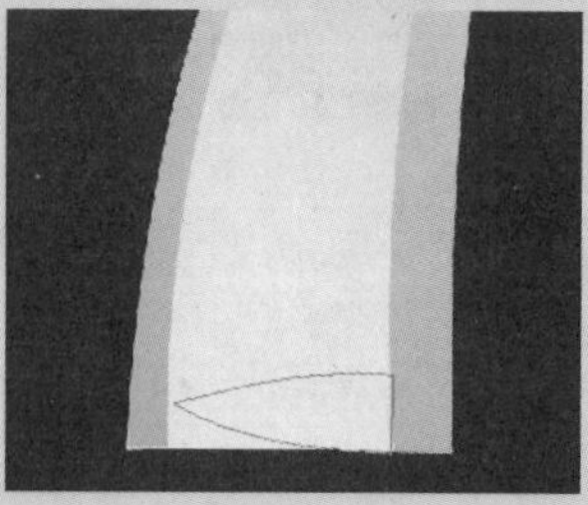

图13-25 绘制的路径

8 新建“图层 3”，选取 工具，设置渐变颜色如图13-26所示。然后按住Shift键的同时在选区内由右至左拖动鼠标，填充线性渐变色，效果如图13-27所示。

9 选取 工具，按住Alt键的同时在选区内向上拖曳鼠标，移动复制图形。然后利用“编辑 | 自由变换”命令，将复制出的图形调整大小及角度后放置到如图13-28所示的位置。

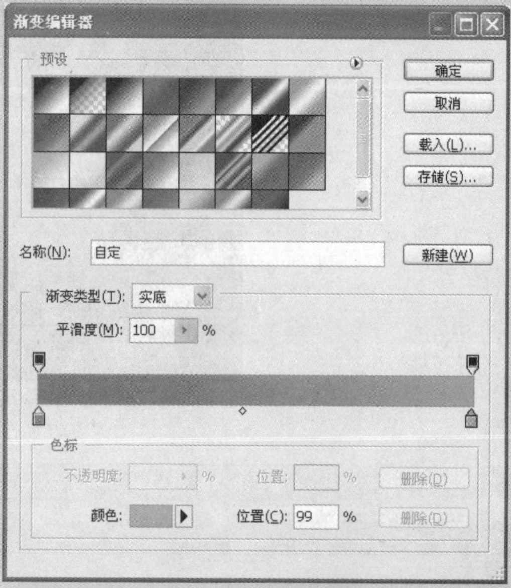

图13-26 【渐变编辑器】对话框

图13-27 填充渐变色后的效果

图13-28 图形放置的位置

10 同理，依次复制出如图13-29所示的图形。

11 将“图层 1”~“图层 3”同时选择，然后按Ctrl+E组合键，将选择的图层合并为“图层 1”。

12 执行“编辑 | 变换 | 水平翻转”命令，将图形翻转，然后将“图层 1”复制生成为“图层 1 副本”图层。

13 按Ctrl+T组合键为复制出的图形添加自由变形框，并将其调整至如图13-30所示的形态及位置，然后按Enter键，确认图形的变换操作。

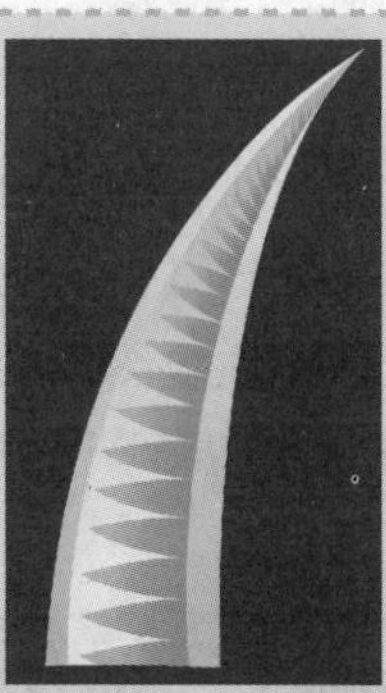

图13-29 复制出的图形

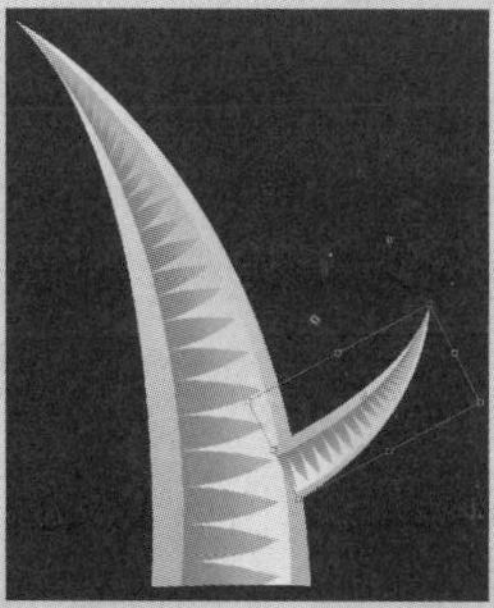

图13-30 调整后的图形形态

14 将“图层 1副本”图层调整至“图层1”下方的位置，然后将“图层 1副本”图层复制生成“图层 1副本 2”图层，并将复制出的图形移动至如图13-31所示的位置。

15 将除背景层外的所有图层选择，然后按Ctrl+E组合键将选择的图层合并为“图层 1”。

16 按Ctr+Altl+T组合键为将“图层 1”中的图形复制后添加自由变形框，并将其旋转中心移动至如图13-32所示的位置。

图13-31 图形放置的位置

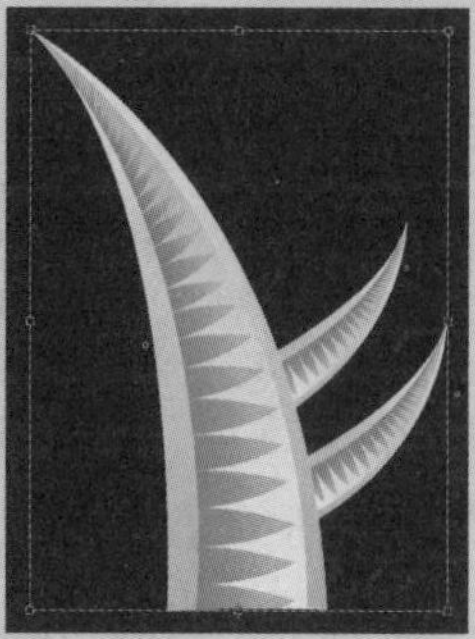

图13-32 旋转中心放置的位置

17 设置选项栏中各项参数，如图13-33所示。缩小并旋转后的图形形态如图13-34所示，然后按Enter键确认图形的变换操作。

18 按住Shift+Ctrl+Alt组合键，并依次按T键，重复旋转复制出如图13-35所示的图形。

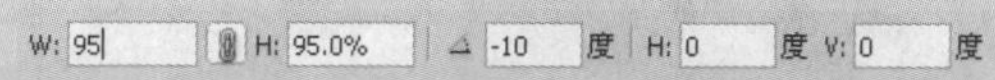

图13-33 选项栏参数设置

图13-34 缩小并旋转后的图形形态

图13-35 重复复制出的图形

19 将“背景”图层隐藏，按Shift+Ctrl+E组合键，将所有可见图层合并为“图层1”，然后将“背景”图层显示。

20 执行“编辑｜自由变换”命令，将“图层 1”中的图形旋转至如图13-36所示的形态。

21 将“图层 1”中的图形依次复制，并执行“图像｜调整｜色相饱和度”命令对复制出的图形调整颜色，然后对其调整大小后分别放置到如图13-37所示的位置。

图13-36 旋转后的图形形态

图13-37 图形复制并放置的位置

22 将复制出的图层合并为一个图层，然后按Ctrl+S组合键，将文件命名为“抽象的海螺效果.psd”保存。

13.4.2 内容识别比例

在前面讲解的缩放操作中，缩放命令是对变形框内所有的图像进行统一比例的缩放，而利用“编辑 | 内容识别比例”命令对图像进行缩放，可在自动识别主要物体（如人物、动物及建筑物等）的情况下，对图像进行不同程度的缩放，并且会尽量保持主要图像的原始比例。

打开素材图片“素材\第13章\儿童04.jpg”，如图13-38所示。因为变换命令不能在背景层中应用，因此要先将背景层转换为普通层。具体操作为，在如图13-39所示的“背景”图层中双击鼠标，弹出如图13-40所示的对话框，单击 确定 按钮，将“背景”图层新建为“图层0”，即将背景层转换为普通层，如图13-41所示。

图13-38 打开的图像文件

图13-39 鼠标光标放置的位置

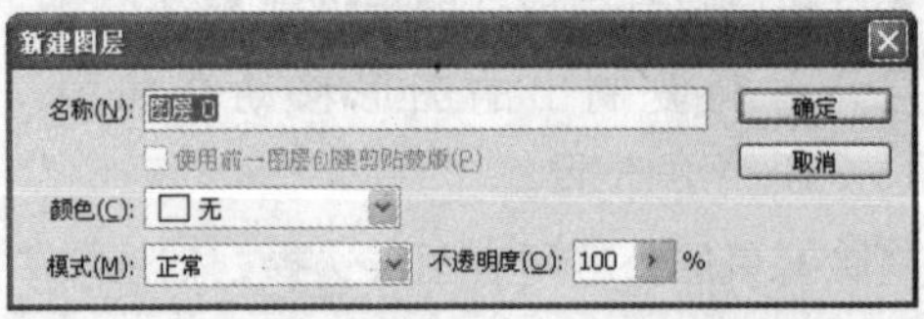

图13-40 【新建图层】对话框

执行“编辑 | 内容识别比例”命令，在图像的周围将显示变形框，将光标放置到如图13-42所示的位置并向左拖动鼠标，状态如图13-43所示。

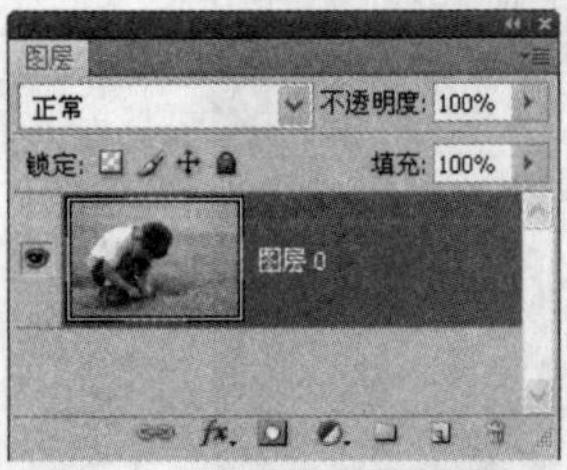

图13-41 转换为普通层的效果

图13-42 鼠标光标放置的位置

图13-43 缩小变形时的状态

执行操作后可以发现，图像的背景在很大程度上压缩了，而人物图像却只发生了稍微的变化，这和常规的缩放有很大的差别，如图13-44所示。由此可见，“编辑 | 内容识别比例”命令可以很好地对背景图像进行缩放，而保留画面中的主要人物。激活工具选项栏中的按钮，可更大程度地保护人物的肤色，如图13-45所示。

图13-44 常规水平缩放效果

图13-45 保护肤色后的效果

执行“编辑｜内容识别比例”命令时的工具选项栏如图13-46所示。

图13-46 “内容识别比例”命令时的工具选项栏

- 数量：用于设置内容识别缩放与常规缩放的比例。
- 保护：可在右侧的下拉列表框中选择要保护区域的Alpha通道，如该文件中没有Alpha通道，将显示“无”。
- 保护肤色按钮：激活该按钮，可以最大限度保护含有肤色的区域，使之不进行缩放变换。

13.4.3 操控变形

操控变形功能提供了一种可视的网格，借助该网格，可以随意扭曲特定图像区域的同时保持其他区域不变。

在【图层】面板中选择要变换的图层，然后执行“编辑｜操控变形”命令，此时将根据图像显示变形网格。在图像上单击鼠标，可以向要变换的区域和要固定的区域添加图钉。拖动图钉并调整位置，即可对图形进行变形调整。要选择多个图钉，可按住 Shift 键的同时单击这些图钉。

执行“编辑｜操控变形”命令后的工具选项栏如图13-47所示。

图13-47 “操控变形”命令选项栏

- 模式：确定网格的整体弹性。
- 浓度：确定网格点的间距。较多的网格点可以提高精度，但处理时间会较长。
- 扩展：扩展或收缩网格的外边缘。
- 显示网格：勾选该复选框，将在图像上显示网格；如果取消该复选框的勾选，将只显示调整图钉，从而显示更清晰地变换预览。要临时隐藏调整图钉，可以按住 H 键，释放按键后将再次显示图钉。
- 图钉深度：添加图钉后，单击右侧的和按钮，可显示与其他网格区域重叠的网格区域。
- 旋转：设置要围绕图钉旋转网格。要按固定角度旋转网格，可按住Alt键，然后将鼠标光标移动到图钉附近，但不要放到图钉上，当出现旋转圆圈时拖动鼠标，可以直观地旋转网格，旋转的角度会在选项栏中显示出来。
- 移去所有图钉：单击该按钮，可将添加的图钉全部移除，图像恢复变形前的状态。要移去选定图钉，可按 Delete 键；要移去其他各个图钉，可将鼠标光标直接放在这些图钉上，然后按Alt键，当鼠标光标显示为剪刀图标时，单击该图标即可。

13.4.4 操控变形练习

下面对花图形进行扭曲变形以详细讲解操控变形命令的应用，花图形扭曲变形前后的对比效果如图13-48所示。

图13-48 花图形扭曲变形前后的对比效果

实战演练049 —— 扭曲花形

1 打开素材图片“素材\第13章\花.psd”文件。

2 确认花图形所在的“图层1”为工作图层，执行“编辑｜操控变形”命令，然后取消选项栏中“显示网格”复选框的勾选。

3 在图像上依次单击鼠标添加如图13-49所示的图钉。在添加图钉时，最好在各个部位的转折点添加，以利于图像的扭曲变换。

4 向左拖动左上方的图钉上，调整该图钉的位置，同时扭曲图像，状态如图13-50所示。

图13-49 添加的图钉位置

图13-50 调整图钉位置时的状态

5 单击右上角的图钉，将该图钉选择，然后按住Alt键，在该图钉周围将显示旋转圆圈，且鼠标光标显示为旋转图标，如图13-51所示。

6 拖动鼠标，可旋转指定区域的图形，状态如图13-52所示。

图13-51 显示的旋转圆圈和旋转图标

图13-52 旋转时的状态

7 旋转至合适的角度后，单击左上方的花枝，再次添加图钉，然后将其向下调整至如图13-53所示的位置。

8 单击选项栏中的✓按钮，即可完成花图形的扭曲变形，最终效果如图13-54所示。

图13-53 添加的图钉及移动后的位置

图13-54 扭曲变形后的效果

9 按Shift+Ctrl+S组合键，将此文件另命名保存为“范例\第13章\操控变形练习.psd”。

13.4.5 自动对齐图层

自动对齐图层命令与“文件|自动|Photomerge”命令相似，可以根据不同图层中的相似内容（如角和边）自动对齐图层。可以指定一个图层作为参考图层，也可以让Photoshop自动选择参考图层。其他图层将与参考图层对齐，以便匹配的内容能够自行叠加。

选择两个或两个以上的相似图层后，执行“编辑|自动对齐图层”命令，将弹出如图13-55所示的【自动对齐图层】对话框，在此对话框中可以选择自动对齐图层的各种设置选项。

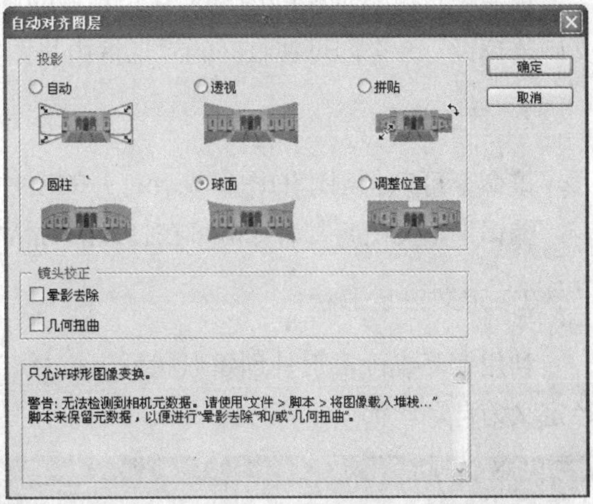

图13-55 【自动对齐图层】对话框

- 自动：选择该单选按钮，Photoshop可以自动分析图像并且选择最适合的图层对齐方式。
- 透视：选择该单选按钮，可以将源图像中的一个图像指定为参考图像来创建一致的复合图像，然后把其他图像进行位置调整、伸展或斜切，来匹配图层的重叠内容。
- 拼贴：该选项可以对齐图层并匹配重叠内容，但不更改图像中对象的形状。
- 圆柱：该选项可以通过在展开的圆柱上显示出各个图像，它将参考的图像居中放置，适于创建全景图。
- 球面：该选项可以指定某个源图像作为参考图像，并对其他图像执行球面变换。
- 调整位置：该选项可以对齐图层并匹配重叠内容，但不会变换任何源图层。
- 晕影去除：该选项可以将对导致图像边缘尤其是角落比图像中心暗的镜头缺陷进行补偿。
- 几何扭曲：补偿几何扭曲，如桶形、枕形或鱼眼失真等。

13.4.6 自动混合图层

通过Photomerge命令或对齐图层命令组合的图像，由于源图像之间的曝光度差异，可能导致组合图像中出现接缝或不一致。执行“编辑|自动混合图层”命令可在最终图像中生成平滑的过渡效果。

Photoshop将根据需要对每个图层应用图层蒙版，以遮盖曝光过度或曝光不足的区域，从而创建出无缝组合的效果。

13.5 定义命令

使用“定义命令”中的各项命令可以进行自定义设置画笔、图案和形状，进行自定义后的画笔、图案和形状可以在相应的设置选项中进行应用。

1. 定义画笔预设

该命令可以将创建的图案定义为预设的画笔。在画面中创建图形后，执行“编辑｜定义画笔预设”命令即可在打开的对话框中将图案定义为画笔预设。

2. 定义图案

该命令可以将创建的图案或者打开的图片定义为预设图案。在画面中创建选区后，执行“编辑｜定义图案”命令即可在打开的对话框中将选区中的图案定义为预设图案。

3. 定义自定形状

利用钢笔或画笔工具创建形状后，执行“编辑｜定义自定形状”命令即可将创建的路径定义为自定形状。

13.6 清理命令

执行“编辑｜清理”命令可以在如图13-56所示的子菜单中选择需要清理的选项即可将该选项进行清空。

- 还原：可将保存在内存中的所有还原记录清除。执行该命令后，不能再撤销该操作。
- 剪贴板：可将剪贴板中的内容在内存中清除，此时不能再利用“粘贴”命令粘贴剪贴板中的内容。
- 历史记录：可将所有历史记录状态从【历史记录】面板中清除。

图13-56 “清理”命令的子菜单

- 全部：可同时将还原记录、剪贴板中的内容和所有历史记录状态删除。

13.7 预设命令

预设命令包括Adobe PDF预设和预设管理器，下面来分别讲解。

13.7.1 Adobe PDF预设

Adobe PDF预设可以创建一致的Photoshop PDF文件，并且可以在组件中进行共享，Adobe PDF预设其实是一种预定义的设置集合，这些设置主要用来平衡文件大小和品质，如图13-57所示为【Adobe PDF预设】对话框。

- 预设：该选项用来显示系统中的Adobe PDF预设的文件。
- 预设说明：当选择一个预设文件后会相应地显示其说明。
- 预设设置小结：该项用来显示当前文件的详细设置说明。
- 新建(N)...：单击该按钮，可以新建一个预设文件。

- 编辑(E)...：选择新建的预设，单击该按钮，可以编辑打开的预设文件。
- 删除(D)：选择新建的预设，单击该按钮，可以删除选中的Adobe PDF预设文件。
- 载入(L)...：该按钮可以载入其他的Adobe PDF预设文件。
- 存储为(A)...：该按钮可以将创建出的Adobe PDF预设文件进行存储。

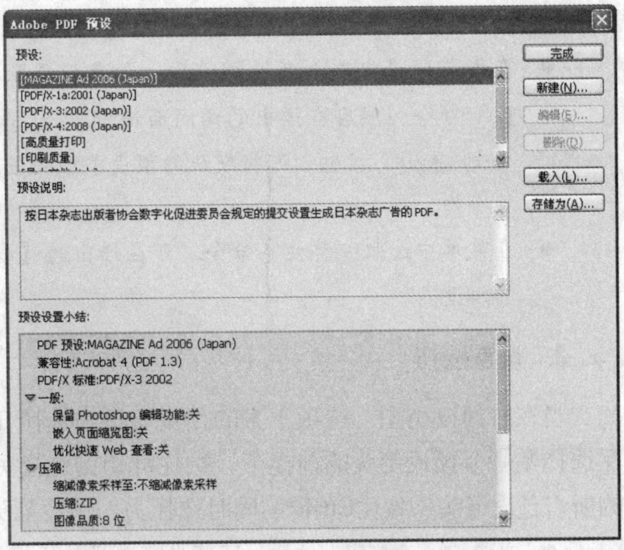

图13-57 【Adobe PDF预设】对话框

13.7.2 预设管理器

利用“预设管理器”命令可以集中管理画笔、色板、渐变、样式、图案、等高线、自定形状和预设工具。执行“编辑｜预设管理器”命令，将弹出如图13-58所示的【预设管理器】对话框。

在“预设类型”右侧的下拉列表框中选择不同的预设库时，其下将显示相应的预设，下面以选择“画笔”预设库为例，对【预设管理器】对话框进行讲解。

单击【预设管理器】对话框中的按钮，将弹出如图13-59所示的下拉菜单。

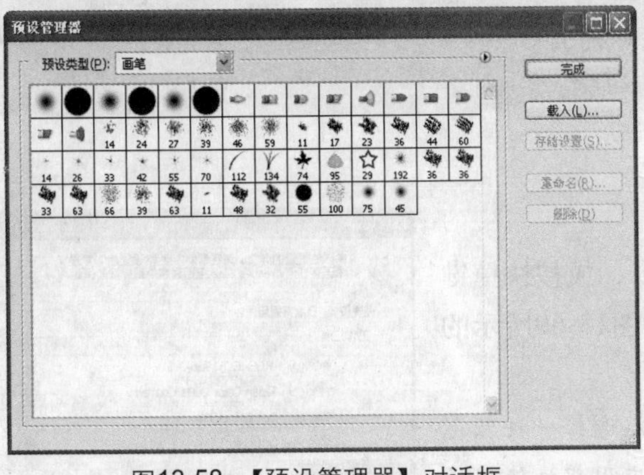

图13-58 【预设管理器】对话框

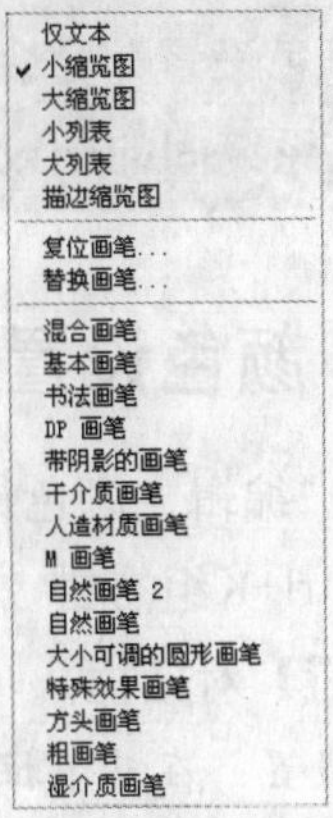

图13-59 下拉菜单

1. 调整预设的显示状态

仅文本、小缩览图、大缩览图、小列表、大列表和描边缩览图选项都用于设置预设窗口中预设的显示形态。

2. 载入、复位和替换

- 单击 载入(L)... 按钮，在弹出的【载入】对话框中选择一种预设库，然后单击 载入(L)

按钮，可将选择预设库中的预设载入到当前预设库中。

- 在当前预设中载入其他预设后，如要恢复默认的预设，可在弹出的菜单中选取“复位”命令，然后在弹出的询问面板中单击 确定 按钮即可。若在弹出的询问面板中单击 追加(A) 按钮，可将默认的预设添加到当前预设中，单击 取消 按钮，将取消复位操作。
- 在菜单中选取“替换”命令，可在弹出的【载入】对话框中载入新的预设以替换当前的预设。

3. 设置按钮

当在“预设类型”选项下方的预览窗口中选择任一预设笔头后，右侧的按钮才可用。在选择某一个预设笔头的前提下，按住Shift键选择另一预设笔头，可同时选择两预设之间的所有预设笔头；按住Ctrl键的同时选择另一预设笔头，可选择不连续的多个预设笔头。

- 单击 存储设置(S)... 按钮，可将当前选择的预设另起名称保存。
- 单击 重命名(R)... 按钮，可为当前选择的预设重新命名。
- 单击 删除(D) 按钮，可将当前选择的预设删除。按住Alt键的同时单击要删除的预设，也可将其删除。

13.8 颜色设置

每个软件中都有各自独立的色彩空间，当进行设备转换时，就会使颜色产生变化，利用“颜色设置”命令即可对颜色进行管理，使颜色设置自动在应用程序间同步，以确保颜色在系统间的一致性。

13.8.1 颜色设置

执行“编辑 | 颜色设置”命令，或按快捷键为Shift+Ctrl+K组合键，将弹出如图13-60所示的【颜色设置】对话框。

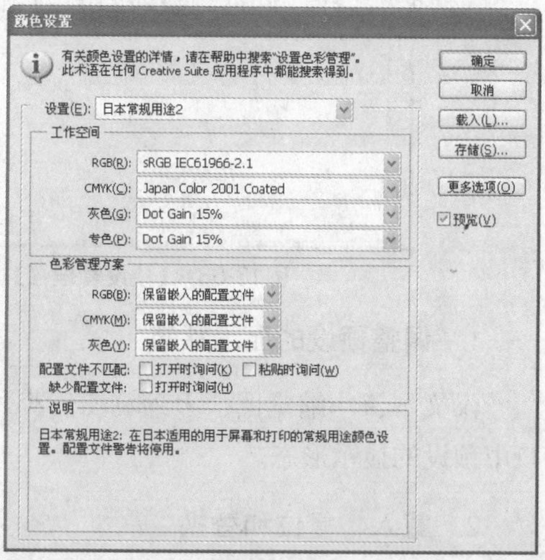

图13-60 【颜色设置】对话框

- 设置：在其下拉列表中可以选择一种颜色设置，该颜色设置决定了应用程序使用的颜色工作空间，用嵌入的配置文件打开和导入文件时的情况，以及色彩管理系统转换颜色的方式。
- 工作空间：该选项用来为每个颜色的色彩模式进行指定工作空间配置文件。
- 色彩管理方案：其中的选项主要用来指定

如何管理特定的颜色模型中的颜色。

- 说明：会随着随鼠标的移动而显示选项的相关说明。
- 载入(L)...：单击该按钮，可以在弹出的【载入】对话框中将以前保存的色彩或软件所提供的色彩管理设置载入。
- 存储(S)...：单击该按钮，可以在弹出的【存储】对话框中保存色彩管理设置。

13.8.2 指定配置文件

配置文件通常用来描述输入设备的色彩空间和文档，精确、一致的色彩管理要求所有的颜色设备具有准确的符合ICC规范的配置文件。执行“编辑｜指定配置文件”命令即可打开如图13-61所示的对话框。

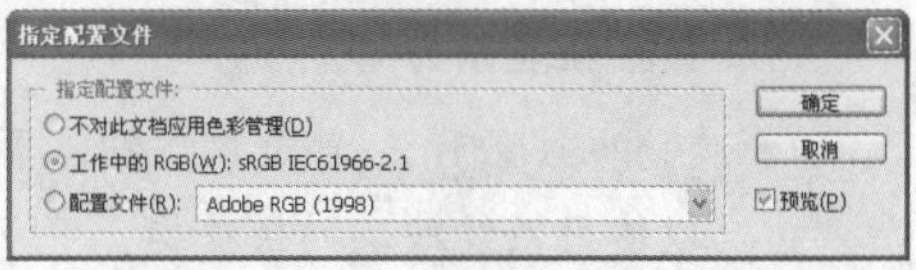

图13-61 【指定配置文件】对话框

- 不对此文档应用色彩管理：该选项可以从文档中将现有的配置文件删除，颜色的外观由应用程序工作空间的配置文件决定。
- 工作中的RGB：该选项可以用来指定工作空间的配置文件。
- 配置文件：在该选项的下拉列表中可以为文档选择一个配置文件。

13.8.3 转换为配置文件

执行“编辑｜转换为配置文件”命令可以将文档中的颜色转换为其他的配置文件。如图13-62所示为【转换为配置文件】对话框。

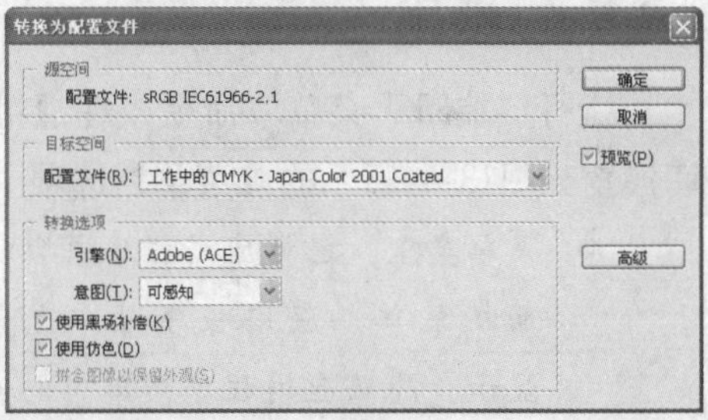

图13-62 【转换为配置文件】对话框

- 源空间：显示出要转换的文件的信息。
- 目标空间：用来选择配置文件的目标空间选项。
- 转换选项：可以选择进行文件转换时的各项设置。

13.9 键盘快捷键和菜单

Photoshop为菜单命令和工具按钮提供了默认的键盘快捷键，用户也可以自定义键盘快捷键，还可以设置菜单命令的显示状态。

13.9.1 键盘快捷键

执行“编辑｜键盘快捷键”命令可以打开如图13-63所示的【键盘快捷键和菜单】对话框，在对话框中可以对系统的快捷键进行设置。

- 组：该选项中可以选择进行设置快捷键的组。
- 快捷键用于：在该选项中可以设置快捷键的使用范围。
- 应用程序菜单命令：在该选项中可以选择设置快捷键的菜单命令。
- 接受：单击该按钮，可以保存更改的快捷键。
- 还原：单击该按钮，可以还原对快捷键的设置，此时该按钮显示为 重做 。

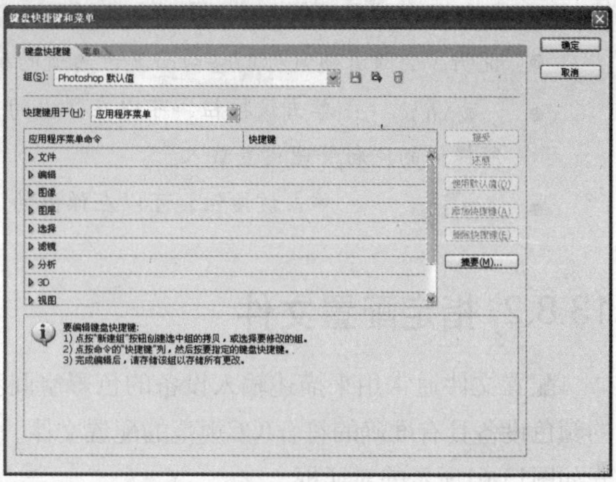

图13-63 【键盘快捷键和菜单】对话框

- 使用默认值(D)：单击该按钮，可以使用系统默认的快捷键。
- 添加快捷键(A)：单击该按钮，可以进行添加快捷键。
- 删除快捷键(E)：单击该按钮，可以将选中的快捷键删除。
- 摘要(M)...：单击该按钮，将弹出【存储】对话框，可以将当前设置的快捷键保存为htm格式。

13.9.2 菜单

执行“编辑|菜单”命令或在【键盘快捷键和菜单】对话框中单击“菜单”标签，将切换至如图13-64所示的【菜单】选项卡，在选项卡中可以进行菜单命令显示模式的设置。

- 菜单类型：包括应用程序菜单和面板菜单。应用程序菜单允许显示、隐藏应用程序菜单中的命令，或为命令添加颜色；面板菜单允许显示、隐藏面板菜单中的命令，或为命令添加颜色。
- “菜单类型”下拉列表框：单击左侧的下三角按钮，将弹出下拉列表，选择其下的任一选项，单击右侧“可见性”下方的按钮，可隐藏该命令；单击颜色下方的“无”，可在弹出的列表中选择命令显示的颜色。

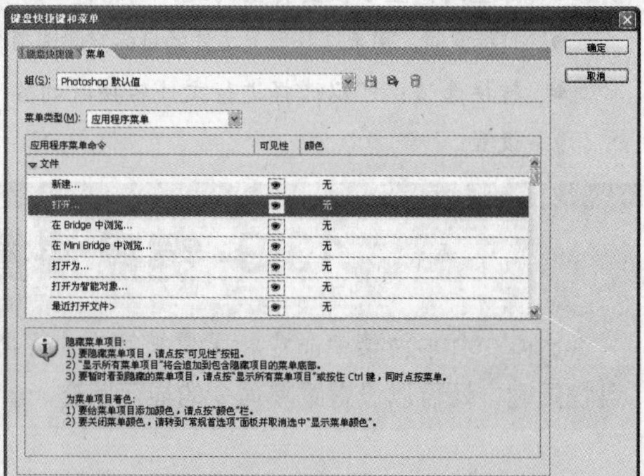

图13-64 【菜单】选项卡

13.10 首选项设置

在首选项命令中包含了许多用于修改Photoshop内容的各项设置，如常规显示选项、文件存储选项、性能选项、光标选项、透明度选项、文字选项以及增效工具和暂存盘选项等。

13.10.1 常规

如图13-65所示为执行“编辑｜首选项｜常规”命令后打开【首选项】对话框的【常规】界面。

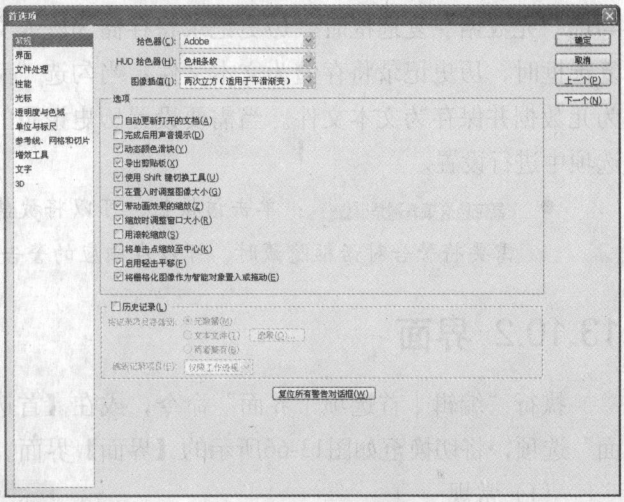

图13-65 【常规】界面

- 拾色器：在该选项中可以选择一种拾色器，如Adobe或者Windows的拾色器。
- HUD拾色器：该选项可让用户在文档窗口中绘画时快速选择颜色，但需要启用OpenGL。选择“色相条纹”选项，可显示垂直拾色器，选择“色相轮”选项，则显示圆形拾色器。
- 图像插值：用于进行改变图像的大小时，Photoshop会遵循一定的图像插值方法来增加或删除像素。在其下拉列表中选择“邻近”选项，可以以一种低精度的方法生成像素，该选项的处理速度快但容易产生锯齿；选择“两次线性”选项，可以将图像通过平均周围像素颜色值的方法来生成像素，可生成中等品质的图像；选择“两次立方”选项，可以将周围像素值分析作为依据的方法生成像素，该选项的速度慢但是精度高。

(1) 选项

- 自动更新打开的文档：该选项可以将进行修改后的图像在系统中进行自动更新。
- 完成后用声音提示：该选项可以使操作完成后有声音提示。
- 动态颜色滑块：该选项可以设置在调整颜色滑块时，颜色也会随着滑块的移动而改变。
- 导出剪贴板：当退出Photoshop时被复制到剪贴板中内容依然存在也可以被其他的程序进行使用。
- 使用Shift键切换工具：在同组工具间进行切换时，勾选该复选框，可以在按下工具的快捷键的同时按Shift键进行切换。
- 在置入时调整图像大小：勾选该复选框，可以在置入图像时调整图像的大小。

- 带动画效果的缩放：该选项可以使图像在缩放时产生平滑的缩放效果。
- 缩放时调整窗口大小：该选项用于使用快捷键缩放图像时自动调整窗口的大小。
- 用滚轮缩放：勾选该复选框，可以通过鼠标的滚轮来调整窗口。
- 将单击点缩放至中心：当使用缩放工具时，可以将单击点的图像缩放到画面中心。
- 启用轻击平移：该选项可以设置当用抓手工具拖移图像时，放开鼠标图像也会自动滑动。
- 将栅格化图像作为智能对象置入或拖动：在Photoshop绘图窗口中已有图像文件存在的情况下，拖动其他要打开的图像文件到Photoshop绘图窗口中，系统将创建智能对象图层。如果取消该选项的选择，拖动文件将创建标准图层。

（2）历史记录

该选项用来指定历史记录存储于何处，以及历史记录中所包含的信息的详细程度。当勾选“元数据”复选框时，历史记录将存储为嵌入文件中的元数据；当勾选“文本文件”复选框时，历史记录将存储为文本文件；当勾选“两者兼有”复选框时，历史记录将存储为元数据并保存为文本文件。当需要设置历史记录的详细信息时可以在“编辑记录项目”选项中进行设置。

- 复位所有警告对话框(W)：单击该按钮，可以将被禁止显示的警告对话框再次显示出来。当需要将警告对话框隐藏时，可以在相应的警告对话框中勾选“不再显示”复选框。

13.10.2 界面

执行“编辑｜首选项｜界面”命令，或在【首选项】对话框左侧的列表框中选择“界面”选项，将切换至如图13-66所示的【界面】界面。

（1）常规

- 标准屏幕模式/全屏（带菜单）/全屏：该选项用来设置在各种屏幕模式下界面显示的颜色和边界效果。
- 用彩色显示通道：勾选该复选框，各颜色的通道将以相应的彩色显示通道。
- 显示菜单颜色：执行“编辑｜菜单”命令，在弹出的【菜单】对话框中设置了菜单颜色后，勾选该复选框，可以将设置颜色的菜单显示为彩色。
- 显示工具提示：勾选该复选框，当光标移动到工具上时会显示当前工具的名称和快捷键等提示信息。

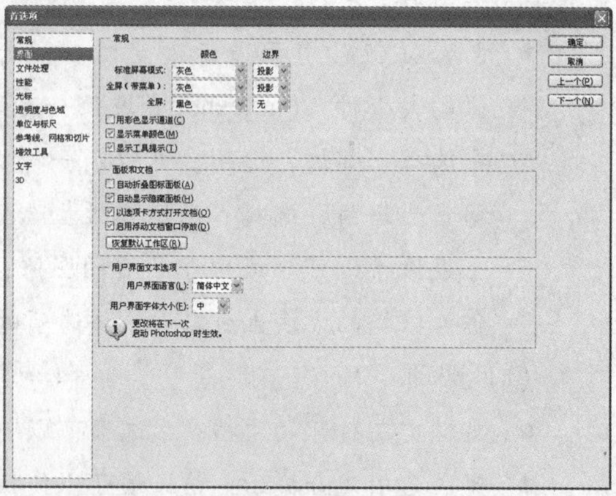

图13-66 【界面】界面

（2）面板和文档

- 自动折叠图标面板：勾选该复选框，可以设置面板在不使用时自动折叠为图标状态。
- 自动显示隐藏面板：该选项可以暂时显示隐藏面板。
- 以选项卡方式打开文档：该选项用来设置当打开文档时会显示一个全屏的文档，其他的文档将会堆叠到选项卡中。

- 启用浮动文档窗口停放：勾选该复选框，可以拖动文档的标题栏将其停放到程序窗口中。
- 恢复默认工作区(R)：单击该按钮，将恢复默认的工作区设置。

（3）用户界面文本选项

该选项可以设置用户界面的语言和文字大小，当修改后需要重新启动系统才可以生效。

13.10.3 文件处理

执行“编辑 | 首选项 | 界面”命令，或在【首选项】对话框左侧的列表框中选择“文件处理”选项，将切换至如图13-67所示的【文件处理】界面。

（1）文件存储选项

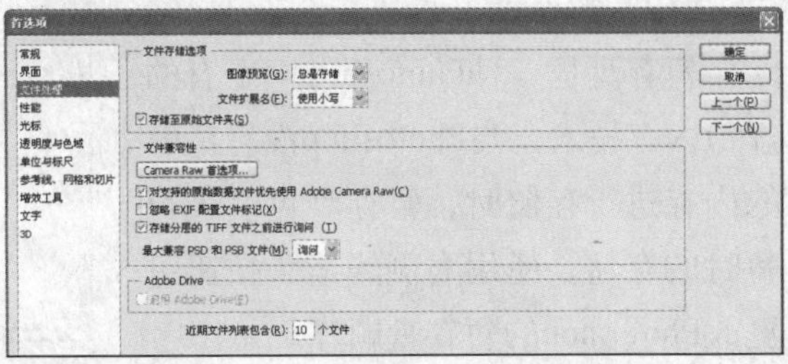

图13-67 【文件处理】界面

- 图像预览：该选项用来设置存储图像时是否保存图像的缩览图。选择“总不存储”选项时，将不存储图像缩览图和预览；选择“总是存储”选项时，将都存储图像缩览图和预览；选择“存储时提问”选项时，在存储图像文件时，将弹出询问提示对话框。
- 文件扩展名：该选项可以选择文件扩展名的大小写。

（2）文件兼容性

- Camera Raw 首选项...：单击该按钮，将弹出Camera Raw对话框，在其中可以设置Camera Raw的首选项，具体设置详见13.10.12节。
- 对支持的原始数据优先使用Adobe Camera Raw：Photoshop Camera Raw软件可以解释相机的原始数据文件，该软件可以使用与相机有关的信息以及数据来构建和处理彩色图像。该选项主要用来当打开原始数据文件时优先使用Adobe Camera Raw进行处理。
- 忽略EXIF配置文件标记：该选项用来设置当进行保存文件时，忽略图像色彩空间的EXIF配置文件标记。
- 存储分层的TIFF文件之间进行询问：当进行保存TIFF文件时，会弹出询问对话框。
- 最大兼容PSD和PSB文件：该选项用来设置在存储这两项文件时是否提高文件的兼容性。当在其下拉列表中选择“总是”选项时，可以在文件中存储一个带图层图像的复合版本，其他应用程序便能够读取该文件；当选择“询问”选项时，会在每次进行保存文件时弹出对话框进行询问；当选择“总不”选项时，会在不提高兼容性的情况下进行保存文件。

（3）Adobe Drive

- 启用Adobe Drive：勾选该复选框用来启用Adobe Drive。
- 近期文件列表包含：该选项用来设置“文件 | 最近打开文件”的子菜单中可以保存的文件数量。

13.10.4 性能

执行“编辑 | 首选项 | 性能”命令，或在【首选项】对话框左侧的列表框中选择“性能”选项，将切换至如图13-68所示的【性能】界面。

（1）内存使用情况

可以进行调整电脑分配给Photoshop的内存使用量，拖动滑块或者输入数值都可以改变内存的大小，但调整后需要重新启动系统才能生效。

（2）暂存盘

暂存盘是一种Photoshop中专有的虚拟内存技术，当Photoshop没有足够的内存进行存储时，暂存盘可以进行暂时的存储。使用右侧的箭头按钮可更改Photoshop的暂存盘顺序。

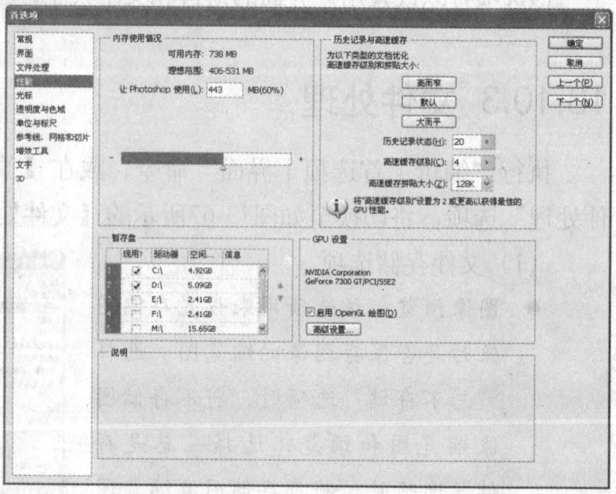

图13-68 【性能】界面

（3）历史记录与高速缓存

该选项用来设置历史记录面板中可以保存的历史记录数量。较高的历史记录面板会占用较高的内存。

- 历史记录状态：用于设置【历史记录】面板中所能保留的历史记录状态的最大数量。
- 高速缓存级别：图像数据的高速缓存级别数。用于提高屏幕重绘和直方图显示的速度。如少量图层的大型文档要设置较多的高速缓存级别；为较多图层的小型文档要选择较少的高速缓存级别。
- 高速缓存拼贴大小：Photoshop一次存储或处理的数据量。对于要快速处理的、具有较大文档，即要选择较大的拼贴；对于像素较小、且具有许多图层的文档，可选择较小的拼贴。

（4）CPU设置

该选项显示了电脑的显卡以及是否有OpenGL。当启用OpenGL时在进行处理大型或复杂图像时可以加速视频处理过程。

13.10.5 光标

执行“编辑 | 首选项 | 光标”命令，或在【首选项】对话框左侧的列表框中选择“光标”选项，将切换至如图13-69所示的【光标】界面。

- 绘画光标：该选项用来设置使用绘画工具时，光标在画面中的显示状态，以及光标中心是否显示十字线。

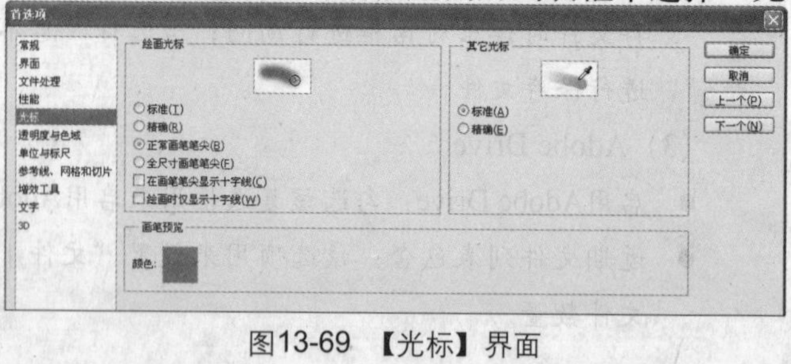

图13-69 【光标】界面

- 其它光标：该选项用来设置使用其他工具时光标的显示状态。
- 画笔预览：该选项用来定义画笔预览的颜色。

13.10.6 透明度与色域

执行“编辑 | 首选项 | 透明度与色域”命令，或在【首选项】对话框左侧的列表框中选择“透明度与色域”选项，将弹出如图13-70所示的【透明度与色域】界面。

- 透明区域设置：设置图像背景为透明网格时，网格的大小和颜色。
- 色域警告：设置其他的溢色颜色。

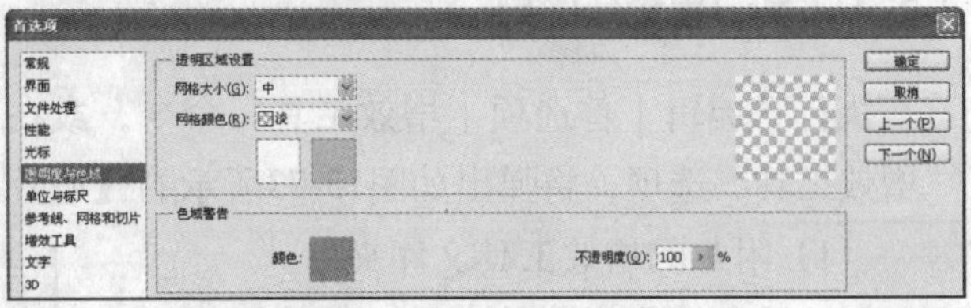

图13-70 【透明度与色域】界面

13.10.7 单位与标尺

执行“编辑 | 首选项 | 单位与标尺”命令，或在【首选项】对话框左侧的列表框中选择“单位与标尺”选项，将切换至如图13-71所示的【单位与标尺】界面。

- 单位：设置标尺的单位和文字的单位。
- 列尺寸：设置文件在打印或装订时的“宽度”和“装订线”的尺寸。

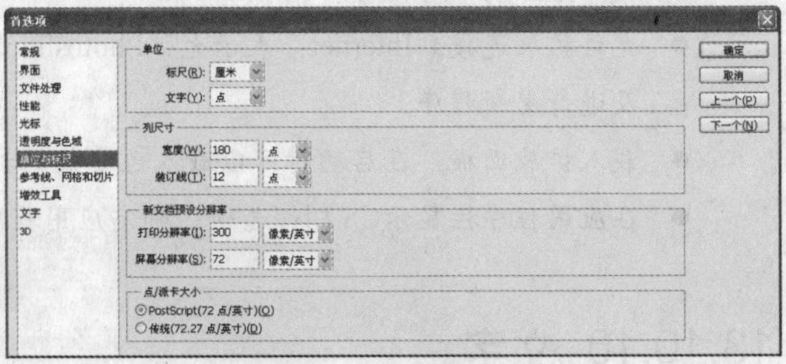

图13-71 【单位与标尺】界面

- 新文档预设分辨率：设置新建文档时预设的打印分辨率和屏幕分辨率。
- 点/派卡大小：设置如何定义每英寸的点数。当选择“PostScript(72点/英寸)”单选按钮时可以设置一个兼容的单位大小，以便打印到PostScript设备；当选择“传统（72.27点/英寸）”单选按钮时可以使用72.27点/英寸进行打印，该项为传统的打印点数。

13.10.8 参考线、网格和切片

执行“编辑 | 首选项 | 参考线、网格和切片”命令，或在【首选项】对话框左侧的列表框中选择“参考线、网格和切片”选项，将弹出如图13-72所示的【参考线、网格和切片】界面。

- 参考线：该选项用来设置参考线的颜色和样式，样式包括直线和虚线两种。

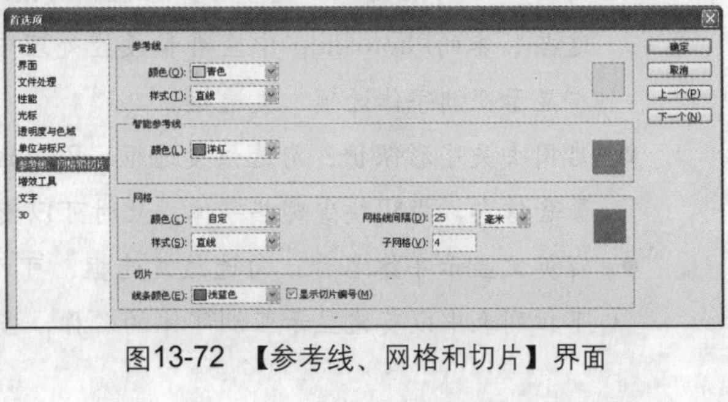

图13-72 【参考线、网格和切片】界面

- 智能参考线：该选项用来设置智能参考线的颜色。
- 网格：该选项可以设置网格的颜色和样式。其中，“网格线间隔”选项用来调整网格间的间距；在“子网格”选项中可以输入数值进行细分网格。
- 切片：该选项用于设置切片边界框的颜色，勾选“显示切片编号”复选框，可以显示切片的编号。

13.10.9 增效工具

执行“编辑|首选项|增效工具”命令，或在【首选项】对话框左侧的列表框中选择“增效工具”选项，将弹出如图13-73所示的【增效工具】界面。

（1）附加的增效工具文件夹

勾选该复选框时可以在打开的对话框中选择一个文件夹，并将系统重新启动，即可将一些外挂滤镜之类的插件添加到Photoshop中。

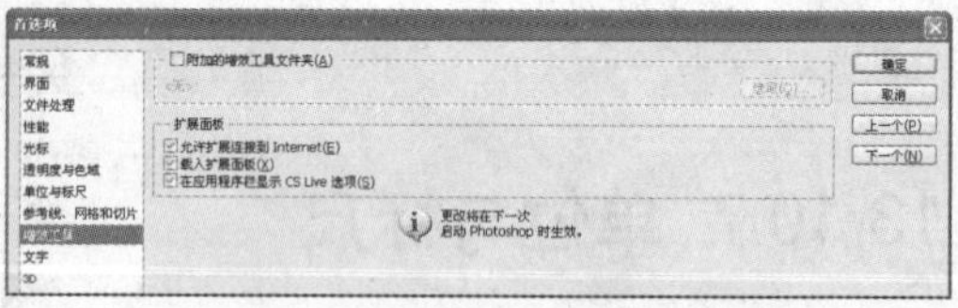

图13-73 【增效工具】界面

（2）扩展面板

- 允许扩展连接到Internet：表示允许Photoshop扩展面板连接到Internet获取新的内容，以及进行更新程序。
- 载入扩展面板：在启动时可以载入已安装的扩展面板。
- 在应用程序栏显示CS Live选项：确定应用程序的标题栏中是否显示CS Live选项。

13.10.10 文字

执行“编辑|首选项|文字”命令，或在【首选项】对话框左侧的列表框中选择“文字”选项，将弹出如图13-74所示的【文字】界面。

图13-74 【文字】界面

- 使用智能引号：勾选该复选框，在输入文本时可以使用弯曲的引号替代直引号。
- 显示亚洲字体选项：默认情况下，非中文、日文或朝鲜语版本的Photoshop将隐藏在【字符】面板和【段落】面板中出现的亚洲文字的选项。为了在这些版本的Photoshop 中查看和设置处理中文、日文和朝鲜语文字的选项，必须勾选“显示亚洲字体选项”复选框。
- 启用丢失字形保护：勾选该复选框，Photoshop会在软件启动时出现系统未安装字体的警告信息，指明缺少哪些字体，此时可以使用可用的匹配字体替换缺少的字体。
- 以英文显示字体名称：勾选该复选框，可以在【字符】面板和文字工具选项栏的字体下拉列表中以英文显示亚洲字体的名称，当取消勾选时，则以中文显示。

● 字体预览大小：该选项可以用来设置【字符】面板和文字工具选项栏的字体下拉列表中预览字体时字体的大小。

13.10.11 3D

执行“编辑 | 首选项 | 3D”命令，或在【首选项】对话框左侧的列表框中选择3D选项，将弹出如图13-75所示的3D界面。

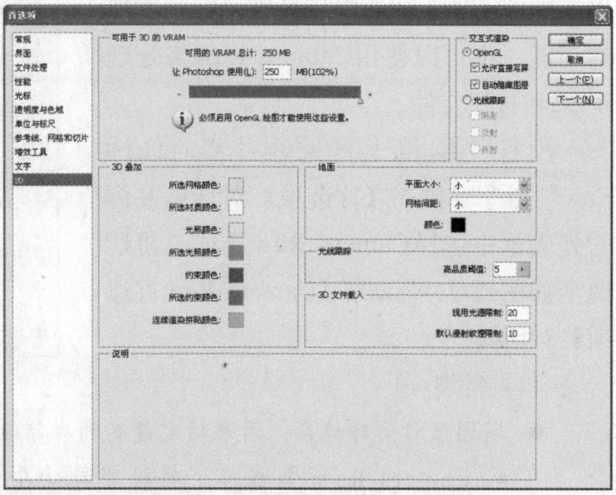

图13-75 3D界面

（1）可用于3D的VRAM：用于设置3D引擎可以使用的显存量。该选项不会影响操作系统和普通Photoshop VRAM分配，仅用于设置3D允许使用的最大VRAM。使用较大的VRAM有助于进行快速的3D交互，尤其是处理高分辨率的网格和纹理时。

（2）交互式渲染：指定进行3D对象交互时Photoshop渲染选项的设置。设置为OpenGL选项，将在与3D对象进行交互时，始终使用硬件加速。对于某些品质设置，依赖于光线跟踪（如阴影、光源折射等）的高级渲染功能在交互时将不可见；设置为“光线跟踪”选项，将在与3D对象进行交互时使用Adobe Ray Tracer。如果要在交互期间查看阴影、反射或折射，则启用下面的相应选项。需要注意的是，启用这些选项后将会降低性能。

（3）3D叠加：指定各种参考线的颜色。

（4）地面：进行3D操作时，设置显示地面的大小、网格大小及颜色。

（5）光线跟踪：当【3D场景】面板中的“品质”选项设置为“光线跟踪最终效果”时，定义光线跟踪渲染的图像品质。数值越小，在某些区域（如柔和阴影、景深模糊）中的图像品质降低时，将立即自动停止光线跟踪。另外，在渲染时，始终可以通过单击鼠标或按键盘上的按键手动停止光线跟踪。

（6）3D文件载入：指定3D文件载入时的行为。

● 现用光源限制：设置现用光源的初始限制。如果载入的3D文件中的光源数量超过该限制数，则某些光源在一开始就会被关闭。但用户仍可以使用【场景】视图中光源对象旁边的眼睛图标在3D面板中打开这些光源。

● 默认漫射纹理限制：设置漫射纹理不存在时，Photoshop将在材质上自动生成的漫射纹理的最大数量。如果3D文件具有的材质数超过此数量，则Photoshop将不会自动生成纹理。漫射纹理是在3D文件上进行绘画所必须的，如在没有漫射纹理的材质上绘画，Photoshop将提示创建纹理。

13.10.12 Camera Raw

Camera Raw软件作为一个增效工具包含在Adobe After Effects和Adobe Photoshop 中，并且还为Adobe Bridge 增添了功能。Camera Raw为其中的每个应用程序提供了导入和处理相机原始数据文件的功能，也可以使用Camera Raw来处理JPEG和TIFF文件。

执行“编辑｜首选项｜Camera Raw”命令，或在【首选项】对话框左侧的列表框中选择Camera Raw选项，将切换至如图13-76所示的【Camera Raw首选项】对话框。

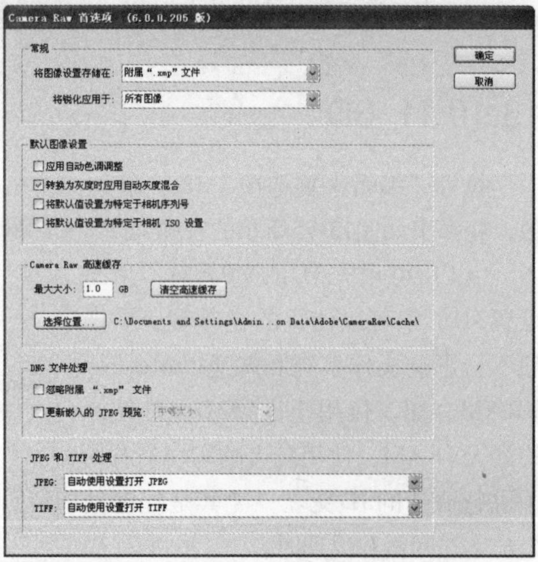

图13-76 【Camera Raw首选项】对话框

（1）常规

- 将图像设置存储在：用来指定设置的存储位置。
  - Camera Raw 数据库：将设置存储在文件夹“Document and Settings\用户名\Application Data\Adobe\CameraRaw”内的 Camera Raw 数据库文件中。该数据库按文件内容编排索引，因此即使移动或重命名相机原始图像文件，图像也会保留Camera Raw设置。
  - 附属“.xmp”文件：将设置存储在单独的文件中，该文件与相机原始数据文件在同一个文件夹中，它的基本名称与相机原始数据文件的基本名称相同，但扩展名为.xmp。
- 将锐化应用于：设置锐化应用的图像范围，包括所有图像和仅限预览图像。

（2）默认图像设置

用于启用自动色调调整，应用自动灰度混合为特定相机设置默认值等。

（3）Camera Raw高速缓存

Camera Raw高速缓存缩短了在 Camera Raw 中打开图像所需的时间。为Camera Raw高速缓存分配的每千兆字节磁盘存储空间可存放约200幅图像的数据。默认情况下，将Camera Raw高速缓存的最大大小设置为1GB，也可以在Camera Raw 首选项中增加它的限制。单击 清空高速缓存 按钮，可清空Camera Raw高速缓存。

（4）DNG文件处理

勾选“忽略附属‘.xmp’文件”复选框，可将对DNG文件进行的所有调整存储在DNG文件本身中。勾选“更新嵌入的JPEG预览”复选框，可随时更新，并可设置预览的大小。

（5）JPEG和TIFF处理

更改利用Camera Raw打开JPEG格式和TIFF格式图像时的有关设置。

13.11 综合实战——设计儿童相册

本节综合运用图像的复制和粘贴操作来设计如图13-77所示的儿童相册。

图13-77 设计的儿童相册

实战演练050 —— 设计儿童相册

1 打开素材图片“素材\第13章\相册背景.psd”和“心形图案.jpg”的文件。

2 将“心形图案.jpg”文件设置为工作状态，按Ctrl+A组合键将画面全部选择，然后按Ctrl+C组合键将选择的内容复制到剪贴板中。

3 将“相册背景.psd”文件设置为工作状态，执行“编辑 | 选择性粘贴 | 原位粘贴”命令（快捷键为Shift+Ctrl+V组合键），将剪贴板中的内容粘贴到当前文件中生成“图层 4”。

4 将“图层 4”的“不透明度”设置为10%，降低不透明度后的效果如图13-78所示。

5 打开素材图片“素材\第13章\儿童01.jpg”、“儿童02.jpg”和“儿童03.jpg”。

图13-78 降低不透明度后的效果

6 将“儿童01.jpg”文件设置为工作状态，然后选取工具，在人物上拖动鼠标添加选区，将人物选择，添加的选区形态如图13-79所示。

图13-79 添加的选区形态

7 按Ctrl+C组合键将选择的内容复制到剪贴板中，再将“相册背景.psd”文件设置为工作状态，然后按Ctrl+V组合键将剪贴板中的内容粘贴到当前文件中生成“图层 5”。

8 将“图层 5”调整至所有图层的上方位置，然后将其调整大小后放置到如图13-80所示的位置。

图13-80 图像放置的位置

9 将前面打开的“心形图案”移动复制到“相册背景”文件中生成“图层 6”，再按Ctrl+T组合键为其添加自由变形框，并将其调整至如图13-81所示的大小及形态，然后按Enter键确认图像的变换操作。

图13-81 调整后的图像大小及形态

10 将“图层 6”复制生成为“图层 6副本”图层，并将复制出的图像垂直向下移动至如图13-82所示的位置，然后按Ctrl+E组合键将“图层 6副本”图层向下合并到“图层 6”中。

11 利用工具根据图案的边界绘制出如图13-83所示的选区。

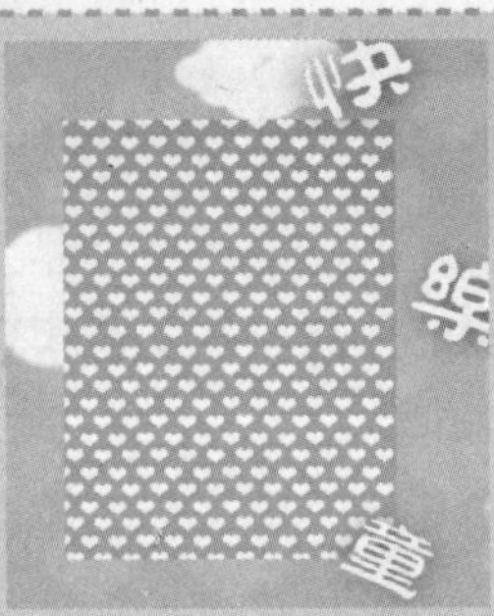

图13-82 复制出的图案

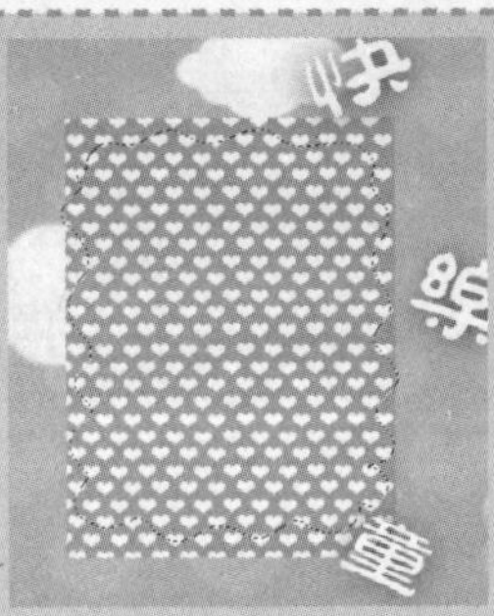

图13-83 绘制的选区

12 按Shift+Ctrl+I组合键将选区反选，然后按Delete键删除选择的内容，效果如图13-84所示。

13 继续利用工具绘制选区并按Delete键删除选择的内容，效果如图13-85所示。

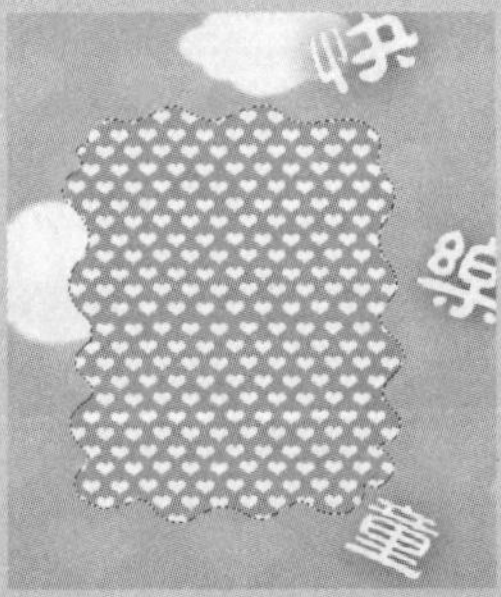

图13-84 删除后的效果

图13-85 再次删除后的效果

14 将“儿童02.jpg”文件设置为工作状态，再按Ctrl+A组合键将画面全部选择，然后按Ctrl+C组合键将选择的内容复制到剪贴板中。

15 将“相册背景.psd”文件设置为工作状态，执行“编辑 | 选择性粘贴 | 贴入”命令（快捷键为Shift+Ctrl+Alt+V组合键），将剪贴板中的内容贴入添加的选区中，效果如图13-86所示，此时会在【图层】面板中生成“图层 7”的蒙版层。

16 按Ctrl+T组合键为贴入的图像添加自由变形框，并将其调整至如图13-87所示的形态及位置，然后按Enter键确认图像的变换操作。

图13-86 贴入的图片 图13-87 调整后的图像形态

17 将“图层 6”设置为当前层，然后执行“图层｜图层样式｜斜面和浮雕”命令，在弹出的【图层样式】对话框中设置参数，如图13-88所示。

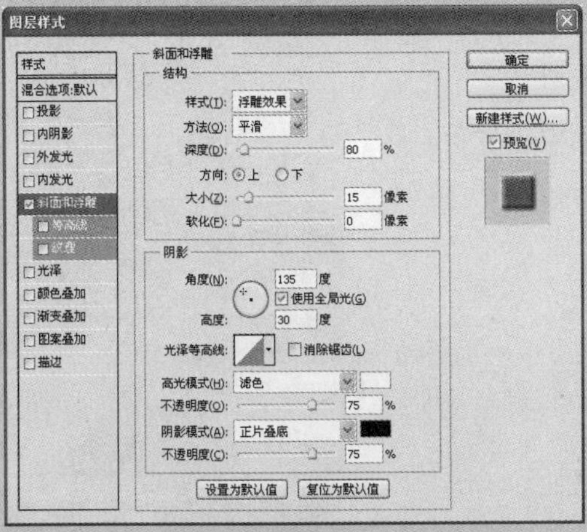

图13-88 设置图层样式参数

18 单击 确定 按钮，添加斜面和浮雕样式后的效果如图13-89所示。

19 将“图层 6”复制生成为“图层 6副本”图层，并将复制出的图像向右下角移动一些位置，然后用与步骤14~16相同的方法，将“儿童03.jpg”图片贴入复制出的边框中，效果如图13-90所示。

图13-89 添加样式后的效果 图13-90 贴入的图像

至此，儿童相册已设计完成，整体效果如图13-91所示。

图13-91 设计完成的儿童相册

20 按Shift+Ctrl+S组合键，将文件另命名为“儿童相册.psd”保存。

第14章

图像菜单

图像菜单主要用来对图像进行颜色的调整和大小的改变以及进行裁切图像等命令，在图像菜单中还可以对图像进行模式的转换。图像菜单经常被用来对图像进行整体色调的调整，在调整照片时这些选项也是经常被用到的。

通过本章的学习，您可以掌握以下知识点：

- 模式命令
- 调整命令
- 自动命令
- 图像大小命令
- 应用图像和计算命令
- 综合案例——调整非主流照片效果

图像菜单如图14-1所示。

下面来简单介绍一下图像菜单命令：

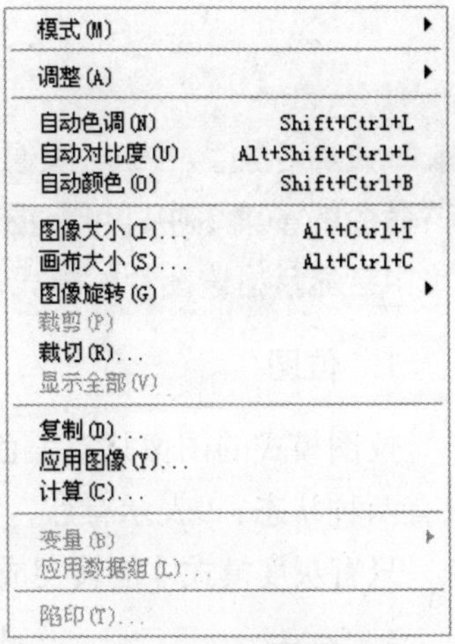

图14-1 图像菜单

- 模式：用于改变图像的色彩模式，它反映了图像文件不同的色彩范围，各图像模式之间可以进行互相转换操作。
- 调整：对图像进行色调和颜色基调的调整，主要用于调整图像层次、颜色、对比度、纯度、色相等色彩变化。
- 自动色调：可以自动调整图像中的黑白场，并将每个颜色通道中最亮和最暗的像素映射到纯白和纯黑，以增强图像的对比度。
- 自动对比度：可以将图像的对比度进行自动调整，使高光看上去更亮，阴影看上去更暗。
- 自动颜色：可以通过搜索图像来标识阴影、中间调和高光，从而调整图像的对比度和颜色，该命令可以进行校正偏色的图像。
- 图像大小：重新设定图像文件的尺寸和分辨率。
- 画布大小：用于重新设定图像版面的尺寸大小，并可调整图像在版面上的放置位置。
- 图像旋转：调整图像版面的角度，所有图层、通道、路径都会一起旋转。
- 裁剪：将当前选定的区域留下，其余的部分删除掉，剪下的区域并不存入剪贴板上。
- 裁切：自动裁剪图像四周多余的背景或透明部分。
- 显示全部：当图像大于画布时，执行该命令可以扩展画布，以显示全部的图像。
- 复制：用来制作当前图像文件的副本。
- 应用图像：将一幅图像中的一个和多个通道复制到另一个通道上，经混合后，产生一种特殊的效果。混合图像的操作只能在打开的相同大小的图像文件间进行。
- 计算：与混合图像相似，计算图像为混合两个图像中的相同或不相同的两个源通道，将它们合成为一个结果，放置在目标通道中。计算图像的操作只能在打开的相同大小的图像文件间进行。
- 变量：用来定义模板中的哪些元素将发生变化。可以定义3种类型的变量，“可见性”变量，显示或隐藏图层的内容；“像素替换”变量，用其他图像文件中的像素来替换图层中的像素；“文本替换”变量，替换文字图层中的文本字符串。
- 应用数据组：该命令可以将数据组的内容应用于基本图像，同时将所有变量和数据组保持不变。注意，应用数据组将覆盖原始文档。
- 陷印：用于CMYK模式的图像文件。在打印时，可尽量减少打印的失真度。执行该命令，将弹出【陷印】对话框，其中“宽度”选项用来调整印刷时颜色向外扩张的距离；“陷印单位”选项用于选择陷印时的单位。

14.1 模式命令

该命令主要用于对图像进行模式转换，在对图像进行处理时会用到不同的模式，在该命令的子菜单中即可将图像按照需要进行转换。当新打开一幅图片时，在模式命令菜单中会显示出该图片的模式。

1. 位图

位图模式的图像只有黑色与白色两种像素组成，每一个像素用“位”来表示。“位”只有两种状态：0表示有点，1表示无点。位图模式主要用于早期不能识别颜色和灰度的设备，只有灰度模式才能转变成位图模式。位图模式的图像也叫做黑白图像。

2. 灰度

灰度图像是一种特殊的图像模式，在灰度图像中系统会自动将选择的颜色用灰色调处理，使图像中的颜色都呈现出不同的灰色。在将彩色图像转换为灰度模式的图像时，会扔掉原图像中所有的色彩信息。与位图模式相比，灰度模式能够更好地表现高品质的图像效果。

灰度模式最多使用256级灰度，即由0（黑色）到255（白色）之间的亮度值。一幅灰度图像在转变成CMYK模式后可以增加彩色，如果将CMYK模式的彩色图像转变为灰度模式，则颜色不能恢复。

3. 双色调

双色调模式是使用2～4种彩色油墨创建双色调（两种颜色）、三色调（3种颜色）和四色调（4种颜色）的灰度图像。在转换之前，首先要将图像转换为灰度模式，然后才能转换为双色调模式。

执行该命令，将弹出如图14-2所示的【双色调选项】对话框，在对话框中可以选择不同的颜色和不同的类型。

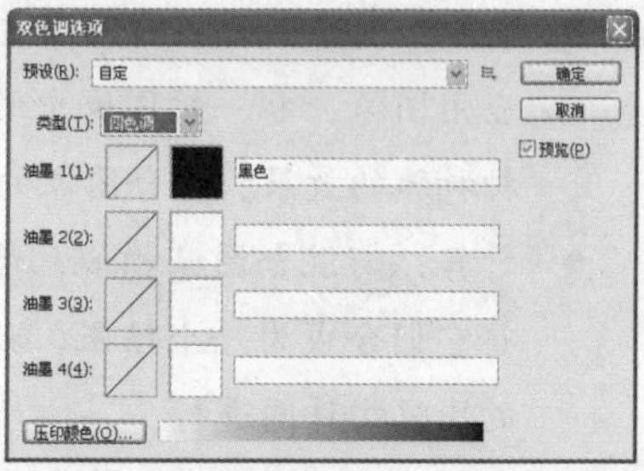

图14-2 【双色调选项】对话框

- 预设：该选项中包含了许多预设的色调颜色，单击按钮可以在其下拉菜单中选择一种色调模式。
- 类型：在该选项中可以选择一种色调模式，如单色调、双色调、三色调和四色调。
- 油墨：该选项用来选择油墨的颜色，单击油墨旁边的方框可以打开如图14-3所示的【颜色库】对话框，在对话框中即可选择油墨的颜色。

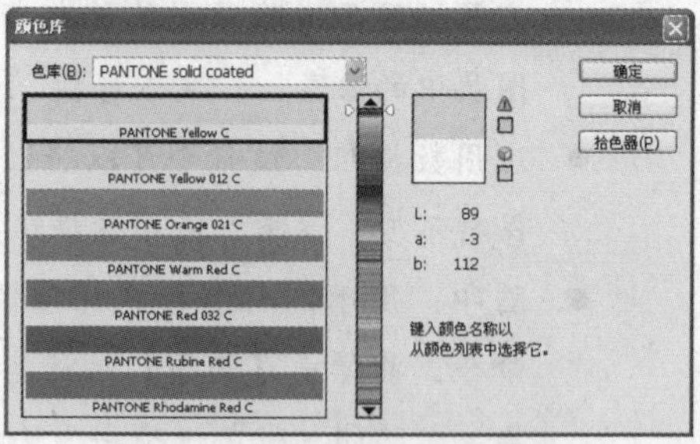

图14-3 【颜色库】对话框

- 压印颜色(O)...：压印颜色是指相互打印在对方之上的两种无网屏油墨，单击该按钮可以在其对话框中设置压印颜色在屏幕上的外观。

4. 索引颜色

该模式又叫图像映射色彩模式，这种模式的像素位深度只有8位，即图像最多只有256种颜色。索引模式可以减小图像的文件大小，因此常用于多媒体动画的应用或网页制作。但使用索引颜色模式时，Photoshop软件中的很多工具和命令不能使用。

执行该命令，将弹出如图14-4所示的【索引颜色】对话框。

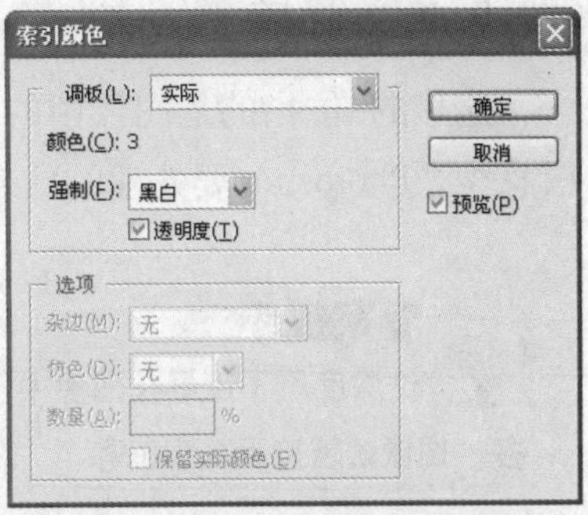

图14-4 【索引颜色】对话框

- 调板：用于选择一种调板类型，它决定了转化为索引颜色后调板使用的颜色。
- 颜色：当选择一种调板后，可以输入颜色值指定要显示的实际颜色数量。
- 强制：该选项可以选择强制某些颜色在颜色表的选项中。
- 杂边：用于指定填充与图像透明区域相邻，且消除锯齿边缘的背景色。
- 仿色/数量：选择仿色选项后在数量选项中输入相应的数值，即可进行仿制颜色，当设置的数值越高所仿制的颜色就越多，但同时文件的大小也会增加。

5. RGB颜色

RGB颜色是经常用的一种颜色模式，在新建文件时默认为RGB颜色模式。该模式下的图像是由红（R）、绿（G）、蓝（B）3种颜色叠加而成的色彩，是编辑图像的首选模式，大多数显示器均采用此种颜色模式。当某像素的R、G、B颜色值相等时，像素颜色是灰色；但是R、G、B值如果都为255时，像素颜色是白色；R、G、B值都为0时，像素颜色是黑色。

6. CMYK颜色

在CMYK颜色模式下，可以以青色、洋红、黄色和黑色的百分比来指定每个分量的值。CMYK色彩模式常用于制作印刷色打印的图像。

7. Lab颜色

在Lab颜色模式下，可以输入0~100之间的亮度值(L)以及-128~+127之间的A值（绿色到洋红色）和B值（蓝色到黄色）。Lab色彩模式与设备无关，不管使用什么设备（如显示器、打印机或扫描仪）创建或输出图像，这种色彩模式产生的颜色都保持一致。

该模式是Photoshop的标准颜色模式，在色彩表达范围上远远超过RGB模式和CMYK模式，它的特点是在使用不同的显示器或打印设备时，所显示的颜色都是相同的。

8. 多通道

当将图像转换为多通道模式后，图像就不是以RGB或是CMYK中的通道组合形式，而是将通道进行了分立，在每个通道中使用256级灰度，这是为了更方便地编辑通道、调色或是做蒙板，没有实际意义，到存储时仍会组合通道。该模式常用于特殊打印。

9. 8位/通道

这里的8位指的是图像中的一个通道的位深，8位/通道中包含了256个色阶，8位图像的信息少，Photoshop要处理的信息就少，处理速度也较快，硬件配置要求相对低。

专家提示

位深度用于度量在图像中使用多少颜色信息来显示或打印图像。位深度越大，颜色种类就越多，图像就越接近真实色彩。

10. 16位/通道

16位/通道比8位/通道可以表达的颜色数量要多，但很多颜色肉眼是看来不出来的，16位图像比8位图像有较好的色彩过渡，更加细腻，携带的色彩信息可以更加丰富。16位图像的信息多，Photoshop要处理的信息就多，处理速度也较慢。

11. 32位/通道

32位/通道的位深度为32位，每一个颜色通道包含的颜色都比8位或者16位的颜色要多。

12. 颜色表

颜色表命令可以更改索引颜色图像的颜色表。在Photoshop中的“颜色表”只在RGB颜色索引模式下才可用。如图14-5所示为【颜色表】对话框。

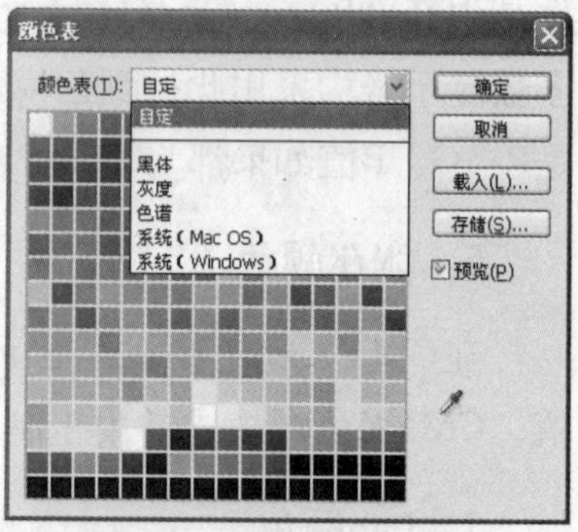

图14-5 【颜色表】对话框

- 自定：用于创建指定的调色板，自定颜色表对于数量有限的索引颜色图像可以产生特殊的效果。
- 黑体：显示基于不同颜色的面板，这些颜色由黑色到红色、橙色并一直到白色的过渡。
- 灰度：显示从黑色到白色的过渡，包含256个色阶的面板。
- 色谱：显示出色谱的颜色面板。
- 系统（Mac OS）：显示出Mac OS 256色的系统面板。
- 系统（Windows）：显示出Windows 256色的系统面板。

14.2 调整命令

调整命令主要用来对打开的图片进行色彩调整与曝光度的调整，可以将不满意的图像或照片的颜色调整到满意的效果。

14.2.1 亮度/对比度

执行“图像｜调整｜亮度/对比度”命令即可打开如图14-6所示的【亮度/对比度】对话框，在对话框中拖动滑块即可调整图像的亮度或对比度效果。

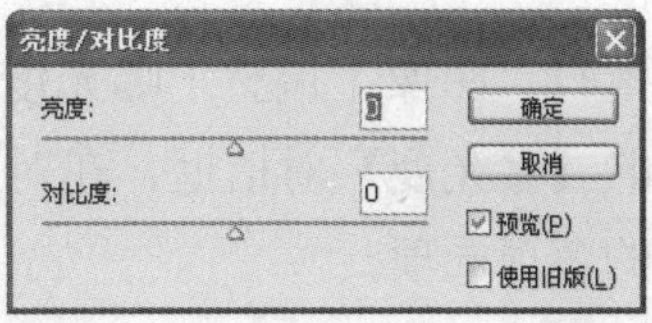

图14-6 【亮度/对比度】对话框

14.2.2 色阶

执行“图像｜调整｜色阶”命令即可打开如图14-7所示的【色阶】对话框，在对话框中可以拖动“输入色阶”或“输出色阶”下方的滑块进行调整图像，也可以在滑块下方的文本框中输入数值进行调整。

- 预设：在该选项中可以使用预设的色阶进行调整图像。
- 通道：在该选项中可以选择一个通道进行单独调整色阶。
- 输入色阶：在该选项中拖动滑块可以调整输入色阶的数量。
- 输出色阶：在该选项中可以拖动滑块调整输出色阶的数量。

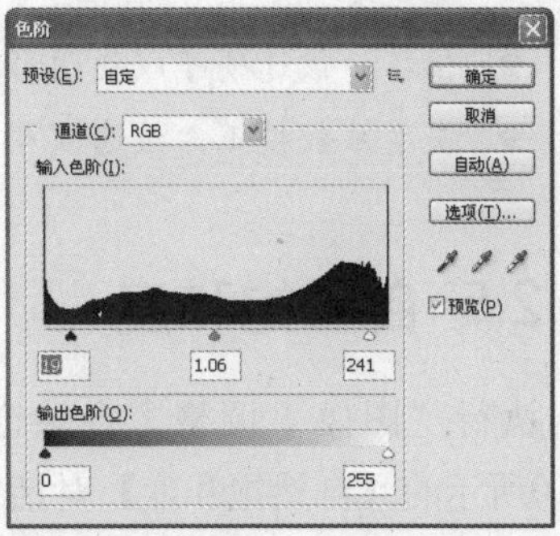

图14-7 【色阶】对话框

对于光线较暗的图像，在【色阶】对话框中用鼠标将“输入色阶”下方右侧的白色滑块向左拖动，可增大图像中高光区域的范围，使图像变亮；对于高亮度的图像，用鼠标将左侧的黑色滑块向右拖动，可以增大图像中暗调的范围，使图像变暗。用鼠标将中间的灰色滑块向右拖动，可以减少图像中的中间色调的范围，从而增大图像的对比度；同理，若将此滑块向左拖动，可以增加中间色调的范围，从而减小图像的对比度。

14.2.3 曲线

执行“图像｜调整｜曲线”命令即可打开如图14-8所示的【曲线】对话框，在对话框中可以调整曲线的形态进而调整图像的色调。

- 预设：在该选项中可以选择一种预设的曲线。
- 通道：在该选项中可以选择单独的一个通道进行曲线的调整。
- 曲线显示选项：单击选项前面的按钮即可将曲线的选项展开。在展开的选项中可以设置曲线的各项选项。

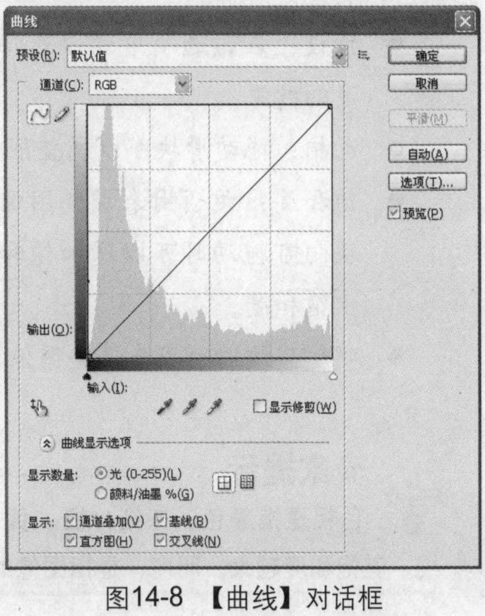

图14-8 【曲线】对话框

14.2.4 曝光度

执行“图像|调整|曝光度”命令即可打开如图14-9所示的【曝光度】对话框，在对话框中可以拖动滑块调整图像的各项选项。

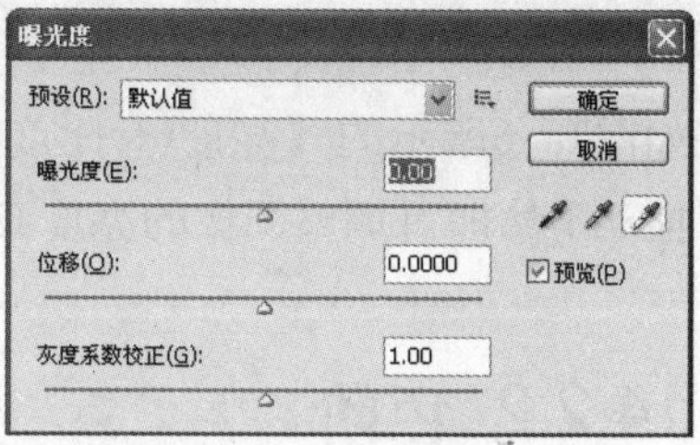

图14-9 【曝光度】对话框

- 预设：在该选项中可以选择一种预设的曝光效果。
- 曝光度：在该选项中拖动滑块可以调整图像的整体曝光度。
- 位移：该选项可以使阴影和中间调变暗，对高光的影响很小。
- 灰度系数校正：该选项可以使用简单的乘方函数调整图像的灰度系数。

14.2.5 自然饱和度

执行“图像|调整|自然饱和度”命令，弹出如图14-10所示的【自然饱和度】对话框。

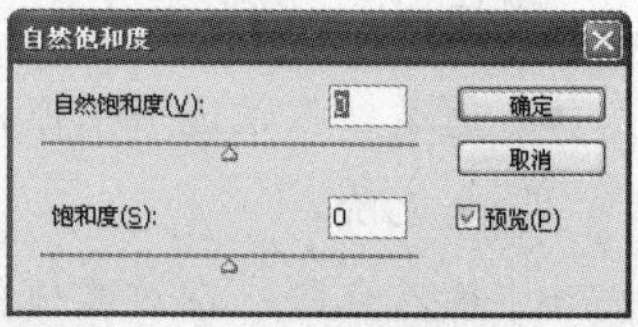

图14-10 【自然饱和度】对话框

- 自然饱和度：用该选项调整图像的饱和度，可以将更多调整应用于不饱和的颜色，并在颜色接近饱和时进行修减。
- 饱和度：用该选项调整图像的饱和度时，可以将相同的饱和度调整量用于所有颜色。

14.2.6 色相/饱和度

执行“图像|调整|色相/饱和度”命令，弹出如图14-11所示的【色相/饱和度】对话框。在对话框中可以调整图像的颜色和饱和度，还可以对无色的图像进行着色处理。

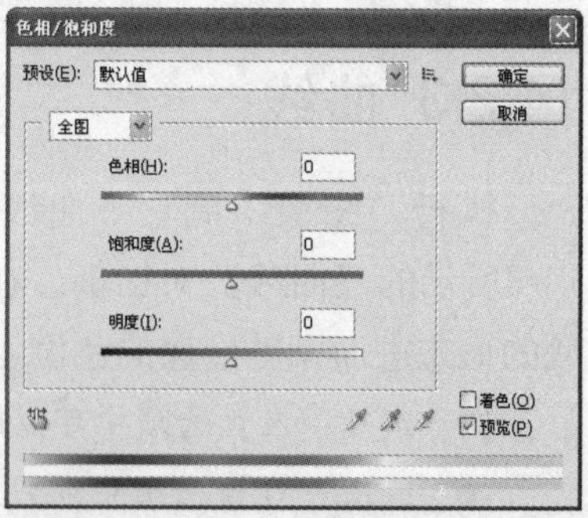

图14-11 【色相/饱和度】对话框

- 预设：在该选项中可以选择一种预设的色相和饱和度的效果。
- 色相：拖动滑块可以调整图像的整体色调效果。
- 饱和度：该项用来调整图像的整体饱和度，当将滑块向右拖动时可以增加饱和度，向左拖动时可以减少饱和度。
- 明度：该选项用来调整图像的明度效果。

专家提示

色相是指颜色，如红、橙、黄、绿、青、蓝和紫等。饱和度是指颜色的统一纯度，颜色越纯，其饱和度越大。明度，是指图像的明暗度。

14.2.7 色彩平衡

执行“图像｜调整｜色彩平衡”命令，弹出如图14-12所示的【色彩平衡】对话框。在该对话框中可以改变图像的总体颜色混合。

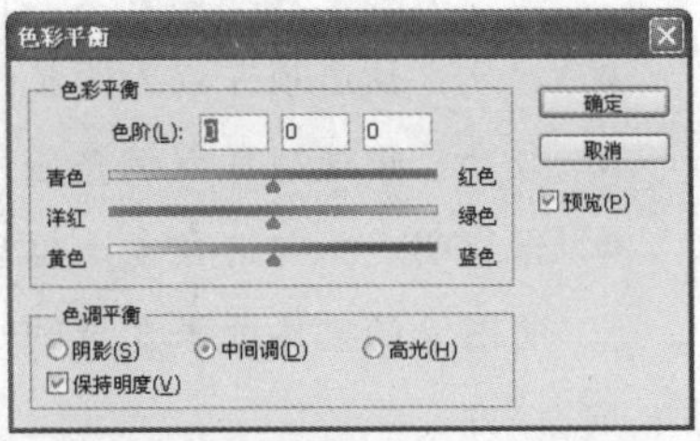

图14-12 【色彩平衡】对话框

- 色彩平衡：在色阶文本框中输入数值，或者拖动下方各颜色选项的滑块，都可以将图像的颜色进行调整。
- 色调平衡：可以选择一个色调范围来进行调整，包括“阴影”、“中间调”和“高光”。
- 保持明度：勾选该复选框，可以防止图像的亮度值随颜色的更改而改变，以此来保持图像的色调平衡。

14.2.8 黑白

执行“图像｜调整｜黑白”命令，弹出如图14-13所示的【黑白】对话框。当执行该命令后，可以将图像变为灰度图像。在对话框中还可以为图像选择一种单色，将图像转换为单色图像。

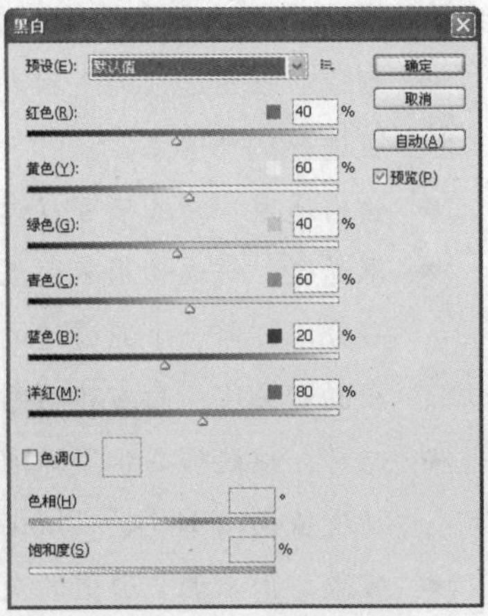

图14-13 【黑白】对话框

- 预设：在预设的下拉列表中可以选择一种预设的调整设置。如图14-14所示为“预设”的下拉列表。
- 颜色滑块：拖动颜色滑块可以调整不同颜色的亮度，向左拖动时可以将颜色变暗；向右拖动时可以将图像变亮。
- 色调：勾选该复选框后，调整下方的“色相”和“饱和度”选项的滑块，可以对灰度图像应用单色调。
- 自动(A)：单击该按钮，可以设置基于图像颜色值的灰度混合，并使灰度值分布最大化，自动混合通常会产生极佳的效果，并可以用作使用颜色滑块调整灰度值的起点。

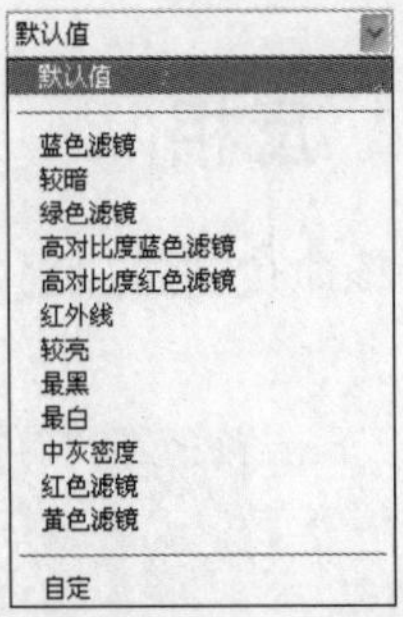

图14-14 “预设”下拉列表

14.2.9 照片滤镜

该命令可以模拟通过彩色校正滤镜拍摄照片的效果，该命令还允许选择预设的颜色或者自定义颜色向图像应用色相调整。如图14-15所示为执行“照片滤镜”命令所弹出的对话框。

- 滤镜：在该选项中可以选择一种滤镜模拟出在照相机前面添加彩色玻璃的效果，使图像呈现出不同的色调。
- 颜色：该选项可以为滤镜选择一种颜色。
- 浓度：该选项可以调整应用到图像中的颜色数量。
- 保留明度：勾选该复选框后，可以防止因为添加滤镜而将图像的整体效果变暗的情况。

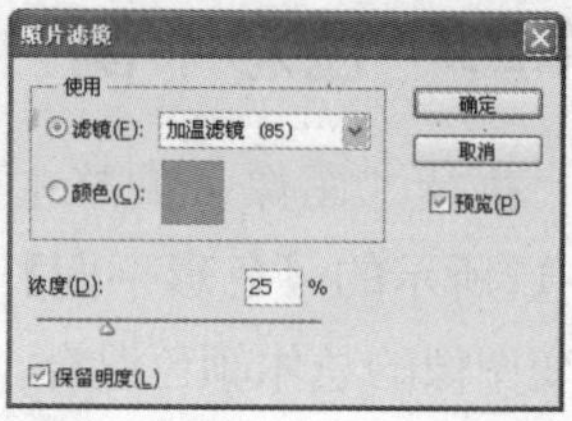

图14-15 【照片滤镜】对话框

14.2.10 通道混合器

通道混合器可以利用图像中现有颜色的混合来修改目标颜色通道，利用该命令可以创建出高品质的灰度图像、棕褐色调图像或其他色调图像。也可以对图像进行创造性的颜色调整。如图14-16所示为执行“通道混合器”命令所弹出的对话框。

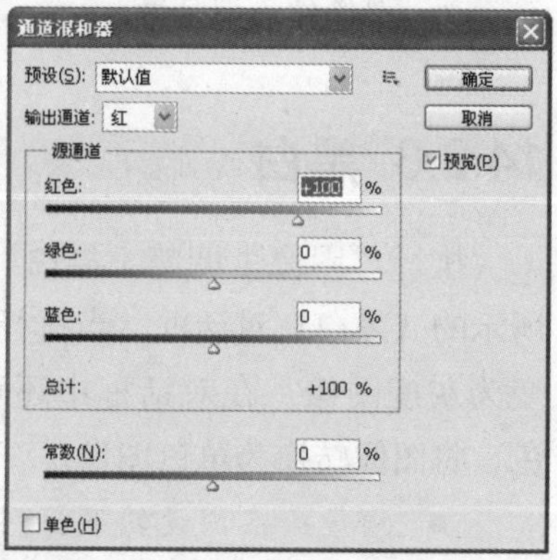

图14-16 【通道混合器】对话框

- 预设：在该选项的下拉列表中可以直接选择一种预设进行调整图像。
- 输出通道：该选项可以选择要调整的通道。
- 源通道：该选项用来设置输出通道中源通道所占的百分比。将一个源通道的滑块向左移动可以减小输出的百分比；向右移动则可以增加输出的百分比。
- 总计：该选项显示了源通道的总计值。如果合并的通道值高于100%，Photoshop会在总计旁边显示一个警告图标⚠。
- 常数：用来调整通道的灰度值，正值增加更多的白色，负值增加更多的黑色。
- 单色：勾选该复选框，可以将图像变为黑白色。

14.2.11 反相

执行该命令，可以将图像的颜色进行反转，如图14-17、图14-18所示为原图像和反转后的效果。

图14-17 原图像的效果

图14-18 反转后的效果

14.2.12 色调分离

执行“图像｜调整｜色调分离”命令，弹出如图14-19所示的【色调分离】对话框，该命令可以将图像按照指定的色阶数减少图像的颜色，并在图像中创建出特殊的效果，当设置不同的色阶值时，创建出的效果也不相同。如图14-20所示为原图像的效果，如图14-21、图13-22所示为选择不同的色阶值时创建出的效果。

图14-19 【色调分离】对话框

图14-20 原图像的效果

图14-21 当色阶为3时的效果

图14-22 当色阶为6时的效果

14.2.13 阈值

执行“图像｜调整｜阈值”命令，弹出如图14-23所示的【阈值】对话框。该命令可以将图像调整为黑白两色，在对话框中设置一个适当的“阈值色阶”参数，即可把图像中所有比阈值色阶亮的像素转换为白色，比阈值色阶暗的像素转换为黑色。

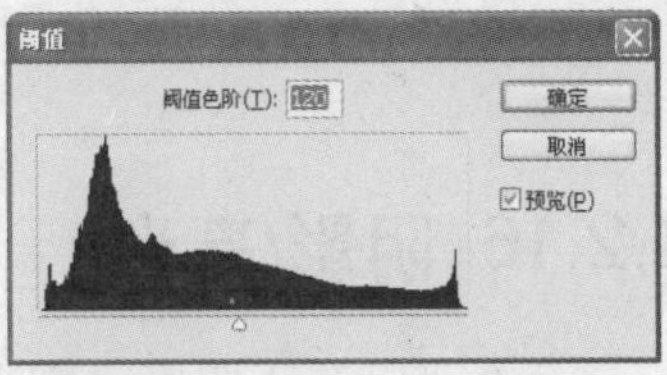

图14-23 【阈值】对话框

如图14-24、图14-25所示为创建出的效果与原图像的效果。

图14-24 创建出的效果

图14-25 原图像的效果

14.2.14 渐变映射

该命令可以将相等的图像灰度范围映射到指定的渐变填充色上，当指定双色渐变填充时，图像中的阴影会映射到渐变填充的一个端点颜色，高光会映射到另一个端点颜色，而中间的色调会进行两种颜色间的自然渐变。如图14-26所示为执行“渐变映射”命令所弹出的对话框。

图14-26 【渐变映射】对话框

- 灰度映射使用的渐变：单击渐变条会弹出【渐变编辑器】对话框，在对话框中可以对渐变颜色进行编辑。
- 渐变选项：勾选“仿色”复选框时可以利用随机添加杂色来进行平滑渐变映射的外观；勾选“反向”复选框时可以切换渐变的填充方向。

14.2.15 可选颜色

“可选颜色”命令可以有选择性地修改主要颜色中的印刷色数量，但不会影响其他的主要颜色。如图14-27所示为执行“可选颜色”命令所弹出的对话框。

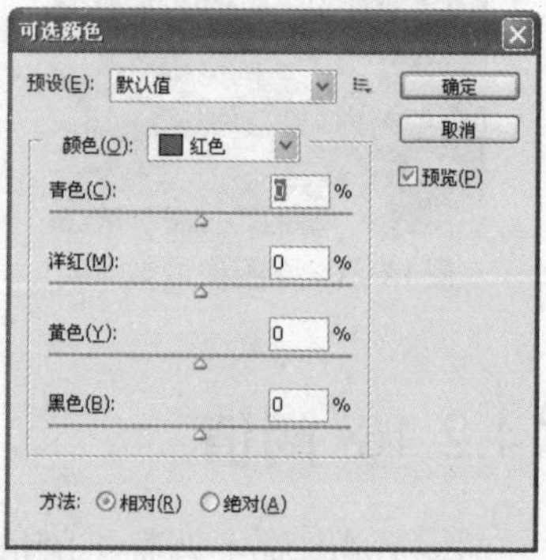

图14-27 【可选颜色】对话框

- 预设：在下拉列表中可以选择一种预设进行调整颜色。
- 颜色：在下拉列表中可以选择一种颜色进行单独调整。
- 方法：选择“相对”单选按钮时可以按照总量的百分比修改现有的颜色；选择“绝对”单选按钮时可以采用绝对值调整颜色。

14.2.16 阴影/高光

该命令可以基于阴影或高光进行局部像素的校正，当调整阴影时，不会对高光部分造成影响，当调整高光时也不会对阴影部分造成影响。如图14-28所示为执行“阴影/高光”命令所弹出的对话框。

勾选下方的“显示更多选项”复选框，可以将对话框展开，显示出除了阴影和高光之外的其他调整选项，如图14-29所示。

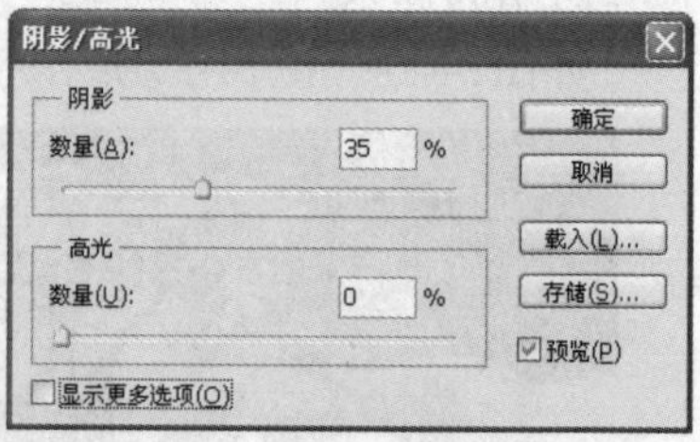

图14-28 【阴影/高光】对话框

（1）阴影

- 数量：该选项可以调整图像阴影的强度，当该值越高时图像的阴影将会越亮。
- 色调宽度：该选项可以控制图像的色调修改范围。
- 半径：该选项可以控制每个像素周围的局部相邻像素的大小。

（2）高光

- 数量：该选项可以调整高光部分的强度，当该值越高时图像的高光区域越亮。
- 色调宽度：该选项可以调整图像的修改范围。
- 半径：该选项可以控制每个像素周围的局部相邻像素的大小。

(3) 调整

- 颜色校正：该选项可以调整更改区域的色彩。
- 中间调对比度：该选项用来调整中间调的对比度，向右拖动滑块会增加对比度，向左拖动滑块时可以降低对比度。
- 修剪黑色/修剪白色：该选项用来指定图像中将多少阴影和高光剪切到极端阴影和高光中，当该值越高时图像的对比度越强。
- 存储为默认值(V)：单击该按钮，可以将当前设置的数值存储为默认的数值。

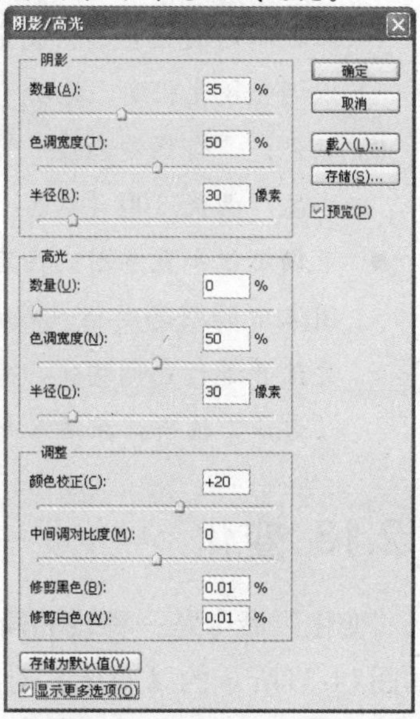

图14-29 显示的其他选项

14.2.17 HDR色调

HDR色调命令可以将全范围的HDR对比度和曝光度设置应用于各个图像。执行“图像｜调整｜HDR色调”命令，弹出如图14-30所示的【HDR色调】对话框。

- 预设：在下拉列表中可以选择一种预设对图像进行调整。
- 方法：设置调整色调的方法。
  - 局部适应：通过调整图像中的局部亮度区域来调整HDR色调。
  - 曝光度和灰度系数：允许手动调整HDR图像的亮度和对比度。拖动“曝光度”滑块可以调整曝光度，拖动“灰度系数”滑块可以调整对比度。
  - 高光压缩：压缩HDR图像中的高光值，使其位于8位/通道或16位/通道的图像文件的亮度值范围内。无需进一步调整，该方法会自动进行调整。
  - 色调均化直方图：在压缩HDR图像动态范围的同时，尝试保留一部分对比度。无需进一步调整，该方法会自动进行调整。
- 边缘光：“半径”选项指定局部亮度区域的大小。“强度”选项指定两个像素的色调值相差多大时，它们属于不同的亮度区域。

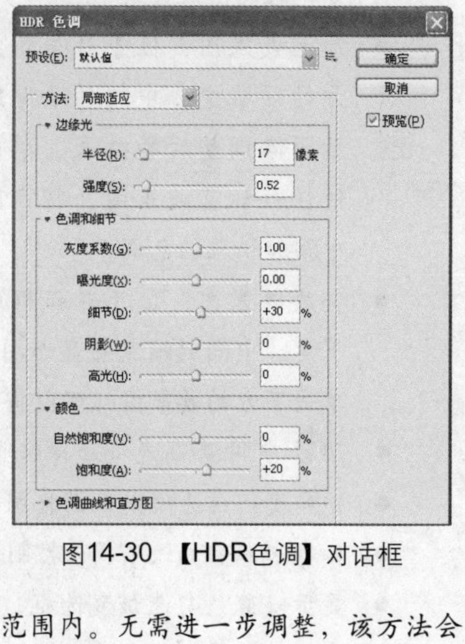

图14-30 【HDR色调】对话框

- 色调和细节："灰度系数"设置为1.0时，动态范围最大；较低的设置会加重中间调，而较高的设置会加重高光和阴影。"曝光度"值反映光圈大小。拖动"细节"滑块可以调整锐化程度，拖动"阴影"和"高光"滑块可以使这些区域变亮或变暗。
- 颜色："自然饱和度"可调整细微颜色强度，同时尽量不剪切高度饱和的颜色。"饱和度"调整–100（单色）~＋100（双饱和度）之间的所有颜色的强度。
- 色调曲线和直方图：在直方图上显示一条可调整的曲线，从而显示原始的 32 位 HDR 图像中的明亮度值。默认情况下，"色调曲线和直方图"可以从点到点限制所做的更改并进行色调均化。要移去该限制并应用更大的调整，请在曲线上插入点之后选择"边角"选项。在插入并移动第二个点时，曲线会变为尖角。

14.2.18 变化

"变化"命令是一种较为简单的图像调整命令。执行"图像｜调整｜变化"命令，弹出如图14-31所示的【变化】对话框，在对话框中可以直接单击效果图进行图像颜色的调整。

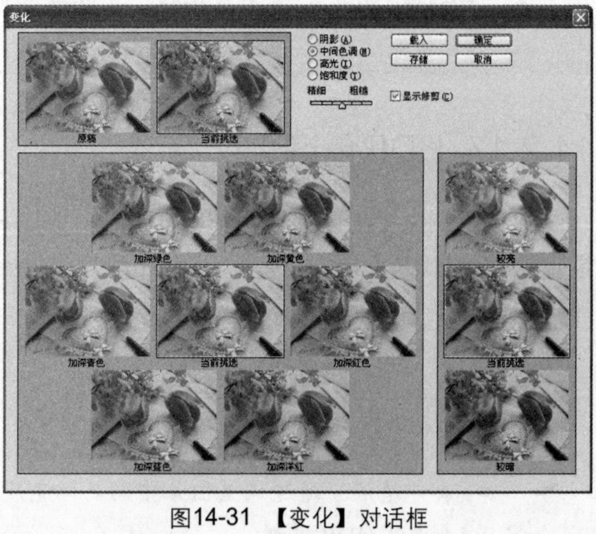

图14-31 【变化】对话框

- 原稿：用来显示打开图像的效果。
- 当前挑选：该效果图用来显示变化后的图像效果。
- 加色效果图：位于对话框左下方的区域中，中间的缩览图显示图像调整后的效果。单击其他任一加色效果图，将在图像中添加相应的色调。
- 亮度效果图：位于对话框的右下角，中间的缩览图显示图像调整后的效果，单击上方的效果图，可以将图像加亮；单击下方的效果图，可以将图像变暗。
- 阴影/中间调/高光：选择这些选项可以调整图像的阴影、中间调和高光等选项。
- 饱和度：该选项用来调整图像的饱和度。
- 粗糙/精细：该选项用来控制每次的调整量，每移动一格滑块，调整的量就会双倍增加。
- 显示修剪：勾选该复选框，当调整效果超出了最大的颜色饱和度时，相应区域将以警告提示效果颜色显示，提醒用户应该降低饱和度。

14.2.19 去色

该命令可以将图像中的颜色去掉，并将图像变为黑白颜色的图像，如图14-32、图14-33所示为去色前后的对比效果。当在图像中创建选区后，执行该命令，可以将选区中的图像变为黑白色。

图14-32 原图像的效果

图14-33 去色后的效果

14.2.20 匹配颜色

匹配颜色命令可以将一个图像的颜色与另一个图像的颜色融合，也可以将同一图像不同图层中的颜色相融合，或者按照图像本身的颜色进行自动中和。执行该命令，将弹出如图14-34所示的【匹配颜色】对话框。

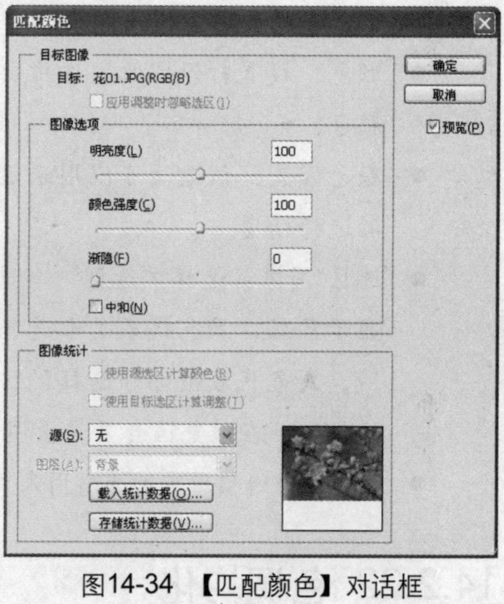

图14-34 【匹配颜色】对话框

- 目标：显示要匹配颜色的图像文件名称。
- 应用调整时忽略选区：当在图像文件中设置选区后，该选项才可用。勾选该复选框，在匹配颜色时将忽略创建的选区，而对整个图像文件进行调整。
- 明亮度：可调整目标图像的亮度。
- 颜色强度：可调整目标图像的饱和度。
- 渐隐：可控制应用于图像的调整量。向右拖动滑块可减小调整量。
- 中和：勾选该复选框，可自动移去目标图像中的色痕。
- 使用源选区计算颜色：如果在源图像中建立了选区，勾选该复选框，将使用选区中的颜色来对目标图像进行调整。
- 使用目标选区计算调整：如果在目标图像中建立了选区，勾选该复选框，将使用源图像的颜色对目标图像中选区内的图像进行调整。
- 源：在右侧的下拉列表中可选择源图像文件，即要将其颜色与目标图像文件中的颜色相匹配的文件。当不希望参考另一个图像来计算当前图像的色彩调整时，可选取“无”选项。

专家提示

【使用源选区计算颜色】和【使用目标选区计算调整】选项只有在【源】选项中选择除“无”选项之外的其他图像文件时才可用。将一个图像的特定区域（比如面部肤色）与另一个图像中的特定区域相匹配时，这两个选项非常有用。

- 图层：在右侧的下拉列表框中，可选择源图像文件中指定的匹配颜色图层。如果要匹配源图像中所有图层的颜色，可以选取“合并的”选项。

专家提示

当选择的源图像文件只有一个层时，“图层”选项右侧的下拉列表中将只有“合并的”选项，即以源图像文件中的所有颜色进行计算调整。

14.2.21 替换颜色

该命令可以利用特定的颜色将图像的颜色进行替换。如图14-35所示为执行“替换颜色”命令所弹出的对话框。

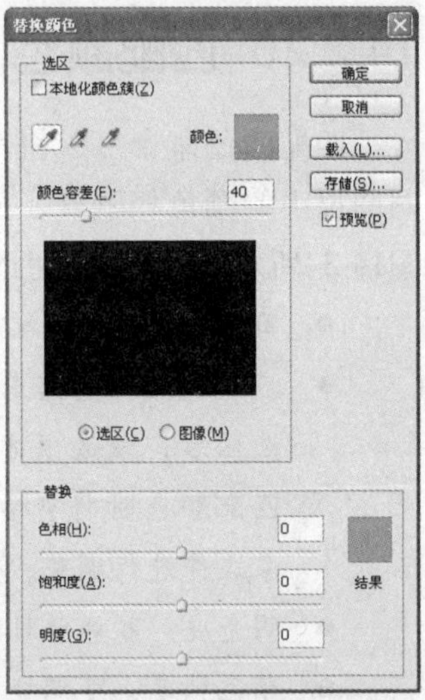

图14-35 【替换颜色】对话框

- 本地化颜色簇：当在图像中选择多个颜色范围时，可以勾选该复选框重新创建更加精确的蒙版。
- 吸管工具：利用该工具在图像上单击，可以选择图像在蒙版中的显示区域。
- 颜色：设置打开图像文件中要替换的颜色，该颜色为源颜色。
- 颜色容差：该选项可以用来调整蒙版的容差，控制颜色的选择精度。
- 选区/图像：选择“选区”单选按钮时，可在预览选区中显示蒙版，黑色代表了未选择区域，白色代表了选择区域，灰色代表被部分选择的区域；当选择“图像”单选按钮时，在预览区会显示出图像的效果。
- 替换：该选项区中的选项用来设置替换颜色的色相、饱和度和明度，其颜色为目标颜色。

14.2.22 色调均化

该命令会将图像的亮度值进行重新排列，将图像中最亮的颜色调整为白色，最暗的颜色调整为黑色。

当在图像中创建选区后再执行该命令，会弹出如图14-36所示的对话框。

- 仅色调均化所选选区：该选项可以将选区内的像素进行均化。
- 基于所选区域色调均化整个图像：该选项可以根据选区内的像素来均匀分布图像的像素。

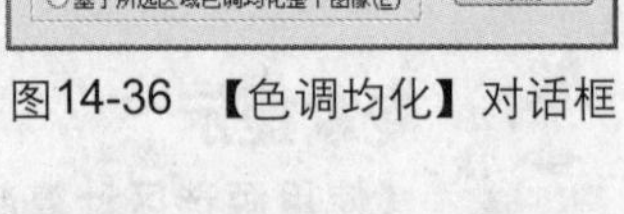

图14-36 【色调均化】对话框

14.2.23 匹配颜色练习

匹配颜色命令可以将两幅图像的颜色进行匹配，得到颜色不同的图像效果。

实战演练051——匹配两幅图像的颜色

1 打开素材图片“素材\第14章\花01.jpg”和“花02.jpg”，如图14-37所示。

图14-37 打开的图片

2 将“花01.jpg”文件设置为当前状态，执行“图像｜调整｜匹配颜色”命令，并在打开的【匹配颜色】对话框中将“源”选项设置为“花02.jpg”，如图14-38所示。

3 单击 确定 按钮，即可调整出如图14-39所示的图像效果。

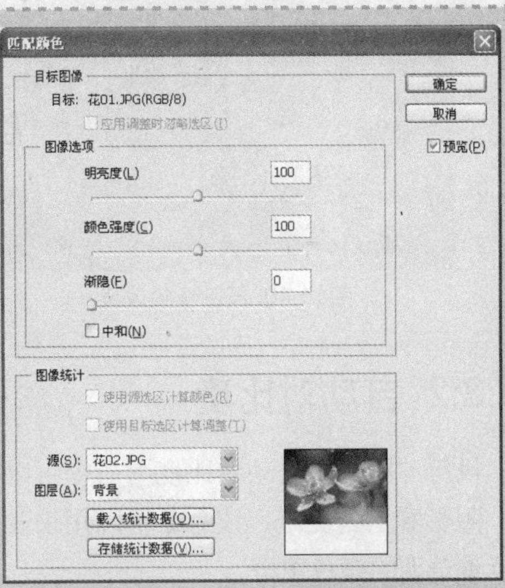

图14-38 【匹配颜色】对话框

图14-39 创建出的图像效果

4 按 Shift+Ctrl+S组合键，将图像重命名为“匹配颜色练习.jpg”保存。

14.3 自动命令

自动命令包括“自动色调”、“自动对比度”和“自动颜色”命令，利用这些命令可以快速调整图像的色彩和色调。

14.3.1 自动色调

执行“图像｜自动色调”命令可以增强图像的对比度，该命令可以自动调整图像中的黑白场，并将每个颜色通道中最亮和最暗的像素映射到纯白和纯黑。中间像素值按比例进行重新分布，如图14-40、图14-41所示为执行该命令前后的对比效果。

图14-40 原图像的效果

图14-41 执行命令后的图像效果

14.3.2 自动对比度

执行“图像｜自动对比度”命令可以将图像的对比度进行自动调整，使高光看上去更亮，阴影看上去更暗，该命令可以用来改进许多摄影和连续色调图像的外观，但该命令无法改善单调的颜色图像。

14.3.3 自动颜色

执行“图像｜自动颜色”命令可以通过搜索图像来标识阴影、中间调和高光，从而调整图像的对比度和颜色，该命令也可以用来校正偏色的图像。

14.4 图像大小命令

该命令组中的各项命令可以对图像中的画布大小和图像的大小进行缩放、旋转，还可以进行裁剪、裁切等操作。

14.4.1 图像大小

执行“图像｜图像大小”命令，可以打开如图14-42所示的【图像大小】对话框，在对话框中可以将图像的大小、分辨率等选项的数值进行更改。

- 像素大小：利用该选项可以修改图像的像素大小，在像素大小选项中的宽度和高度文本框中输入数值即可进行调整。
- 文档大小：在该选项栏中可以对图像的打印尺寸进行修改，并可以修改图像的分辨率。

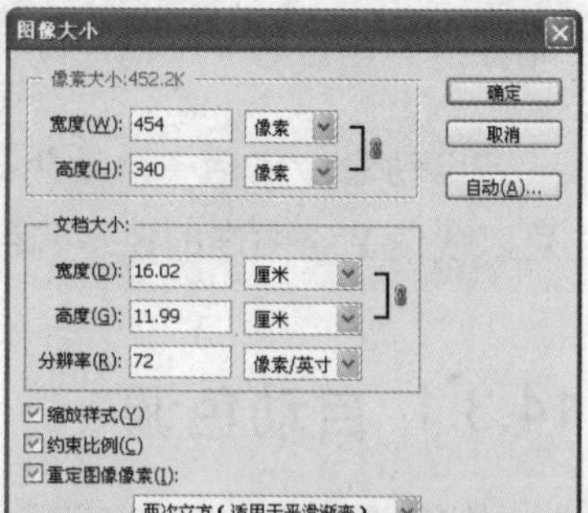

图14-42 【图像大小】对话框

- 缩放样式：如果图像带有应用了样式的图层，勾选该复选框，将在调整大小后的图像中缩放效果。注意，只有勾选下方的“约束比例”复选框后，才能使用该复选框。
- 约束比例：勾选该复选框，进行图像大小修改时，可以保持图像的高度与宽度比例。
- 重定图像像素：修改图像的打印尺寸和分辨率时，勾选该复选框，可以只修改打印尺寸或分辨率，并按比例调整图像中的像素总数；当取消勾选时，将进行重新修改图像的尺寸和分辨率。
- 两次立方：在该项中可以选择一种插值方法来确定添加或删除像素的方式，包括“邻近”、“两次线性”等，默认为“两次立方”。

14.4.2 画布大小

如图14-43所示为执行“图像 | 画布大小”命令后打开的对话框。

- 当前大小：该选项显示了图像的实际宽度和高度。
- 新建大小：当在该选项中输入的数值比原图像的尺寸大时，将会增加画布的尺寸；当输入的数值比原图像的尺寸小时，将会减小画布的尺寸。
- 相对：勾选该复选框后，宽度和高度文本框中的数值将代表增加或减少区域的大小；此时，输入正值代表增加画布，输入负值代表减小画布。
- 定位：该选项可以用来指定图像在画布中的位置。
- 画布扩展颜色：该选项用来设置填充新画布的颜色。

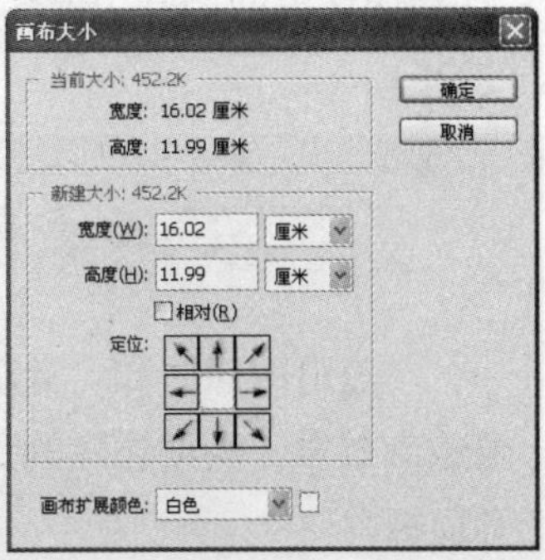

图14-43 【画布大小】对话框

14.4.3 图像旋转

执行“图像 | 图像旋转”命令，将弹出如图14-44所示的“图像旋转”子菜单。在子菜单中选择一种旋转命令，可以按相应的角度旋转整个图像。

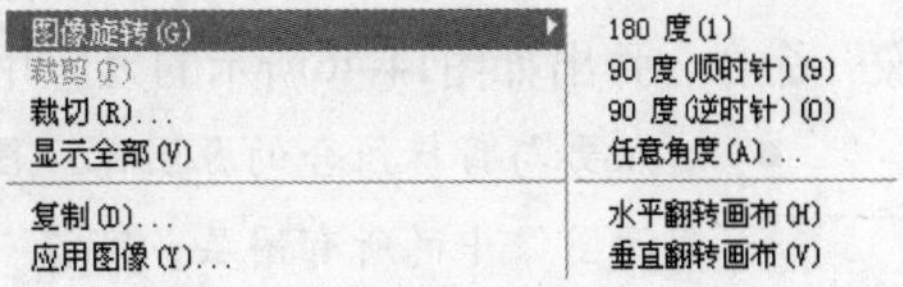

图14-44 “图像旋转”子菜单

专家提示

要特别注意“图像 | 旋转画布”命令和“编辑 | 变换”命令的区别。“旋转画布”命令旋转的是整个图像，包括所有图层、通道、路径都会一起旋转。“变换”命令旋转的只是当前图层或路径，而不是整个图像。

14.4.4 裁剪

选取裁剪工具并在图像中绘制好裁剪框后，执行“图像 | 裁剪”命令即可将图像进行裁剪，还可以在图像中利用选框工具绘制选框后，执行“图像 | 裁剪”命令也可以将图像进行裁剪。

14.4.5 裁切

执行“图像｜裁切”命令后，可以打开如图14-45所示的【裁切】对话框。

- 透明像素：该选项可以删除图像中的透明区域，留下不透明区域的最小图像。
- 左上角像素颜色：该选项可以从图像中删除图像左上角像素颜色区域。
- 右下角像素颜色：该选项可以从图像中删除图像右下角像素颜色区域。
- 裁切掉：该选项用来设置要修整的图像区域。

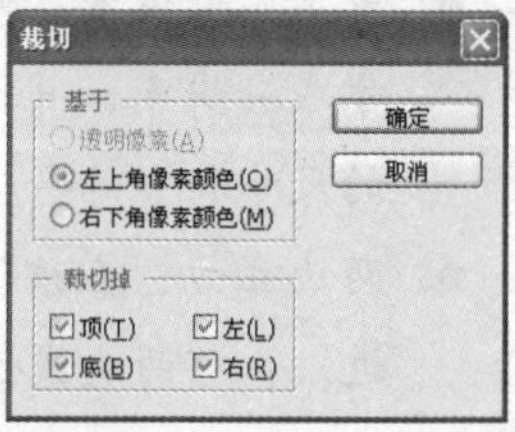

图14-45 【裁切】对话框

14.4.6 显示全部

当图像中的内容不能在画布中完全显示时，执行“图像｜显示全部”命令可将图像全部显示。

14.5 应用图像和计算命令

“应用图像”和“计算”命令可以将图像中的图层或通道混合起来，得到特殊的图像融合效果。需要注意的是：在利用这两个命令合成图像时，需要合成的图像文件尺寸必须相同。

14.5.1 应用图像命令

打开源图像和目标图像，并在目标图像中选择所需图层和通道。执行“图像｜应用图像”命令，弹出如图14-46所示的【应用图像】对话框。

- 选取要与目标组合的源图像、图层和通道。要使用源图像中的所有图层，可在“图层”的下拉列表中选择“合并图层”选择。
- 反相：勾选该复选框将在计算中使用通道内容的负片。
- 混合：设置一个混合选项。

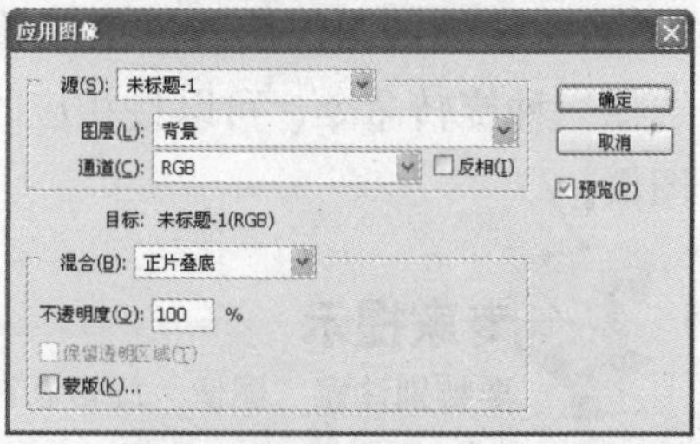

图14-46 【应用图像】对话框

- 不透明度：输入不透明度值以指定效果的强度。
- 保留透明区域：勾选该复选框，可将混合效果只应用到结果图层的不透明区域。
- 蒙版：勾选该复选框，将通过蒙版应用混合。可以选择任何颜色通道或Alpha通道用作蒙版，也可使用基于当前选区或选择图层（透明区域）边界的蒙版。如果勾选“反相”复选框，将反转通道的蒙版区域和未蒙版区域。

14.5.2 调出靓丽色彩

利用Lab模式及“应用图像”命令进行色彩调整，能够最大限度地挖掘原图隐藏的色彩潜力，其最大的优势是可以调出更加自然和谐的色彩，而不会产生严重的色彩溢出现象和刺眼的色彩分离，值得推荐和运用，实例最终效果如图14-47所示。

图14-47 实例最终效果

实战演练052——调整图像的色彩

1 打开素材图片“素材\第14章\小河边.jpg”文件。

2 执行“图像｜模式｜Lab颜色”命令，完成RGB到Lab模式的转换，按Ctrl+J组合键复制“背景”图层得到“图层1”。

3 单击【图层】面板下方的按钮，在弹出的下拉菜单中选择“亮度｜对比度”命令，参数设置如图14-48所示。调整后的图像效果如图14-49所示。

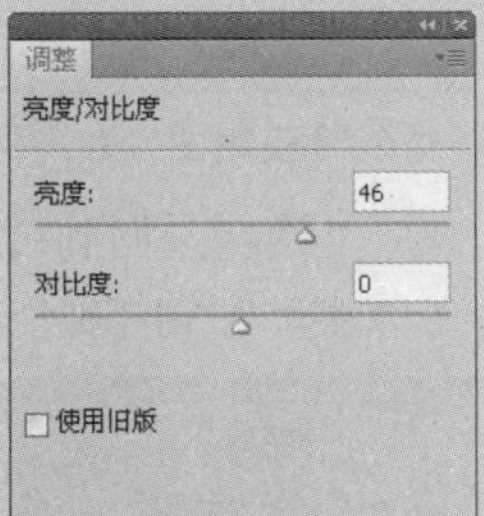

图14-48 设置亮度/对比度参数

图14-49 加亮后效果

4 新建“图层 2”，按Shift+Ctrl+Alt+E组合键盖印图层，并复制一个图层副本，如图14-50所示。

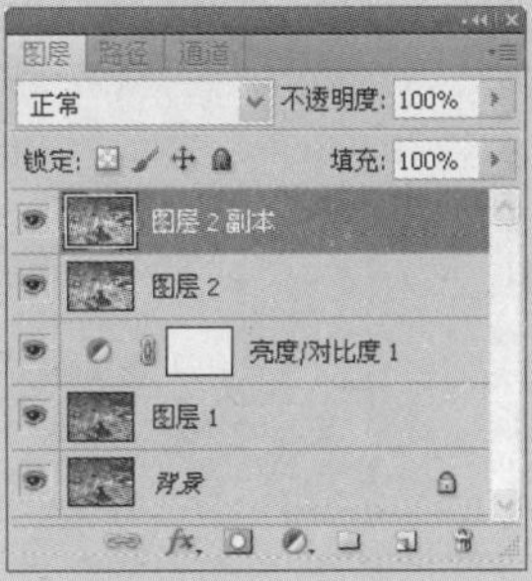

图14-50 复制图层

5 打开【通道】面板，单击“明度”通道，如图14-51所示，此时画面效果如图14-52所示。

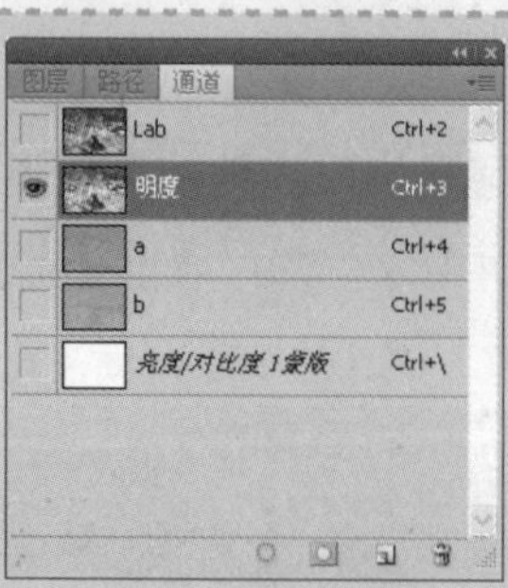

图14-51 选取通道

图14-52 画面效果

6 执行“图像 | 应用图像”命令，在弹出的【应用图像】对话框中设置各选项，如图14-53所示。单击 确定 按钮，回到【图层】面板中，画面效果如图14-54所示。

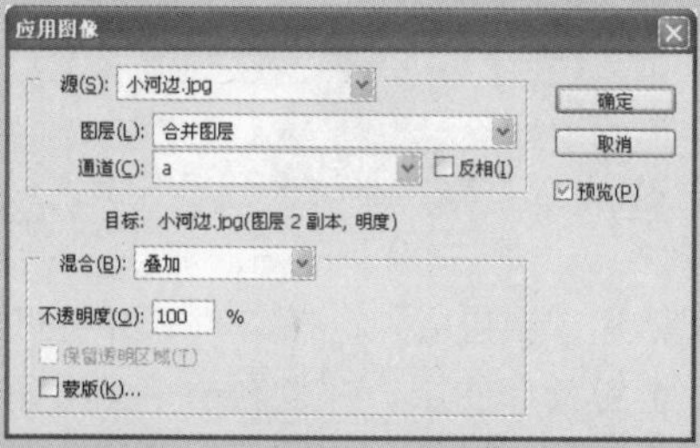

图14-53 【应用图像】对话框

图14-54 应用图像的效果

7 打开【通道】面板，单击a通道，然后执行“图像 | 应用图像”命令，在弹出的【应用图像】对话框中设置各选项，如图14-55所示。

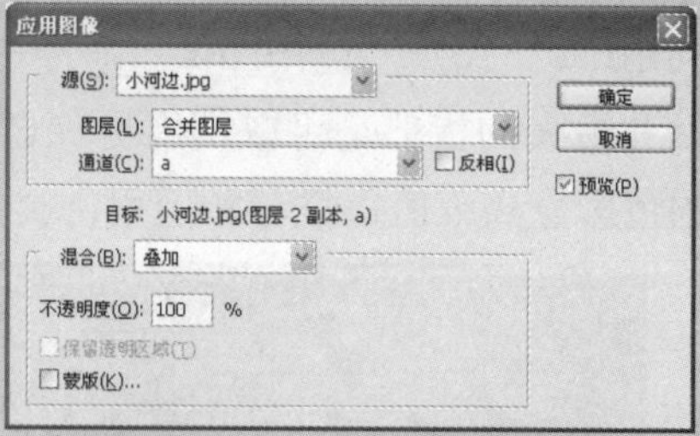

图14-55 【应用图像】对话框

8 单击 确定 按钮，回到【图层】面板中，画面效果如图14-56所示。

图14-56 再次应用图像的效果

9 打开【通道】面板，单击b通道，然后执行“图像 | 应用图像”命令，在弹出的【应用图像】对话框中设置各选项，如图14-57所示。

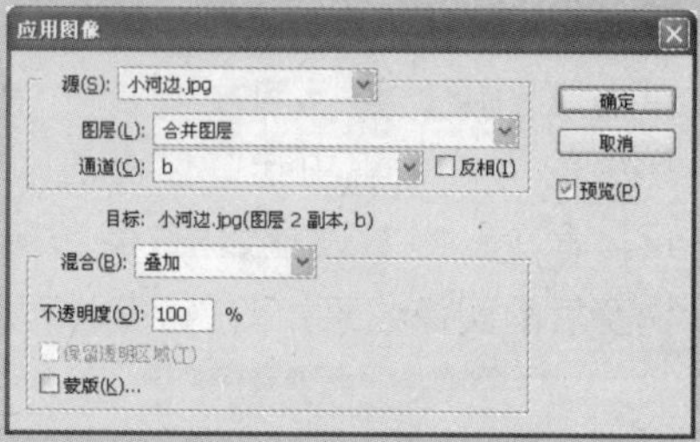

图14-57 【应用图像】对话框

10 单击 确定 按钮，回到【图层】面板中，画面效果如图14-58所示。

图14-58 画面效果

11 在【图层】面板中，将图层混合模式改为“叠加”，“不透明度”设置为80%，此时画面效果如图14-59所示。

图14-59 设置混合模式后的效果

12 单击【图层】面板下方的按钮，为“图层2副本”图层添加图层蒙板，然后利用工具设置合适的笔头大小后在图层蒙版上根据人物的轮廓描绘黑色，将背景中的人物通过蒙版显示出来，描绘后的【图层】面板形态及画面效果如图14-60所示。

图14-60 描绘后的画面效果及面板状态

13 执行“图像｜模式｜RGB颜色”命令，在弹出如图14-61所示的对话框中单击 不拼合(D) 按钮，完成Lab到RGB模式的转换。

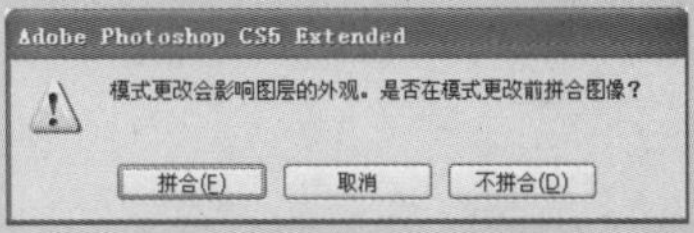

图14-61 询问对话框

14 按Shift+Ctrl+S组合键，将此文件另命名为“打造靓丽色调.psd”保存。

14.5.3 计算命令

“计算”命令用于混合两个来自一个或多个源图像的单个通道。然后可以将结果应用到新图像或新通道，或现用图像的选区中。注意不能对复合通道应用“计算”命令。

打开一个或多个源图像，执行“图像｜计算”命令，弹出的【计算】对话框如图14-62所示。

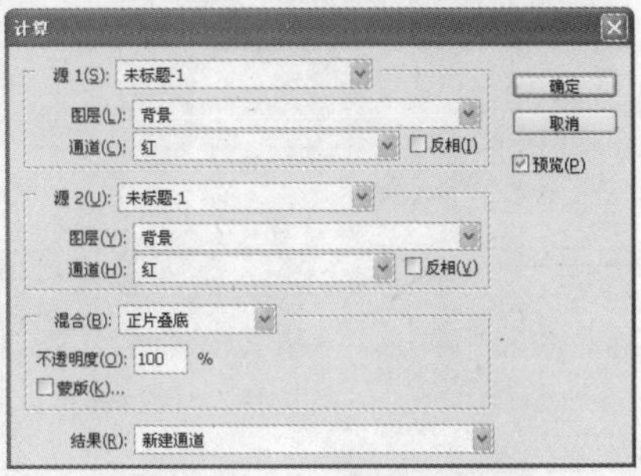

图14-62 【计算】对话框

- 源1：选取第一个源图像及图层和通道。要在计算中使用通道内容的负片，应选择“反相”选项。对于通道，如果要将图像转换为灰度的效果，请选取“灰色”选项。
- 源2：选取第二个源图像及图层和通道，并指定选项。
- 混合、不透明度和蒙版：与【应用图像】对话框中的功能相同。
- 结果：指定是将混合结果放入新文档，还是现用图像的新通道或选区。

14.5.4 把彩色照片转换成黑白效果

使用“计算”的方法来转换照片的颜色是非常灵活的，没有任何一种固定的模式和数据，因为不同的照片会有不同的混合通道与混合模式，也会有不同的数据，这些不确定因素及数据完全是由自己的感觉和经验来作最后决定，这是利用计算命令修改照片颜色的最大特点和魅力之处。

计算法是色彩转换黑白的一种高级方法，能够得到极佳的照片效果。但这种方法需要读者对色彩图像及黑白图像的色度有一定的认识，掌握了这种技巧并运用熟练后，读者一定会把色彩图像转换为黑白图像的质量和效果做得更好。本节通过一个简单的例子来了解一下"计算"命令，本节案例如图14-63所示。

图14-63 打开的图片及制作的最终效果

实战演练053——把彩色照片转换成黑白效果

1 打开素材图片"素材\第14章\小男孩.jpg"，如图14-64所示。

图14-64 打开的图片

2 执行"图像｜计算"命令，弹出【计算】对话框，此时图像即变为灰度显示效果。

3 在"源1"选项设置区的【通道】下拉列表中设置"红"通道，在"源2"选项设置区的【通道】下拉列表中设置"灰色"通道，此时的图像效果如图14-65所示。

图14-65 图像灰色通道的效果

4 在"混合"下拉列表框中选择"正片叠底"模式，"不透明度"设置为20%，此时图像效果如图14-66所示。

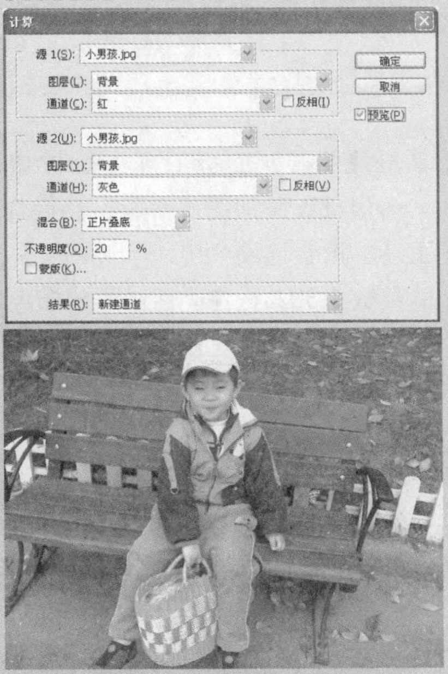

图14-66 选项设置及效果

5 在“混合”下拉列表框中“颜色减淡”模式，“不透明度”设置为20%，然后在“结果”下拉列表框中选择“新建文档”选项，此时图像效果如图14-67所示。

6 单击 确定 按钮，即在工作区中出现一个灰度效果的新图像。

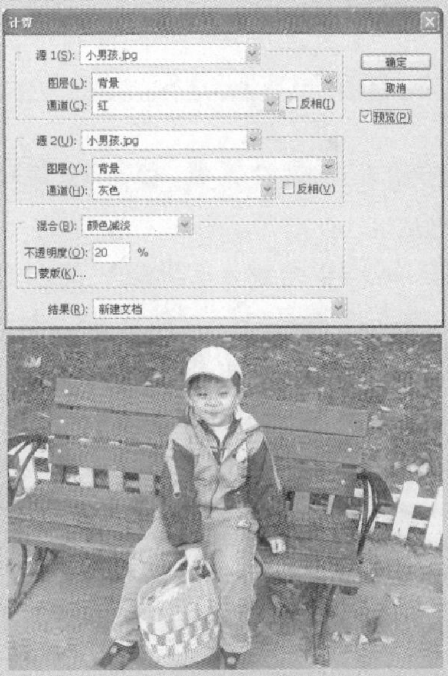

图14-67 修改选项设置及效果

7 打开【通道】面板可以看到当前图像只有一个“Alpha 1”通道。执行“图像｜模式｜灰度”命令，将只有一个Alpha 1通道的多通道模式图像转换成灰度模式，彩色照片转灰度图像效果即制作完成。

8 按Shift+Ctrl+S组合键，将此文件另命名为“彩色转灰色效果.jpg”保存。

14.6 综合案例——调整非主流照片效果

本例灵活运用各图像调整命令，将照片调整为非主流照片效果，调整前后的对比效果如图14-68所示。

图14-68 原照片及调整后的效果

实战演练054——调整非主流照片效果

1 打开素材图片“素材\第14章\情侣.jpg”。

2 按Ctrl+J组合键将“背景”图层通过复制生成“图层 1”，然后按Ctrl+B组合键在弹出的【色彩平衡】对话框中设置参数，如图14-69所示。

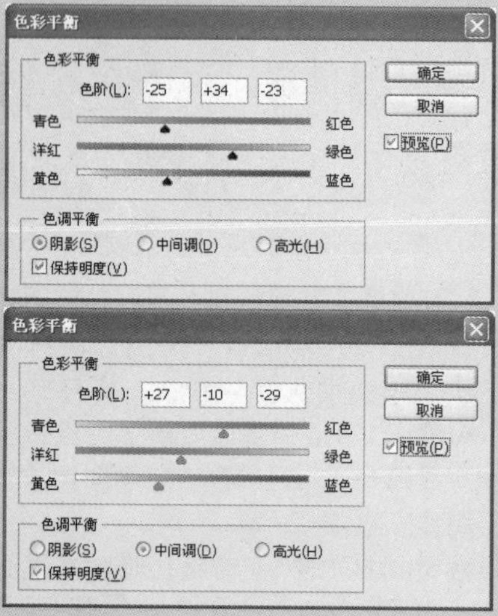

图14-69 设置色彩平衡参数

3 单击 确定 按钮，调整后的效果如图14-70所示。

图14-70 调整后的效果

4 单击【图层】面板下方的按钮，为“图层 1”添加图层蒙版，然后选取工具，设置选项栏中“不透明度”选项的参数为30%，在画面中绘制黑色编辑蒙版，将人物皮肤显示，效果如图14-71所示。

图14-71 编辑蒙版后的效果及【图层】面板状态

5 按Shift+Ctrl+Alt+E组合键盖印图层，生成“图层 2”，然后执行“图像｜模式｜Lab颜色”命令，将图像文件的颜色模式转换为“Lab颜色”模式。

6 按Ctrl+M组合键在弹出的【曲线】对话框中调整曲线形态，如图14-72所示。

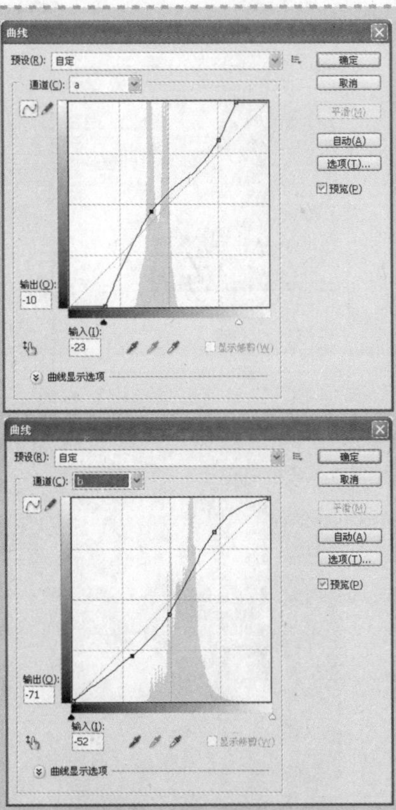

图14-72 【曲线】对话框

7 单击 确定 按钮，调整后的效果如图14-73所示。

图14-73 调整后的效果

8 按Shift+Ctrl+Alt+E组合键盖印图层，生成“图层 3”，然后执行“图像｜调整｜去色”命令，将图像文件的颜色去除，效果如图14-74所示。

9 将“图层3”的“不透明度”选项的参数设置为40%，降低不透明度后的效果如图14-75所示。

图14-74 去色后的效果

图14-75 降低不透明度后的效果

10 按Shift+Ctrl+Alt+E组合键盖印图层，生成“图层 4”，然后按Ctrl+M组合键在弹出的【曲线】对话框中调整曲线形态如图14-76所示。

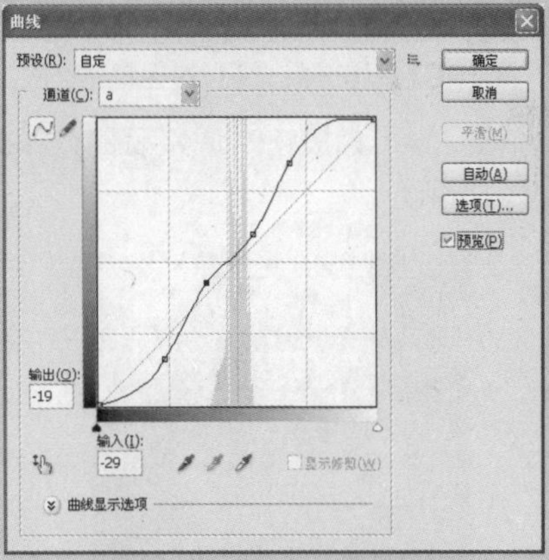

图14-76 【曲线】对话框

11 单击 确定 按钮，调整后的效果，如图14-77所示。

12 再次按Shift+Ctrl+Alt+E组合键盖印图层，生成“图层 5”，然后按Ctrl+M组合键在弹出的【曲线】对话框中调整曲线形态，如图14-78所示。

图14-77 调整后的效果

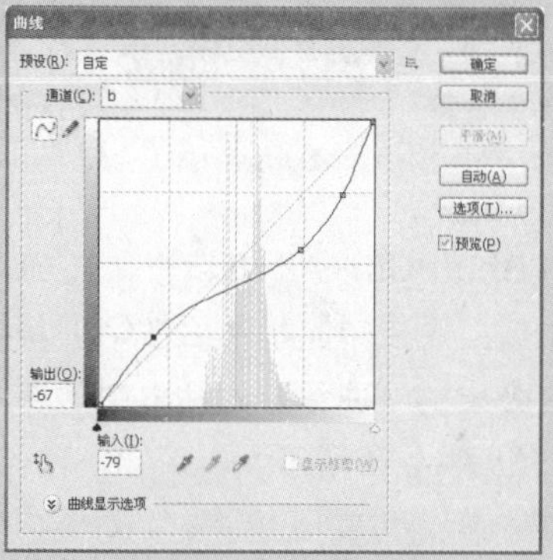

图14-78 【曲线】对话框

13 单击 确定 按钮，调整后的效果如图14-79所示。

图14-79 再次调整后的效果

14 执行“滤镜｜模糊｜高斯模糊”命令，在弹出的【高斯模糊】对话框中设置参数，如图14-80所示。

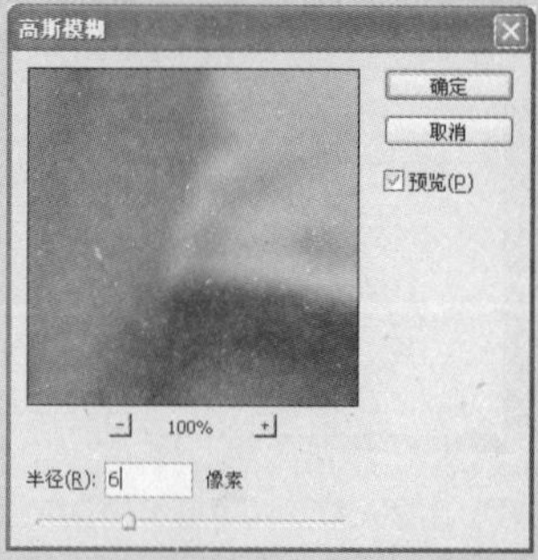

图14-80 设置【高斯模糊】参数

15 单击 确定 按钮，高斯模糊后的效果如图14-81所示。

图14-81 高斯模糊后的效果

16 将“图层 5”的“不透明度”选项的参数设置为60%，图层混合模式设置为“柔光”模式，更改混合模式后的效果如图14-82所示。

图14-82 更改混合模式后的效果

17 按Shift+Ctrl+Alt+E组合键盖印图层，生成“图层 6”，然后执行“图像｜模式｜RGB颜色”命令，将图像文件的颜色模式转换为RGB颜色模式。

18 执行“滤镜｜锐化｜USM锐化”命令，在弹出的【USM锐化】对话框中设置参数，如图14-83所示。

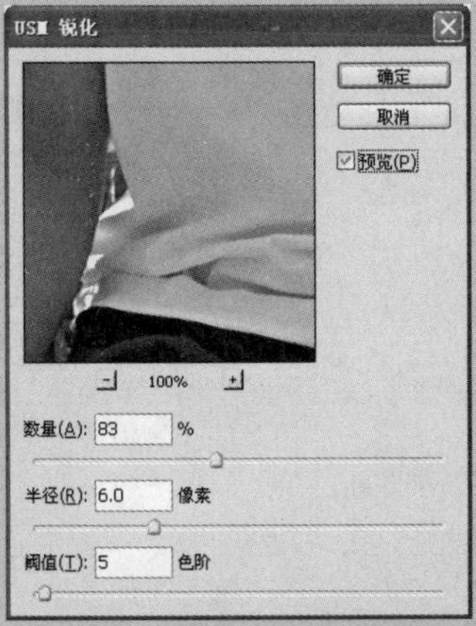

图14-83 设置USM锐化参数

19 单击 确定 按钮，USM锐化后的效果如图14-84所示。

图14-84 USM锐化后的效果

20 按Shift+Ctrl+S组合键，将文件另命名为“制作非主流.psd”保存。

第15章

图层菜单

图层是利用Photoshop进行图形绘制和图像处理最重要的功能之一，几乎任何图像的处理和作品的绘制都离不开图层的应用。灵活地运用好图层可以有效地提高工作效率，且能制作出一些非常漂亮的艺术效果来。图层功能包括图层菜单和【图层】面板两部分内容，【图层】面板在第9章已经讲解，本章将主要讲解图层菜单中的命令。

通过本章的学习，您可以掌握以下知识点：

- 图层样式命令
- 智能对象命令
- 视频图层命令
- 文字命令
- 栅格化命令
- 图层编组命令
- 修边命令
- 综合实战——图层应用

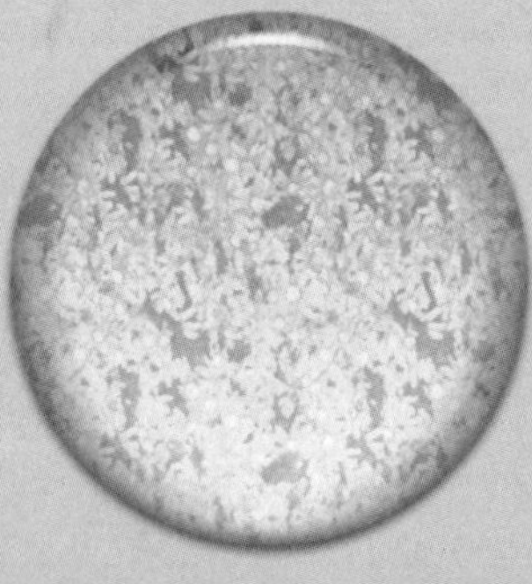

图层菜单如图15-1所示。

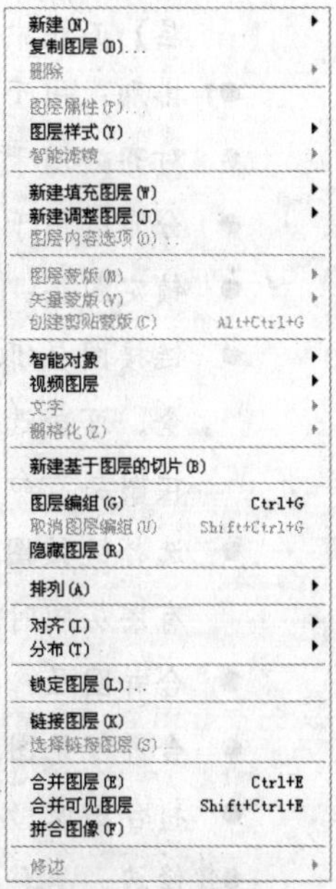

图15-1 图层菜单

读者要深入理解各图层命令的概念，掌握其基本操作方法和使用技巧，做到灵活运用。下面就来简单介绍一下图像菜单命令：

- 新建：用于新建图层或图层组。
- 复制图层：可以复制当前选择的图层。
- 删除：可以将当前选择的图层删除。
- 图层属性：执行该命令，将弹出【图层属性】对话框，在该对话框中可以为图层重新命名或标记图层颜色，用来与其他图层加以区别。
- 图层样式：可以为图层中的图像快速应用各种效果，如阴影、发光、浮雕和描边等。
- 智能滤镜：该命令可以让用户对智能滤镜层进行停用、启用或清除等。具体操作详见第17章的“智能滤镜”命令。
- 新建填充图层：建立新的填充层，包括纯色、渐变和图案填充层。
- 新建调整图层：在图像中建立新的调整层。
- 图层内容选项：该命令只有在当前图层为填充层或调整层时才有效，用于修改填充层和调整层的选项。
- 图层蒙版：该命令可以在当前层中添加图层蒙版。
- 矢量蒙版：在当前层中添加矢量蒙版，矢量蒙版是在当前层中将路径范围作为图层蒙版使用。
- 创建剪贴蒙版/释放剪贴蒙版：将当前层与下方图层创建剪贴蒙版组，以下方图像的不透明区域显示上方的图像。一个剪贴蒙版组可以只有两层，也可以有多层，但剪贴蒙版组中所有图层的堆叠必须是相连的。当选择剪贴蒙版图层时，该命令显示为“释放剪贴蒙版”，用于取消剪贴蒙版组。
- 智能对象：智能对象类似一种具有矢量性质的容器，在其中可以嵌入栅格或矢量图像数据。将图像转换为智能对象后，无论进行怎样的编辑，其仍然可以保留原图像的所有数据，保护原图像不会受到破坏。
- 视频图层：该命令可将图像转换为视频图层，转换后可使用画笔工具和图章工具在各个帧上进行绘制和仿制，还可以应用滤镜、蒙版、变换、图层样式和混合模式以及对视频图层进行编组等操作。如打开视频文件，将在【图层】面板中自动创建视频图层。
- 文字：该命令只有在当前层为文字图层时才有效，用于修改和调整文字层的效果。
- 栅格化：对于包含矢量数据的图层，如文字图层、形状图层或蒙版图层等，不能使用绘画工具或滤镜命令等直接在这种类型的图层中进行编辑，只有将其栅格化才能使用。
- 新建基于图层的切片：可以根据图层创建相应的切片。
- 图层编组：将选择的图层添加到组中。
- 取消图层编组：当选择图层组时，执行该命令，将取消图层组。
- 隐藏图层/显示图层：将当前层隐藏，如为隐藏图层，可将其显示，相当于单击【图层】面板中图层名称前面的图标。

- 排列：用于调整各图层在【图层】面板中的堆叠顺序。
- 对齐：用于图层的对齐设置。在【图层】面板中选择两个或两个以上的图层才可用。
- 分布：用于图层的分布设置。在【图层】面板中选择3个或3个以上的图层才可用。
- 锁定图层：设置图层的锁定选项，包括透明、图像、位置或将其全部锁定。
- 链接图层/取消链接图层：选择两个或两个以上的图层时，执行“图层｜链接图层”命令，可将选择的图层链接；如果同时选择链接图层的所有图层，执行“图层｜取消链接图层”命令，将取消图层的链接设置。
- 选择链接图层：如果选择链接图层中的某一图层，执行该命令，可将链接图层中的所有图层同时选择。
- 合并图层：将选择的图层合并为一个图层。
- 合并可见图层：将【图层】面板中的可见图层合并为一个图层。
- 拼合图像：将当前图像中的所有图层合并，并将其设置为背景图层。
- 修边：当移动或粘贴选区时，选区边缘的一些像素也会包含在选区内，产生边缘或晕圈，利用该命令可以去除这些多余的像素。

15.1 图层样式命令

使用“图层样式”命令可以对图层中的图像快速应用效果，通过【图层样式】对话框还可以快速地查看和修改各种预设的样式，为图像添加阴影、发光、浮雕、颜色叠加、图案和描边等效果。

15.1.1 添加图层样式

执行“图层｜图层样式”命令下的任一子命令，或单击【图层】面板下方的按钮，在弹出的下拉菜单中选择任一样式命令，在弹出的【图层样式】对话框中设置相应的选项，即可为当前层的图像添加图层样式，且该图层名称右侧会出现效果图标，如图15-2所示。

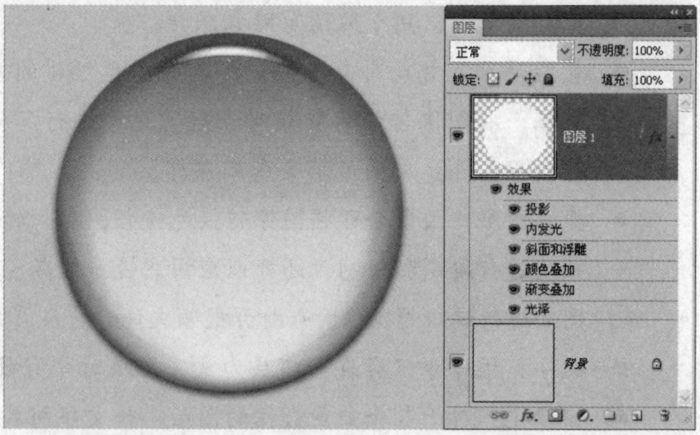

图15-2 添加图层样式后的【图层】面板状态

15.1.2 显示/隐藏图层样式

在【图层】面板中单击“效果”左侧的图标，可将当前层的图层效果隐藏或显示。单击效果层下指定效果左侧的图标，可将某一个效果隐藏或显示。执行“图层｜图层样式｜隐藏所有效果”命令，可将所有的图层效果隐藏，此时该命令将显示为“显示所有效果”命令。

15.1.3 展开或关闭效果列表

默认状态下，添加图层样式后的效果列表都处于展开状态，单击样式图标左侧的▸按钮，可将效果列表收起；再次单击按钮可展开效果列表。

15.1.4 在当前样式的基础上修改样式

图像应用图层样式后，如果效果达不到设计的需要，可以再来修改样式。

如感觉按钮的颜色不好，可以通过双击样式层中的“渐变叠加”样式，在打开的【图层样式】对话框中修改渐变颜色，即可得到调整后的效果，如图15-3所示。

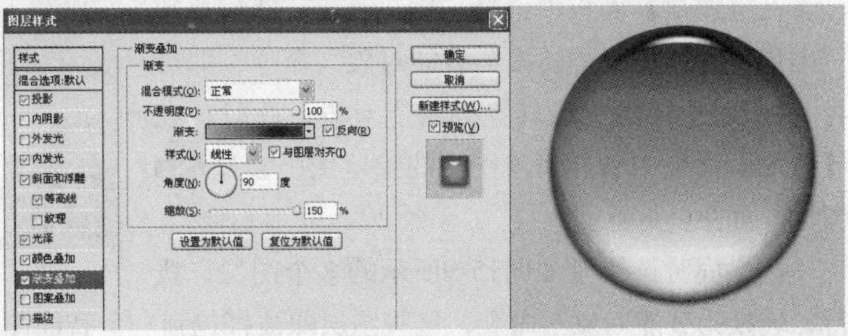

图15-3 修改后的参数及效果

如果需要在当前图层样式上再添加其他图层样式，可在【图层样式】对话框中勾选相应的复选框并进行设置，如图15-4所示为添加图案的参数设置及效果。

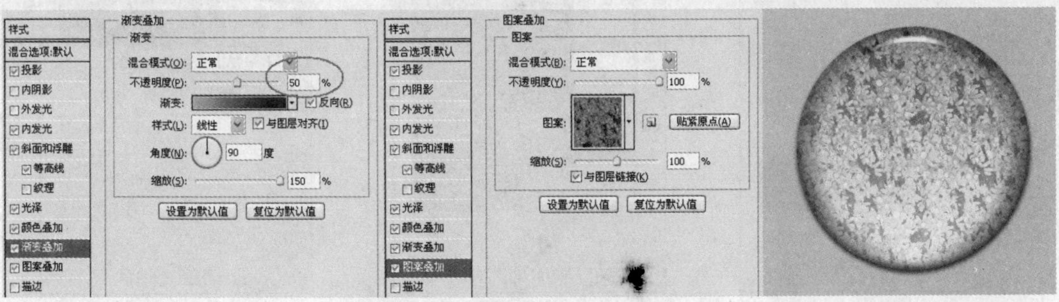

图15-4 添加图案的参数设置及效果

也可以直接在【样式】面板中为其增加样式。具体操作为：按住Shift 键，将【样式】面板中如图15-5所示的样式拖动到图形按钮上，即可将预设样式添加到现有的效果中，而不会替换原有的样式，如图15-6所示。

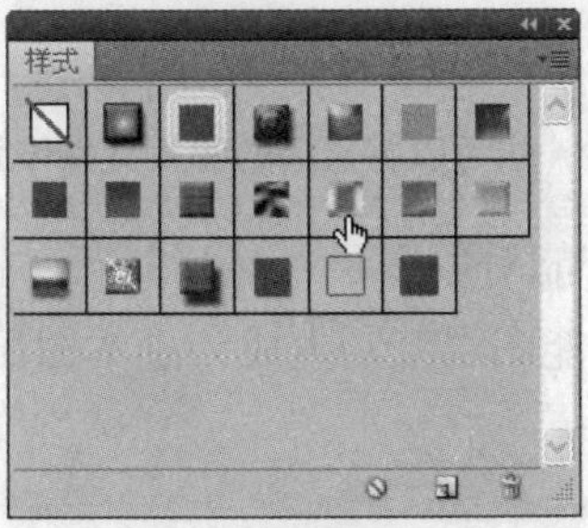

图15-5 选择的样式

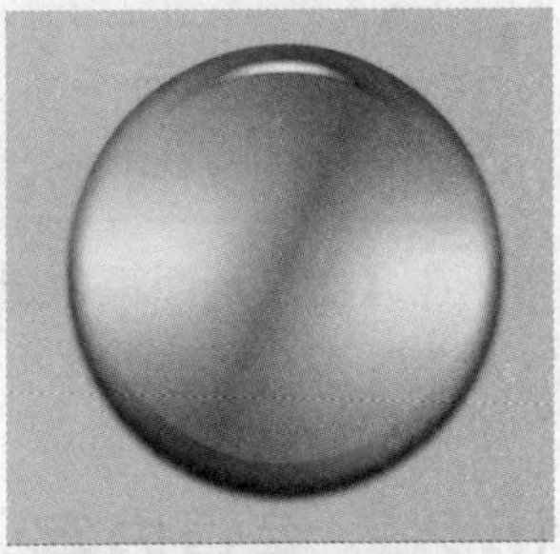

图15-6 添加样式后的效果

15.2 智能对象命令

智能对象是包含栅格或矢量图像中图像数据的图层。智能对象将保留图像的源内容及其所有原始特性，从而能够对图层执行非破坏性编辑。

15.2.1 创建智能对象

打开素材图片“素材\第15章\儿童画.psd”，如图15-7所示。

图15-7 打开的图片

在【图层】面板中选择“图层 1”，然后执行“图层｜智能对象｜转换为智能对象”命令，即可将“图层1”中的图像转换为智能对象。此时，在【图层】面板中智能对象图层的缩览图上会显示▣图标，如图15-8所示。

如果同时选择了如图15-9所示的多个图层，执行“转换为智能对象”命令，这些图层即被打包到一个智能图层中，如图15-10所示。

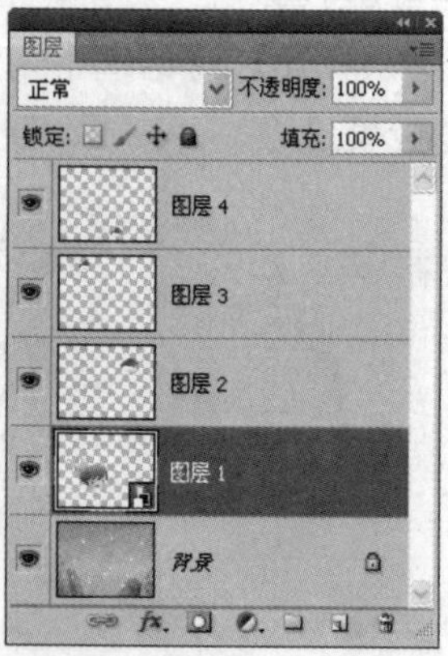

图15-8 转换为智能对象后的形态

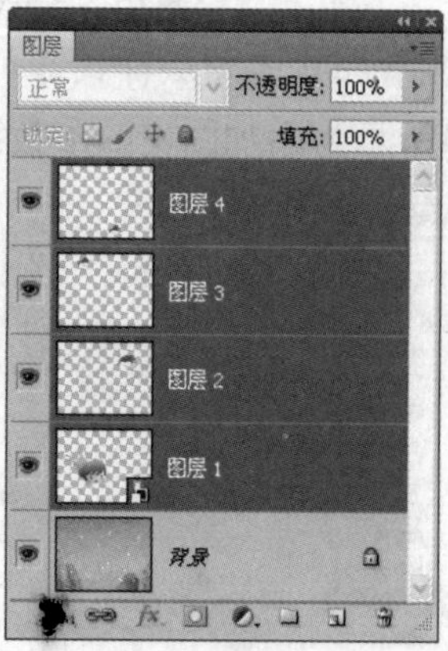

图15-9 选择的图层

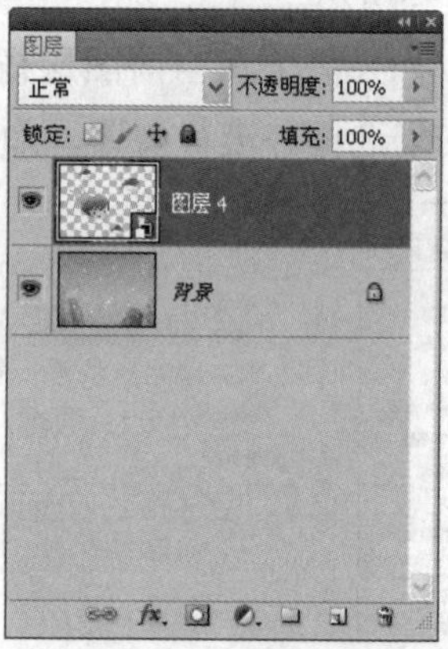

图15-10 转换为智能对象后的形态

专家提示

执行“文件｜置入”命令，也可以将选择的图片文件作为智能对象置入到当前文件中。

在【图层】面板中选择智能对象图层，然后执行“图层｜智能对象｜通过拷贝新建智能对象”命令，可以将当前智能图层复制生成为副本图层。

15.2.2 编辑内容

将图像转换为智能对象后，还可以应用变换、图层样式、滤镜、不透明度和混合模式等任意的操作命令，当编辑了智能对象的源数据后，可以将这些编辑操作更新到智能对象图层中。如果当前智能对象是一个包含多个图层的复合智能对象，这些编辑可以更新到智能对象的每一个图层中。

确认转换为智能对象的“图层 4”为当前层，执行“图层 | 智能对象 | 编辑内容”命令，或者直接在【图层】面板中双击智能图层的缩览图，在弹出如图15-11所示的询问对话框中单击 确定 按钮，此时会弹出一个包含智能对象所有图层的新文件，如图15-12所示。

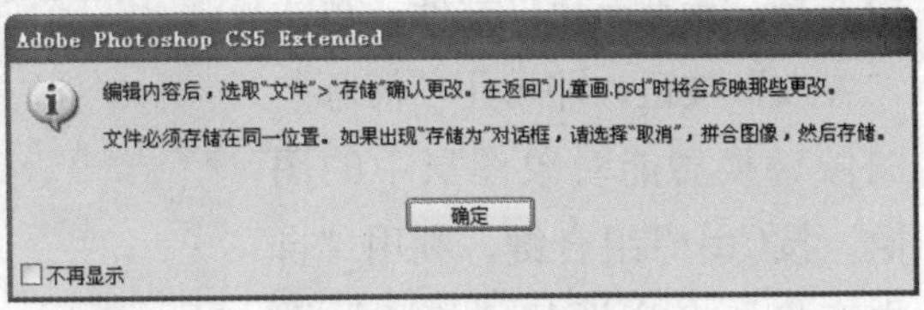

图15-11 询问对话框

对新文件进行图像大小和位置的编辑，并进行复制操作，编辑后的效果如图15-13所示。单击新文件右上角的 x 按钮，关闭新文件，在弹出的询问对话框中单击 是(Y) 按钮，编辑后的效果即可更新到“儿童画.psd”文件中，效果如图15-14所示。

图15-12 出现的新文件及【图层】面板

图15-13 编辑后的效果

图15-14 编辑智能对象后的效果

15.2.3 导出内容

执行“图层 | 智能对象 | 导出内容”命令，可以将智能对象的内容完全按照源图片所具有的属性进行存储，其存储的格式有PSD、PDF和JPEG等。注意，源图像的性质不同，执行此命令弹出的保存格式也各不相同。

15.2.4 替换内容

执行“图层 | 智能对象 | 替换内容”命令，可以将当前选择的智能对象中的内容替换成新的内容。

确认转换为智能对象的"图层 4"为当前层，执行"图层 | 智能对象 | 替换内容"命令，在弹出的【置入】对话框中选择"海豚.psd"文件，单击"置入"按钮，即可用"海豚"图像替换智能对象图层中的图像，按Ctrl+T组合键，利用"自由变换"命令调整"海豚"图像的大小，调整后的效果及【图层】面板如图15-15所示。

图15-15 替换智能对象后的效果及【图层】面板

15.2.5 堆栈模式

所谓堆栈模式是基于智能对象中各个图层对应像素颜色值统计的一种计算方式，只基于每通道起作用，并且仅作用于非透明像素。

15.2.6 栅格化

选择智能对象图层，执行"图层 | 智能对象 | 栅格化"命令或"图层 | 栅格化 | 智能对象"命令，可将智能对象图层转换为普通图层。在对智能对象图层进行栅格化之后，应用于该智能对象的变换、变形和滤镜将不再可编辑。

15.3 视频图层命令

在Photoshop CS5 Extended软件中打开视频文件或图像序列时，将在【图层】面板中自动创建视频图层（视频图层带有▤图标），帧包含在视频图层中。视频图层可使用画笔工具和图章工具在各个帧上进行绘制和仿制，还可以应用滤镜、蒙版、变换、图层样式和混合模式并可以在【图层】面板中对视频图层进行编组等操作。

15.3.1 从文件新建视频图层

执行"视图 | 视频图层 | 从文件新建视频图层"命令，在弹出的【添加视频图层】对话框中选择视频文件或图像序列文件，然后单击打开(O)按钮，即可将视频文件添加为新视频图层。

执行"视图 | 视频图层 | 新建空白视频图层"命令，即可在文件中新建一空白视频图层。

15.3.2 插入和删除帧

帧就是指影像动画中最小单位的单幅影像画面，相当于电影胶片上的每一个镜头。下面来讲解在Photoshop CS5中插入空白帧、复制帧及删除帧操作。

1. 插入空白帧

在空白视频图层中可以添加空白视频帧，其操作为：

- 在【动画】面板中选择空白视频图层，然后将当前时间指示器拖动到所需帧。
- 执行“图层｜视频图层｜插入空白帧”命令，即可在选定的空白视频图层中的当前时间处插入空白视频帧。

2. 复制帧

在空白视频图层中可以复制现有的（已绘制的）帧，其操作为：

- 在【动画】面板中，选择空白视频图层，然后将当前时间指示器拖动到所需帧。
- 执行“图层｜视频图层｜复制帧”命令，即可在选定的空白视频图层中添加处于当前时间的视频帧的副本。

3. 删除帧

在空白视频图层可以中删除空白视频帧，其操作为：

- 在【动画】面板中，选择空白视频图层，然后将当前时间指示器拖动到所需帧。
- 执行“图层｜视频图层｜删除帧”命令，即可删除选定的空白视频图层中当前时间处的视频帧。

15.3.3 替换素材

移动或重命名源后，Photoshop Extended 也会试图保持视频图层和源文件之间的链接。如果链接由于某种原因断开，【图层】面板中的图层上会出现警告图标。要重新建立视频图层与源文件之间的链接，可执行“图层｜视频图层｜替换素材”命令。该命令还可以用其他视频或图像序列源中的帧替换视频图层中的视频或图像序列帧。

15.3.4 解释素材

执行“图层｜视频图层｜解释素材”命令，可以在弹出如图15-16所示的【解释素材】对话框中指定Photoshop Extended 如何解释已打开或导入的视频的Alpha 通道和帧速率。

（1）在【动画】或【图层】面板中选择要解释的视频图层。

（2）执行“图层｜视频图层｜解释素材”命令，然后在弹出的【解释素材】对话框中执行下列任一操作：

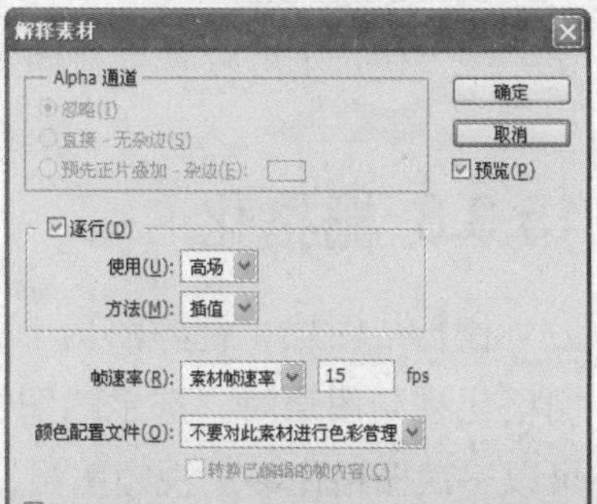

图15-16 【解释素材】对话框

- Alpha 通道：素材必须包含Alpha通道，该选项才可用。用该选项可以指定解释视频图层中的Alpha通道的方式。
  - 忽略：选择该单选按钮，可忽略视频中的Alpha通道。
  - 直接-无杂边：选择该单选按钮，可将Alpha通道解释为直接Alpha。如果用于创建视频的应用程序不会对Alpha通道预先进行正片叠底。
  - 预先正片叠加-杂边：选择该单选按钮，可将Alpha通道解释为用黑色、白色或彩色预先进行正片叠底。必要时，单击【解释素材】对话框中的色板可打开 Adobe 拾色器以指定杂边颜色。
- 逐行：设置此选项，可以设置使用高场和低场；以及设置方法为差值还是复制。
- 帧速率：勾选该复选框，可以指定每秒播放的视频帧数。
- 颜色配置文件：设置该选项，可以对视频图层中的帧或图像进行色彩管理。

15.3.5 隐藏/显示已改变的视频

执行“图层|视频图层|隐藏已改变的视频”命令（或单击【动画】面板时间轴中已改变的视频轨道旁边的👁图标），即可关闭已改变的视频图层的可见性。此时，此命令将变为“显示已改变的视频”命令，再次执行此命令，即可显示已改变的视频图层的可见性。

15.3.6 恢复帧

将当前时间指示器移动到该视频帧上，执行“图层|视频图层|恢复帧”命令，即可恢复特定的帧。

执行“图层|视频图层|恢复所有帧”命令，即可恢复视频图层或空白视频图层中的所有帧。

15.3.7 重新插入帧

将当前时间指示器移动到该视频帧上，然后执行“图层|视频图层|重新插入帧”命令，即可在特定的位置重新插入帧。

15.3.8 栅格化

执行“图层|视频图层|栅格化”命令，可将当前选择的视频图层转换为普通层。当栅格化视频图层时，选定的图层将被拼合到【动画】面板中选定的当前帧的复合中。尽管可以一次栅格化多个视频图层，但只能为顶部视频图层指定当前帧。

15.4 文字命令

执行“图层｜文字”命令，可以在弹出的下一级子菜单中对文字图层进行相应的调整。

1. 创建工作路径

执行“图层｜文字｜创建工作路径”命令，可以将文字转换为路径，转换后将以临时路径“工作路径”出现在【路径】面板中。在文字图层中创建的工作路径可以像其他路径一样存储和编辑，但不能将此路径形态的文字作为文本再进行编辑。将文字转换为工作路径后，原文字图层保持不变并可继续进行编辑。

2. 转换为形状

选择文字图层，执行“图层｜文字｜转换为形状”命令，可以将选择的文字层转换为具有矢量蒙版的形状图层。执行该命令后，不会保留文字图层。

3. 水平与垂直转换

执行“图层｜文字｜水平或垂直”命令，相当于单击工具选项栏中的按钮，可以切换文本的方向。

4. 点文字与段落文本转换

在实际操作中，经常需要将点文字转换为段落文字，以便在定界框中重新排列字符，或者将段落文字转换为点文字，使各行文字独立地排列。

转换方法非常简单。在【图层】面板中选择要转换的文字层，并确保文字没有处于编辑状态，然后执行“图层｜文字｜转换为点文本或转换为段落文本”命令，即可完成点文字与段落文字之间的相互转换。

5. 文字变形

利用文字的变形命令，可以扭曲文字以生成扇形、弧形、拱形和波浪等各种不同形态的特殊文字效果。对文字应用变形后，还可随时更改文字的变形样式以改变文字的变形效果。

6. 更新所有文字图层

执行“图层｜文字｜更新所有文字图层”命令，可以更改当前文件中所有文字图层的属性。

7. 替换所有欠缺字体

打开文件时，如果该文档中的文字使用了系统中没有的字体，会弹出一条警告信息，指明缺少哪些字体。出现这种情况时，可以执行该命令，使用系统中安装的字体替换文档中缺失的字体。

15.5 栅格化命令

对于包含矢量数据的图层，如文字图层、形状图层或蒙版图层等，不能使用绘画工具或滤镜命令等直接在这种类型的图层中进行编辑操作，只有将其栅格化才能使用。栅格化方法为，在【图层】面板中选择要栅格化的图层，然后执行“图层｜栅格化”命令中的任一子命令，或在此图层上单击鼠标右键，在弹出的快捷菜单中选择相应的“栅格化”命令，即可将选择的图层栅格化，转换为普通图层。

专家提示

执行“图层｜栅格化｜所有图层”命令，可将【图层】面板中所有包含矢量数据的图层栅格化。

15.6 图层编组命令

当需要将多个图层中的图像同时进行操作时，可将图层编组、链接或合并，具体操作分别如下。

15.6.1 图层编组

当需要将多个图层创建在一个图层组内时，可以将这些图层选择，然后执行“图层｜图层编组”命令，即可将选择的图层创建为一个图层组。

当需要将图层编组取消并保留图层时，可以将该图层组选择，然后执行“图层｜取消图层编组”命令，即可将选择的图层组编组取消而保留图层。

15.6.2 链接图层

在【图层】面板中选择要链接的多个图层，然后执行“图层｜链接图层”命令，或单击面板底部的按钮，可以将选择的图层创建为链接图层，每个链接图层右侧都显示一个图标。此时若用“移动”工具移动或变换图像，就可以对所有链接图层中的图像一起调整。

在创建了链接图层后，如果想暂时停用某一图层的链接功能，可以按住Shift键单击该图层右侧的图标，该图标即显示为停用链接状态；按住Shift键的同时再次单击鼠标，即可恢复链接。

在【图层】面板中选择一个链接图层，然后执行“图层｜选择链接图层”命令，可以将所有与之链接的图层全部选择；再执行“图层｜取消图层链接”命令或单击【图层】面板底部的按钮，可以解除它们的链接关系。

15.6.3 合并图层

在存储图像文件时，图层太多将会增加图像文件所占的磁盘空间。所以当图形绘制完成后，可以将一些不必单独存在的图层合并，以减少图像文件的大小。

合并图层的常用命令有向下合并、合并可见图层和拼合图像命令等，各命令的功能分别如下。

- 执行“图层｜向下合并”命令，可以将当前层与其下面的图层合并。若当前选择的图层为图层组，该命名显示为“合并组”。执行该命令，可将组中的所有图层合并为一个图层。
- 执行“图层｜合并可见图层”命令，可以将【图层】面板中所有可见的图层合并。
- 执行“图层｜拼合图像”命令，可以将【图层】面板中的所有图层拼合，拼合后的图层生成为“背景”图层。若有隐藏的图层，会弹出询问面板，询问是否将隐藏的图层清除后再拼合图像。

15.6.4 盖印图层

合并图层除了基本的合并命令外，还可以根据不同的合并要求通过按键盘上相应的快捷键来盖印图层，达到图层合并的目的。盖印图层是一种特殊的图层合并方法，它可以将多个图层通过复制的形式合并为一个图层，而其他图层还是保持原有的属性，这样可以给图像处理操作带来很大的方便，下面分几种情况来介绍盖印图层操作。

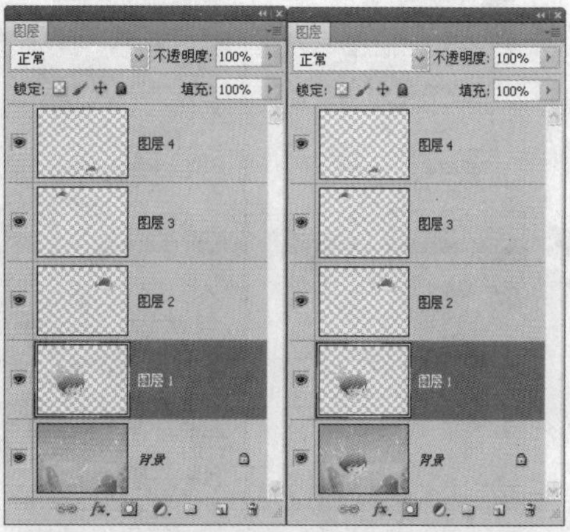

图15-17 选择单个图层及盖印后的面板形态

1. 两个图层的盖印

在【图层】面板中选择一个图层，按Ctrl+Alt+E组合键，可以将当前图层盖印到下面的图层中，而上面的图层保持不变。如图15-17所示，左图为设置的工作层，右图为盖印后的图层。

2. 多个图层的盖印

在【图层】面板中选择多个图层，按Ctrl+Alt+E组合键，可以将选择的多个图层通过盖印后在【图层】面板的上方生成一个新的图层，所选择的所有图层保持不变。如图15-18所示，左图为设置的工作层，右图为盖印后的图层。

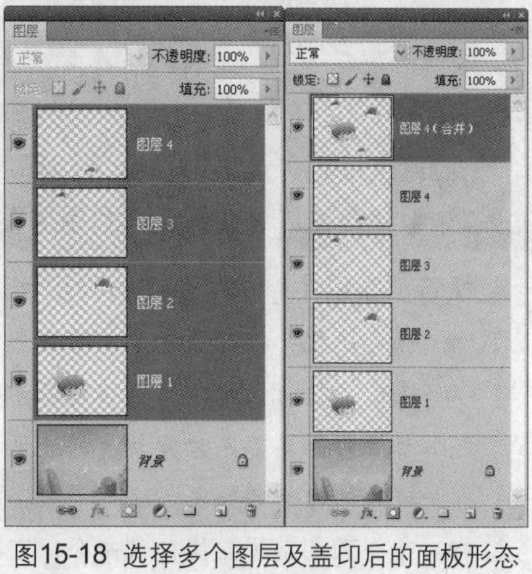

图15-18 选择多个图层及盖印后的面板形态

专家提示

在盖印多个图层时，所选择的图层可以是不连续排列的。如果“背景”图层也被选择，则将盖印合并到“背景”图层中。

3. 所有可见图层的盖印

在【图层】面板中选择一个图层，按Shift+Ctrl+Alt+E组合键，可以将所有显示的图层合并盖印成一个新的图层，所有图层保持不变，如图15-19所示。

4. 图层组的盖印

在【图层】面板中选择一个图层组，按Ctrl+Alt+E组合键，可以将图层组中所有显示的图层合并盖印成一个新的图层，图层组中的所有图层保持不变，如图15-20所示。如果图层组中有隐藏的图层，隐藏的图层则不会盖印到新图层中。

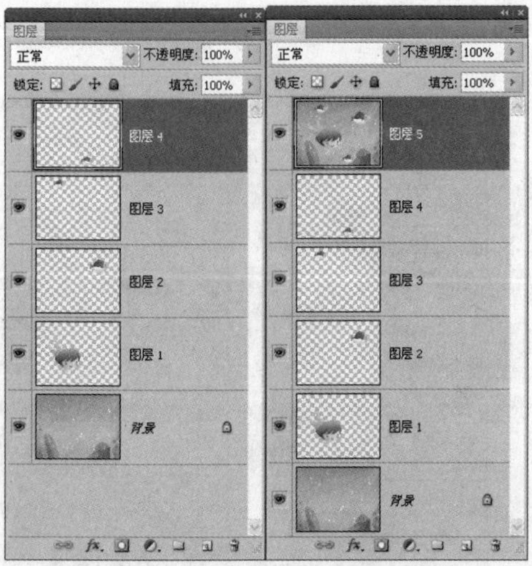

图15-19 盖印所有可见图层

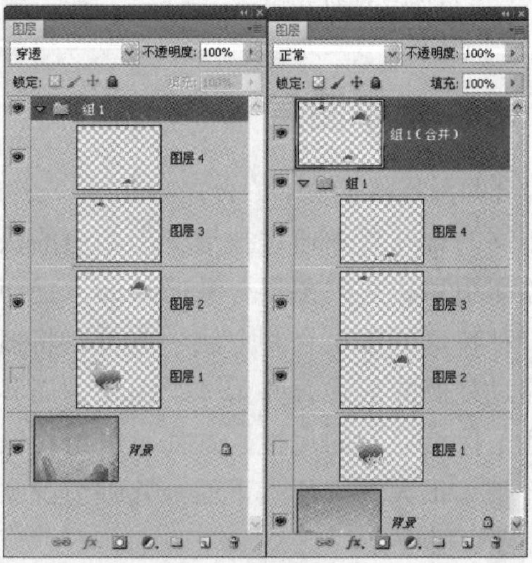

图15-20 盖印图层组

15.7 修边命令

当移动或粘贴选区时，选区边框周围的一些像素也会包含在选区内。因此，粘贴选区的边缘会产生边缘或晕圈，利用“图层 | 修边”菜单命令可以去除这些多余的像素。

执行“图层 | 修边”命令，弹出如图15-21所示的“修边”子菜单。

- 颜色净化：执行该命令，可将边像素中的背景色替换为附近完全选中的像素的颜色。
- 去边：执行该命令，可将边像素的颜色替换为距离不包含背景色的选区的边缘较远的像素的颜色。

图15-21 “修边”子菜单

- 移去黑色杂边：执行该命令，可将黑色

背景上创建的消除锯齿的选区粘贴到其他颜色的背景中。

- 移去白色杂边：执行该命令，可将白色背景上创建的消除锯齿的选区粘贴到其他颜色的背景中。

15.8 综合实战——图层应用

下面以设计“紫砂锅”的宣传单页为例，来详细讲解图层的灵活运用。设计的宣传单页如图15-22所示。

图15-22 设计的宣传单页

实战演练055 —— 利用图层制作宣传单页

1 新建宽度为20厘米，高度为28厘米，分辨率为150像素/英寸的白色文件，然后为“背景”图层填充上暗红色（R:120、G:22、B:15）。

2 打开素材图片“素材\第15章\牡丹花.jpg”，然后将其移动复制到新建文件中生成“图层 1”，并将其调整大小后放置到如图15-23所示的位置。

3 执行“图层|复制图层”命令，在弹出的【复制图层】对话框中直接单击 确定 按钮，将“图层 1”复制生成为“图层 1副本”图层，然后执行“图层|排列|后移一层”命令，将复制出的图层调整至“图层 1”的下方。

4 将复制出的图像垂直向上移动至如图15-24所示的位置。

图15-23 图像放置的位置

图15-24 复制图像放置的位置

5 新建“图层 2”，利用⬚工具，在画面的下方位置绘制出如图15-25所示的矩形选区，并为其填充上白色，然后按Ctrl+D组合键将选区去除。

图15-25 绘制的选区

6 打开素材图片“素材\第15章\素材.psd”，然后将“图层 3”中的内容移动复制到新建文件中生成“图层 3”，再将其调整大小后放置到两幅图像的交界处，如图15-26所示。

图15-26 素材图像放置的位置

7 打开素材图片“素材\第15章\木椅.psd”，然后将其移动复制到新建文件中生成“图层 4”，再将其调整大小后放置到如图15-27所示的位置。

图15-27 木椅图像放置的位置

8 打开素材图片“素材\第15章\凳子.psd”，并将其移动复制到新建文件中生成“图层 5”，然后将其调整大小后放置到如图15-28所示的位置。

图15-28 凳子图像放置的位置

9 依次按Ctrl+[组合键，将“图层 5”调整至“图层 2”下方的位置，调整图层顺序后的画面效果如图15-29所示。

图15-29 调整图层顺序后的效果

10 继续打开素材图片“素材\第15章\电饭煲.psd”，然后将其移动复制到新建文件中生成“图层 6”。

11 执行“图层 | 排列 | 置为顶层”命令，将“图层 6”调整至所有图层的上方，然后将其调整大小后放置到如图15-30所示的位置。

图15-30 调整图层位置后的效果

12 将前面打开的“素材.psd”文件中的“图层 2”和“图层 1”中的内容移动复制到新建文件中生成“图层 7”和“图层 8”，然后将其调整大小后分别放置到如图15-31所示的位置。

图15-31 图像放置的位置

13 打开素材图片“素材\第15章\光线.psd”，并将其移动复制到新建文件中生成“图层 9”，然后将其调整大小后放置到如图15-32所示的位置。

图15-32 光线图像放置的位置

14 将“图层 9”的图层混合模式设置为“柔光”模式，更改混合模式后的效果如图15-33所示。

图15-33 更改混合模式后的效果

15 将“图层 9”依次复制两层，来增强光线的颜色，效果如图15-34所示。

图15-34 增强颜色后的效果

16 将“图层 9”、“图层 9副本”和“图层 9副本 2”3个图层同时选择，然后调整至“图层 7”的下方位置，调整图层顺序后的画面效果如图15-35所示。

图15-35 调整图层顺序后的效果

17 将“图层 8”设置为当前层，然后单击【图层】面板下方的按钮，在弹出的下拉菜单中选择“曲线”命令，在弹出的【调整】面板中调整曲线形态如图15-36所示，调整后的效果如图15-37所示。

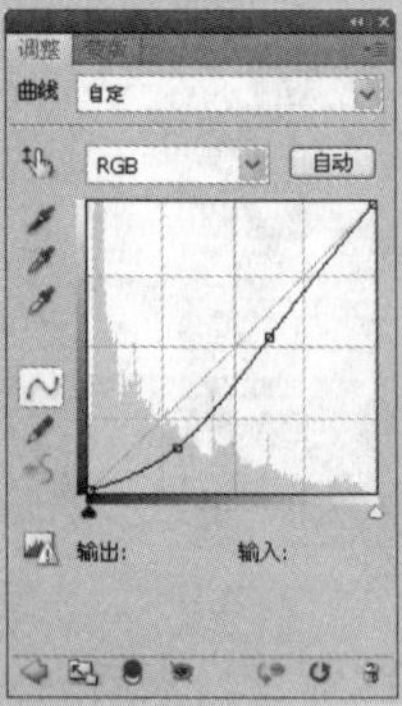

图15-36 调整曲线参数　图15-37 调整后的效果

18 利用工具，输入如图15-38所示的黄色（R:255、G:210、B:58）文字。

图15-38 输入的文字

19 执行“图层 | 栅格化 | 文字”命令，将文字层转换为普通层，再利用工具，绘制一个矩形选区，将“然”字选择，然后利用工具将其向上移动至如图15-39所示的位置。

图15-39 选择文字移动后的位置

20 继续利用工具，绘制一个矩形选区将“养”字选择，再按Ctrl+T组合键，为选择的文字添加自由变形框，并将其调整至如图15-40所示的大小及位置，然后按Enter键，确认文字的变换操作。

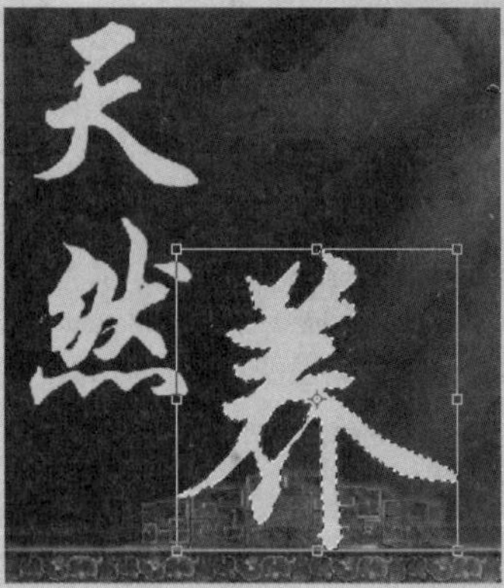

图15-40 调整后的文字形态

21 同理，将“生”字移动至如图15-41所示的位置，然后将选区去除。

图15-41 文字放置的位置

22 利用工具，输入如图15-42所示的浅黄色（R:255、G:240、B:135）文字。

图15-42 输入的文字

23 执行“图层｜图层样式｜描边”命令，在弹出的【图层样式】对话框中设置参数，如图15-43所示。

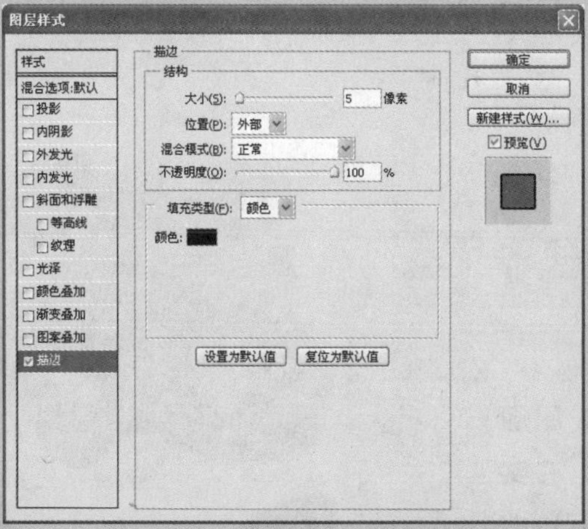

图15-43 设置图层样式参数

24 单击 确定 按钮，添加描边样式后的文字效果如图15-44所示。

图15-44 添加描边样式后的文字效果

25 选取T工具，在画面的下方位置拖动鼠标，绘制出如图15-45所示的文本框，然后依次输入如图所15-46示的文字。至此，电饭煲广告设计完成，整体效果如图15-47所示。

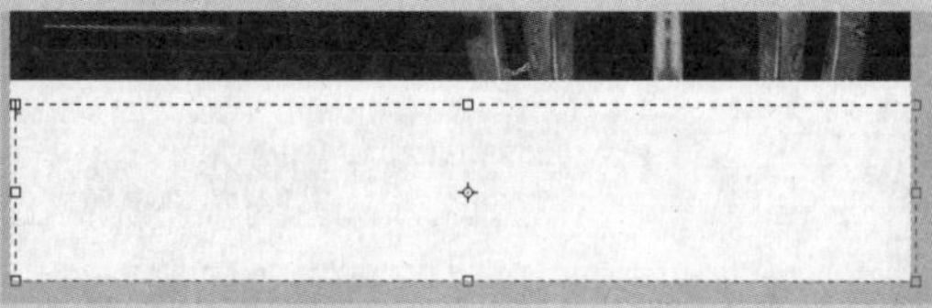

图15-45 绘制的文本框

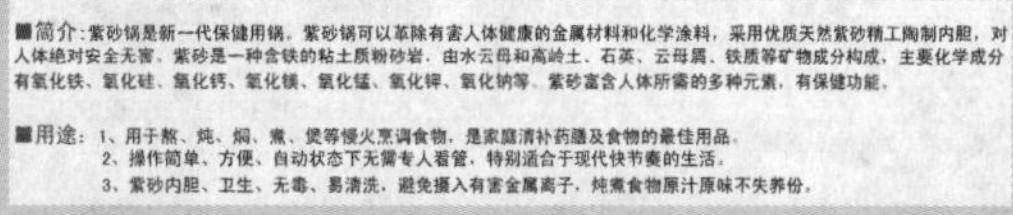

■简介：紫砂锅是新一代保健用锅。紫砂锅可以革除有害人体健康的金属材料和化学涂料，采用优质天然紫砂精工陶制内胆，对人体绝对安全无害。紫砂是一种含铁的粘土质粉砂岩，由水云母和高岭土、石英、云母屑、铁质等矿物成分构成，主要化学成分有氧化铁、氧化硅、氧化钙、氧化镁、氧化锰、氧化钾、氧化钠等。紫砂富含人体所需的多种元素，有保健功能。

■用途：1、用于熬、炖、焖、煮、煲等慢火烹调食物，是家庭清补药膳及食物的最佳用品。
2、操作简单、方便、自动状态下无需专人看管，特别适合于现代快节奏的生活。
3、紫砂内胆、卫生、无毒、易清洗，避免摄入有害金属离子，炖煮食物原汁原味不失养份。

图15-46 输入的文字

图15-47 设计完成的广告

26 按Ctrl+S组合键，将文件命名为“广告设计.psd”保存。

第16章

选择菜单

选择菜单中的各项命令都是用来选取选区或图层的，其中大部分命令用于对选区进行编辑和修改，在实际操作过程中非常有用，希望读者能够完全掌握其功能及使用方法。

通过本章的学习，您可以掌握以下知识点：

- 选择命令
- 选择图层命令
- 色彩范围命令
- 编辑选区命令
- 综合实战——绘制折扇

选择菜单如图16-1所示。

下面我们来简单介绍选择菜单命令。

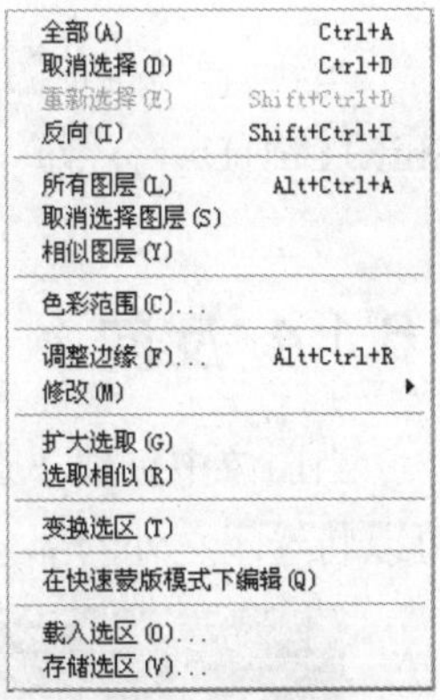

图16-1 选择菜单

- 全部：用于选择整幅图像。
- 取消选择：将图像中的选区取消。
- 重新选择：恢复图像中上一次被取消的选区。
- 反向：将图像中选择的区域和非选择的区域进行互换。
- 所有图层：将图像中除背景图层外的所有图层同时选择。
- 取消选择图层：将当前图层的选择取消。执行该命令后，将没有图层被选择。
- 相似图层：将与当前层相似的图层同时选择。如当前层为文字层，执行该命令后，可将所有文字层同时选择。
- 色彩范围：用于选择指定颜色的图像区域。
- 调整边缘：执行该命令，将弹出【调整边缘】对话框，用于对选区进行平滑或羽化等修改。
- 修改：用于对选区进行修改，包括平滑、扩展、缩小及羽化等。
- 扩大选取：将选区在图像上延伸，将与当前选区内像素相连且颜色相近的像素点一起扩充到选区中。
- 选取相似：将图像中所有与选区内像素颜色相近的像素都扩充到选区内。
- 变换选区：对选区进行大小缩放、旋转等变形操作。
- 在快速蒙版模式下编辑：可以将图像转换到快速蒙版模式下进行编辑。
- 载入选区：调用存放在通道中的选区。
- 存储选区：将图像的选区存放到通道中。

16.1 选择命令

选择命令可以用来选择图像中的选区，也可以用来将选择的选区进行取消选择和反向选择，本节将讲解选择命令的基本操作与用法。

16.1.1 全部

执行“选择 | 全部”命令（或按快捷键Ctrl+A组合键），可以将图像进行整个选取。当需要复制图像时，可以使用该命令将图像全部选取，然后执行复制命令将图像全部复制。

16.1.2 取消选择

创建选区后，执行“选择 | 取消选择”命令（或按快捷键Ctrl+D组合键），可以取消选择。

16.1.3 重新选择

当执行“选择 | 取消选择”命令后，可以执行“选择 | 重新选择”命令（或按快捷键Shift+Ctrl+D组合键），将被取消的选择进行恢复。

16.1.4 反向

当图像中创建了选区，执行“选择 | 反向”命令（或按快捷键Shift+Ctrl+I组合键），可以将选区之外的部分选取，如图16-2、图16-3所示。

图16-2 创建的选区

图16-3 反选后的选区效果

16.2 选择图层命令

该命令中的选项都是用来对图层进行操作的，利用命令进行选取图层和用快捷键进行选取的作用一样，但是利用快捷键进行选取时会比较方便。

16.2.1 所有图层

执行“选择 | 所有图层”命令（或按快捷键Ctrl+Alt+ A组合键），可以将图层面板中除背景层之外的所有图层选取。

16.2.2 取消选择图层

当选择了图层后，执行“选择 | 取消选择图层”命令，可以将选取的图层进行取消。

16.2.3 相似图层

当【图层】面板中选择一个图层后，执行“选择 | 相似图层”命令，可以将与该图层属性相似的图层一并选取。

16.3 色彩范围命令

色彩范围命令与工具箱中的魔棒工具功能相似，主要用于选择指定颜色的图像区域。使用该命令的特点在于该命令可以根据图像中色彩的变化来设定选择程度，从而使选择操作更加灵活。

16.3.1 色彩范围命令

执行“选择｜色彩范围”命令，即可打开如图16-4所示的【色彩范围】对话框。

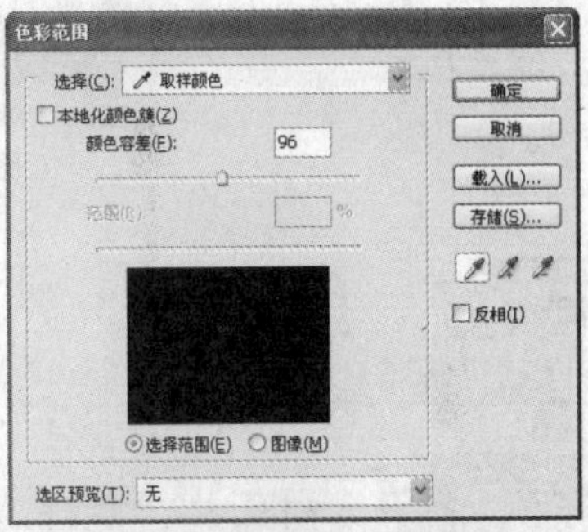

图16-4 【色彩范围】对话框

- 选择：该选项用来设置选区的创建方式。单击按钮即可打开其下拉列表，如图16-5所示。

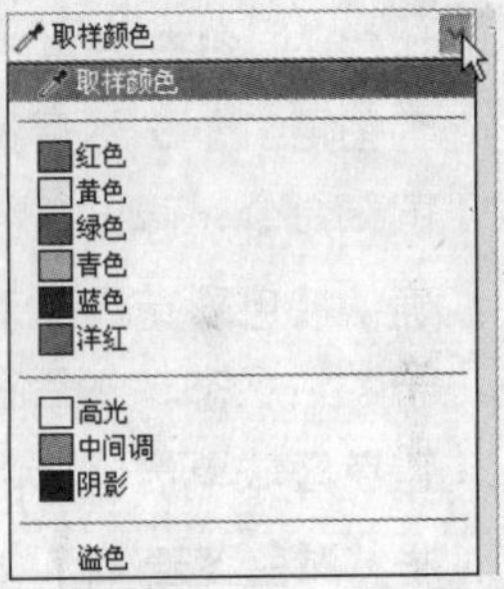

图16-5 “选择”下拉列表

在下拉列表中选择“取样颜色”选项时在图像上单击鼠标即可对颜色进行取样（当需要添加颜色时可以单击按钮，当需要减去颜色时可以单击按钮）；当选择颜色选项时，可以选择出特定的颜色；当选择“高光”、“中间调”、“阴影”选项时，可以选择图像中的特定色调；当选择“溢色”选项时，可在图像中选择出现的溢色。

- 本地化颜色簇/范围：勾选“本地化颜色簇”复选框后，范围选项即可进行使用，拖动范围滑块可调整蒙版中颜色与取样点的最大和最小距离。
- 颜色容差：该选项用来控制颜色的选择范围，该值越高，包含的颜色范围越广。
- 选区预览：该选项用来设置选区在文档窗口中的预览方式。选择“灰度”选项可以按照选区在灰度通道中的外观来显示选区；选择“黑色杂边”选项可在未选择的区域上覆盖一层黑色；选择“白色杂边”选项可在未选择的区域上覆盖一层白色；选择“快速蒙版”选项可显示选区在快速蒙版状态下的效果。
- 存储：单击“存储”按钮可以将当前的状态保存为选区预设。
- 载入：单击“载入”按钮可以载入存储的选区预设文件。
- 反相：勾选该复选框时可以反转选区颜色。

16.3.2 色彩范围命令应用

下面利用“色彩范围”命令来选取人物衣服中的绿色区域，然后将其调整为紫色，调整前后的对比效果如图16-6所示。

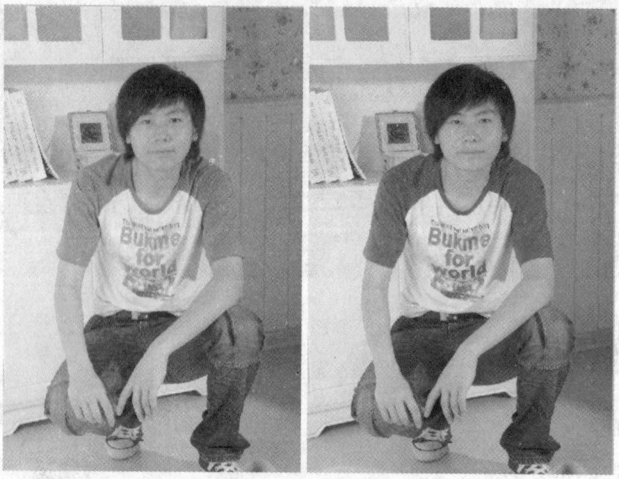

图16-6 人物衣服调整前后的对比效果

实战演练056 —— 调整图片局部颜色

1 打开素材图片“素材\第16章\男孩.jpg”的文件。

2 按Ctrl+J组合键将“背景”图层复制为“图层 1”，然后执行“选择｜色彩范围”命令，弹出【色彩范围】对话框。

3 确认【色彩范围】对话框中的按钮处于激活状态，然后在图像中人物衣服的蓝色区域单击鼠标以吸取此处的色样。

4 将“颜色容差”选项的数值设置为167，【色彩范围】对话框如图16-7所示。

图16-7 【色彩范围】对话框

5 单击 确定 按钮，此时图像中生成的选区如图16-8所示。

图16-8 创建的选区

6 选取工具，并激活属性栏中的按钮，然后在图像中选取的书脊位置处绘制选区，如图16-9所示。将该处的选区修剪掉后的选区形态如图16-10所示。

7 执行“图像｜调整｜色相｜饱和度”命令，在弹出的【色相/饱和度】对话框中设置选项及参数，如图16-11所示。

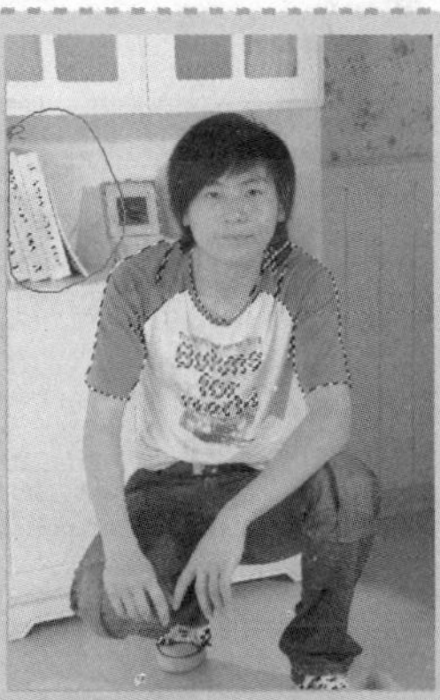

图16-9 修剪选区状态　图16-10 选区修剪后的形态

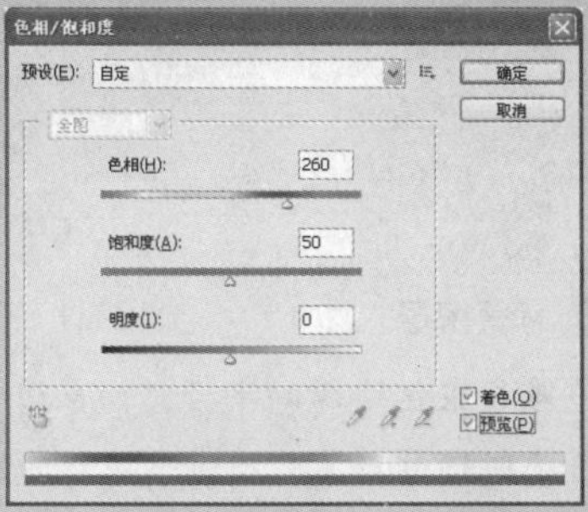

图16-11 【色相/饱和度】参数设置

8 单击 确定 按钮，衣服调整颜色后的效果如图16-12所示。

图16-12 衣服调整颜色后的效果

9 按Ctrl+D组合键去除选区，然后按Shift+Ctrl+S组合键，将此文件另命名为“色彩范围应用.psd”保存。

16.4 编辑选区命令

在选择菜单中除以上讲到的命令外，其余命令都是用来编辑选区的。当创建选区后通过选择相应的命令可以对选区进行各种设置，包括羽化、收缩、扩展或进行选区的变换等。

16.4.1 调整边缘

执行“选择｜调整边缘”命令，弹出如图16-13所示的【调整边缘】对话框。

- 视图模式：该选项用来设置选区的预览方式。勾选“显示半径”复选框，将在发生边缘调整的位置显示选区边框。勾选“显示原稿”复选框，将显示原始选区以进行比较。单击“视图”右侧的窗格，弹出如图16-14所示的模式下拉列表。如图16-15～图16-21所示为选择不同模式时的选区预览效果。

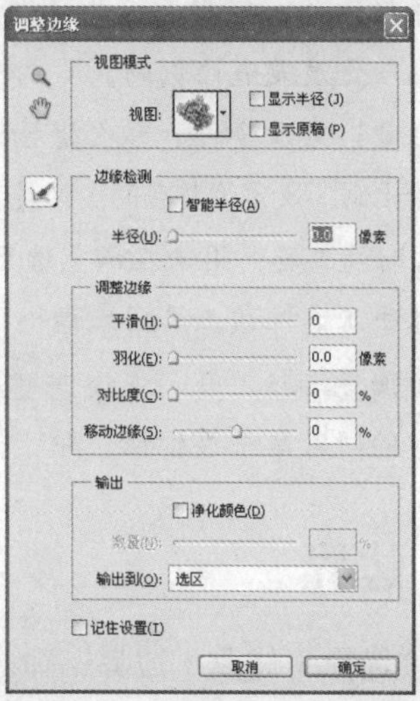

图16-13 【调整边缘】对话框

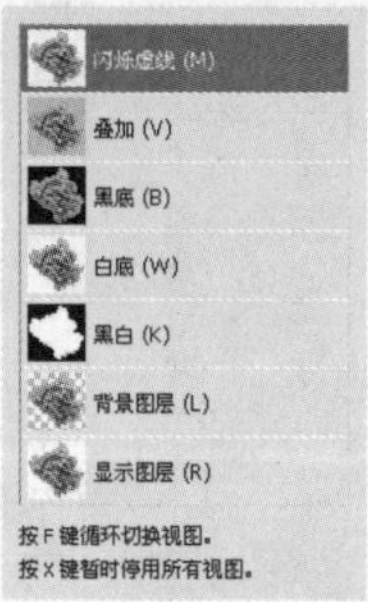

图16-14 弹出的模式列表

图16-15 闪烁虚线

图16-16 叠加

图16-17 黑底

图16-18 白底

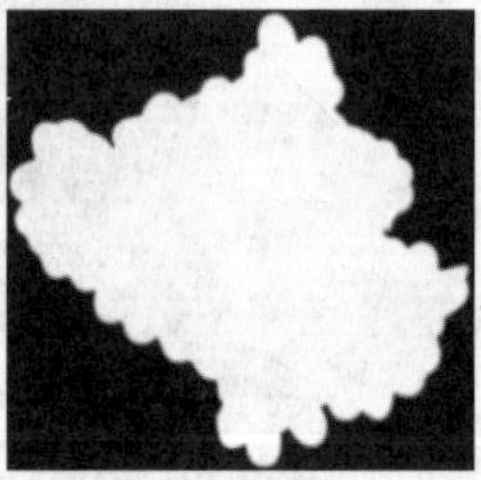

图16-19 黑白

图16-20 背景图层

图16-21 显示图层

- 智能半径：该选项自动调整边界区域中发现的硬边缘和柔化边缘的半径。如果边框一律是硬边缘或柔化边缘，或者要控制半径设置并且更精确地调整画笔，则取消选择此选项。
- 半径：该选项用来确定发生边缘调整的选区边界的大小。对锐边使用较小的半径，对较柔和的边缘使用较大的半径。
- 平滑：该选项用来创建较平滑的轮廓，减少边界中的不规则区域。
- 羽化：该选项可以用来为选区设置羽化值。
- 对比度：该选项可以锐化选区的边缘，并将边缘的模糊效果去除。增加对比度可以将由于“半径”设置过高而引起的边缘过多杂色的效果移去。
- 移动边缘：该选项中的正值用来扩展边界，负值用来收缩边界。
- 净化颜色：将彩色边替换为附近完全选中的像素的颜色。颜色替换的强度与选区边缘的软化度是成比例的。
- 数量：更改净化和彩色边替换的程度。
- 输出到：决定调整后的选区是变为当前图层上的选区或蒙版，还是生成一个新图层或文档。
- 缩放工具：用来在调整选区时进行放大或缩小。
- 抓手工具：该工具用来调整图像的位置。
- 调整半径工具和抹除调整工具：可以精确调整发生边缘调整的边界区域。按住Alt键的同时单击该按钮，即可在两个按钮之间切换。

16.4.2 边界

执行“选择 | 修改 | 边界”命令可以在弹出的对话框中设置边界向内或向外扩展，扩展的选区将与原来的选区组成新的选区，如图16-22~图16-24所示。

图16-22 建立的选区

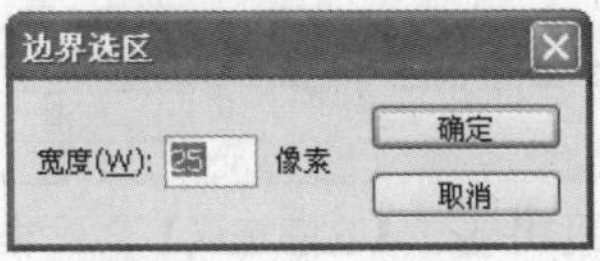

图16-23 【边界选区】对话框

图16-24 扩展选区后的效果

16.4.3 平滑

该命令可以将选区的边缘进行平滑设置，执行“选择 | 修改 | 平滑”命令即可打开【平滑选区】对话框，在对话框中将“取样半径”设置之后即可将选区平滑处理，如图16-25~图16-27所示。

图16-25 创建的原选区

图16-26 【平滑选区】对话框

图16-27 平滑选区后的效果

16.4.4 扩展

执行“选择 | 修改 | 扩展”命令即可打开【扩展】对话框，在对话框中将“扩展量”进行设置后即可将原选区扩展，如图16-28~图16-30所示。

图16-28 创建的原选区

图16-29 【扩展选区】对话框

图16-30 扩展选区后的效果

16.4.5 收缩

执行“选择 | 修改 | 收缩”命令，即可打开【收缩选区】对话框，在对话框中进行设置后即可将原选区进行收缩，如图16-31~图16-33所示。

图16-31 创建的原选区

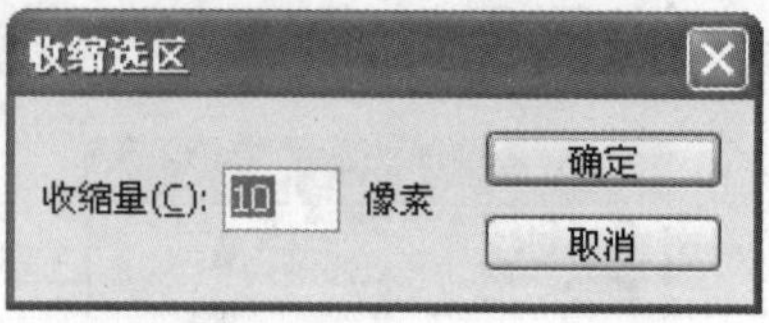

图16-32 【收缩选区】对话框

图16-33 收缩选区后的效果

16.4.6 羽化

羽化命令可以将选区进行羽化处理，执行“选择｜修改｜羽化”命令，在打开的【羽化】对话框中设置羽化值即可将选区进行羽化处理，如图16-34~图16-36所示。

图16-34 创建的原选区

图16-35 【羽化选区】对话框

图16-36 羽化选区后的效果

16.4.7 扩大选取

执行“选择｜扩大选取”命令可以将原选区进行扩大，但是该选项只扩大与原选区相连接的区域，并且会自动寻找与选区中的像素相近的像素进行扩大。

16.4.8 选取相似

执行“选择｜选取相似”命令，也可以扩大选区，它与“扩大选取”命令相似但是该选项扩大选取可以从整个文件中寻找相似的像素进行扩大选取。

16.4.9 变换选区

该命令可以为选区添加变换定界框，拖动定界框中的控制点即可调整选区的大小。“变换选区”命令操作与“自由变换”命令的操作相同，在此不再赘述。

16.5 载入和存储选区

在实际操作过程中，可以将编辑好的选区进行保存以备后用。下面来详细讲解存储及载入选区操作。

16.5.1 存储选区

在文件中创建选区后，执行“选择｜存储选区”命令，即可弹出如图16-37所示的【存储选区】对话框，在对话框中可以设置选区的名称等各项选项，单击确定按钮后，即可将其保存。

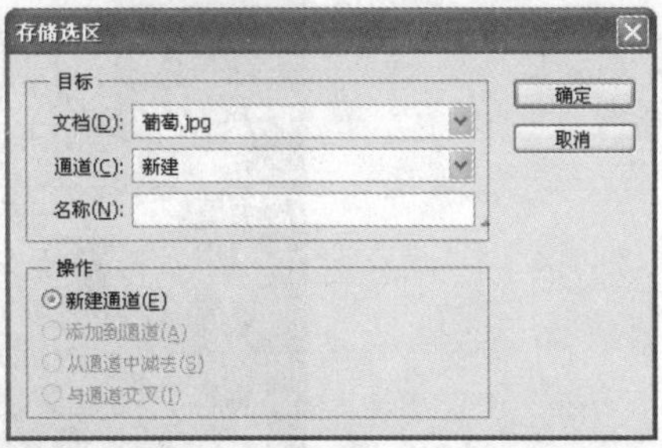

图16-37 【存储选区】对话框

- 文档：在该选项中可以选择将选区保存的位置，默认情况下选区保存到当前文档中。
- 通道：该选项可以用来选择将选区保存到一个通道中，也可以为选区选择其他的通道进行保存。
- 名称：为选区添加名称。
- 操作：当选择通道后，该选项可以为新建的选区选择一个与原选区在通道中存储的方法。选择“新建通道”单选按钮时可以将选区存储到新建的通道中；选择“添加到通道”单选按钮时可以将新建选区添加到原选区中；选择“从通道中减去”单选按钮时可以将新建选区从原选区中减去；选择“与通道交叉”单选按钮时可以将原选区与新建选区进行交叉通道中只显示交叉的区域。

16.5.2 载入选区

执行该命令，可以打开如图16-38所示的【载入选区】对话框，在对话框中进行各项设置后，单击确定按钮，即可将选区载入到文件中。

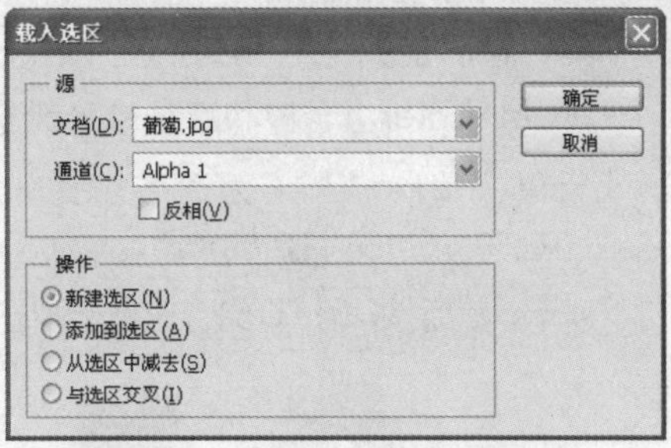

图16-38 【载入选区】对话框

- 文档：该选项用来选择包含选区的目标文件。
- 通道：该选项用来选择包含选区的通道。
- 反相：可以将选区进行反转，即载入选区后执行“反向”命令。
- 操作：当文件中包含选区时可以通过该选项中的各项操作进行合并载入的选区。选择“新建选区”单选按钮时可以替换当前的选区；选择“添加到选区”单选按钮时可以将载入的选区添加到当前选区中；选择“从选区中减去”单选按钮时可以将载入的选区从当前的选区中减去；选择“与选区交叉”单选按钮是可以创建两个选区交叉的新选区。

16.6 综合实战——绘制折扇

本例灵活运用各种选区命令来绘制如图16-39所示的折扇效果。

图16-39 制作的折扇效果

实战演练057 —— 绘制折扇

1 新建宽度为20厘米，高度为18厘米，分辨率为150像素/英寸的白色文件。

2 执行“视图 | 显示 | 网格”命令，将网格显示在图像窗口中，然后利用工具，绘制出如图16-40所示的路径，再按Ctrl+Enter组合键将路径转换为选区

3 新建“图层 1”，为选区填充深灰色（R:158、G:158、B:158），效果如图16-41所示。然后按Ctrl+D组合键将选区去除。

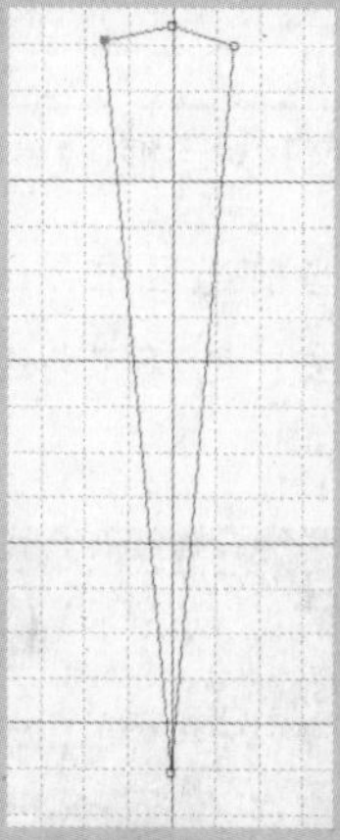

图16-40 绘制的路径

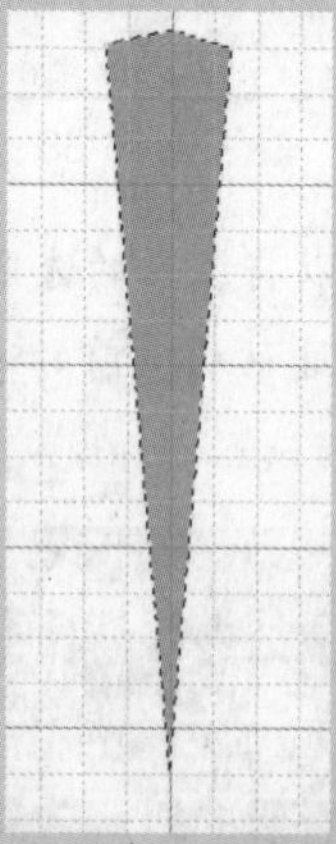

图16-41 填充颜色后的效果

4 新建“图层 2”，利用工具，在图形的下端位置单击鼠标，绘制一个小黑点。在后面的操作中，此点将作为参考点，用完后再将其删除。

5 按住Ctrl键的同时单击“图层 1”左侧的图层缩略图添加选区，然后选取工具，按住Alt键的同时在画面中绘制选区与原选区进行修剪，修剪后的选区形态如图16-42所示。

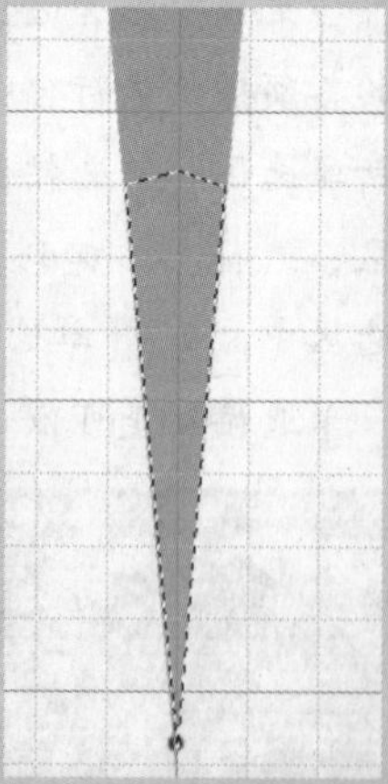

图16-42 修剪后的选区形态

6 确认“图层 1”为当前层，按Delete键删除选择的内容，效果如图16-43所示。然后按Ctrl+D组合键将选区去除。

7 利用工具，绘制出如图16-44所示的选区。然后按Ctrl+M组合键，在弹出的【曲线】对话框中调整曲线形态，如图16-45所示。

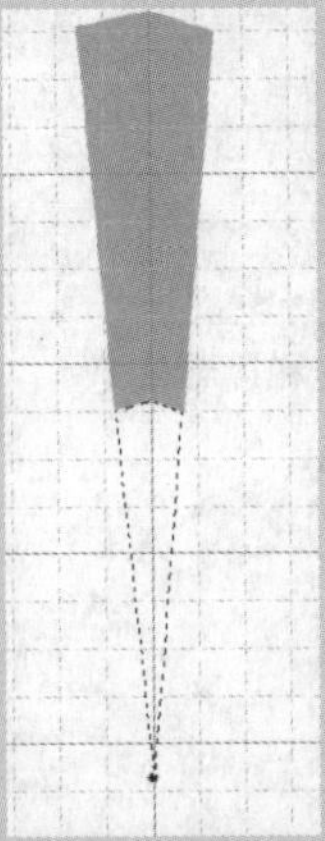

图16-43 删除后的效果

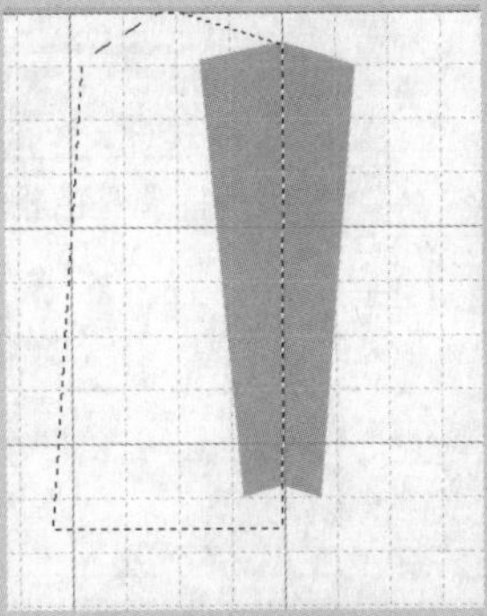

图16-44 绘制的选区

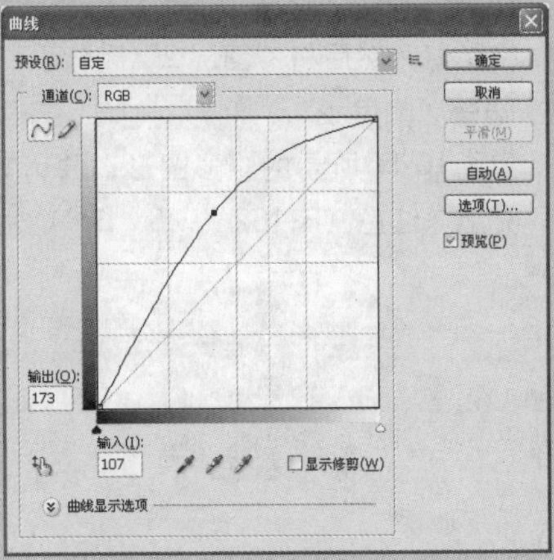

图16-45 【曲线】对话框

8 单击确定按钮，调整后的效果如图16-46所示。

9 利用工具，绘制出如图16-47所示的选区。

10 按Ctrl+M组合键在弹出的【曲线】对话框中调整曲线形态，如图16-48所示。单击确定按钮，调整后的效果如图16-49所示，然后将选区去除。

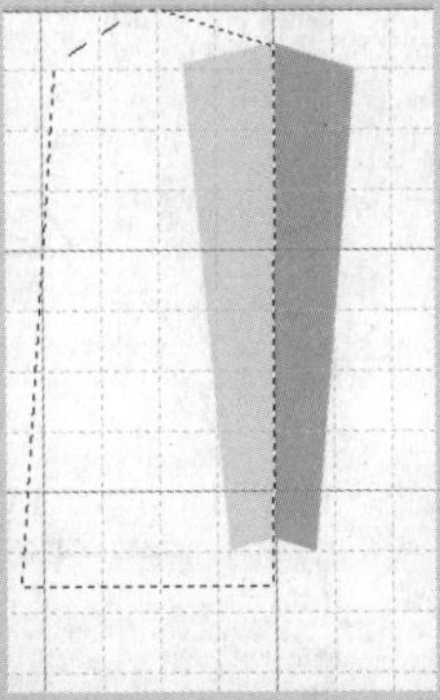

图16-46 调整后的效果

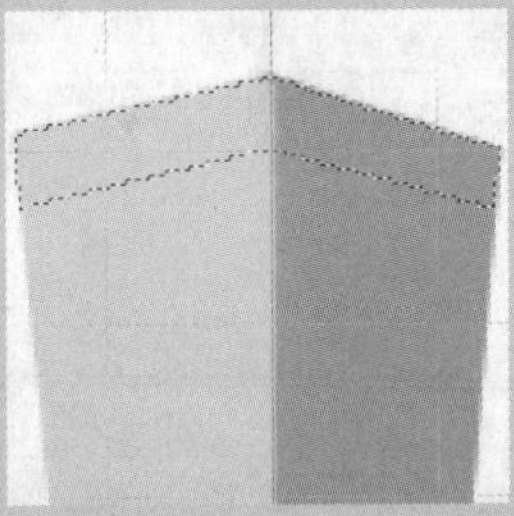

图16-47 绘制的选区

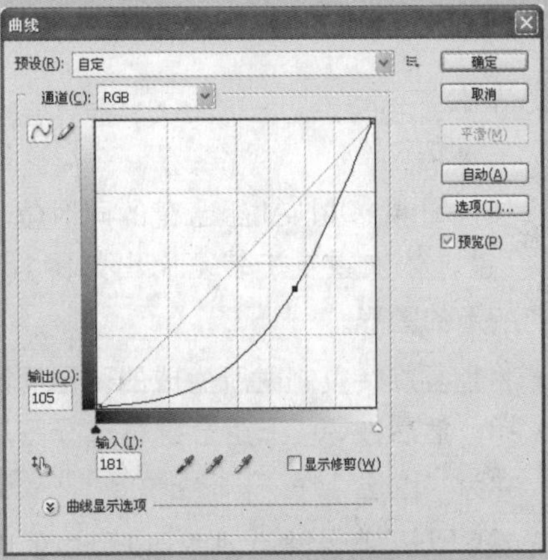

图16-48 【曲线】对话框

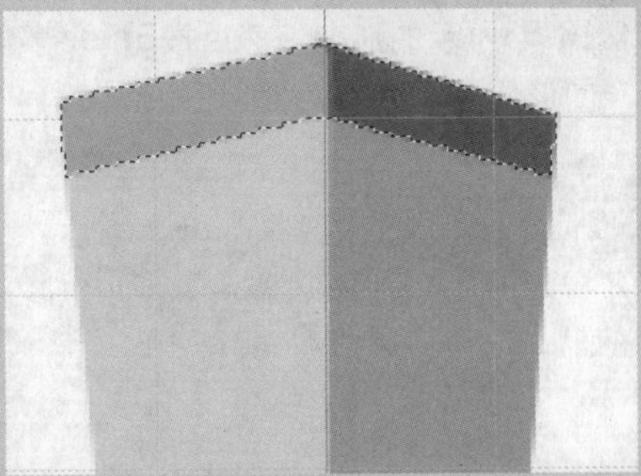

图16-49 调整后的效果

11 按Ctrl+Alt+T组合键将“图层 1”中的图形复制后添加自由变形框，并将其旋转中心移动至如图16-50所示的位置。

12 将“图层 1”中的内容旋转至如图16-51所示的形态，然后按Enter键确认图形的变换操作。

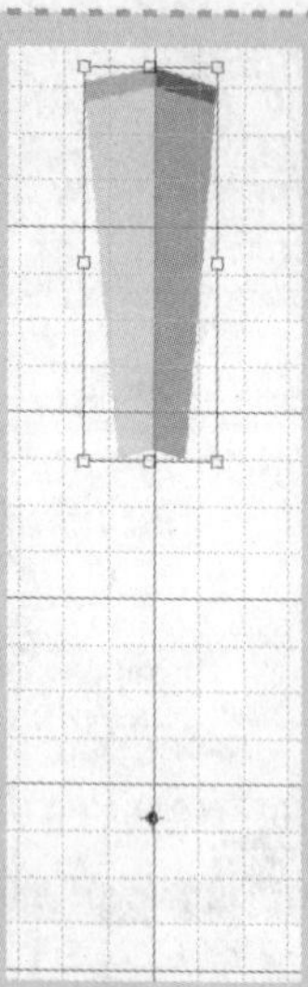

图16-50 旋转中心放置的位置

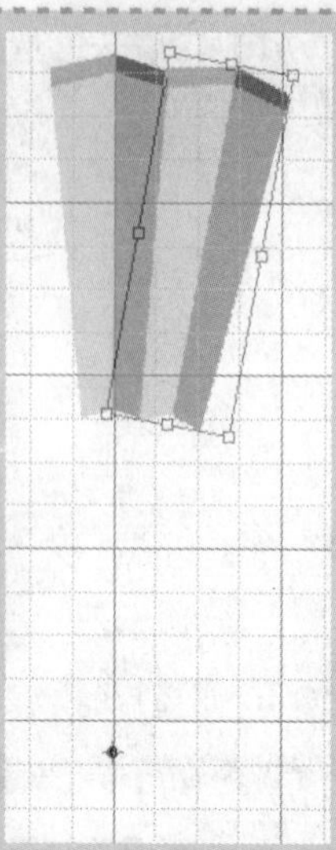

图16-51 旋转后的图形形态

13 按住Shift+Ctrl+Alt组合键的同时依次按T键，依次重复旋转复制出如图16-52所示的图形。

14 将重复旋转复制时所生成的图层同时选择，然后按Ctrl+E组合键将选择图层合并为“图层 1”。

15 按Ctrl+T组合键为“图层1”中的图形添加自由变形框，并将其旋转至如图16-53所示的形态，然后按Enter键确认图形的变换操作。

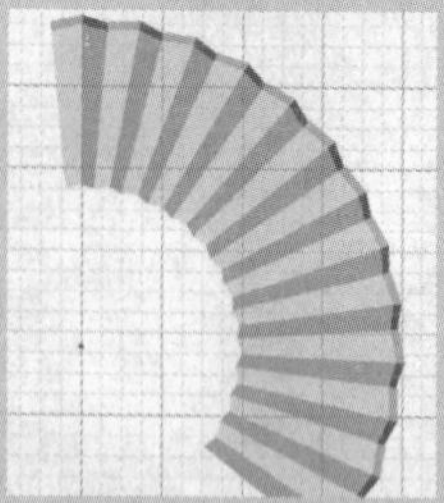

图16-52 重复旋转复制出的图形

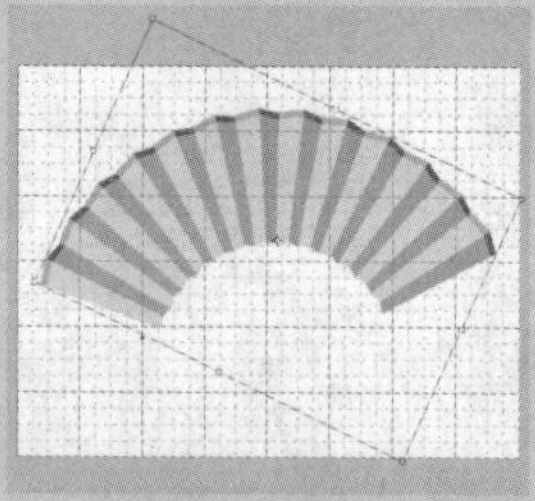

图16-53 调整后的图形形态

16 单击【图层】面板下方的 按钮，在弹出的下拉菜单中选择“色相/饱和度”命令，在弹出的【色相/饱和度】面板中设置参数，如图16-54所示。调整后的效果如图16-55所示。

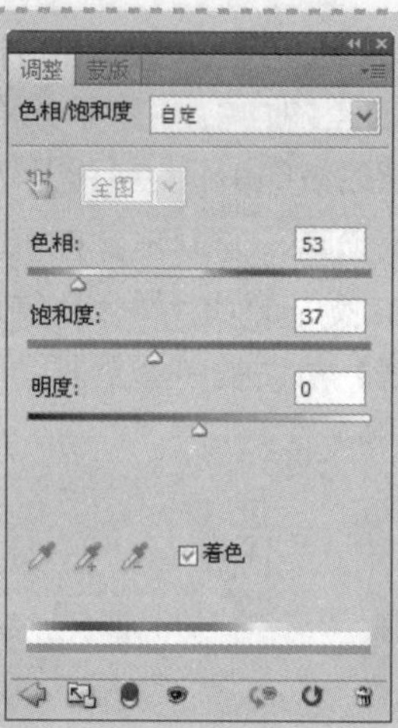

图16-54 调整色相/饱和度参安数

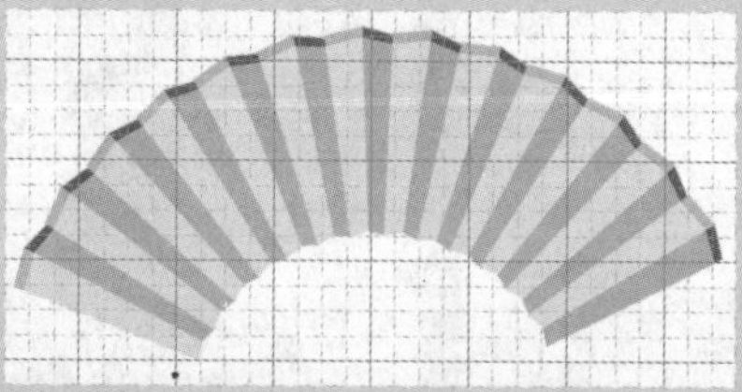

图16-55 调整后的效果

17 执行“视图 | 显示 | 网格”命令，将网格隐藏，然后将“图层 2”删除。

18 新建“图层 2”，利用 工具，绘制出如图16-56所示的矩形图形，并为其填充上深红色（R:162、G:8、B:8）。

图16-56 绘制的选区

19 确认前景色为深红色（R:162、G:8、B:8），将背景色设置为暗红色（R:103、G:3、B:3），然后执行“滤镜 | 渲染 | 纤维”命令，在弹出的【纤维】对话框中设置参数，如图16-57所示。

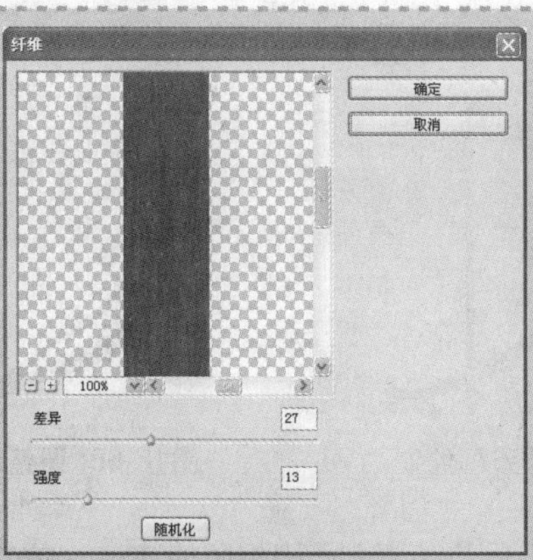

图16-57 【纤维】对话框

20 单击 确定 按钮，执行“纤维”命令后的效果如图16-58所示，然后将选区去除。

21 利用 和 工具，绘制并调整出如图16-59所示的路径，然后按Ctrl+Enter组合键将路径转换为选区。

图16-58 执行“纤维”命令后的效果

图16-59 绘制的路径

22 按Shift+Ctrl+I组合键将选区反选，再按Delete键删除选择的内容，然后将选区去除，删除后的效果如图16-60所示。

图16-60 删除多余图像后的效果

23 执行“图层 | 图层样式 | 斜面和浮雕”命令，在弹出的【图层样式】对话框中设置参数，如图16-61所示。

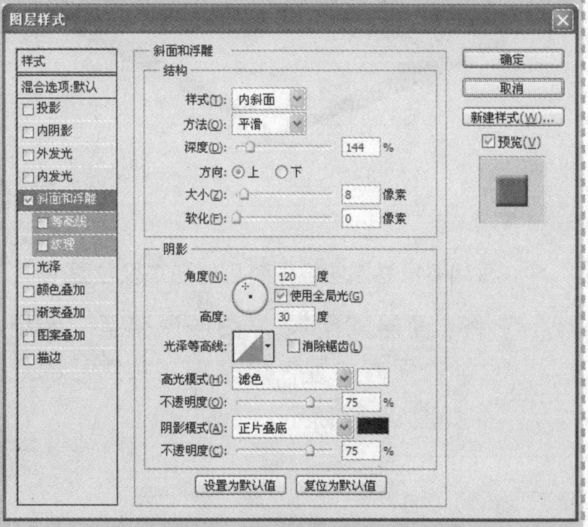

图16-61 设置图层样式参数

24 单击 确定 按钮，添加斜面和浮雕样式后的效果如图16-62所示。

25 按Ctrl+T组合键，为“图层 2”中的图形添加自由变形框，并将其调整至如图16-63所示的形态及位置，然后按Enter键确认图形的变换操作。

图16-62 添加图层样式后的效果

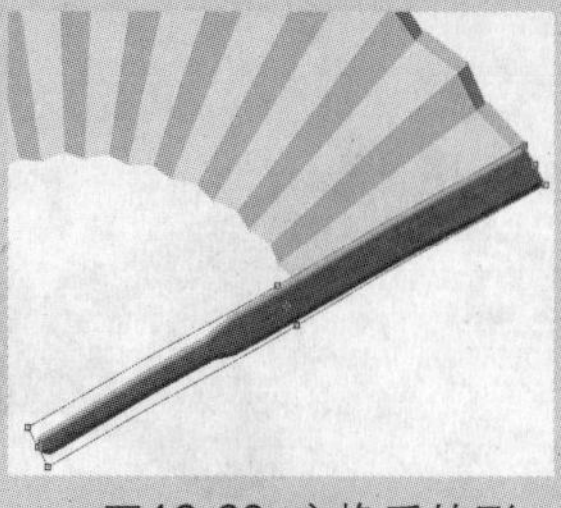

图16-63 变换后的形态及位置

26 将“图层2”复制生成为“图层2副本”图层，再按Ctrl+T组合键为“图层2副本”图层中的图形添加自由变形框，并将其调整至如图16-64所示的形态及位置，然后按Enter键确认图形的变换操作。

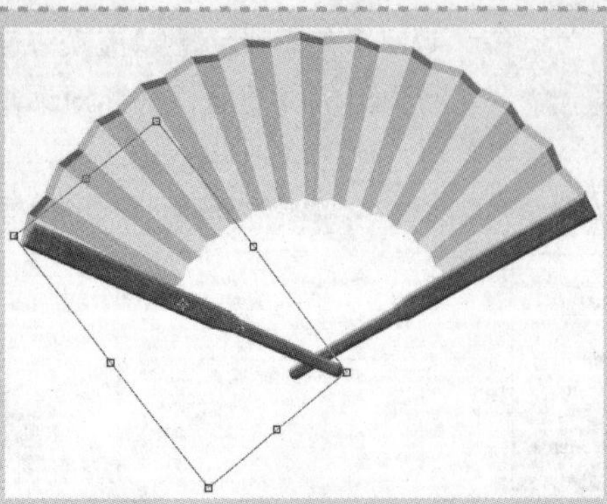

图16-64 复制图像调整后的形态及位置

27 将“图层 2副本” 图层调整至“图层 1”的下方位置，调整图层顺序后的效果如图16-65所示。

图16-65 调整图层顺序后的效果

28 在“图层 2”的上方新建“图层 3”，然后利用工具，绘制出如图16-66所示的红色（R:230、G:0、B:18）圆形图形。

图16-66 绘制的图形

29 新建“图层 4”，用与步骤18~24相同的方法，制作出如图16-67所示的图形。再按Ctrl+T组合键为其添加自由变形框，并将其调整至如图16-68所示的形态，然后按Enter键确认图形的变换操作。

图16-67 绘制的另一图形

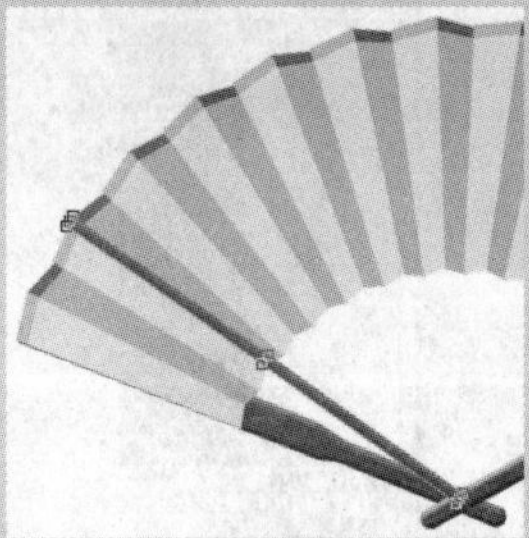

图16-68 调整后的图形形态

30 用与步骤11~13相同的方法，依次复制出如图16-69所示的图形。

图16-69 旋转复制出的图形

31 将重复旋转复制时所生成的图层同时选择，然后按Ctrl+E组合键将选择图层合并为“图层 4”。

32 按住Ctrl键的同时单击“图层 1”左侧的图层缩略图添加选区，然后选取工具，按住Shift键的同时在画面中绘制选区与原选区进行相加，相加后的选区形态如图16-70所示。

图16-70 相加后的选区形态

33 按Shift+Ctrl+I组合键将选区反选，再按Delete键删除选择的内容，效果如图16-71所示，然后将选区去除。

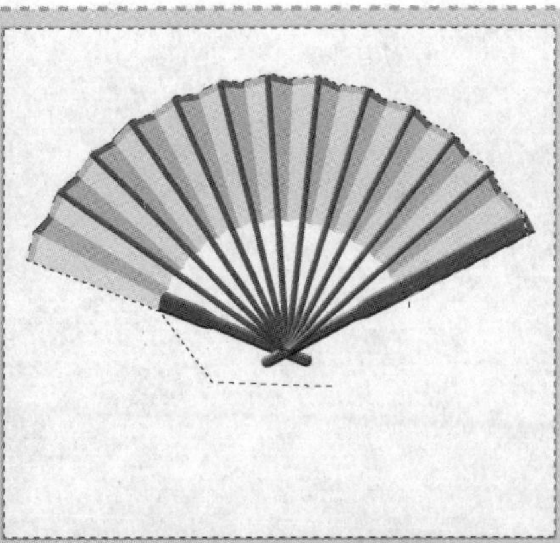

图16-71 删除后的效果

34 将“图层 4”调整至“图层 1”下方的位置，调整图层顺序后的效果如图16-72所示。

图16-72 调整图层顺序后的效果

35 打开素材图片“素材\第16章\水墨画.jpg”，如图16-73所示。

图16-73 打开的图片

36 按Ctrl+A组合键将画面全部选择，然后按Ctrl+C组合键将选择的内容复制到剪贴板中。

37 将新建文件设置为工作状态，按住Ctrl键的同时单击“图层 1”左侧的图层缩略图添加选区。

38 执行“编辑 | 选择性粘贴 | 贴入”命令，将剪贴板中的内容贴入添加的选区中，效果如图16-74所示，此时会在【图层】面板中生成“图层 5”的蒙版层。

图16-74 贴入的图片

39 将“图层 5”的图层混合模式设置为“线性加深”，然后调整画面的位置，更改混合模式及位置后的效果如图16-75所示。

图16-75 更改混合模式后的效果

40 确认“图层 5”的蒙版缩略图处于工作状态，然后利用工具喷绘黑色编辑蒙版，将画面中的黑色水纹效果隐藏，编辑蒙版后的效果如图16-76所示。

图16-76 编辑蒙版后的效果

41 打开素材图片“素材\第16章\挂件.psd”，并将其移动复制到新建文件中生成“图层 6”，然后调整其大小后放置到如图16-77所示的位置。

图16-77 图片放置的位置

图16-78 填充颜色后的效果

42 将“背景”图层设置为当前层，并为其填充上蓝灰色（R:48、G:65、B:80），效果如图16-78所示。

43 至此，折扇效果绘制完成，按Ctrl+S组合键，将文件命名为“绘制折扇.psd”保存。

第17章

滤镜菜单

滤镜是Photoshop中最具特色的工具，其菜单下包括一百多种滤镜，利用它们可以制作出各种特殊的效果，还可以模拟出素描、水粉或油画等各种绘画效果。需要注意的是，学习滤镜命令并不需要背命令、记参数，而是需要通过制作特效慢慢地来掌握，做的效果多了，记的滤镜命令也就多了。所以希望读者在课余的时间里能参考一些专门研究滤镜特效的图书和网站来继续学习，做到举一反三，制作出更多的特效作品来。

通过本章的学习，您可以掌握以下知识点：

- 智能滤镜
- 使用滤镜
- 镜头校正
- 液化
- 消失点
- 风格化滤镜组
- 画笔描边滤镜组
- 模糊滤镜组
- 扭曲滤镜组
- 锐化滤镜组
- 视频滤镜组
- 素描滤镜组
- 纹理滤镜组
- 像素化滤镜组
- 渲染滤镜组
- 艺术效果滤镜组
- 杂色滤镜组
- 其他滤镜组
- Digimarc滤镜组

本章主要对Photoshop中的滤镜部分进行简要概括的介绍，滤镜菜单如图17-1所示。下面来简单介绍一下滤镜菜单命令。

- 上次滤镜操作：当执行任一滤镜命令后，此命令才可用。用于再次执行上次执行的滤镜操作。
- 转换为智能滤镜：可将普通图层转换为智能对象层，同时将滤镜转换为智能滤镜。将滤镜转换为智能滤镜后可随时对应用的滤镜进行修改或删除，而不会影响原图像。
- 滤镜库：将弹出【滤镜库】对话框，用于对图层一次应用多个滤镜命令。
- 镜头校正：用于修复常见的镜头瑕疵，如用广角镜头拍摄的照片在形状上的失真、晕影和色差等。
- 液化：可以使图像产生特殊的扭曲效果，如拼凑、推、拉、旋转、反射、折叠和膨胀等变形。
- 消失点：可以在具有透视的图像上贴图。
- 其他滤镜命令：用于对图像添加各种特效。
- Digimarc：可以将数字水印嵌入到图像中以储存版权信息。
- 浏览联机滤镜：可连接Internet，浏览系统外的外挂滤镜。

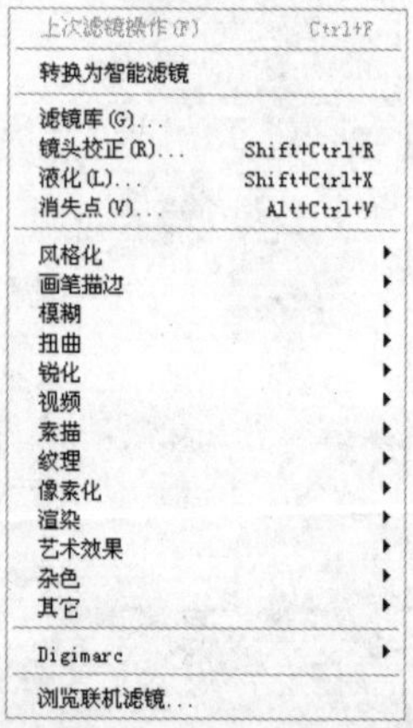

图17-1 滤镜菜单

17.1 智能滤镜

智能滤镜是一种非破坏性的编辑命令，它与图层样式一样存在于单独的图层中，可以随时进行删除或者隐藏，而且其操作不会对图像造成实质性的破坏。

专家提示

除“液化”和“消失点”命令之外的所有滤镜命令都可以作为智能滤镜应用于智能对象图层中。此外，还可以将“图像｜调整”子菜单中的“阴影/高光”及“变化”命令作为智能滤镜应用于智能对象图层中。

17.1.1 转换为智能滤镜

选择需要转化为智能滤镜的图层，执行“滤镜｜转换为智能滤镜”命令，即可将所选的图层转换为智能滤镜。

17.1.2 编辑智能滤镜

对普通图层中的图像执行滤镜命令后，此效果将直接应用在图像上，原图像将遭到破坏，而对智能对象应用滤镜命令后，将会产生智能滤镜。智能滤镜中保留有给图像执行的任何滤镜命令和参数设置，这样就可以随时修改执行的滤镜参数，且源图像仍保留原有的数据，下面以实例的形式来具体讲解。

实战演练058——编辑智能滤镜

1 打开素材图片“素材\第17章\香蕉.psd”，如图17-2所示。

图17-2 打开的图片

2 执行“滤镜 | 转换为智能滤镜”命令，系统将弹出如图17-3所示的提示对话框。

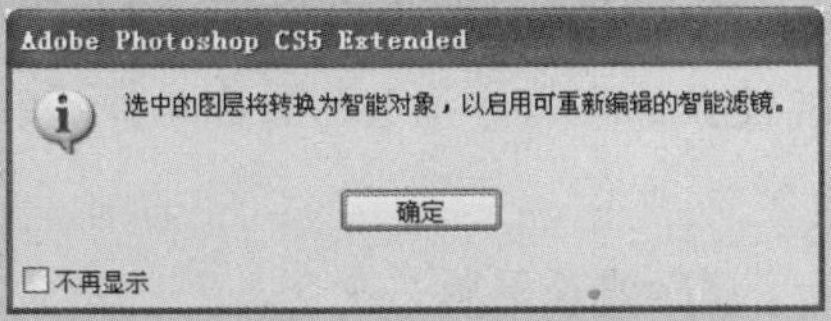

图17-3 提示对话框

3 单击 确定 按钮，将对象转换为智能对象，然后执行“滤镜 | 模糊 | 高斯模糊”命令，在弹出的【高斯模糊】对话框中设置参数，如图17-4所示。

图17-4 【高斯模糊】对话框

4 单击 确定 按钮，产生的模糊效果及智能滤镜如图17-5所示。

图17-5 高斯模糊后的效果

5 在【图层】面板中双击 高斯模糊 选项，即可弹出【高斯模糊】对话框，此时可以重新设置高斯模糊的参数，且保留源图像的数据。

17.1.3 停用/启用智能滤镜

单击“高斯模糊”前面的图标，可使高斯模糊滤镜不应用，图像将恢复原来的清晰度。执行“图层 | 智能滤镜 | 停用智能滤镜”命令，也可将该智能滤镜停用；

执行“图层 | 智能滤镜 | 启用智能滤镜”命令或在隐藏图标位置处再次单击鼠标，可将该智能滤镜启用。

17.1.4 编辑智能滤镜蒙版

当将智能滤镜应用于某个智能对象时，在【图层】面板中该智能对象下方的智能滤镜上显示一个蒙版缩览图。默认情况下，此蒙版显示完整的滤镜效果。如果在应用智能滤镜前已建立选区，则会在【图层】面板中的智能滤镜行上显示适当的蒙版而非一个空白蒙版。

滤镜蒙版的工作方式与图层蒙版非常类似，可以对它们进行绘画。用黑色绘制的滤镜区域将隐藏；用白色绘制的区域将可见，如图17-6所示为编辑蒙版后的效果。

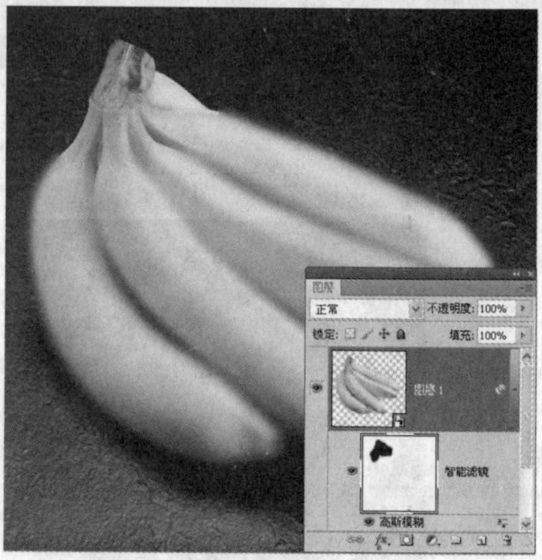

图17-6 编辑蒙版后的效果

专家提示

默认情况下，图层蒙版与常规图层或智能对象图层链接。当使用移动工具移动图层蒙版或图层时，它们将作为一个单元移动。

17.1.5 删除智能滤镜蒙版

删除滤镜蒙版的操作方法有以下几种。

- 将【图层】面板中的滤镜蒙版缩览图拖动到面板下方的按钮上以后释放鼠标左键。
- 单击【图层】面板中的滤镜蒙版缩览图，将其设置位为工作状态，然后单击【蒙版】面板中的按钮。
- 选择智能滤镜效果，并执行“图层 | 智能滤镜 | 删除滤镜蒙版”命令。

17.1.6 清除智能滤镜

将智能滤镜拖动至【图层】面板下方的按钮上以后释放鼠标左键，即可将这个单个智能滤镜删除；选择要删除应用于智能对象的图层，然后执行“图层 | 智能滤镜 | 清除智能滤镜”命令，可将智能对象图层中的所有智能滤镜删除。

17.2 使用滤镜

滤镜分为很多种类，在滤镜库中可以对图像使用多个滤镜，也可以对图像使用单个滤镜，下面来分别讲解。

17.2.1 使用单个滤镜

确定应用滤镜效果的图层，然后在滤镜的下拉菜单中选择某一个滤镜命令，即可为当前图层应用该滤镜。

当执行过一次滤镜命令后，【滤镜】菜单中的第一个“上次滤镜操作”命令即可使用，执行该命令或按Ctrl+F组合键，可以在图像中再次应用最后一次应用的滤镜效果。按

Ctrl+Alt+F组合键，将弹出上次应用滤镜的对话框，可以重新设置参数并应用到图像中。

17.2.2 滤镜库

执行“滤镜｜滤镜库”命令，即可打开滤镜库对话框，在滤镜库中可以对图像进行多个滤镜的应用，从而可以丰富图像的效果，如图17-7所示为滤镜库对话框的说明图。

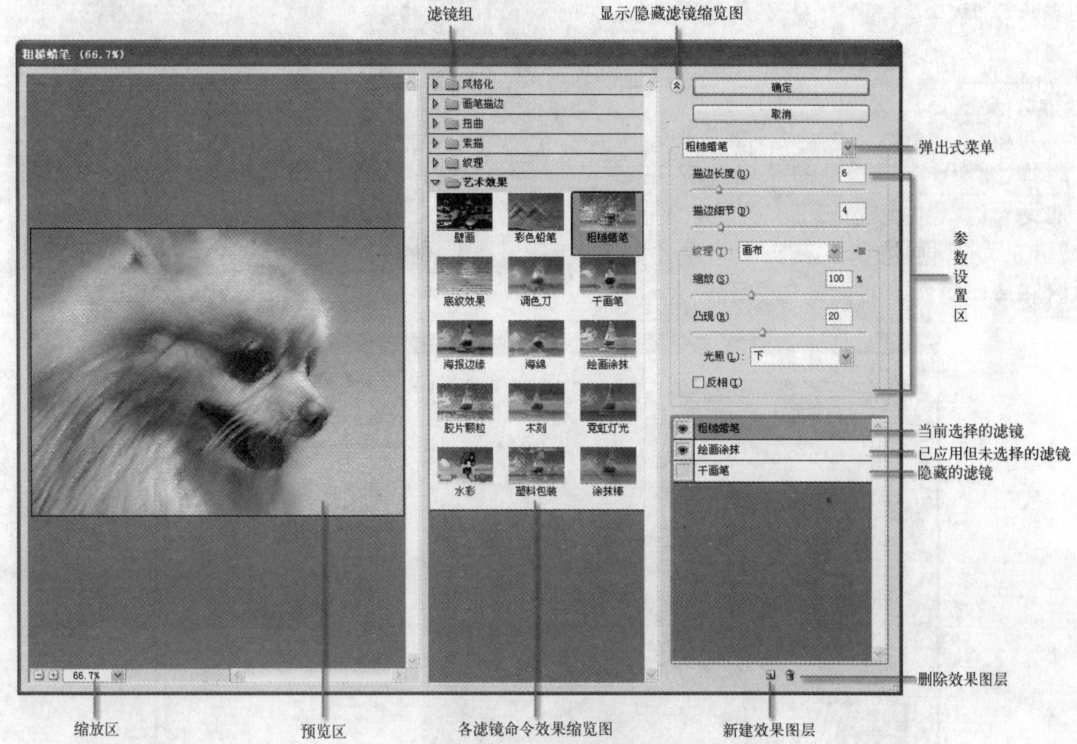

图17-7 滤镜库对话框说明图

- 预览区：该选项用来预览设置的滤镜效果。
- 缩放区：调整预览区中图像的显示比例。
- 滤镜组：单击滤镜组前面的▸按钮可以将滤镜组展开，在展开的滤镜组中可以选择一种滤镜。
- 各滤镜命令效果缩览图：显示图像应用相应的滤镜命令后出现的效果。
- ：单击该按钮可显示/隐藏滤镜组及各滤镜命令的效果缩览图。
- 弹出式菜单：单击该下拉列表框，将弹出滤镜菜单命令列表。
- 参数设置区：当选择一种滤镜后，在参数设置区将会显示出相应的数值设置。
- 当前选择的滤镜缩览图：指定当前使用的滤镜。
- 已应用但未选择的滤镜：当前效果中应用了该滤镜，但是缩览图中未显示出的滤镜。
- 隐藏的滤镜：指示出当前隐藏的滤镜。
- ：单击该按钮，可以新建一个滤镜效果图层。
- ：单击该按钮，可以将选中的效果图层删除。只有新建滤镜效果图层后，该按钮才可用。

17.3 镜头校正

“镜头校正”滤镜可修复常见的镜头瑕疵，如桶形和枕形失真、晕影和色差等。也可以修复由于相机垂直或水平倾斜而导致的图像透视现象，如图17-8所示。注意，此滤镜只能处理 8 位/通道和 16 位/通道的图像。

执行“滤镜｜镜头校正”命令，将弹出如图17-9所示的【镜头校正】对话框。【镜头校正】对话框分为3个区域，左侧是滤镜工具，中间是预览区和操作窗口，右侧是参数设置区。

图17-8 镜头校正前后的对比效果

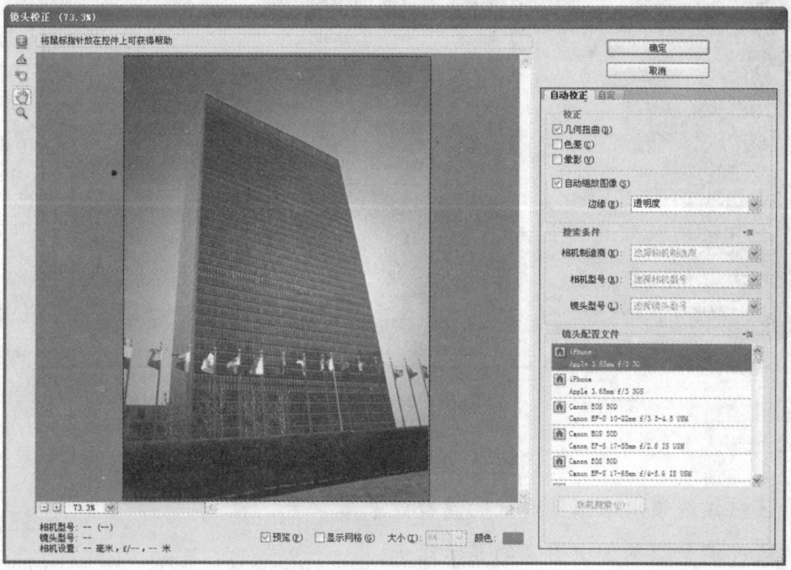

图17-9 【镜头校正】对话框

17.3.1 滤镜工具

图17-10 桶形失真

- 移去扭曲工具：激活该按钮，在画面中向边缘拖动鼠标，可以校正桶形失真，如图17-10所示。向画面的中心拖动鼠标，可以校正枕形失真，如图17-11所示。
- 拉直工具：此工具可以校正倾斜的图像，或者对图像的角度进行调整。激活该工具后，在图像中拖动鼠标生成一条直线，如图17-12所示。释放鼠标后，图像会以该直线为基准进行角度校正，如图17-13所示。
- 移动网格工具：用来移动网格，以便使它与图像对齐。

● 平移工具和缩放工具：用于平移图像和缩放图像。

图17-11 枕形失真

图17-12 拖动出的直线

图17-13 旋转后的效果

17.3.2 操作窗口

● 预览：勾选该复选框，可在操作窗口中预览校正后的效果。

● 显示网格：勾选该复选框，将在窗口中显示网格。右侧的“大小”和“颜色”选项，可设置网格的大小及颜色。

17.3.3 参数设置区

参数设置区分为自动校正和自定两种。

1. 自动校正

● 几何扭曲、色差和晕影：决定校正图像的哪一部分。

● 自动缩放图像：勾选该复选框，对图像进行校正后，将自动缩放图像；若不勾选该复选框，图像将仍显示原来的大小。

● 边缘：指定如何处理由于枕形失真、旋转或透视校正而产生的空白区域。可以使用透明或某种颜色（背景色）填充空白区域，也可以扩展图像的边缘像素。

2. 自定

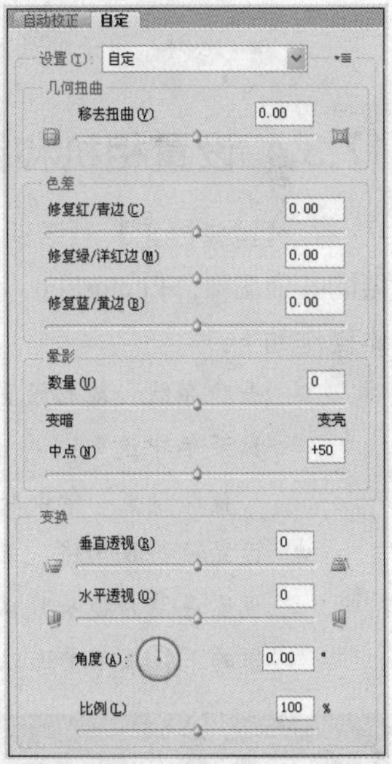

图17-14 【自定】选项卡

单击“自定”标签，切换至【自定】选项卡，如图17-14所示。

● 设置：选取一个预设的设置列表。“镜头默认值”选项可使用默认设置好的用于制作图像的相机、镜头、焦距和光圈组合存储的设置。“上一个校正”选项可使用上一次镜头校正中使用的设置。当校正与相机、镜头、焦距和光圈匹配的图像时，菜单中的“镜头默认值”命令将变为可用状态。如果图像未包含EXIF元数据，则此命令不可用。存储的任何自定设置组列在菜单的底部。请参阅下面的“设置相机和镜头默认值”。

● 移去扭曲：校正镜头桶形或枕形失真。拖动滑块可拉直从图像中心向外弯曲或朝图像中心弯曲的水平和垂直线条。朝图像的中心拖动可校正枕形失真，而朝图像的边缘拖动可校正桶形失真。

- 色差：色差显示为对象边缘包含一圈色边，它是由于镜头对不同平面中不同颜色的光进行对焦而产生的。色差选项下面的选项即用来校正色边。在进行校正时，放大预览的图像可更近距离地查看色边。
  - 修复红/青边：通过调整红色通道相对于绿色通道的大小，针对红/青色边进行补偿。
  - 修复绿/洋红边：通过调整绿色通道相对于洋红色通道的大小，针对绿/洋红色边进行补偿。
  - 修复蓝/黄边：通过调整蓝色通道相对于绿色通道的大小，针对蓝/黄色边进行补偿。
- 晕影：晕影也是一种由相机镜头缺陷造成的现象，产生晕影的图像边缘会比图像中心暗。该选项区中的选项即可用于校正由于镜头缺陷或镜头遮光处理不正确而导致边缘较暗的图像。
  - 数量：设置沿图像边缘变亮或变暗的程度。
  - 中点：指定受“数量”滑块影响的区域的宽度。如果指定较小的数，则会影响较多的图像区域。如果指定较大的数，则只会影响图像的边缘。
- 变换：用于校正图像透视和旋转角度。
  - 垂直透视：校正由于相机向上或向下倾斜而导致的图像透视。使图像中的垂直线平行。
  - 水平透视：校正图像透视，并使水平线平行。
  - 角度：旋转图像以针对相机歪斜加以校正，或在校正透视后进行调整。也可以使用拉直工具来进行校正。
  - 比例：用于缩放图像。向右拖动滑块可放大图像；向左拖动滑块可缩小图像。

17.3.4 设置相机和镜头的默认值

在【镜头校正】对话框中可以存储设置，以便重复用于使用相同相机、镜头和焦距拍摄的其他图像。Photoshop 将存储失真、晕影和色差的设置，但不会存储透视校正设置。具体操作如下：

- 手动存储和载入设置。在对话框中单击“设置”选项右侧的▤按钮，然后在弹出的下拉菜单中选取“存储设置”命令。要使用存储的设置，可在弹出的下拉菜单中选取“载入设置”命令载入菜单中未显示的已存储设置。
- 设置镜头默认值。如果图像包含相机、镜头、焦距和光圈的EXIF元数据，可以将当前设置存储为镜头默认值。要存储设置，可单击“设置”选项右侧的▤按钮，然后在弹出的下拉菜单中选取“设置镜头默认值”命令。

17.4 液化

“液化”滤镜主要用于修饰图像创建艺术效果或对图像进行变形处理，使图像产生扭曲变化，如图17-15所示。

执行“滤镜 | 液化”命令，将弹出如图17-16所示的【液化】对话框。该对话框也包括3部分，分别为滤镜工具、操作窗口和参数设置区。

图17-15 液化处理前后的效果对比

图17-16 【液化】对话框

17.4.1 工具按钮

- 向前变形工具：可以将图像中的像素向光标移动的反方向移动。
- 重建工具：用于恢复变形的图像。
- 顺时针旋转工具：在图像中拖动鼠标，即可将图像中的像素顺时针旋转，按住Alt键的同时可逆时针旋转图像中的像素。
- 褶皱工具：可以将图像中的像素向中间移动。
- 膨胀工具：可以将图像中的像素向外移动，对像素进行一定的膨胀处理。
- 左推工具：在图像中向上移动鼠标，可将图像中的像素向左侧推进；向下移动鼠标，可将图像中的像素向右侧推进。
- 镜像工具：在图像上拖动鼠标可以将相邻的像素复制到画笔区域，以创建镜像效果。
- 湍流工具：可以使图像中的像素平滑混杂。
- 冻结蒙版工具：使用蒙版覆盖的区域可以保护图像不被扭曲工具破坏。
- 解冻蒙版工具：当对蒙版形状不满意时可以利用该工具进行修改。
- 抓手工具：可以在图像的操作区中对图像进行拖动查看。
- 缩放工具：可将图像进行缩放显示。

17.4.2 参数设置区

1. 工具选项

工具选项用于设置当前选择工具的属性。

- 画笔大小：用来设置扭曲图像所用画笔的宽度。
- 画笔密度：用来设置画笔边缘的羽化范围。
- 画笔压力：用来设置画笔在图像上产生的扭曲速度。
- 画笔速率：用来设置旋转扭曲等工具在预览图像中保持静止时扭曲所应用的速度。
- 湍流抖动：用来设置湍流工具混杂像素的紧密程度。
- 重建模式：用于重建工具。选取的模式决定了该工具如何重建预览图像的区域。
- 光笔压力：当电脑配置数位板和压感笔时，勾选该复选框，可通过压感笔的压力控制工具。

2. 重建选项

重建选项用来设置重建的方式，以及撤销所做的调整。

- 模式：在该选项的下拉列表中可选择重建的模式。选择“恢复”选项，表示均匀地消除扭曲，不进行任何种类的平滑处理；选择“刚性”选项，表示在冻结区域和未冻结区域之间边缘处的像素网格中保持直角，有时会在边缘处产生近似不连续的现象；选择“生硬”选项，表示在冻结区域和未冻结区域之间的边缘处，未冻结区域将采用冻结区域内的扭曲，扭曲将随着与冻结区域距离的增加而逐渐减弱；选择“平滑”选项，表示在冻结区域内和未冻结区域间创建平滑连续的扭曲；选择“松散”选项，产生的效果类似于平滑，但冻结和未冻结区域的扭曲之间的连续性更大。
- 重建(U)：单击该按钮，可应用重建效果一次；连续单击该按钮可多次应用重建效果。
- 恢复全部(A)：单击该按钮，可取消所有扭曲效果，即使当前图像中有被冻结的区域也不例外。

3. 蒙版选项

如果图像中有选区或蒙版，该选项可设置蒙版的保留方式。

- 替换选区：显示原图像中的选区、蒙版或透明度。
- 添加到选区：显示原图像中的蒙版，此时可以使用冻结工具添加到选区。
- 从选区中减去：从当前的冻结区域中减去通道中的像素。
- 与选区交叉：只使用当前处于冻结状态的选定像素。
- 反相选区：使当前的冻结区域反相。
- 无：单击该按钮，可解冻所有区域。
- 全部蒙住：单击该按钮，可使图像全部冻结。
- 全部反相：单击该按钮，可使冻结与解冻区域反相。

4. 视图选项

用来设置图像、网格和背景的显示与隐藏。还可以对网格大小、颜色、蒙版颜色、背景模式和不透明度进行设置。

- 显示图像：决定是否在预览区中显示图像。
- 显示网格：决定是否在预览区中显示网格。通过网格可以更好地查看和跟踪扭曲。勾选该复选框后，其下的“网格大小”和“网格颜色”选项即为可用，通过它们可以设置网格的大小和颜色。

- 显示蒙版：使用蒙版颜色覆盖冻结区域。在下方的“蒙版颜色”下拉列表框中可设置蒙版的颜色。
- 显示背景：如果当前图像中包含多个图层，可通过该选项使其他图层作为背景来显示，以便更好地观察扭曲的图像与其他图层的合成效果。在“使用”下拉列表框中可以选择作为背景的图层；在“模式”下拉列表框中可以选择将背景放在当前图层的前面或后面，以便跟踪对图像所做出的修改；“不透明度”选项用来设置背景图层的不透明度。

17.5 消失点

“消失点”滤镜是一种特殊的滤镜，它可以用来编辑包含透视平面的图像，并且在编辑时保留正确的透视，如图17-17所示。

执行“滤镜｜消失点”命令，即可打开如图17-18所示的【消失点】对话框，在对话框中可以对图像进行编辑。

图17-17 利用消失点命令添加楼层前后的对比效果

图17-18 【消失点】对话框

【消失点】对话框中也包括3部分内容，分别为滤镜工具、工具属性选项及操作窗口。

1. 滤镜工具

- 编辑平面工具：该工具用来选择、编辑和移动平面及平面中的节点。
- 创建平面工具：用来定义透视平面的4个角节点。在画面中依次单击鼠标，即可以创建透视平面，如图17-19所示。当创建了角节点后可以拖动角节点调整透视平面的形状。按住Ctrl键的同时拖动平面中的边节点可以创建垂直平面，如图17-20所示。

在创建的平面中，4个角的节点为角节点，4个边中间的节点为边节点。另外，在定义透视平面的节点时，如节点的位置不正确，按BackSpace键可将该节点删除；选择创建的平面，按BackSpace键可将选择的平面删除。

图17-19 创建的透视平面

图17-20 创建的垂直平面

专家提示

在定义透视平面时，定界框和网格会以不同的颜色指明平面的当前情况。蓝色的定界框为有效平面，但有效平面并不能保证具有适当的透视，还应该确保定界框和网格与图像中的几何元素或平面区域精确对齐；红色的定界框为无效平面，消失点无法计算平面的长宽比，因此不能从红色的平面中拉出垂直平面；黄色的定界框也是无效平面，无法解析平面的所有消失点。尽管Photoshop可以在红色平面和蓝色平面中进行编辑，但却无法正确对齐结果的方向。

- 选框工具：在平面上拖动鼠标可以选择平面上的图像，当选择图像后将光标放到选区内，按住Alt键的同时拖动鼠标可以将选区中的图像进行复制；按住Ctrl键的同时可以拖动选区将源图像填充到选区中，如图17-21、图17-22、图17-23所示。
- 图章工具：该图章工具与工具箱中的图章工具的使用方法一样。
- 画笔工具：可以在图像上绘制选定的颜色。
- 变换工具：该工具用来对复制选区的定界框进行缩放、旋转和移动，与使用“自由变换”工具的方法相似，对复制图像变换后的效果如图17-24所示。

图17-21 创建的选区

图17-22 向上移动复制出的图像

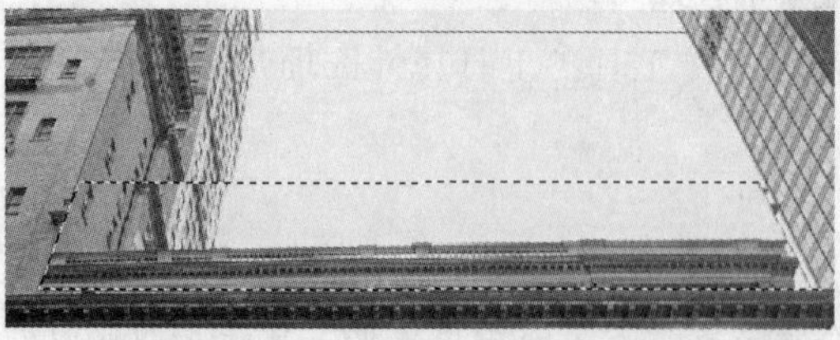

图17-23 向上移动填充的图像

图17-24 对复制图像变换后的效果

- 吸管工具：可以拾取颜色作为画笔的绘画颜色。
- 抓手工具：该工具可以用来查看图像。

- 缩放工具🔍：可以用来对图像进行放大或缩小。

2. 工具属性选项

选择不同的工具按钮，【消失点】对话框上方的选项也显示不同的选项，其下方会显示该工具的使用方法。

3. 操作窗口

在这里可以对图像进行操作并查看图像效果。

专家提示

在操作过程中，如果出现了失误，可以按Ctrl+Z组合键还原一次操作；连续按Ctrl+Alt+ Z组合键可逐步还原；如果想要撤销全部操作，则按住Alt键的同时单击 复位 按钮，对话框中的图像将会恢复为初始状态。

17.6 风格化滤镜组

“风格化”滤镜组中包含查找边缘、等高线、风等9种滤镜，利用这些滤镜可以制作出绘画和印象派风格的画面效果。

17.6.1 查找边缘

“查找边缘”滤镜可以将图像的高反差区变亮，低反差区变暗，并将图像的轮廓清晰化。如图17-25、图17-26所示为执行“查找边缘”命令后图像的对比效果。

图17-25 原图像的效果

图17-26 查找边缘后的效果

17.6.2 等高线

执行“滤镜｜风格化｜等高线”命令即可打开如图17-27所示的【等高线】对话框，在对话框中对图像的色阶进行调整后，单击 确定 按钮，即可将图像进行“等高线”的处理。如图17-28所示为“等高线”滤镜处理后的图像效果。

- 色阶：设置边缘线对应的像素颜色范围。
- 边缘：选择“较低”单选按钮，所查找颜色值低于指定的色阶边缘；选择“较高”单选按钮，所查找颜色值高于指定的色阶边缘。

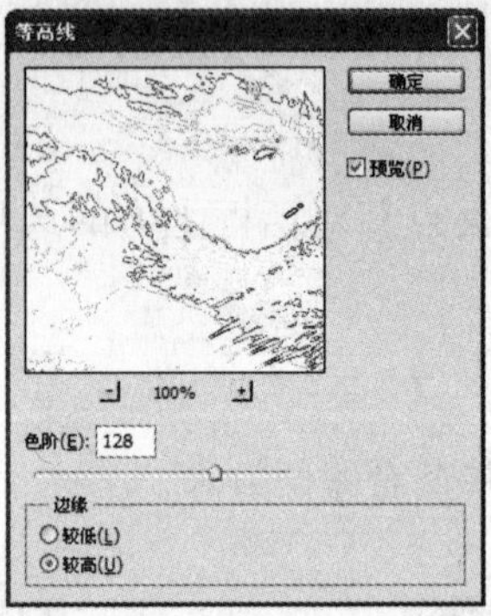

图17-27 【等高线】对话框

图17-28 处理后的图像效果

17.6.3 风

执行“滤镜｜风格化｜风”命令可以打开如图17-29所示的【风】对话框，在对话框中进行风的各项设置后可以为图像制作出风吹的效果，如图17-30所示。

- 方法：在方法中可以选择风的类型，如“风”、“大风”和“飓风”。
- 方向：用来设定风源吹来的方向，即风从左，还是从右方向吹。

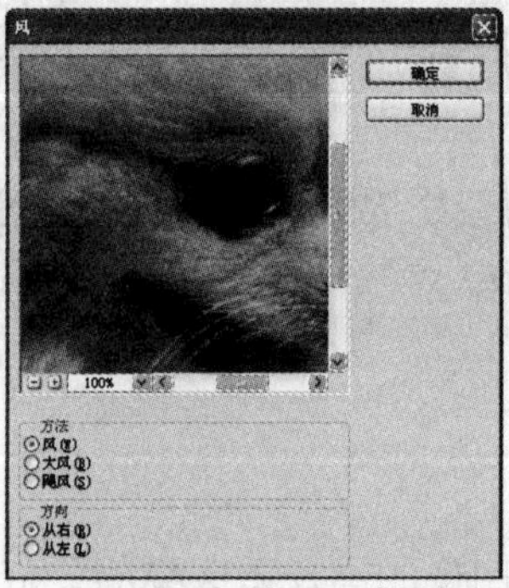

图17-29 【风】对话框

图17-30 执行“风”命令后的效果

17.6.4 浮雕效果

该滤镜命令可以将图像制作为浮雕的效果，执行“滤镜｜风格化｜浮雕效果”命令即可打开如图17-31所示的【浮雕效果】对话框，在对话框中可以对浮雕的效果进行设置，如图17-32所示为制作出的浮雕效果。

- 角度：该选项可以设置浮雕效果中光线的角度。
- 高度：该选项用来设置浮雕凸起的高度。
- 数量：该选项可以用来设置浮雕滤镜的作用范围，该值越高，浮雕的边界就会越清晰。

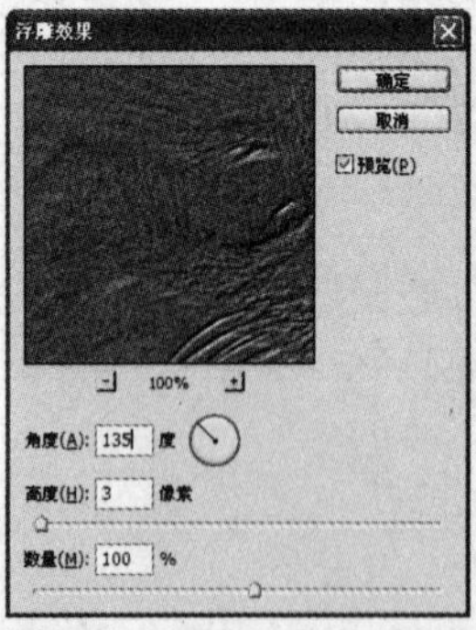

图17-31 【浮雕效果】对话框

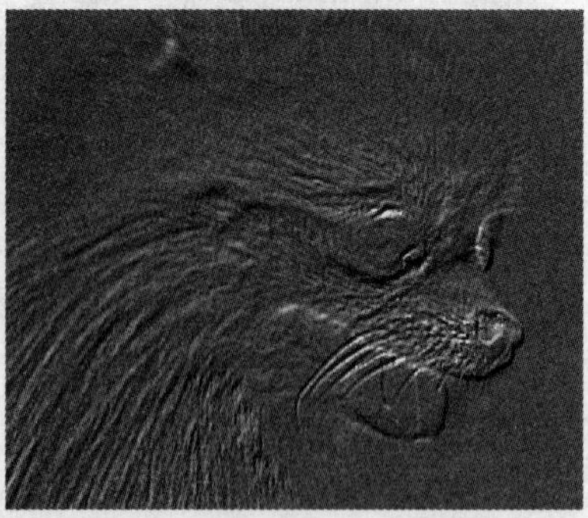
图17-32 制作出的浮雕效果

17.6.5 扩散

该滤镜命令可以将图像中的相邻像素按照规定的方式进行移动，使图像扩散，如图17-33所示为【扩散】对话框，如图17-34所示为执行“扩散”滤镜命令后的图像效果。

- 正常：该选项可以将图像的所有区域都进行扩散，与原图像的颜色值无关。
- 变暗优先：该选项可以将图像中较暗区域的像素进行扩散，用较暗的像素替换较亮的像素。
- 变亮优先：该选项与“变暗优先”选项相反，是将亮部的像素进行扩散。
- 各项异性：该选项可以在颜色变化最小的像素上搅乱像素。

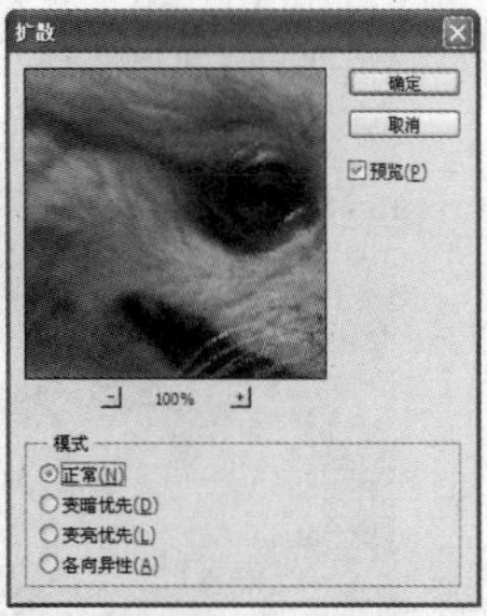

图17-33 【扩散】对话框

图17-34 执行“扩散”命令后的效果

17.6.6 拼贴

执行“滤镜|风格化|拼贴”命令可以打开如图17-35所示的【拼贴】对话框，在对话框中将拼贴的各项数值进行设置后，即可将图像制作出拼贴的效果，如图17-36所示。

- 拼贴数：该选项可以设置图像进行拼贴的拼贴块的数量。
- 最大位移：该选项用来设置拼贴时拼贴块的间隙大小。
- 填充空白区域用：可以设置拼贴块之间间隙的颜色，选择“背景色”单选按钮可以将间隙的颜色填充为背景色；选择“前景颜色”单选按钮可以将拼贴块之间的间隙颜色设置为前景的颜色；选择“反向图像”单选按钮可以将间隙的颜色设置为与图像相反的颜色；选择“未改变的图像”单选按钮可以将图像间隙的颜色设置为图像中的原颜色，设置拼贴后图像不会有很大的变化。

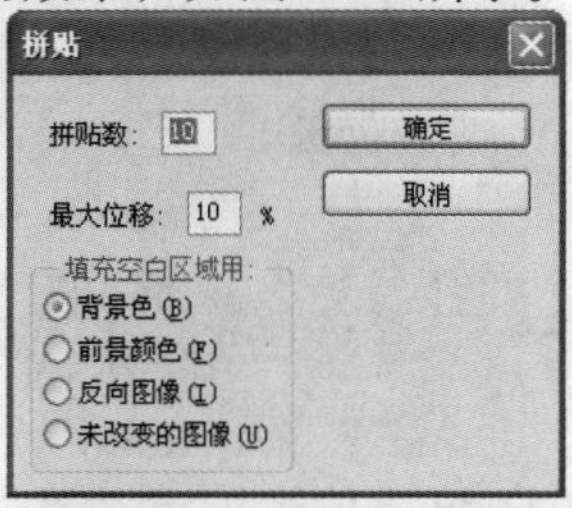

图17-35 【拼贴】对话框

图17-36 制作出拼贴的效果

17.6.7 曝光过度

该滤镜命令可以将图像的效果设置为过度曝光产生出的效果，如图17-37所示为执行“曝光过度”命令后的前后对比效果。

图17-37 原图像与执行“曝光过度”命令后的效果

17.6.8 凸出

执行“滤镜|风格化|凸出”命令即可打开如图17-38所示的【凸出】对话框，在对话框中设置图像“凸出”效果的各种选项，即可制作出凸出效果，如图17-39所示。

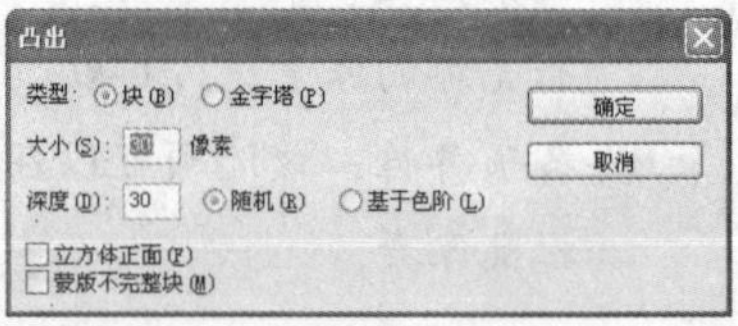

图17-38 【凸出】对话框

- 类型：该选项用来设置图像凸出的类型，如图17-40所示为选择“块”单选按钮时的效果，此时可以创建出正方体凸出的效果；如图17-41所示为选择“金字塔”单选按钮时的效果，此时可以创建出具有相交于一点的4个三角形侧面突出的效果。

图17-39 制作出的凸出效果

图17-40 选择“块”时的效果

图17-41 选择“金字塔”时的效果

- 大小：用来设置正方体或者锥体的底面的大小。
- 深度：该选项用来设置凸出体的高度，选择“随机”单选按钮时表示可以为每一个正方体块或者金字塔块设置一个任意的深度；选择“基于色阶”单选按钮时表示使每个对象的深度与其亮度对应，越亮的部分就突出得越多。

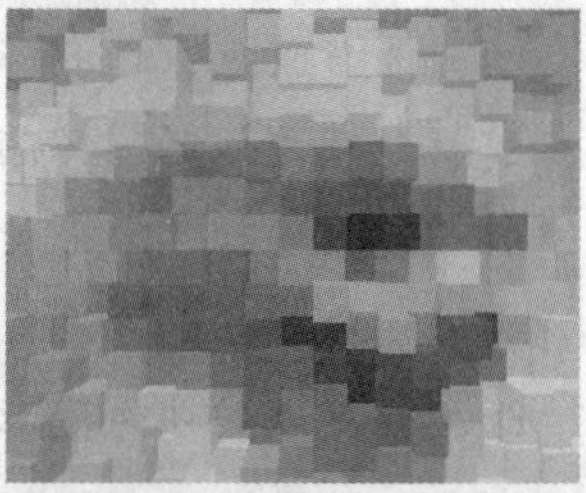

图17-42 勾选“立方体正面”时的效果

- 立方体正面：勾选该复选框时可将图像的整体轮廓破坏，立方体只显示单一的颜色，如图17-42所示。
- 蒙版不完整块：可以隐藏所有延伸出选区的对象，如图17-43所示。

图17-43 勾选“蒙版不完整块”时的效果

17.6.9 照亮边缘

执行“滤镜 | 风格化 | 照亮边缘”命令即可打开如图17-44所示的【照亮边缘】对话框。

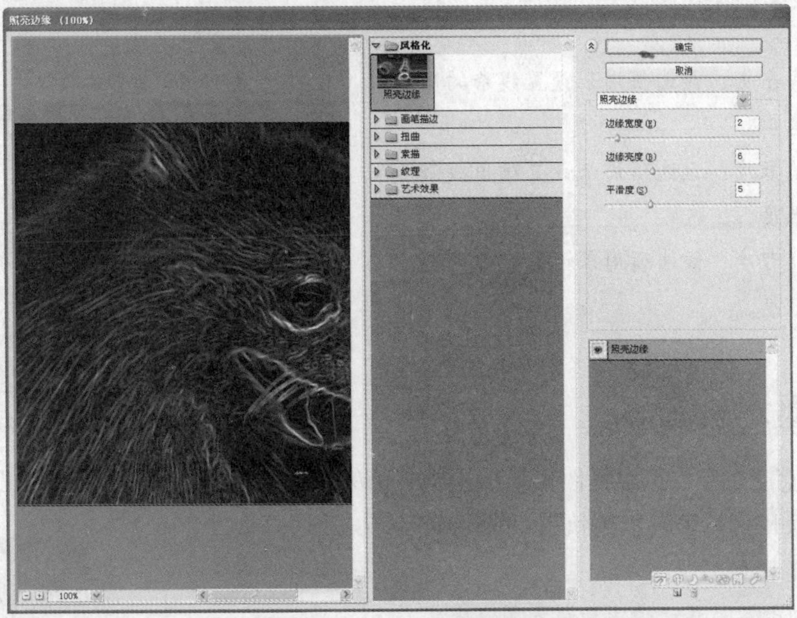

图17-44 【照亮边缘】对话框

- 边缘宽度/边缘亮度：用来设置发光边缘的宽度和亮度。
- 平滑度：用来设置发光边缘的平滑程度。

在对话框中设置各选项后，即可将图像制作出照亮边缘的效果，如图17-45所示。

图17-45 制作出的照亮边缘效果

17.7 画笔描边滤镜组

画笔描边滤镜组中的一部分滤镜是通过不同的油墨和画笔将图像进行勾画而产生的绘画效果，而有一些滤镜即可为图像创建出一些纹理的效果，但这些滤镜不能应用于Lab和CMYK模式的图像。

17.7.1 成角的线条

执行“滤镜 | 画笔描边 | 成角的线条”命令，即可在打开的【成角的线条】对话框中

进行成角线条的各项数值设置，如图17-46所示。设置完成后，单击确定按钮即可为图像设置成角线条的效果，如图17-47、图17-48所示。

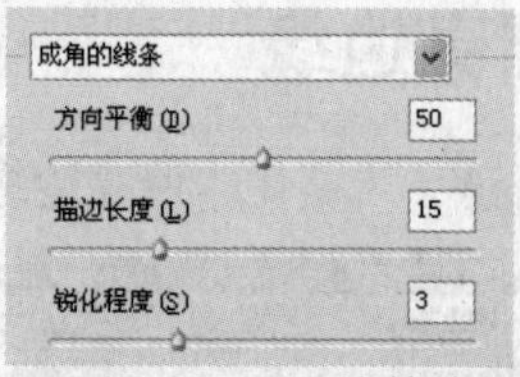

图17-46 设置的数值

- 方向平衡：该选项用来设置线条的倾斜角度。
- 描边长度：该选项用来设置对角线条的长度。
- 锐化程度：该选项用来设置线条的清晰程度。

图17-47 原图像　图17-48 创建出的效果

17.7.2 墨水轮廓

执行该滤镜命令，可以使图像模拟出钢笔画的风格，如图17-49所示为设置的“墨水轮廓”数值。如图17-50所示为执行“墨水轮廓”命令后的图像效果。

- 描边长度：该选项用来设置图像中生成线条的长度。
- 深色强度：该选项用来设置深颜色线条的强度。该值越高，颜色越深。
- 光照强度：该选项可以用来设置线条高光的强度。该值越高，图像的亮度就越高。

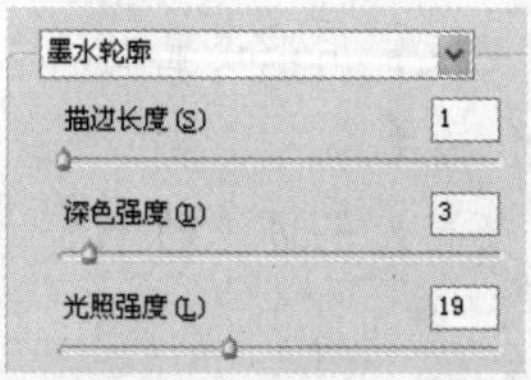

图17-49 设置的数值　图17-50 创建出的效果

17.7.3 喷溅

利用“喷溅”命令可以模拟喷枪工具制作出笔墨喷溅的效果，如图17-51、图17-52所示为“喷溅”选项参数及制作出的喷溅效果。

- 喷色半径：该选项用来将不同颜色的区域进行分散与集中的设置，当该数值越高时颜色就越分散。
- 平滑度：该选项可以用来设置喷射效果的平滑程度。

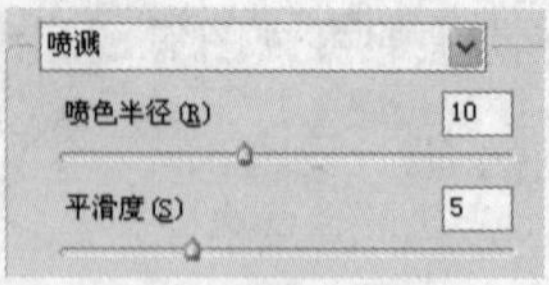

图17-51 设置的数值　图17-52 制作出的喷溅效果

17.7.4 喷色描边

利用该滤镜命令可以将图像处理出喷溅的颜色线条，如图17-53所示为设置的【喷色描边】对话框的数值，如图17-54所示为利用“喷色描边”命令制作出的效果。

- 描边长度：该选项用来设置画面中笔触线条的长度。
- 喷色半径：该选项用来设置线条喷洒的范围。
- 描边方向：该选项用来设置描边中线条的方向。

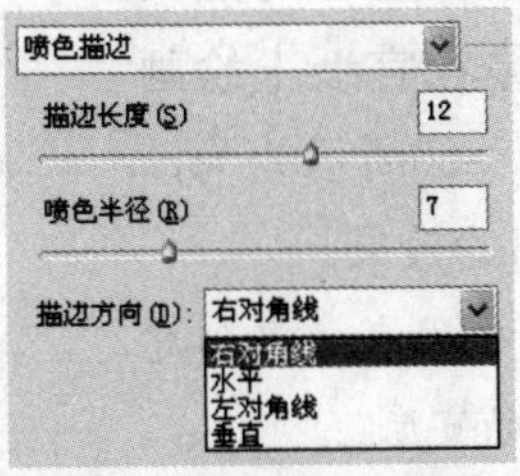

图17-53 设置的参数

图17-54 制作出的图像效果

17.7.5 强化的边缘

该滤镜命令可以用来强化图像的边缘，当边缘亮度的值设置不同时出现的效果也会不同。如图17-55、图17-56所示为设置高边缘亮度和低边缘亮度时的效果对比图。

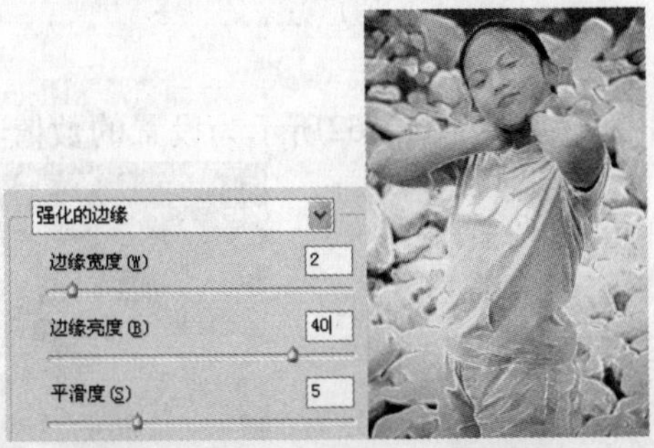

图17-55 “边缘亮度”高时的效果

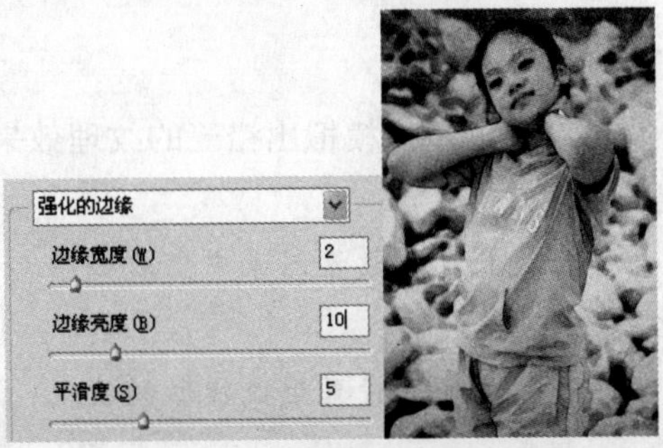

图17-56 “边缘亮度”低时的效果

- 边缘宽度：该选项可以用来调整强化边缘时边缘的宽度。
- 边缘亮度：该选项可以调整边缘的亮度。
- 平滑度：该选项用来设置图像边缘的平滑度，当该值越高时图像的效果越柔和。

17.7.6 深色线条

该滤镜命令会将图像的暗部区域与亮部区域分别进行不同的处理，暗部区域将会用短而紧密的深色线条进行绘制，亮部区域将会用长的白色线条进行绘制。如图17-57、图17-58所示为为该命令设置的数值以及创建出的效果。

- 平衡：该选项用来控制黑白色调的比例。
- 黑色强度：该选项用来控制黑颜色的强度。
- 白色强度：该选项用来控制白颜色的强度。

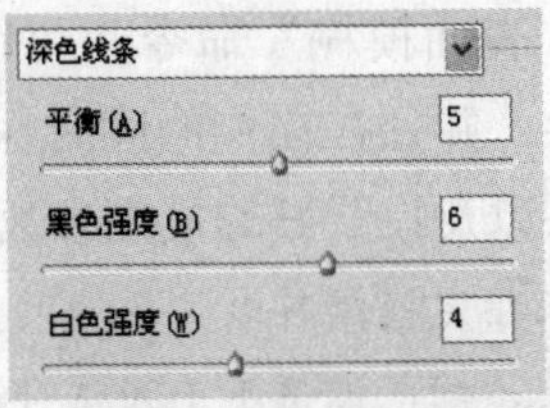

图17-57 设置的数值

图17-58 创建的图像效果

17.7.7 烟灰墨

执行该命令可以将图像处理为黑白颜色的效果，如同用油墨在宣纸上绘画的效果，如图17-59、图17-60所示为为该命令设置的数值和制作出的效果。

- 描边宽度：该选项用来设置创建出的图像中笔触的宽度。
- 描边压力：该选项用来设置图像中笔触的压力。
- 对比度：该选项用来控制图像的整体对比效果。

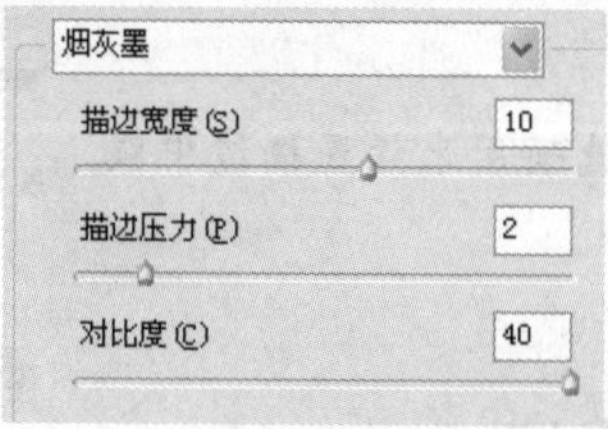

图17-59 设置的数值

图17-60 创建出的效果

17.7.8 阴影线

该滤镜命令可以模拟出铅笔的纹理效果，如图17-61、图17-62所示为设置的数值与创建出的图像效果。

- 描边长度：设置图像中生成线条的长度。
- 锐化程度：设置生成线形的锐化程度。
- 强度：控制生成阴影线的数量和清晰度。

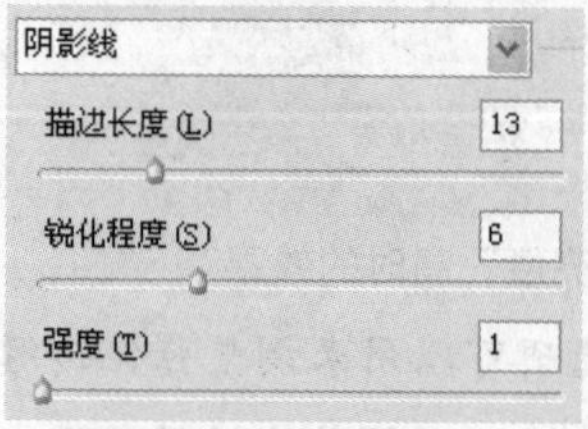

图17-61 设置的数值

图17-62 创建出的阴影线效果

17.8 模糊滤镜组

模糊滤镜组中为大家准备了11种模糊的效果，利用这一组中的模糊效果可以将图像进行柔化处理并使图像模糊化。

17.8.1 表面模糊

执行“滤镜｜模糊｜表面模糊”命令，可以将图像的表面进行模糊，同时会将图像中的杂色或颗粒进行去除，并且在模糊的同时保留图像的边缘。如图17-63、图17-64、图17-65所示为原图像的效果以及设置好的模糊参数与效果。

- 半径：该选项用来指定模糊时取样区域的大小。
- 阈值：该选项用来控制色调值小于阈值时的图像像素将会被排除在模糊的范围之外。

图17-63 原图像的效果

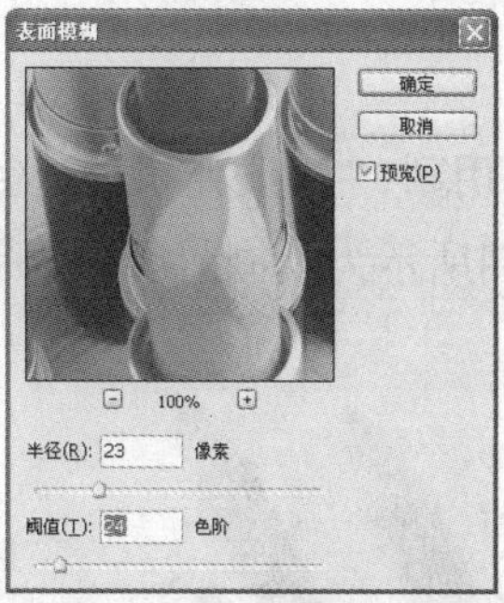

图17-64 【表面模糊】对话框

图17-65 模糊后的效果

17.8.2 动感模糊

执行“滤镜｜模糊｜动感模糊”命令，可以将图像沿着固定的方向和固定的强度进行速度感的模糊，该滤镜在处理速度时经常用到。如图17-66、图17-67、图17-68所示为原图像以及设置的参数与处理的效果。

图17-66 原图像

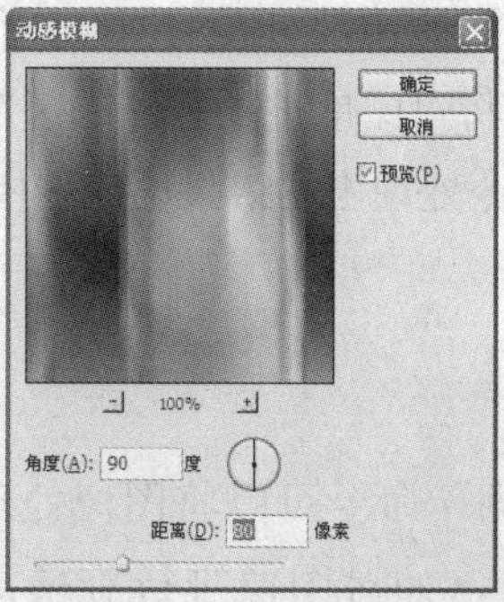

图17-67 【动感模糊】对话框

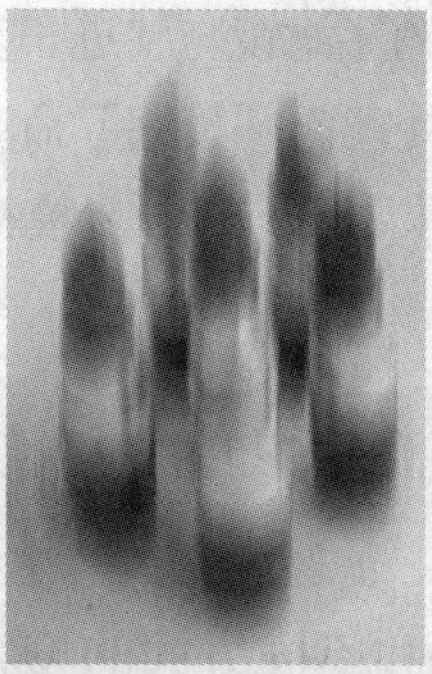

图17-68 模糊后的效果

- 角度：用来设置模糊时的方向。
- 距离：用来设置图像进行模糊时像素的移动距离。

17.8.3 方框模糊

该模糊滤镜是基于相邻像素的平均值来模糊图像，执行“滤镜｜模糊｜方框模糊”命令即可打开如图17-69所示的【方框模糊】对话框，其中的半径选项用来设置用于计算像素平均值的区域大小。如图17-70、图17-71所示为原图像以及模糊后的效果。

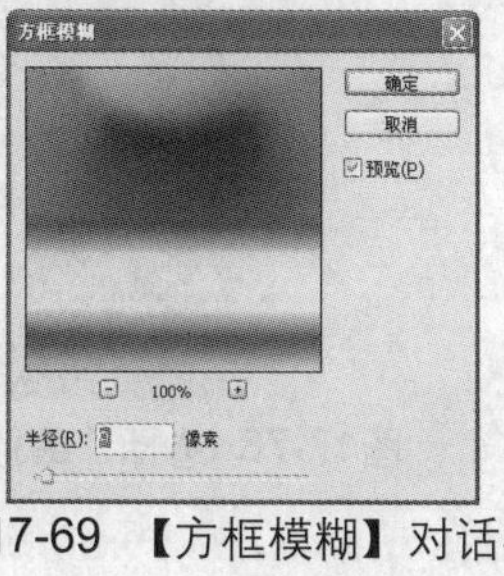

图17-69 【方框模糊】对话框

图17-70 原图像的效果

图17-71 模糊后的效果

17.8.4 高斯模糊

该滤镜命令在Photoshop中经常用到，它可以为图像添加低频细节，使图像产生一种朦胧效果。如图17-72、图17-73、图17-74所示为模糊前后的效果图以及【高斯模糊】对话框。

图17-72 原图像的效果

图17-73 模糊后的图像效果

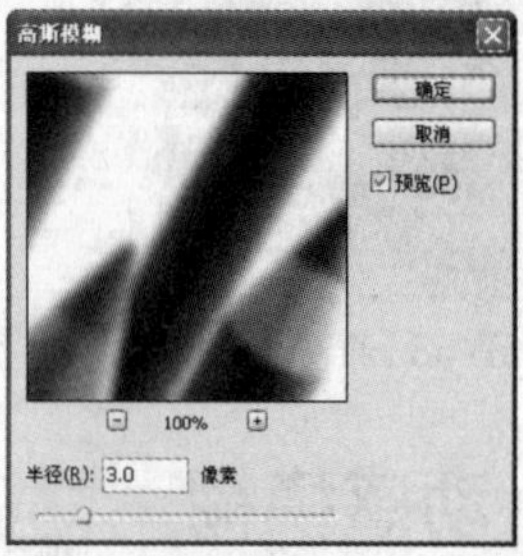

图17-74 【高斯模糊】对话框

17.8.5 模糊与进一步模糊

“模糊”滤镜与“进一步模糊”滤镜都可以将图像进行模糊处理，而且可以对图像进行消除杂色处理。“模糊”命令可以将对比度过于强烈的区域进行光滑处理，并使其产生轻微的模糊效果；而“进一步模糊”命令处理出的效果要比“模糊”处理出的效果更强烈。

17.8.6 径向模糊

执行“滤镜｜模糊｜径向模糊”命令可以将图像处理出不同方向和不同方式的模糊效果，如对图像进行旋转或进行缩放模糊。如图17-75、图17-76所示为原图像和【径向模糊】对话框。

图17-75 原图像的效果

- 数量：该选项用来设置模糊时的强度，该值越高模糊的效果越强烈。
- 模糊方法：在该选项卡中选择一种模糊的方法，如图17-77、图17-78所示为选择不同模糊方法时的图像效果。

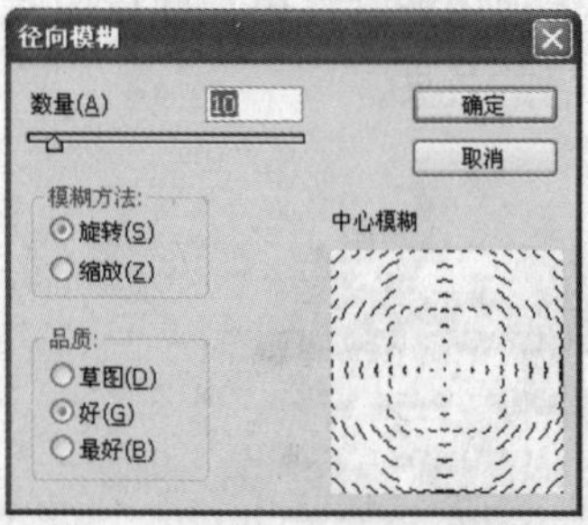

图17-76 【径向模糊】对话框

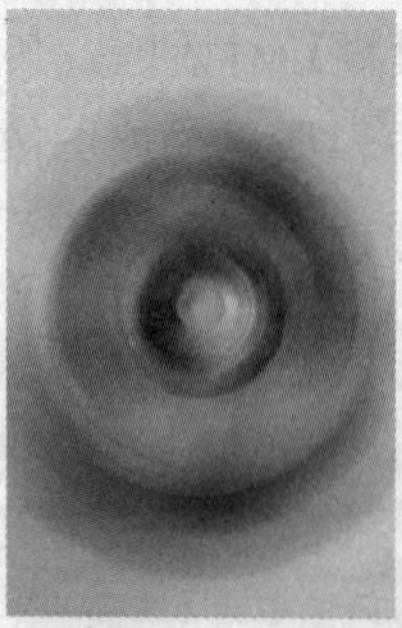

图17-77 选择“旋转”时的效果

图17-78 选择“缩放”时的效果

- 品质：该选项用来选择模糊后的效果品质，选择“草图”选项时图像的显示品质一般并且会产生颗粒效果，但是选择该选项时的处理速度最快；选择“好”和“最好”选项时都会将图像的效果处理得较为平滑，但是这两项的差别不大，除非在较大的图像上否则看不出区别。
- 中心模糊：在中心模糊的设置框内单击鼠标可以将单击点设置为模糊的原点，当单击的模糊点不同时，模糊的效果也不同。如图17-79所示为设置不同单击点时的模糊效果。

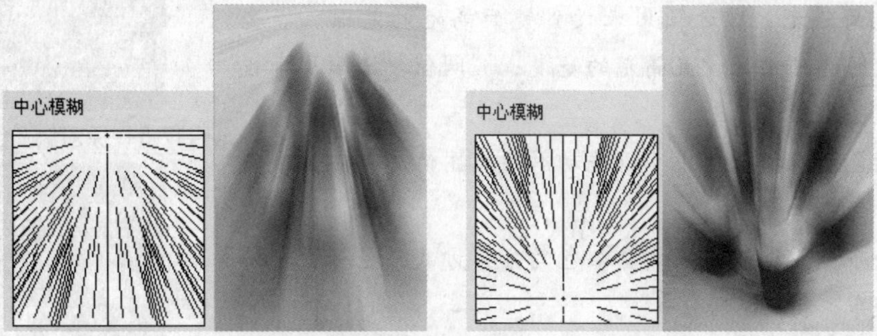

图17-79 选择不同的单击点时的效果

17.8.7 镜头模糊

滤镜中的“镜头模糊”命令通常用来进行凸出主体并制造出景深的效果，。在滤镜的下拉菜单中选取“镜头模糊”命令，即可打开如图17-80所示的【镜头模糊】对话框。

图17-80 【镜头模糊】对话框

- 更快：该选项可以提高图像在预览区域预览时的速度。
- 更加准确：该选项可以查看图像的最后预览效果但是需要很长的预览时间。
- 深度映射：“源”选项用来设定模糊的内容，在其下拉列表中可以选择通道或蒙版等选项进行创建效果；“模糊焦距”选项用来设置位于焦点内像素的深度；“反相”选项可以反转蒙版和通道，然后反向选择需要进行模糊的物体。

- 光圈：该选项用来设置模糊的显示方式。在“形状”的下拉菜单中可以选择多种形状的光圈；拖动“半径”滑块可以调整模糊的数量；拖动“叶片弯度”滑块可以对模糊的效果进行光滑处理；拖动“旋转”滑块可以将设置的光圈进行旋转。
- 镜面高光：该选项用来设置镜面高光的范围。“亮度”选项用来设置高光的亮度；“阈值”选项用来设置亮度的截止点。
- 杂色：在该选项中可以拖动滑块对图像进行添加或减少杂色。
- 分布：该选项可以调整杂色的分布方式，包括“平均分布”和“高斯分布”。
- 单色：该选项可以在不影响图像效果的情况下添加杂色。

在对话框中将模糊的各项选项进行设置后，单击 确定 按钮，即可为画面作出景深的效果，如图17-81，图17-82所示。

图17-81 原图像及创建的选区

图17-82 “镜头模糊”后的效果

17.8.8 平均

执行“滤镜|模糊|平均”命令可以查找图像的平均颜色，并将图像填充为该颜色。

17.8.9 特殊模糊

执行“滤镜|模糊|特殊模糊”命令可以将图像进行精确的模糊，如图17-83所示为【特殊模糊】对话框。

- 半径：该选项用来设置模糊的范围，该值越高，模糊的效果越明显。
- 阈值：该选项用来确定像素具有多大差异后才会被模糊处理。
- 品质：可以用来设置图像模糊后的品质。
- 模式：该选项可以为模糊的效果再添加特殊的效果。

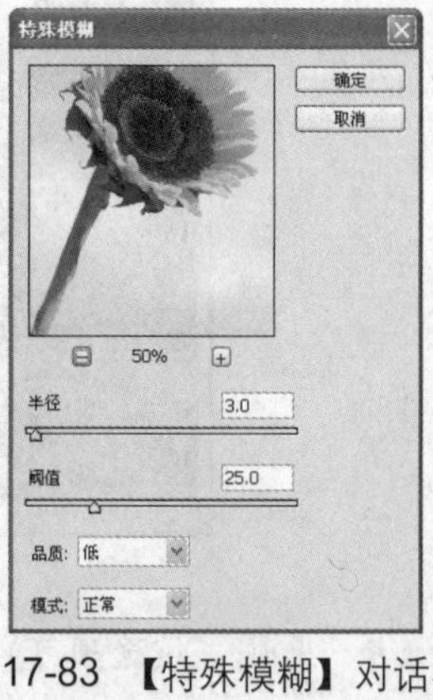

图17-83 【特殊模糊】对话框

17.8.10 形状模糊

执行“滤镜|模糊|形状模糊”命令后可以将图像用该模糊对话框中提供的形状进行

模糊。模糊效果以及对话框如图17-84、图17-85所示。

- 半径：该选项用来设置模糊时形状的大小。
- 形状列表：该选项用来选择模糊时的形状。
- 形状：显示当前选择的形状。

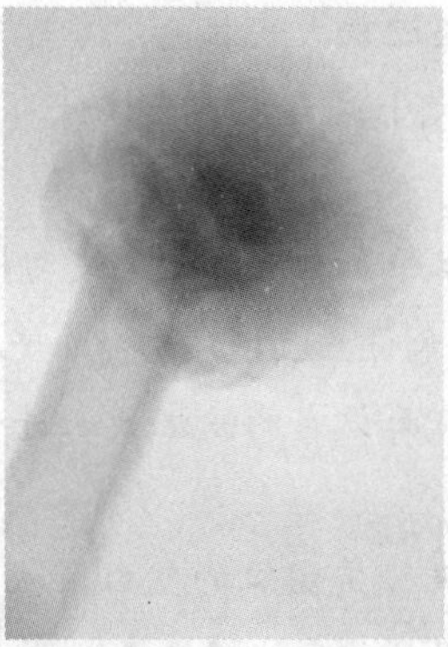
图17-84 模糊后的效果

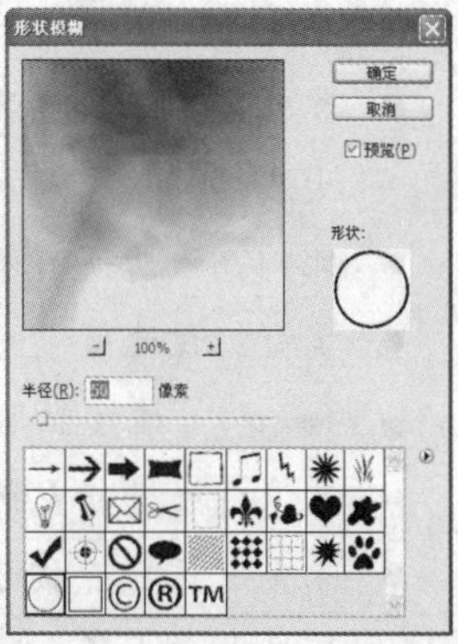

图17-85 【形状模糊】对话框

17.9 扭曲滤镜组

该组滤镜可以将图像进行几何扭曲。它包含12种滤镜，每一种滤镜都可以为图像创建出各种扭曲的效果。

专家提示

该滤镜在处理图像时会占用很大的内存，因此在处理图像时可以在小尺寸的图像上进行处理，如果文件较大可以将文件改小后再进行处理。

17.9.1 波浪

执行“滤镜｜扭曲｜波浪”命令即可打开如图17-86所示的【波浪】对话框，在对话框中进行各项设置后即可为图像处理出波浪的效果，如图17-87、图17-88所示为执行“波浪”命令后的对比效果。

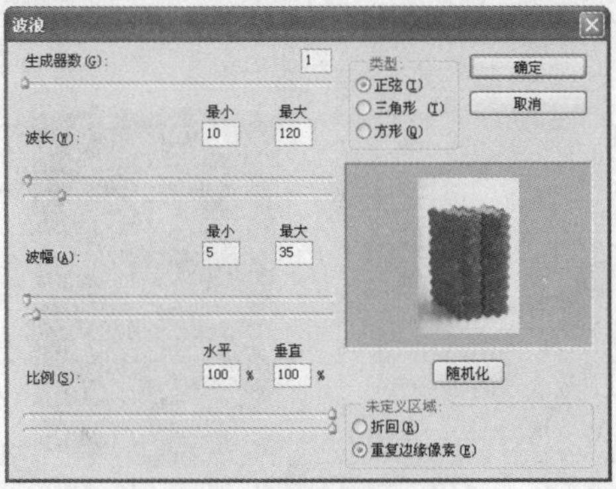

图17-86 【波浪】对话框

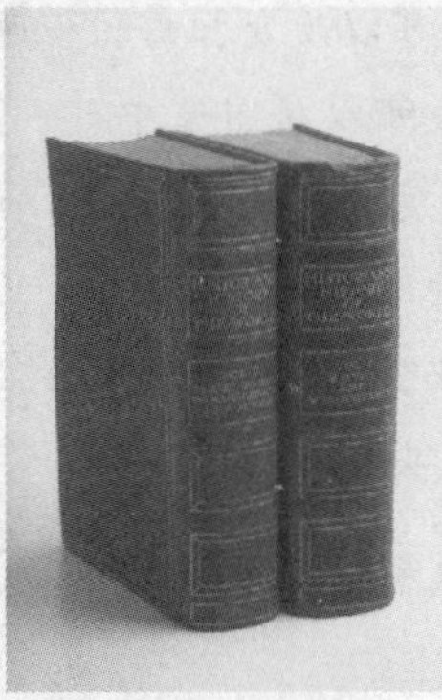
图17-87 原图像的效果

图17-88 扭曲后的图像效果

- 生成器数：该选项用来设置波纹产生时震源的总数。
- 波长：该选项用来设置相邻两个波峰间的水平距离，该选项的波长分为最大和最小两个波长，最小波长不能超过最大波长。

- 波幅：用来设置波幅的大小，与波长一样分为最大和最小波幅，最小波幅不能超过最大波幅。
- 比例：该选项用来控制水平和垂直方向的波动幅度。
- 类型：该选项中的3项用来设置波浪的形状，包括正弦、三角形和方形。
- 随机化：该按钮用来将前面设定的波浪效果进行随机的改变，也可以用来将不满意的波浪效果进行重新设定。
- 未定义区域：该选项用来设定图像的空白区域，选择“折回”单选按钮可以将空白区域填入溢出的内容；选择“重复边缘像素”单选按钮可以填入扭曲边缘的像素颜色。

17.9.2 波纹

该滤镜命令与“波浪”命令的用法相同，但该命令中提供的选项较少，只能将波纹的数量和大小进行设置。如图17-89、图17-90所示为【波纹】对话框以及创建的波纹效果。

- 数量：该选项用来设置波纹的数量多少。
- 大小：该选项用来设置产生波纹效果时波纹的大小。

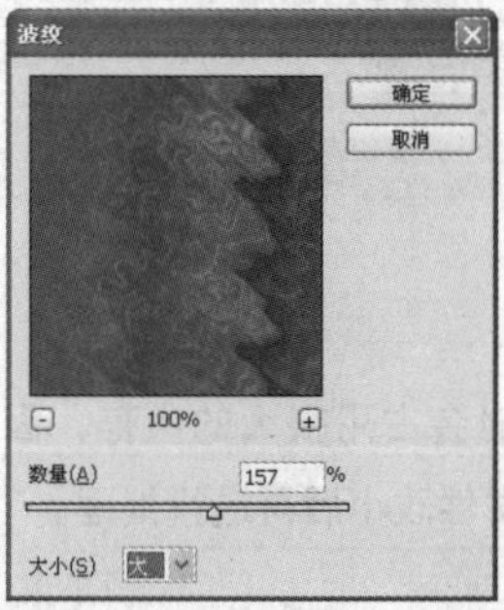

图17-89 【波纹】对话框

图17-90 创建的波纹效果

17.9.3 玻璃

执行“滤镜｜扭曲｜玻璃”命令即可打开【玻璃】对话框，在对话框中对如图17-91所示的参数进行设置后，即可创建出如图17-92所示的玻璃效果。

- 扭曲度：拖动滑块可以改变扭曲的程度，该值越高，扭曲的程度越明显。
- 平滑度：拖动滑块可以将图像中设置的纹理的平滑度进行改变。
- 纹理：在该选项的下拉列表中可以选择扭曲的纹理，包括块状、磨砂、画布和小镜头4个选项。
- 缩放：用来设置纹理的缩放程度。
- 反相：该选项可以反相纹理的效果。

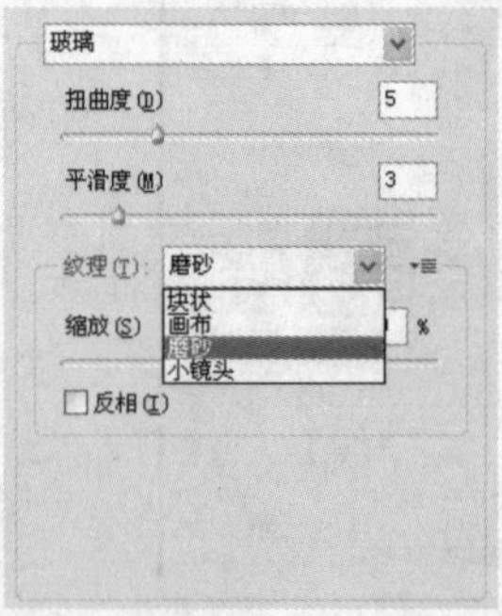

图17-91 设置的玻璃参数

图17-92 创建的玻璃效果

17.9.4 海洋波纹

执行“滤镜｜扭曲｜海洋波纹”命令，可将图像创建出细小的波纹和一些纹理的抖动，使图像看起来像是透过水面看到的效果。如图17-93、图17-94所示为设置的数值以及图像效果。

- 波纹大小：拖动该选项的滑块即可将波纹的大小进行更改。
- 波纹幅度：拖动滑块可以将波纹的幅度进行扩大或缩小。

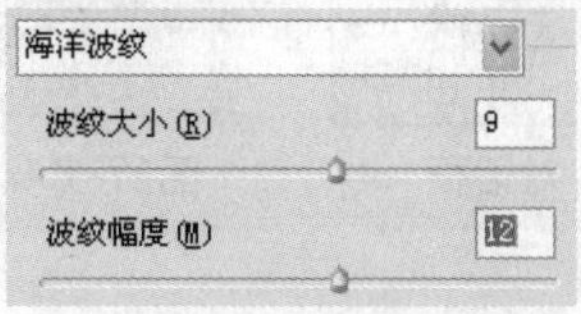

图17-93 设置的波纹参数

图17-94 创建的波纹效果

17.9.5 极坐标

如图17-95所示为【极坐标】的对话框，在对话框中可以进行极坐标与平面坐标间的相互转化。如图17-96、图17-97、图17-98所示为原图像的效果及创建的两种极坐标效果。

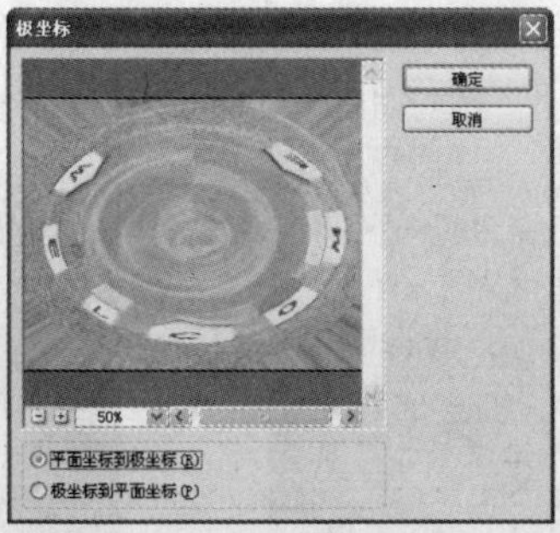

图17-95 【极坐标】的对话框

图17-96 原图像的效果

图17-97 平面坐标到极坐标的效果

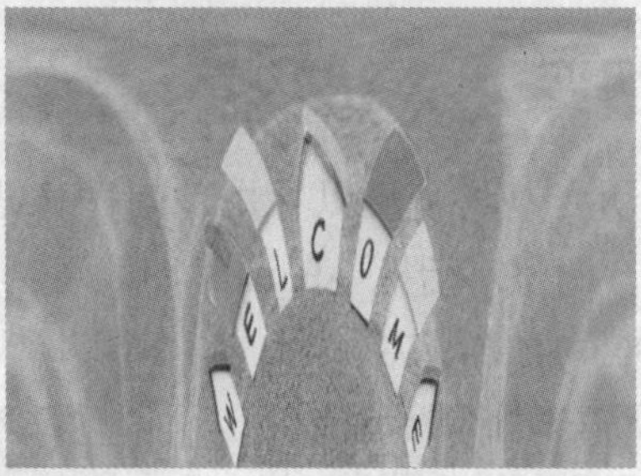
图17-98 极坐标到平面坐标的效果

17.9.6 挤压

执行“滤镜｜扭曲｜挤压”命令可以将图像创建出向内或向外扭曲的挤压效果，如图17-99、图17-100、图17-101所示为【挤压】对话框以及原图像和创建出的挤压效果。

- 数量：该选项用来设置挤压时凸起与收缩时的效果，当该数值为正值时，图像的效果为凸起状；当该数值为负值时，图像的效果为收缩状。

图17-99 【挤压】对话框

图17-100 原图像效果

图17-101 创建的挤压效果

17.9.7 扩散亮光

执行“滤镜｜扭曲｜扩散亮光”命令，可以按照工具箱中的背景色为基色对图像的亮部区域进行加光渲染。【扩散亮光】对话框中的参数如图17-102所示。如图17-103、图17-104所示为原图像及扩散亮光后的效果。

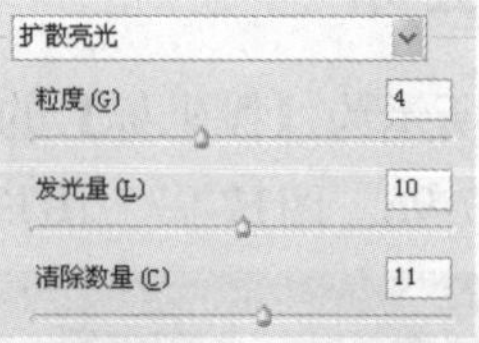

图17-102 设置的扩散亮光参数

- 粒度：该选项用来设置在图像中添加颗粒的密度。
- 发光量：该选项用来设置图像中的光亮效果的强度。
- 清除数量：该选项用来调整图像中滤镜所影响的范围，当该值越高时影响的范围就越小。

图17-103 原图像的效果 图17-104 创建的扩散亮光效果

17.9.8 切变

利用“切变”滤镜可以自由地对图像进行设定扭曲的形状，如图17-105所示为【切变】对话框，调整对话框中的曲线图即可为图像创建出扭曲效果，原图像以及切变后的效果如图17-106、图17-107所示。

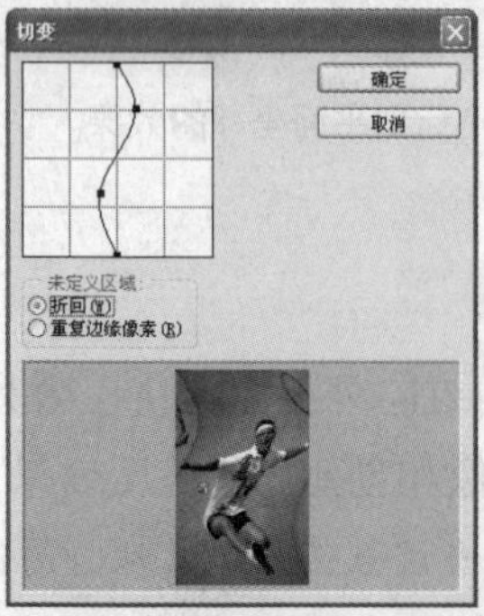

图17-105 【切变】对话框

图17-106 原图像的效果

图17-107 创建的切变效果

- 折回：选择该单选按钮，可以在图像中填入溢出图像之外的图像内容。
- 重复边缘像素：选择该单选按钮，可以在图像边界不完整的空白区域填入扭曲边缘的像素颜色。

17.9.9 球面化

执行“滤镜｜扭曲｜球面化”命令即可将【球面化】对话框打开，如图17-108所示。调整对话框中的数值，即可在图像中创建球面化的效果，如图17-109、图17-110所示为原图像以及创建球面化后的效果。

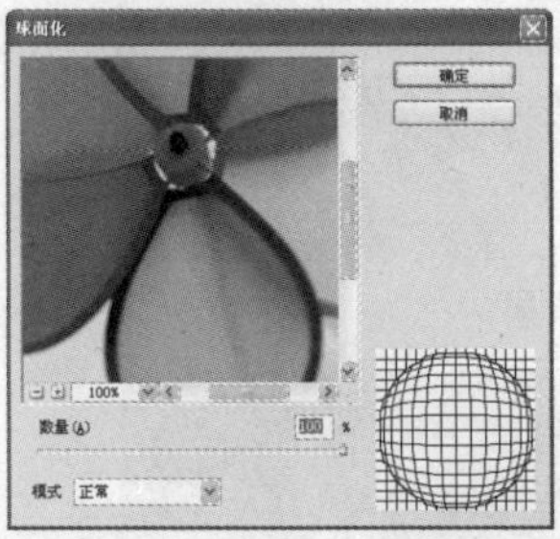

图17-108 【球面化】对话框

图17-109 原图像的效果

图17-110 创建球面化后的效果

- 数量：该选项用来设置球面化的大小，数值为正时球面化为凸起状态，数值为负值时球面化为凹进的状态。
- 模式：该选项可以用来选择挤压的方式，包括“正常”、“水平优先”和“垂直优先”。

17.9.10 水波

该滤镜命令可以创建出水池中水波的效果，如图17-111、图17-112、图17-113所示为【水波】对话框以及原图像和创建出的效果。

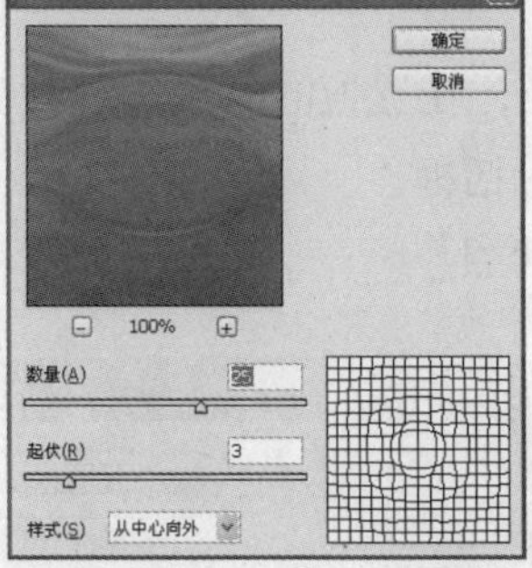

图17-111 【水波】对话框

图17-112 原图像的效果

图17-113 创建出的水波效果

- 数量：该选项用来设置水波的大小。
- 起伏：该选项用来设置水波的波纹的数量。
- 样式：该选项用来设置波纹的样式，包括“围绕中心”、“从中心向外”和“水池波纹”3个样式。

17.9.11 旋转扭曲

在【旋转扭曲】对话框中，当设置的角度值为正值时，旋转扭曲的方向为顺时针扭曲；当角度数值为负值时，旋转扭曲的方向为逆时针扭曲。如图17-114、图17-115所示为设置不同数值时的图像效果。

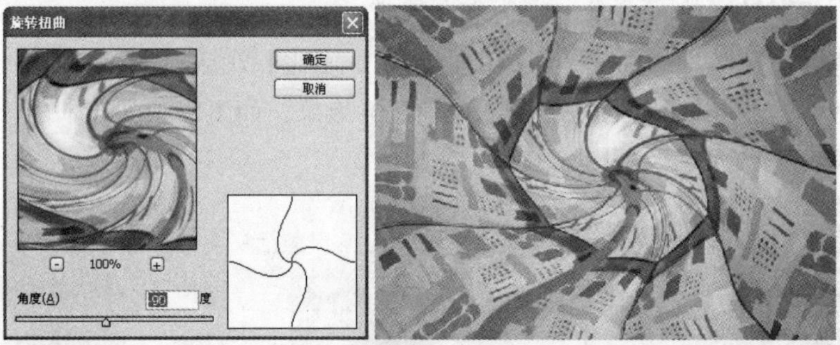

图17-114 设置数值为负值时的效果

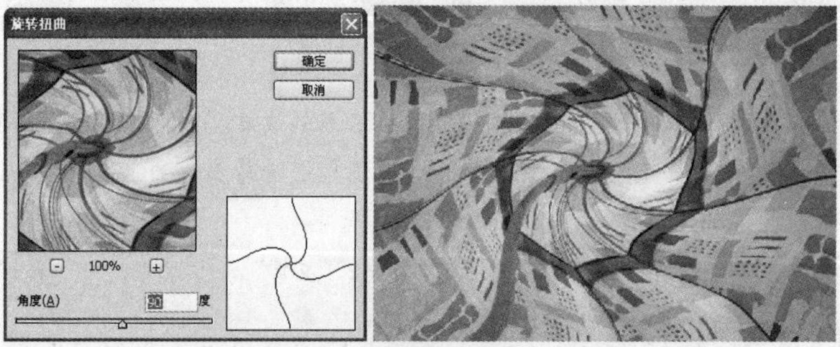

图17-115 设置数值为正值时的效果

- 角度：该选项用来设置旋转扭曲时的角度大小。

17.9.12 置换

“置换”命令可以将图像根据另一幅图像的像素进行置换，在置换的时候需要找到用于置换的另一张PSD格式的图像。如图17-116所示为【置换】对话框。

- 水平比例：该选项用来设置置换图像时图像的水平变形比例。
- 垂直比例：该选项用来设置置换图像时图像的垂直变形比例。
- 置换图：在该选项中选择“伸展以适合”单选按钮可以将置换图像的尺寸伸展到与原图像大小相同的尺寸；选择“拼贴”单选按钮可以将图像的空白区域以拼贴的方式进行填补。
- 未定义区域：选择其中的任意一种方式来设置图像边界不完整的空白区域以什么方式进行填补。

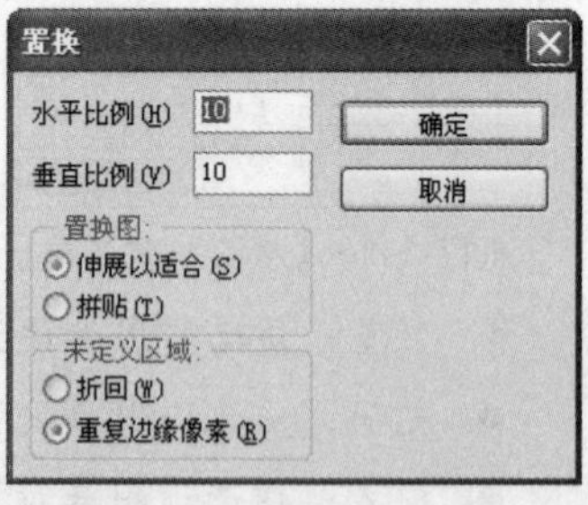

图17-116 【置换】对话框

17.10 锐化滤镜组

该组滤镜的主要功能是通过加强两个相邻像素之间的对比度来进行模糊图像，使图像变得清晰，它主要包含5种锐化功能，即锐化、进一步锐化、锐化边缘、USM锐化及智能锐化。

17.10.1 锐化与进一步锐化

“进一步锐化”命令可能加强“锐化”的效果，“锐化”命令的效果一般不明显，而“进一步锐化”命令可以将效果加强2~3倍。

17.10.2 锐化边缘与USM锐化

“锐化边缘”命令可以查找图像的边缘然后将其锐化，并且保留图像总体的平滑度，“USM锐化”在其对话框中可以对图像进行较为专业的锐化。如图17-117所示为【USM锐化】对话框。如图17-118、图17-119所示为原图像及锐化后的效果。

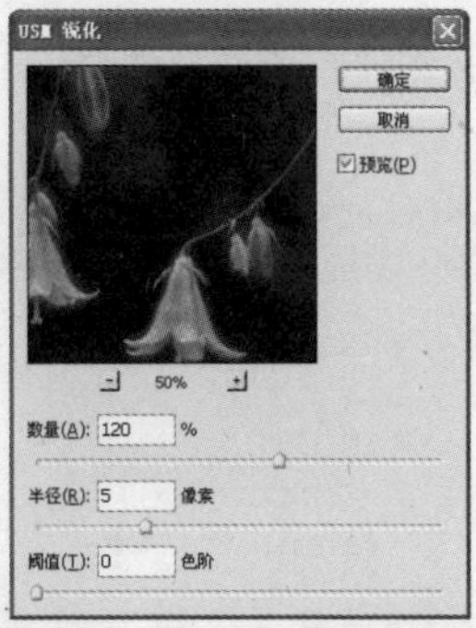

图17-117 【USM锐化】对话框

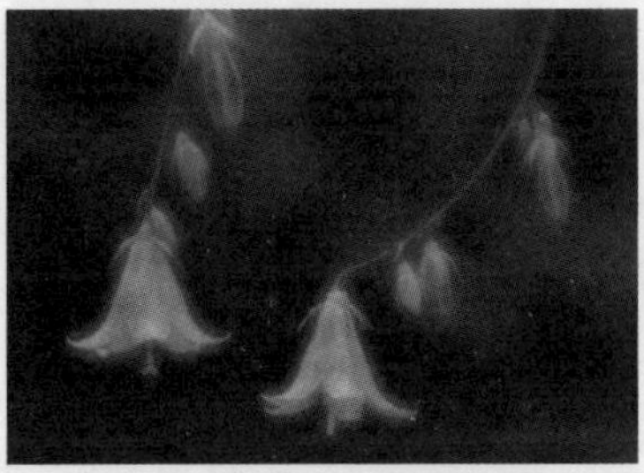
图17-118 原图像效果

图17-119 USM锐化后的效果

- 数量：该选项用来设置锐化效果的强度，该值越高，锐化的效果越明显。
- 半径：该选项用来设置锐化的范围，当该值越高时范围越大。
- 阈值：该选项用来设置相邻像素间的差值达到该值所设定的范围时才会被锐化，因此该值越高，被锐化的像素就越小。

17.10.3 智能锐化

在【智能锐化】对话框中可以进行更全面的锐化，如图17-120所示为【智能锐化】对话框。在该对话框中包括基本和高级两个选项，在两个选项中可以进行不同的锐化设置。

1. 基本选项

- 设置：当保存了锐化设置后，可以在其下拉列表中选择该设置。单击按钮，即可将锐化设置进行保存；单击按钮，即可将当前的设置删除。

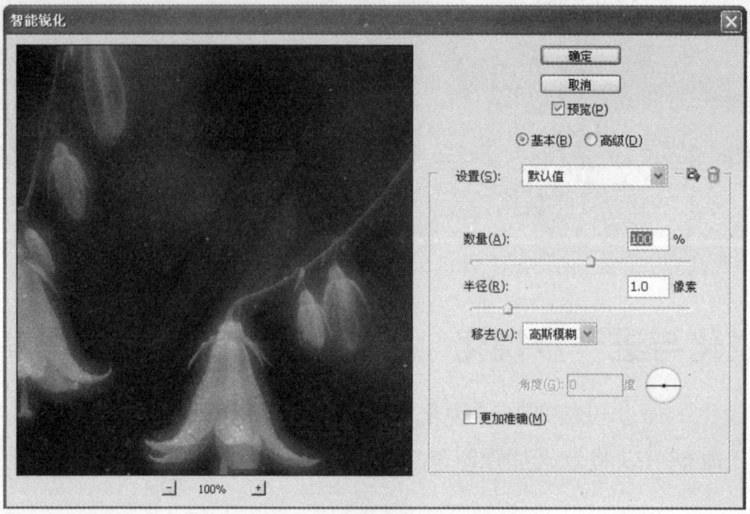

图17-120 【智能锐化】对话框

- 数量：该选项用来设置锐化的数量，较高的数值可以将对比度增大使图像更加锐利。
- 半径：该选项用来设置锐化边缘像素的数量，该值越高锐化的效果就越明显。
- 移去：在该选项的下拉列表中包含3个选项，分别为高斯模糊、镜头模糊和动感模糊，用这些选项可以将图像中的一些模糊选项移去。
- 更加准确：该选项可以使图像的锐化效果更加精确，但需要很长时间来处理文件。

2. 高级选项

在高级选项中有两个单独的锐化选项，即“阴影”和“高光”选项，如图17-121、图17-122所示。

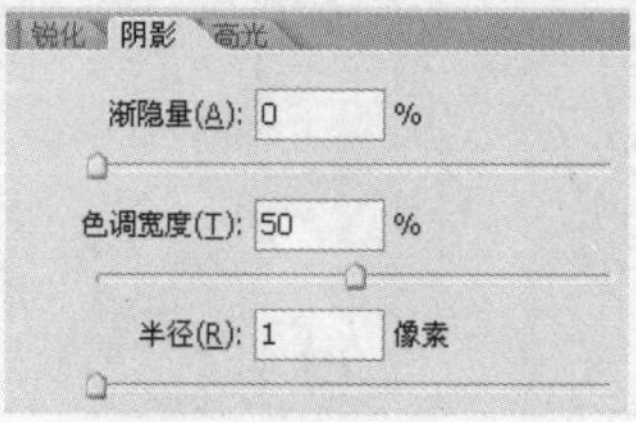

图17-121 “阴影”选项参数

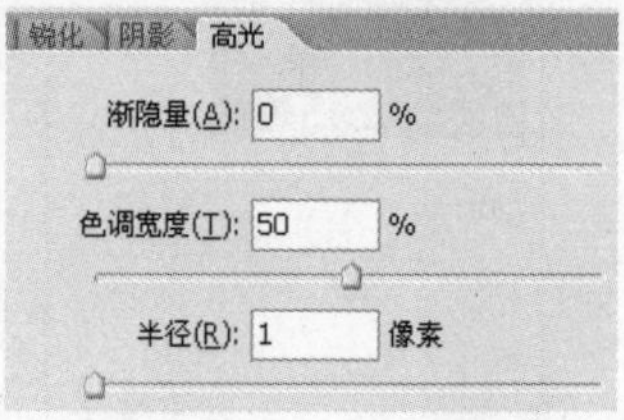

图17-122 “高光”选项参数

- 渐隐量：该选项用来设置阴影或高光中的锐化量。
- 色调宽度：该选项用来设置阴影或高光中色调的修改范围。
- 半径：该选项用来控制每个像素周围的区域大小，以确定像素是在阴影还是在高光中。

17.11 视频滤镜组

视频滤镜组中的滤镜主要用来处理或调整从摄像机输入视频图像时的系统问题。

17.11.1 NTSC颜色

NTSC是一种电视制式，“NTSC颜色”滤镜可以将颜色色域限制在电视机重现可接受的范围内，防止过度饱和后颜色渗到电视机扫描行中，以便图像可以被电视机所接收。

17.11.2 逐行

如图17-123所示为【逐行】对话框，该滤镜可以将视频图像中的奇数或偶数隔行线移去，使在视频上捕捉的运动图像变得平滑。

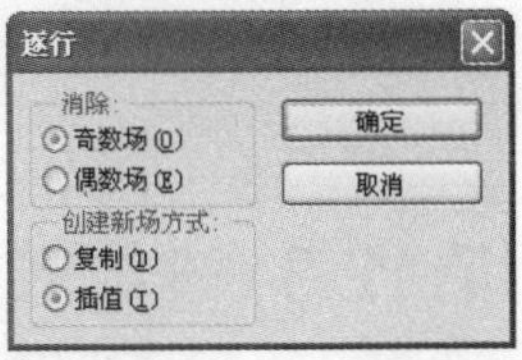

图17-123 【逐行】对话框

- 清除：选择该选项区中的奇数或偶数场，可以清除图像中的奇数或偶数扫描线。
- 创建新场方式：可以用来选择删除扫描线后以何种方式进行填补空白区域。选择“复制”单选按钮时，可以复制被删除部分周围的像素来填充空白区域；选择“插值”单选按钮时，可以将被删除的部分以插值的方式进行填补。

17.12 素描滤镜组

在素描滤镜组中包含14种滤镜，这些滤镜可以为图像添加纹理模拟素描和速写等艺术效果，在这些滤镜中可以制作出多种特效，但大部分滤镜在重绘时，都需要使用前景色和背景色，因此可以设置不同的前景色和背景色以得到更多不同的效果。

17.12.1 半调图案

执行“滤镜 | 素描 | 半调图案”命令即可打开【半调图案】对话框，在对话框右侧可以进行不同的数值设置，如图17-124所示为设置的数值，如图17-125、图17-126所示为原图像以及创建出的效果。

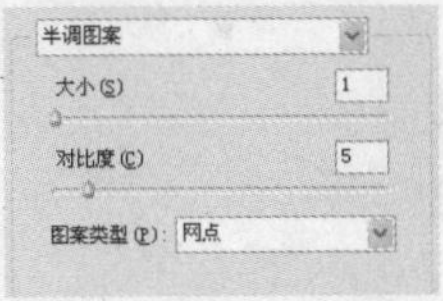

图17-124 设置的数值

- 大小：该选项用来设置生成网状图案的大小。
- 对比度：该选项用来设置图像间的对比度可以使图像变得清晰。
- 图案类型：该选项用来选择显示在图像中的图案类型；包括“圆形”、“网点”和“直线”。

图17-125 原图像的效果 图17-126 创建出的效果

17.12.2 便条纸

执行“滤镜 | 素描 | 便条纸”命令即可将图像创建出类似纸张构建的的图像，此工具可以将图像进行简化，如图17-127、图17-128所示为设置的数值以及创建出的效果。

- 图像平衡：该选项通常用来设置图像中的高光区和阴影区域的面积大小。

- 粒度：该选项用来设置图像中生成颗粒的数量。
- 凸现：该选项用来设置图像的凸显程度。

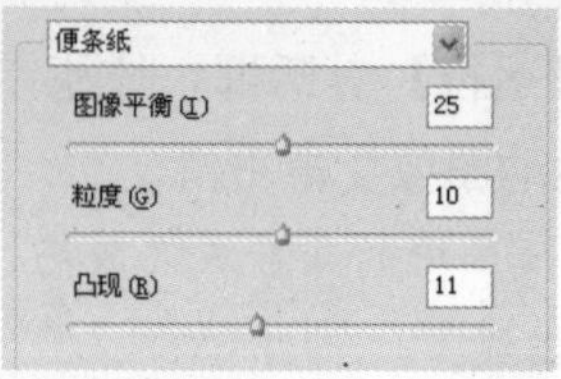

图17-127 设置的数值

图17-128 创建出的效果

17.12.3 粉笔和炭笔

该滤镜命令可以处理出粉笔画和炭笔画相结合的图像效果，如图17-129、图17-130所示为设置的数值与创建出的效果。

- 炭笔区：该选项用来控制图像中黑色区域的大小。
- 粉笔区：该选项用来控制图像中白色区域的大小。
- 描边压力：该项用来设置描边时的压力大小。

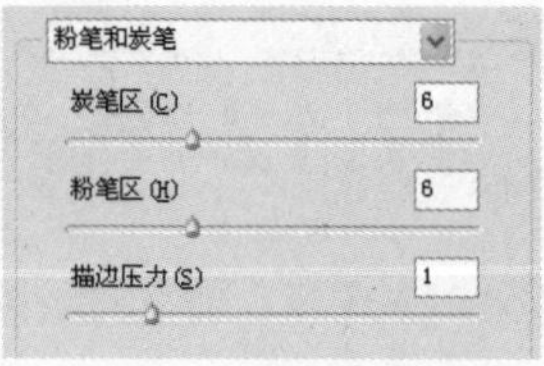

图17-129 设置的数值

图17-130 创建出的效果

17.12.4 铬黄

"铬黄"滤镜命令可以创建出类似塑料的质感，应用该滤镜后还可以应用"色阶"对图像进行调整。如图17-131、图17-132、图17-133所示为设置的数值以及原图像和创建出的效果。

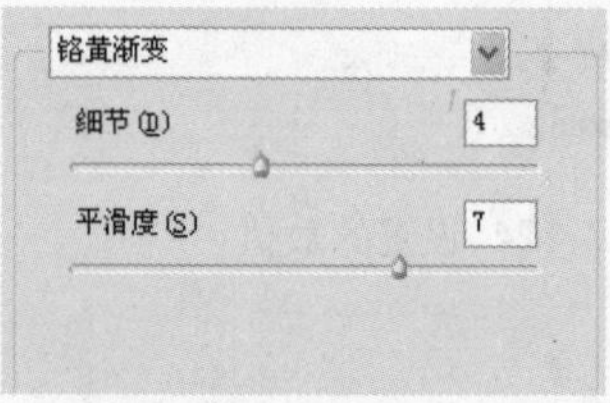

图17-131 设置的数值

图17-132 原图像的效果

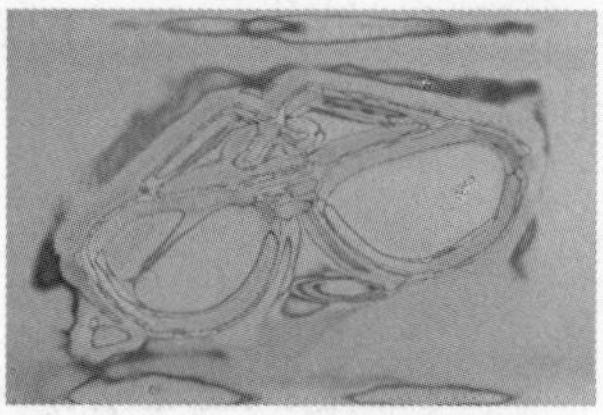

图17-133 创建出的效果

- 细节：该选项用来设置图像细节的保留程度。
- 平滑度：该选项用来设置图像的平滑程度。

17.12.5 绘图笔

该滤镜命令可以将图像用短而细的线条进行描绘，如图17-134、图17-135、图17-136所示为原图像及创建的图像效果和设置的数值。

- 描边长度：该选项用来设置图像中线条的长度。
- 明/暗平衡：该选项用来调节图像中的明暗色调。
- 描边方向：在该下拉列表框中可以选择不同的线条方向。

图17-134 原图像的效果

图17-135 创建出的效果

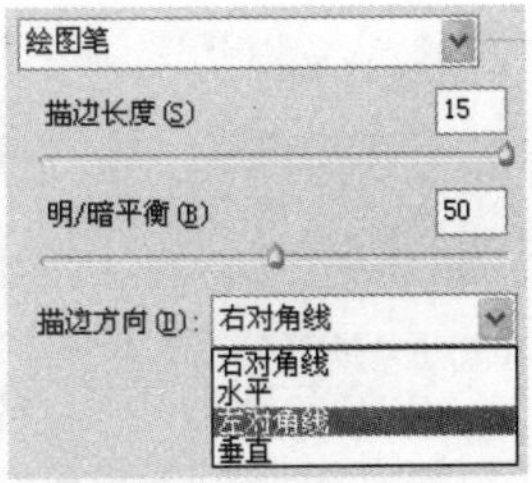

图17-136 设置的数值

17.12.6 基底凸现

该滤镜命令可以将图像制作出浮雕的效果，如图17-137、图17-138所示为设置的数值以及创建出的效果。

- 细节：该选项用来设置图像中的细节保留程度。
- 平滑度：该选项可以用来设置图像的平滑度。
- 光照：在其下拉列表中可以选择不同的光照方向。

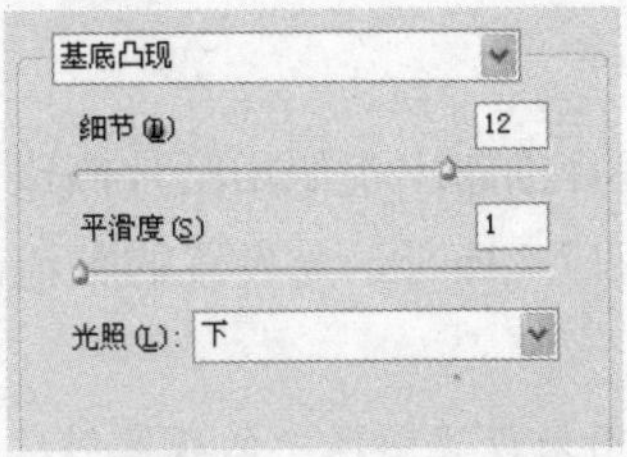

图17-137 设置的数值

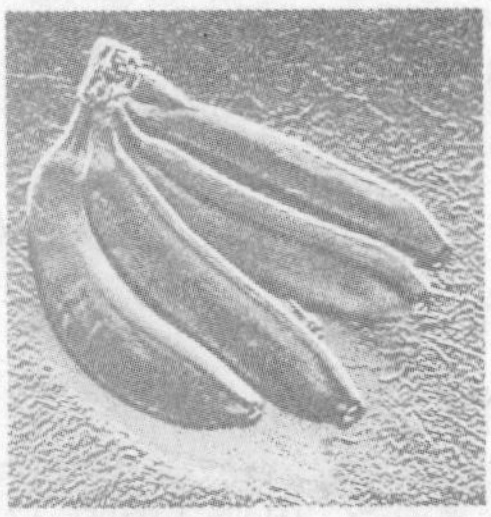

图17-138 创建出的效果

17.12.7 石膏效果

该选项可以使用 3D 石膏为图像铸模，然后使用前景色和背景色为结果上色，深色区域上升突出，浅色区域凹陷。如图17-139、图17-110、图17-141所示为设置的数值以及原图像和创建出的效果。

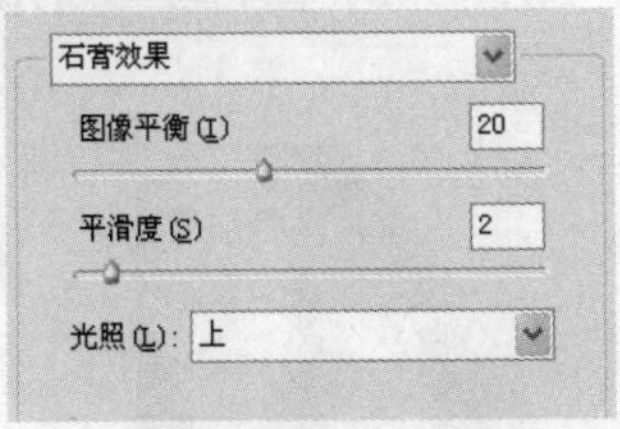

图17-139 设置的数值

图17-140 原图像的效果

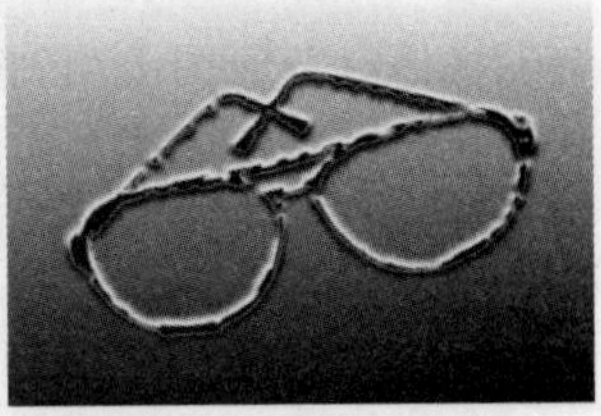

图17-141 创建出的效果

- 图像平衡：该选项用来调整图像中的高光区和阴影区的比例。
- 平滑度：用来设置图像的平滑度。
- 光照：在其下拉列表中可以选择一个光照方向。

17.12.8 水彩画纸

该滤镜命令可以将图像制作成在水彩画效果，如图17-142、图17-143、图17-144所示为设置的数值以及创建出的效果。

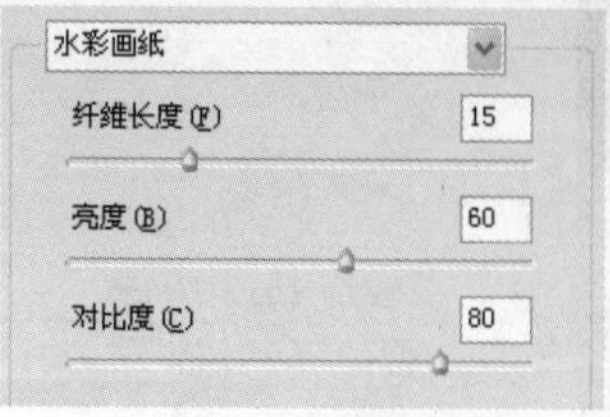

图17-142 设置的数值

图17-143 原图像的效果

图17-144 创建出的效果

- 纤维长度：该选项可以用来调节画面中生成的纤维的长短。
- 亮度：该选项可以用来调节画面的亮度。
- 对比度：该选项可以用来调节画面的整体对比度。

17.12.9 撕边

该滤镜命令可以为图片创建出类似由纸片撕边所造成的效果，如图17-145、图17-146所示为设置的数值以及创建出的效果。

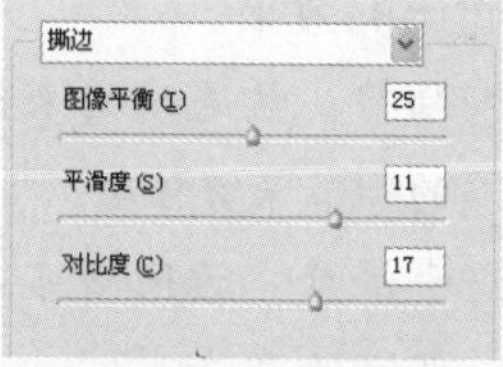

图17-145 设置的数值

图17-146 创建出的效果

- 图像平衡：该项用来设置图像中的颜色对比效果，控制图像的颜色比例平衡。
- 平滑度：该选项用来设置图像的平滑程度。
- 对比度：该选项用来设置整体画面效果的对比度。

17.12.10 炭笔

该滤镜命令可以将图像处理成素描画的效果，如图17-147、图17-148、图17-149所示为设置的数值以及原图像和创建出的效果。

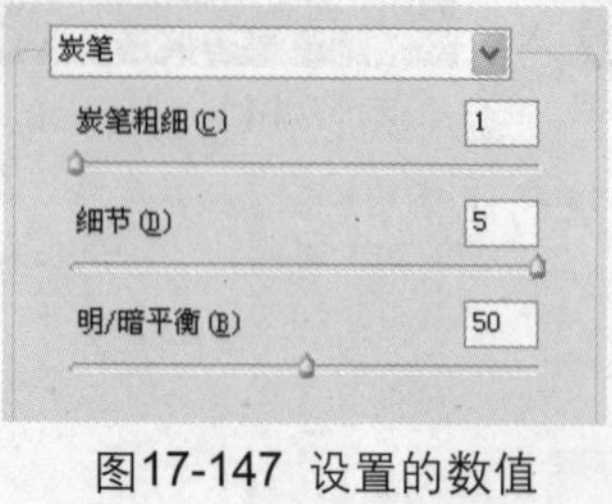

图17-147 设置的数值

图17-148 原图像的效果

图17-149 创建出的效果

- 炭笔粗细：该选项用来设置炭笔在画面中的宽度。
- 细节：该选项用来设置图像细节的保留程度。
- 明/暗平衡：该选项用来设置图像中明暗部的平横效果关系。

17.12.11 炭精笔

该滤镜命令可以使用不同的背景色处理出不同的炭精笔的纹理，如图17-150、图17-151所示为设置的数值和创建出的图像效果。

- 前景色阶：该选项用来调整前景色的颜色强度。
- 背景色阶：该选项用来调整背景色的颜色强度。
- 纹理：在其下拉列表中可以选择不同的纹理来填充图像。
- 缩放：该选项用来控制纹理的大小。
- 凸现：该选项可以控制图像中纹理的凸现程度。
- 光照：在其下拉列表中可以为图像选择一种光照效果。
- 反相：可以将纹理的效果进行反转。

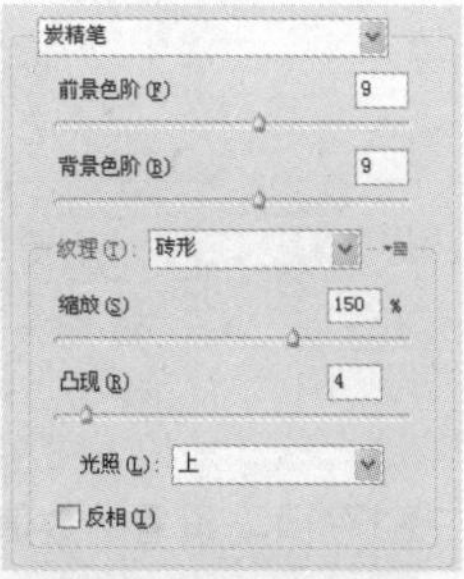

图17-150 设置的数值

图17-151 创建出的效果

17.12.12 图章

该滤镜命令可以简化图像，使它看起来像是用橡皮或木质图章创建的效果一样，如图17-152、图17-153、图17-154所示为设置的数值以及原图像和创建出的效果。

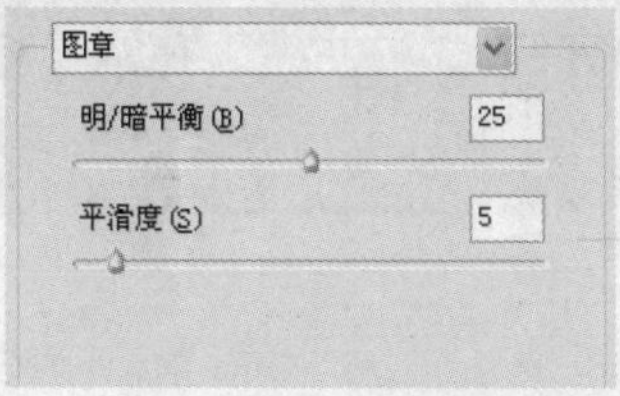

图17-152 设置的数值

图17-153 原图像的效果

图17-154 创建出的效果

- 明/暗平衡：可以用来调整图像的明暗对比。
- 平滑度：该选项可以调整图像的平滑度。

17.12.13 网状

该滤镜命令可以模拟胶片中感光显影液的收缩和扭曲来重新创建图像，使图像的暗部结块，亮部显示为微小的颗粒。如图17-155、图17-156、图17-157所示为设置的数值、原图像及创建出的效果。

- 浓度：该选项用来设置图像中的颗粒的浓度。
- 前景色阶/背景色阶：该选项用来设置图像中前景与背景的色阶数。

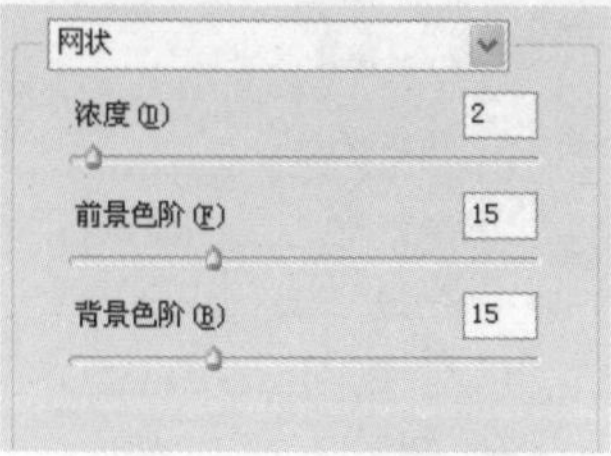

图17-155 设置的数值

图17-156 原图像的效果

图17-157 创建出的效果

17.12.14 影印

该滤镜命令可以模拟出由前景色和背景色影印而成的效果。如图17-158、图17-159、图17-160所示为设置的数值以及原图像和创建出的效果。

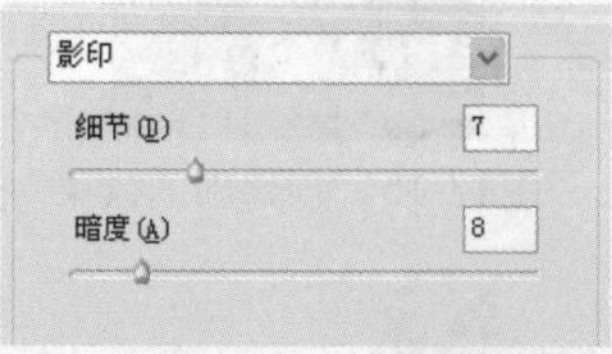

图17-158 设置的数值

图17-159 原图像的效果

图17-160 创建出的效果

17.13 纹理滤镜组

该滤镜组可以使图像的表面产生深度感或物质外观感，它包含6种滤镜。在本节将介绍这些滤镜制作的效果。

17.13.1 龟裂缝

执行“滤镜｜纹理｜龟裂纹”命令，即可打开【龟裂缝】对话框，在对话框中可以将图像的各项效果数值进行设置，如图17-161所示。设置后即可创建出龟裂纹的效果。如图17-162、图17-163所示为原图像效果和创建出的效果。

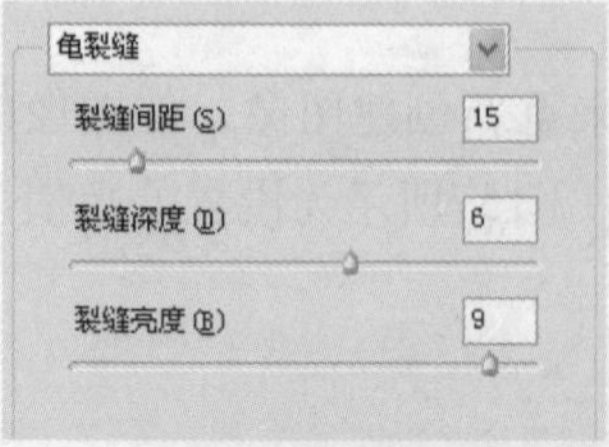

图17-161 设置的数值

图17-162 原图像的效果

图17-163 创建出的效果

- 裂缝间距：该选项用来设置图像生成图像中裂纹间的间距大小，该值越大间距越大。
- 裂缝深度：该选项用来设置裂缝的深度。
- 裂缝亮度：该选项用来设置裂缝的亮度。

17.13.2 颗粒

执行“滤镜｜纹理｜颗粒”命令，即可打开【颗粒】对话框，在对话框中设置各项选项后即可创建出颗粒效果。如图17-164、17-165所示为设置的参数和创建出的效果。

- 强度：该选项用来设置图像中的颗粒的强度。
- 对比度：该选项用来设置图像的对比度的强度。
- 颗粒类型：该选项可以用来选择图像中颗粒的类型，包括常规、软化、喷洒、结块等效果。

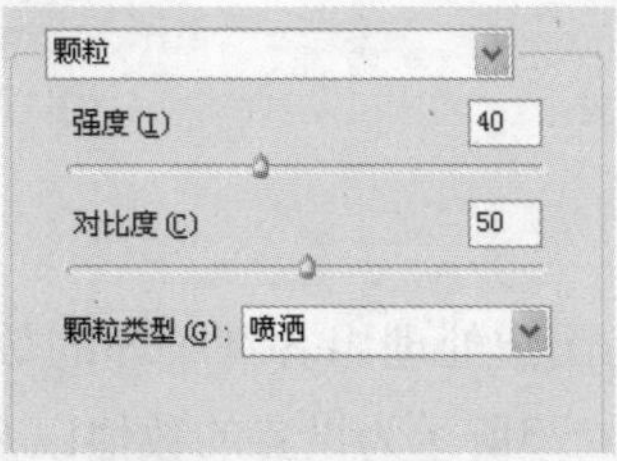

图17-164 设置的数值

图17-165 创建出的效果

17.13.3 马赛克拼贴

执行“滤镜｜纹理｜马赛克拼贴”命令，即可将其对话框打开，如图17-166、图17-167所示为设置的数值和创建出的效果。

- 拼贴大小：该选项用来设置图像中马赛克拼贴快的大小。
- 缝隙宽度：该选项用来设置缝隙之间的宽度。
- 加亮缝隙：该选项可以用来调整缝隙间的明暗。

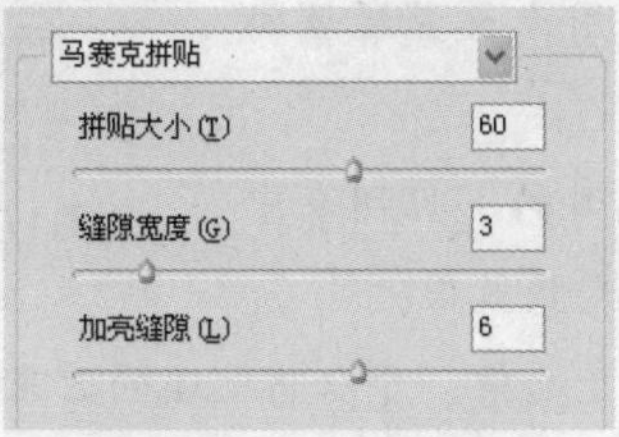

图17-166 设置的数值

图17-167 创建出的效果

17.13.4 拼缀图

该滤镜命令可以将图像用正方形的方块进行规则的排列，如图17-168、图17-169所示为设置的数值以及创建出的效果。

- 方形大小：该选项用来设置在拼缀时方块的大小。
- 凸现：该选项用来设置方块的凸现程度。

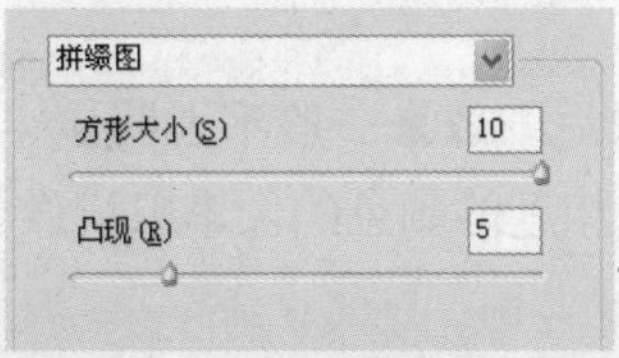

图17-168 设置的数值

图17-169 创建出的数值

17.13.5 染色玻璃

该命令可以将图像处理为类似彩色玻璃的效果，它可以将图像重新绘制为单色的相邻的色块。如图17-170、图17-171所示为设置的数值以及创建出的效果。

- 单元格大小：该选项用来设置图像中色块的大小。
- 边框粗细：该选项用来设置单元格间隙的大小。
- 光照强度：该选项用来设置图像的中心光照强度。

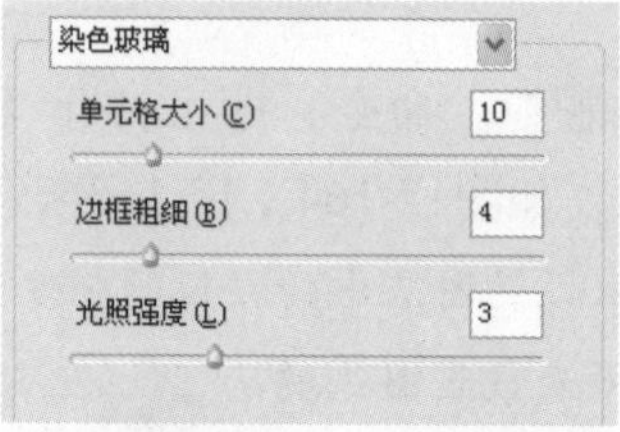

图17-170 设置的数值

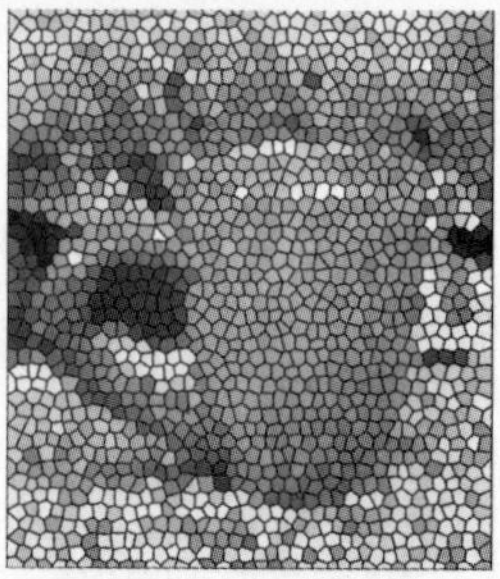
图17-171 创建出的效果

17.13.6 纹理化

该滤镜命令可以为图像处理出各种纹理的效果，如砖形、粗麻布、画布和砂岩等的效果，如图17-172、图17-173所示为设置的数值以及创建出的效果。

- 纹理：该选项用来选择图像中的纹理类型。
- 缩放：该选项用来调整纹理的缩放程度。
- 凸现：该选项用来设置纹理的凸现程度。
- 光照：在该选项的下拉列表中可以选择一种光照效果。
- 反相：勾选该复选框，可以将纹理的效果进行反转。

图17-172 设置的数值

图17-173 创建出的效果

17.14 像素化滤镜组

该组滤镜可以将图像通过使用颜色值相近的像素结成块来表现图像，该组滤镜包括7个滤镜。

17.14.1 彩块化

该滤镜在处理图像后的效果一般不太明显，需要将图像放大后才可以看出它的具体变化，它可以使用纯色或相近的颜色的像素组成像素块。如图17-174、图17-175所示为原图像和创建出的效果。

图17-174 原图像的效果

图17-175 创建出的效果

17.14.2 彩色半调

“彩色半调”滤镜会在每个通道中将图像划分出矩形区域，然后将图像创建成网点的效果，如图17-176、图17-177所示为设置的数值及创建出的彩色半调图案。

- 最大半径：该选项用来设定生成图像中网点的半径大小。
- 网角：该选项用来设置每个通道中网点的角度。

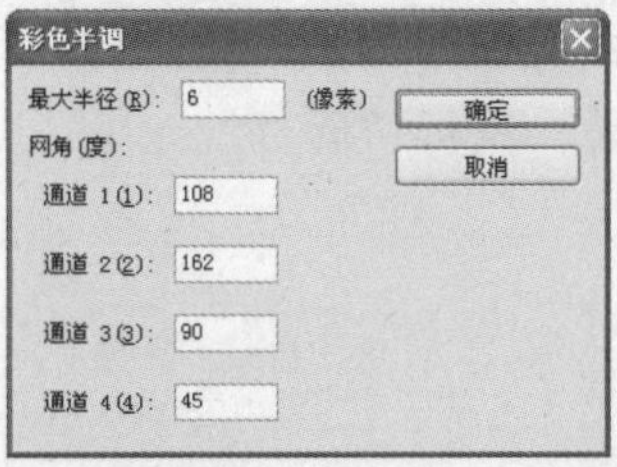

图17-176 【彩色半调】对话框

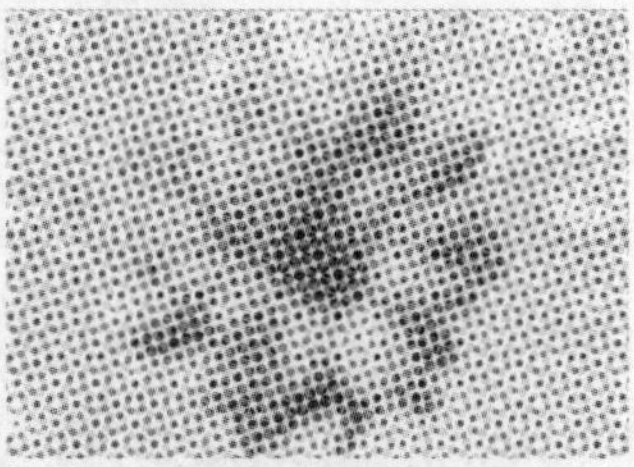
图17-177 创建出的效果

17.14.3 点状化

该滤镜可以将图像中的颜色进行点状化处理，创建出的效果会类似于点彩绘画的效果，如图17-178、图17-179所示为设置的数值和创建出的效果。其中“单元格大小”选项用来设置图像中网点的大小。

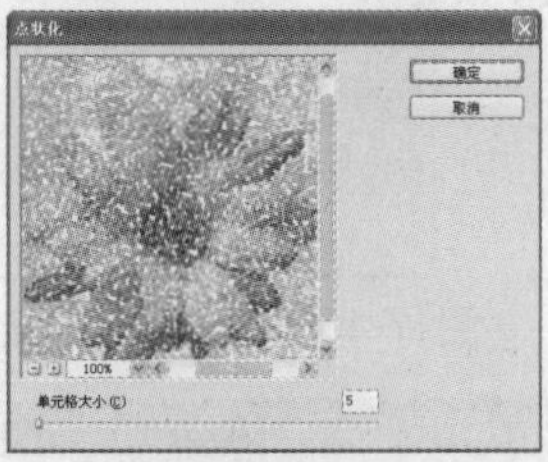
图17-178 【点状化】对话框

图17-179 创建出的效果

17.14.4 晶格化

该滤镜可以将图像中的像素集中到多边形的色块中，产生类似结晶颗粒的效果，该命令的对话框中可以利用“单元格大小”进行控制网点的大小。如图17-180、图17-181所示为设置的数值和创建出的效果。

图17-180 【晶格化】对话框

图17-181 创建出的效果

17.14.5 马赛克

该滤镜可以创建出“马赛克”的效果，它可以将图像分解成各种颜色的像素块。如图17-182、图17-183所示为设置的数值和创建出的效果。在其对话框中调整“单元格大小”选项，即可调整图像中色块的大小。

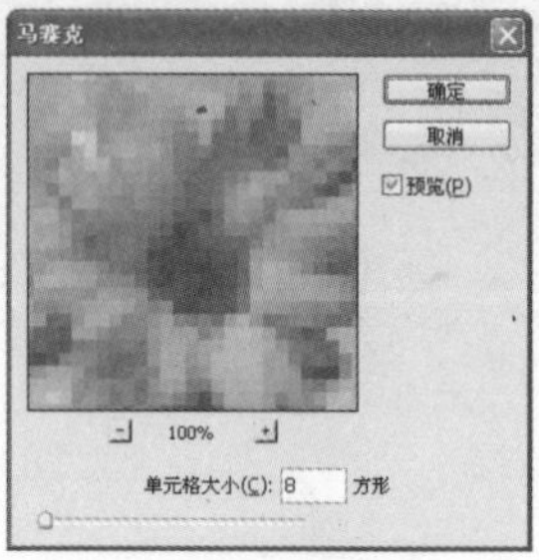

图17-182 【马赛克】对话框

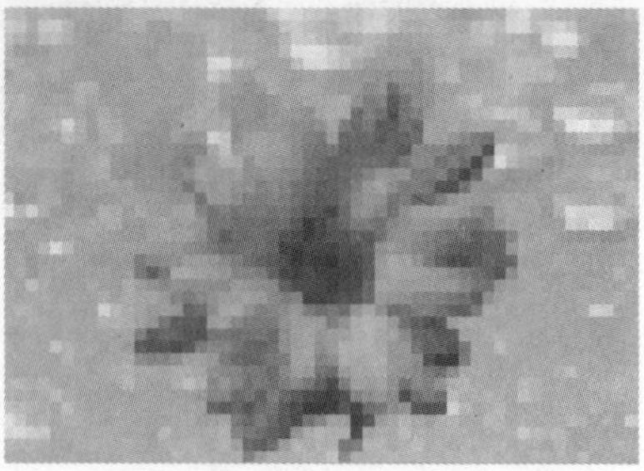
图17-183 创建出的效果

17.14.6 碎片

该滤镜可以将图像处理出模糊的效果，如图17-184所示为创建出的效果。执行“碎片”滤镜命令不会弹出对话框。

图17-184 创建出的效果

17.14.7 铜版雕刻

该滤镜可以将图像用不规则的直线、斑点或曲线创建出金属的质感。如图17-185所示为执行“铜版雕刻”命令所弹出的对话框以及设置的参数，如图17-186所示为创建出的效果。

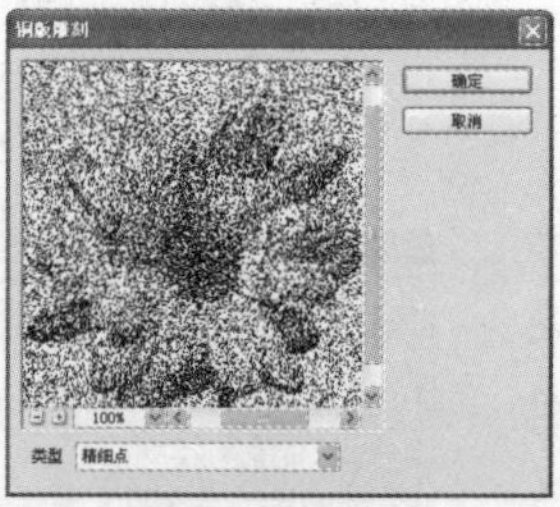

图17-185 【铜版雕刻】对话框

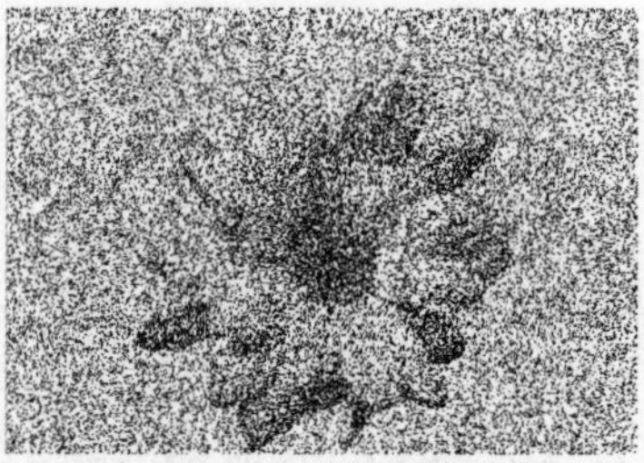
图17-186 创建出的效果

17.15 渲染滤镜组

渲染滤镜组中的滤镜可以用来处理图像中的特殊光照效果，还可以模拟出云彩效果。渲染滤镜组中包含了5种滤镜，分别为分层云彩、云彩、光照效果、镜头光晕和纤维。

17.15.1 分层云彩和云彩

当第一次应用分层云彩时可以创建出类似云彩的效果，当多次应用云彩（按Ctrl+F组合键）后，可以创建出类似大理石的纹理效果。如图17-187所示为应用一次云彩时的效果与应用多次云彩时的对比效果图。“云彩”命令所利用的颜色为前景色与背景色的颜色，因此可以设置不同的前景色与背景色创建不同颜色的云彩效果。

“云彩”滤镜命令可以根据前景色与背景色在画面中随机生成类似于云彩的效果。多次执行时可以变幻出更多的云彩效果，但是不会产生更强烈的云彩效果。但每次使用此命令，所生成的画面效果都会有所不同。

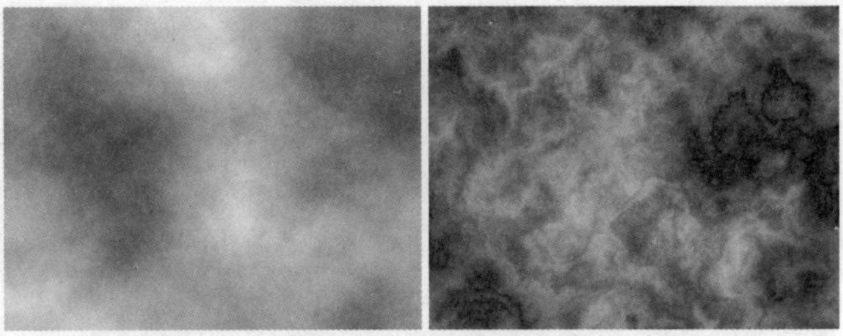

图17-187 应用一次云彩与应用多次云彩命令的对比效果

17.15.2 光照效果

光照效果可以为图像制造出多种多样的效果，在【光照效果】对话框中包含了多种光照样式和光照类型。如图17-188所示为【光照效果】对话框。

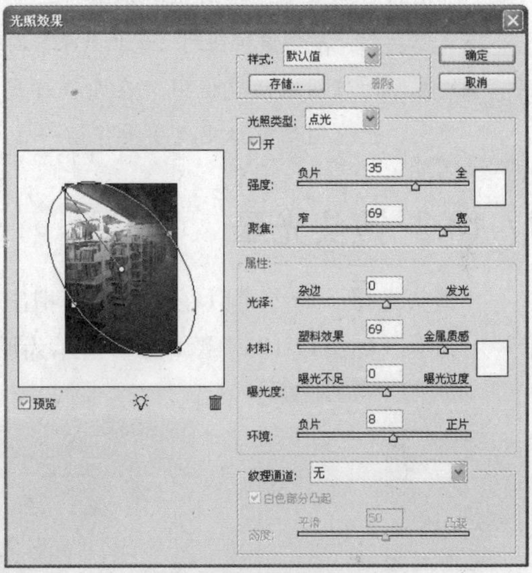

图17-188 【光照效果】对话框

- 样式：在样式的下拉列表中可以选择预设的光照样式，如图17-189所示为预设中包含的17种样式，每一种样式都可以为图像添加一种不同的光照效果。如图17-190、图17-191所示为选择不同样式创建出的光照效果。

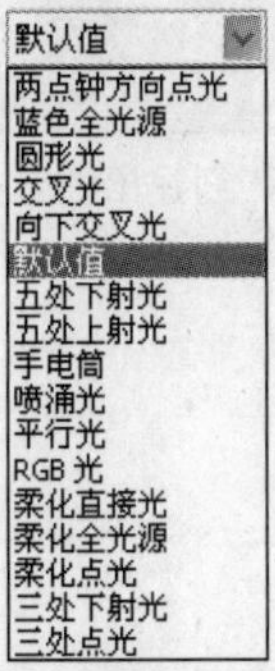

图17-189 “样式”下拉列表

图17-190 选择“三处下射光”的效果

图17-191 选择“两点钟方向点光”的效果

- 光照类型：在该下拉列表中可以选择一种光源，包含全光源、平行光和点光源。当选择光源后可以在下面的数值设置中调节效果。还可以在左边的预览区中拖动光点进行调节。
- 强度：用于控制灯光的光照强度。单击右侧的色块，可在弹出的【拾色器】对话框中对光照的颜色进行调整。
- 聚焦：选择“点光”光照类型时，该选择才可用，主要用于决定图像中使用灯光的光照范围。
- 光泽：用于决定图像效果的平衡程度。

- 材料：通过调整滑块的位置来调整图像的质感，在右侧的色块中可以为图像添加一种色调，使图像的效果更为逼真。
- 曝光度：用于决定图像的反光程度，数值越大，反光越强烈。
- 环境：该选项决定图像的反光范围。
- 纹理通道：在右侧的下拉列表中，可以选择用于产生立体效果的通道。
- 白色部分凸起：决定图像中黑色和白色凸起的高度。
- 高度：决定画面中立体凸起的高度，数值越大，凸起越明显。
- 预览：取消该复选框的勾选，【光照效果】对话框的图像预览框中将不显示图像应用光照后的效果，而只显示原图像。
- 按钮：拖动该按钮到【光照效果】对话框的图像窗口中，可为当前图像增加一盏灯光。
- 按钮：图像预览框中，在选择灯光的中心位置拖动鼠标到该按钮上，可将该灯光删除，注意图像窗口中至少要保留一盏灯光。

17.15.3 镜头光晕

“镜头光晕”命令可以在图像中模拟出日光光晕的效果，如图17-192所示为【镜头光晕】对话框。如图17-193、图17-194所示为原图像的效果及创建出的效果。

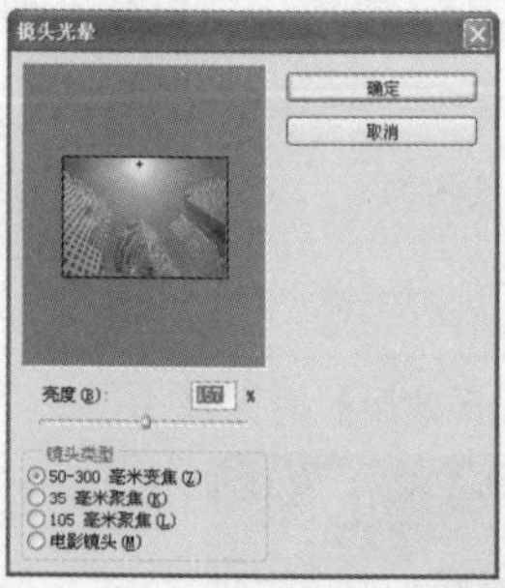

图17-192 【镜头光晕】对话框

图17-193 原图像的效果

图17-194 创建出的效果

- 亮度：该选项用来调整图像中创建出的光晕的亮度强度。
- 镜头类型：该选项可以为图像的光晕设置不同的光晕效果。

专家提示

在预览框中的图像单击或拖曳鼠标，可设置光晕的中心位置。

17.15.4 纤维

该滤镜可以将前景色与背景色创建为随意编织的纤维效果，如图17-195、图17-196所示为【纤维】对话框和创建出的效果。

- 差异：该选项用来控制颜色的变化方式，当该值较高时可以创建出较短且颜色变化的的纤维效果。

● 强度：该选项用来设置纤维的外观，当该值较低时会产生松散的编织效果。

● 随机化：单击该按钮，可以随机产生新的纤维外观。

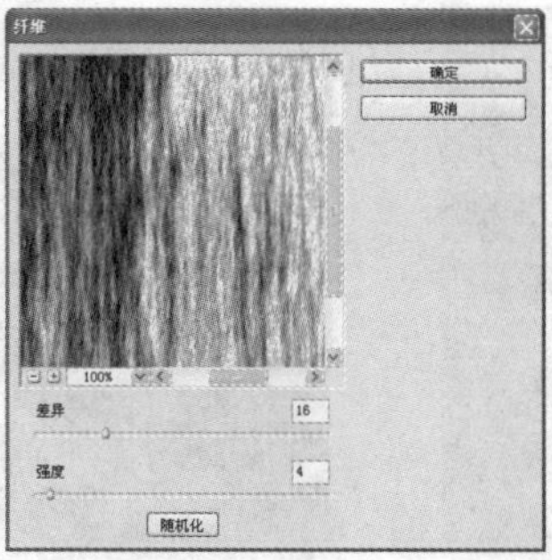

图17-195 【纤维】对话框

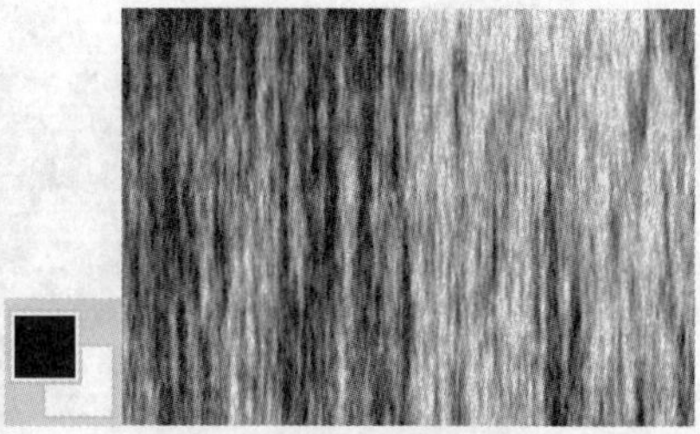
图17-196 创建出的效果

17.16 艺术效果滤镜组

在该组滤镜中可以创建出多种艺术效果，它包含15个滤镜命令。

17.16.1 壁画

该滤镜命令可以将图像制作成“壁画”的效果，如图17-197所示为“壁画”命令的对话框，原图像的效果以及创建出的效果如图17-198、图17-199所示。

● 画笔大小：该选项用来控制画面中笔触的大小。

● 画笔细节：该选项用来调整图像的细节保留程度。

● 纹理：该选项用来为图像添加纹理的数量。

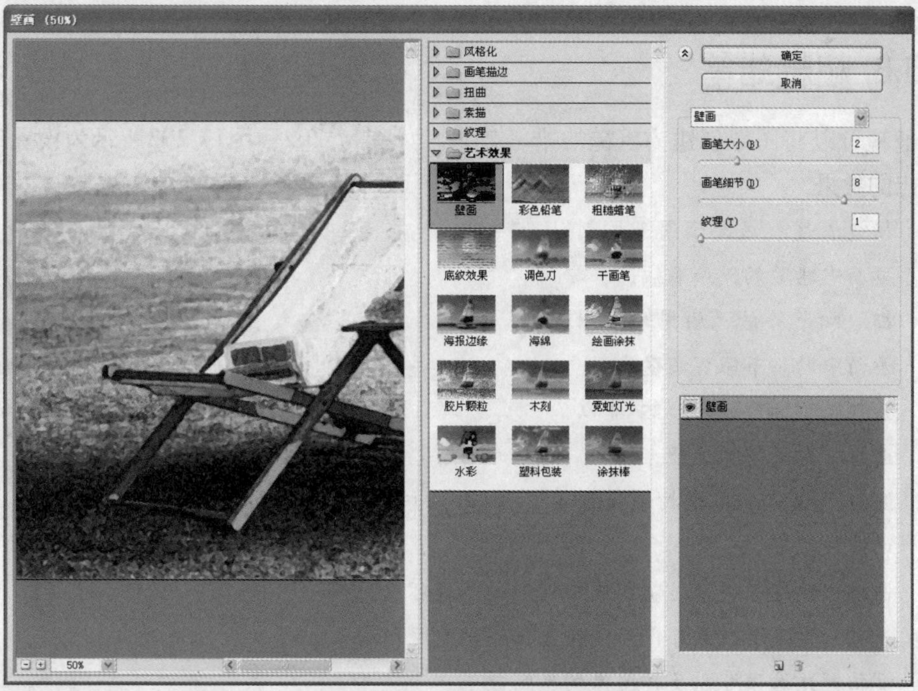

图17-197 【壁画】对话框

图17-198 原图像的效果

图17-199 创建出的效果

17.16.2 彩色铅笔

该滤镜命令可以模拟出彩色铅笔的绘画效果，并将背景用平滑的颜色表现出来。如图17-200、图17-201所示为设置的数值和创建出的效果。

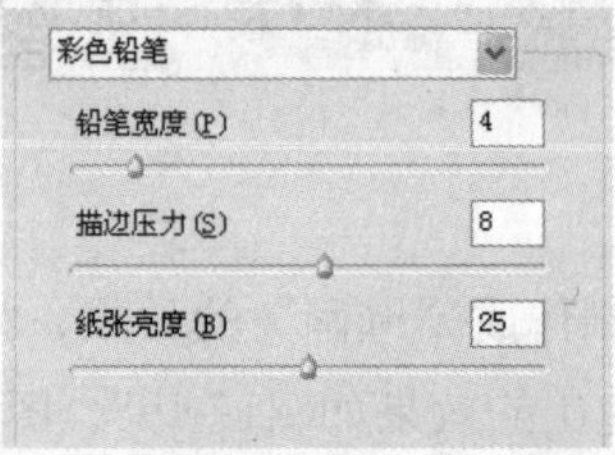

图17-200 设置的数值

图17-201 创建出的效果

- 铅笔宽度：该选项用来设置画面中铅笔线条的宽度。
- 描边压力：该选项用来设置描边时铅笔的压力效果。
- 纸张亮度：该选项用来控制整个画面的明暗程度。

17.16.3 粗糙蜡笔

该滤镜可以将图像创建为粗糙的蜡笔效果，如图17-202、图17-203所示为设置的数值及创建出的效果。

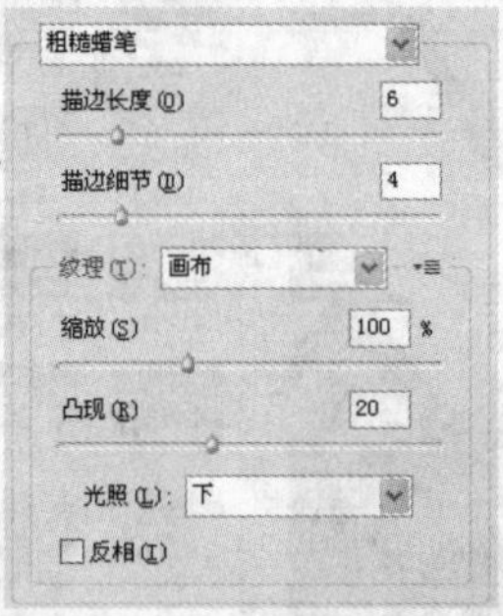

图17-202 设置的数值

图17-203 创建出的效果

- 描边长度：该选项用来控制画面中蜡笔的线条长短。
- 描边细节：该选项用来控制画面中的细节保留程度。
- 纹理：在其下拉列表中可以选择一种蜡笔的纹理。
- 缩放：该选项用来控制纹理的缩放程度。
- 凸现：该选项用来控制图像中纹理的凸现程度。
- 光照：该下拉列表可以为图像选择一种光照形式。
- 反相：该选项可以反转图像的光照效果。

17.16.4 底纹效果

该滤镜命令可以根据设置的纹理在图像中产生一种纹理涂抹的效果，也可以用来创建布料或油画效果。如图17-204、图17-205所示为设置的数值及创建出的效果。

- 画笔大小：该选项用来设置图像中画笔的大小。
- 纹理覆盖：该选项用来设置纹理的覆盖范围。
- 纹理：在其下拉列表中可以选择一种底纹纹理。
- 缩放：该选项用来控制纹理的缩放程度。
- 凸现：该选项用来控制图像中纹理的凸现程度。
- 光照：该下拉列表可以为图像选择一种光照形式。
- 反相：该选项可以反转图像的光照效果。

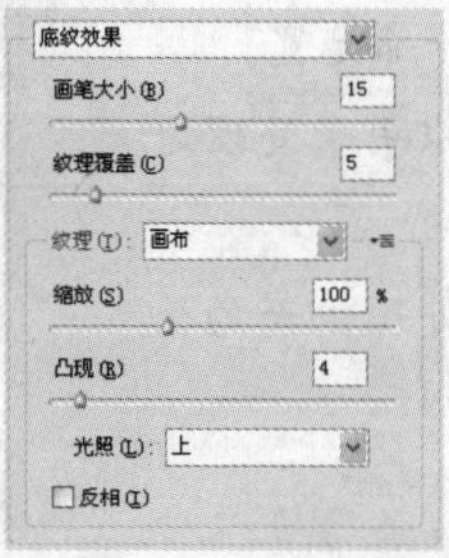

图17-204 设置的数值

图17-205 创建出的效果

17.16.5 调色刀

该滤镜命令的效果类似于利用调色刀绘画的效果，如图17-206、图17-207所示为设置的数值和创建出的效果。

- 描边大小：该选项用来设置图像中的颜色混合程度，数值越高，图像的效果就越模糊。
- 描边细节：该选项用来控制画面中的细节保留程度。
- 软化度：该选项用来柔化图像的效果。

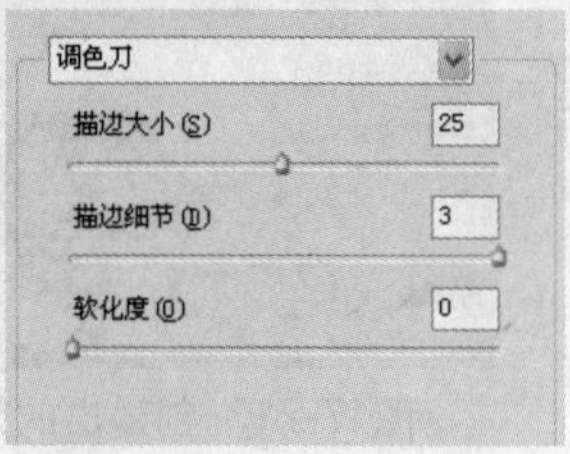

图17-206 设置的数值

图17-207 创建出的效果

17.16.6 干画笔

该滤镜命令可以使图像处理出介于水彩和油彩之间的图像效果。如图17-208、图17-209所示为设置的数值和创建的“干画笔”效果。

- 画笔大小：该选项用来控制画面中笔触的大小。
- 画笔细节：该选项用来调整图像的细节保留程度。
- 纹理：该选项用来为图像添加纹理的数量。

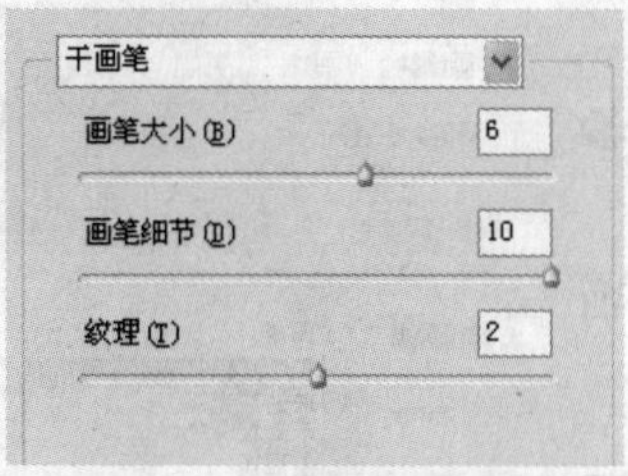

图17-208 设置的数值

图17-209 创建出的效果

17.16.7 海报边缘

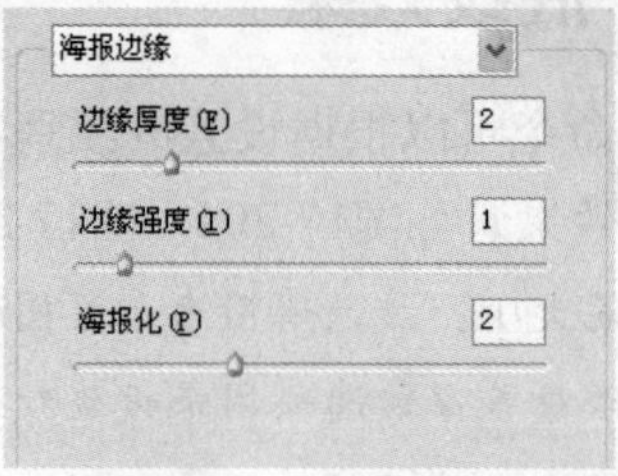

图17-210 设置的数值

“海报边缘”滤镜可以根据设置的参数减少图像中的颜色数量，并查找图像的边缘绘制成黑色的线条。如图17-210、图17-211、图17-212所示为设置的数值以及原图像和创建出的效果。

- 边缘厚度：该选项用来处理图像边缘的厚度，该值越高轮廓越宽。
- 边缘强度：该选项可以用来处理边缘的强化程度。
- 海报化：该选项用来处理画面的整体颜色浓度。

图17-211 原图像的效果

图17-212 创建出的效果

17.16.8 海绵

该滤镜命令可以模拟海绵绘画的效果，将图像处理为如图17-213所示的效果，图17-214所示为设置的数值。

- 画笔大小：该选项用来控制画面中笔触的大小。
- 清晰度：该选项可以用来调整画面中海绵气孔的大小。
- 平滑度：该选项可以处理图像的柔和度。

图17-213 创建出的效果

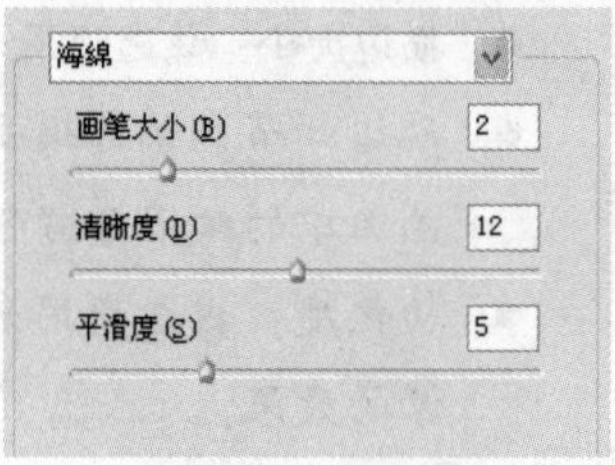

图17-214 设置的数值

17.16.9 绘画涂抹

该滤镜命令可以用选取的画笔来绘制图像，使图像产生各种涂抹的艺术效果。在画笔类型的选项中可以为图像选择不同效果的画笔，如简单、宽锐化和宽模糊等。如图17-215、图17-216所示为设置的数值和创建出的效果。

- 画笔大小：该选项用来控制画面中笔触的大小。
- 锐化程度：该选项可以调整图像的锐化程度。
- 画笔类型：在该选项中可以选择一种画笔的类型。

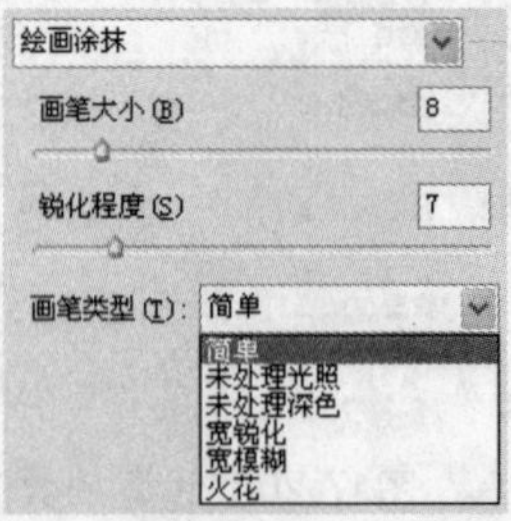

图17-215 设置的数值

图17-216 创建出的效果

17.16.10 胶片颗粒

该滤镜命令可以将图像用颗粒状的效果进行表现，如图17-217、图17-218所示为设置的数值和创建出的效果。

- 颗粒：该选项可以用来调整图像中颗粒的数量，该值越高，画面效果就越粗糙。
- 高光区域：该选项用来调整图像中高光区域的大小。
- 强度：该选项用来调整颗粒效果的强度。

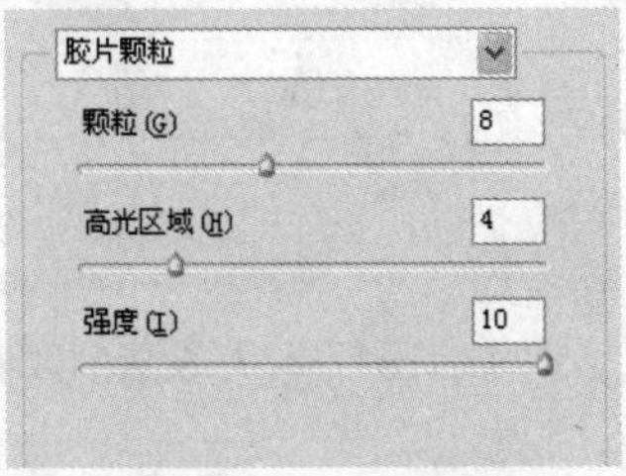

图17-217 设置的数值

图17-218 创建出的效果

17.16.11 木刻

该滤镜命令可以将图像制作成木板雕刻的效果，如图17-219、图17-220所示为设置的数值和创建出的图像效果。

- 色阶数：该选项用来调整图像中的色阶数量。
- 边缘简化度：该选项用来调整图像边缘的简化程度，该值越高边缘越简化。
- 边缘逼真度：该选项用来设置图像边缘的精确度。

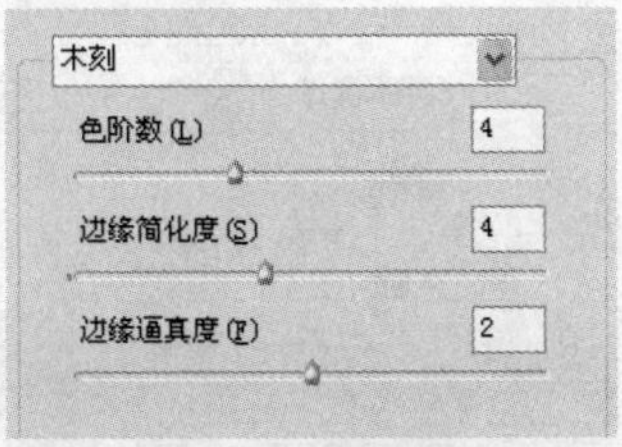

图17-219 设置的数值

图17-220 创建出的效果

17.16.12 霓虹灯光

该滤镜命令可以将图像处理成夜间霓虹灯光的效果，如图17-221、图17-222所示为设置的数值和创建出的效果。

- 发光大小：该选项用来调整霓虹灯光的大小。
- 发光亮度：该选项用来调整灯光的亮度。
- 发光颜色：单击颜色图标，可在打开的【拾色器】对话框中选择发光的颜色。

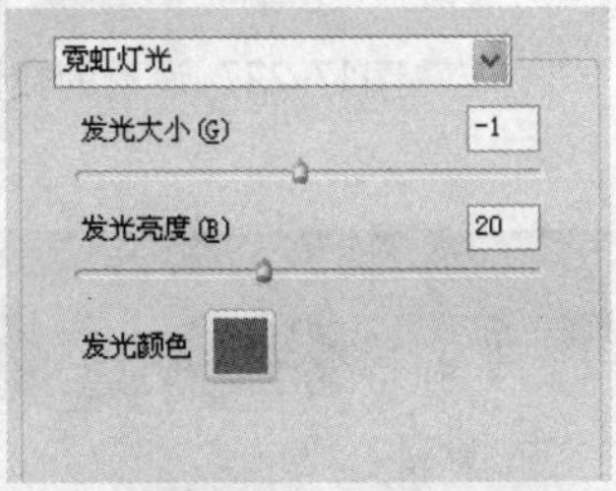

图17-221 设置的数值

图17-222 创建出的效果

17.16.13 水彩

该滤镜命令可以创建出水彩画的效果，如图17-223、图17-224所示为设置的数值和创建出的水彩画效果。

- 画笔细节：该选项用来保留画笔绘画的细节。
- 阴影强度：该选项用来控制阴影的强度。
- 纹理：该选项可以调整图像中纹理的效果。

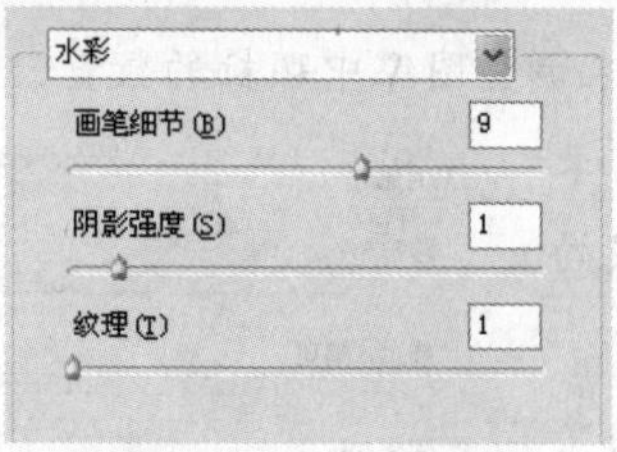

图17-223 设置的数值

图17-224 创建出的效果

17.16.14 塑料包装

该滤镜可以将图像处理为被塑料包装过的效果，如图17-225、图17-226所示为设置的数值和创建出的效果。

- 高光强度：该选项用来控制图像中高光的强度。
- 细节：该选项用来调整高光区域的细节保留程度。
- 平滑度：该选项用来调整塑料效果的平滑程度。

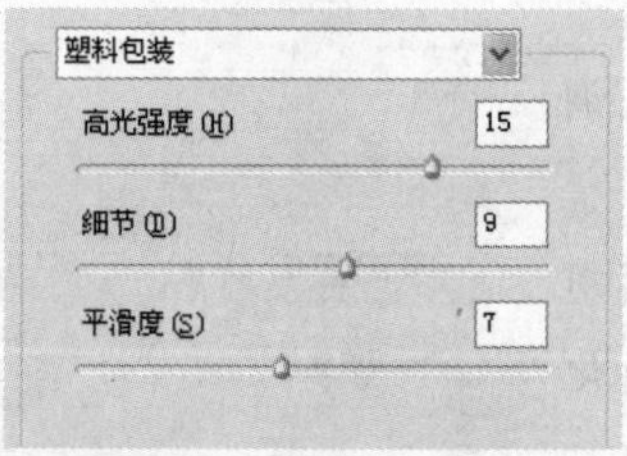

图17-225 设置的数值

图17-226 创建出的效果

17.16.15 涂抹棒

该滤镜可以将图像用短线进行描绘，模拟出涂抹棒的效果。如图17-227、图17-228所示为设置的数值和创建出的效果。

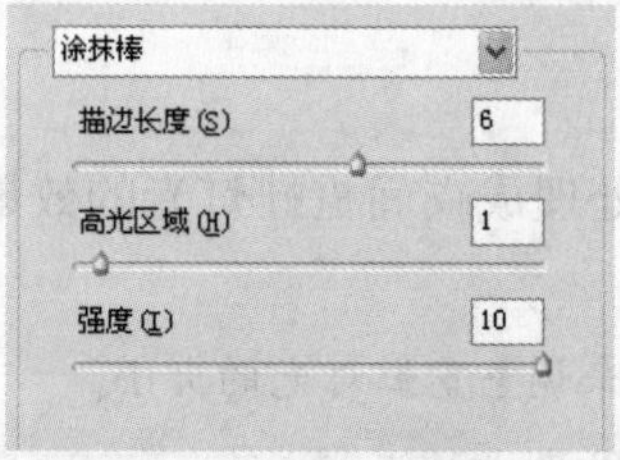

图17-227 设置的数值

图17-228 创建出的效果

17.17 杂色滤镜组

“杂色”滤镜组可以为图像进行添加或去除杂色，该组滤镜包含了5个滤镜命令。

17.17.1 减少杂色

“减少杂色”滤镜命令可以将图像中一些无关像素进行弱化或消除，如图17-229所示为【减少杂色】对话框，如图17-230、图17-231所示为原图像与减少杂色后的效果。

在【减少杂色】对话框中可以对“基本”和“高级”两个选项进行设置。

1. 基本选项

- 设置：该选项用来选择预设的参数，当没有预设参数时，将会选择“默认值”选项。当需要保存参数时，可以单击按钮，将当前的参数保存；当保存了预设的参数后，可以直接单击按钮并在下拉列表中选择该数值；当需要删除时，单击按钮即可。
- 强度：该选项用来控制所有图像通道的亮度杂色的减少量。
- 保留细节：该选项用来设置图像边缘的细节保留程度。
- 减少杂色：该选项用来减少图像中的杂色。
- 锐化细节：该选项用来对图像进行锐化。
- 移去JPEG不自然感：勾选该复选框，可以去除由于使用低JPEG品质设置存储图像而导致的斑驳图像和光晕。

图17-229 【减少杂色】对话框

2. 高级选项

如图17-232所示为“高级”选项的参数。

图17-230 原图像的效果

图17-231 减少杂色后的效果

图17-232 “高级”选项的参数

在“高级”选项中“整体”选项卡中的选项与“基本”选项中的设置选项一样。所以在此只介绍一下“每通道”选项卡中的参数。

- 通道：该选项用来选取一个通道进行减少杂色处理。
- 强度：该选项用来调节减少杂色的强度。
- 保留细节：该选项用来控制保留细节的程度。

17.17.2 蒙尘与划痕

该滤镜命令可以通过更改图像中相异的像素来减少杂色，使图像在清晰化和隐藏的缺陷之间达到平衡。如图17-233所示为【蒙尘与划痕】对话框，如图17-234所示为创建出的效果。

- 半径：该选项用来设定图像的模糊程度，该值越高模糊的程度就越高。
- 阈值：该选项用来定义像素的差异有多大才能被视为杂点。该值越高去除杂点的效果就越弱。

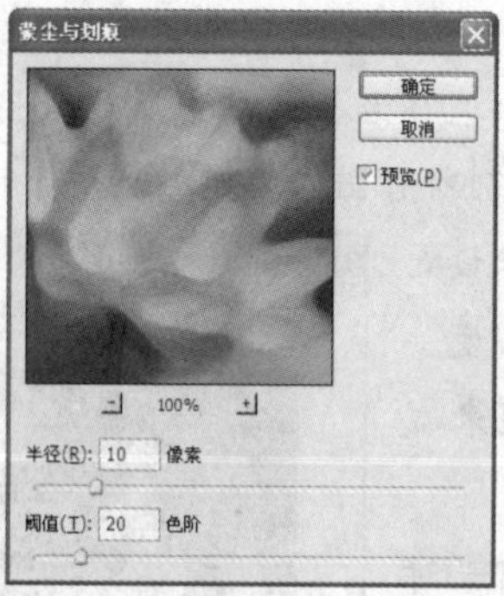

图17-233 【蒙尘与划痕】对话框

图17-234 创建出的效果

17.17.3 去斑

该滤镜命令可以模糊并去除图像中的杂色，同时保留原图像的细节。使用该命令时，系统将自动进行斑点的去除，当图像窗口较小时效果不是很明显。

17.17.4 添加杂色

该滤镜命令可以将一定数量的杂色以随机的方式添加到图像中。如图17-235、图17-236所示为【添加杂色】对话框和添加杂色后的效果。

- 数量：在该选项中可以调整杂色的数量。
- 分布：在该选项区中可以选择一种杂色分布的效果。
- 单色：勾选该复选框，加入的杂点为单色，但原像素的颜色不会改变。

图17-235 【添加杂色】的对话框

图17-236 添加杂色后的效果

17.17.5 中间值

该滤镜命令可以通过混合选区中像素的亮度来减少图像中的杂色，它可以搜索像素选区中的半径范围以查找亮度相近的像素，然后将差异太大的像素进行去除。如图17-237、图17-238所示为【中间值】对话框和创建出的效果。

图17-237 【中间值】对话框

图17-238 创建出的效果

17.18 其他滤镜组

这组滤镜中包含5种滤镜，有自定义滤镜的功能，也有利用滤镜进行修改蒙版和使选区位移，还有调整颜色的命令。

17.18.1 高反差保留

该滤镜命令可以将图像中发生强烈转折的地方，按照指定的半径进行保留边缘细节，并且不会显示图像的其余部分。如图17-239所示为【高反差保留】对话框，如图17-240、图17-241所示为原图像和创建出的效果。

图17-239 【高反差保留】对话框

图17-240 原图像的效果

图17-241 创建出的效果

- 半径：该选项用来控制需要保留像素的多少，该值越高，保留的像素就越多。

17.18.2 位移

该滤镜可以在水平或垂直方向上偏移图像，对于位移后的空缺区域可以用不同的方式进行填补。如图17-242、图17-243所示为设置的数值和创建出的垂直位移效果。在

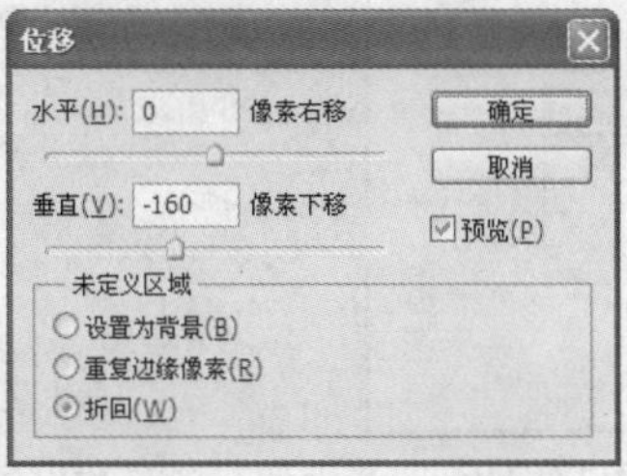

图17-242 【位移】对话框

图17-243 位移后的效果

垂直位移中当数值设置为正值时图像向下位移；当数值设置为负值时图像向上位移。

- 水平：该选项用来调节图像的水平位移大小。
- 垂直：该选项用来调节图像的垂直位移大小。
- 未定义区域：该选项区用来设置图像位移后的空缺区域用什么样的方法进行填充。选择“设置为背景”单选按钮，偏移的空白区域将用背景色填充；选择“重复边缘像素”单选按钮，偏移的空白区域将用重复边缘像素填充。选择“折回”单选按钮，偏移的空白区域将用图像的折回部分填充。

17.18.3 自定

该滤镜命令可以使用户设计自己的滤镜，它主要根据预定义的数学运算，来更改图像中每个像素的亮度值。【自定】对话框如图17-244所示。

- 在该对话框中有一组排列成5×5矩阵的文本框。中心位置文本框的数值表示要将像素的亮度值增加的倍数，与中心位置文本框临近的其他文本框中的数值表示相对的亮度关系。在Photoshop中，将中心像素的亮度值与框中的数值相乘即得到相应像素的亮度值。
- 缩放：该选项中的数值表示输入亮度总数值的除数值。
- 位移：将缩放比例位移的值加到缩放比例的计算结果上作为补偿。

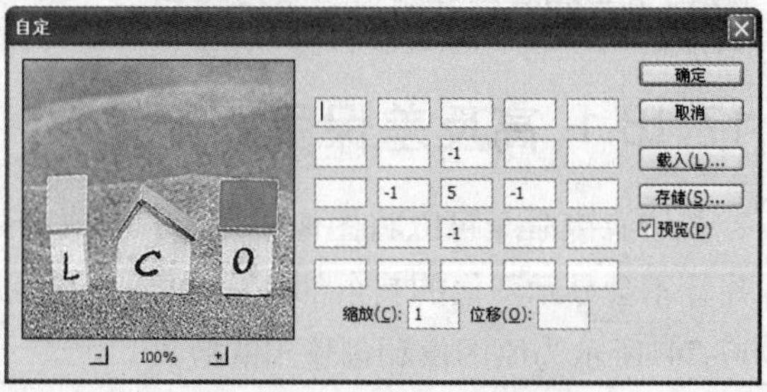

图17-244 【自定】对话框

- 存储(S)...：单击该按钮，可以将当前设置的自定滤镜进行保存。
- 载入(L)...：单击该按钮，可在当前图像中载入保存了的自定滤镜。

17.18.4 最大值与最小值

“最大值”滤镜命令可以将图像中的白色区域进行扩展将黑色区域进行收缩；“最小值”滤镜命令可以将图像中的黑色区域进行扩展将白色区域进行收缩。如图17-245、图17-246所示为设置的数值和创建的效果。

图17-245 “最大值”的参数设置及效果

图17-246 “最小值”的参数设置及效果

17.19 Digimarc滤镜组

Digimarc滤镜可以将水印嵌入到图像中，使图像的版权受到保护。水印是一种以杂色方式添加到图像中的数字代码，但是水印用肉眼看不到，添加水印后在进行图像编辑时，它都会一直存在。

17.19.1 嵌入水印

执行“滤镜｜Digimarc｜嵌入水印”命令，即可打开 “嵌入水印”的对话框。在嵌入水印前必须进行个人注册，申请一个Digimarc ID号码，同时该号码需要支付一定的费用。

17.19.2 读取水印

该项主要用来进行读取水印，当图像中包含数字水印时，在图像的窗口标题栏和状态栏上会显示出C状符号。当执行该命令时，系统会自动寻找ID号码以及相关数据，并链接到Digimarc站点。

第18章

分析与3D菜单

利用分析菜单中的子命令可以测量用标尺工具或选择工具定义的任何区域，包括套索工具、快速选择工具和魔棒工具选择的不规则区域，也可以计算高度、宽度、面积和周长，或者跟踪一个或多个图像的测量。3D菜单中的子命令主要用于对3D对象进行编辑，可以更改模型的位置、相机视图、光照或渲染模式，创建横截面视图或播放 3D 文件中包含的动画，还可以处理和合并 3D 对象、创建新的 3D 场景、编辑和创建 3D 纹理及组合 3D 对象与 2D 图像等。本章将分别讲解上述内容。

通过本章的学习，您可以掌握以下知识点：

- 分析菜单命令
- 3D菜单
- 新建3D对象
- 渲染设置命令
- 自动隐藏图层以改善性能命令
- 3D绘画模式命令
- 3D绘画与编辑命令
- 存储与导出3D文件命令
- 综合实战——为花瓶赋材质
- 综合实战——利用3D命令打造炫光效果

18.1 分析菜单命令

分析菜单如图18-1所示。

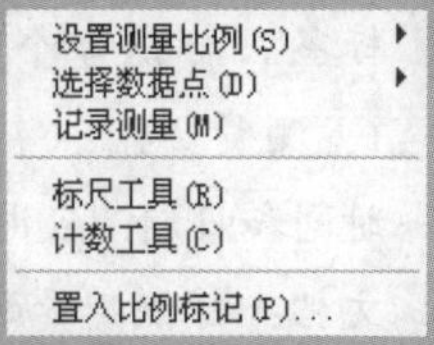

图18-1 分析菜单

下面我们来简单介绍分析菜单命令。

- 设置测量比例：用于设置使用标尺工具对文档进行测量时的比例。
- 选择数据点：该命令可以向测量记录中添加有用的信息。例如，可添加要测量的文件名称、测量比例和测量的日期/时间等。
- 记录测量：可以将测量数目记录到【测量记录】面板中。
- 标尺工具：可将当前工具切换为标尺工具。利用此工具可测量距离、位置和角度。
- 计数工具：可将当前工具切换为计数工具。利用此工具可统计图像中对象的个数。
- 置入比例标记：用于创建测量比例标记。

18.1.1 设置测量比例命令

执行“分析|设置测量比例|自定”命令，弹出如图18-2所示的【测量比例】对话框，在对话框中可以设置图像中一个与比例单位（如厘米、毫米或英寸）数相等的像素数。

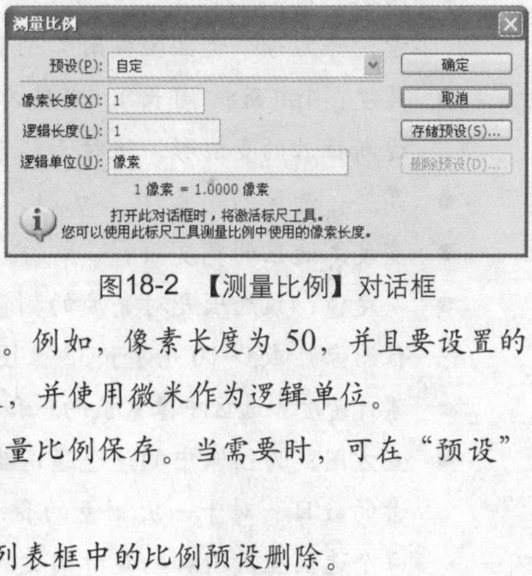

图18-2 【测量比例】对话框

- 预设：在下拉列表中可选择预设的测量比例。
- 像素长度：设置此项参数，可设置标尺工具测量图像中的像素距离。
- 逻辑长度和逻辑单位：设置这两个选项，可设置为与像素长度相等的逻辑长度和逻辑单位。例如，像素长度为50，并且要设置的比例为50像素/微米，则应输入1作为逻辑长度，并使用微米作为逻辑单位。
- 存储预设(S)...：单击该按钮，可将当前设置的测量比例保存。当需要时，可在“预设”下拉列表框中选择。
- 删除预设(D)...：单击该按钮，可将“预设”下拉列表框中的比例预设删除。

专家提示

执行“分析|设置测量比例|默认值”命令，可以设置为默认的测量比例，即1像素=1.0000像素。

18.1.2 选择数据点命令

执行“分析|选择数据点|自定”命令，将弹出如图18-3所示的【选择数据点】对话框。在该对话框中，数据点将根据可以测量它们的测量工具进行分组，“通用”选项中的

数据点适用于所有工具，此外，还可以单独设置选区、标尺工具和计数工具的数据点。

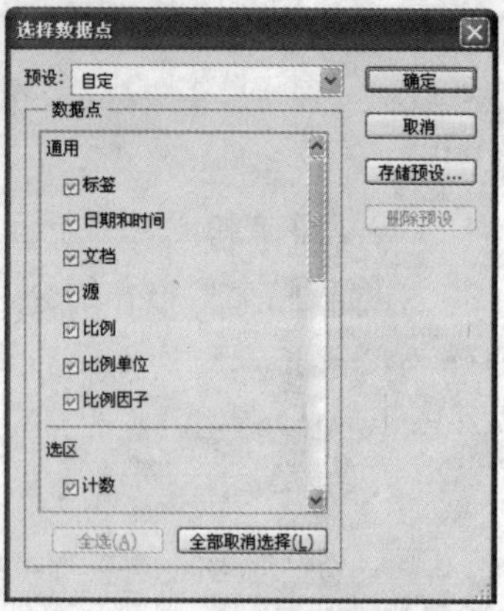

图18-3 【选择数据点】对话框

1. 通用

- 标签：标识每个测量并自动将每个测量编号为测量1、测量2等。
- 时间和日期：应用表示测量发生时间的日期和时间戳。
- 文档：标识测量的文档（文件）。
- 源：测量的源，即标尺工具、计数工具或选择工具。
- 比例：源文档的测量比例，如100像素=3英里。
- 比例单位：测量比例的逻辑单位。
- 比例因子：分配给比例单位的像素数。

2. 选区

- 计数：根据使用的测量工具发生变化。当使用选择工具时，表示图像上不相邻的选区的数目；当使用标尺工具时，表示可见的标尺线的数目（1 或 2）；当使用计数工具时，表示图像上已计数项目的数目。
- 面积：用方形像素或根据当前测量比例校准的单位（如平方毫米）表示选区的面积。
- 周长：选区的周长。对于一次测量的多个选区，将为所有选区的总周长生成一个测量，并为每个选区生成附加测量。
- 圆度：4pi(面积/周长^2)。当值为1时，表示一个完全的圆形。当值接近 0 时，表示一个逐渐拉长的多边形。值对于非常小的选区可能无效。
- 高度：选区的高度 (y_{max}~y_{min})，其单位取决于当前的测量比例。
- 宽度：选区的宽度 (x_{max}~x_{min})，其单位取决于当前的测量比例。
- 灰度值：该选项是对亮度的测量，范围为0~255（对于 8 位图像）、0~32768（对于 16 位图像）或 0~10（对于 32 位图像）。
- 累计密度：选区中像素值的总和。此值等于面积（以像素为单位）与平均灰度值的乘积。
- 直方图：为图像中的每个通道生成直方图数据，并记录0~255之间的每个值所表示的像素的数目。对于一次测量的多个选区，将为整个选定区域生成一个直方图文件，并为每个选区生成附加的直方图文件。

3. 标尺工具

- 长度：标尺工具在图像上定义的直线距离，其单位取决于当前的测量比例。
- 角度：标尺工具的方向角度 ±(0~180)。

18.1.3 记录测量命令

执行“分析｜记录测量”命令，可以将测量数目记录到【测量记录】面板中。执行该命令，将弹出如图18-4所示的【测量记录】面板。

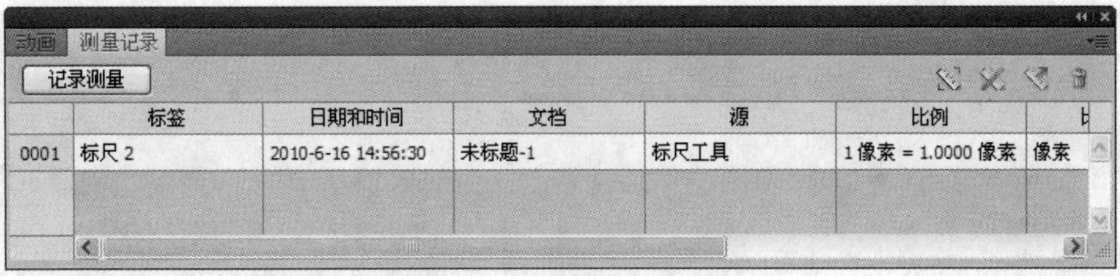

图18-4 【测量记录】面板

- 记录测量：单击该按钮，可以在面板中添加测量记录。
- ：单击该按钮，可选择面板中所有的测量记录。
- ：单击该按钮，可取消选择。
- ：单击该按钮，可以导出测量记录。
- ：单击该按钮，可以将选择的测量记录删除。

18.1.4 置入比例标记命令

执行“分析｜置入比例标记”命令，可在弹出如图18-5所示的【测量比例标记】对话框中创建测量比例标记。

- 长度：设置该参数，可以设置比例标记的长度，其单位为像素。标记的长度将取决于当前为文档选定的测量比例。
- 字体：该选项可设置显示文本的字体。
- 字体大小：该选项可设置显示文本的字体大小。
- 显示文本：勾选该复选框，可显示比例标记的逻辑长度和单位。
- 文本位置：在该选项区中可设置在比例标记的上方或下方显示题注。
- 颜色：在该选项区中，可将比例标记和题注的颜色设置为黑色或白色。

选项设置完成后，单击 确定 按钮，即可创建测量比例标记，如图18-6所示。比例标记将被放置到图像的左下角。该标记会向文档添加一个图层组，其中包含文本图层和图形图层，如图18-7所示。

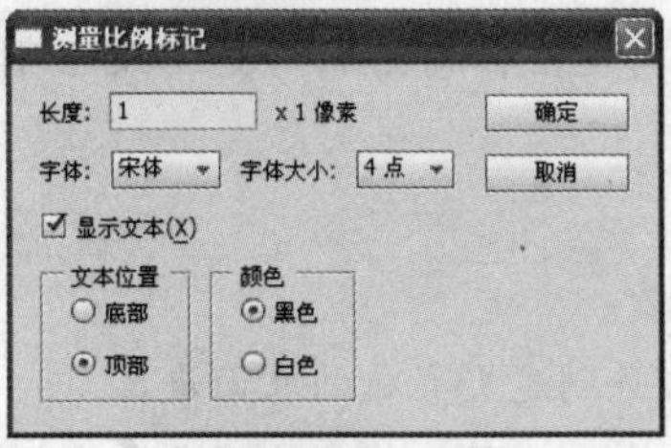

图18-5 【测量比例标记】对话框

图18-6 添加的比例标记

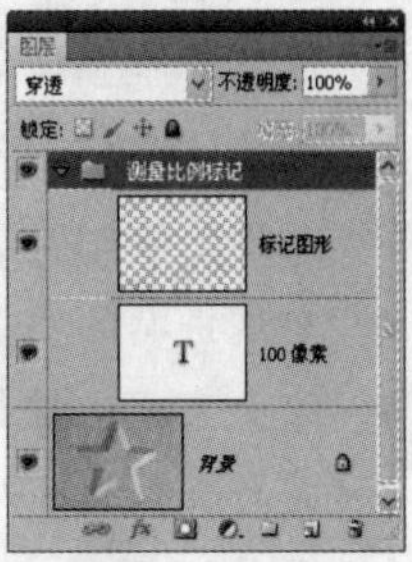

图18-7 添加比例标记后的【图层】面板状态

可以使用移动工具移动比例标记，或使用文本工具编辑题注或更改文本的大小、字体或颜色等。

18.2 3D菜单

Photoshop CS5可以将2D图层作为起始点，生成各种基本的3D对象。创建3D对象后，可以在3D空间内移动它、更改渲染设置、添加光源或将其他3D图层合并。3D菜单如图18-8所示。

下面来简单介绍一下3D菜单命令：

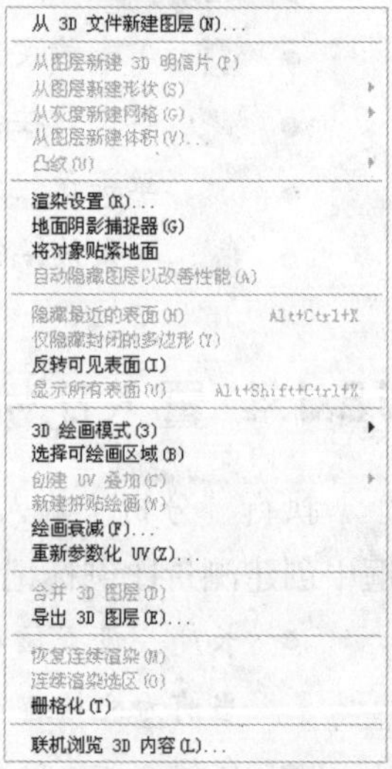

图18-8 3D菜单

- 从3D文件新建图层：该命令可将3D文件添加为新图层。
- 从图层新建3D明信片：可将2D图像转换为3D明信片的图层，从而创建显示阴影和反射（来自场景中其他对象）的表面。
- 从图层新建形状：可将打开的2D图像转换为锥形、立方体、圆柱体、易拉罐或酒瓶等3D形状的图层。
- 从灰度新建网格：可将灰度图像转换为深度映射，基于图像的明度值转换出深度不一的表面。较亮的值生成表面上凸起的区域，较暗的值生成凹下的区域。
- 从图层新建体积：可以打开和处理医学上的DICOM图像（.dc3、.dcm、.dic或无扩展名）文件，并根据文件中的帧生成三维模型。
- 凸纹：可以将2D对象转换到3D网格中，使用户可以在3D空间中精确地控制凸出、膨胀并调整位置。
- 渲染设置：决定如何绘制3D模型。
- 地面阴影捕捉器：可在网格上捕捉地面所产生的阴影。
- 将对象贴紧地面：可将阴影与对象对齐。
- 自动隐藏图层以改善性能：在处理包含合并的2D图层和3D图层的文件时，可以在处理3D图层时暂时隐藏2D图层，以便快速进行屏幕渲染。
- 隐藏最近的表面、隐藏封闭的多边形、反转可见表面和显示所有表面：详见18.6.1节。
- 3D绘画模式：可选择要在3D模型上绘制的纹理映射。
- 选择可绘画区域：可以选择要在3D模型上绘画的最佳区域。
- 创建UV叠加：将2D纹理映射中的坐标与3D模型上的特定坐标相匹配，使2D纹理可正确地绘制在3D模型上。
- 新建拼贴绘画：将2D图像转换为3D拼贴。
- 绘画衰减：控制表面在偏离正面视图弯曲时的油彩使用量。
- 重新参数化UV：可将纹理重新映射到模型，以校正扭曲并创建更有效的表面覆盖。
- 合并3D图层：可以合并一个场景中的多个3D模型。合并后，可以单独处理每一个模型，或者在模型上使用位置工具或相机工具。
- 导出3D图层：可以将文件导出为Collada DAE、Wavefront/OBJ、U3D和Google Earth 4 KMZ格式。

- 连续渲染选区：创建选区后，执行该命令，将只对选区内的图像进行渲染。
- 栅格化：可以将选择的3D图层转换为普通的2D图层。
- 联机浏览3D内容：可以链接到Adobe网站浏览与3D有关的内容，如下载3D插件等。

18.3 新建3D对象

在Photoshop CS5中，可以从3D文件新建图层，也可以从图层中新建3D对象等。具体操作分别如下。

18.3.1 从3D文件新建图层命令

执行“3D | 从3D文件新建图层”命令，在弹出的【打开】对话框中选择由Adobe Acrobat 3D Version 8、3D Studio Max、Maya以及CoogleEarth等程序创建的3D文件，然后单击打开(O)按钮，即可将3D文件添加为新图层。

从3D文件新建图层后，3D对象的纹理出现在3D图层下面，如图18-9所示。

图18-9 从3D文件新建的图层及【图层】面板状态

18.3.2 从图层新建3D明信片命令

执行“3D | 从图层新建3D明信片”命令，可将2D 图像转换为3D明信片的图层，从而创建显示阴影和反射（来自场景中其他对象）的表面。

实战演练059——将2D图像转换为3D明信片

1 打开素材图片“素材\第18章\卡片.jpg”，并选择要转换为3D对象的图层，如图18-10所示。

2 执行“3D | 从图层新建3D明信片”命令，即可创建3D明信片，利用3D旋转工具，可以从不同的透视角度观看文件，如图18-11所示。原始的2D图层会作为3D明信片对象的“漫射”纹理映射出现在【图层】面板中，如图18-12所示。

图18-10 打开的图像及选择的图层

图18-11 旋转后的3D明信片形态

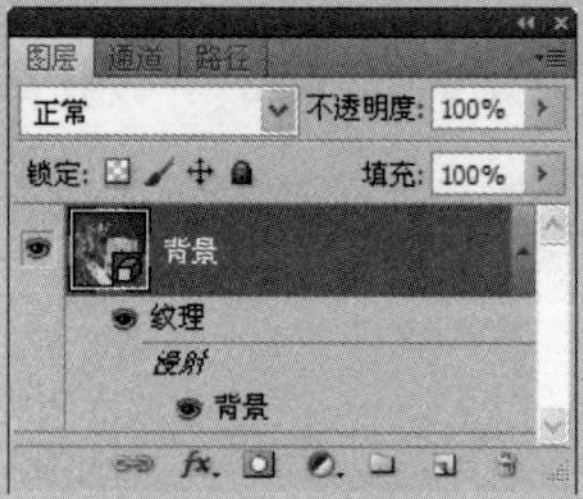

图18-12 新建3D明信片后的【图层】面板状态

18.3.3 从图层新建形状命令

执行“3D｜从图层新建形状”命令，可在弹出的子菜单中选择命令，将打开的2D图像转换为锥形、立方体、圆柱体、易拉罐或酒瓶等3D形状的图层。

打开素材图片“素材\第18章\包装.jpg”，执行“3D｜从图层新建形状”命令，将弹出如图18-13所示的子菜单，选择不同的子命令转换的效果如图18-14所示。

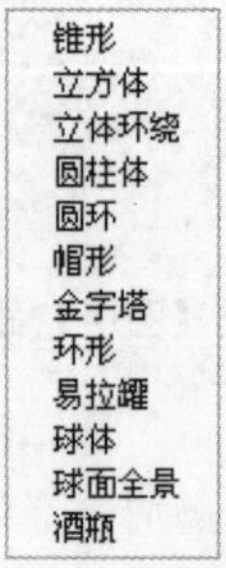

图18-13 弹出的子菜单

图18-14 选择不同命令转换的效果

如需要将利用“文件｜自动｜Photomerge”命令拼合成的全景图作为2D图像输入，可执行“3D｜从图层新建形状｜球面全景”命令，该选项可将完整的360°的球面全景转换为 3D 图层。转换为3D对象后，可以在通常难以触及的全景区域上进行绘画，如极点或包含直线的区域。

专家提示

可以将自己的自定形状添加到“形状”菜单中。形状是 Collada (.dae) 3D 模型文件。要添加形状，则将 Collada 模型文件放置在 Photoshop 程序文件夹中的Presets｜Meshes文件夹下。

18.3.4 从灰度新建网格命令

执行“3D｜从灰度新建网格”命令，可将灰度图像转换为深度映射，基于图像的明度值转换出深度不一的表面。较亮的值生成表面上凸起的区域，较暗的值生成凹下的区域。

实战演练060——将灰度图像转换为灰度映射

1 打开素材图片“素材\第18章\花纹图案.jpg”，选择一个或多个要转换为3D 网格的图层。

2 执行“图像 | 模式 | 灰度”命令或执行“图像 | 调整 | 黑白”命令，将图像转换为灰度模式。如果将 RGB 模式的图像作为创建网格时的输入，则绿色通道会被用于生成深度映射。

3 执行“3D | 从图层新建形状”命令，将弹出如图18-15所示的子菜单。

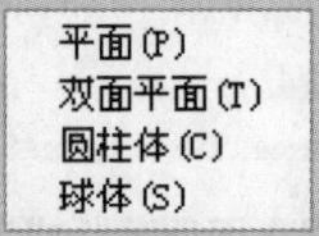

图18-15 弹出的子菜单

- 平面：执行该命令，可将深度映射数据应用于平面表面。
- 双面平面：执行该命令，将创建两个沿中心轴对称的平面，并将深度映射数据应用于两个平面。
- 圆柱体：执行该命令，将从垂直轴中心向外应用深度映射数据。
- 球体：执行该命令，可从中心点向外呈放射状地应用深度映射数据。

选择不同的子命令转换的效果如图18-16所示。

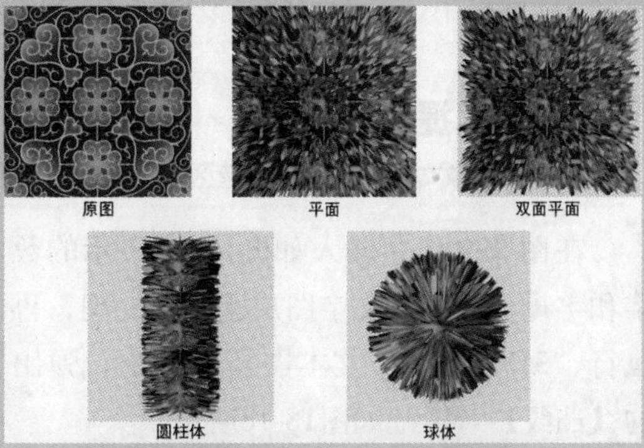

图18-16 选择不同的子命令转换的效果

18.3.5 从图层新建体积命令

利用Photoshop Extended软件可以打开和处理医学上的DICOM图像（*.dc3、*.dcm、*.dic或无扩展名）文件，并根据文件中的帧生成三维模型，其具体操作为：

实战演练061——创建DICOM帧的3D体积

1 执行“文件 | 打开”命令，在弹出的【打开】对话框中选择一个 DICOM 文件，然后单击 打开(O) 按钮。

2 在弹出的对话框中选择要转换为 3D 体积的帧。按住Shift键的同时单击鼠标，可选择多个相邻的帧；按住Ctrl键的同时单击鼠标，可选择多个非相邻的帧；单击 选择全部 按钮，可选择所有帧。

3 在“帧导入选项”选项区中选择“作为体积导入”单选按钮，然后单击 打开 按钮。

4 选择要转换为3D体积的图层，执行“3D | 从图层新建体积”命令，即可创建DICOM帧的3D体积。

专家提示

可以使用Photoshop的3D位置工具从任意角度查看3D体积，或更改渲染设置以更直观地查看数据。

专家提示

DICOM（医学数字成像和通信的首字母缩写）是接收医学扫描的最常用标准。可使用 Photoshop Extended 打开和处理 DICOM（.dc3、.dcm、.dic 或无扩展名）文件。DICOM 文件可以包含多个“切片”或帧来表示扫描的不同层。

18.3.6 凸纹

凸纹描述的是一种金属加工技术，在该技术中通过对对象表面朝相反方向进行锻造，来对对象表面进行塑形和添加图案。在 Photoshop CS5中，“凸纹”命令可以将 2D 对象转换到 3D 网格中，进而可以在3D空间中精确地进行凸出、膨胀和调整位置。

专家提示

在图像文件中创建一个选区，或选择一个文本图层、图层蒙版或工作路径，凸纹命令才可用。

在图像文件中输入如图18-17所示的数字和字母，然后将文字图层栅格化处理，再执行“3D｜凸纹｜文本图层”命令，弹出的【凸纹】对话框如图18-18所示。

图18-17 输入和数字及字母

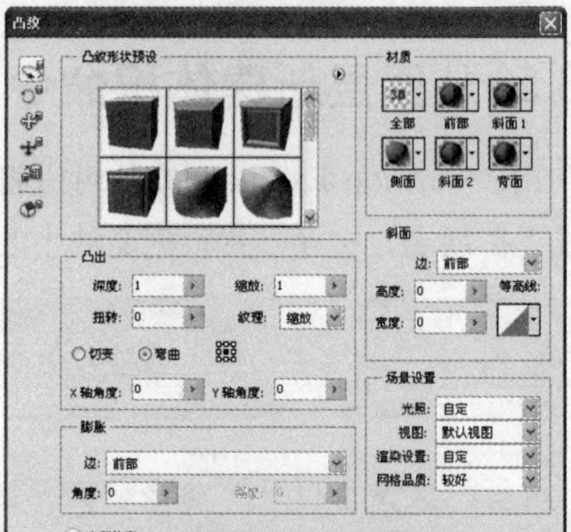

图18-18 【凸纹】对话框

图18-19 生成的立体字效果

- 网格工具：这些工具显示在对话框的左上角，其功能类似于3D对象工具。
- 凸纹形状预设：选择一组预定义设置。如果要创建自己的预设，可单击“凸纹形状预设”选项右侧的 按钮，在弹出的下拉菜单中选择“新建凸纹预设”命令。选择第一个预设凸纹形状生成的立体效果字如图18-19所示。
- 凸出：在 3D 空间中展开原来的 2D 形状。“深度”控制凸出的长度；“比例”控制凸出宽度。为弯曲的凸出选择“弯曲”，或为笔直的凸出选择“切变”，然后设置X轴和 Y轴的角度来控制水平和垂直倾斜。根据需要，输入“扭转”角度。如果要更改弯曲或切变的原点，则单击参考图标上相应的点。
- 膨胀：展开或折叠对象前后的中间部分。正角度设置展开，负角度设置折叠。“强度”控制膨胀的程度。

- 材质：在全局范围内应用材质（如砖块或棉织物），或将材质应用于对象的各个面（斜面1是前斜面，斜面2是后斜面）。
- 斜面：在对象的前后应用斜边。“等高线”选项类似于用于图层效果的选项。
- 场景设置：以球面全景照射对象的光源，可从下拉列表框中选取光源的样式。“渲染设置”控制对象表面的外观，其中“着色线框”和“实色线框”选项可以叠加对象上的3D网格，从而显示将要扭曲纹理的任何网格扭曲。较高的“网格品质”设置会增加网格的密度，提高外观品质，但会降低处理速度。
- 内部约束：单击该选项左侧的按钮，将显示如图18-20所示的选项。

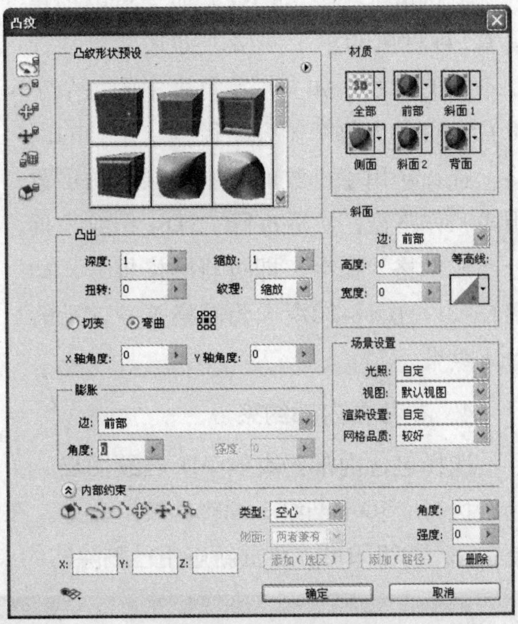

图18-20 显示的选项

内部约束能够提高特定区域中的网格分辨率，精确地改变膨胀，或在表面刺孔。约束曲线沿着凸纹对象中指定的路径远离要扩展的对象进行扩展，或靠近要收缩的对象进行收缩。使用类似于 3D 对象工具的约束工具来处理这些曲线。

- 约束工具：调整约束曲线，功能与3D对象工具类似。
- 位置坐标：可以通过该选项在3D空间中精确地置入约束。
- 类型：“非现用”选项保证足够的网格分辨率，从而创建平滑的路径。“现用”选项沿着约束路径扩展或收缩表面。“空心”选项，沿约束路径裁切表面。
- 侧面：可以同时为两个侧面应用一致的“强度”和“角度”设置，也可以为每个侧面应用不同的设置。“强度”选项控制沿路径膨胀的程度；“角度”选项控制膨胀的方向。

专家提示

每个约束曲线都有两个侧面；这些侧面的方向取决于曲线划分表面的方式。“左”选项和“右”选项反映垂直约束。对于水平约束，“左”和“右”表示上和下，对于闭合的约束，这两个选项分别表示里面和外面。

1. 从选区、工作路径或文本创建内部约束

创建完全包含于凸纹对象整个前表面之上的选区或工作路径。然后执行“3D｜凸纹｜从选区或工作路径创建约束”命令。弹出【凸纹】对话框，设置相应的“内部约束”参数即可。

2. 重新调整凸纹设置

选择应用了凸纹的文本图层、图层蒙版或工作路径。然后执行“3D | 凸纹 | 编辑凸纹”命令，即可弹出【凸纹】对话框，在此对话框中可重新对各选项参数进行设置。

3. 拆分凸纹网格

默认情况下，“凸纹”命令可以创建具有5种材质的单个网格。如果要单独控制不同的元素（如文本字符串中的每个字母），可以为每个闭合路径创建单独的网格。选择应用了凸纹的文本图层、图层蒙版或工作路径，然后执行“3D | 凸纹 | 拆分凸纹网格”命令，即可将网格拆分。如图18-21、图18-22所示为网格拆分前后的对比效果。

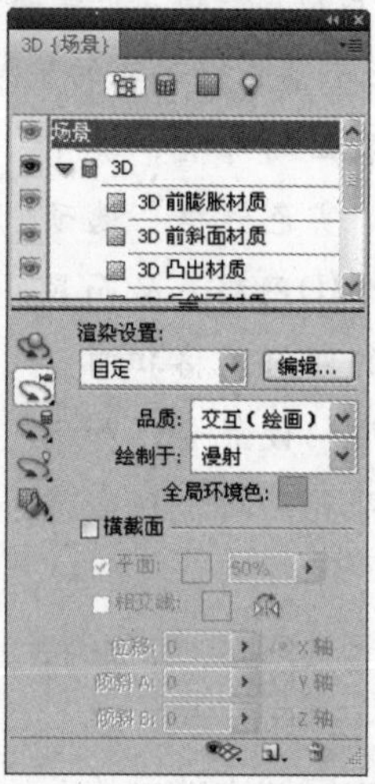

图18-21 拆分前的面板状态

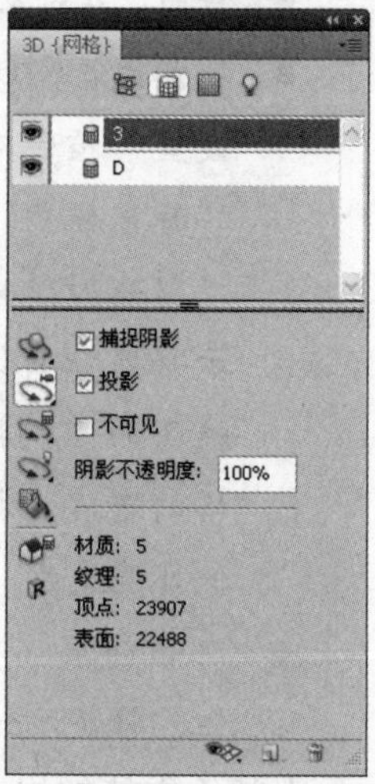

图18-22 拆分后的面板状态

4. 要移去内部约束

选择包含内部约束的 3D 凸纹图层，然后执行“3D | 凸纹 | 编辑凸纹”命令。在弹出【凸纹】对话框的“内部约束”选项区中单击删除按钮即可。要重新应用已删除的约束，则单击添加（选区）或添加（路径）按钮。

18.4 渲染设置命令

渲染设置决定如何绘制 3D 模型，执行“3D | 渲染设置”命令，将弹出【3D渲染设置】对话框，如图18-23所示。

1. 预设

在【预设】下拉列表中包括了各种系统预设的渲染样式。标准渲染预设为“默认”，即显示模型的可见表面。“线框”和“顶点”预设会显示底层结构。要合并实色和线框渲染，则选择“实色线框”预设。要以反映其最外侧尺寸的简单框来查看模型，则选择“外框”预设，图18-24所示为应用不同渲染预设后的效果。

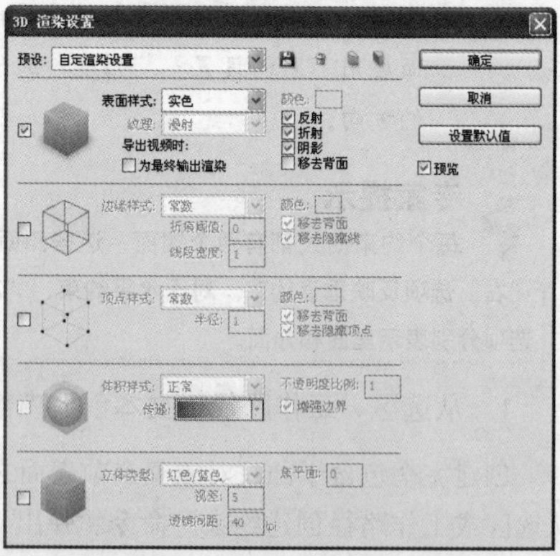

图18-23 【3D渲染设置】对话框

2. 表面选项

表面选项决定如何显示模型表面，其各

选项如图18-25所示。

- 表面样式：在此下拉列表中可以选择一种方式绘制表面。
  - 实色：使用OpenGL显卡上的GPU绘制没有阴影或反射的表面。
  - 未照亮的纹理：绘制没有光照的表面，而不仅仅显示选中的“纹理”选项。
  - 平滑：对表面的所有顶点应用相同的表面标准，创建刻面外观。
  - 常数：当选择该命令，可在右侧的“颜色”选项中指定当前表面、边缘或顶点的颜色来替换纹理。
  - 外框：显示反映每个组件最外侧尺寸的对话框。

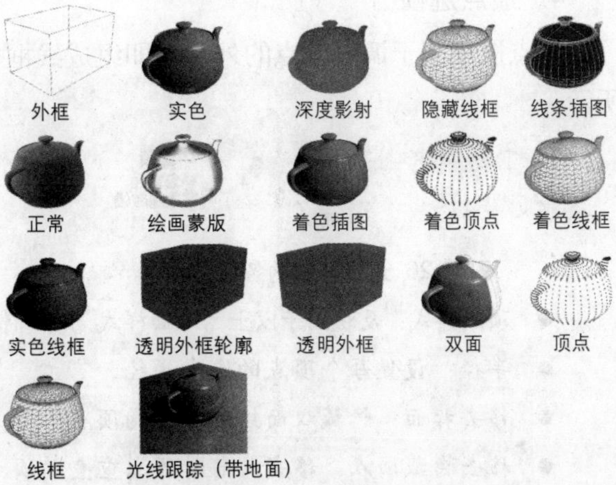

图18-24 应用不同渲染预设后的效果

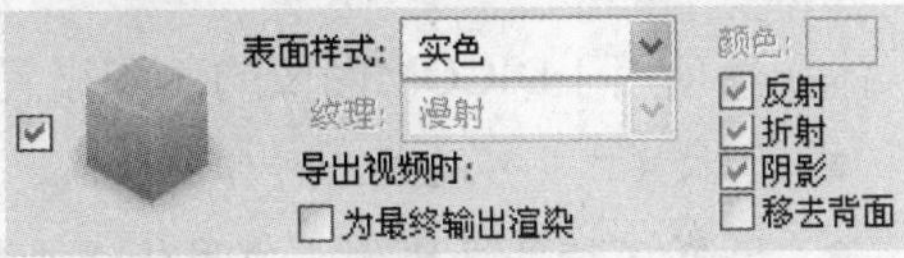

图18-25 表面选项的各项参数

  - 正常：以不同的RGB颜色显示表面标准的X、Y和Z组件。
  - 深度映射：显示灰度模式，使用明度显示深度。
  - 绘画蒙版：可绘制区域以白色显示，过度取样的区域以红色显示，取样不足的区域以蓝色显示。
- 纹理：当表面样式设置为“未照亮的纹理”时，可在该下拉列表框中指定纹理映射。
- 为最终输出渲染：勾选该复选框，可使导出的视频动画产生更平滑的阴影和逼真的颜色出血（来自反射的对象和环境）。但勾选该复选框后，在导出视频动画时需要较长的处理时间。
- 反射/折射/阴影：可显示或隐藏这些光线跟踪特定的功能。
- 移去背面：隐藏双面组件背景的表面。

3. 边缘选项

边缘选项决定线框线条的显示方式，其各选项如图18-26所示。

- 边缘样式：反映用于以上“表面样式”的“常数”、“平滑”、“实色”和“外框”选项。
- 折痕阈值：调整出现模型中的结构线条数量。当模型中的两个多边形在某个特定角度相接时，会形成一条折痕或线。如果边缘在小于该值设置（0~180）的某个角度相接，则会移去它们形成的线。若设置为0，则显示整个线框。
- 线段宽度：设置线段的宽度，其单位为像素。
- 移去背面：隐藏双面组件背面的边缘。
- 移去隐藏线：移去与前景线条重叠的线条。

4. 顶点选项

顶点选项用于调整顶点的外观，即组成线框模型的多边形相交点，其各选项如图18-27所示。

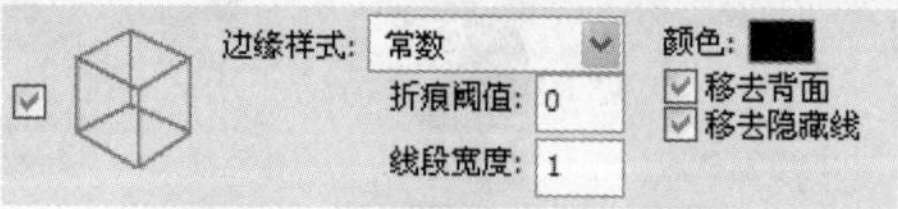

图18-26 边缘选项的各项参数

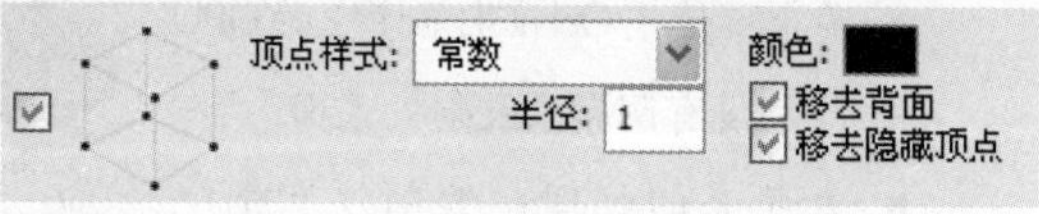

图18-27 顶点选项的各项参数

- 顶点样式：反映用于以上“表面样式”的“常数”、“平滑”、“实色”和“外框”选项。
- 半径：设置每个顶点的像素半径。
- 移去背面：隐藏双面组件背面的顶点。
- 移去隐藏顶点：移去与前景顶点重叠的顶点。

5. 体积选项

体积选项用于DICOM图像的体积设置，其各项参数如图18-28所示。

- 体积样式：可选择一种体积样式，在不同的渲染模式下查看3D体积。
- 传递/不透明度比例：使用传递函数的渲染模式，使用Photoshop渐变来渲染体积中的值。渐变颜色和不透明度参数与体积中的灰度参数合并，以优化或高亮显示不同类型的内容。传递函数渲染模式只适合用于灰度DICOM图像。
- 增强边界：保持边界不透明度的同时，降低同质区域的不透明度。

6. 立体选项

立体选项用于调整图像的设置，该图像将透过红蓝色玻璃查看，或打印成包括透镜镜头的对象，其各选项参数如图18-29所示。

图18-28 体积选项的各项参数

图18-29 立体选项各项参数

- 立体类型：为透过彩色玻璃查看的图像指定“红色/蓝色”，或为透镜打印指定“垂直交错”。
- 视差：调整两个立体相机之间的距离。设置较大的参数将增大三维深度，减小景深，使焦点平面前后的物体呈现在焦点之外。
- 透镜间距：对于垂直交错的图像，指定“透镜镜头”每英寸包含多少线条数。
- 焦平面：确定相对于模型外框中心的焦平面的位置。输入负值可将平面向前移动，输入正值可将其向后移动。

设置渲染选项后，需要将其保存为自定义的预设时，可单击【3D渲染设置】对话框中的按钮。需要使用时，在【预设】下拉列表框中直接选择即可。如果要删除自定义的预设时，可单击对话框中的按钮。

18.5 自动隐藏图层以改善性能命令

在处理包含合并的2D图层和3D图层的文件时，可以在处理 3D 图层时暂时隐藏 2D 图层，以便快速进行屏幕渲染。

执行“3D | 自动隐藏图层以改善性能”命令，然后使用“3D位置”工具或“3D相机”工具中的任一工具按住鼠标左键时，所有2D图层都会临时隐藏，释放鼠标后，所有2D图层将再次显示。当移动3D轴的任何部分时，所有2D图层也将隐藏。

18.6 3D绘画模式命令

当直接在3D模型上绘画时，利用“3D | 3D绘画模式”命令可选择要在其上绘制的纹理映射。执行该命令，将弹出如图18-30所示的子菜单。

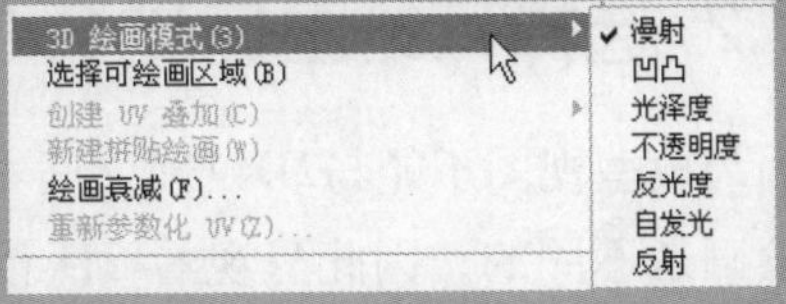

图18-30 “3D绘画模式”子菜单

- 漫射：可以直接在模型上绘画来创建漫射映射。漫射映射可以是实色或任意 2D 内容。如果选择移去漫射纹理映射，则“漫射”色板值会设置漫射颜色。
- 凹凸：可在材质表面创建凹凸，无需改变底层网格。凹凸映射是一种灰度图像，其中较亮的值创建突出的表面区域，较暗的值创建平坦的表面区域。
- 光泽度：可将映射中的颜色强度控制材质中的光泽度。黑色区域创建完全的光泽度，白色区域移去所有光泽度，而中间值减少高光大小。
- 不透明度：可用纹理映射的灰度值控制材质的不透明度。白色值创建完全的不透明度，而黑色值创建完全的透明度。
- 反光度：可使低反光度（高散射）产生更明显的光照，而焦点不足。高反光度（低散射）产生较不明显、更亮、更耀眼的高光。
- 自发光：可不依赖于光照即可显示颜色。创建从内部照亮 3D 对象的效果。
- 反射：可增加 3D 场景、环境映射和材质表面上其他对象的反射。

18.7 3D绘画与编辑命令

可以使用任何Photoshop绘画工具直接在 3D 模型上进行绘画，就像在2D图层上绘画一样。

18.7.1 显示要在上面绘画的表面

对于内部包含隐藏区域或结构复杂的模型，可以隐藏部分模型，以方便在表面上绘画。例如，要在汽车模型的仪表盘上绘画，可以暂时隐藏车顶或挡风玻璃，然后转至汽车内部以获得不受阻挡的视图，从而方便绘画。

隐藏或显示部分模型的具体操作为，首先利用任一选区工具，在3D模型上创建选区，然后执行3D菜单中如图18-31所示的命令，来隐藏或显示模型区域。

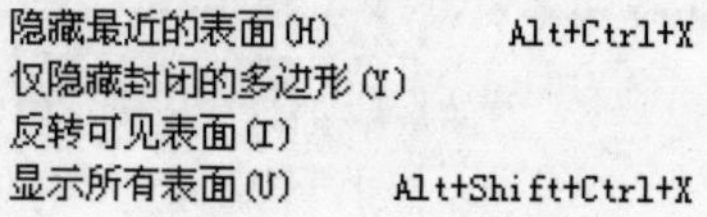

图18-31 3D菜单中的隐藏和显示命令

- 隐藏最近的表面：执行该命令，将只隐藏2D选区内的模型多边形的第一个图层。要想快速去掉模型表面，可以在保持选区处于激活状态时重复使用该命令。
- 仅隐藏封闭的多边形：执行该命令后，“隐藏最近的表面”命令只会影响完全包含在选区内的多边形。再次执行该命令后，将隐藏选区所接触到的所有多边形。
- 反转可见表面：执行该命令，可使当前可见表面不可见，不可见表面可见。
- 显示所有表面：执行该命令，可使所有隐藏的表面再次可见。

18.7.2 选择可绘画区域命令

因为模型视图不能与2D纹理之间一一对应，所以直接在模型上绘画与直接在2D纹理映射上绘画是不同的。因此只观看3D模型，可能还无法明确判断是否可以成功地在某些区域绘画。

执行“3D | 选择可绘画区域”命令，可以在3D模型上选择绘画的最佳区域。

最佳的绘画区域就是那些能够以最高的一致性和可预见的效果在模型表面应用绘画或其他调整的区域。在其他区域中，绘画可能会由于角度或与模型表面之间的距离，出现取样不足或过度的情况。

18.7.3 创建UV叠加命令

3D模型上多种材质所使用的漫射纹理文件可将应用于模型上不同表面的多个内容区域编组，这个过程称为UV映射，它将2D纹理映射中的坐标与3D模型上的特定坐标相匹配，使2D纹理可正确地绘制在3D模型上。

图18-32 双击的纹理图层

双击【图层】面板中的纹理，如图18-32所示。打开纹理以便进行编辑，然后执行“3D | 创建UV叠加”子菜单中如图18-33所示的命令。

图18-33 弹出的子菜单

- 线框：执行该命令，将显示UV映射的边缘数据。
- 着色：执行该命令，将显示使用实色渲染模式的模型区域。
- 正常映射：执行该命令，将显示转换为RGB值的几何常值，R=X、G=Y、B=Z。

专家提示

只有当纹理映射是打开的并且是现用窗口时，才可启用“创建UV叠加”命令。

UV 叠加作为附加图层添加到纹理文件的【图层】面板中。可以显示、隐藏、移动或删除 UV 叠加。关闭并存储纹理文件时，或从纹理文件切换到关联的 3D 图层（纹理文件自动存储）时，叠加会出现在模型表面。

18.7.4 新建拼贴绘画命令

重复纹理由网格图案中完全相同的拼贴构成。重复纹理可以提供更逼真的模型表面覆盖、使用更少的存储空间，并且可以改善渲染性能。

设置重复纹理的具体操作为，打开一图像文件，选择文件中的一个或多个图层，然后执行“3D｜新建拼贴绘画”命令，即可创建9个完全相同的拼贴图案，图像尺寸不变。

18.7.5 绘画衰减命令

在模型上绘画时，绘画衰减角度控制表面在偏离正面视图弯曲时的油彩使用量。执行“3D｜绘画衰减”命令，弹出如图18-34所示的【3D绘画衰减】对话框。

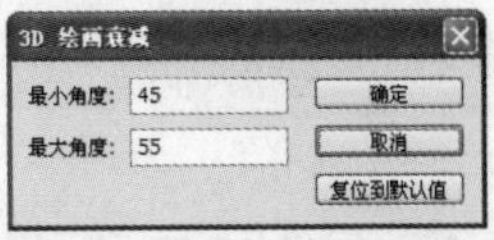

图18-34 【3D绘画衰减】对话框

- 最小角度：设置绘画随着接近最大衰减角度而渐隐的范围。例如，如果最大衰减角度是45°，最小衰减角度是30°，那么在30°~45°的衰减角度之间，绘画不透明度将会从100°减少到0°。
- 最大角度：最大绘画衰减角度在0°~90°之间。0°时，绘画仅应用于正对前方的表面，没有减弱角度。90°时，绘画可沿弯曲的表面（如球面）延伸至其可见边缘。在45°角设置时，绘画区域限制在未弯曲到大于45°的球面区域。

18.7.6 重新参数化命令

在Photoshop中打开3D 模型的纹理未正确映射到底层模型网格的文件时，纹理会在模型表面外观中产生明显的扭曲，如多余的接缝、纹理图案中的拉伸或挤压区域。

执行“3D｜重新参数化”命令可将纹理重新映射到模型，以校正扭曲并创建更有效的表面覆盖。执行该命令，Photoshop 将会在弹出如图18-35所示的Adobe Phothshop CS5 Extended提示对话框中通知正在将纹理重新应用于模型，单击 确定 按钮，弹出如图18-36所示的另一个提示对话框。

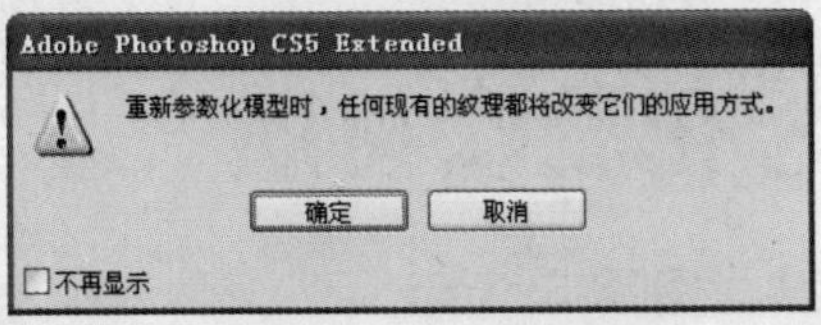

图18-35 提示对话框

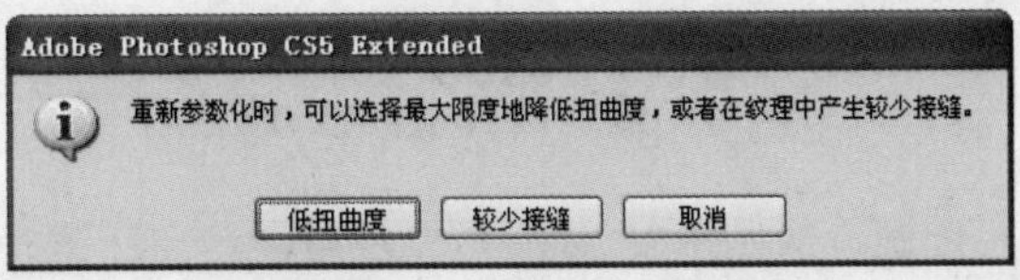

图18-36 另一个提示对话框

- 低扭曲度：单击该按钮，可使纹理图案保持不变，但会在模型表面产生较多接缝，如图18-37所示。
- 较少接缝：单击该按钮，可使模型上出现的接缝数量最小化。这会产生更多的纹理拉伸或挤压，如图18-38所示。

图18-37 使用“低扭曲度”重新参数化的纹理效果

图18-38 使用“较少接缝”重新参数化的纹理效果

18.8 存储与导出3D文件命令

在Photoshop中编辑3D对象时，可以将3D图层栅格化、与2D图层合并、转换为智能对象或将其导出。

18.8.1 存储3D文件

完成3D文件处理后，执行“文件 | 存储”命令，在弹出的【存储为】对话框中设置格式为PSD、PDF或TIFF格式，然后单击确定按钮，可按需要保留3D 模型的位置、光源、渲染模式和横截面。

18.8.2 合并3D图层命令

执行“3D | 合并3D图层”命令，可以合并一个场景中的多个3D模型。合并后，可以单独处理每一个模型，或者在模型上使用位置工具或相机工具。

18.8.3 导出3D图层命令

在【图层】面板中选择要导出的3D图层，执行“3D | 导出3D图层”命令，在弹出的【存储为】对话框中可以选择将文件导出为Coollada DAE、Wavefront/OBJ、U3D和Google Earth 4 KMZ格式。

18.9 综合实战——为花瓶赋材质

本例灵活运用3D命令来为花瓶赋材质，最终效果如图18-39所示。

图18-39 花瓶赋材质后的效果

实战演练062 —— 为花瓶赋材质

1 打开素材文件“素材\第18章\花瓶.3DS”，如图18-40所示。

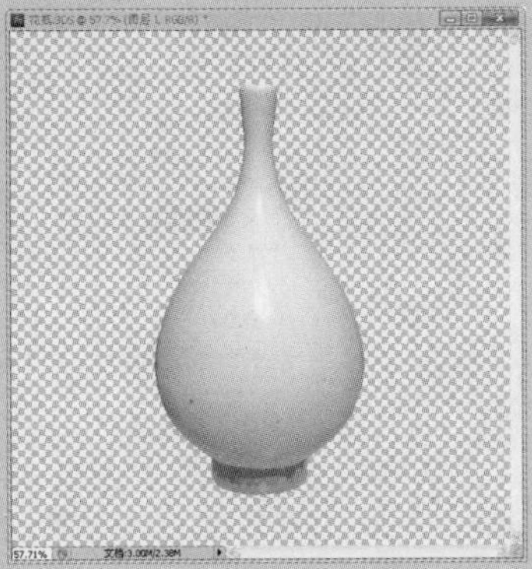

图18-40 打开的图片

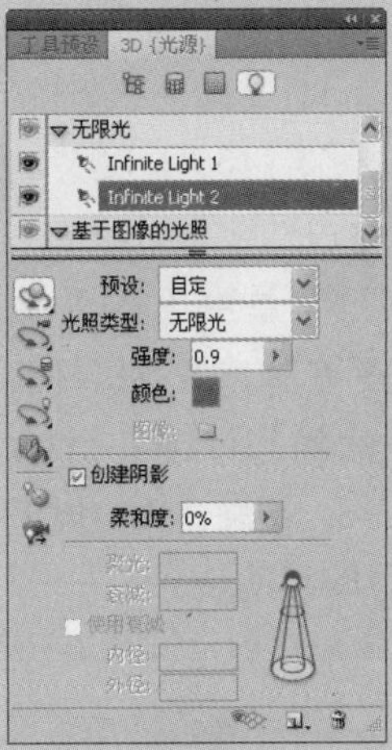

图18-41 【3D{光源}】面板

2 执行“窗口｜3D”命令，打开3D面板，再单击3D面板上方的按钮，切换到【3D{光源}】面板。

3 选择Infinite Light 2灯光，单击“颜色”选项右侧的色块，在弹出的【选择光照颜色】对话框中设置颜色为灰色（R:120、G:105、B:105），设置其他参数如图18-41所示，调整灯光后的效果如图18-42所示。

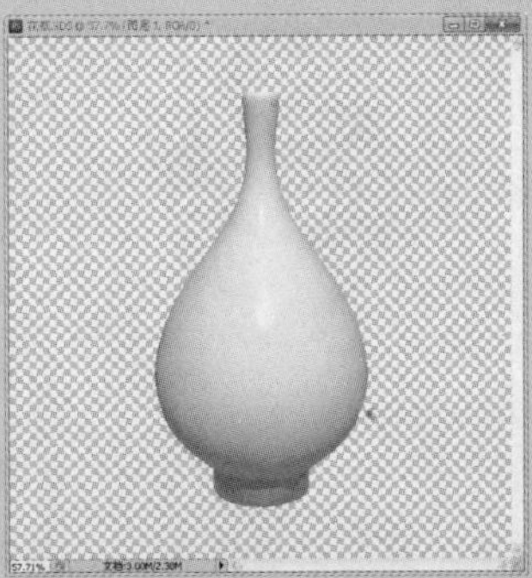

图18-42 调整灯光后的效果

4 按住Ctrl键的同时单击【图层】面板下方的按钮，在“图层 1”的下方新建“图层 2”，并为其填充上白色。

5 将“图层 1”设置为当前层，再单击3D面板上方的按钮，切换到【3D{材质}】面板，如图18-43所示。

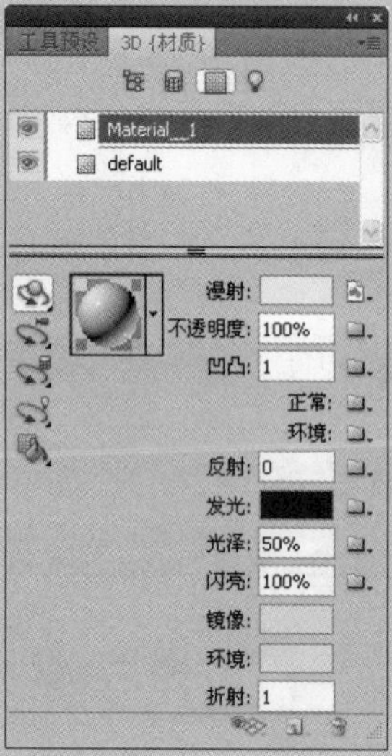

图18-43 【3D{材质}】面板

6 单击“漫射”选项右侧的按钮，在弹出的下拉菜单中选择“载入纹理”命令，然后在弹出的【打开】对话框中选择“素材\第18章\青花瓷.jpg”图片。

7 单击 打开(O) 按钮，模型赋予贴图后的效果如图18-44所示。

图18-44 模型赋予材质后的效果

8 利用工具旋转花瓶图形，将其旋转至如图18-45所示的形态。

图18-45 旋转后的图形形态

9 在【3D{材料}】面板中选择Material__1材料，将“镜像”的颜色设置为白色，“环境”的颜色设置为灰色（R:100、G:95、B:95），设置其他参数如图18-46所示，调整后的效果如图18-47所示。

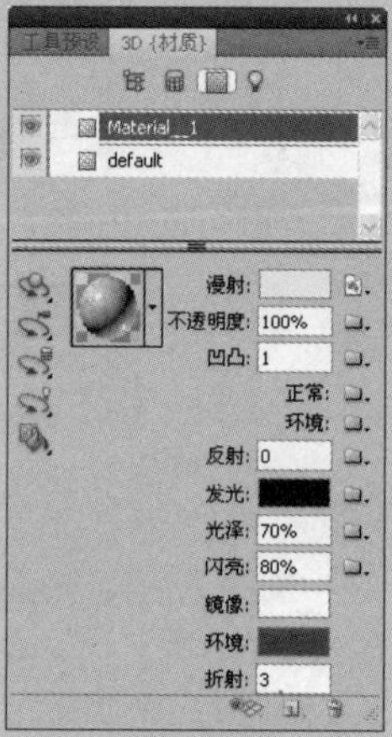

图18-46 【3D{材质}】面板

图18-47 调整后的效果

10 按Ctrl+S组合键，将文件命名为“花瓶.psd”保存。

18.10 综合实战——利用3D命令打造炫光效果

本例灵活运用3D命令来制作如图18-48所示的炫光效果。

图18-48 制作的炫光效果

实战演练063 —— 制作炫光效果

1 新建宽度为25厘米，高度为15厘米，分辨率为150像素/英寸的白色文件，然后为“背景”图层填充上黑色。

2 新建“图层 1”，执行“3D｜从图层新建形状｜圆柱体”命令，创建一个圆柱体，效果如图18-49所示。

3 选取工具，在圆柱体图形上拖动鼠标，将圆柱体旋转至如图18-50所示的形态。

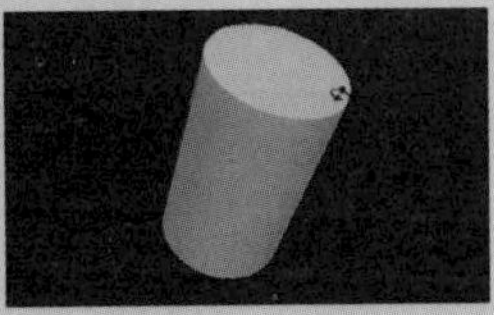

图18-49 创建的圆柱体 图18-50 旋转后的圆柱体形态

4 执行“窗口｜3D”命令，打开3D面板，然后将【3D{场景}】面板中的“顶部”和“底部”隐藏，只保留圆柱体的表面，效果如图18-51所示。

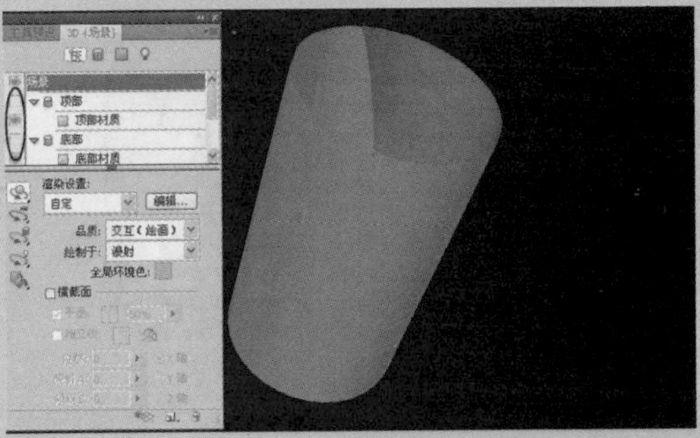

图18-51 隐藏顶部和底部后的圆柱体效果

5 单击3D面板上方的按钮，切换到【3D{材质}】面板，再单击“不透明度”选项右侧的按钮，在弹出的下拉菜单中选择“新建纹理”命令，然后在弹出的【新建】对话框中设置参数，如图18-52所示。

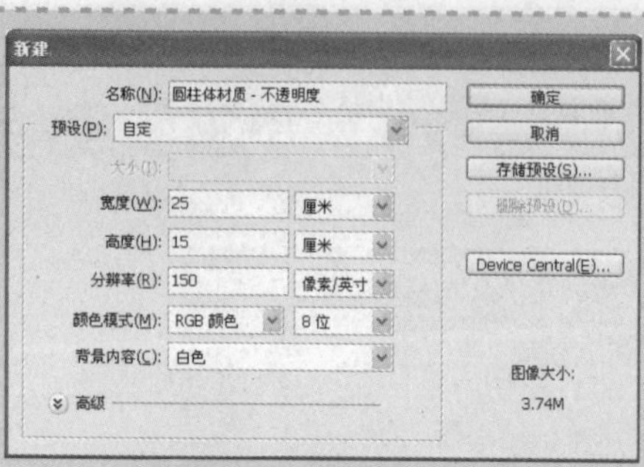

图18-52 【新建】对话框

6 单击确定按钮，然后单击“漫射”选项右侧的按钮，在弹出的下拉菜单中选择“打开纹理”命令，打开步骤5中创建的纹理文件，并为“背景”图层填充上黑色。

7 选取工具，单击选项栏中的按钮，在弹出的【画笔】面板中设置参数，如图18-53所示。

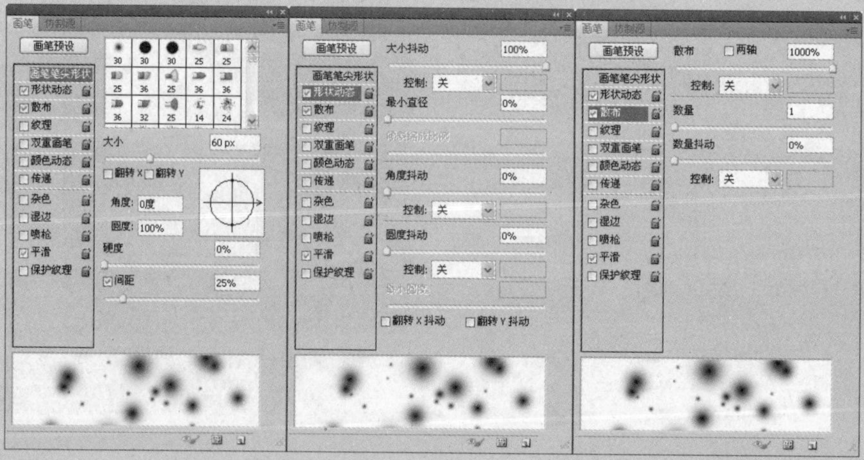

图18-53 【画笔】面板

8 新建“图层 1”，并将前景色设置为白色，然后在画面中拖动鼠标，依次喷绘出如图18-54所示的白色圆点图形。

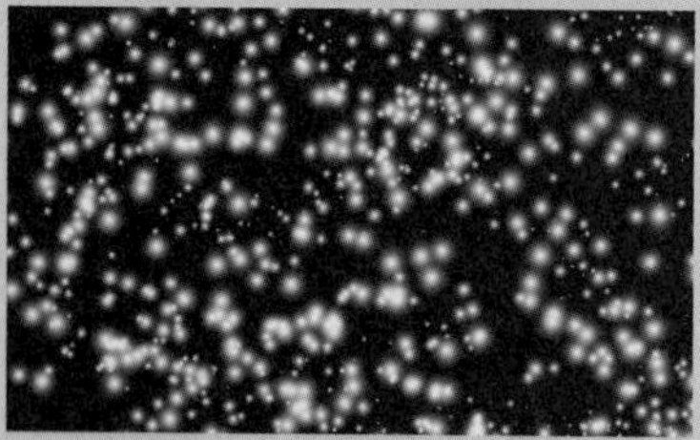

图18-54 绘制的圆点图形

9 将“图层 1”复制生成为“图层 1副本”图层，并将复制出图层的“不透明度”选项的参数设置为70%，然后执行“滤镜｜模糊｜动感模糊”命令，在弹出的【动感模糊】对话框中设置参数，如图18-55所示。

10 单击确定按钮，执行“动感模糊”命令后的效果如图18-56所示。

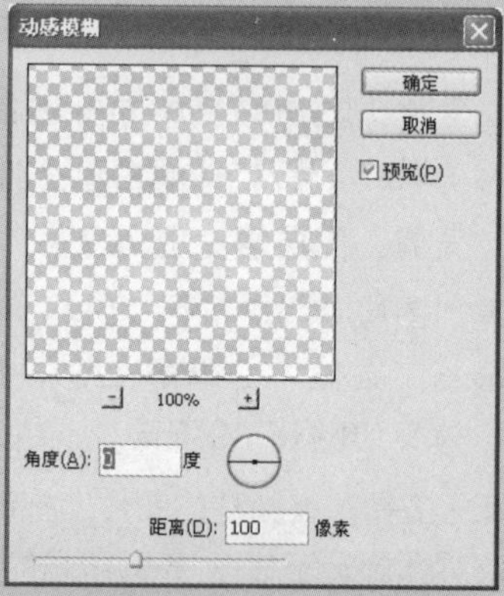

图18-55 【动感模糊】对话框

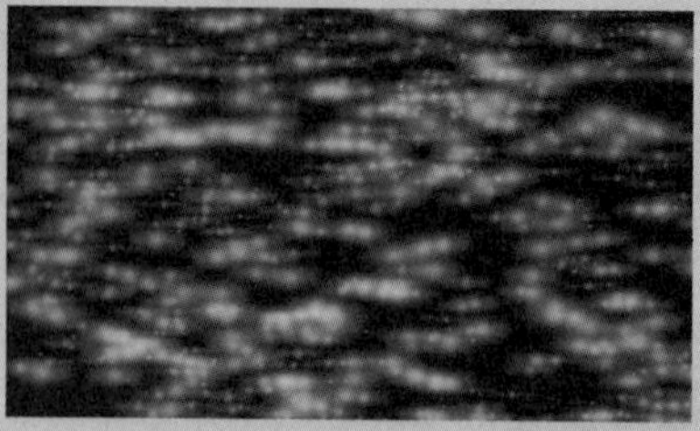

图18-56 执行“动感模糊”命令后的效果

11 按Ctrl+S组合键将纹理文件保存，然后将其关闭。此时，创建的纹理即可应用到圆柱体的表面，效果如图18-57所示。

12 在【3D{材质}】面板中单击“发光”选项右侧的色块，在弹出的【选择自发光色】面板中设置颜色为白色，更改发光颜色后的效果如图18-58所示。

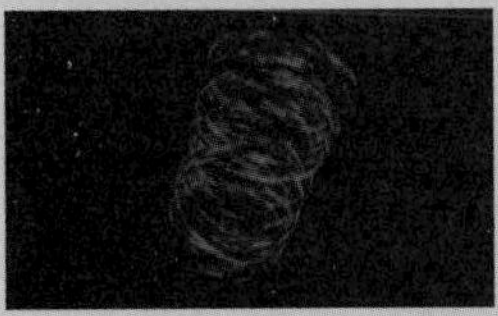

图18-57 应用纹理后的图形效果

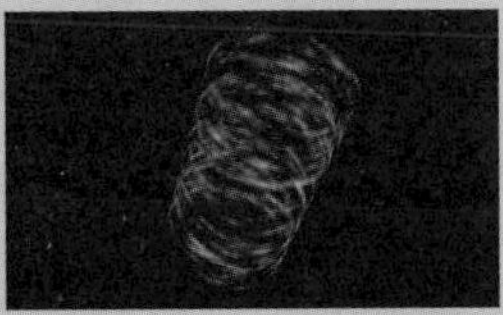

图18-58 更改发光颜色后的效果

13 执行“图层 | 图层样式 | 外发光”命令，在弹出的【图层样式】对话框中设置参数，如图18-59所示。

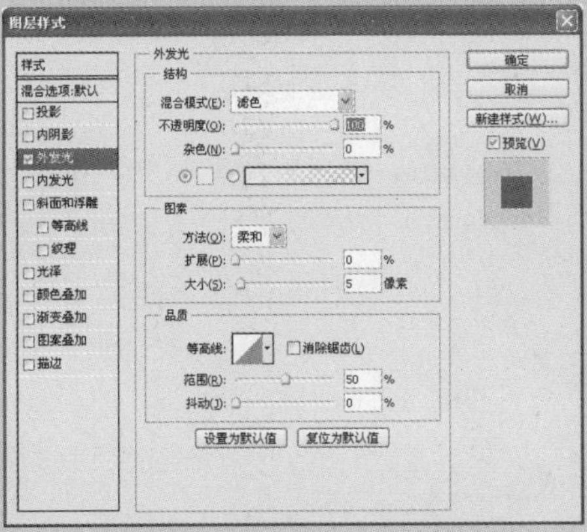

图18-59 设置图层样式参数

14 单击 确定 按钮，添加外发光样式后的效果如图18-60所示。

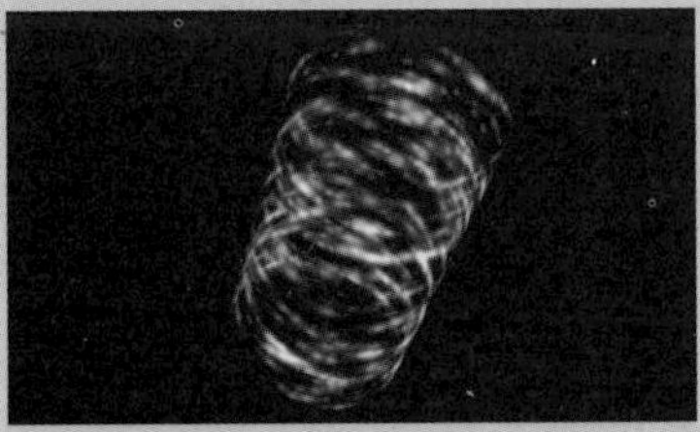

图18-60 添加样式后的效果

15 利用工具，将圆柱体旋转至如图18-61所示的形态，然后利用工具，将其调整至如图18-62所示的形态。

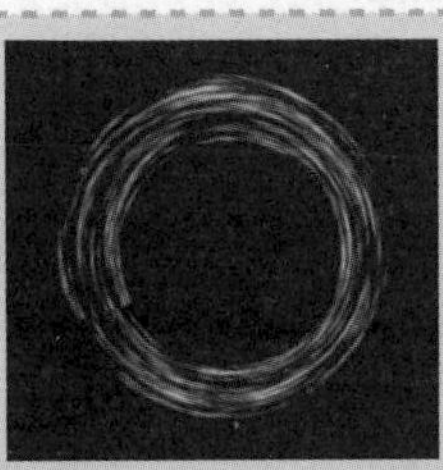

图18-61 旋转后的形态

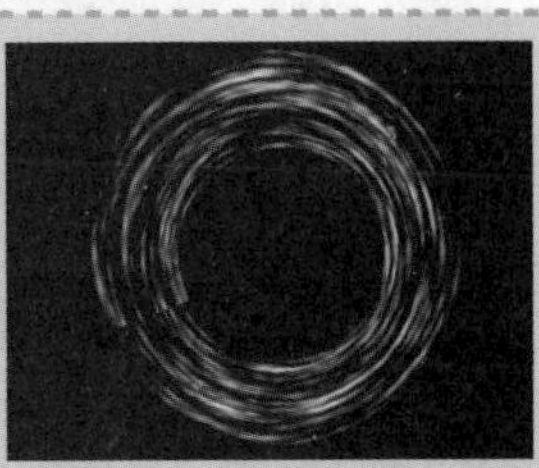

图18-62 调整后的形态

16 执行“图层 | 图层样式 | 渐变叠加”命令，在弹出的【图层样式】对话框中设置参数，如图18-63所示。

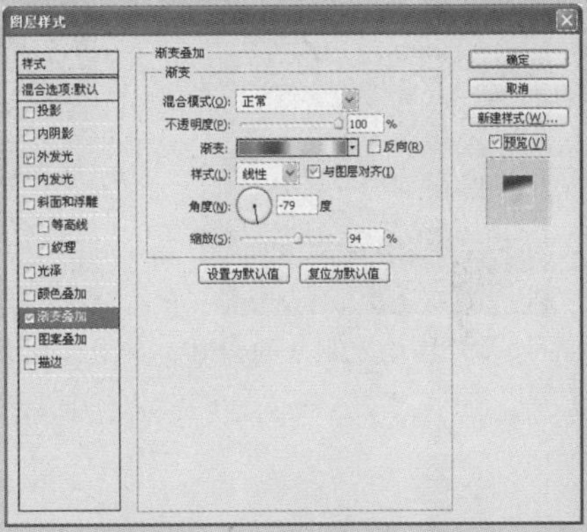

图18-63 设置图层样式参数

17 单击 确定 按钮，添加渐变叠加样式后的效果如图18-64所示。

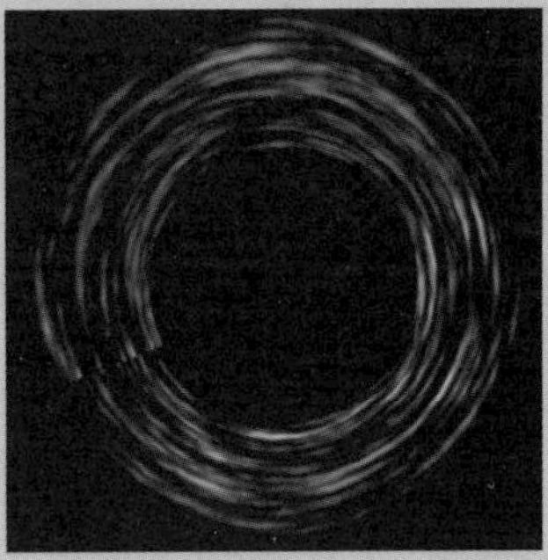

图18-64 添加样式后的效果

18 至此，眩光效果已制作完成，按Ctrl+S组合键，将文件命名为“打造3D眩光效果.psd”保存。

接下来将其合成到图像中。

19 打开素材图片“素材\第18章\人物.jpg”，然后将前面制作的眩光效果移动复制到打开的人物文件中生成“图层1”，效果如图18-65所示。

20 利用和工具，将复制入的眩光图形调整至如图18-66所示的形态，再单击【图层】面板下方的按钮，为“图层 1”添加图层蒙版，然后利用工具，在画面中绘制黑色区域编辑蒙版，将人物的脸部区域显示出来，最终效果如图18-67所示。

21 按Shift+Ctrl+S组合键，将文件另命名为“合成图像.psd”保存。

图18-65 移动复制入的图形

图18-66 调整后的图形形态

图18-67 编辑蒙版后的效果

第19章

视图、窗口与帮助菜单

本章来讲解Photoshop CS5中剩余的3个菜单——视图、窗口和帮助菜单。视图菜单主要用于颜色设置、窗口显示大小设置及标尺、网格和参考线的设置等。窗口菜单主要用于设置工作区的布局及各控制面板的显示和隐藏等。帮助菜单下的各命令是Photoshop提供的在线服务，可以通过网络获得Adobe公司提供的各种服务，包括操作帮助及产品信息等。

通过本章的学习，您可以掌握以下知识点：

- 视图菜单
- 色彩管理命令
- 额外内容设置
- 窗口菜单
- 帮助菜单

19.1 视图菜单

视图菜单如图19-1所示。

下面来简单介绍一下视图菜单命令：

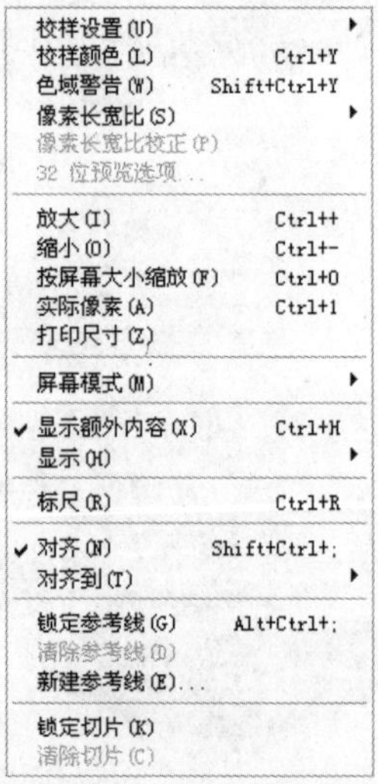

图19-1 视图菜单

- 校样设置：设置使用什么样的印刷模式。
- 校样颜色：预览图像的印刷效果。
- 色域警告：查看当前图像文件是否有色彩超过印刷模式所能表示的范围。
- 像素长宽比：可以修改图像像素的长宽比。
- 像素长宽比校正：只有当前图像的像素不是正方形时，该命令才可用。该命令使用图像本身的像素长宽比显示图像；将该命令前面的选择取消，可使图像显示像素转换为正方形。
- 32位预览选项：当图像模式为32位通道时，该命令才可用。用于调整图像的预览效果。
- 放大：将当前图像的显示比例放大。
- 缩小：将当前图像的显示比例缩小。
- 按屏幕大小缩放：将当前图像的显示依照屏幕空间的大小，调整图像文件显示比例以显示全部图像。
- 实际像素：将当前图像的显示比例以真实像素点尺寸显示。
- 打印尺寸：将当前图像打印时的尺寸大小显示出来。
- 屏幕模式：可以选择Photoshop的显示模式。此命令与标题栏中按钮的功能相同。
- 显示额外内容：决定在图像窗口中显示或隐藏所有已启用的额外内容，包括选区、路径、网格、参考线、切片和注释等。
- 显示：用于设置是否在图像中显示选区、路径、网格、参考线、切片和注释等。
- 标尺：在图像窗口中显示/隐藏标尺。如在显示标尺的情况下再次执行该命令，可以将标尺隐藏。
- 对齐：同时设置鼠标的移动是否沿参考线、网格、切片、文档边界进行。
- 对齐到：分别设置鼠标的移动是否沿参考线、网格、切片、文档边界进行。
- 锁定参考线：将当前图像中的参考线锁定，使其无法移动。
- 清除参考线：将当前图像中设定的参考线清除。
- 新建参考线：在当前图像中创建新参考线。
- 锁定切片：锁定图像中的切片。以防止不小心调整切片大小、移动切片或对切片进行其他更改。
- 清除切片：清除当前图像中的切片。

19.2 色彩管理命令

色彩管理系统可统一不同设备之间的颜色差异，使系统的颜色与最终产品尽可能一致。

19.2.1 校样设置与校样颜色

传统的出版工作流程中，在进行打印输出之前要打印出文档的印刷校样，以预览文档在特定输出设备上还原时的效果。在Photoshop中利用色彩管理工作流程，可以直接在显示器上使用颜色配置文件的精度来对文档进行电子校样，通过显示屏幕预览来查看文档颜色在特定输出设备上重现时的效果，以便发现错误及时纠正，确保图像以准确的色彩输出。

打开一个图像文件，执行“视图｜校样设置”命令，在弹出的下拉菜单中选择一个与要模拟的输出条件相对应的预设命令，然后执行“视图｜校样颜色”命令，打开电子校样显示，即可显示为CMYK输出的效果，原图与电子校样后的效果对比如图19-2所示。

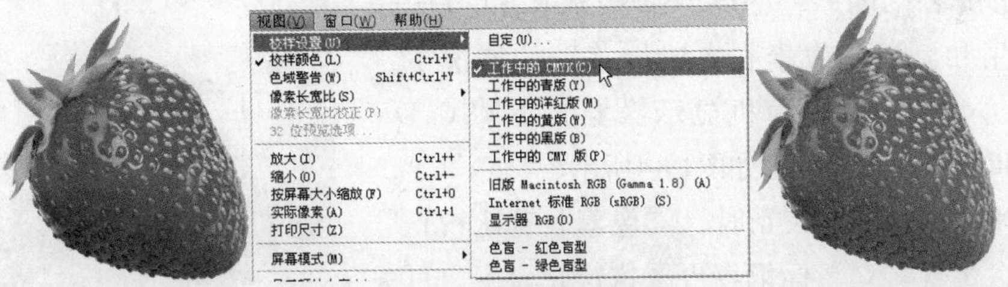

图19-2 原图与校样后的效果对比

当电子校样打开时，“校样颜色”命令旁边会出现“✓”标记，再次执行该命令，可关闭电子校样显示。

专家提示

电子校样的可靠性取决于显示器的质量、显示器和输出设备的配置文件以及工作环境的光照条件。

19.2.2 色域警告

色域是指颜色系统可以显示或打印的颜色范围。将RGB颜色模式的图像转换为CMYK颜色模式时，系统会自动将所有颜色置于色域中。

执行“视图｜色域警告”命令，可以高亮显示位于当前校样配置文件空间色域之外的所有像素，从而在转换为CMYK颜色模式之前，来识别图像中的溢色而手动进行校正，以便能够正确输出。

19.2.3 像素长宽比

像素长宽比用于描述帧中的单一像素的宽度与高度的比例。不同的视频标准使用不同的像素长宽比。例如，一些计算机视频标准将4:3长宽比帧定义为640（宽）×480（高）像素，这将产生方形像素。如果在方形像素显示器上显示矩形像素而不进行更改，则图像会发生扭曲。例如，圆形会扭曲成椭圆。

可以在现有文档中指定像素长宽比例，其具体操作为，打开图像文件，执行“视图｜像素长宽比”命令，在弹出的下拉菜单中选择一个与当前图像相对应的预设比例命令或执行“自定像素长宽比”命令，在弹出如图19-3所示的【存储像素长宽比】对话框中设置“因子”选项的参数，并为其命名，然后单击 确定 按钮，新的自定像素长宽比将出现在“视图｜像素长宽比”命令的子菜单中。

图19-3 【存储像素长宽比】对话框

19.2.4 像素长宽比校正

执行“视图｜像素长宽比校正”命令，可按指定的像素长宽比显示图像，默认情况下，在打开非方形像素文档时，该命令处于启用状态。该设置会对图像进行缩放，就如同是在非方形像素输出设备（通常为视频显示器）上显示一样。

在启用和停用“像素长宽比校正”的情况下，显示在（方形像素）计算机显示器上的 NTSC DV（720×480像素）效果对比如图19-4所示。

当启用像素长宽比校正时，“像素长宽比校正”命令旁边会出现“✓”标记，再次执行此命令，可关闭校正。

图19-4 启用和停用“像素长宽比校正”命令后的显示效果对比

专家提示

使用“视图｜像素长宽比校正”命令，只是预览像素长宽比发生变化时的图像效果，图像像素并没有真正被修改。

19.2.5 32位预览选项

在Photoshop 中打开32 位/通道的图像时，图像可能会非常暗或出现褪色现象。Photoshop提供了预览调整功能，以使显示器显示的图像的高光和阴影不会太暗或出现褪色现象。

在Photoshop 中打开一个 32 位/通道的 HDR 图像，然后选择“视图｜32位预览选项”命令，将弹出如图19-5所示的【32 位预览选项】对话框。

- 曝光度和灰度系数：调整图像的亮度和对比度。
- 高光压缩：压缩图像中的高光值，使其位于 8 位/通道或 16 位/通道的图像文件的亮度范围内。

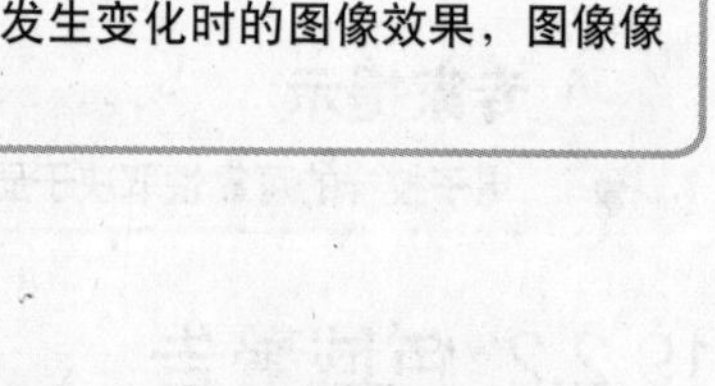

图19-5 【32 位预览选项】对话框

在Photoshop 中还可以直接调整图像的预览效果，方法是：单击文档窗口状态栏中的下三角按钮，然后从弹出的下拉菜单中选择“32位曝光”

命令，此时文档窗口的下方将显示滑动条，拖动滑块可调整图像的预览效果；双击滑块可返回到默认的曝光度设置。利用此方法调整图像预览效果如图19-6~图19-8所示。

图19-6 打开的原图像

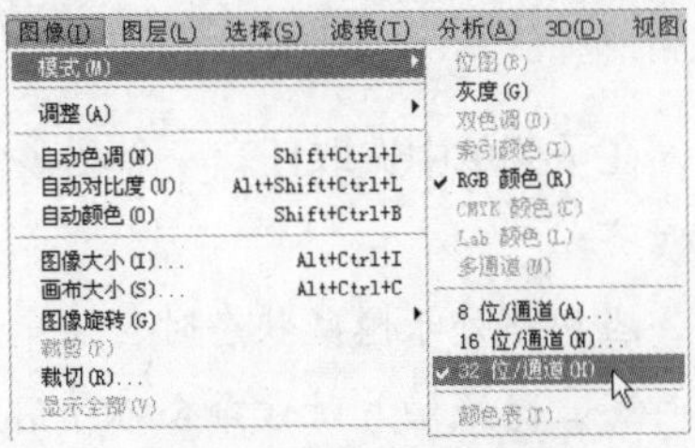

图19-7 选择转换模式

图19-8 调亮后的显示效果

由于调整是针对每个视图进行的，因此可以在多个窗口中打开同一图像，对每个窗口进行不同的预览调整。使用该方法进行的预览调整不会存储到图像文件中。

19.3 额外内容设置

参考线、网格、选区、切片和文本基线等都是帮助选择、移动或编辑对象的非打印的额外内容。可以显示或隐藏已启用的额外内容，还可以指定对齐元素以帮助用户进行工作。

19.3.1 显示额外内容

执行“视图 | 显示额外内容”命令，可以显示或隐藏所有已启用的额外内容，已启用的额外内容旁边都会出现一个“✓”标记。再次执行该命令，将该命令前面的“✓”标记取消，可隐藏所有启用的额外内容。

19.3.2 显示

执行“视图 | 显示”命令，可在弹出的子菜单中选择显示单个额外内容。

- 执行“视图 | 显示 | 全部”命令，将启用并显示所有可用的额外内容。
- 执行“视图 | 显示 | 无”命令，将禁用并隐藏所有额外内容。
- 执行“视图 | 显示 | 显示额外选项”命令，将启用或禁用额外内容组。

19.3.3 对齐

在绘制和编辑图像时，“对齐”命令有助于精确放置选区、裁切框、切片、形状和路径等，但“对齐”命令使用不当也会妨碍正常的操作。因此，及时启用或关闭“对齐”命令可以提高作图速度。

1. 启用或停用对齐命令

执行“视图 | 对齐”命令可启用或停用此命令。当此命令前面有“✓”标记时，表示已启用对齐功能。

2. 指定要对齐的元素

执行“视图 | 对齐到”命令，在子菜单中选取任意一个或多个命令，可指定要对齐的元素。

- 参考线：可以与参考线对齐。
- 网格：可以与网格对齐，当网格处于隐藏状态时，该命令不可用。
- 切片：可以与切片边界对齐，隐藏切片时该命令不可用。
- 文档边界：可以与文档边缘对齐。
- 全部：可一次选择所有对齐选项。
- 无：可取消所有对齐选项的选择。

3. 只启用对齐功能的一个选项

确认“对齐”命令处于关闭状态，执行“视图 | 对齐到”命令下的一个选项，即可为该选项启用对齐功能，同时取消其他选项的对齐功能。

19.4 窗口菜单

窗口菜单如图19-9所示。

下面来简单介绍一下窗口菜单命令：

- 排列：可以在弹出的子菜单中选择打开图像在工作区内以何种方式进行排列。
- 工作区：设置Photoshop CS5当前的工作区布局。
- 扩展功能：提供CS News and Resources、CS Review、Kuler、Mini Bridge和访问CS Live等扩展面板，帮助用户了解更多的Photoshop信息。
- 其他命令：单击窗口菜单中的其他命令，可以显示或隐藏相应的控制面板。
- 窗口菜单的最下面会显示工作区中打开的图像文件名称，单击相应的文件名，可将该文件设置为当前工作状态。

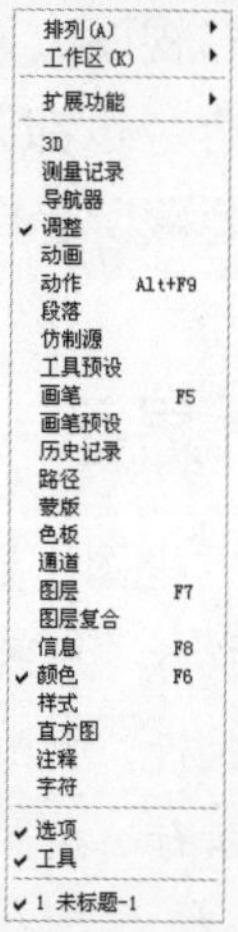

图19-9 窗口菜单

19.5 帮助菜单

帮助菜单如图19-10所示。

下面来简单介绍一下帮助菜单命令：

图19-10 帮助菜单

- Photoshop帮助：可以为用户提供Photoshop CS5中所有的帮助内容。
- Photoshop支持中心：可弹出Photoshop帮助与支持窗口，该命令与Photoshop帮助命令的功能相同，但可以选择不同的语种进行浏览。
- 关于Photoshop：弹出Photoshop CS5的启动界面，同时滚动显示关于Photoshop CS5的一些信息。
- 关于增效工具：可以为用户提供关于Photoshop外挂模块的帮助信息。
- 法律声明：弹出【法律声明】窗口，显示该软件的相关声明内容。
- 系统信息：显示计算机和Photoshop的部分重要信息。
- 产品注册：弹出产品注册窗口，用于对该产品进行注册。
- 取消激活：执行该命令，可以取消该产品的激活，并可以在另一台计算机上激活Adobe CS5产品。在取消激活操作之前，请确保当前计算机连接到Internet。
- 更新：用于对Photoshop CS5产品进行更新，执行该命令也需要连接到Internet。
- GPU：显示有关GPU的相关信息。
- Photoshop联机：弹出Photoshop CS5的有关帮助，注意执行该命令计算机要连接到Internet。
- Adobe产品改进计划：弹出Adobe产品改进计划窗口，用户可以为该产品的改进提出各种有利的建议。

第20章

各种效果字制作

本章灵活运用前面学过的工具及菜单命令来制作几种效果字。在制作过程中将主要用到“图层样式”命令和各种“滤镜”命令。灵活运用这些命令，可以制作出视觉强烈、质感逼真的文字效果，以用于电影海报、产品包装及网络设计中。通过本章的学习，希望读者能将这些效果字的制作方法完全掌握，并能达到学以致用的目的。

通过本章的学习，您可以掌握以下知识点：

- 制作气泡字
- 制作塑料字
- 制作逆光字
- 制作水泥石头字
- 制作针孔效果字
- 制作超炫燃烧字
- 制作魔幻绚丽的文字效果

20.1 制作气泡字

本例主要利用“图层样式”命令来制作如图20-1所示的气泡效果字。

图20-1 制作的气泡文字

实战演练064——制作气泡字

1 新建宽度为20厘米，高度为12厘米，分辨率为150像素/英寸的白色文件，然后为“背景”图层填充上深灰色（R:35、G:60、B:75）。

2 利用T工具，输入如图20-2所示的白色英文字母。

3 执行“图层｜图层样式｜混合选项”命令，在弹出的【图层样式】对话框中设置参数，如图20-3所示。

图20-2 输入的英文字母

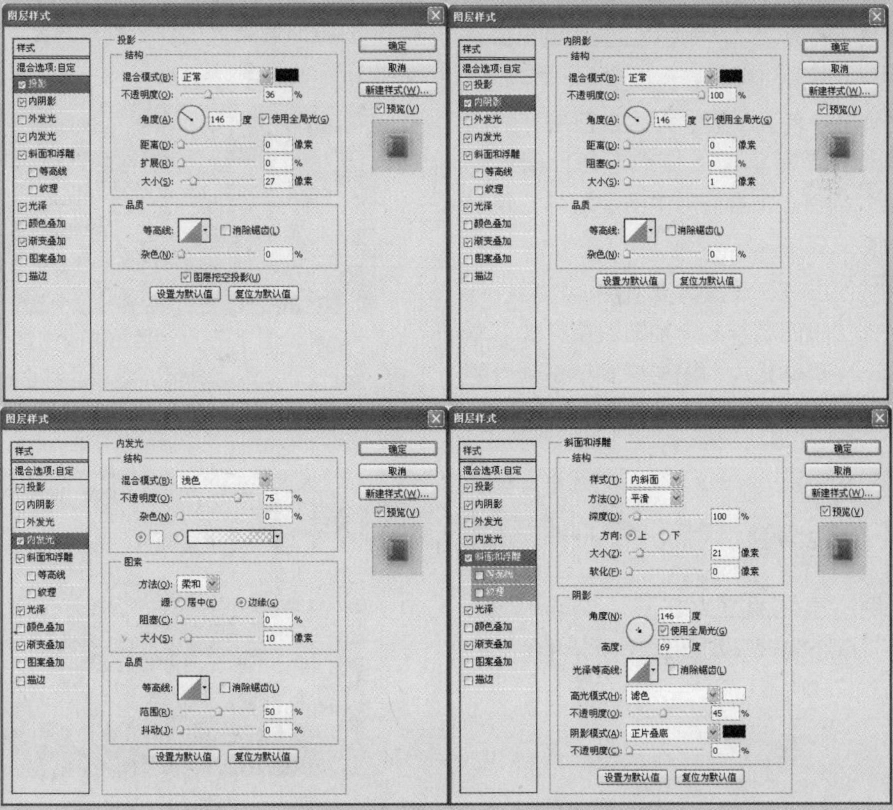

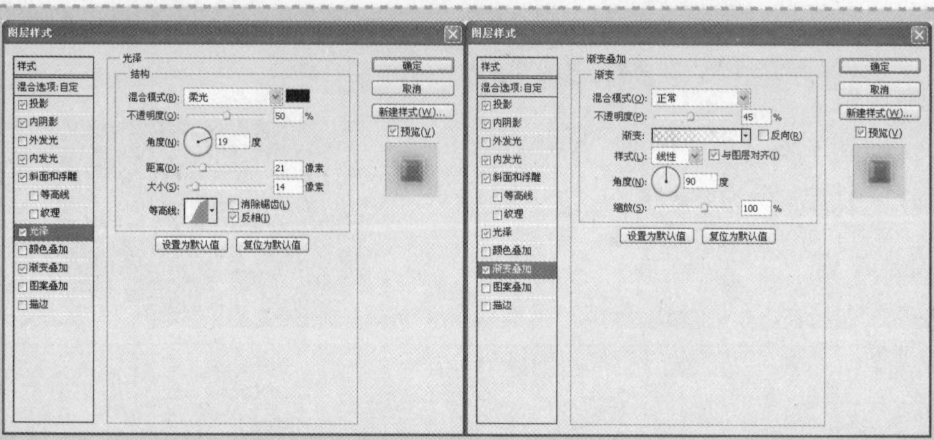

图20-3 设置图层样式参数

4 单击确定按钮，为文字添加图层样式，然后将Water文字图层的图层混合模式设置为“变暗”，效果如图20-4所示。

图20-4 添加样式并更改模式后的效果

5 新建“图层 1”，利用工具绘制出如图20-5所示的圆形选区，并为其填充上白色。

6 将Water文字图层设置为当前层，然后执行“图层｜图层样式｜拷贝图层样式”命令，将当前层中的图层样式复制到剪贴板中。

7 将“图层 1”设置为当前层，然后执行“图层｜图层样式｜粘贴图层样式”命令，将剪贴板中的图层样式粘贴到当前层中，并将其图层混合模式设置为“变暗”，效果如图20-6所示。

图20-5 绘制的选区

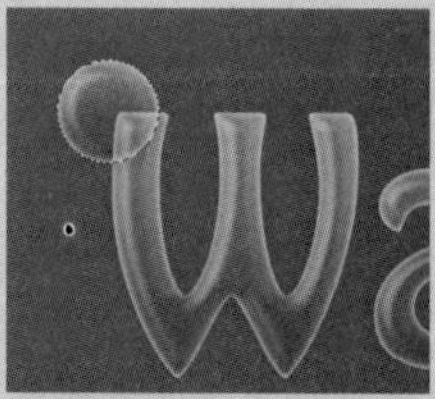

图20-6 粘贴样式后的效果

8 依次将“图层 1”复制，然后将复制出的图形调整大小后分别放置到如图20-7所示的位置。

图20-7 图形复制后放置的位置

9 至此，气泡文字制作完成，按Ctrl+S组合键，将文件命名为“气泡字.psd”保存。

20.2 制作塑料字

本例主要利用文本工具T结合“图层样式”命令来制作如图20-8所示的塑料字效果。

图20-8 制作的塑料字效果

实战演练065——制作塑料字

1 新建宽度为14厘米，高度为7.5厘米，分辨率为120像素/英寸，颜色模式为RGB颜色，背景内容为白色的文件，然后为“背景”图层填充上黑色。

2 将前景色设置为白色，然后利用T工具，输入如图20-9所示的白色英文字母。

3 执行“图层|图层样式|混合选项”命令，弹出【图层样式】对话框，设置各选项及参数，如图20-10所示。

图20-9 输入的英文字母

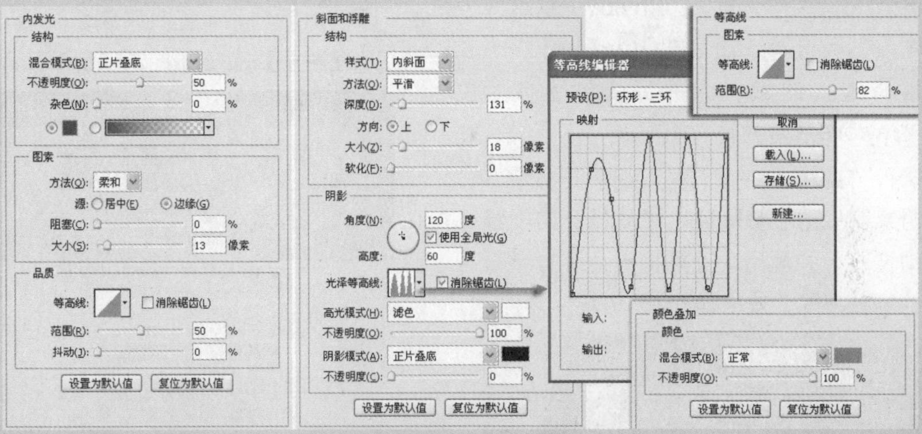

图20-10 设置图层样式参数

4 单击 确定 按钮，添加图层样式后的字母效果如图20-11所示。

图20-11 添加图层样式后的文字效果

5 将mylove文字图层复制生成为“mylove 副本”图层，并将其调整至mylove文字图层的下方。

6 双击“mylove 副本”图层中的“斜面和浮雕”样式图层，弹出【图层样式】对话框，取消“内发光”和“颜色叠加”复选框的勾选，然后设置其他选项及参数，如图20-12所示。

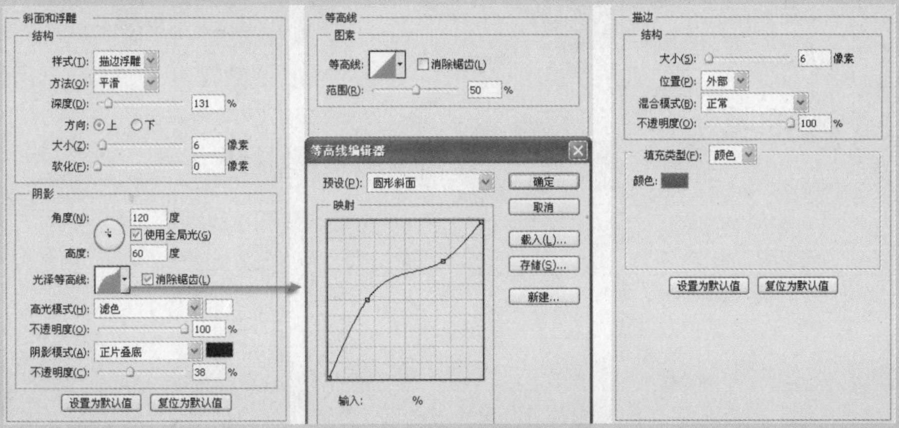

图20-12 设置图层样式参数

7 单击 确定 按钮，添加图层样式后的字母效果如图20-13所示。

图20-13 添加图层样式后的文字效果

8 将mylove文字图层和“mylove 副本”图层同时选择，然后按Ctrl+Alt+E组合键将选择的图层合并后复制生成为“mylove（合并）”图层。

9 执行“编辑｜变换｜垂直翻转”命令，将复制出的字母翻转，然后将其向下移动位置，并利用工具将盖住下方字母的位置擦除，效果如图20-14所示。

图20-14 复制出的字母

10 利用“自由变换”命令，将复制出的字母垂直缩放至如图20-15所示的形态，然后按Enter键确认。

图20-15 调整后的形态

11 单击【图层】面板底部的按钮，为“mylove （合并）”图层添加图层蒙版，然后利用工具来编辑蒙版，效果及【图层】面板如图20-16所示。

图20-16 编辑蒙版后的图像效果

12 将前景色设置为白色，然后选取工具，单击选项栏中的按钮，弹出【画笔】面板并设置各选项及参数，如图20-17所示。

图20-17 设置“画笔”参数

13 新建“图层 1”，然后在画面中拖动鼠标，依次绘制出如图20-18所示的白色小圆点。

14 利用“图层｜图层样式｜外发光”命令为“图层 1”中的图像添加外发光样式，参数设置及添加图层样式后的图像效果如图20-19所示。

图20-18 绘制的白色圆点

图20-19 设置图层样式并添加样式后的图像效果

15 选取工具，激活选项栏中的按钮，再单击选项栏中的颜色条部分，弹出【渐变编辑器】对话框，设置渐变颜色如图20-20所示，然后单击确定按钮。

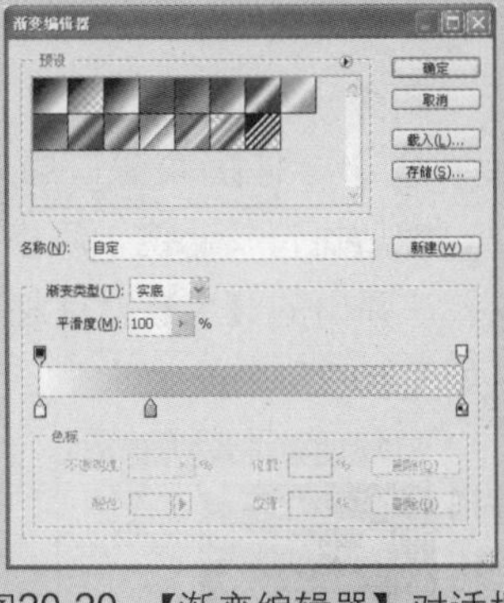

图20-20 【渐变编辑器】对话框

16 新建“图层 2”，在画面中拖动鼠标，依次绘制出如图20-21所示的圆形。

图20-21 绘制出的圆形

17 按Ctrl+S键，将此文件命名为“塑料字.psd”保存。

20.3 制作逆光字

本例灵活运用通道结合“极坐标”、“风”和“径向模糊”滤镜命令来制作如图20-22所示的逆光字效果。

图20-22 制作的逆光字效果

实战演练066——制作逆光字

1 新建宽度为35厘米，高度为20厘米，分辨率为120像素/英寸的白色文件，然后为“背景”图层填充上黑色。

2 打开素材图片“素材\第20章\文字路径.psd”，然后利用工具将路径选择后移动复制到新建文件中，如图20-23所示。

图20-23 移动复制入的路径

3 按Ctrl+Enter组合键将路径转换为选区，然后打开【通道】面板，新建Alpha 1通道，并将其设置为工作状态。

4 执行“编辑 | 描边”命令，在弹出的【描边】对话框中设置各项参数，如图20-24所示。

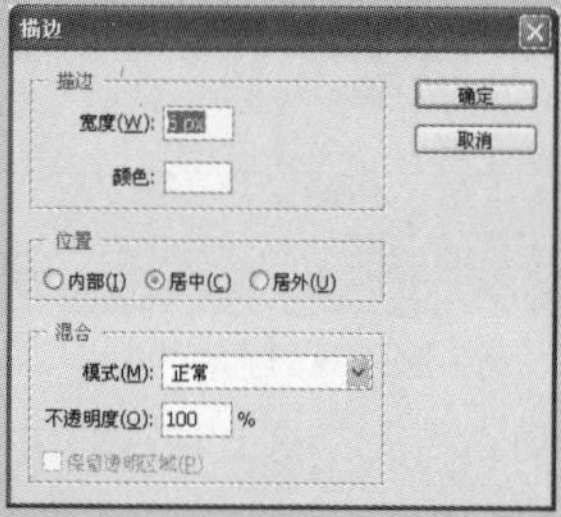

图20-24 【描边】对话框

5 单击 确定 按钮，然后按Ctrl+D组合键将选区去除，描边后的效果如图20-25所示。

图20-25 描边后的效果

6 将Alpha 1通道复制生成为“Alpha 1副本”通道，然后执行“滤镜 | 扭曲 | 极坐标”命令，在弹出的【极坐标】对话框中设置选项，如图20-26所示。

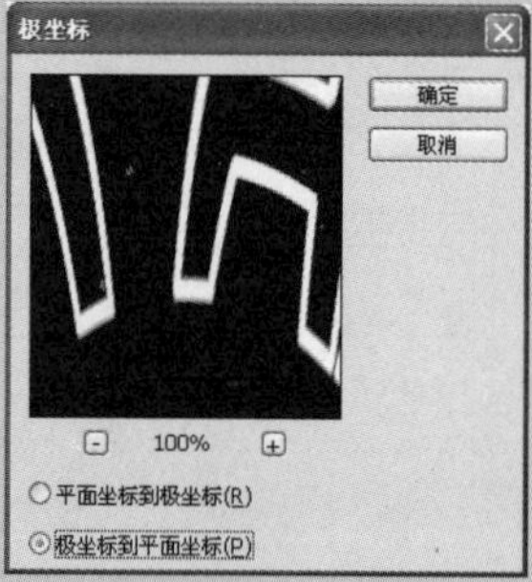

图20-26 【极坐标】对话框

7 单击 确定 按钮，执行“极坐标”命令后的效果如图20-27所示。

图20-27 执行“极坐标”命令后的效果

8 执行“图像 | 图像旋转 | 90度（顺时针）”命令，将图像窗口顺时针旋转90°，然后执行“滤镜 | 风格化 | 风”命令，在弹出的【风】对话框中设置选项，如图20-28所示。

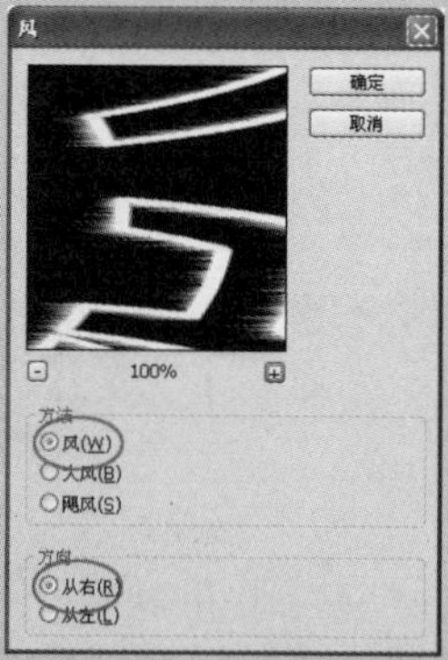

图20-28 【风】对话框

9 单击 确定 按钮，执行“风”命令后的画面效果如图20-29所示。

10 执行“图像｜图像旋转｜90度（逆时针）”命令，将图像窗口逆时针旋转90°，然后执行“滤镜｜扭曲｜极坐标”命令，在弹出的【极坐标】对话框中设置选项，如图20-30所示。

图20-29 执行“风”命令后的效果

图20-30 【极坐标】对话框

11 单击 确定 按钮，执行“极坐标”命令后的效果如图20-31所示。

图20-31 执行“极坐标”命令后的效果

12 按住Ctrl键的同时单击“Alpha 1副本”通道，将其作为选区载入，然后打开【路径】面板，按住Ctrl+Alt组合键的同时单击“路径 1”得到两者相减后的选区。

13 打开【图层】面板，新建“图层 1”，并为选区填充上白色，然后按Ctrl+D组合键将选区去除，填充颜色后的效果如图20-32所示。

图20-32 填充颜色后的效果

14 打开【通道】面板，并将Alpha 1通道设置为工作状态，然后选取工具，激活选项栏中的按钮，依次绘制出如图20-33所示的选区。

图20-33 绘制出的选区

15 按住Shift+Ctrl+Alt组合键的同时单击Alpha 1通道，得到两者相交后的选区，相交后的选区形态如图20-34所示。

图20-34 相交后的选区形态

16 新建Alpha 2通道，再按Ctrl+I组合键将画面反相显示，然后按Ctrl+D组合键将选区去除，反相显示后的画面效果如图20-35所示。

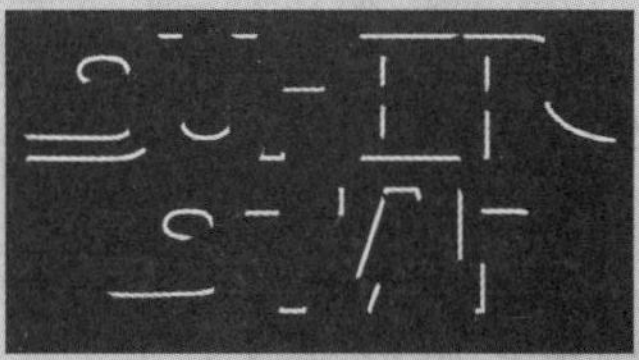

图20-35 反相显示后的画面效果

17 执行“图像｜图像旋转｜90度（顺时针）”命令，将图像窗口旋转，然后执行“滤镜｜风格化｜风”命令，在弹出的【风】对话框中设置选项，如图20-36所示。

图20-36 【风】对话框

18 单击 确定 按钮，执行“风”命令后的效果如图20-37所示。

19 按Ctrl+F组合键，重复执行“风”命令，生成的效果如图20-38所示。

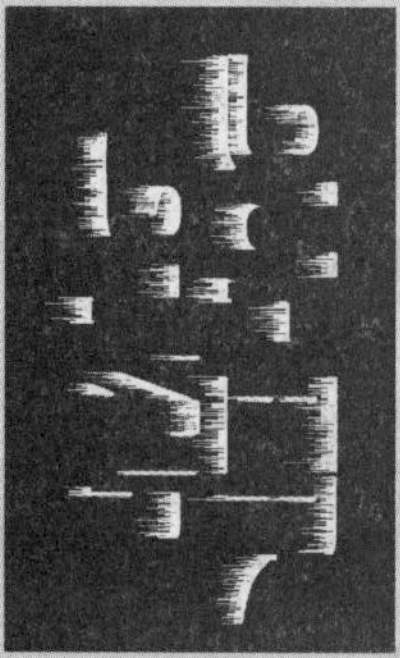

图20-37 执行“风”命令后的效果

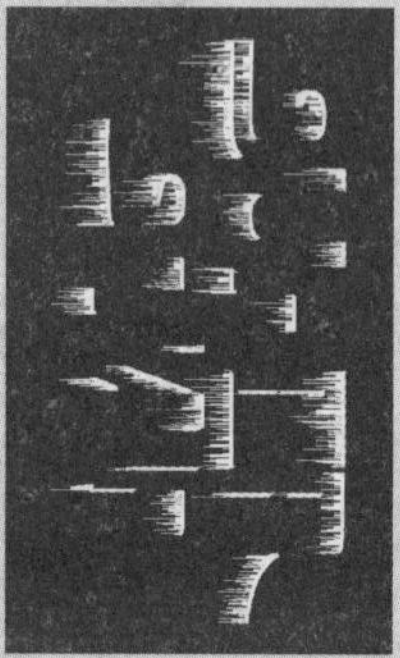

图20-38 重复执行“风”命令后的效果

20 执行“图像｜图像旋转｜90度（逆时针）”命令，将图像窗口旋转，然后执行“滤镜｜扭曲｜极坐标”命令，在弹出的【极坐标】对话框中设置选项，如图20-39所示。

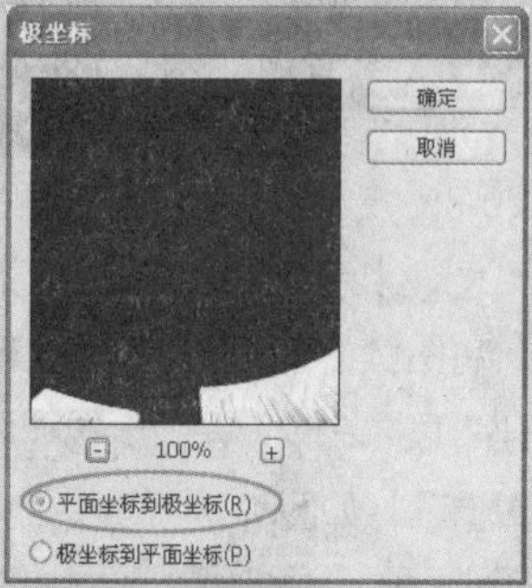

图20-39 【极坐标】对话框

21 单击 确定 按钮，执行“极坐标”命令后的画面效果，如图20-40所示。

图20-40 执行“极坐标”命令后的画面效果

22 执行“滤镜｜模糊｜径向模糊”命令，在弹出的【径向模糊】对话框中设置各项参数，如图20-41所示。

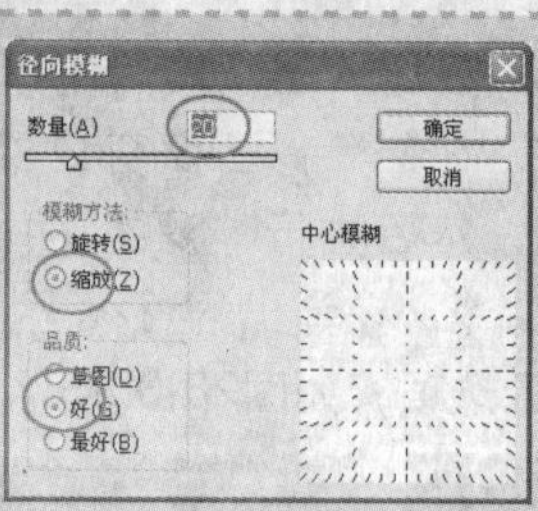

图20-41 【径向模糊】对话框

23 单击 确定 按钮，执行“径向模糊”命令后的效果如图20-42所示。

图20-42 执行“径向模糊”命令后的效果

24 按住Ctrl键的同时单击Alpha 2通道，将其作为选区载入，再打开【图层】面板，新建“图层 2”，并为选区填充上白色，然后按Ctrl+D组合键将选区去除，填充颜色后的效果如图20-43所示。

图20-43 填充颜色后的效果

25 单击【图层】面板下方的按钮，在弹出的下拉菜单中选择“渐变映射”命令，然后在弹出的【渐变映射】对话框中设置各项参数，如图20-44所示。调整后的画面效果如图20-45所示。

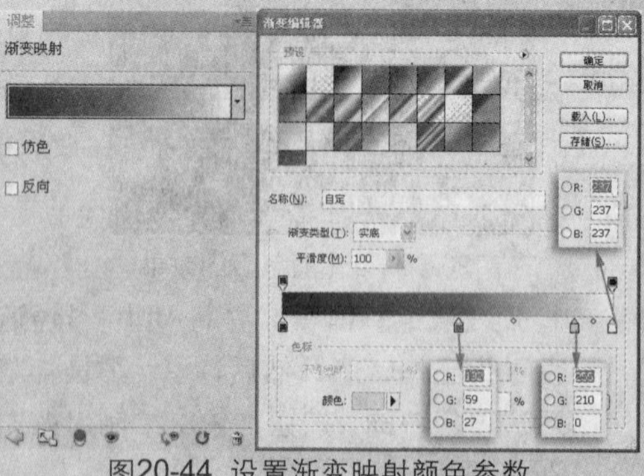

图20-44 设置渐变映射颜色参数

图20-45 调整后的画面效果

26 按Shift+Ctrl+Alt+E组合键盖印图层，生成“图层 3”，然后执行“滤镜 | 模糊 | 径向模糊”命令，在弹出的【径向模糊】对话框中设置各项参数，如图20-46所示。

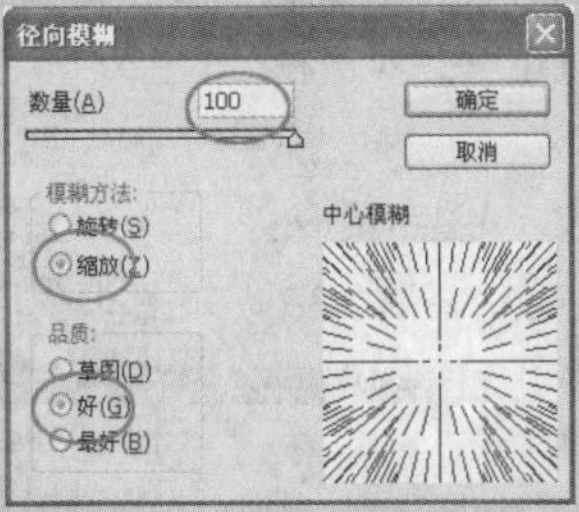

图20-46 【径向模糊】对话框

27 单击 确定 按钮，执行“径向模糊”命令后的效果如图20-47所示。

图20-47 执行“径向模糊”命令后的效果

28 执行“图像 | 自动色调”命令，系统将自动设置图像的暗调和高光区域，并将每个颜色通道中最暗和最亮的颜色分别设置为黑色和白色，再按比例重新分布中间调的颜色值，从而自动调整图像的色阶，调整后的图像效果如图20-48所示。

图20-48 调整后的图像效果

29 单击【图层】面板下方的按钮，为“图层 3”添加图层蒙版，然后利用工具，在画面中喷绘黑色编辑蒙版，编辑蒙版后的画面效果如图20-49所示。

图20-49 编辑蒙版后的画面效果

30 按Ctrl+S组合键，将此文件命名为“逆光字.psd”保存。

20.4 制作水泥石头字

本例灵活运用“定义图案”命令和“填充”命令，然后结合“图层样式”命令及“添加杂色”滤镜命令来制作出如图20-50所示的水泥石头字效果。

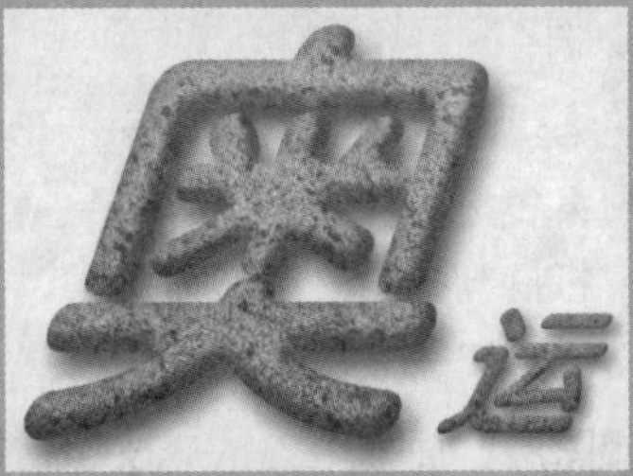

图20-50 制作的水泥石头字效果

实战演练067——制作水泥石头字

1 新建宽度为24厘米，高度为17厘米，分辨率为150像素/英寸的白色文件。

2 利用 T 工具，输入如图20-51所示的黑色文字，然后执行“图层｜栅格化｜文字”命令，将文字图层转换为普通层。

图20-51 输入的文字

3 按Ctrl+T组合键为“奥”字添加自由变形框，并按住Ctrl键的同时将其调整至如图20-52所示的形态，然后按Enter键确认文字的变换操作。

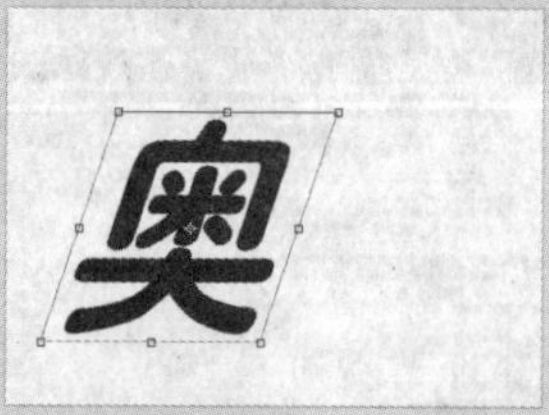

图20-52 调整后的文字形态

4 打开素材图片“素材\第20章\大理石.jpg”，如图20-53所示。

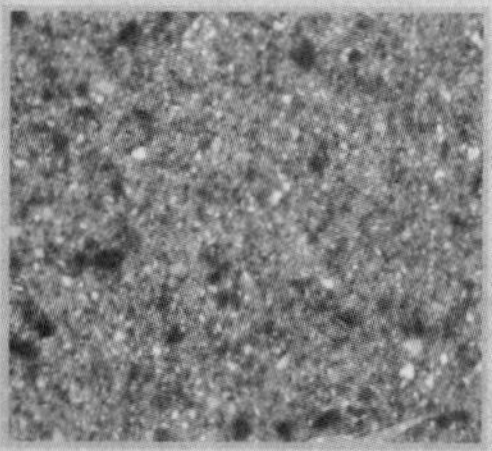

图20-53 打开的图片

5 执行“编辑｜定义图案”命令，在弹出的【图案名称】对话框中单击 确定 按钮，将打开的图片定义为图案，然后将此文件关闭。

6 单击【图层】面板上方的 按钮，锁定“奥”图层的透明区域，然后执行“编辑｜填充”命令，在弹出的【填充】对话框中设置选项，如图20-54所示。

7 单击 确定 按钮，填充图案后的文字效果如图20-55所示。

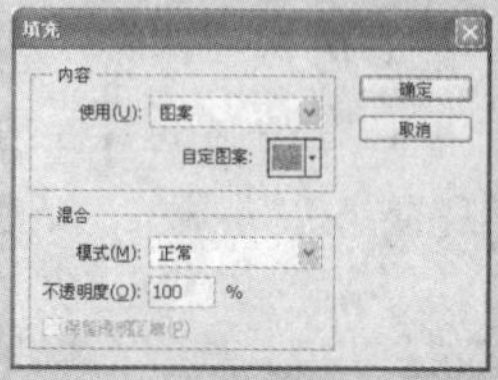

图20-54 【填充】对话框

图20-55 填充图案后的效果

8 按Ctrl+U组合键在弹出的【色相/饱和度】对话框中设置参数，如图20-56所示。

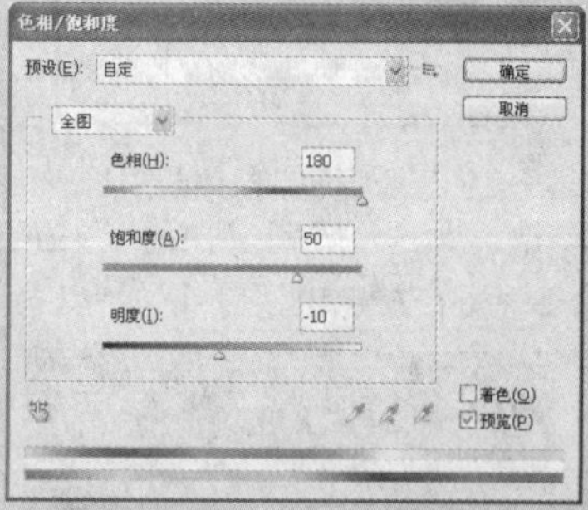

图20-56 【色相/饱和度】对话框

9 单击 确定 按钮，调整后的效果如图20-57所示。

10 执行“滤镜｜杂色｜添加杂色”命令，在弹出的【添加杂色】对话框中设置参数，如图20-58所示，然后单击 确定 按钮。

图20-57 调整后的效果

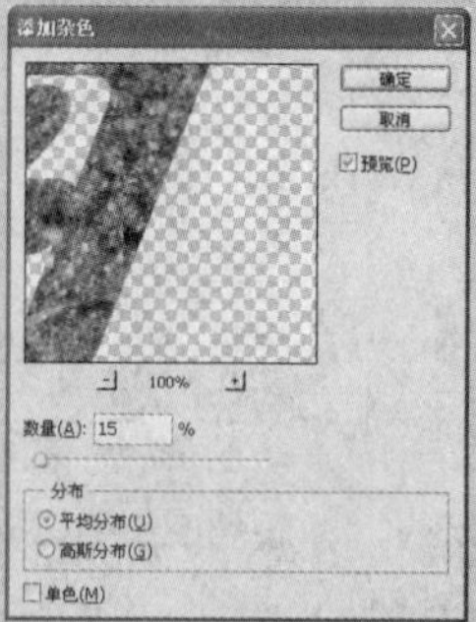

图20-58 【添加杂色】对话框

11 执行“滤镜｜画笔描边｜墨水轮廓”命令，在弹出的【墨水轮廓】对话框中设置参数，如图20-59所示。

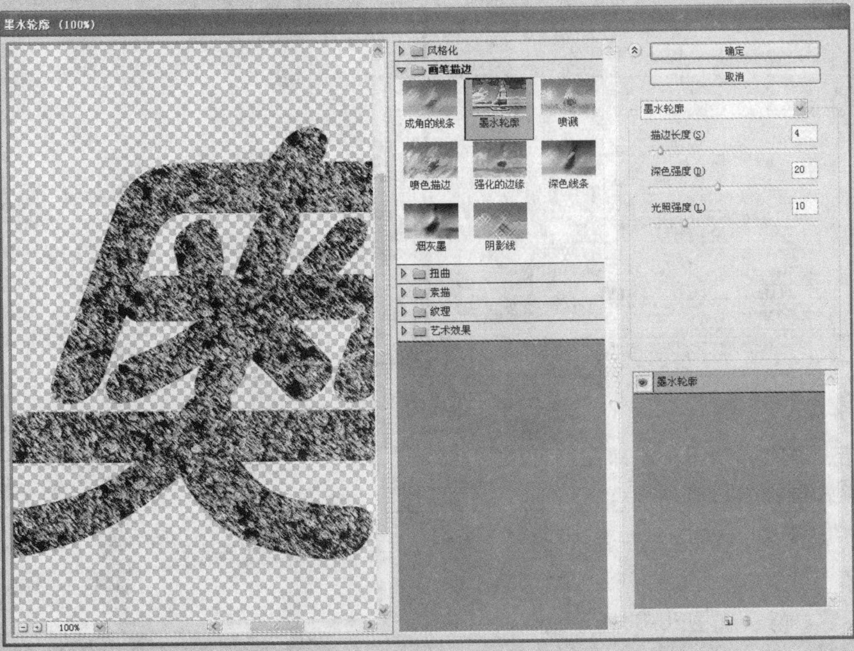

图20-59 【墨水轮廓】对话框

12 单击 确定 按钮，执行“墨水轮廓”命令后的效果如图20-60所示。

13 执行“图层｜图层样式｜混合选项”命令，在弹出的【图层样式】对话框中设置参数，如图20-61所示。

图20-60 执行“墨水轮廓”命令后的效果

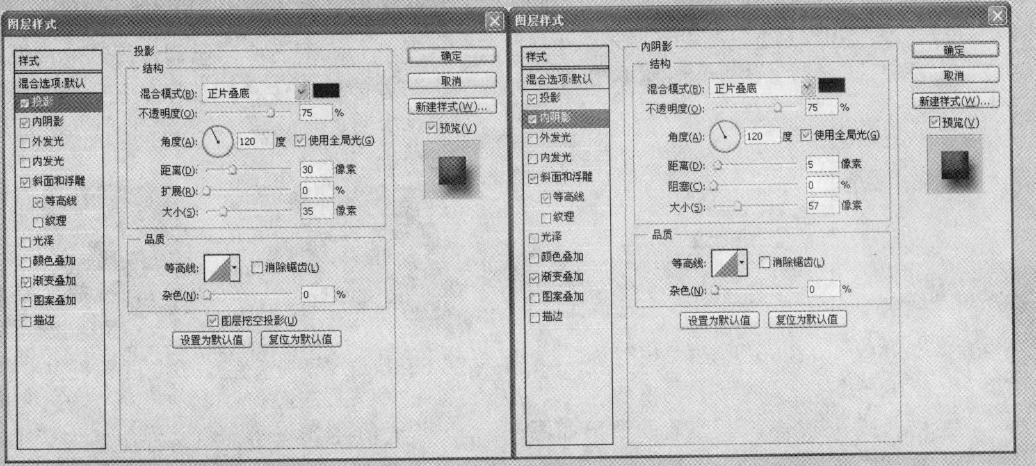

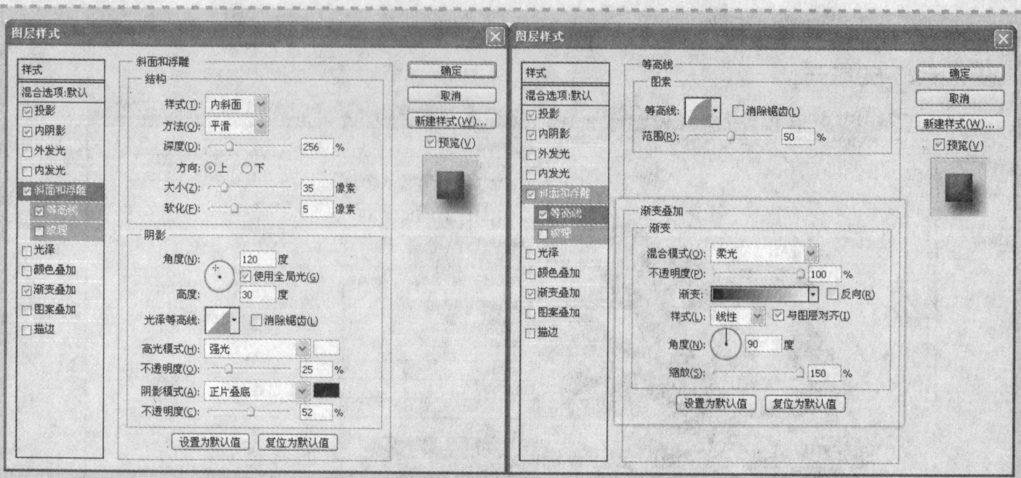

图20-61 设置图层样式参数

14 单击 确定 按钮，添加图层样式后的文字效果如图20-62所示。

15 执行“图像 | 调整 | 亮度/对比度”命令，在弹出的【亮度/对比度】对话框中设置参数，如图20-63所示。

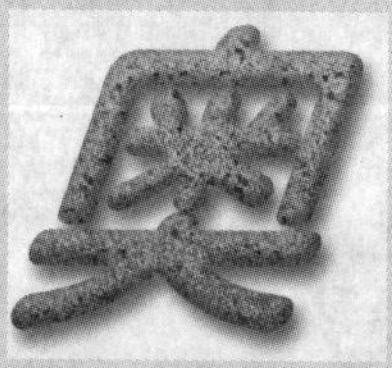

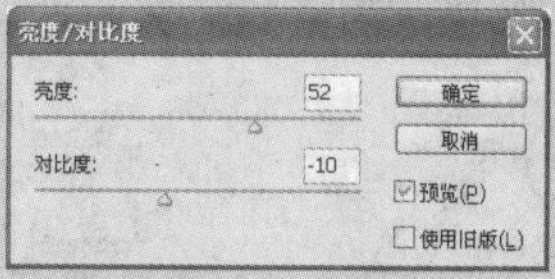

图20-62 添加图层样式后的文字效果 图20-63 【亮度/对比度】对话框

16 单击 确定 按钮，调整后的效果如图20-64所示。

17 按Ctrl+U组合键，在弹出的【色相/饱和度】对话框中设置参数，如图20-65所示。

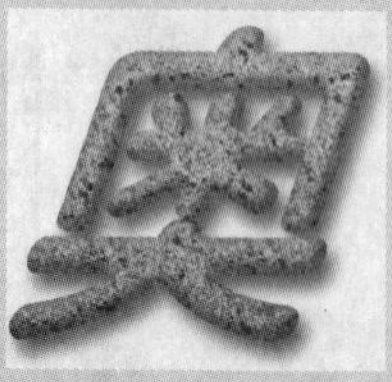

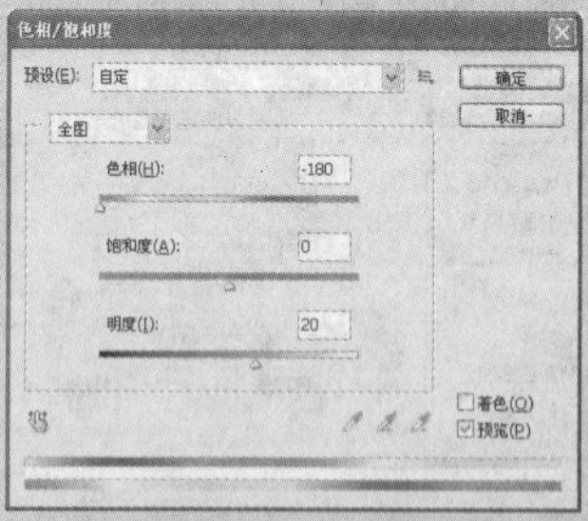

图20-64 调整后的效果 图20-65 【色相/饱和度】对话框

18 单击 确定 按钮，调整后的效果如图20-66所示。

19 执行“滤镜 | 杂色 | 添加杂色”命令，在弹出的【添加杂色】对话框中设置参数，如图20-67所示。

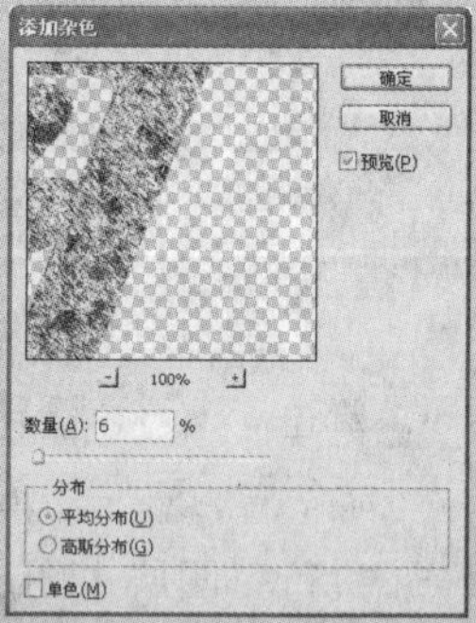

图20-66 调整后的效果 图20-67 【添加杂色】对话框

20 单击 确定 按钮，执行“添加杂色”命令后的效果如图20-68所示。

至此，水泥石头字已制作完成，接下来用相同的方法，制作出如图20-69所示的“运”字效果。

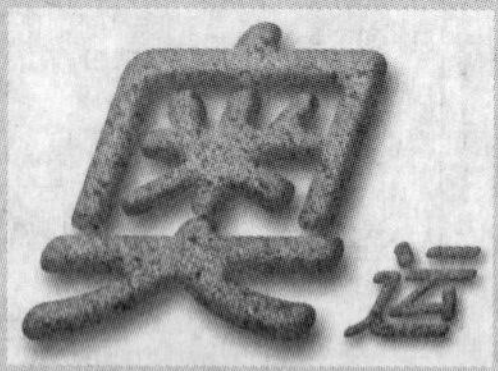

图20-68 执行“添加杂色”命令后的效果 图20-69 制作出的文字效果

21 按Ctrl+S组合键，将文件命名为“水泥石头字.psd”保存。

20.5 制作针孔效果字

本例主要利用“文本”工具T结合各种滤镜命令来制作如图20-70所示的针孔效果字。

图20-70 制作的针孔字效果

实战演练068——制作针孔效果字

1 新建宽度为7.5厘米，高度为10厘米，分辨率为150像素/英寸，颜色模式为RGB颜色，背景内容为白色的文件。

2 将前景色设置为粉红色（R:255、G:160、B:160），然后利用T工具输入如图20-71所示的粉红色数字。

3 按Ctrl+E组合键将文字层向下合并为“背景”图层，然后执行“滤镜｜模糊｜高斯模糊”命令，弹出【高斯模糊】对话框，设置选项参数如图20-72所示。

图20-71 输入的数字

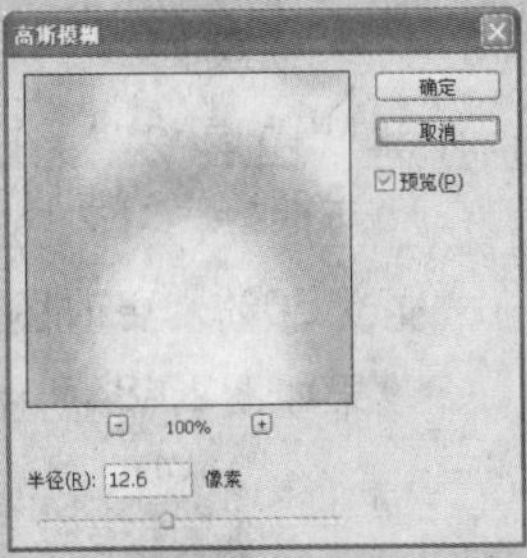

图20-72 【高斯模糊】对话框

4 单击 确定 按钮，模糊后的效果如图20-73所示。

5 执行“滤镜｜像素化｜彩色半调”命令，弹出【彩色半调】对话框，设置各选项参数如图20-74所示。

图20-73 模糊后的效果

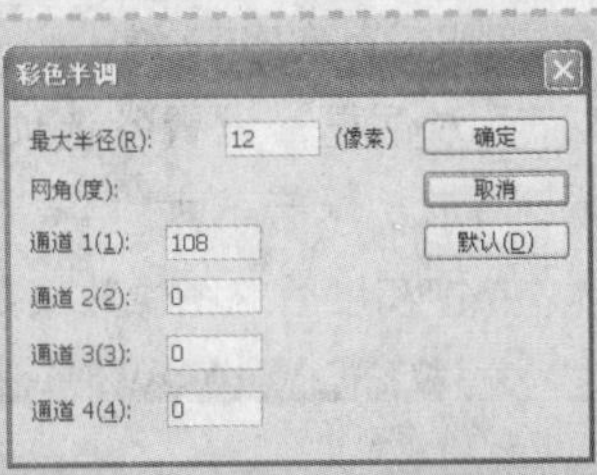

图20-74 【彩色半调】对话框

6 单击 确定 按钮，执行“彩色半调”命令后的图像效果如图20-75所示。

7 选取工具，单击画面中的白色区域处添加选区，再新建“图层 1”，并为选区填充上黑色，然后按Ctrl+D组合键将选区去除，填充颜色后的效果如图20-76所示。

图20-75 “彩色半调”命令后的效果

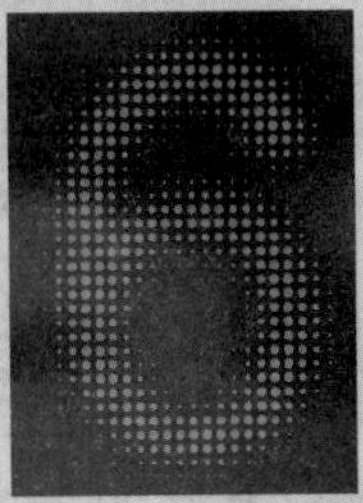

图20-76 填充颜色后的画面效果

8 将“背景”图层设置为当前层，并为其填充上红色（R:255、G:0、B:0），再选取□工具，绘制出如图20-77所示的矩形选区，然后按Shift+Ctrl+I组合键将选区反选。

9 将“图层 1”设置为当前层，再按Delete键将选区中的内容删除，然后将选区去除，删除内容后的效果如图20-78所示。

图20-77 绘制的选区 图20-78 删除内容后的效果

10 按Ctrl+U组合键，弹出【色相/饱和度】对话框，设置各选项参数如图20-79所示。然后单击 确定 按钮，调整色相饱和度后的图像效果如图20-80所示。

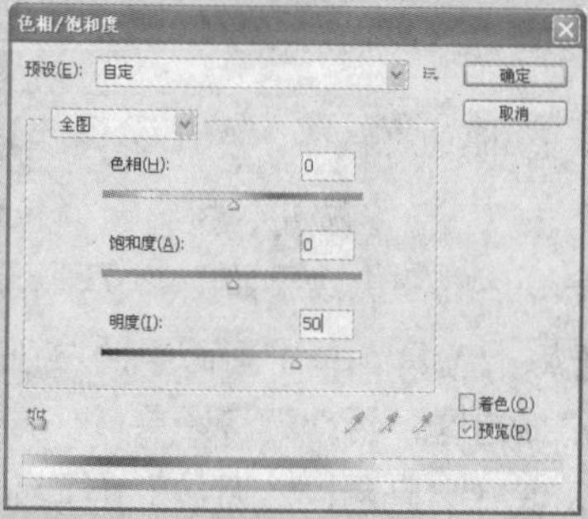

图20-79 【色相/饱和度】对话框

图20-80 调整色相饱和度后的效果

11 执行“图层｜图层样式｜斜面和浮雕”命令，弹出【图层样式】对话框，设置各选项参数如图20-81所示。

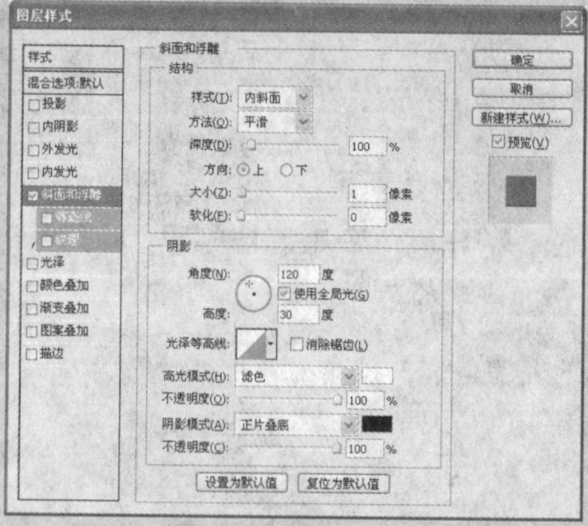

图20-81 设置图层样式参数

12 单击 确定 按钮，添加图层样式后的图像效果如图20-82所示。

13 打开素材图片“素材\第20章\纹理.jpg”，然后将其移动复制到“未标题-1”文件中生成“图层 2”，如图20-83所示。

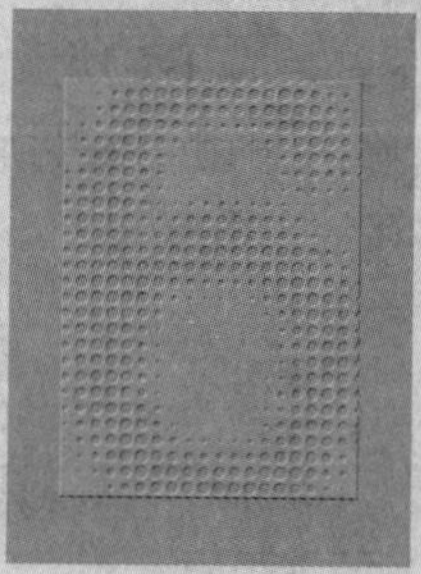

图20-82 添加样式后的图像效果

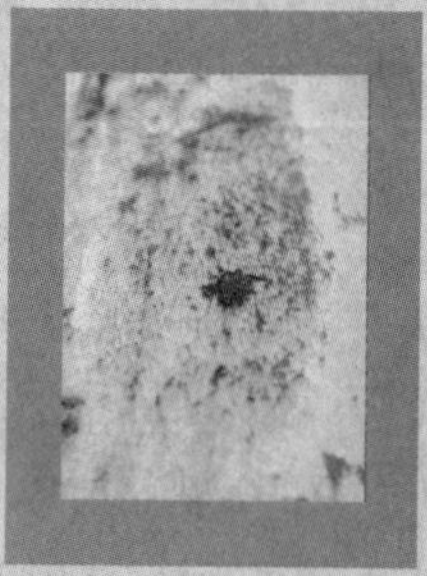

图20-83 移动复制入的图片

14 将“图层 2”的图层混合模式设置为“叠加”，“不透明度”选项的参数设置为50%，更改图层混合模式后的图像效果如图20-84所示。

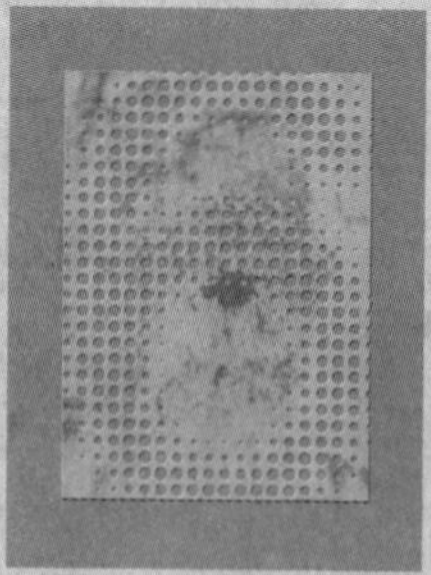

图20-84 更改混合模式后的效果

15 执行“滤镜｜渲染｜光照效果”命令，弹出【光照效果】对话框，设置各选项及参数如图20-85所示。

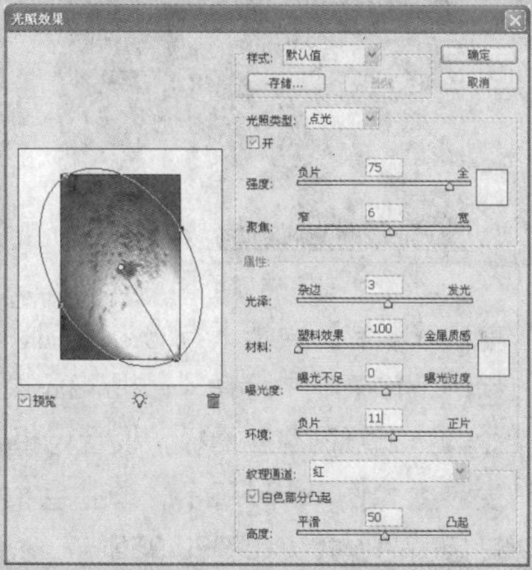

图20-85 【光照效果】对话框

16 单击 确定 按钮，添加光照效果后的图像效果如图20-86所示。

17 利用 T 工具，依次输入如图20-87所示的黑色数字和英文字母。

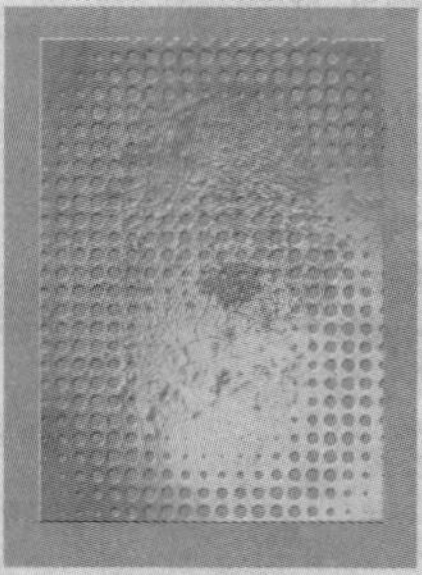

图20-86 添加光照效果后的效果

图20-87 输入的数字及字母

18 按Ctrl+S组合键，将此文件命名为“针孔字效果.psd”保存。

20.6 制作超炫燃烧字

本例主要利用“文本”工具及“风”滤镜命令和“色相/饱和度”调整层来制作如图20-88所示的超炫燃烧字效果。

图20-88 制作的燃烧字效果

实战演练069——制作超炫燃烧字

1 新建宽度为20厘米，高度为15厘米，分辨率为72像素/英寸，颜色模式为RGB颜色，背景内容为“背景色（黑色）”的文件。

2 将前景色设置为白色，然后利用 T 工具，输入如图20-89所示的白色英文字母。

3 按Shift+ Ctrl + Alt+E组合键盖印图层，生成“图层 1”，然后执行“图像｜图像旋转｜90度（逆时针）”命令，将画布逆时针旋转。

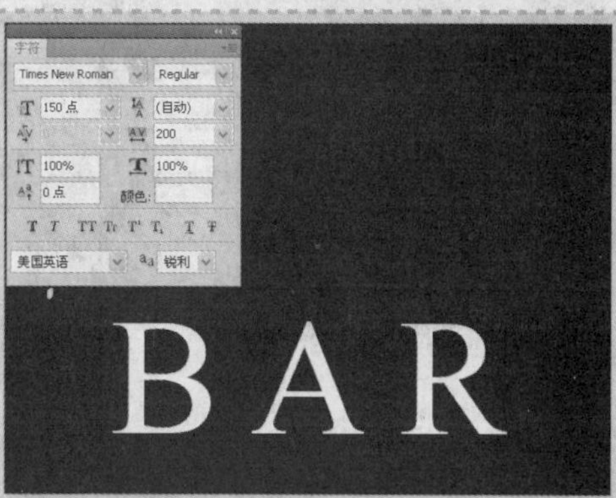

图20-89 输入的英文字母

4 执行“滤镜|风格化|风”命令，弹出【风】对话框，设置选项如图20-90所示，然后单击 确定 按钮。

图20-90 【风】对话框

5 连续两次按Ctrl+F组合键重复执行“风”命令，生成的效果如图20-91所示。

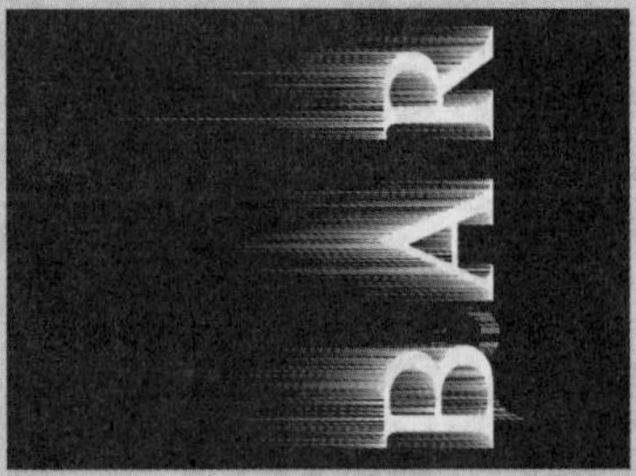

图20-91 重复执行“风”命令后的效果

6 执行“图像|图像旋转|90度（顺时针）”命令，将画布顺时针旋转，然后执行“滤镜|模糊|高斯模糊”命令，弹出【高斯模糊】对话框，设置选项参数如图20-92所示。

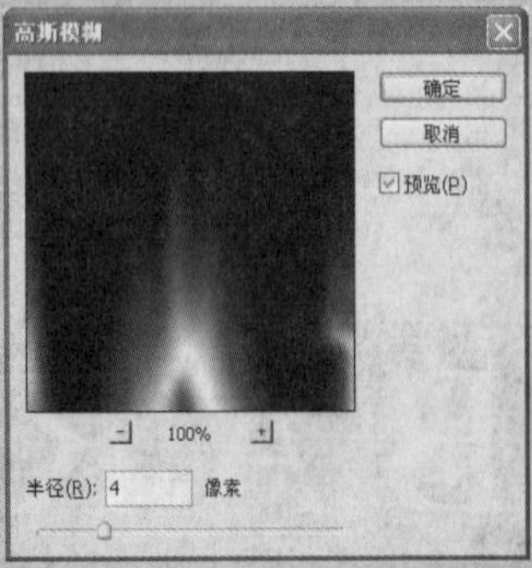

图20-92 【高斯模糊】对话框

7 单击 确定 按钮，模糊后的图像效果如图20-93所示。

图20-93 模糊后的图像效果

8 单击【图层】面板下方的 按钮，在弹出的下拉菜单中选择“色相/饱和度”命令，弹出【调整】面板，设置色相/饱和度参数如图20-94所示。调整色相饱和度后的图像效果如图20-95所示。

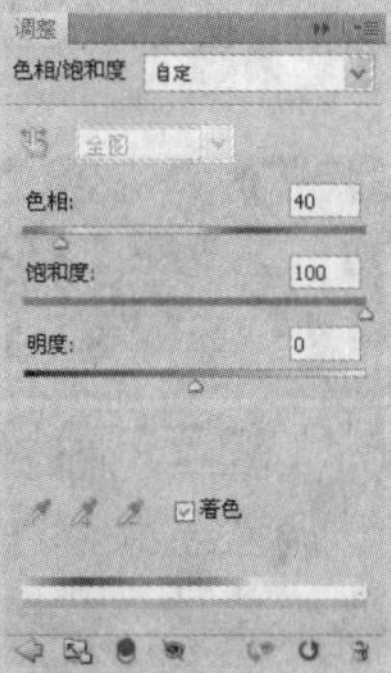

图20-94 设置色相/饱和度参数　图20-95 调整色相饱和度后的图像效果

9 将“图层 1”复制生成为“图层 1副本”图层，再单击【图层】面板下方的 按钮，在弹出的下拉菜单中选取“色相/饱和度”命令，弹出【调整】面板，设置色相/饱和度参数如图20-96所示。

10 在【图层】面板中将“图层 1副本”图层的图层混合模式设置为“颜色减淡”，更改混合模式后的效果如图20-97所示。

11 按Ctrl+E组合键，将“图层 1副本”图层向下合并为“图层 1”。

12 执行“滤镜|液化”命令，在弹出的【液化】对话框中将“画笔大小”和“画笔压力”选项的参数都设置为50，

然后在左侧的窗口中拖动鼠标，描绘出主要火焰，单击 确定 按钮。

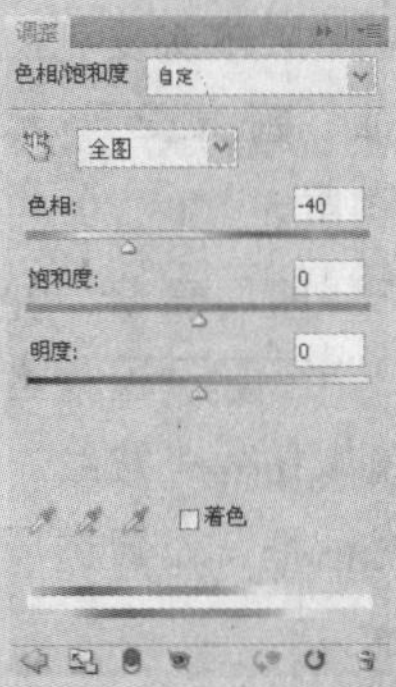

图20-96 设置色相/饱和度参数

图20-97 更改混合模式后的图像效果

13 选取工具，通过设置不同的笔头大小，依次对描绘的火焰进行涂抹，涂抹后的图像效果如图20-98所示。

14 将BAR文字图层复制生成为“BAR 副本”图层，并将复制出的图层调整至“色相/饱和度 2”调整图层上方的位置。

15 在【图层】面板中将“色相/饱和度 2”图层的图层混合模式设置为“排除”，更改混合模式后的图像效果如图20-99所示。

图20-98 涂抹后的文字效果

图20-99 更改混合模式后的图像效果

16 按Ctrl+S组合键，将此文件命名为“超炫燃烧字.psd”保存。

20.7 制作魔幻绚丽的文字效果

本例主要利用“文本”工具结合“风”和“波纹”滤镜命令及图层的复制操作来制作如图20-100所示的魔幻绚丽文字效果。

图20-100 制作的魔幻绚丽文字效果

实战演练070——制作魔幻绚丽的文字效果

1 新建宽度为22厘米，高度为12厘米，分辨率为120像素/英寸，颜色模式为RGB颜色，背景内容为白色的文件，然后为“背景”图层填充上黑色。

2 将前景色设置为白色，然后利用T工具，输入如图20-101所示的白色英文字母。

图20-101 输入的英文字母

3 将ANYCALL文字图层复制生成为“ANYCALL 副本”图层，并将其调整至ANYCALL文字图层的下方，然后执行“图层｜栅格化｜文字”命令，将文字层转换为普通层。

4 执行“滤镜｜风格化｜风”命令，弹出【风】对话框，设置选项如图20-102所示。然后单击 确定 按钮，执行“风”命令后的文字效果如图20-103所示。

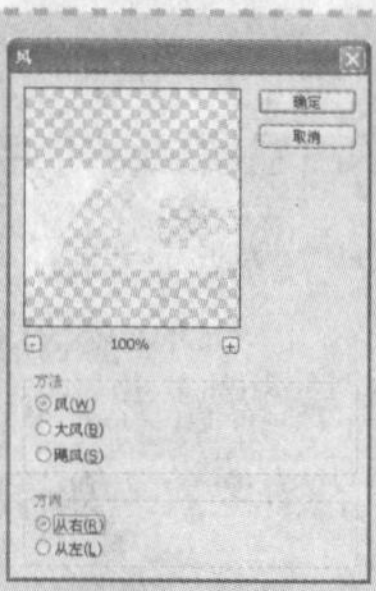

图20-102 【风】对话框

图20-103 执行“风”命令后的效果

5 连续两次按Ctrl+F组合键，重复执行“风”命令，生成的画面效果如图20-104所示。

6 执行“图像｜图像旋转｜90度（顺时针）”命令，将图像顺时针旋转，然后连续3次按Ctrl+F组合键重复执行“风”命令，生成的画面效果如图20-105所示。

图20-104 重复执行“风”命令后的效果

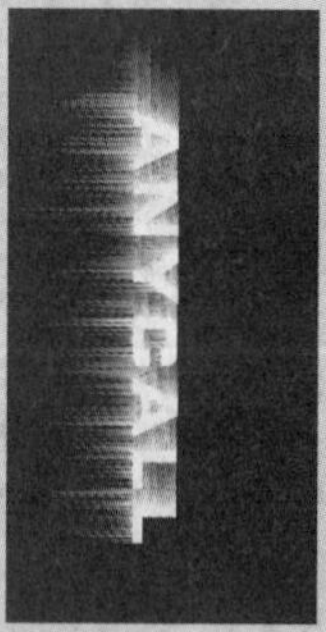

图20-105 执行“风”命令后的效果

7 按Ctrl+Alt+F组合键弹出【风】对话框，设置选项如图20-106所示，然后单击 确定 按钮。

8 连续两次按Ctrl+F组合键重复执行“风”命令，生成的画面效果如图20-107所示。

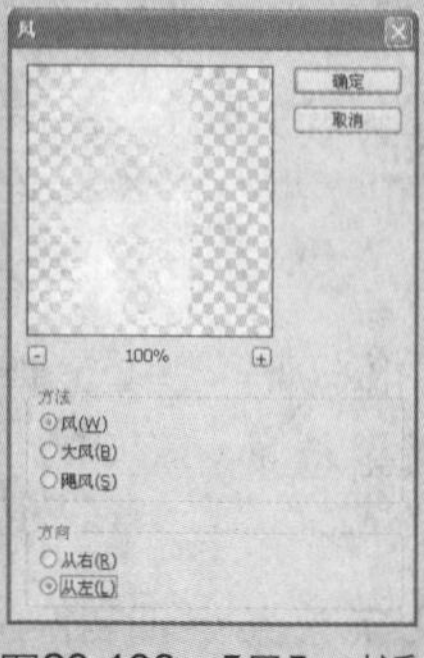

图20-106 【风】对话框

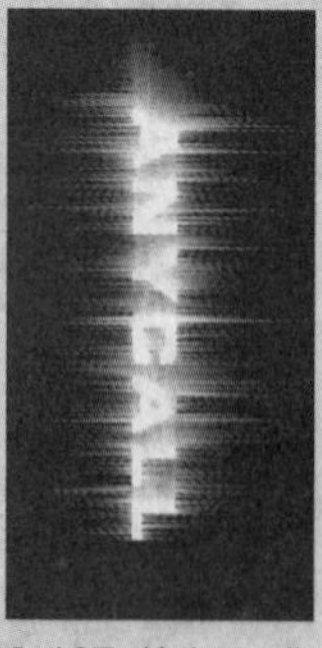

图20-107 执行“风”命令后的效果

9 执行“图像｜图像旋转｜90度（逆时针）”命令，将图像逆时针旋转，然后将“ANYCALL 副本”图层依次复制生成为“ANYCALL 副本2”和“ANYCALL 副本3”图层。

10 将“ANYCALL 副本3”图层隐藏，并将“ANYCALL 副本2”图层设置为当前层，然后执行“滤镜｜扭曲｜波纹”命令，弹出【波纹】对话框，设置选项及参数如图20-108所示。

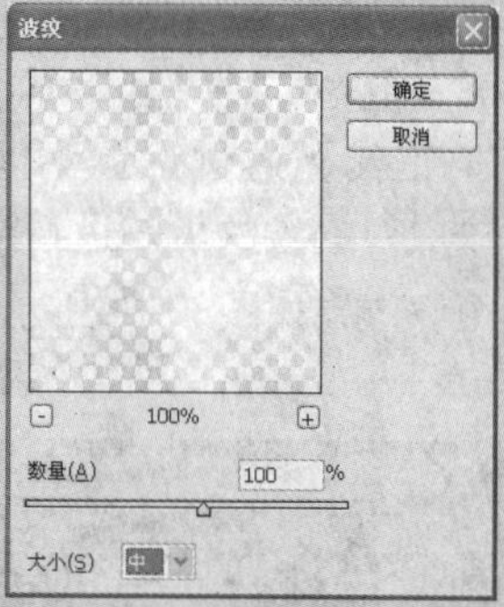

图20-108 【波纹】对话框

11 单击 确定 按钮，执行“波纹”命令后的图像效果如图20-109所示。

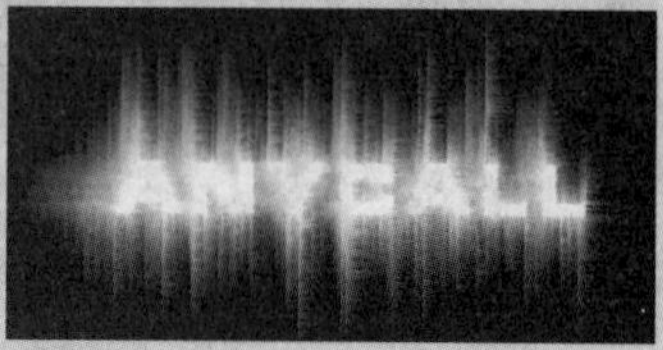

图20-109 执行“波纹”命令后的效果

12 将“ANYCALL 副本3”图层显示，并将其设置为当前层，然后执行“滤镜｜扭曲｜波纹”命令，弹出【波纹】对话框，设置选项及参数如图20-110所示。

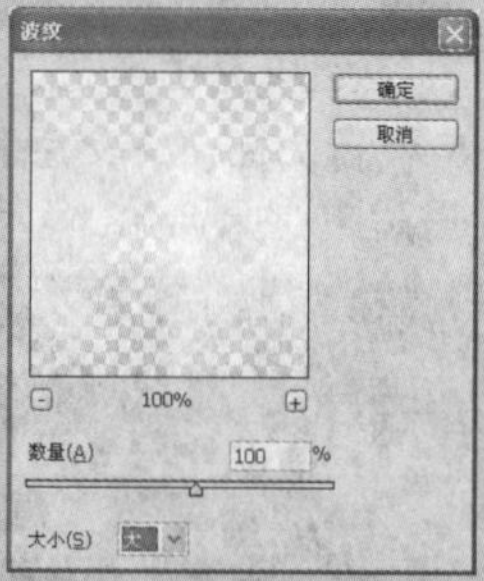

图20-110 【波纹】对话框

13 单击 确定 按钮，执行“波纹”命令后的图像效果如图20-111所示。

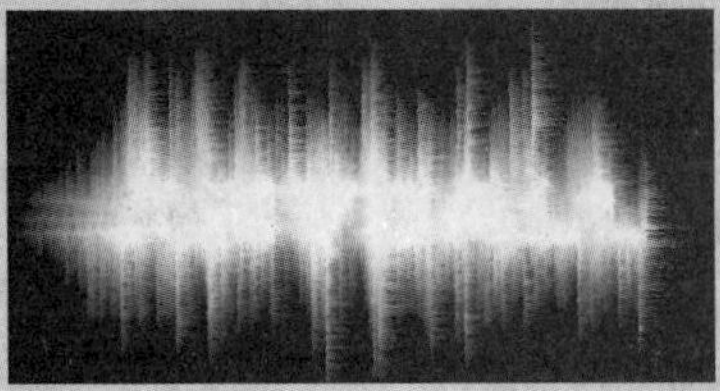

图20-111 执行“波纹”命令后的效果

14 将“ANYCALL 副本3”图层的图层混合模式设置为“排除”模式，更改图层混合模式后的图像效果如图20-112所示。

图20-112 更改图层混合模式后的图像效果

15 将ANYCALL文字图层设置为当前层，并将文字的填充色修改为黑色，然后执行“图层｜图层样式｜外发光”命令，弹出【图层样式】对话框，设置各选项及参数如图20-113所示。

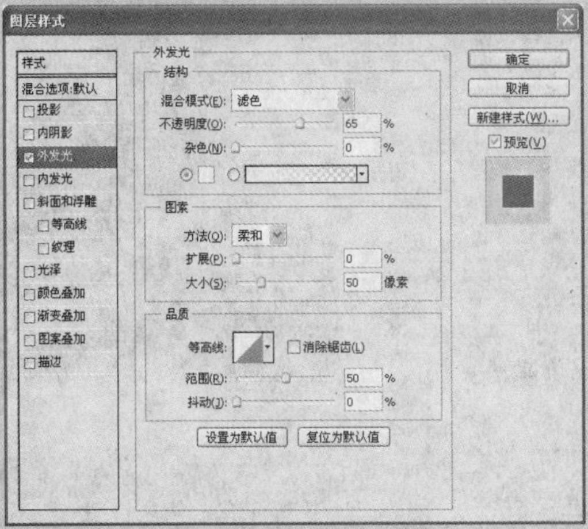

图20-113 设置图层样式参数

16 单击 确定 按钮，添加图层样式后的文字效果如图20-114所示。

图20-114 添加图层样式后的效果

17 单击【图层】面板下方的 按钮，在弹出的下拉菜单中选择“渐变映射”命令，弹出【渐变映射】对话框，设置各选项参数及调整渐变映射后的图像效果如图20-115所示。

图20-115 参数设置及调整渐变映射后的效果

18 按Ctrl+S组合键，将此文件命名为“魔幻绚丽文字.psd”保存。

第21章

综合实例

本章将综合利用前面章节中所学习的Photoshop知识来绘制几个作品，包括苹果、魔幻头像、吉他和动漫卡通人物等。在苹果和吉他图形的绘制过程中，要把握好图形的形状及各部分的大小比例；另外，在为动漫卡通人物上色的过程中，要注意各部位的质感表现及光线所产生的影响。通过本章的学习，希望读者能够将学过的知识完全掌握，以便在今后的工作过程中灵活运用。

通过本章的学习，您可以掌握以下知识点：

- 绘制苹果
- 制作魔幻头像
- 绘制吉他
- 绘制动漫卡通

21.1 绘制苹果

本节来绘制如图21-1所示的苹果效果。在绘制过程中将主要用到和工具及和工具，通过本例的学习，希望读者能掌握利用和工具制作阴影及高光效果的方法。

图21-1 绘制的苹果效果

实战演练071——绘制苹果

1 新建宽度为20厘米，高度为15厘米，分辨率为150像素/英寸的白色文件。

2 利用和工具，按照苹果的形状，绘制并调整出如图21-2所示的钢笔路径，然后按Ctrl+Enter组合键将路径转换为选区。

3 新建“图层 1”，然后将前景色设置为洋红色（R:255、G:0、B:125），背景色设置为深黄色（R:240、G:225、B:125）。

4 选取工具，为选区由上至下填充从前景色到背景色的线性渐变色，效果如图21-3所示，然后按Ctrl+D组合键将选区去除。

图21-2 绘制的路径

图21-3 填充渐变色后的效果

5 选取工具，在选项栏中将笔头“大小”选项的参数设置为90 px，然后设置选项栏其他参数如图21-4所示。

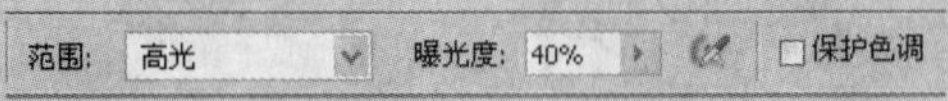

图21-4 设置加深工具选项栏参数

6 根据图形的明暗变化，绘制出苹果结构的暗部区域，如图21-5所示。

7 将工具选项栏中的“范围”选项设置为“中间调”，然后根据图形的明暗变化，绘制出苹果结构的暗部区域，如图21-6所示。

图21-5 涂抹出的暗部区域

图21-6 再次涂抹出的暗部区域

8 选取工具，设置选项栏中参数如图21-7所示。然后根据图形的明暗变化，绘制出苹果结构的亮部区域，如图21-8所示。

9 利用工具，绘制出如图21-9所示的椭圆形选区。然后选取工具，并将选项栏中“范围”选项设置为“高光”，“曝光度”为40%。

图21-7 设置减淡工具选项栏参数

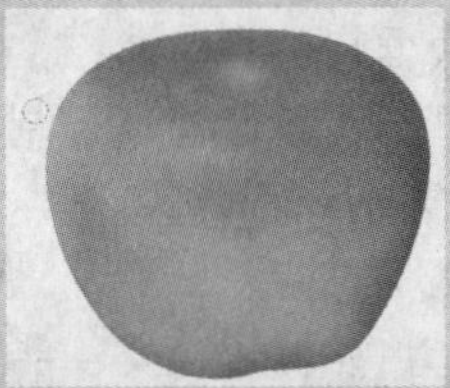

图21-8 涂抹出的亮部区域

图21-9 绘制的选区

10 在选区内沿选区边缘拖动鼠标，绘制出图形的暗部区域，效果如图21-10所示，然后按Ctrl+D组合键将选区去除。

11 新建宽度为20厘米，高度为15厘米，分辨率为150像素/英寸的白色文件。

12 按D键，将前景色和背景色设置为默认的黑色和白色，然后执行“滤镜｜渲染｜纤维”命令，在弹出的【纤维】对话框中设置各项参数，如图21-11所示。

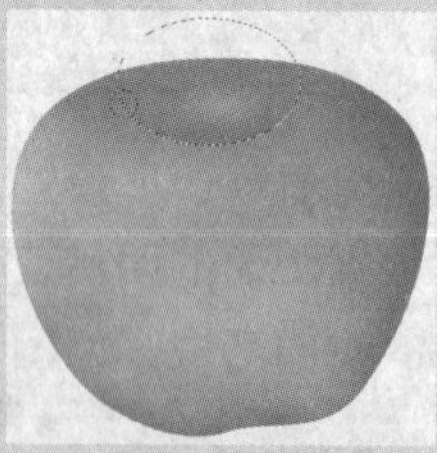

图21-10 绘制图形的暗部区域

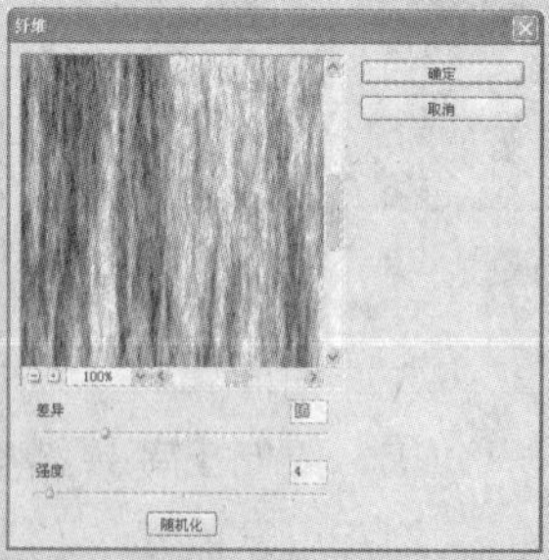

图21-11 【纤维】对话框

13 单击 确定 按钮，执行“纤维”命令后的画面效果如图21-12所示。

14 将纤维效果移动复制到苹果文件中生成“图层 2”，并将其“不透明度”选项的参数设置为50%，降低不透明度后的效果如图21-13所示。

图21-12 执行“纤维”命令后的效果

图21-13 降低不透明度后的效果

15 按Ctrl+T组合键为“图层 2”中的图形添加自由变换框，再单击选项栏中的按钮，将自由变换框转换为变形框，然后通过调整变形框上锚点位置及控制柄的长度和斜率，将图形调整至图21-14所示的形态。

16 单击选项栏中的按钮，确认图像的变形操作，然后将“图层 2”的“不透明度”选项的参数设置为100%，图层混合模式设置为“柔光”，更改混合模式后的效果如图21-15所示。

图21-14 调整后的图形形态

图21-15 更改混合模式后的效果

17 单击【图层】面板下方的按钮，为“图层 2”添加图层蒙版，然后利用工具喷绘黑色区域来编辑蒙版，效果如图21-16所示。

18 将前面制作的纤维效果再次移动复制到苹果文件中生成“图层 3”，并将其“不透明度”选项的参数设置为50%，然后用与步骤15~16相同的方法，将其调整至如图21-17所示的形态。

图21-16 编辑蒙版后的效果

图21-17 调整后的图形形态

19 将“图层 3”的“不透明度”选项的参数设置为100%，图层混合模式设置为“柔光”，更改混合模式后的效果如图21-18所示。

20 单击【图层】面板下方的按钮，为“图层 3”添加图层蒙版，然后利用工具，喷绘黑色区域来编辑蒙版，效果如图21-19所示。

图21-18 更改混合模式后的效果

图21-19 编辑蒙版后的效果

21 新建“图层 4”，并将前景色设置为白色，然后利用工具，依次绘制出如图21-20所示的高光区域。

22 执行“滤镜｜模糊｜高斯模糊”命令，在弹出的【高斯模糊】对话框中设置参数，如图21-21所示。

图21-20 绘制出的高光区域

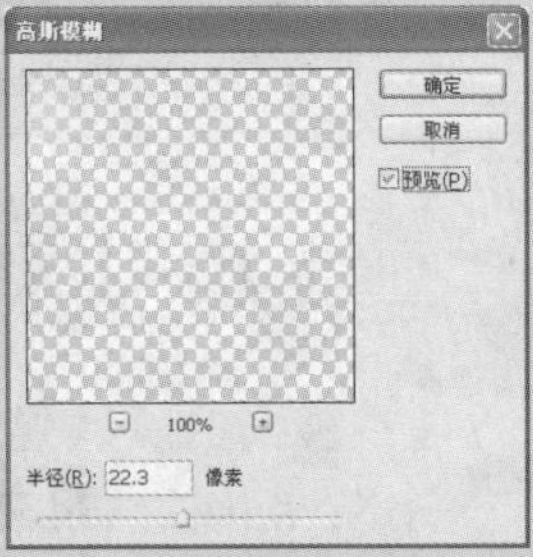

图21-21 【高斯模糊】对话框

23 单击确定按钮，执行“高斯模糊”命令后的效果如图21-22所示。

24 利用和工具，绘制并调整出如图21-23所示的钢笔路径，然后按Ctrl+Enter组合键将路径转换为选区。

图21-22 执行“高斯模糊”命令后的效果

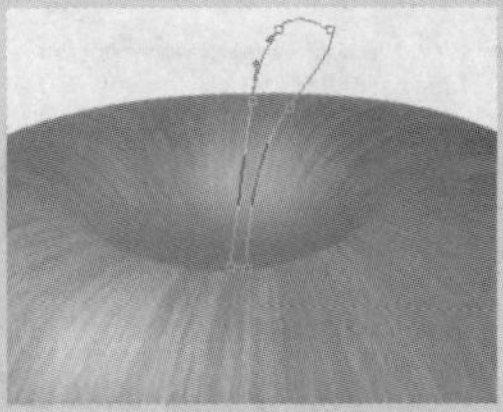

图21-23 绘制的路径

25 新建“图层 5”，为选区填充上深褐色（R:125、G:35、B:5），然后按Ctrl+D组合键将选区去除，填充颜色后的效果如图21-24所示。

26 分别运用和工具，依次涂抹出图形的亮部和暗部区域，效果如图21-25所示。

图21-24 填充颜色后的效果

图21-25 涂抹后的效果

27 新建“图层 6”，利用工具绘制出如图21-26所示的深褐色（R:125、G:35、B:5）图形，将其作为苹果柄的投影。

图21-26 绘制的图形

28 将“图层 6”的“不透明度”选项的参数设置为50%，然后执行“滤镜｜模糊｜高斯模糊”命令，在弹出的【高斯模糊】对话框中设置参数，如图21-27所示。

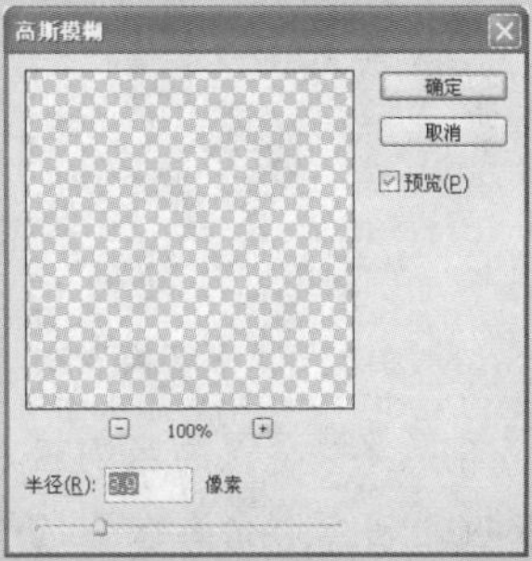

图21-27 【高斯模糊】对话框

29 单击确定按钮，执行“高斯模糊”命令后的效果如图21-28所示。

30 在“背景”图层的上方新建“图层 7”，然后利用工具绘制出如图21-29所示的椭圆形选区。

图21-28 模糊后的效果

图21-29 绘制的选区

31 利用工具为选区填充从黑色到透明的线性渐变色，然后将选区去除，填充渐变色后的效果如图21-30所示。

32 执行“滤镜｜模糊｜高斯模糊”命令，在弹出的【高斯模糊】对话框中设置参数，如图21-31所示，然后单击确定按钮。

图21-30 填充渐变色后的效果

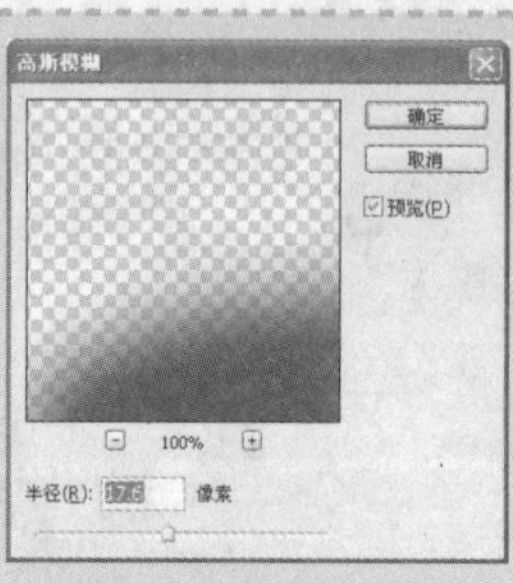

图21-31 【高斯模糊】对话框

33 执行“编辑 | 变换 | 透视”命令，将“图层 7”中的图形调整至如图21-32所示的透视形态。

图21-32 调整后的形态

34 将“图层 2”设置为当前层，再单击图层蒙版缩略图，将其设置为工作状态，然后利用工具，喷绘黑色区域来编辑蒙版，效果如图21-33所示。

35 将“背景”图层隐藏，再按Shift+Ctrl+Alt+E组合键盖印图层，生成“图层 8”，并将其调整至所有图层的上方，然后将“背景”图层显示。

图21-33 编辑蒙版后的效果

36 单击【图层】面板下方的按钮，在弹出的下拉菜单中选择“曲线”命令，在弹出的【调整】面板中调整曲线形态，如图21-34所示，调整后的效果如图21-35所示。

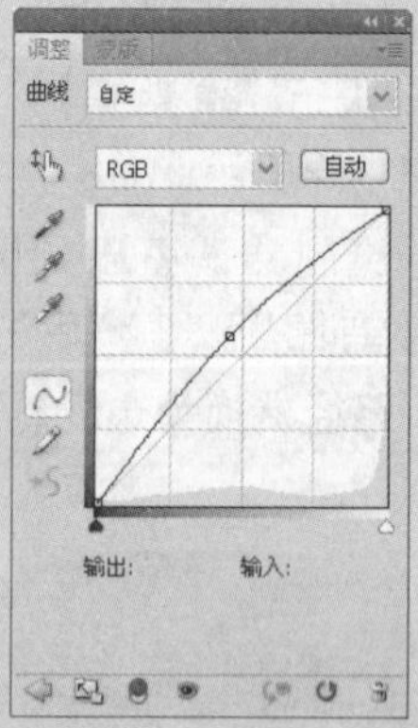

图21-34 调整曲线参数

图21-35 调整后的效果

37 按Ctrl+S组合键，将文件命名为“苹果绘制.psd”保存。

21.2 制作魔幻头像

本节灵活运用各种滤镜命令及路径的描绘功能来制作出如图21-36所示的魔幻头像效果。

图21-36 制作的魔幻头像

实战演练072——制作魔幻头像

1 新建宽度为20厘米，高度为23厘米，分辨率为150像素/英寸的白色文件，然后为“背景”图层填充上黑色。

2 新建“图层 1”，并利用工具，为其由上至下填充从黑色到白色的线性渐变色，效果如图21-37所示。

图21-37 填充渐变色后的效果

3 执行“滤镜｜扭曲｜波浪”命令，在弹出的【波浪】对话框中设置参数，如图21-38所示。

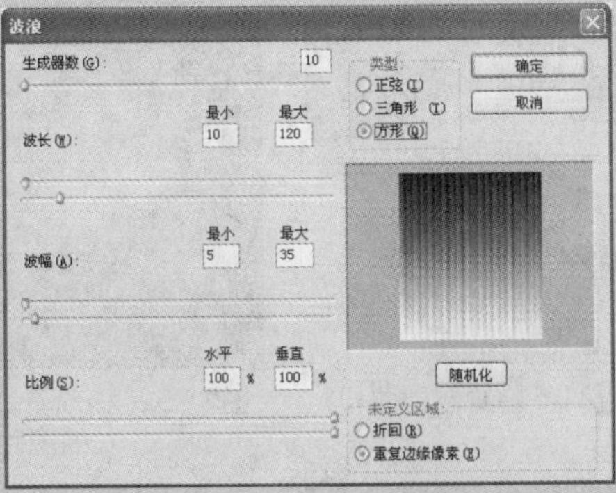

图21-38 【波浪】对话框

4 单击 确定 按钮，执行“波浪”命令后的效果如图21-39所示。

5 执行“滤镜｜扭曲｜极坐标”命令，在弹出的【极坐标】对话框中设置选项，如图21-40所示。

图21-39 执行“波浪”命令后的效果

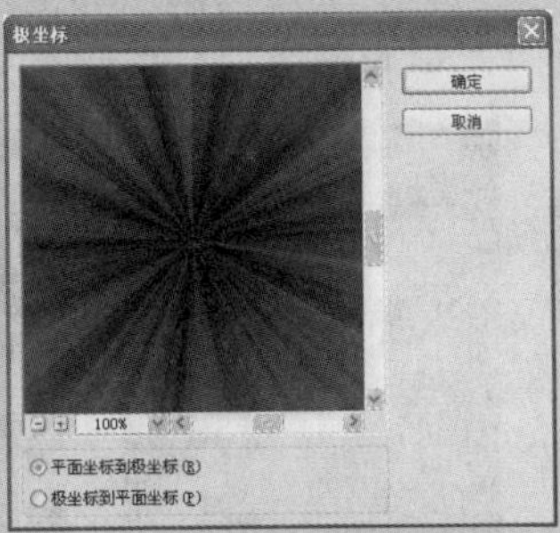

图21-40 【极坐标】对话框

6 单击 确定 按钮，执行“极坐标”命令后的效果如图21-41所示。

图21-41 执行“极坐标”命令后的效果

7 按Ctrl+I组合键将画面反相显示，效果如图21-42所示。

8 利用工具绘制出如图21-43所示的矩形选区，并按Delete键将选择的内容删除，然后按Ctrl+D组合键将选区去除。

图21-42 反相显示后的效果

图21-43 绘制的选区

9 执行“滤镜｜扭曲｜旋转扭曲”命令，在弹出的【旋转扭曲】对话框中设置参数，如图21-44所示。

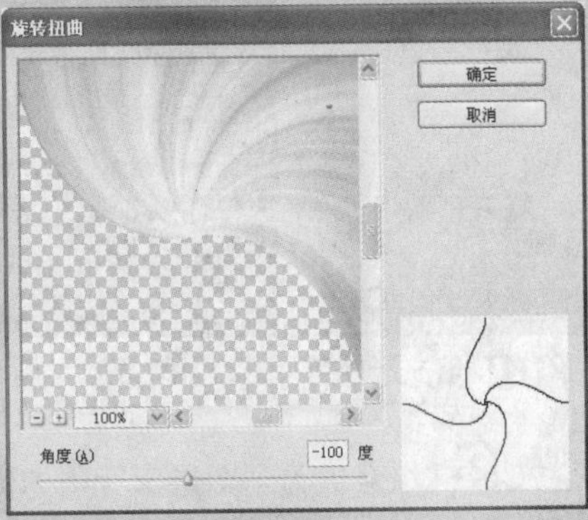

图21-44 【旋转扭曲】对话框

10 单击 确定 按钮，执行“旋转扭曲”命令后的效果如图21-45所示。

11 选取工具，设置渐变颜色参数如图21-46所示。

图21-45 执行“旋转扭曲”命令后的效果

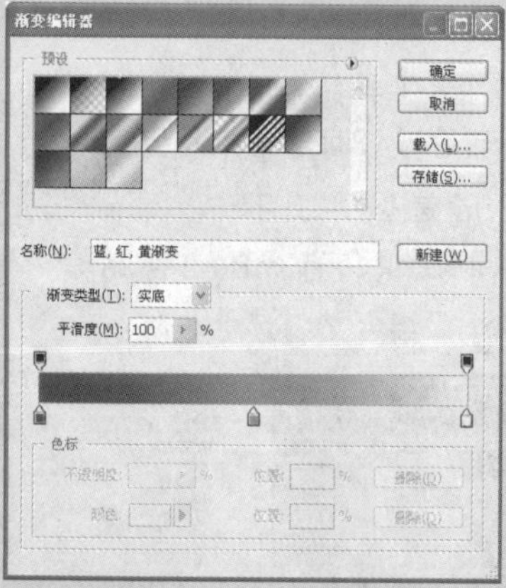

图21-46 【渐变编辑器】对话框

12 新建“图层 2”，为其由下至上填充设置的线性渐变色，效果如图21-47所示。

13 将“图层 2”的图层混合模式设置为“叠加”，更改混合模式后的效果如图21-48所示。

图21-47 填充渐变色后的效果

图21-48 更改混合模式后的效果

14 按Ctrl+T组合键为“图层 2”中的图形添加自由变形框，并将其调整至如图21-49所示的形态，然后按Enter键确认图形的变换操作。

15 打开素材图片“素材\第21章\人物.psd”，如图21-50所示。

图21-49 调整后的形态

图21-50 打开的图片

16 利用和工具，绘制并调整出如图21-51所示的路径，然后按Ctrl+Enter组合键将路径转换为选区。

17 利用工具，将选择的人物面部移动复制到新建文件中生成“图层 3”，并将其调整至“图层 2”下方的位置，如图21-52所示。

图21-51 绘制的路径

图21-52 移动复制入的图片

18 执行“编辑｜变换｜水平翻转”命令，将面部图片翻转，再按Ctrl+T组合键为其添加自由变形框，并将其调整至如图21-53所示的形态，然后按Enter键确认图片的变换操作。

19 在所有图层的上方新建“图层 4”，利用工具绘制出如图21-54所示的白色矩形图形，然后将选区去除。

图21-53 调整后的图片形态

图21-54 绘制的矩形图形

20 执行“滤镜｜模糊｜高斯模糊”命令，在弹出的【高斯模糊】对话框中将“半径”选项的参数设置为12 像素，然后单击 确定 按钮。

21 将“图层 4”调整至“图层 1”下方的位置，调整图层顺序后生成的效果如图21-55所示。

22 按Ctrl+T组合键为“图层 4”中的图形添加自由变形框，并按住Ctrl键的同时将其调整至如图21-56所示的形态，然后按Enter键确认图形的变换操作。

图21-55 调整图层顺序后的效果

图21-56 调整后的图形形态

23 将“图层 4”的图层混合模式设置为“强光”，“不透明度”选项的参数设置为50%，调整后的效果如图21-57所示。

图21-57 调整后的效果

24 单击【图层】面板下方的 按钮，在弹出的下拉菜单中选择“通道混合器”命令，在弹出的【调整】面板中设置参数及调整后的效果如图21-58所示。

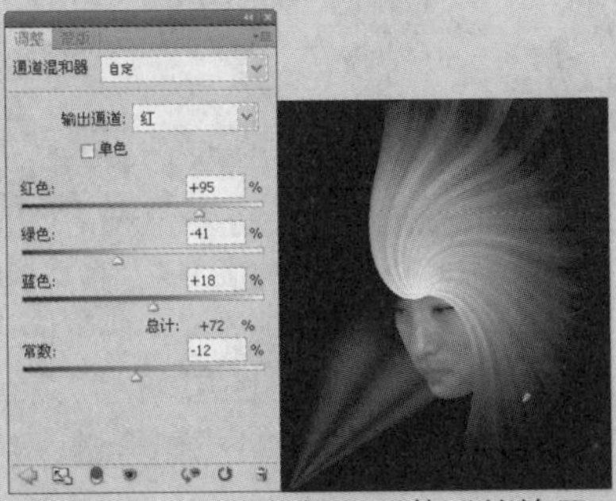

图21-58 设置参数及调整后的效果

25 将“图层 4”依次复制，然后执行“编辑｜自由变换”命令，将复制出的图形调整至合适的角度后分别放置到如图21-59所示的位置。

26 选取 工具，激活选项栏中的 按钮，绘制出如图21-60所示的矩形路径。

图21-59 复制图像调整后的位置

图21-60 绘制的路径

27 新建“图层 5”，选取 工具，单击选项栏中的 按钮，在弹出的【画笔】面板中设置参数，如图21-61所示。

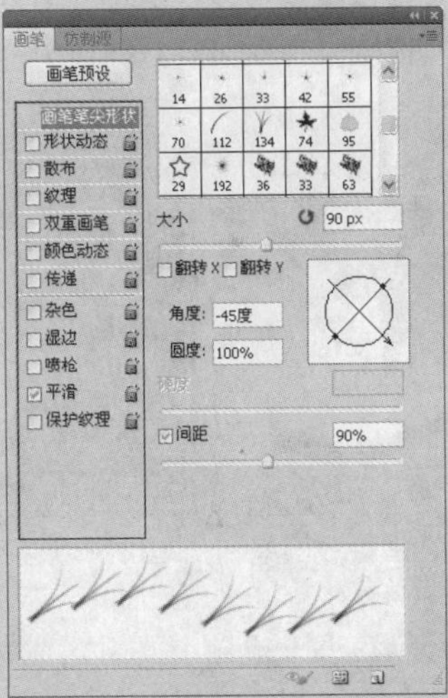

图21-61 设置“画笔”参数

28 将前景色设置为白色，单击【路径】面板底部的 按钮，利用路径的描绘功能描绘路径，隐藏路径后的效果如图21-62所示。

29 在【画笔】面板中，将“角度”选项的参数重新设置为45°，然后在【路径】面板中单击工作路径将路径显示，再单击面板底部的 按钮，利用路径的描绘功能描绘路径，隐藏路径后的效果如图21-63所示。

图21-62 描绘路径后的效果

图21-63 隐藏路径后的效果

30 新建“图层 6”，设置【画笔】面板中的参数，如图21-64所示。

31 在【路径】面板中再次单击工作路径将路径显示，然后单击面板底部的按钮，利用路径的描绘功能描绘路径，隐藏路径后的效果如图21-65所示。

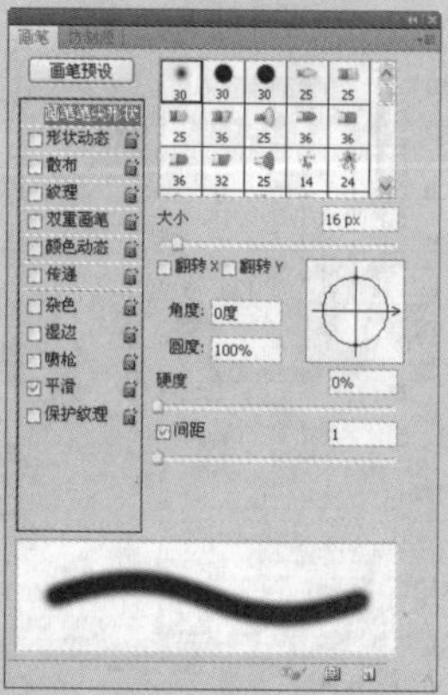

图21-64 设置“画笔”参数

图21-65 描绘路径后的效果

32 执行“滤镜｜模糊｜高斯模糊”命令，在弹出的【高斯模糊】对话框中将“半径”选项的参数设置为8像素，单击 确定 按钮，高斯模糊后的效果如图21-66所示。

33 在【路径】面板中再次单击工作路径将路径显示，然后利用“编辑｜变换路径”命令，将其以中心等比例缩小至如图21-67所示的形态。

34 新建“图层 7”，在【画笔】面板中设置参数，如图21-68所示。

图21-66 高斯模糊后的效果

图21-67 工作路径缩小后的形态

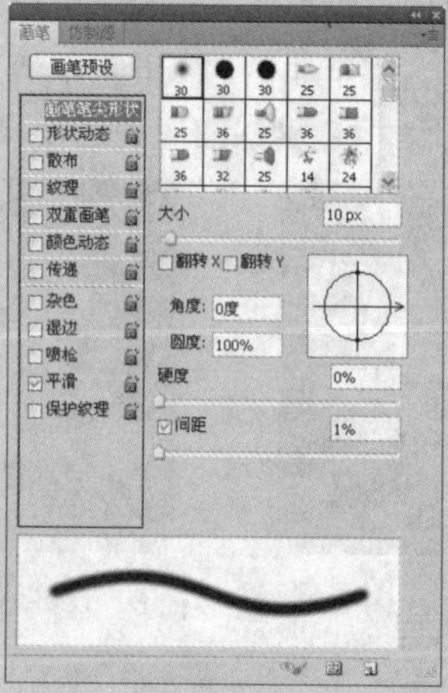

图21-68 设置“画笔”参数

35 单击【路径】面板底部的按钮，利用路径的描绘功能描绘路径，描绘路径后的效果如图21-69所示。

36 执行“滤镜｜模糊｜高斯模糊”命令，在弹出的【高斯模糊】对话框中将“半径”选项的参数设置为3像素，然后单击 确定 按钮，高斯模糊后的效果如图21-70所示。

图21-69 描绘路径后的效果

图21-70 高斯模糊后的效果

37 按Ctrl+E组合键将“图层 7”合并到“图层 6”中，然后按Ctrl+S组合键，将文件命名为“制作魔幻头像.psd”保存。

21.3 绘制吉他

本节将灵活运用各种工具及菜单命令来绘制如图21-71所示的吉他图形。

图21-71 绘制的吉他效果

21.3.1 绘制琴箱

实战演练073——绘制琴箱

1 新建宽度为20厘米，高度为30厘米，分辨率为200像素/英寸的白色文件。

2 利用和工具，绘制并调整出如图21-72所示的路径，然后按Ctrl+Enter组合键将路径转换为选区。

3 新建“图层 1”，为选区填充上黑色，如图21-73所示。然后按Ctrl+D组合键将选区去除。

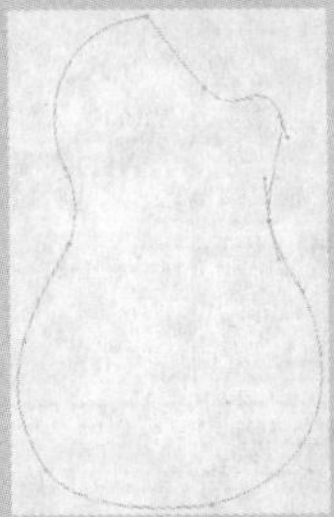

图21-72 绘制的路径

图21-73 填充颜色后的效果

4 将“图层 1”复制生成为“图层 1副本”图层，然后将前景色设置为浅褐色（R:172、G:108、B:45），背景色设置为褐色（R:150、G:85、B:25）。

5 执行“滤镜 | 渲染 | 纤维”命令，在弹出的【纤维】对话框中设置参数，如图21-74所示，

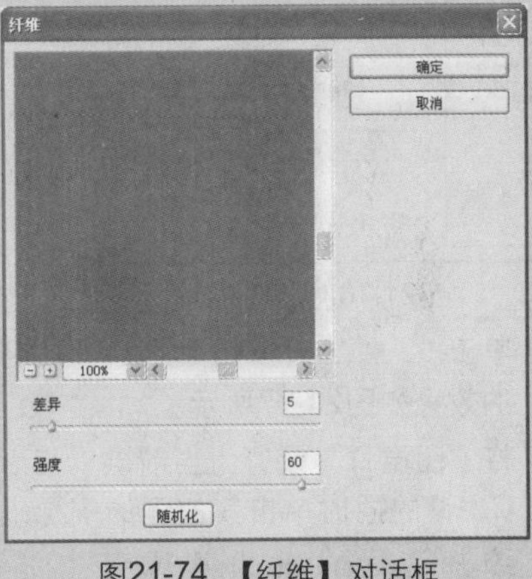

图21-74 【纤维】对话框

6 单击 确定 按钮，执行“纤维”命令后的效果如图21-75所示。

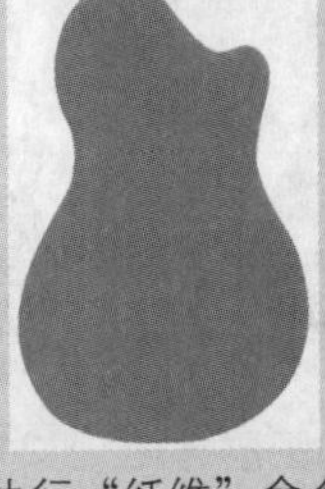

图21-75 执行“纤维”命令后的效果

7 执行“图层 | 图层样式 | 混合选项”命令，在弹出的【图层样式】对话框中设置参数，如图21-76所示。

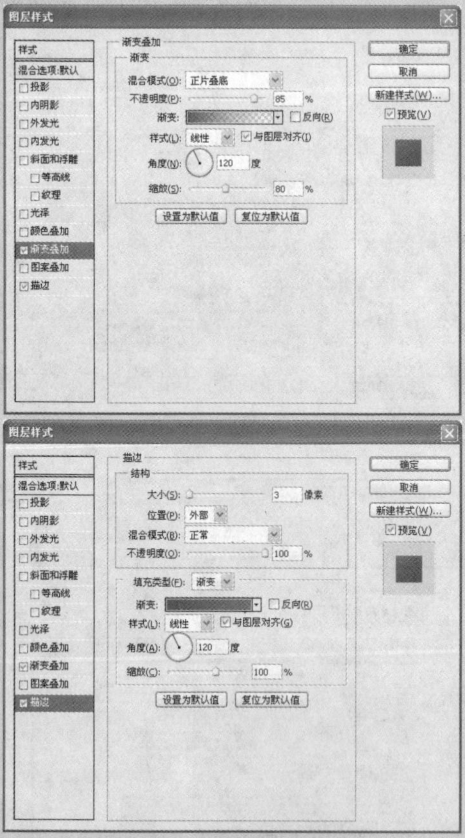

图21-76 设置图层样式参数

8 单击 确定 按钮，添加图层样式后的效果如图21-77所示。

9 将“图层 1”设置为当前层，然后按住Ctrl键的同时单击其左侧的图层缩略图添加选区，并为其填充上红褐色（R:145、G:55、B:25），然后将其向左移动至如图21-78所示的位置。

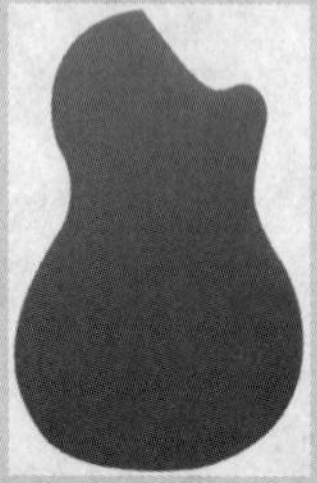

图21-77 添加图层样式后的效果

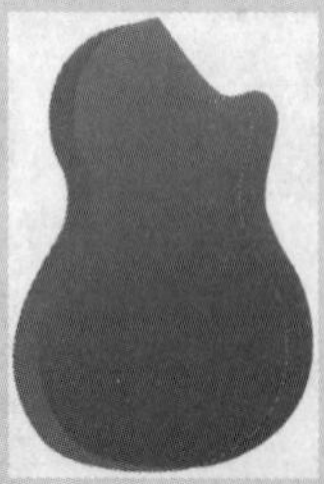

图21-78 图形移动后的位置

10 执行“滤镜 | 杂色 | 添加杂色”命令，在弹出的【添加杂色】对话框中设置参数，如图21-79所示。然后单击 确定 按钮，添加杂色令后的效果如图21-80所示。

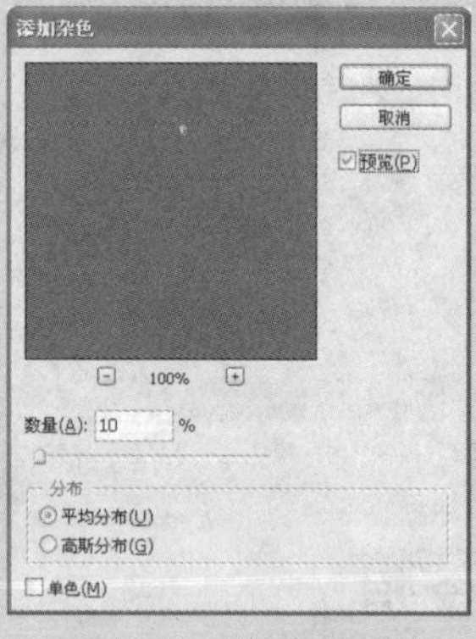

图21-79 【添加杂色】对话框

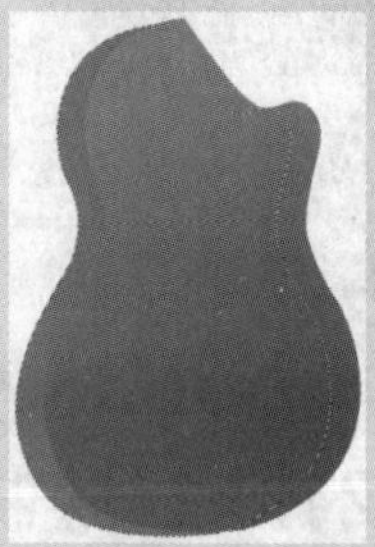

图21-80 添加杂色后的效果

11 执行“图层 | 图层样式 | 渐变叠加”命令，在弹出的【图层样式】对话框中设置参数，如图21-81所示。

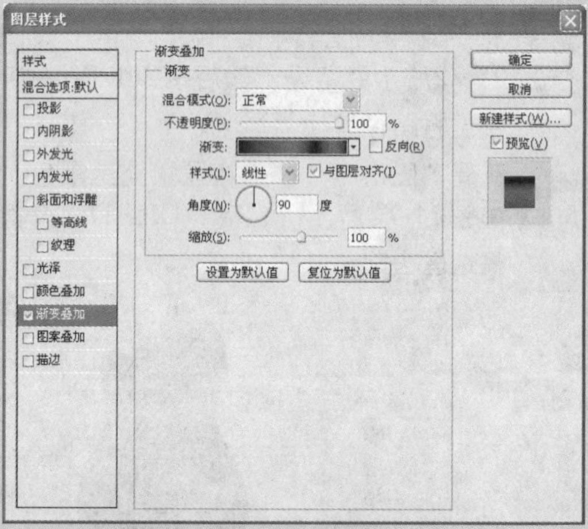

图21-81 设置图层样式参数

12 单击 确定 按钮，添加渐变叠加样式后的效果如图21-82所示，然后将选区去除。

13 新建“图层 2”，利用工具绘制出如图21-83所示的圆形选区，并为其填充上红褐色（R:145、G:60、B:25）。

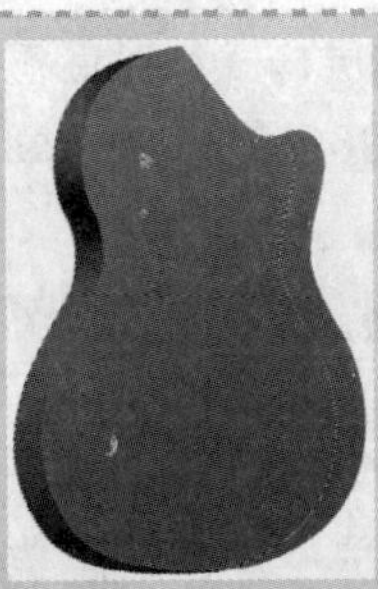

图21-82 添加渐变叠加样式后的效果

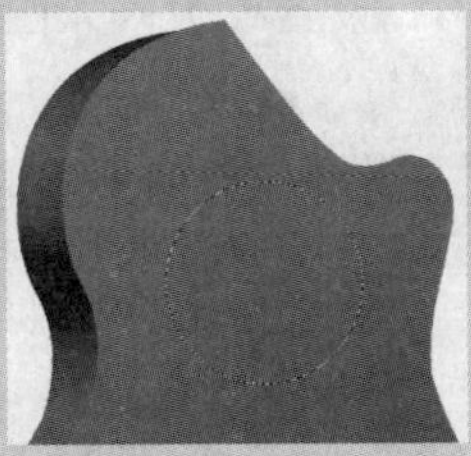

图21-83 绘制的选区

14 执行“滤镜｜渲染｜纤维”命令，在弹出的【纤维】对话框中设置参数，如图21-84所示。

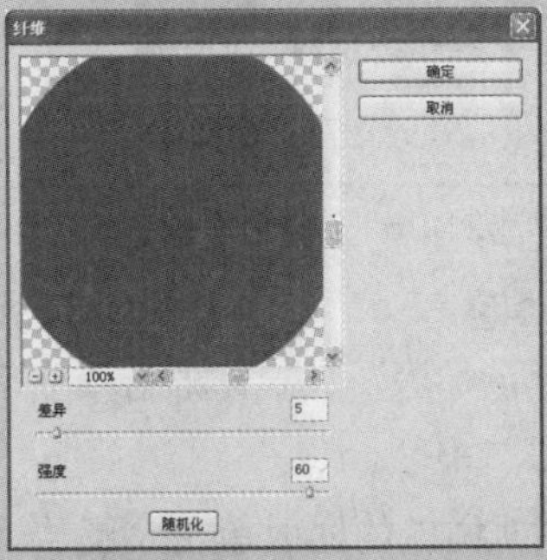

图21-84 【纤维】对话框

15 单击 确定 按钮，执行“纤维”命令后的效果如图21-85所示。

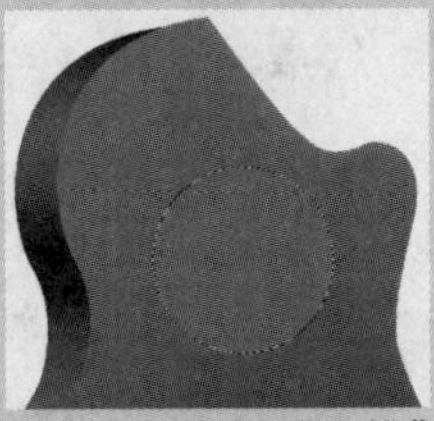

图21-85 执行“纤维”命令后的效果

16 执行“图层｜图层样式｜内阴影”命令，在弹出的【图层样式】对话框中设置参数，如图21-86所示。

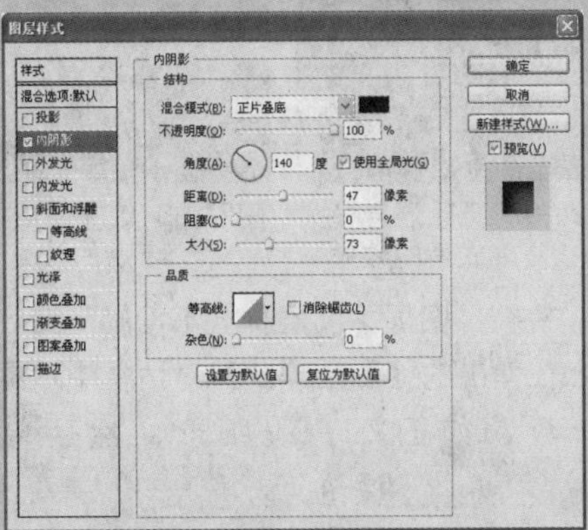

图21-86 设置图层样式参数

17 单击 确定 按钮，添加内阴影样式后的效果如图21-87所示。

18 执行“选择｜变换选区”命令，为选区添加自由变形框，并将选项栏中 W: 112% H: 112.0% 选项的参数都设置为112%，变换后的选区形态如图21-88所示，然后按Enter键确认选区的变换操作。

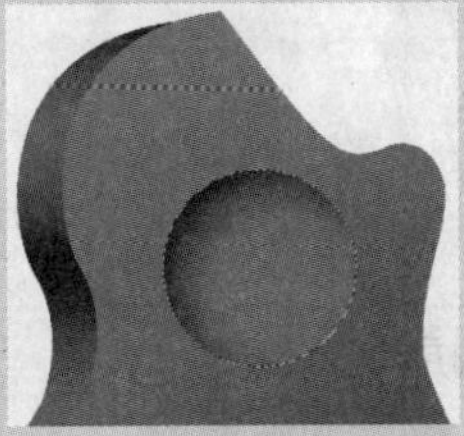

图21-87 添加内阴影样式后的效果

图21-88 变换后的选区形态

19 新建“图层 3”，为选区填充上黄色（R:255、G:225、B:125），效果如图21-89所示。

20 按住Ctrl键的同时单击“图层 2”左侧的图层缩略图添加选区，并按Delete键删除选择的内容，效果如图21-90所示，然后将选区去除。

图21-89 填充颜色后的效果

图21-90 删除选区后的效果

21 执行“图层｜图层样式｜斜面和浮雕”命令，在弹出的【图层样式】对话框中设置参数，如图21-91所示。然后单击 确定 按钮，添加斜面和浮雕样式后的效果如图21-92所示。

22 将“图层 3”的图层混合模式设置为“柔光”，更改混合模式后的效果如图21-93所示。

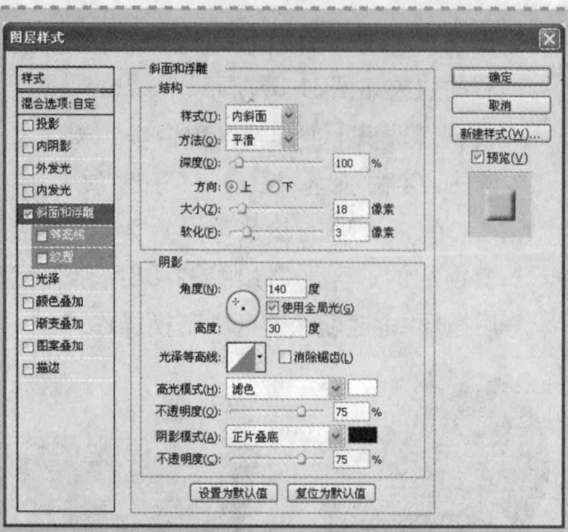

图21-91 设置图层样式参数

图21-92 添加斜面和浮雕样式后的效果

图21-93 更改混合模式后的效果

23 利用和工具，绘制并调整出如图21-94所示的路径，然后按Ctrl+Enter组合键将路径转换为选区。

24 新建“图层 4”，为选区填充上黑色，然后将前景色设置为红褐色（R:145、G:55、B:25），背景色设置为浅褐色（R:172、G:108、B:45）。

25 执行“滤镜 | 渲染 | 纤维”命令，在弹出的【纤维】对话框中将“差异”选项设置为8，“强度”选项设置为64。

26 单击 确定 按钮，执行“纤维”命令后的效果如图21-95所示，然后将选区去除。

图21-94 绘制的路径

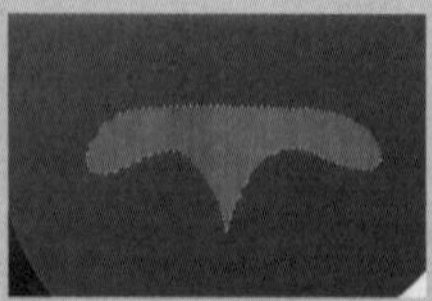

图21-95 执行“纤维”命令后的效果

27 执行“图层 | 图层样式 | 斜面和浮雕”命令，在弹出的【图层样式】对话框中设置参数，如图21-96所示，然后单击 确定 按钮。

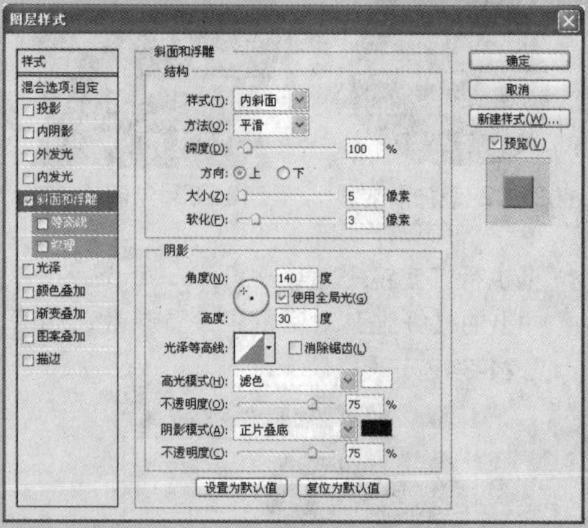

图21-96 设置图层样式参数

28 将“图层 4”的图层混合模式设置为“颜色加深”，更改混合模式后的效果如图21-97所示。

29 按住Ctrl键的同时单击“图层 4”左侧的图层缩略图添加选区，再执行“选择 | 修改 | 收缩”命令，在弹出的【收缩选区】对话框中将“收缩量”选项的参数设置为3 像素，然后单击 确定 按钮。

30 新建“图层 5”，为选区填充上浅粉色（R:220、G:175、B:155），效果如图21-98所示。

图21-97 更改混合模式后的效果

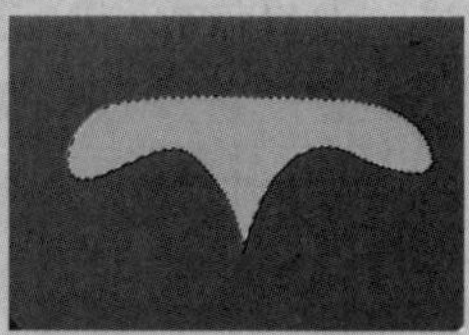

图21-98 填充颜色后的效果

31 执行“图层 | 图层样式 | 投影”命令，在弹出的【图层样式】对话框中设置参数，如图21-99所示，然后单击 确定 按钮。

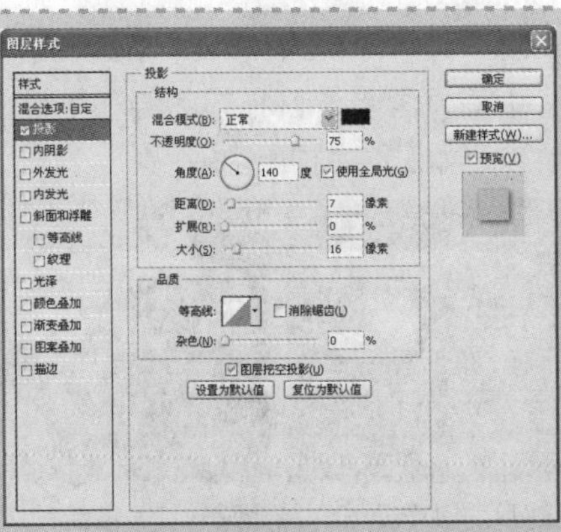

图21-99 设置图层样式参数

32 将“图层 5”的图层混合模式设置为“叠加”模式，更改混合模式后的效果如图21-100所示，然后将选区去除。

33 新建“图层 6”，然后将前景色设置为白色。

34 选取工具，激活选项栏中的按钮，并将“半径”选项的参数设置为40，然后绘制出如图21-101所示的圆角矩形图形。

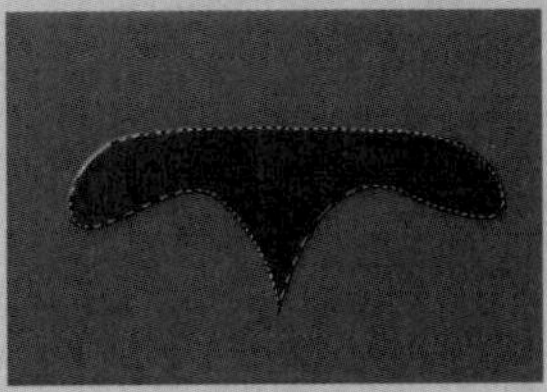

图21-100 更改混合模式后的效果

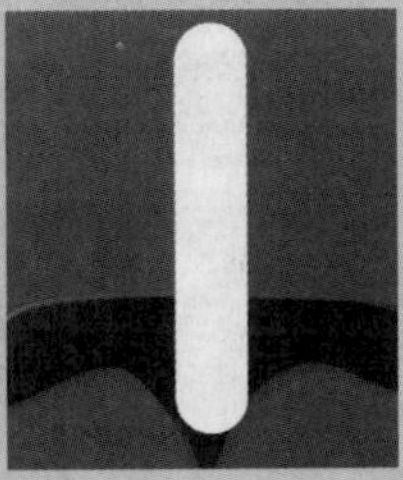

图21-101 绘制的图形

35 按D键，将前景色和背景色设置为默认的黑色和白色，然后执行“滤镜 | 渲染 | 纤维”命令，在弹出的【纤维】对话框中设置参数，如图21-102所示。

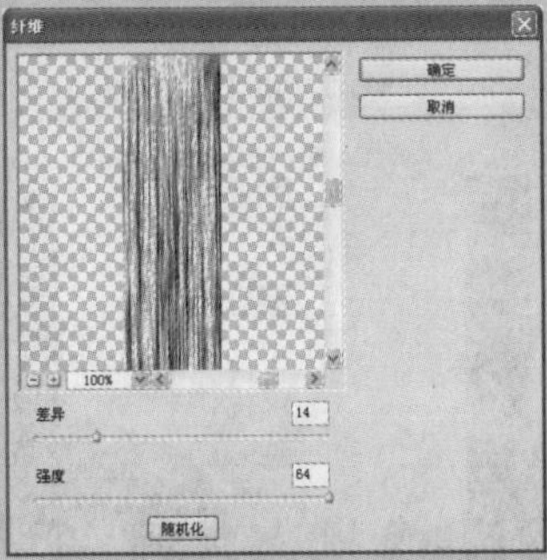

图21-102 【纤维】对话框

36 单击 确定 按钮，执行“纤维”命令后的效果如图21-103所示。

37 执行“编辑 | 变换 | 旋转90度（顺时针）”命令，将圆角矩形图形顺时针旋转，再按Ctrl+T组合键为其添加自由变形框，并将其调整至如图21-104所示的形态，然后按Enter键确认图形的变换操作。

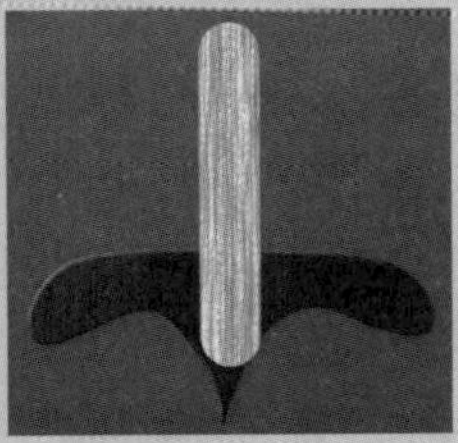

图21-103 执行“纤维”命令后的效果

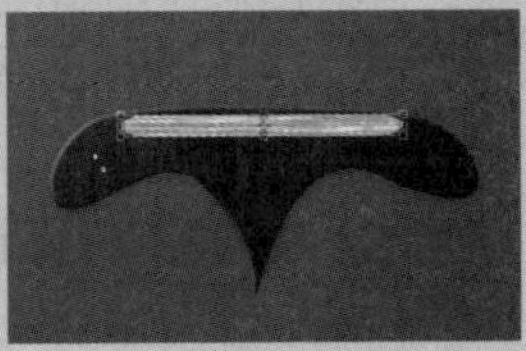

图21-104 调整后的图形形态

38 执行“图层 | 图层样式 | 斜面和浮雕”命令，在弹出的【图层样式】对话框中设置参数，如图21-105所示。然后单击 确定 按钮，添加斜面和浮雕样式后的效果如图21-106所示。

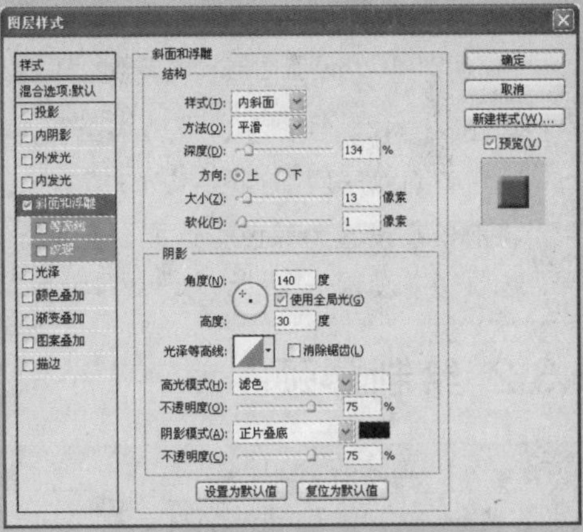

图21-105 设置图层样式参数

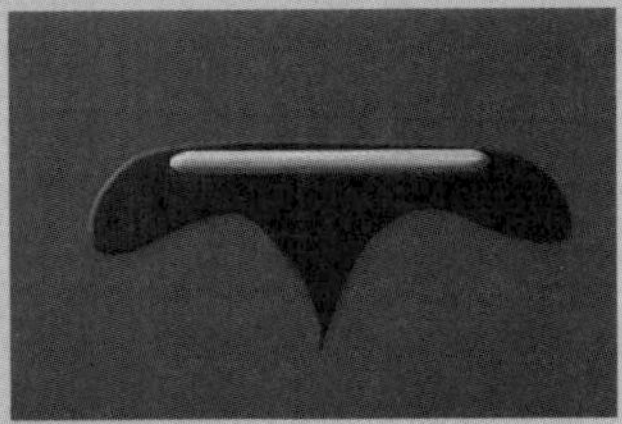

图21-106 添加斜面和浮雕样式后的效果

39 新建“图层 7”，利用工具绘制出如图21-107所示的白色圆形图形。

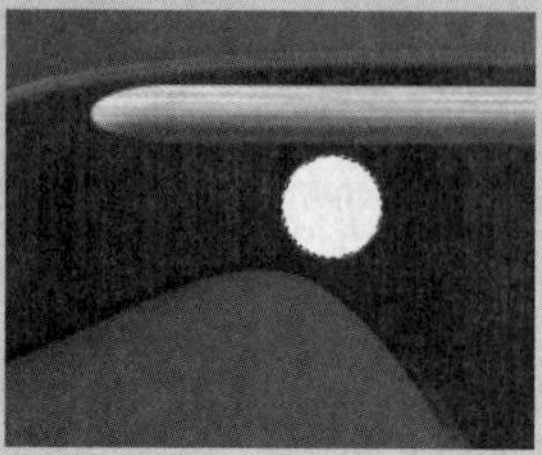

图21-107 绘制的图形

40 执行“图层｜图层样式｜斜面和浮雕”命令，在弹出的【图层样式】对话框中设置参数，如图21-108所示。

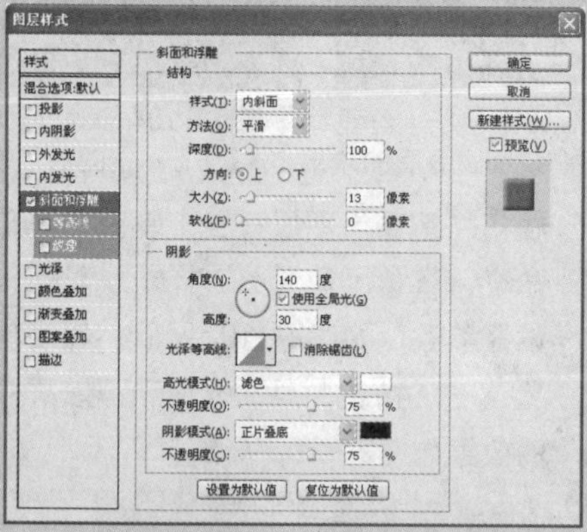

图21-108 设置图层样式参数

41 单击 确定 按钮，添加斜面和浮雕样式后的效果如图21-109所示。

42 将前景色设置为黑色，选取工具，在选项栏中设置一个“大小”为15，“硬度”为0%的画笔笔头，然后在选区的中间位置单击鼠标，喷绘一个黑色圆点，如图21-110所示。

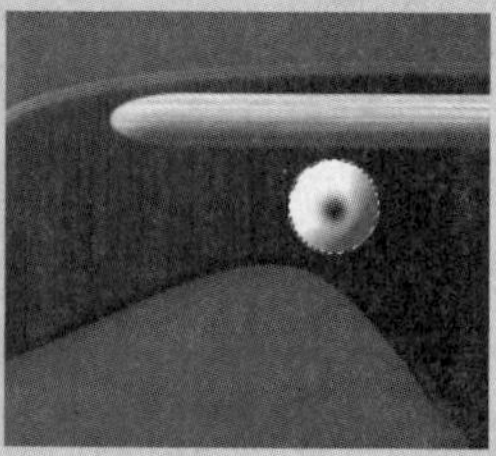

图21-109 添加斜面和浮雕样式后的效果 图21-110 喷绘的圆点

43 选取工具，按住Shift+Alt组合键的同时在选区内拖动鼠标，依次复制5个图形，然后按住Ctrl键的同时单击“图层 7”左侧的图层缩略图添加选区。

44 按Ctrl+T组合键为选择的图形添加自由变形框，并将其调整至如图21-111所示的形态及位置，然后按Enter键确认图形的变换操作。

图21-111 调整后的图形形态

45 按Ctrl+S组合键，将文件命名为“绘制吉他.psd”保存。

21.3.2 绘制琴颈

实战演练074——绘制琴颈

1 接上节的操作步骤。新建“图层 8”，利用工具绘制出如图21-112所示的黑色矩形图形，然后将选区去除。

2 执行“编辑｜变换｜透视”命令，为矩形图形添加透视变形框，并将其调整至如图21-113所示的形态，然后按Enter键确认图形的变换操作。

图21-112 绘制的图形 图21-113 调整后的形态

3 将前景色设置为浅褐色（R:135、G:85、B:70），背景色设置为深栗色（R:72、G:38、B:13），然后执行“滤镜｜渲染｜纤维”命令，在弹出的【纤维】对话框中设置参数，如图21-114所示。

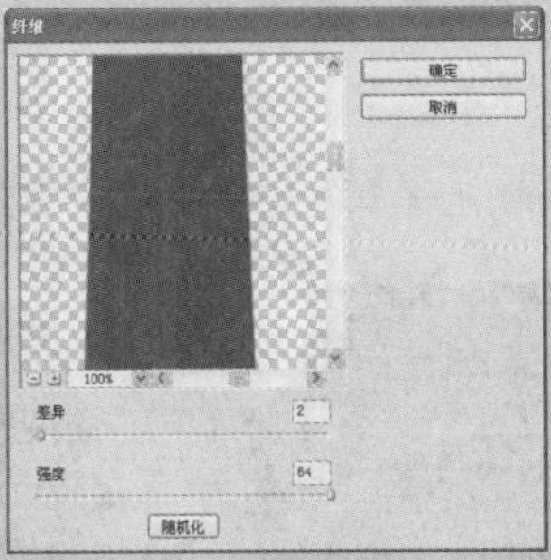

图21-114 【纤维】对话框

4 单击 确定 按钮，执行“纤维”命令后的效果如图21-115所示。

5 将“图层 8”复制生成为“图层 8副本”图层，并将“图层 8副本”图层隐藏，然后将“图层 8”设置为当前层。

6 利用工具绘制出如图21-116所示的矩形选区，并按Delete键删除选择的内容，然后将选区去除。

图21-115 执行“纤维”命令后的效果

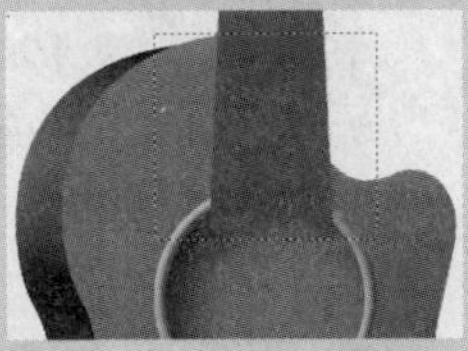

图21-116 绘制的选区

7 执行“滤镜｜液化”命令，在弹出的【液化】对话框中选择按钮，然后设置合适的选项参数，并在图形的下方位置拖动鼠标，状态如图21-117所示。

专家提示

利用“液化”命令可以通过交互方式将图像进行拼凑、推、拉、旋转、反射、折叠和膨胀等变形。此步操作是设置合适的笔头大小后，利用工具在预览窗口中拖动鼠标，即可对图形进行涂抹。

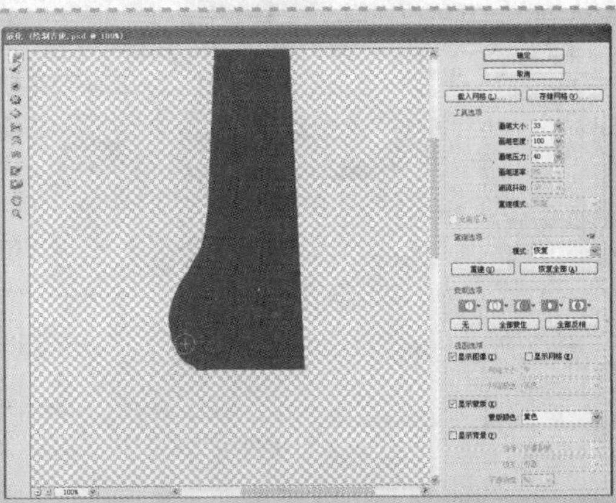

图21-117 【液化】对话框

8 单击 确定 按钮，执行“液化”命令后的效果如图21-118所示。

9 单击【图层】面板上方的按钮，将“图层 8”中的透明像素锁定，并为其填充黑色，然后将“图层 8副本”图层显示，效果如图21-119所示。

图21-118 执行“液化”命令后的效果

图21-119 显示“图层 8副本”图层后的效果

10 将“图层 8副本”图层设置为当前层，然后执行“图层｜图层样式｜混合选项”命令，在弹出的【图层样式】对话框中设置参数，如图21-120所示。

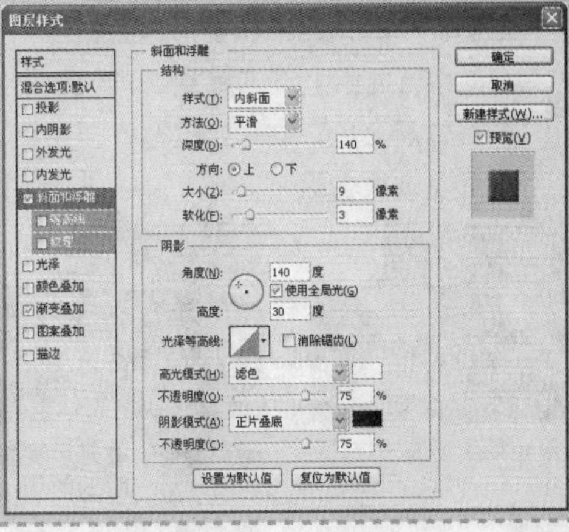

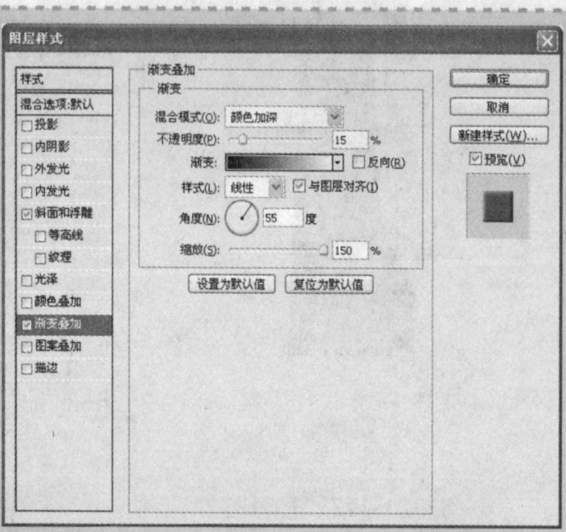

图21-120 设置图层样式参数

11 单击确定按钮，添加图层样式后的效果如图21-121所示。

12 按住Ctrl键的同时单击“图层 2”左侧的图层缩略图添加选区，再确认“图层8副本”图层为当前层，按Delete键删除选择的内容，效果如图21-122所示，然后将选区去除。

图21-121 添加图层样式后的效果

图21-122 删除内容后的效果

13 新建“图层 9”，利用工具，绘制出如图21-123所示的椭圆形选区，再利用工具为其由上至下填充从黑色到白色的线性渐变色，效果如图21-124所示，然后将选区去除。

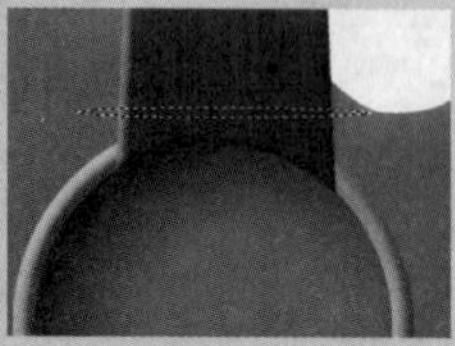

图21-123 绘制的选区

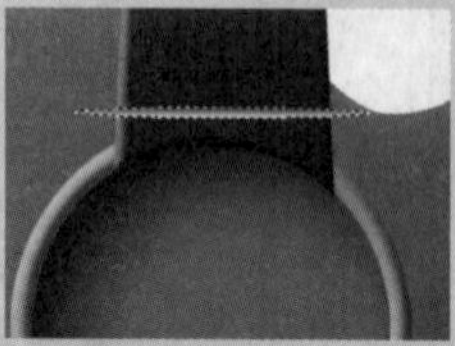

图21-124 填充渐变色后的效果

14 利用工具，对椭圆形图形的两侧进行擦除，效果如图21-125所示。

15 选取工具，按住Shift+Alt组合键的同时在椭圆图形上拖动鼠标，依次复制出如图21-126所示的图形。

图21-125 擦除后的效果

图21-126 复制出的图形

16 将复制图形所生成的图层全部选择，然后按Ctrl+E组合键将选择的图层合并为“图层 9”。

17 单击【图层】面板下方的按钮，为“图层 9”添加图层蒙版，然后利用工具，在画面中绘制黑色编辑蒙版，使超出琴颈外的图形隐藏，编辑蒙版后的效果如图21-127所示。

18 新建“图层 12”，利用工具绘制出如图21-128所示的白色圆形图形。

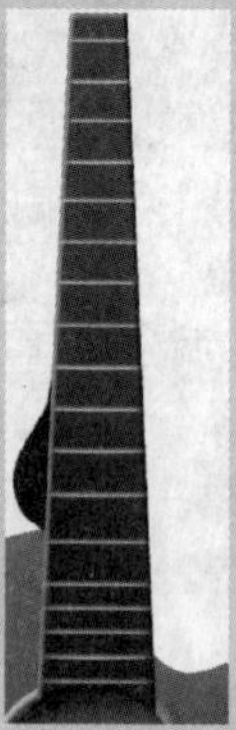

图21-127 编辑蒙版后的效果

图21-128 绘制的图形

19 执行“图层｜图层样式｜混合选项”命令，在弹出的【图层样式】对话框中设置参数，如图21-129所示。

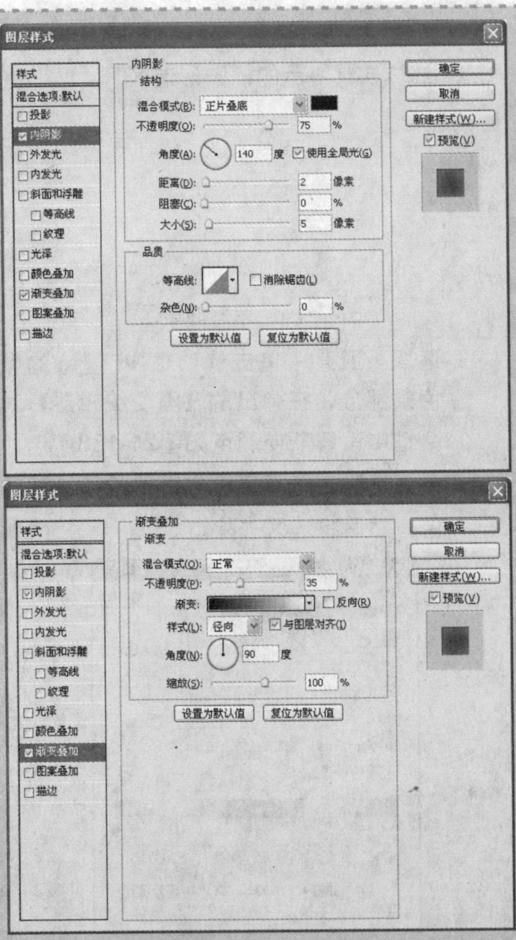

图21-129 设置图层样式参数

20 单击 确定 按钮，添加图层样式后的效果如图21-130所示。

图21-130 添加图层样式后的效果

21 用移动复制图形的方法，依次移动复制出如图21-131所示的圆形图形。

图21-131 复制出的图形图形

22 按Ctrl+S组合键，将文件保存。

21.3.3 绘制琴头

实战演练075——绘制琴头

1 接上节的操作步骤。利用和工具，绘制并调整出如图21-132所示的路径，然后按Ctrl+Enter组合键将路径转换为选区。

2 新建“图层 11”，为选区填充上黑色，然后将前景色设置为浅褐色（R:135、G:85、B:70），背景色设置为深栗色（R:72、G:38、B:13）。

3 执行“滤镜 | 渲染 | 纤维”命令，在弹出的【纤维】对话框中将“差异”选项设置为4，“强度”选项设置为64。

4 单击 确定 按钮，执行“纤维”命令后的效果如图21-133所示，然后将选区去除。

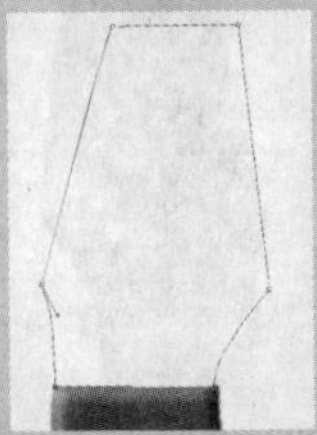

图21-132 绘制的路径

图21-133 执行“纤维”命令后的效果

5 执行“图层 | 图层样式 | 混合选项”命令，在弹出的【图层样式】对话框中设置参数，如图21-134所示。

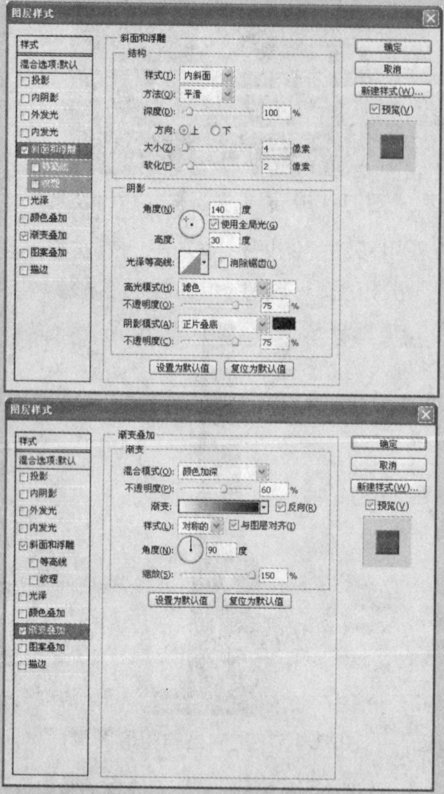

图21-134 设置图层样式参数

6 单击 确定 按钮，添加图层样式后的效果如图21-135所示。

7 将“图层 6”复制生成为“图层 6副本”图层，并将其调整至所有图层的上方位置，再按Ctrl+T组合键为其添加自由变形框，并将其调整至如图21-136所示的形态及位置，然后按Enter键确认图形的变换操作。

图21-135 添加图层样式后的效果

图21-136 调整后的图形形态及位置

8 新建“图层 12”，利用工具绘制出如图21-137所示的椭圆形选区。

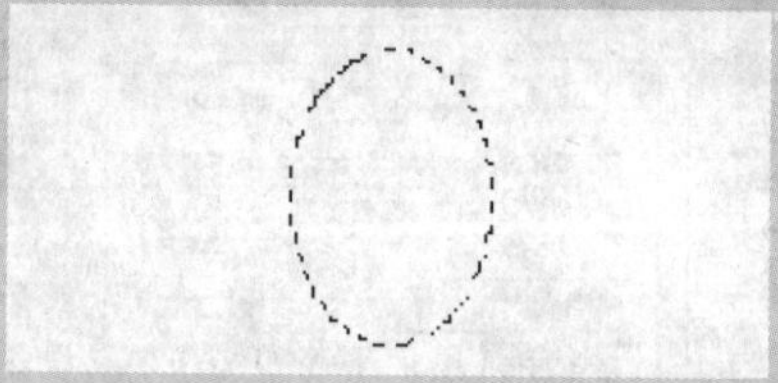

图21-137 绘制的选区

9 选取工具，单击选项栏中的颜色条部分，在弹出的【渐变编辑器】对话框中设置渐变颜色如图21-138所示，再为选区由上至下填充设置的线性渐变色，然后将选区去除。

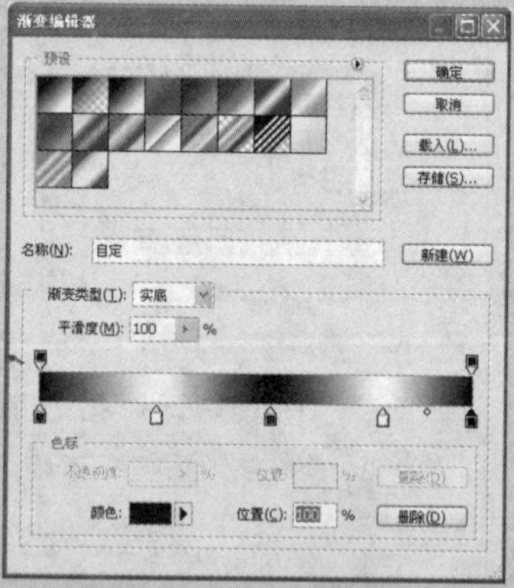

图21-138 【渐变编辑器】对话框

10 执行“图层 | 图层样式 | 混合选项”命令，在弹出的【图层样式】对话框中设置参数，如图21-139所示。

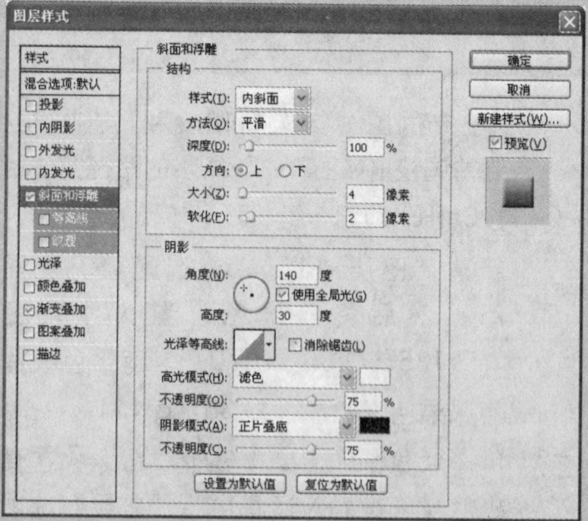

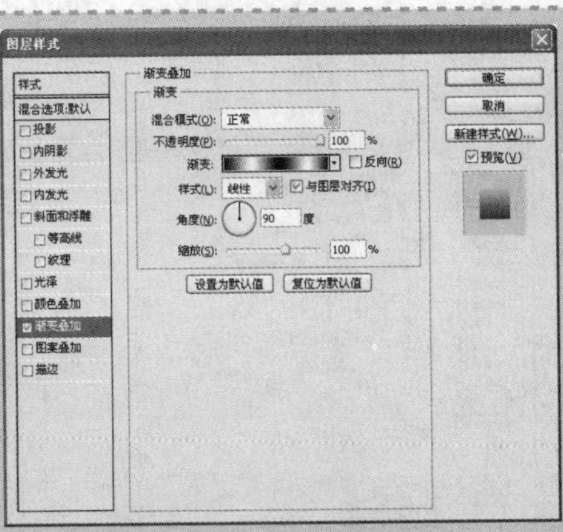

图21-139 设置图层样式参数

11 单击 确定 按钮，添加图层样式后的效果如图21-140所示。

12 将“图层 12”依次复制两层，然后利用“编辑 | 自由变换”命令，将复制出的图形分别调整至如图21-141所示的大小。

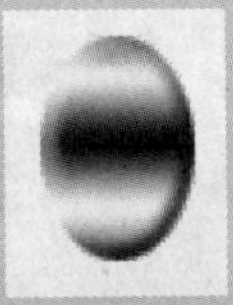

图21-140 添加图层样式后的效果

13 在“图层 12”的下方新建“图层 13”，利用▭工具绘制矩形选区，并利用■工具为其由下至上填充从黑色到白色的线性渐变色，效果如图21-142所示，然后将选区去除。

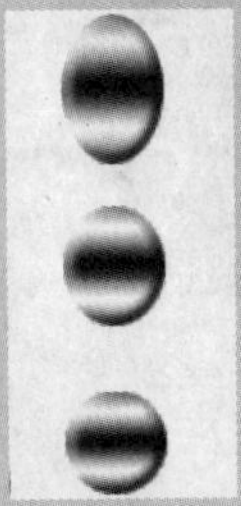

图21-141 复制图形并调整大小

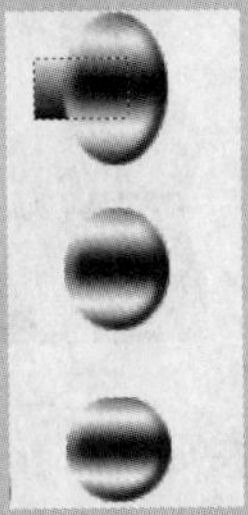

图21-142 填充渐变色后的效果

14 将“图层 13”依次复制两层，然后将复制出的图形分别移动至如图21-143所示的位置。

15 将“图层 12”和“图层 13”及复制出的图层全部选择，然后按Ctrl+E组合键将选择的图形合并为“图层 12”。

16 将“图层 12”调整至所有图层的下方位置，然后将“图层 12”复制生成为“图层 12副本”图层。

17 将“图层 12”设置为当前层，按Ctrl+T组合键为其添加自由变形框，并将其调整至如图21-144所示的形态，然后按Enter键确认图形的变换操作。

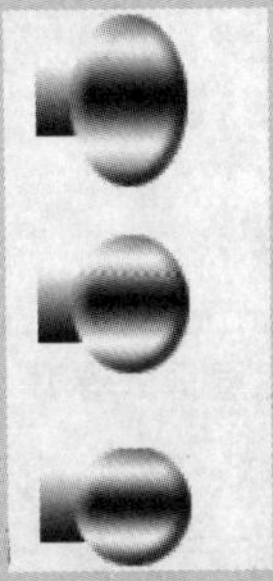

图21-143 图形放置的位置

图21-144 调整后的图形形态

18 将“图层 12副本”图层设置为当前层，再执行“编辑 | 变换 | 水平翻转”命令，将图形翻转，然后将其旋转合适的角度后放置到如图21-145所示的位置。

19 在所有图层的上方位置新建“图层 13”，利用◯工具绘制出如图21-146所示的白色圆形图形，然后将选区去除。

图21-145 图形放置的位置

图21-146 绘制的图形

20 执行“图层 | 图层样式 | 混合选项”命令，在弹出的【图层样式】对话框中设置参数，如图21-147所示。

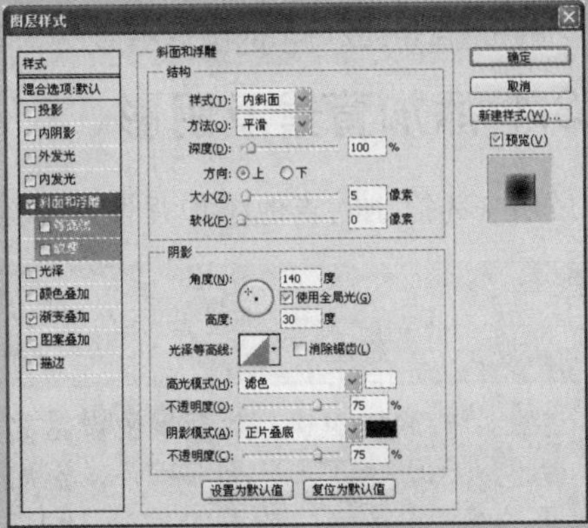

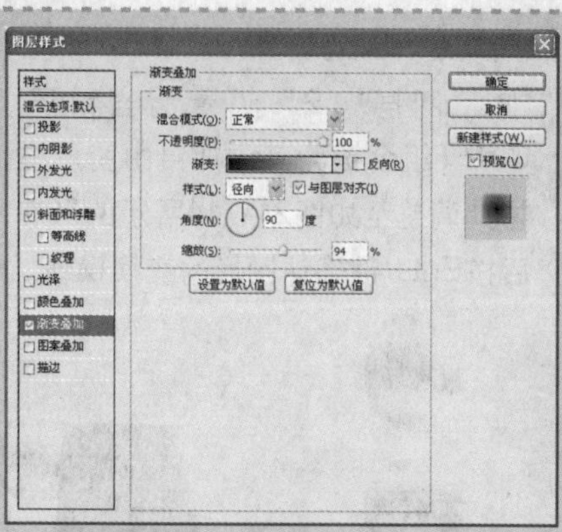

图21-147 设置图层样式参数

21 单击 确定 按钮，添加图层样式后的效果如图21-148所示。

22 新建“图层 14”，利用工具绘制出如图21-149所示的白色圆形图形，然后将选区去除。

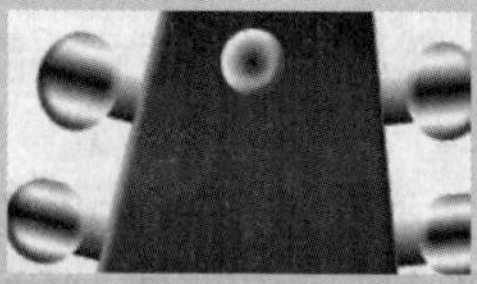

图21-148 添加图层样式后的效果

图21-149 绘制的图形

23 执行“图层 | 图层样式 | 渐变叠加”命令，在弹出的【图层样式】对话框中设置参数，如图21-150所示。然后单击 确定 按钮，添加渐变叠加样式后的效果如图21-151所示。

24 将“图层 13”和“图层 14”同时选择，再按Ctrl+E组合键将选择的图层合并为“图层 13”，然后依次移动复制出如图21-152所示的圆形图形。

25 新建“图层 14”，然后将前景色设置为白色。

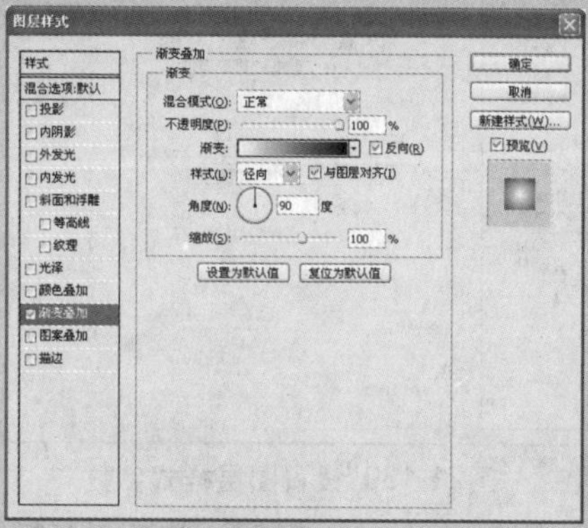

图21-150 设置图层样式参数

图21-151 添加样式后的效果

图21-152 复制出的图形

26 选区工具，激活选项栏中的按钮，并将“粗细”选项的参数设置为1，然后依次绘制出如图21-153所示的琴弦。

图21-153 绘制的琴弦

27 按Ctrl+S组合键，将文件保存。

21.3.4 添加背景及阴影

最后来为绘制的吉他添加背景并制作阴影效果。

实战演练076——添加背景及阴影

1 接上节的操作步骤。将前景色设置为浅绿色（R:205、G:245、B:225），背景色设置为蓝绿色（R:0、G:130、B:140），然后利用工具为“背景”图层由上至下填充从前景到背景的线性渐变色，效果如图21-154所示。

2 将“背景”图层隐藏，按Shift+Ctrl+Alt+E组合键盖印图层，生成“图层 15”，然后将“背景”图层显示。

3 单击【图层】面板上方的按钮，锁定“图层 15”中的透明像素，并为其填充上黑色，然后将其调整至所有图层的下方位置。

4 将“图层 1”~“图层 14”同时选择，再按Ctrl+T组合键为选择的图形添加自由变形框，并将其调整至如图21-155所示的形态，然后按Enter键确认图形的变换操作。

图21-154 填充渐变色后的效果

图21-155 调整后的图形效果

5 将“图层 15”的“不透明度”选项的参数设置为20%，降低不透明度后的效果如图21-156所示。

6 执行“滤镜｜模糊｜高斯模糊”命令，在弹出的【高斯模糊】对话框中设置参数，如图21-157所示。然后单击 确定 按钮，执行“高斯模糊”命令后的效果如图21-158所示。

7 新建“图层 16”，利用工具绘制出如图21-159所示的黑色圆形图形。

图21-156 降低不透明度后的效果

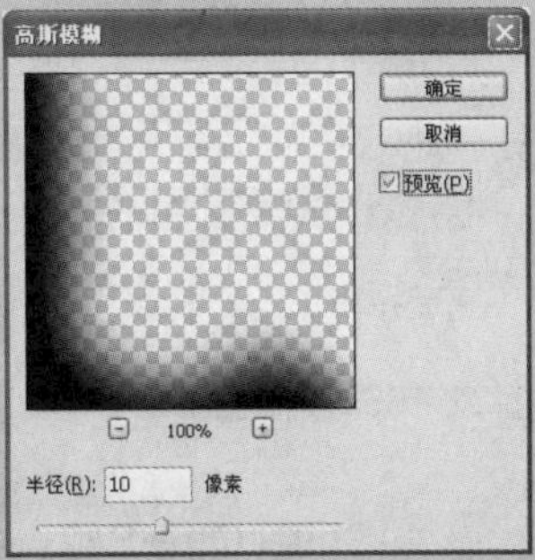

图21-157 【高斯模糊】对话框

图21-158 执行“高斯模糊”命令后的效果

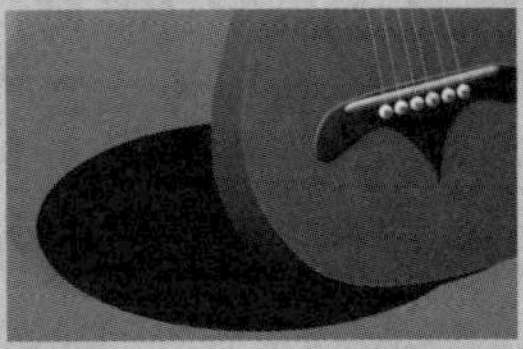

图21-159 绘制的图形

8 执行“滤镜｜模糊｜高斯模糊”命令，在弹出的【高斯模糊】对话框中设置参数，如图21-160所示。

9 单击 确定 按钮，执行“高斯模糊”命令后的效果如图21-161所示。

至此，吉他已绘制完成，其整体效果如图21-162所示。

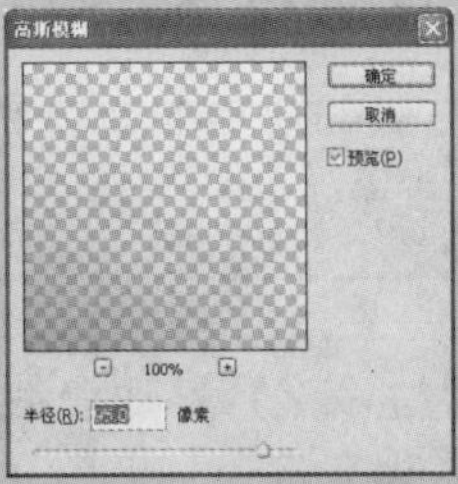

图21-160 【高斯模糊】对话框

图21-161 执行“高斯模糊”命令后的效果

图21-162 绘制完成的吉他效果

10 按Ctrl+S组合键，将文件保存。

21.4 绘制动漫卡通

为了满足有志于从事动漫卡通绘制领域读者的需求，本节将学习绘制这种作品的基本表现方法，希望能够起到抛砖引玉的作用。绘制的动漫卡通人物如图21-163所示。

图21-163 绘制的动漫卡通人物

21.4.1 填充大体色

在绘制动漫卡通之前，可先在纸上绘制出大体的动漫卡通图像，然后将其扫描到计算机中进行颜色填充。下面首先为动漫卡通图形填充大体色。

实战演练077——填充大体色

1 打开素材图片“素材\第21章\动漫线稿.psd”，如图21-164所示。

2 新建“图层 2”，然后将前景色设置为渐粉色（R:240、G:205、B:195）。

3 选取工具，通过设置不同的笔头大小，绘制出卡通人物的面部及其他处颜色，效果如图21-165所示。

图21-164 打开的图片

图21-165 绘制的颜色

4 新建“图层 3”，并将前景色设置为棕色（R:135、G:70、B:0），然后利用工具，通过设置不同的笔头大小及“不透明度”选项的参数，绘制出卡通人物的头发的颜色，效果如图21-166所示。

5 依次新建图层，然后用相同的方法，依次绘制出卡通图形其他处的颜色，效果如图21-167所示。

图21-166 绘制的头发颜色

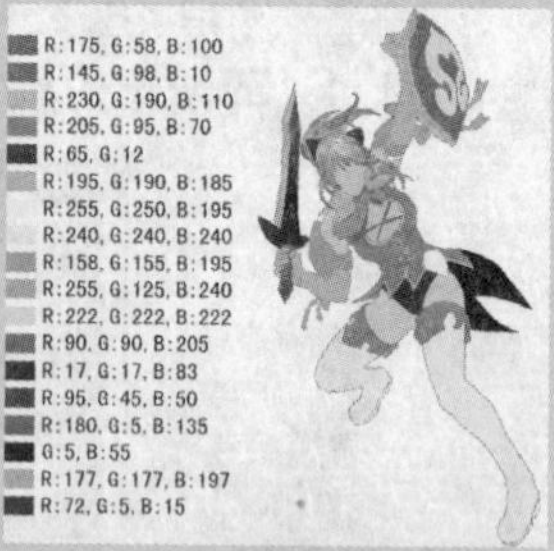

图21-167 绘制的其他部分颜色

6 按Shift+Ctrl+S组合键，将此文件另命名为“绘制动漫卡通.psd”保存。

21.4.2 细节刻画

接下来对动漫卡通人物进行细节刻画。

实战演练078——细节刻画

1 接上节的操作步骤。将“图层 2”设置为当前层，选取工具，在选项栏中将“范围”选项设置为“中间调”，“画笔”及“曝光度”参数可根据情况自定，但“曝光度”参数一定要小一些，本例用的是10%的参数，根据线描稿先大体绘制出卡通人物结构的暗部区域，如图21-168所示。

2 新建图层，利用工具绘制出如图21-169所示的黑色线形，作为卡通人物的眉毛。

图21-168 绘制出的结构图形

图21-169 绘制的眼眉

3 利用和工具，绘制并调整出眼球的路径，如图21-170所示，然后按Ctrl+Enter组合键将路径转换为选区。

4 新建图层，为选区填充上白色，然后利用工具在选区的上方位置绘制黑色线形，效果如图21-171所示。

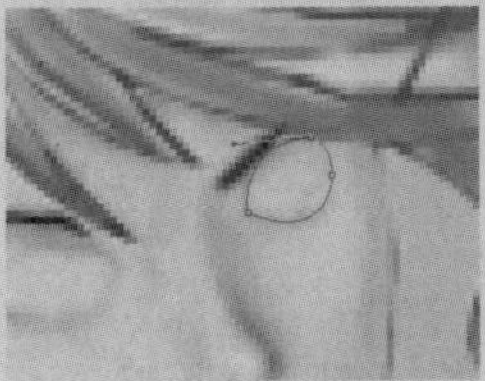

图21-170 绘制的路径

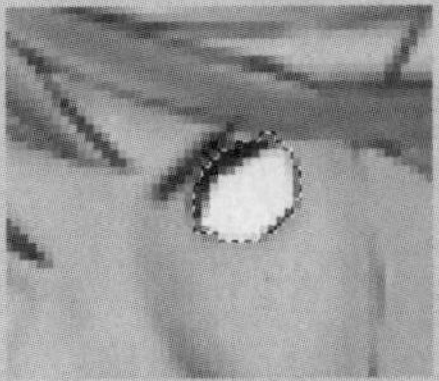

图21-171 填充颜色后的效果

5 同理，绘制出另一只眼球图形，效果如图21-172所示。

6 新建图层，利用工具在眼球上绘制一个浅蓝色（R:178、G:252、B:240）圆形图形，将其作为瞳孔，然后执行“编辑 | 描边”命令，在弹出的【描边】对话框中设置参数，如图21-173所示。

图21-172 绘制的眼球图形

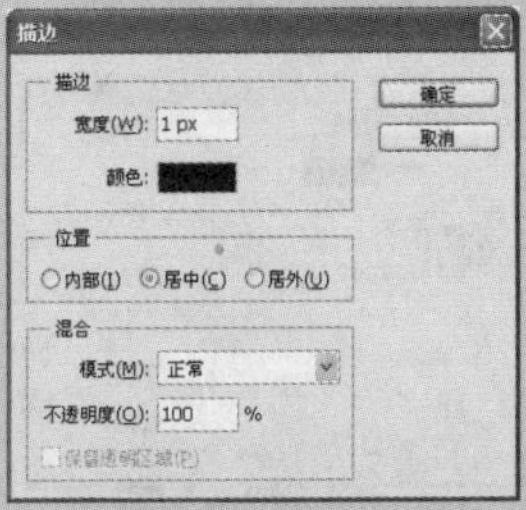

图21-173 【描边】对话框

7 单击 确定 按钮，描边后的效果如图21-174所示。

8 同理，制作出另一只眼睛的瞳孔图形，然后利用工具，对描绘的黑色边缘进行擦除，使其表现出过渡自然的柔和，效果如图21-175所示

图21-174 描边后的效果

图21-175 擦除后的效果

9 利用工具绘制出眼睛中的黑眼球和白色亮点以及眼睛与上眼皮之间的黑色区域，效果如图21-176所示。

10 利用和工具，绘制并调整出嘴的轮廓路径，如图21-177所示，然后按Ctrl+Enter组合键将路径转换为选区。

图21-176 涂抹后的效果

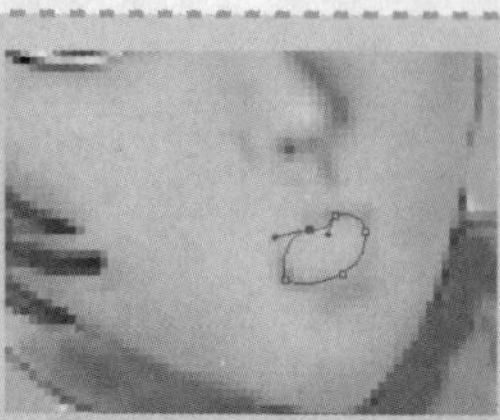

图21-177 绘制的路径

11 新建图层，执行"编辑｜描边"命令，在弹出的【描边】对话框中设置参数，如图21-178所示。

12 单击 确定 按钮，然后将选区去除，描边后的效果如图21-179所示。

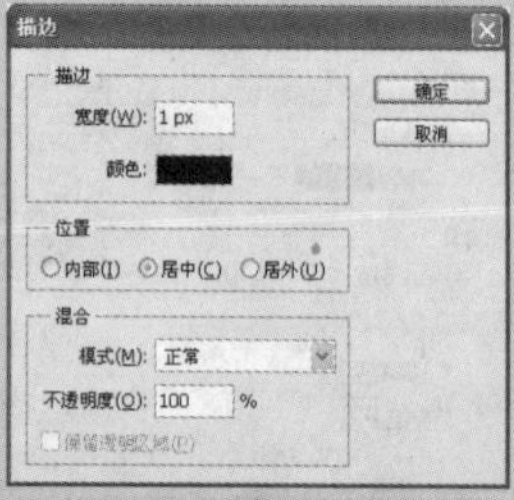

图21-178 【描边】对话框

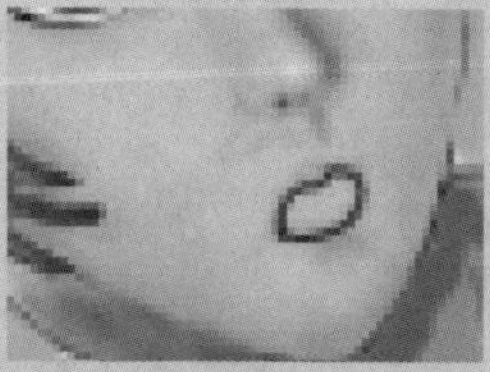

图21-179 描边后的效果

13 新建图层，利用工具分别在嘴部位置绘制粉红色（R:240、G:155、B:160），绘制出上嘴唇和下嘴唇图形，然后利用和工具对嘴唇进行修饰，塑造出嘴唇的立体效果，如图21-180所示。

14 利用、和工具对鼻子、嘴和眼睛位置再进行刻画，使之不要令人感觉非常生硬，要与背景很协调地柔和在一起，效果如图21-181所示。

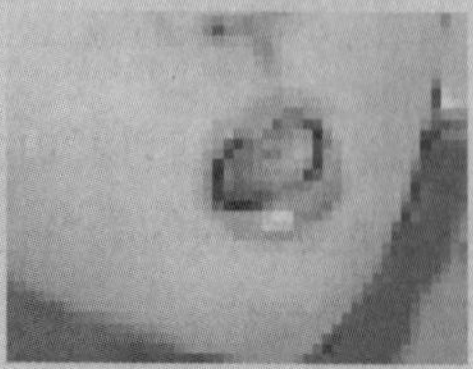

图21-180 修饰后的嘴效果

图21-181 修饰后的鼻子效果

15 继续利用、和工具将"图层 2"中的其他图像进行处理，效果如图21-182所示。

16 在"图层 3"的上方新建图层，利用工具，在头发位置绘制颜色，制作出头发的层次，然后利用、和工具将头发层次涂抹出来，效果如图21-183所示。

图21-182 处理后的其他部分效果

图21-183 涂抹后的头发层次

17 依次设置当前层，分别运用、和工具涂抹出图形的暗部和亮部区域，效果如图21-184所示。

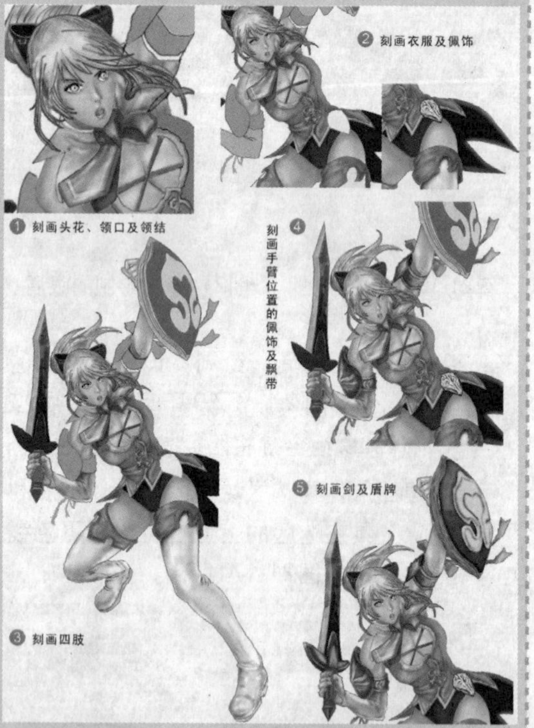

图21-184 各个部位刻画后的效果

18 分别在"图层 6"和"图层 9"的上方新建图层，利用和工具及和工具制作出衣服的金属边，效果如图21-185所示。

图21-185 制作的金属边效果

19 在“图层 12”的上方新建图层，利用和工具绘制路径，然后为其描绘宽度为2 px的灰褐色（R:125、G:100、B:95）边缘，制作出鞋部的花纹，效果如图21-186所示。

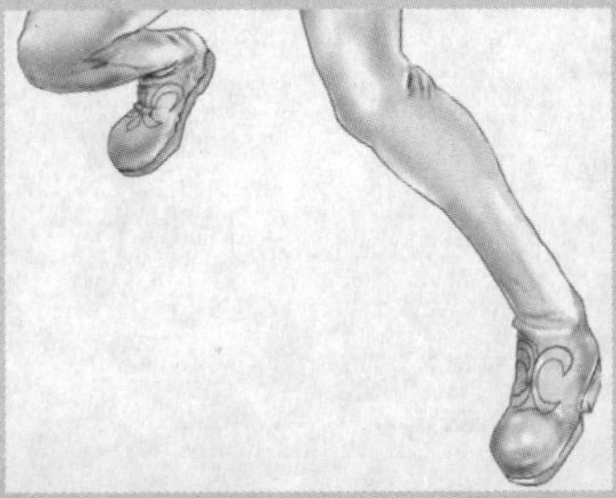
图21-186 制作的鞋部花纹效果

20 在“图层 15”的上方依次新建图层，运用、和工具对胳膊上的佩饰进行刻画，效果如图21-187所示。

图21-187 刻画后的佩饰效果

至此，动漫人物上色及细部刻化操作完成。

21 将“背景”图层设置为当前层，为其填充上浅褐色（R:105、G:75、B:55），动漫人物的最终效果如图21-188所示。

图21-188 动漫人物填色后的效果

22 按Ctrl+S组合键，将文件保存。